中国国家标准汇编

408

GB 23111～23146

（2008 年制定）

中国标准出版社　编

中国标准出版社

北京

图书在版编目（CIP）数据

中国国家标准汇编：2008 年制定．408：GB 23111～23146/中国标准出版社编．—北京：中国标准出版社，2009

ISBN 978-7-5066-5387-9

Ⅰ．中…　Ⅱ．中…　Ⅲ．国家标准-汇编-中国-2008　Ⅳ．T-652．1

中国版本图书馆 CIP 数据核字（2009）第 106920 号

中国标准出版社出版发行
北京复兴门外三里河北街 16 号
邮政编码：100045
网址 www．spc．net．cn
电话：68523946　68517548
中国标准出版社秦皇岛印刷厂印刷
各地新华书店经销

*

开本 880×1230　1/16　印张 37．75　字数 1 127 千字
2009 年 7 月第一版　2009 年 7 月第一次印刷

*

定价 200．00 元

如有印装差错　由本社发行中心调换
版权专有　侵权必究
举报电话：(010)68533533

ISBN 978-7-5066-5387-9

出 版 说 明

1.《中国国家标准汇编》是一部大型综合性国家标准全集。自1983年起，按国家标准顺序号以精装本、平装本两种装帧形式陆续分册汇编出版。它在一定程度上反映了我国建国以来标准化事业发展的基本情况和主要成就，是各级标准化管理机构，工矿企事业单位，农林牧副渔系统，科研、设计、教学等部门必不可少的工具书。

2.《中国国家标准汇编》收入我国每年正式发布的全部国家标准，分为“制定”卷和“修订”卷两种编辑版本。

“制定”卷收入上一年度我国发布的、新制定的国家标准，顺延前年度标准编号分成若干分册，封面和书脊上注明“20××年制定”字样及分册号，分册号一直连续。各分册中的标准是按照标准编号顺序连续排列的，如有标准顺序号缺号的，除特殊情况注明外，暂为空号。

“修订”卷收入上一年度我国发布的、被修订的国家标准，视篇幅分设若干分册，但与“制定”卷分册号无关联，仅在封面和书脊上注明“20××年修订-1，-2，-3，……”字样。“修订”卷各分册中的标准，仍按标准编号顺序排列（但不连续）；如有遗漏的，均在当年最后一分册中补齐。需提请读者注意的是，个别非顺延前年度标准编号的新制定的国家标准没有收入在“制定”卷中，而是收入在“修订”卷中。

读者配套购买《中国国家标准汇编》“制定”卷和“修订”卷则可收齐上一年度我国制定和修订的全部国家标准。

3. 由于读者需求的变化，自1996年起，《中国国家标准汇编》仅出版精装本。

4. 2008年我国制修订国家标准共5 946项。本分册为“2008年制定”卷第408分册，收入国家标准GB 23111～23146的最新版本。

中国标准出版社

2009年5月

目　　录

ICS 17.100
N 13

中华人民共和国国家标准

GB/T 23111—2008
代替 GB/T 14249.2—1993

非自动衡器

Non-automatic weighing instrument

(OIML R76 Non-automatic weighing instrument
Part 1:Metrological and technical requirement—Test
Part 2:Test report format,IDT)

2008-12-30 发布　　2009-09-01 实施

中华人民共和国国家质量监督检验检疫总局
中国国家标准化管理委员会　发布

前言

本标准等同采用了国际法制计量组织(OIML)国际建议 R76-1:2006《非自动衡器　第1部分:计量和技术要求——测试》;OIML R76-2:2006《非自动衡器　第2部分:测试报告格式》。

本标准中的引用标准对已经有等同采用国际标准的国家标准被直接采用和注明,没有等同采用或没有对应的国家标准直接引用国际标准。

本标准和附录对非自动衡器的要求以及型式评定程序适用于受法制管理的衡器,非法制管理衡器也可以参照执行。

符合本标准要求的非自动衡器也可用于非法制管理要求的场合。

除附录H,本标准所有段落和图标及章节编号与 OIML R76-1 保持一致,附录H与 OIML R76-2 保持一致。

本标准的附录A、附录B、附录C、附录D、附录E、附录F、附录G、附录H均为规范性附录。

本标准由中国轻工业联合会提出。

本标准由全国衡器标准化技术委员会归口。

本标准起草单位:梅特勒托利多(常州)称重设备系统有限公司。

本标准参加起草单位:江苏赛摩拉姆齐技术有限公司、青岛衡器测试中心。

本标准主要起草人:王亚东、谢江、赵凤清。

本标准参加起草人:何福胜、王均国。

非 自 动 衡 器

T 术语、定义和标准

本标准中所使用的术语与《国际计量学基本词汇与通用术语》(VIM)[1]、《国际法制计量学词汇》(VIML)[2]、《计量器具 OIML 证书体系》[3]和其他相关 OIML 出版物一致。此外,下列定义适用于本标准。所有术语、定义和标准的检索见 T.8。

T.1 一般定义

T.1.1

衡器 weighing instrument

通过作用于物体上的重力来测定该物体质量的计量器具。

注:按照 OIML R 111 和 D 28 的定义,本标准描述的"质量"(或"重量值")适宜用于表述"折算质量"(也叫约定质量)或"在空气中称量结果的约定值"的含意,而"砝码"则更适宜用作为质量的代名词(即:实物量具),对其物理和计量特性均有明确的规定。

衡器也可以用于测定与确定的质量有关的其他量值、数量、参数或特性。

按其操作方式,衡器被分为自动衡器和非自动衡器。

T.1.2

非自动衡器 non-automatic weighing instrument

在称量过程中需要操作者的干预,以确定称量结果是否可接受的衡器。

注1:确定称量结果是否可接受包括由操作者对影响称量结果所采取的任何人为活动,诸如,当示值稳定时所采取的行动或调整称量载荷的质量,同时还包括对观察到的每一个称量结果的示值或给出的打印输出做出取舍的决定。在非自动称量过程中允许操作者在称量结果不能被接受的情况下,采取行动(调整载荷、单价,确定载荷是否可接受等)影响称量结果。

注2:在不能确定是否是非自动衡器或自动衡器的情形时,优先采用以下自动衡器标准中给出的定义替代上面注1来进行判断:

——GB/T 7721(或 OIML R50)《连续累计自动衡器》

——GB/T 11885(或 OIML R106)《自动轨道衡器》

——QB/T 1708(或 OIML R107)《非连续累计自动衡器》

——QB/T 2501(或 OIML R61)《重力式装料秤》

——OIML R51《Automatic Catchweighing Instruments》

——OIML R134《Automatic instruments for weighing road vehicles in motion》

非自动衡器可以是:

有分度或无分度,或;

自行指示、半自行指示或非自行指示。

注:在本标准里,将"非自动衡器"简称为"衡器"。

T.1.2.1

有分度衡器 graduated instrument

可以直接读出全部或部分称量结果的衡器。

T.1.2.2

无分度衡器 non-graduated instrument

不配备以质量为单位的数字分度的衡器。

T.1.2.3

自行指示衡器　self-indicating instrument

无需操作者干预即可获得平衡位置的衡器。

T.1.2.4

半自行指示衡器　semi-self-indicating instrument

具有一个自行指示的称量范围，该称量范围界限的改变由操作者干预方能实现的衡器。

T.1.2.5

非自行指示衡器　non-self-indicating instrument

完全由操作者来获得平衡位置的衡器。

T.1.2.6

电子衡器　electronic instrument

装有电子装置的衡器。

T.1.2.7

带价格标尺的衡器　instrument with price scales

采用价格图表或与单价范围有关的价格标尺指示付款额的衡器。

T.1.2.8

计价衡器　price-computing instrument

根据所指示的重量值和单价计算付款额的衡器。

T.1.2.9

价格标签衡器　Price-labelling instrument

为预包装物品打印出重量值，单价和付款额的计价衡器。

T.1.2.10

自助式衡器　self-service instrument

由顾客自行操作的衡器。

T.1.2.11

移动式衡器　mobile instrument

固定安装在车辆或嵌入车辆内的非自动衡器。

注1：车载固定式衡器是一台完整的衡器牢固安装在车辆上，并且是按特定用途设计的。

例如：安装在车辆上的邮政秤(移动邮局)。

注2：车载嵌入式衡器是利用车辆的局部作为衡器使用。

例如：垃圾秤、病床秤、运货托盘秤、叉车秤、轮椅秤。

T.1.2.12

便携式公路车辆衡器　portable instrument for weighing road vehicles

用来确定公路车辆总重的非自动衡器，无论承载器是一个整体或由几个部分组成，视为只有一个承载器，并且该衡器设计成便携式可移动的。

例如：便携式称量台、非自动轴重(或轮重)秤的组合。

注：本标准仅包括多称量台衡器以及由多个非自动轴重(或轮重)秤组合共同确定公路车辆总重的衡器，车辆所有轴(或轮)同时由承载器的合适部分所支撑。

T.1.2.13

分等衡器　grading instrument

根据称量结果所对应预先设定的质量范围，对价格或费率分等的非自动衡器。

例：邮政秤、垃圾秤。

T.1.3

衡器的指示值　indications of an instrument

由衡器提供的量值。(本标准后续的描述中将指示值简称为“示值”——编者注)

注：“示值”、“指示”或“标志”包括显示的和(或)打印的。

T.1.3.1

主要指示　primary indications

本标准要求的示值，信号和符号。

T.1.3.2

次要指示　secondary indications

主要指示以外的示值，信号和符号。

T.2

衡器结构　construction of an instrument

在本标准中，术语"装置"是使用任何方法执行某个特定功能的，与其实现机理无关，例如，通过一个机械装置或通过一个按键启动某个操作。装置可以是衡器的一个小部件，也可以是衡器的一个主要部分。

T.2.1

主要装置　main devices

T.2.1.1

承载器　load receptor

衡器用于承受载荷的部件。

T.2.1.2

载荷传递装置　load-transmitting device

衡器中将作用于承载器上载荷所产生的力传递到载荷测量装置的部件。

T.2.1.3

载荷测量装置　load-measuring device

衡器中借助平衡装置（平衡来自载荷传递装置的力）以及指示装置或打印装置，来测量载荷质量的部件。

T.2.2

模块　module

衡器中完成某种或多种特定功能的可识别部件，并且可以按相关标准所规定的计量和技术性能要求进行单独评价。衡器中的模块服从于规定的衡器局部误差限的要求。

注：衡器的典型模块（见图1）是：称重传感器、称重指示器、模拟或数字数据处理装置、称重模块、终端和主要显示器。

按本标准，可以对T.2.2.2到T.2.2.7所述的模块出具独立的型式批准证书。

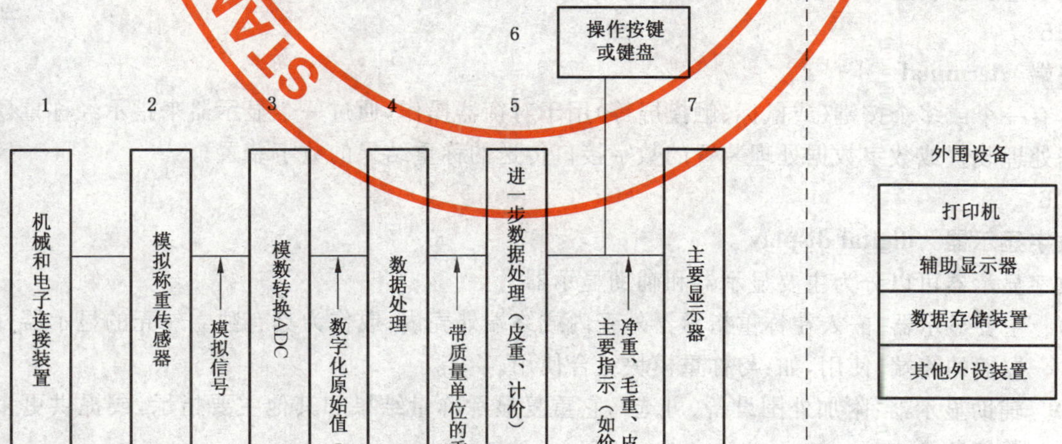

图1　按术语T.2.2和3.10.2定义的典型模块
（也可以有其他组合形式）

模拟称重传感器	(T.2.2.1)	2
数字式称重传感器	(T.2.2.1)	2 + 3 + (4)[a]
称重指示器	(T.2.2.2)	(3) + 4 + (5) + (6) + 7
模拟数据处理装置	(T.2.2.3)	3 + 4 + (5) + (6)
数字数据处理装置	(T.2.2.4)	(4) + 5 + (6)
终端	(T.2.2.5)	(5) + 6 + 7
主要显示器	(T.2.2.6)	7
称重模块	(T.2.2.7)	1 + 2 + 3 + 4 + (5) + (6)
a 括弧中的数字所代表的模块是可选的		

T.2.2.1

称重传感器　load cell[GB/T 7551]

在考虑了使用地点的重力加速度和空气浮力影响后，将被测量值(质量)转换成另一种被测量值(输出信号)，从而测量质量的力传感器。

注：配备了包括电子放大器和模-数转换(ADC)及数据处理装置(可选)等电子器件的称重传感器称为数字式称重传感器(见图1)。

T.2.2.2

称重指示器　indicator

衡器中对称重传感器的输出信号进行模-数转换(可选)和进一步数据处理，并以质量单位显示称重结果的电子装置。

T.2.2.3

模拟数据处理装置　analog data processing device

衡器中对称重传感器输出信号进行模-数转换和进一步数据处理，但无需显示所处理的数据，而是经数字接口以数字格式提供称重结果的电子装置。该装置可以选择设有一个或多个按键(或鼠标，触摸屏等)对衡器实施操作。

T.2.2.4

数字数据处理装置　digital data processing device

衡器中对数据作进一步处理但无需显示所处理的数据，而是经数字接口以数字格式提供称重结果的电子装置。该装置可以选择设有一个或多个按键(或鼠标、触摸屏等)对衡器实施操作。

T.2.2.5

终端　terminal

具有一个或多个按键(或鼠标、触摸屏等)用于对衡器操作，通过一个显示器来指示经称重模块或模拟数据处理装置或数字数据处理装置的数字接口传送的称重结果的数字装置。

T.2.2.6

数字显示器　digital display

数字显示器可以分为主要显示器和辅助显示器。

a) 主要显示器：嵌入在称重指示器外壳内或终端外壳内，或作为具有独立外壳的显示器(即：不带按键的终端)使用，如：与称重模块组合使用。

b) 辅助显示器：附加外围设备(可选)，它重复显示称量结果和其他主要指示，或提供更多的非计量信息。

注：术语“主要显示器”和“辅助显示器”不应与“主要指示”和“次要指示”(T.1.3.1和T.1.3.2)相混淆。

T.2.2.7

称重模块　weighing module

包括衡器所有机械和电子装置(即：承载器、载荷传递装置，称重传感器和模拟数据处理装置或数字数据处理装置)部分,但不包括称量结果显示器。称重模块可以选择多个装置对衡器做进一步的(数字)数据处理和操作。

T.2.3 电子部件

T.2.3.1

电子装置 electronic device [OIML D11:2004]

由电子组件构成并实现某一特定功能的装置。

电子装置通常被制成一个独立的单元,并能被单独地测试。

注:上述定义的电子装置可以是一台完整的衡器(例如:用于直接向公众售货的衡器)、一个模块(如:称重指示器、模拟数据处理装置、称重模块)或一台外围设备(如:打印机、辅助显示器)。

T.2.3.2

电子组件 electronic sub-assembly [OIML D11:2004]

电子装置的一部分,由电子元件组成,自身有明确的功能。

例如:模-数(A/D)转换器,显示器。

T.2.3.3

电子元件 electronic component [OIML D11:2004]

在半导体、气体或真空器件中,利用电子或空穴导电的最小物理实体。

如:电子管、晶体管、集成电路。

T.2.3.4

数字装置 digital device

只执行数字功能并提供数字化输出或显示的电子装置。

例如:打印机、主要显示器或辅助显示器、键盘、终端、数据存储装置、个人计算机。

T.2.3.5

外围设备 peripheral device

一种附加装置,它重复或进一步处理称量结果和其他主要指示。

例如:打印机、辅助显示器、键盘、终端、数据存储装置、个人计算机。

T.2.3.6

保护性接口 protective interface

一种接口(硬件以及/或软件),只允许数据传入衡器、模块或电子部件的数据处理装置,而不能:

——显示那些没有清楚定义,从而误认作为称量结果的数据;

伪造显示的、处理的或存储的称量结果或主要指示;

——调整衡器或改变调整因子,除非是使用与衡器组合在一起的装置和规定的调节程序或者是使用外置调节砝码对Ⅰ级衡器进行调整时。

T.2.4

(衡器的)显示装置 displaying device(of a weighing instrument)

以可视形式提供称重结果的装置。

T.2.4.1

显示器件 displaying component

显示平衡和(或)结果的器件。

衡器上只有一个平衡位置时,该器件仅显示平衡。

衡器上有多个平衡位置时,该器件既显示平衡也显示称量结果。

T.2.4.2

标尺标记 scale mark

显示器件上对应于规定的质量值的刻线或其他标记。

T.2.5 辅助指示装置

T.2.5.1

游码 rider

放置并游动于与梁相连的刻度杆上或梁自身上可拆卸的小质量块。

T.2.5.2

插值读数装置(游标尺或副标尺) device for interpolation of reading(vernier or nonius)

无须专门调整即可对衡器刻度进行细分,且与显示器件相连接的装置。

T.2.5.3

补充显示装置 complementary displaying device

能够估计标尺标记和显示器件之间的距离所对应的质量值的可调装置。

T.2.5.4

带有微分标尺分度的指示装置 indicating device with a differentiated scale division

小数点后最后一位数字形式明显区别与其他位置上数字的数字指示装置。

T.2.6

扩展显示装置 extended displaying device

根据手动指令,将衡器的实际分度值(d)暂时转换为小于检定分度值(e)的装置。

T.2.7

辅助装置 supplementary devices

T.2.7.1

水平调节装置 levelling device

将衡器调整到标准位置的装置。

T.2.7.2

置零装置 zero-setting device

当承载器上无载荷时,将示值设置到零的装置。

T.2.7.2.1

非自动置零装置 non-automatic zero-setting device

由操作者手动调节将示值置零的装置。

T.2.7.2.2

半自动置零装置 semi-automatic zero-setting device

在操作者给出手动命令后,衡器能自动将示值置零的装置。

T.2.7.2.3

自动置零装置 automatic zero-setting device

无须操作者干预,衡器能将示值自动置为零的装置。

T.2.7.2.4

初始置零装置 initial zero-setting device

衡器接通电源时,并在准备使用前将示值自动置为零的装置。

T.2.7.3

零点跟踪装置 zero-tracking device

自动将零点示值保持在一定界限内的装置。

T.2.7.4

皮重装置 tare device

当承载器上有载荷时,将示值置为零的装置:

——不改变净载荷的称量范围(添加皮重装置),或

——减少净载荷的称量范围(扣除皮重装置)。

按功能皮重装置可以是:

——非自动皮重装置(由操作者手动平衡皮重载荷);

——半自动皮重装置(给出一个手动命令自动地平衡皮重载荷);

——自动皮重装置(无须操作者干预能自动地平衡皮重载荷)。

T.2.7.4.1

皮重平衡装置　tare-balancing device

当衡器加载皮重载荷后,能平衡该载荷但不指示皮重示值的皮重装置。

T.2.7.4.2

皮重称量装置　tare-weighing device

无论衡器是否被加载,保存皮重值并能显示或打印皮重值的皮重装置。

T.2.7.5

预置皮重装置　preset tare device

从毛重或净重值中减去预置皮重值,并能指示计算结果的装置,因此将相应减小净重的称量范围。

T.2.7.6

锁定装置　locking device

使衡器的全部或部分功能固定不动的装置。

T.2.7.7

辅助检定装置　auxiliary verification device

能够对衡器的一个或多个主要装置实施单独检定的装置。

T.2.7.8

承载器和载荷测量装置的选择装置　selection device for load receptors and load-measuring devices

无论是否使用中间载荷传递装置,用于连接一个或多个承载器与一个或多个载荷测量装置的选择装置。

T.2.8

软件　software

T.2.8.1

法定相关软件　legally relevant software

属于衡器或模块的程序、数据、型式特定和装置特定参数,以及满足法制管理所规定或执行的功能。

例如:测量的最终结果,即毛重、净重和皮重/预置皮重值(包括小数点符号和单位),称量范围和承载器标识(如果使用多个承载器)、软件标识。

T.2.8.2

法定相关参数　legally relevant parameter

法制管理计量器具或模块的参数。法定相关参数的类型可以区分为:型式特定参数和装置特定参数。

T.2.8.3

型式特定参数　type specific parameter

法定相关参数的值仅取决于衡器的型式,型式特定参数是法定相关软件的一部分,它们是在衡器型式批准时被确定的。

例如:用于重量计算的参数、稳定性分析、价格计算和化整,软件标识。

T.2.8.4

装置特定参数　device-specific parameter

法定相关参数的值仅取决于衡器本身,装置特定参数包含校正参数(如量程调整、其他调整或修正)

和配置参数(如最大秤量、最小秤量、计量单位等)。它们的调整或选择只有在衡器特定的操作模式下才能进行,装置特定参数可以分为受保护(不得更改)和授权者可访问(可调整参数)两类。

T.2.8.5

测量数据长期存储　long-term storage of measurement data

出于日后法定相关目的,对现有完成测量后的数据进行保存(如,顾客不在场时确定的用于日后贸易结算、或国家立法和规定的特殊应用的量)。

T.2.8.6

软件标识　software identification

一个由可读的软件序列号且与该软件有密不可分的对应关系(如版本号、校验和)。

T.2.8.7

软件分割　software separation

软件可以明确分割为法定相关和非法定相关软件。如软件不分割则认为整个软件是法定相关的。

T.2.9

计量相关　metrologically relevant

衡器的任何装置,模块、部件、器件或功能,只要影响称量结果或任何其他主要指示,就认为是计量相关的。

T.3　衡器的计量特性

T.3.1　秤量

T.3.1.1

最大秤量　maximum capacity(*Max*)

不考虑添加皮重的最大称重能力。

T.3.1.2

最小秤量　minimum capacity(*Min*)

小于该载荷值时,称量结果可能产生过大的相对误差。

T.3.1.3

自行指示秤量　self-indication capacity

无操作者干预,衡器即可获得平衡的秤量。

T.3.1.4

称量范围　weighing range

最小秤量和最大秤量之间的范围。

T.3.1.5

自行指示的扩展区间　extension interval of self-indication

在称量范围内能对自行指示示值予以扩展的范围。

T.3.1.6

最大皮重效果　maximum tare effect($T=+\cdots$,$T=-\cdots$)

添加皮重装置或扣除皮重装置的最大能力。

T.3.1.7

最大安全载荷　maximum safe load(*Lim*)

在衡器的计量性能不发生永久性改变的前提下,衡器所能承受的最大静态载荷。

T.3.2　标尺分度

T.3.2.1

标尺间距(模拟指示衡器)　scale spacing(instrument with analog indication)

标尺上任意两个相邻标尺标记之间的距离。

T. 3. 2. 2

实际分度值　actual scale interval *d*

以质量单位表示的值：

——对模拟指示，是指两个相邻标尺标记对应值的差，或

——对数字指示，是指相邻两个示值的差。

T. 3. 2. 3

检定分度值　verification scale interval *e*

用于对衡器准确度分级和检定，以质量单位表示的值。

T. 3. 2. 4

数码标尺间隔　scale interval of numbering

相邻两个标有数字的标尺标记之间的差值。

T. 3. 2. 5

检定分度数　number of verification scale intervals *n*

最大秤量和检定分度值的商。

$$n = Max/e$$

T. 3. 2. 6

多分度衡器　multi-interval instrument

衡器只有一个称量范围，该范围被分成几个具有不同分度值的局部称量范围，根据所加载荷的增加和减少自动确定局部称量范围。

T. 3. 2. 7

多范围衡器　multiple range instrument

对于同一载荷承载器，衡器有两个或两个以上的称量范围，它们具有不同的最大秤量和不同的分度值，每个称量范围均从零到其对应的最大秤量。

T. 3. 3

缩比　reduction ratio *R*

载荷传递装置的缩比 R 为

$$R = F_M/F_L$$

式中：

F_M——作用在载荷测量装置上的力；

F_L——作用在载荷承载器上的力。

T. 3. 4

型式　type

衡器或模块（包括衡器的族或模块的族）的最终类型，影响计量特性的所有部件已被明确定义。

T. 3. 5

族　family［OIML B 3:2003］

可识别的且属于相同制造形式的衡器和模块的组，相对于测量，它们具有相同的设计特点和相同的计量原理（举例：同一类型的指示器、相同类型设计的传感器和相同类型设计的载荷传递装置），但它们可以具有某些不同的计量和技术性能特性（如：最大秤量 Max，最小秤量 Min，衡器分度值 d，检定分度值 e，准确度等级等）。

族概念的主要目的在于减少型式检验时的测试要求。在一份证书里，不排除列出一个以上族的可能性。

T.4 衡器的计量性能

T.4.1

灵敏度　sensitivity

对一个给定被测质量，是观察变量 l 的变化量 Δl 与被测质量 m 相对应变化量 Δm 的商。

T.4.2

鉴别力　discrimination

衡器对载荷微小变化的反应能力。

对于给定载荷的鉴别力阈是下述的最小附加载荷的值，当此载荷轻缓地放到承载器上或从承载器上取走时，能使示值产生一个可察觉得到的变化。

T.4.3

重复性　repeatability

在相对恒定测试条件下，当同一载荷以同样方法多次加载到承载器上时，衡器提供的称重结果一致性的能力。

T.4.4

耐久性　durability

衡器在规定的使用周期内，保持其性能特性不变的能力。

T.4.5

预热时间　warm-up time

衡器从接通电源起的瞬间到它符合本标准要求时所经历的时间。

T.4.6

最终重量值　final weight value

衡器在完全静止和平衡，且没有对示值产生影响的干扰存在时所获得的重量值。

T.5 示值和误差

T.5.1

指示方式　methods of indication

T.5.1.1

砝码配平　balancing by weights

平衡载荷使用的计量受控砝码的值(考虑载荷的缩减比)。

T.5.1.2

模拟示值　analog indication

能够以分度值的分数来评价平衡位置的示值。

T.5.1.3

数字示值　digital indication

标尺标记由依次排列的数字组成，不能用以分度值的分数进行插值的示值。

T.5.2

称量结果　weighing results

注：5.2 的定义仅适用于衡器在加载前的示值已被置零。

T.5.2.1

毛重值 G 或 B　gross value G or B

皮重装置或预置皮重装置不运行时，衡器上载荷的重量示值。

T.5.2.2

净重值　net value N

皮重装置运行后，衡器上载荷的重量示值。

T.5.2.3

皮重值　tare value *T*

由皮重称量装置确定的载荷重量值。

T.5.3　其他重量值

T.5.3.1

预置皮重值　preset tare value *PT*

预先输入到衡器中代表重量的数值。旨在用于其他不单独确定皮重时的称重。

"输入"方法包括:按键输入、从数据存储装置中调入、或通过接口输入。

T.5.3.2

计算净重值　calculated net value

称得的重量(毛重或净重)值与预置皮重值之间的差值。

T.5.3.3

计算重量值　calculated weight value

一个以上称重值与(或者)计算净重值间的和或是差。

T.5.4　读数

T.5.4.1

简单并列读数　reading by simple juxtaposition

把给出称量结果的相邻数字简单地并列起来,无需计算,直接读取称量结果。

T.5.4.2

读数总不准确度　overall inaccuracy of reading

模拟指示衡器读数的总不准确度等于在正常使用条件下几个观察者对同一示值读数的标准偏差。

按惯例对称量结果至少应进行十次读数。

T.5.4.3

数字示值的化整误差　rounding error of digital indication

数字示值与衡器假定以模拟示值给出的结果间的差。

T.5.4.4

最小读数距离　minimum reading distance

在正常使用条件下,观察者能自由地接近显示装置进行读数的最短距离。

如果在显示装置前方至少有0.8米的空旷区域,可以认为观察者是可以自由接近的。(见图2)

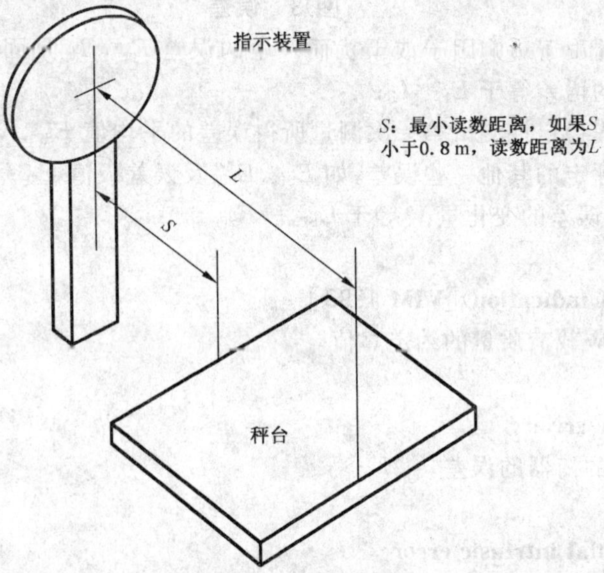

图2　读数距离

T.5.5 误差

m——被称质量

E——示值误差(T.5.5.1)

mpe_1——首次检定最大允许误差

mpe_2——使用中最大允许误差

C——标准条件下的特性曲线

C_1——在有影响因子或干扰期间的特性曲线

为了方便图示,假设影响因子或干扰对衡器特性的影响是恒定的

E_{SP}——量程稳定性测试期间评估出的示值误差

I——固有误差(T.5.5.2)

V——量程稳定性测试期间示值误差的变化量

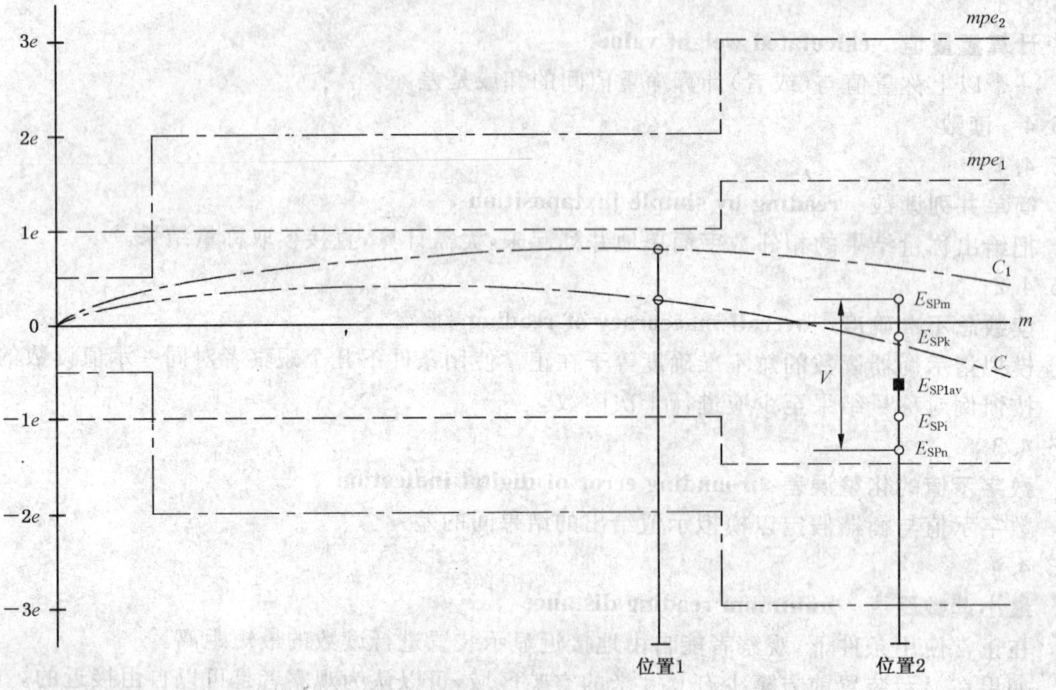

图 3 误差

位置 1——表示衡器由于影响因子或干扰而产生的误差 E_1。I_1 是固有误差。由影响因子或干扰所产生的增差等于 E_1-I_1;

位置 2——表示量程稳定性测试第一次测量所得误差的平均值 E_{SP1av},所有量程稳定性测试期间不同时刻评定的其他一些误差,如 E_{SPi}、E_{SPk} 及误差极值 E_{SPm} 和 E_{SPn},在量程稳定性测试期间,示值误差的变化量 V 等于 $E_{SPm}-E_{SPn}$。

T.5.5.1

示值误差 error(of indication)[VIM 1993]

衡器的示值减去相应载荷质量的约定真值。

T.5.5.2

固有误差 intrinsic error

在标准条件下确定的衡器的误差。

T.5.5.3

初始固有误差 initial intrinsic error

在性能测试和量程稳定性测试前所确定的衡器的固有误差。

T.5.5.4

最大允许误差　maximum permissible error(*mpe*)

衡器处于标准位置且在空载时调至零,在使用参考标准质量或标准砝码所确定的示值与相应真值之间的差时,技术法规所允许的正的或负的最大差值。

T.5.5.5

增差　fault

衡器的示值误差与固有误差之差。

注:原则上,增差是电子衡器内部或经由电子衡器的数据非意愿变化而造成的。

T.5.5.6

显著增差　significant fault

大于 *e* 的增差。

注:对于多分度衡器,*e* 的值是与局部称量范围对应的。

以下情况不认为是显著增差,即便它们超过 *e*:

——在衡器内部同时发生的,且由相互独立的诸个原因引起的增差;

——无法进行任何测量的增差;

——其严重程度足以引起关注测量结果人员注意的增差;或

——由于示值瞬间变化而引起的暂时性增差,且无法作为测量结果解释、存储或传输。

T.5.5.7

耐久性误差　durability error

衡器初始固有误差与经过一个时期使用后固有误差之间的差。

T.5.5.8

显著耐久性误差　significant durability error

大于 *e* 的耐久性误差。

注1:耐久性误差可以是由于机械磨损或电子器件老化引起的。显著耐久性误差的概念只适用于电子部件。

注2:对于多分度衡器,*e* 值与局部称量范围对应。

以下情况不认为是显著耐久性误差,即便它们的值超过 *e*:

衡器经一使用期后产生的误差,如果它们显然是装置或元器件的失效所引起的,或是由干扰产生的结果,即便它们的值超过 *e* 但具有以下情况时不认为是显著耐久性误差:

——无法作为称量结果解释、存储或传输

——不可能进行任何测量,或

——非常明显的错误,其程度足以引起关注测量结果人员的注意。

T.5.5.9

量程稳定性　span stability

在使用周期内,衡器最大秤量示值与零点示值之间的差值维持在规定限值内的能力。

T.6　影响量与标准条件

T.6.1

影响量　influence quantity

不属于测量对象,但影响衡器称量值或指示的量。

T.6.1.1

影响因子　influence factor

量值在衡器规定的额定工作条件内的一种影响量。

T.6.1.2

干扰 disturbance

量值在本标准规定的极限值之内的影响量，但不属于衡器规定的额定工作条件。

T.6.2

额定工作条件 rated operating conditions

衡器的使用条件，规定了各影响量的数值范围，在该范围内衡器的计量特性应满足最大允许误差要求。

T.6.3

标准条件 reference conditions［VIM 1993］

为了保证测量结果能有效地相互比较而设立的一组影响因子的规定值。

T.6.4

标准位置 reference position

经调整后衡器正常工作时的位置。

T.7

性能测试 performance test

检测被试设备(EUT)是否有能力履行其预期功能的一种试验。

T.8 术语定义索引

括号内数字是对应于本标准的参考章节号

T.9 缩略词和符号

本标准涉及的计量术语也是技术和物理术语，因此，不排除缩略词和符号的不明确，然而下列解释将消除由此产生的所有混淆。

α	电缆材料电阻率的温度系数	C.3.3.2.4
ρ	电缆材料规定的电阻率	C.3.3.2.4
A	称重传感器准确度等级	F.2,表 F.1,F.4
A	电缆芯线横截面	C.3.3.2.4,F.1,F.4
AC	交流电	3.9.3
A/D	模-数转换	T.2.2
ADC	与模拟单元相关，包括模-数转换	T.2.2　图 1,5.5.2.1　表 11
B	称重传感器准确度等级	F.2　表 F.13,F.4
B	毛重值	T.5.2.1,4.6.11
C	称重传感器等级	F.2　表 F.1,F.4
C	打印时计算值重量的标记	4.6.11
C	称重传感器额定输出	F.2,F.4
CH	称重传感器附加等级：经交变湿热试验	3.10.4.1,F.2,R60:4.6.5.2
CRC	循环冗余码校验	5.5.3.3
d	衡器实际分度值	T.3.2.2,T.2.6,6.9.3
D	称重传感器准确度等级	F.2　表 F.13,F.4
DC	直流电	3.9.3 等
DL	承载器静载荷	F.1,F.2.5,F.4
DR	静载荷恢复	F.2,F.4
DSD	数据存储装置	5.5.3
e	检定分度值	T.2.6,3.1.2,3.2,4.2.2.1
e_1,e_i,e_r	检定分度值，及标注规则	3.2,F.1,F.4
E	示值误差	T.5.5.1,图 3,A.4.4.3
E_{in}	固有误差	T.5.5　图 3
E_{max}	称重传感器最大容量	F.2,F.4
E_{min}	称重传感器最小静载荷	F.2,F.4
EMC	电磁兼容	B.3.7
EUT	被试设备	T.7,3.10.4,B…
G	毛重值	T.5.2.1,4.6.11
i	变量指针	3.3
i,i_x	标尺间距	T.3.2.1,4.3.2,6.2.2.2
i_0	最小标尺间距	4.3.2,6.9.3
I	指示的重量值	A.4.4.3(误差评价),A.4.8.2

I/O	输入/输出	B.3.2
IZSR	初始置零范围	F.1,F.4
k	指数变量	3.4.2,4.2.2.1
l,L	电缆长度	C.3.3.2.4,F.1,F.4
L	读数距离	T.5.4.4,4.3.2
L	载荷	A.4.4.3(误差评价)
LC	称重传感器	F…
Lim	最大安全载荷	7.1.2
m	质量	3.5.1
Max	衡器最大秤量	T.3.1.1,F.1,F.4
Max_1,Max_i,Max_r	最大秤量,及标注规则	3.2,F.1,F.4
Min	衡器最小秤量	T.3.1.2
mpe	最大允许误差	T.5.5,T.5.5.4,3.5 等
n,n_i	检定分度数	T.3.2.5,F.4
n_{max}	最大检定分度数	3.10.4.6
n_{WI}	衡器最大检定分度数	F.1,F.4
n_{ind}	称重指示器最大检定分度数	F.3,F.4
n_{LC}	称重传感器最大检定分度数	F.2,F.4
N,*NET*,*Net*,*net*	净重值	T.5.2.2,4.6.5,4.6.11
N	称重传感器数量	F.1,F.4
NH	称重传感器附加等级:无湿度试验	3.10.2.4,F.2,R60:4.6.5.1
NUD	不均匀分布载荷修正	F.1,F.4
p,p_i	最大允许误差分配系数	3.10.2.1
p_{ind},p_{LC},p_{con}	称重指示器、称重传感器和传递单元最大允许误差系数	3.10.2.1,F.4
P	化整前示值	A.4.4.3(误差评估)
P	付款额	4.14.2
PLU	单价查询(单价,存储)	4.13.4
PT	预置皮重	T.2.7.5,4.7
Q	修正因子	F.1,F.4
R	载荷传递装置缩比	T.3.3
R_{cable}	电缆单芯电阻	C.3.3.2.4
R_L,R_{Lmin},R_{Lmax}	称重指示器负载阻抗	F.3,F.4
R_{LC}	称重传感器输入阻抗	F.2,F.4
SH	称重传感器附加等级:经恒定湿热试验	3.10.2.4,F.2,R60:4.6.5.3
T	皮重值	T.5.2.3,4.6.5,4.6.11
T^+	添加皮重	7.1.2
T^-	扣除皮重	7.1.2

T_{min}，T_{max}	温度范围的下限值，温度范围的上限值	C.3.3.2.4
u_m	测量单位	2.1,4.12.1
Δu_{min}	每个检定分度值对应的最小输入电压	C.2.1.1,F.3,F.4
U	单价	4.12.2
U	供电电源额定电压	3.9.3,A.5.4
U_{min}，U_{max}	供电电源电压范围的下限值和上限值	3.9.3,A.5.4
U_{exc}	称重传感器激励电压	F.1,F.4
U_{min}	称重指示器最小输入信号电压	F.3,F.4
U_{MRmin}	称重指示器测量电压范围最小值	F.3
U_{MRmax}	称重指示器测量电压范围最大值	F.3
V_{min}	称重传感器最小检定分度值	F.2,F.4
V	误差变化	图3
W	重量	4.14.2
W1,W2	衡器1,衡器2	7.1.4
WI	衡器	F.1
WR	称量范围	F
Y	称重传感器最大秤量与最小检定分度值的比：$Y=E_{max}/V_{min}$	F.2,F.4
Z	称重传感器最大秤量与2倍的最小静载荷输出恢复的比：$Z=E_{max}/(2DR)$	F.2,F.4

STANDARDS PRESS OF CHINA

非 自 动 衡 器

1 适用范围

本标准规定了受政府机构计量管理的非自动衡器的计量要求和技术要求。

本标准旨在对非自动衡器提出标准化的要求和测试程序，以便用统一的和可溯源的方法来评定其计量特性和技术性能。

2 标准的原则

2.1 计量单位

衡器使用的质量单位是：

——千克，kg；

——毫克，mg；

——克，g；和

——吨，t。

对于特殊应用，如：宝石贸易，可以用米制克拉(1克拉＝0.2克)作为衡器的计量单位，克拉的符号是ct。

2.2 计量要求的原则

本标准的要求适用于所有的非自动衡器，与衡器采用的测量原理无关。

衡器依据下列参数划分等级：

——检定分度值，表示绝对准确度；和

——检定分度数，表示相对准确度。

最大允许误差在量级上与检定分度值相同。它们适用于毛重载荷以及当皮重装置运行时也适用于净重载荷。最大允许误差不适用于预置皮重运行时的计算净重值。

规定的最小秤量(*Min*)是指衡器在该值以下使用时，很可能出现较大的相对误差。

2.3 技术要求的原则

通用技术要求适用于各种类型的衡器，无论是机械的、电子的，还是对特殊用途衡器按附加要求增补的或改装的，或按特种技术设计的。技术要求旨在规定衡器的性能，并非规定衡器的设计，因此并不阻碍技术的发展。

须特别说明的是，本标准未包括的电子衡器的功能，只要不妨碍计量要求并且在满足使用要求的同时符合计量管理要求，任何功能都允许设置。

提供的测试程序用于确定衡器与本标准要求间的符合性，应采用该测试程序和相应的测试报告格式(附录-H或R76-2)，促进计量管理机构相互间对测试结果的交换和认可。

2.4 要求的适用性

本标准的要求适用于所有执行相应功能的装置，无论其是与衡器组成一体的或是作为独立单元制造的。

例如：载荷测量装置；
显示装置；
打印装置；
预置皮重装置；
价格计算装置。

然而,这些装置因特殊应用不与衡器组合使用时,由国家另行立法规定而不受本标准要求制约。

2.5 术语

章节 T 给出的名词术语应视为是本标准的一部分。

3 计量要求

3.1 分级原则

3.1.1 准确度等级

衡器的准确度等级及符号[a] 见表 1。

表 1 准确度等级符号

名称	标注在衡器上的符号	标准中使用的名称
特种准确度	(Ⅰ)	Ⅰ
高准确度	(Ⅱ)	Ⅱ
中准确度	(Ⅲ)	Ⅲ
普通准确度	(Ⅲ̄Ⅰ)	Ⅲ̄Ⅰ

a 准确度等级符号允许使用任意椭圆,或由两条水平线与两个半圆相连的椭圆,不得采用圆,因为,按 OIML R 34 "计量器具的准确度等级"的规定,圆形标记用于最大允许误差以恒定相对误差(%)表示的计量器具的准确度等级。本标准文字描述中使用的等级命名不要求用整个圆围住数字。

3.1.2 检定分度值

表 2 给出了不同类型衡器的检定分度值。

表 2 检定分度值

衡器的类型	检定分度值
有分度衡器,无辅助指示装置	$e=d$
有分度衡器,有辅助指示装置	e 由制造商根据 3.2 和 3.4.2 的要求选择
无分度衡器	e 由制造商根据 3.2 的要求选择

3.2 衡器分级

表 3 给出了检定分度值、检定分度数和最小秤量与衡器准确度等级的关系。

表 3 衡器分级

准确度等级	检定分度值 e	检定分度数 $n=Max/e$		最小秤量(下限)
		最小	最大	
特种(Ⅰ)	0.001 g$\leqslant e$[a]	50 000[b]	—	100e
高(Ⅱ)	0.001 g$\leqslant e \leqslant$0.05 g	100	100 000	20e
	0.1 g$\leqslant e$	5 000	100 000	50e
中(Ⅲ)	0.1 g$\leqslant e \leqslant$2 g	100	10 000	20e
	5 g$\leqslant e$	500	10 000	20e
普通(Ⅲ̄Ⅰ)	5 g$\leqslant e$	100	1 000	10e

a 因测试载荷的不确定度原因,一般不宜对 $e<1$ mg 的衡器进行测试和检定。

b 见 3.4.4 的例外。

对用于确定运输费率或运资(如邮政秤和垃圾秤)的分等衡器,最小秤量可以减小到5e。

多范围衡器,检定分度值为 e_1、e_2、…、e_r,且有 $e_1 < e_2 < \cdots < e_r$。下脚注同样也适用于 Min,n 和 Max。

多范围衡器的每一称量范围可视为单一称量范围衡器。

对于已在衡器上清楚标注了特殊应用的衡器,一台衡器可以兼有Ⅰ级称量范围和Ⅱ级称量范围,或Ⅱ级称量范围和Ⅲ级称量范围。就整机而言,在3.9规定的要求中衡器应执行两种等级要求较为严格的一个。

3.3 多分度衡器的附加要求

3.3.1 局部称量范围

对每个局部称量范围(i=1,2…)规定为:

检定分度值:e_i,$e_{i+1} > e_i$;

最大秤量:Max_i,且

最小秤量 $Min_i = Max_{i-1}$(i=1时,最小秤量 $Min_1 = Min$)。

每个局部称量范围的检定分度数 n_i 等于 Max_i/e_i。

3.3.2 准确度等级

根据衡器准确度等级,每个局部称量范围的检定分度值 e_i 和检定分度数 n_i 以及最小秤量 Min_1 应符合表3给出的要求。

3.3.3 局部称量范围的最大秤量

根据衡器的准确度等级,除最后局部称量范围外应符合表4规定的要求。

表4 局部称量范围

等级	Ⅰ	Ⅱ	Ⅲ	Ⅲ
Max_i/e_{i+1}	≥50 000	≥5 000	≥500	≥50

多分度衡器举例:

最大秤量　Max=2/5/15 kg　准确度等级Ⅲ

检定分度值　e=1/2/10 g

该衡器有一个最大秤量 Max 和一个从 Min=20 g 到 Max=15 kg 的称量范围。局部称量范围为:

Min=20 g,　Max_1=2 kg,　e_1=1 g,　n_1=2 000

Min_2=2 kg,　Max_2=5 kg,　e_2=2 g,　n_2=2 500

Min_3=5 kg,　Max_3=Max=15 kg,　e_3=10 g,　n_3=1 500

首次检定最大允许误差(mpe)(见3.5.1):

对　m=0 g到500 g　mpe=±0.5e_1　=±0.5 g

对　m>500 g到2 000 g　mpe=±1e_1　=±1 g

对　m>2 000 g到4 000 g　mpe=±1e_2　=±2 g

对　m>4 000 g到5 000 g　mpe=±1.5e_2　=±3 g

对　m>5 000 g到15 000 g　mpe=±1e_3　=±10 g

因某些影响因子的影响时,无论示值如何变化,其变化被限制在 e 的若干分子几或若干倍。对于多分度衡器这意味着 e 是由施加的载荷确定的,特别是在零或接近零载荷时 $e = e_1$。

3.3.4 带皮重装置的衡器

对每个可能的皮重值,多分度衡器的称量范围要求适用于净重载荷。

3.4 辅助指示装置

3.4.1 类型和应用

只有Ⅰ和Ⅱ级衡器可以配备辅助指示装置,该装置可以是:

——配游码的装置;

——插值读数装置；

——补充显示装置(见图 4)；或

——有微分标尺分度的指示装置(见图 5)。

这些装置只许出现在小数点符号的右边。

多分度衡器不允许配备辅助指示装置。

注：扩展显示装置(见 T.2.6 和 4.4.3)不认为是辅助指示装置。

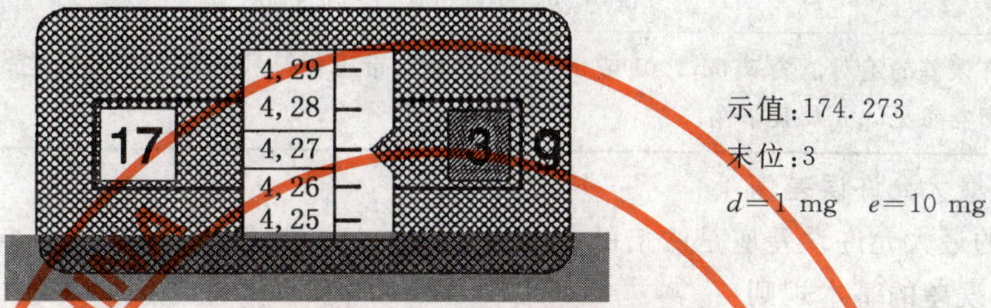

图 4　补充显示装置举例

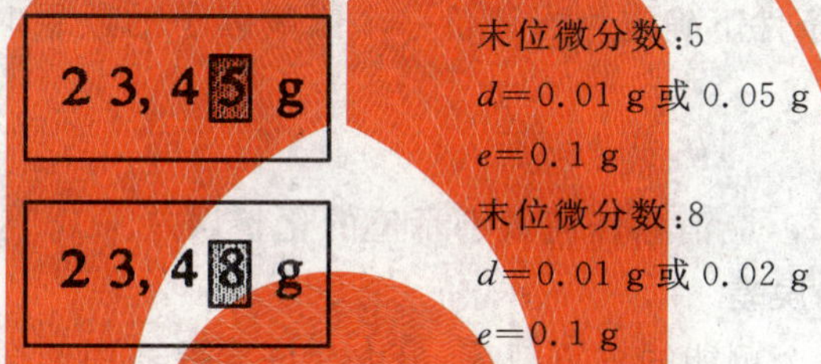

图 5　带有微分标尺分度指示装置举例

3.4.2　检定分度值

检定分度值 e 由下列表达式确定：

$$d < e \leqslant 10d \text{［见表 5a)］}$$

$$e = 10^k \text{ kg}$$

k 是正整数、负整数或零(自行指示和半自行指示衡器见 4.2.2.1)。

表 5a)　按本规则计算 e 值举例

$d=$	0.1 g	0.2 g	0.5 g
$e=$	1 g	1 g	1 g
$e=$	$10d$	$5d$	$2d$

此要求不适用于 $d<1$ mg 的Ⅰ级衡器，对 $d<1$ mg 的Ⅰ级衡器如下表所示。

表 5b)　$d<1$ mg 的 e 值举例

$d=$	0.01 mg	0.02 mg	0.05 mg	<0.01 mg
$e=$	1 mg	1 mg	1 mg	1 mg
$e=$	$100d$	$50d$	$20d$	$>100d$

3.4.3　最小秤量

衡器的最小秤量应符合表 3 要求。但表 3 中最后一列检定分度值 e 应使用实际分度值 d 替代。

3.4.4　最小检定分度数

对于 $d<0.1$ mg 的Ⅰ级衡器，n 可以小于 50 000。

3.5　最大允许误差

3.5.1　首次检定最大允许误差值

表 6 给出了加载或卸载时的最大允许误差。

STANDARDS PRESS OF CHINA

表 6　最大允许误差

首次检定最大允许误差	用检定分度值 e 表示的载荷 m			
	Ⅰ级	Ⅱ级	Ⅲ级	Ⅲ级
$\pm 0.5e$	$0 \leqslant m \leqslant 50\ 000$	$0 \leqslant m \leqslant 5\ 000$	$0 \leqslant m \leqslant 500$	$0 \leqslant m \leqslant 50$
$\pm 1.0e$	$50\ 000 < m \leqslant 200\ 000$	$5\ 000 < m \leqslant 20\ 000$	$500 < m \leqslant 2\ 000$	$50 < m \leqslant 200$
$\pm 1.5e$	$200\ 000 < m$	$20\ 000 < m \leqslant 100\ 000$	$2\ 000 < m \leqslant 10\ 000$	$200 < m \leqslant 1\ 000$

注 1：最大允许误差的绝对值为 $0.5e$，$1.0e$ 或 $1.5e$，即它是不带正负符号的最大允许误差的值。

注 2：多分度衡器参见 3.3 及其举例。

3.5.2　使用中的最大允许误差值

使用中衡器的最大允许误差应是两倍的首次检定最大允许误差(见 8.4.2)。

3.5.3　确定各种误差的基本规则

3.5.3.1　影响因子

各种误差应在正常测试条件下确定。当评价一个影响因子的效果时，其他所有影响因子应保持相对恒定并接近于正常值。

3.5.3.2　化整误差的消除

如果实际分度值大于 $0.2e$，应消除任何数字示值的化整误差。

3.5.3.3　净重值的最大允许误差

除了预置皮重值外，对每个可能的皮重载荷，最大允许误差适用于净重值。

3.5.3.4　皮重称量装置

对任一皮重值而言，皮重称量装置的最大允许误差与衡器在相同载荷值下的最大允许误差相同。

3.6　称量结果间的允许误差

不管允许称量结果怎样变化，任何单次称量结果的自身误差应不超过给定载荷下的最大允许误差。

3.6.1　重复性

同一载荷多次称量结果之间的差异不应大于衡器在该载荷下最大允许误差的绝对值。

3.6.2　偏载

按 3.6.2.1 至 3.6.2.4 要求对衡器进行测试时，同一载荷在不同位置的示值应符合最大允许误差的要求。

注：如果衡器设计为可以用不同方法加载，那么进行以下一种以上的测试是合适的。

3.6.2.1　除下述特殊规定外，施加的载荷相当于最大秤量与相应的最大添加皮重效果之和的 1/3。

3.6.2.2　对承载器的支承点数为 n，且 $n>4$ 的衡器，每个支撑点施加的载荷应相当于最大秤量与最大添加皮重值之和的 $1/(n-1)$。

3.6.2.3　对衡器的承载器承受很小偏心载荷时(如料罐，料斗等)，每个支承点上施加的测试载荷应相当于最大秤量与最大添加皮重量之和的 1/10。

3.6.2.4　对用于称量滚动载荷的衡器(如车辆衡，轨道悬挂衡器)，应在承载器不同位置上施加测试载荷，它相当于常用最大集中滚动载荷，但应不大于最大秤量与最大添加皮重之和的 0.8 倍。

3.6.3　多指示装置

对给定载荷，包括皮重称量装置在内的多个指示装置之间的示值之差，应不大于最大允许误差的绝对值，但数字显示装置和打印装置间的示值之差应该为零。

3.6.4　不同的平衡位置

对同一载荷，当改变载荷的平衡方法(衡器装有一个扩展自行指示秤量装置的情形下)相继获得的两个称量结果之间的差异不应超过施加载荷最大允许误差的绝对值。

3.7 测试用标准器

3.7.1 砝码

原则上，用于对衡器进行型式评价或检定用的标准砝码或标准质量应符合 GB/T 4167《砝码》(或 OIML R 111)的计量要求。它们的误差应不大于衡器施加载荷最大允许误差的 1/3。如果它们已经是 E_2 等级或优于 E_2 等级砝码，在考虑了这些砝码的实际质量约定真值和对长期稳定性评价后，允许使用其不确定度(代替它们的误差)不大于施加载荷最大允许误差绝对值的 1/3 的规定。

3.7.2 辅助检定装置

如果衡器配备了辅助检定装置，或用独立的辅助装置检定，该装置的最大允许误差应小于等于施加载荷最大允许误差的 1/3。如果辅助检定装置中使用砝码，其误差的影响应不大于被检衡器施加相同载荷下最大允许误差的 1/5。

3.7.3 检定用标准砝码的替代

当衡器在其使用地点进行测试时，假如使用的标准砝码不少于最大秤量的 1/2，可以用其他任意质量恒定的载荷替代标准砝码。

如果重复性误差不大于 0.3e，标准砝码部分可以减少到最大秤量的 1/3。

如果重复性误差不大于 0.2e，标准砝码部分可以减少到最大秤量的 1/5。

重复性误差是用约为替代物的载荷值(砝码或任意其他载荷)在承载器上重复施加 3 次确定的。

3.8 鉴别力

3.8.1 非自行指示衡器

在平衡稳定的衡器上，轻缓地加放或取走其值等于施加载荷最大允许误差绝对值 0.4 倍的附加载荷，但不小于 1 mg，指示器件应能产生一个可见的位移。

3.8.2 自行指示衡器或半自行指示衡器

3.8.2.1 模拟指示

在平衡稳定的衡器上，轻缓地加放或取走其值等于施加载荷下最大允许误差绝对值的附加载荷，但不小于 1 mg，指示器件应产生不小于 0.7 倍附加载荷对应的恒定位移。

3.8.2.2 数字指示

在平衡稳定的衡器上，轻缓地放上或取下等于实际分度值 1.4 倍的附加载荷，此时的示值应清楚地发生改变。该要求仅适用于 $d \geqslant 5$ mg 的衡器。

3.9 因影响量和时间引起的变化

除非另有规定，在 3.9 条件下衡器应满足 3.5、3.6 和 3.8 的要求。除非另有规定，不应进行影响量合并测试。

3.9.1 倾斜

3.9.1.1 易倾斜的衡器

对Ⅱ，Ⅲ或Ⅲ级易于倾斜的衡器，倾斜对衡器的影响应分别在纵向倾斜和横向倾斜下进行测定，倾斜的极限值由下述 a)～d)项规定。

衡器处于标准位置(不倾斜)的示值与倾斜位置的示值(任何方向倾斜到极限值)之差的绝对值不应超过：

——除Ⅱ级衡器外，在无载荷时为 2 个检定分度值(衡器在标准位置无载荷时首先已调到零点)；

——在自行指示秤量和最大秤量时，为最大允许误差(在无载荷时，衡器在标准位置和倾斜位置均调到零点)。

a) 如果衡器装配了水平调节装置和水平指示器，倾斜极限值的规定应是水平指示器上的标记(如，一个圆圈)所对应的值，当水泡显示偏离中心位置且其边缘触及至该标记表示已达到最大允许倾斜。水平指示器的极限值(极限标记)应是明显可见的，以便倾斜易于被注意。水平指示器应牢固地安装在衡器对倾斜具有典型敏感度的部件上，并能被使用者清楚可见。

注：在特别情况下，如果因技术原因，无法将水平指示器安装在显著易见的地方时，只有在满足使用者不使用工具的条件下就能易于接近水平指示器，并在衡器易见的部位上提供清晰的标记，为使用者指明水平指示器的位置时，才允许水平指示器安装在诸如可移动承载器的下方。

b) 如果衡器上配备了自动倾斜传感器，则倾斜的极限值由制造商规定。如果倾斜达到或超过极限值(见 4.18)，倾斜传感器应给出一个关断显示或其他适当的报警信号(如：报警、出错信号)并阻止打印输出和数据传输。自动倾斜传感器也可以对倾斜的影响进行补偿。

c) 如果 a)和 b)都不适用，则任何方向倾斜的极限值为 50/1 000。

d) 户外使用的移动式衡器(如公路上的)应装配自动倾斜传感器或在倾斜敏感部分安装万向型悬挂部件，使用自动倾斜传感器时应符合 b)的要求，而使用万向悬挂式部件时应符合 c)的要求，制造商可以规定一个大于 50/1 000 倾斜极限值(见 4.18)。

3.9.1.2 其他衡器

下列衡器被认为是不可能倾斜的，所以 3.9.1.1 的倾斜要求不适用：

——Ⅰ级衡器应安装水平调节装置和水平指示器，但不需要对它们进行倾斜测试。因为这些衡器要求特殊的使用环境和安装条件，并由熟练的操作人员使用。

——安装在固定位置的衡器。

——自由悬挂的衡器，如吊钩秤或悬挂式衡器。

3.9.2 温度

3.9.2.1 规定的温度界限

若在衡器的说明性标记中，没有特别规定工作温度范围，则该衡器应在下述温度范围内保持计量性能。

$$-10\ ℃/+40\ ℃$$

3.9.2.2 特殊温度界限

在衡器的说明性标志中，规定了特定的工作温度界限，则衡器应在该温度界限内符合计量要求。

温度界限可以根据衡器的用途而选定。

温度界限范围至少应等于：

Ⅰ级衡器为 5 ℃；

Ⅱ级衡器为 15 ℃；

Ⅲ和ⅢⅠ级衡器为 30 ℃。

3.9.2.3 温度对空载示值的影响

对于Ⅰ级衡器环境温度每变化 1 ℃，其他等级衡器的环境温度每变化 5 ℃，零点或零点附近示值变化应不大于 1 个检定分度值。

对多分度衡器和多范围衡器，该要求适用于衡器的最小检定分度值。

3.9.3 供电电源

如果衡器供电电源的电压与额定电压(U_{nom})或电压范围(U_{min}，U_{max})不同，在下列情形下衡器应符合计量要求：

——公共主电源(AC)：

下限 $= 0.85U_{nom}$ 或 $0.85U_{min}$

上限 $= 1.10U_{nom}$ 或 $1.10U_{max}$

——外接电源或插入式供电电源装置(AC 或 DC)，如果衡器在正常工作时能对电池充电还包括可充电电池供电电源：

下限＝最低工作电压

上限＝1.20U_{nom}或 1.20U_{max}

——非可充电电池供电电源(DC),包括在正常工作时不能对电池充电的可充电电池供电电源：

下限＝最低工作电压

上限＝U_{nom}或U_{max}

——12 V 或 24 V 车载电池供电电源：

下限＝最低工作电压

上限＝16 V(12 V 电池)或 32 V(24 V 电池)

注：最低工作电压定义为：在衡器自动关机前可能的最低工作电压。

电池供电的电子衡器和由外接电源或插入式电源(AC 或 DC)装置供电的衡器，如果供电电压低于制造商规定的值时，要么继续正常运行，要么不指示任何重量值。外接电源和插入式供电电源应大于或等于最低工作电压。

3.9.4 时间

在相对恒定环境条件下，Ⅱ、Ⅲ或ⅢⅠ衡器应满足以下要求：

3.9.4.1 蠕变

衡器上施加任一载荷，施加载荷后立即得到的示值与后续 30 min 内得到的示值之差应不超过 0.5e。而在 15 min 和 30 min 得到的示值之差应不超过 0.2e。

若这些条件不能满足，则衡器加载后立即得到的示值与后续 4 h 内观察到的示值之差应不超过施加载荷下最大允许误差的绝对值。

3.9.4.2 回零

卸下放置在衡器上半小时的载荷后，示值刚稳定时的回零与加载前零点之间的偏差应不超过 0.5e。

对于多分度衡器，其偏差应不超过 0.5e_1。

在一台多称量范围的衡器上，从 Max_i 回零其偏差应不超过 0.5e_i。此外，从一个载荷大于 Max_1 回零后立即切换到最小称量范围时，其后的 5 min 内零点附近示值的变化应不大于 e_1。

3.9.4.3 耐久性

由于磨损引起的耐久性误差应不大于最大允许误差的绝对值。

本要求的采用是假设该衡器已通过 A.6 规定的耐久性测试，该测试仅对 $Max \leq 100$ kg 的衡器进行。

3.9.5 其他影响量和限制

其他影响和限制，诸如：

——振动；

——降雨和气流，以及/或者；

——机械约束和限制。

被认为是衡器预期工作环境的正常特征时，在这些影响和制约下，衡器应符合第 3 章和第 4 章的要求。不管这些影响如何，应通过设计使衡器正常工作，或采取保护使衡器免受其影响。

注：安装在室外的衡器，且没有采取适当保护措施防止大气环境影响时，如果衡器检定分度数 n 相对较大，通常可能不满足第 3 章和第 4 章的要求(一般 n=3 000，只有在非常特别的方法时 n 才可以大于 3 000。此外，公路车辆衡和轨道衡，其检定分度值不应小于 10 kg)。这些限定同样适用于组合衡器或多范围衡器的每个称量范围及多分度衡器的每一局部称量范围。

3.10 型式评价测试和检查

3.10.1 整台衡器

对型式评价，应按附录 A 和 B 的规定测试，按 3.5、3.6、3.8、3.9、4.5、4.6、5.3、5.4 和 6.1 的要求进行检测。耐久性测试(A.6)应在完成了附录 A 的其他测试和附录 B 的所有测试后进行。

STANDARDS PRESS OF CHINA

对由软件控制的衡器，还须满足5.5的附加要求和附录G的要求。

3.10.2 **模块**

经认证机构同意，制造商可以定义和提交模块进行单独检查。尤其在以下相关情况下：

——对整台衡器测试有困难或不可能；

——模块作为独立单元制造以及/或销售，用于组成整台衡器；

——申请者要求将多个模块包括在型式批准里。

在型式评价过程中对模块单独进行检验时，以下要求适用。

3.10.2.1 **误差分配**

单独检验模块 M_i 适用的误差限，等于衡器最大允许误差的 p_i 倍，或按照3.5规定的整机示值允许变化量的 p_i 倍。在给定任一模块误差系数时，该模块应满足至少与组成的衡器具有相同准确度等级和检定分度数。

系数 p_i 应满足下列关系式：

$$p_1^2 + p_2^2 + p_3^2 + \cdots \leqslant 1$$

系数 p_i 应由模块制造商选择，且应通过适当测试进行验证，测试时应考虑以下情形：

——纯数字装置的 p_i 可以等于0；

——称重模块的 p_i 可以等于1；

——其他所有模块(包括数字式传感器)，当考虑多于一个模块对误差共同产生影响时，误差分配系数 p_i 应不大于0.8和不小于0.3。

可接受的方案(见第4章介绍性说明)：

对于机械结构件，如根据成熟工程设计和制造的称量台、载荷传递装置和机械或电气连接件，不对该部分测试，其总误差系数 p_i 取0.5是合适的。如：相同材料制作的杠杆且当杠杆系有两个对称面(纵向和横向)时；电子连接器件的稳定特性适用于信号(如称重传感器输出及阻抗等)传输时。

对于由典型模块组成的衡器(见T.2.2)，其误差分配系数 p_i 值在表7中给出。表7考虑了各模块对不同的性能要求的影响程度不同。

表7 典型模块的误差分配

性能要求	称重传感器	电子称重指示器	连接元件等
综合影响[a]	0.7	0.5	0.5
温度对空载示值的影响	0.7	0.5	0.5
供电电源的变化	—	1	—
蠕变影响	1	—	—
湿热	0.7[b]	0.5	0.5
量程稳定性	—	1	—

a 综合影响：非线性、滞后、温度对量程、重复性等的影响。经过制造商规定的预热时间后，综合影响误差系数适用于模块。

b 根据GB/T 7551，对经SH测试的称重传感器适用($p_{LC}=0.7$)。

符号“—”代表不适用。

3.10.2.2 **测试**

只要适用，测试应尽可能对整台衡器进行。附录C给出了适用于称重指示器、模拟数据处理装置的测试，附录D给出了适用于数字数据处理装置、终端和数字显示器的测试，附录E给出了适用于称重模块的测试。

纯数字模块不需要进行静态温度试验(B.2.1)、湿度(B.2.2)和量程稳定性(B.4)试验。如果已经符合相关国家(或IEC)标准，且至少具有不低于本标准要求相同的试验严酷等级时，它们也不需要进行干扰试验(B.3)。

对于由软件控制的模块，5.5 附加要求和附录 G 适用。

3.10.2.3 兼容性

制造商应制定并明示模块的兼容性。对于称重指示器和称重传感器应按附录 F 执行。

对于带数字输出的模块，兼容性包括经数字接口通讯和数据传输的正确性，见附录 F.5。

3.10.2.4 型式批准证书的使用

如果已有相应各自的型式批准证书，且满足 3.10.2.1、3.10.2.2 和 3.10.2.3 要求，下列模块可以不进行重复测试而被使用：

——经 SH 或 CH 测试的称重传感器(不是标有 NH 的传感器)，已经根据国家标准 GB/T 7551 进行了单独测试；

——称重指示器、模拟数据处理装置，已经根据附录 C 进行了单独测试；

——数字数据处理装置、终端和数字显示器，已经根据附录 D 进行了单独测试；

——称重模块，已经根据附录 E 进行了单独测试；

——其他模块(如相应的国家标准已制定)。

型式批准证书应包含附录 F 要求的所有相关信息。模块的型式批准证书应明显区别于整机形式的型式批准证书。

如果职能机构认为必要，应提交有代表性的整台衡器进行实际功能测试，如：仍未进行的倾斜测试。

3.10.3 外围设备

与衡器连接的外围设备，只需要进行一次性检验和测试，可以通过适当的声明与任何经检定具有适合的保护性接口的衡器连接。

单纯的数字外围设备不需要进行静态温度测试(A.5.3)、湿度测试(B.2)和量程稳定性测试(B.4)。如果已经符合其他相关国家标准(或 IEC)，且至少具有不低于本标准要求相同的试验严酷等级时，它们也不需要进行干扰试验(B.3)。

3.10.4 衡器或模块的族的测试

对用于型式检验所提交的各种容量规格和特性的衡器或模块的族，下列规定适用于被试衡器(EUT)的选择。对于指示器同时参考附录 C.2。

3.10.4.1 被试衡器(EUT)的选择

用于测试的 EUT 选择应做到数量最少，但仍具充分代表性(可接受方案举例见 3.10.4.6)。

对具有最高灵敏度 EUT 的型式批准，意味着对各种较低计量特性的不同规格的型式批准。因此，在实际选择时，应选择具有最高计量特性的 EUT 用于测试。

3.10.4.2 一族中应被测试的不同规格

对任意族，至少应选择具有最大检定分度数(n)和最小检定分度值(e)的规格作为被试衡器 EUT，此外，可按 3.10.4.6 要求选择 EUT。如果某个规格具有多个特性，选择这个 EUT 是充分的。

3.10.4.3 无需测试即可接受的不同规格

如果满足下列规定之一(计量特性可比)，EUT 以外的规格无需测试即可接受：

——最大秤量(Max)介于两个被试品的最大秤量之间，两个被试品最大秤量的比应不超过 10；或

——满足下列条件 a)、b)和 c)，EUT 以外的规格无需测试即可接受：

a) $n \leqslant n_{\text{test}}$

b) $e \geqslant e_{\text{test}}$

c) $Max \leqslant 5 \cdot Max_{\text{test}} \cdot (n_{\text{test}}/n)$

注：Max_{test}，n_{test} 和 e_{test} 是 EUT 的特征参数。

3.10.4.4 准确度等级

如果族中的某个 EUT 通过某种准确度等级的所有测试，则它完全满足作为低准确度等级 EUT 的要求，如仅是进行了部分测试则不能覆盖低准确度等级 EUT 的要求。

3.10.4.5　**其他特性的考虑**

只要适用和可能，凡与计量相关的特性和功能应在同一个 EUT 上至少进行一次测试。

例如，不允许在一个 EUT 上进行温度对空载示值影响的测试而在另一个 EUT 上进行综合影响(见表 7)的测试。各规格在计量相关特征和功能方面的不同包括：

——外壳；

——承载器；

——温度和湿度范围；

——衡器功能；

——指示。

可以要求对因这些因素引起的影响进行部分附加测试。这些附加测试应在原 EUT 上进行，若不可能，经授权测试机构许可时也可以在一个或多个 EUT 上进行测试。

3.10.4.6　**相关计量特性汇总**

选定的 EUT 应涵盖：

——最大检定分度数 n_{max}；

——最小检定分度值 e_{min}；

——最小输入信号 $\mu V/e$(使用模拟应变式传感器时)；

——所有准确度等级；

——所有温度范围；

——单称量范围衡器，多范围衡器或多分度衡器；

——承载器最大尺寸(如需要)；

——计量相关性能(见 3.10.4.4)；

——衡器功能的最大数量；

——指示器的最大数量；

——连接外围设备的最大数量；

——可实现的数字装置最大数量；

——模拟和数字接口的最大数量；

——可以连接到称重指示器的承载器个数，和

——不同的供电电源型式(主电源和电池)。

对一个产品族 EUT 选择的可接受方案：

表 8　一种型式两个族的非自动衡器 EUT 选择

	规格代号	*Max*	*e*	*d*	*n*	EUT
族 1 准确度等级Ⅱ 温度范围： 10 ℃～30 ℃	1.1	200 g	0.01 g	0.001 g	20 000	
	1.2	400 g	0.01 g	0.001 g	40 000	×
	1.3	2 000 g	0.05 g	0.05 g	40 000	
族 2 准确度等级Ⅲ 温度范围： −10 ℃～40 ℃	2.1	1.5 kg	0.5 g	0.5 g	3 000	×
	2.2	3 kg	1 g	1 g	3 000	
	2.3	5 kg	2 g	2 g	2 500	
	2.4	15 kg	5 g	5 g	3 000	×
	2.5	60 kg	20 g	20 g	3 000	

注：该示例仅包含了按 3.10.4.2 到 3.10.4.3 不同秤量和不同计量特性的 EUT，按 3.10.4.5 的其他计量相关特征也应按实际加以考虑和选择，可以再选择一个或多个附加被试品。

选样说明：

——规格 1.2、2.1 和 2.4 被选为 EUT(在表 8 的最后一列用×标注)；

——规格 1.1 不需要被测试，因为其规格与 1.2 有相同的 e 和 d。仅仅是最大秤量(*Max*)减少到 200 g(见 3.10.4.3)；

——根据 3.10.4.2，规格 1.2 有族 1 的最高计量特性，应进行全面测试；

——规格 1.3 不需要测试，因为最大秤量(*Max*)不大于规格 1.2 的 5 倍(见 3.10.4.3)；

——规格 2.1 有族 2 的最高计量特性，最小 e 和最大 n。因此规格 2.1 应被测试(见 3.10.4.4)。仅需进行对Ⅲ级衡器的要求附加适当的测试就足够了，不需要重复Ⅱ和Ⅲ级衡器相同且在规格 1.2 里已经进行过的测试；

——规格 2.2 和 2.3 不需要测试，因为它们的 *Max* 在规格 2.1 和 2.4 之间(见 3.10.4.3)，且它们的计量特性低于或等同于规格 2.1 和 2.4；

——规格 2.4 应被测试，因为规格 2.5 和 2.1 最大秤量的比值大于 10(见 3.10.4.3)。对于规格 2.4 仅需进行一些诸如称量测试、温度、偏载、鉴别力、重复性等的测试就足够了，一般不需要重复其他测试(如，倾斜，供电电源，湿度，量程稳定性，耐久性和干扰测试)，因为它们在规格 1.2 和 2.1 已进行过测试；

——规格 2.5 不需要测试，因为 *Max* 不大于规格 2.4 的 5 倍以上(见 3.10.4.3)。

表 9　型式批准证书中描述的计量特性汇总

	族 1	族 2
准确度等级	Ⅱ	Ⅲ
Max	1 g…2 000 g	50 g…60 kg
e	0.01 g…0.2 g	0.5 g…100 g
d	0.001 g…0.2 g	0.5 g…100 g
n	≤40 000	≤3 000
皮重平衡范围	100%的 *Max*	100%的 *Max*
预置皮重范围	100%的 *Max*	100%的 *Max*
温度范围	10 ℃/30 ℃	−10 ℃/40 ℃

注：型式批准证书应包括表 8 所有两个族 8 种衡器，或按表 9 每个族所包含的计量特性。对后者，如果同类衡器具有相同检定分度值(e)，且满足表 3 的要求，其最大秤量值可以减小(与表 8 中最大秤量值最小的 EUT 比较)。证书包括的所有规格均满足表 9 的计量特性。

4　自行指示衡器或半自行指示衡器的技术要求

下述要求与衡器的设计和结构有关，旨在保证衡器在正常使用条件下由不熟练的使用人员正确操作时，就能给出正确清晰的称量结果和其他主要指示。这些技术要求不是试图提供解决方案，而是为了阐明衡器适当的用途。

经过长期试验的某些解决方案已被接受，这些方案已用“可接受方案”予以标识，然而并非必须采用这些方案，它们只是被认为能满足本标准相应规定的要求。

4.1　结构的一般要求

4.1.1　适用性

4.1.1.1　应用适用性

衡器的设计应满足其使用目的。

注：“使用目的”包括衡器类型和使用要求及环境要求，对衡器使用目的需要进行限定时，可以按国家法规要求对限定进行标注。

STANDARDS PRESS OF CHINA

4.1.1.2 使用适用性

为了确保在使用期内维持其计量性能，衡器结构应坚固和精制。

4.1.1.3 检定适用性

衡器应允许对其进行按本标准规定的要求测试。

尤其是承载器应能够容易、绝对安全地放置标准砝码，如果不能放置砝码，应设置一个附加支撑装置。

已经独立进行过型式评价的装置(如，称重传感器，打印机等)应能够被识别。

4.1.2 安全性

4.1.2.1 欺骗性使用

衡器不应具有被易于欺骗性使用的特性。

4.1.2.2 意外失效和偶然失调

衡器的构造应满足在控制元件意外失效或偶然失调时，不可能对正常的功能产生干扰，除非其现象是显而易见的。

4.1.2.3 控制

除非有意设计，无法在通常条件下使控制进入静止的无效状态。除调校期间，不可能编造任何示值。各按键的标识应明确清晰。

4.1.2.4 器件和预置控制器的保护

对禁止接触或禁止调整的器件必须提供保护措施。这种保护要求由国家法规规定。

Ⅰ级衡器，灵敏度(或量程)调节装置可以不加保护。

可接受的解决方案：

对管理标志的应用，铅封区域的直径至少为 5 mm。

在能自动而明显指示任何对受保护的控制器或功能的访问时，器件和预置控制器可以使用软件方式提供保护。此外，以下要求适用软件保护方法：

a) 与传统保护措施类似，在衡器自身上，用户或其他责任人能识别衡器的法定身份。

保护应能提供直到下次检定或政府机构进行比对时受到的任何干预的证据。

可接受的技术方案：

事件计数器，即不可复位计数器。计数的每一个增量，代表了衡器受保护运行模式的每次进入和对装置特定参数进行一个或多个的更改。在检定(首次或后续)时计数器的计数值作为参照计数被固定，并且通过适当的硬件或软件方法在被修改后的衡器中加以保护。计数器的实际计数值可以按使用手册或型式批准证书和测试报告中描述的程序被显示，以便与参照计数进行比较。

注：术语“不可复位”的含义是计数器达到最大计数值时，如果没有授权人员干预，就不能通过复零继续计数。

b) 装置特定参数和参照计数值应被保护，以避免无意和意外修改，这些参数应尽可能符合 5.5.2.2 的软件要求。

可接受的技术方案：

装置特定参数只能由授权人员经特殊的个人识别(PIN)代码进行修改。假如带存储装置的电子器件或组件不能防止被替换，粘贴在衡器主铭牌(或其他适当的部件)上的序列号(或其他识别号)应被另外保存。这些数据应通过加密后保存(例如至少采用隐含多项式 CRC-16 的 2 字节校验和)，该方法被认为是有效的保护方法。参照计数和序列号(独立的其他标识)在给出一个手动命令后应能显示并与粘贴在衡器主铭牌(或其他适当的部件)上的序列号进行比较。

c) 使用软件保护方法的衡器应为授权人或机构能在主铭牌上或靠近主铭牌的地方粘贴或固定参照计数提供方便。

注：按照 a)指示的实际计数(事件计数)与固定和被保护在衡器上的参照计数间的差异表示衡器受到了干预，按国家法规做出结论(如：衡器不应在有法定管理用途下继续使用)。

可接受的技术方案：

在衡器上牢固地安装可调整(硬件)的计数器，且使其在检定(首次或后续)调整后的实际计数能得到保护。

4.1.2.5 调整

衡器可以设置自动或半自动量程调整装置。该装置应安装在衡器内部与其组成一体。被保护后，外部不可能对它产生影响。

4.1.2.6 重力补偿

对地心引力敏感的衡器，可以安装一个重力变化补偿装置。被保护后，外部不可能操作该装置或对其产生影响。

4.2 称量结果的指示

4.2.1 读数品质

在正常使用条件下，主要指示(见 T.1.3.1)应可靠，易读和清晰：

——模拟指示装置的读数总不准确度应不超过 0.2e；

——构成主要指示的数字、单位、指示符在大小、形状和清晰度应满足易读的要求；

构成称量结果的标尺，数码和打印应是简单并列易于读取。

4.2.2 示值的形式

4.2.2.1 称量结果，如果适用还有单价及付款额应包括表示其单位的名称或符号

对任何一种重量示值，只可以使用一种质量单位。

称量结果分度值应以 1×10^k，2×10^k 或 5×10^k 形式表示，指数 k 为正整数、负整数或等于零。

对于任一称量范围内的任何给定的载荷，衡器所有显示、打印和皮重称量装置应具有相同的分度值。

4.2.2.2 数字示值应从最右端开始，至少显示一位数字

分度值自动改变的衡器，小数点符号在显示器上应保持其位置不变。

小数部分应用小数点符号(逗点或圆点)将其与整数分开，示值显示时其小数点左边至少应有一位数字，右边显示全部小数位。

小数点符号应与数字底部在同一行上(例如：0.305 kg，而不是 0·305 kg)。

示值零可以用最右边一个零指示，无需小数点符号。

质量单位的选择应使重量值在右边不多于一个无效零。对于带小数点符号的值，无效零只允许出现在小数点后面第三个位置。对自动切换的多分度衡器和多范围衡器，这些要求仅适用于最小(局部)称量范围。

多分度衡器或自动转换的多范围衡器举例：

例 1)

Max_i	e_i	允许的示值格式			
$Max_1=150$ kg	$e_1=50$ g	xxx.050 kg	xxx.050 kg	xxx.05 kg	xxx.05 kg
$Max_2=300$ kg	$e_2=100$ g	xxx.100 kg	xxx.1 kg	xxx.10 kg	xxx.1 kg

例 2)

Max_i	e_i	允许的示值格式
$Max_1=1\ 500$ kg	$e_1=500$ g	xxxx.5 kg
$Max_2=3\ 000$ kg	$e_2=1\ 000$ g	xxx1.0 kg

4.2.3 示值的极限

超过 $Max+9e$ 应无示值显示。

对于多范围衡器，这一要求适用于每一个称量范围。对自动切换的多范围衡器，Max 等于最大称量范围 r 的 Max_r，对于 $Max_i = n \times e_i$ 的较小称量范围 i，不应有上述极限指示。

对于多分度衡器，超过 $Max_i = n_i \times e_i$ 较低局部称量范围 i 时，不应有使用 e_i 的示值。

当皮重装置在运行，且皮重载荷已从承载器上移去，可以显示零点以下的示值(带负号)。即使皮重装置不运行，也可以显示零点以下至 $-20d$ 的负值，但这些值不可能被传输、打印或用于价格计算。

4.2.4 近似显示装置

近似显示装置的分度值应大于 $Max/100$，不小于 $20e$。这种近似装置提供的是次要指示。

4.2.5 半自行指示衡器上自行指示的扩展区间

自行指示范围的扩展区间应不大于自行指示的最大秤量。

可接受的方案：

a) 自行指示范围扩展标尺区间应等于自行指示的最大秤量值(这一规定不包括比较衡器)；

b) 带可触及滑动游砣的扩展装置应符合 6.2.2 要求；

c) 带封闭游砣或砝码转换机构的扩展装置，每一个扩展在数量上应有足够的变化。应能够对砝码或质量块的外罩与调整腔铅封。

4.3 模拟指示装置

下述要求用于对 4.2.1 至 4.2.4 的补充。

4.3.1 标尺标记的长度和宽度

标尺的设计和数码编辑，应使称量结果易于读取且清晰。

可接受的方案：

a) 标尺标记的形式

标尺标记应由宽度相等的线条组成，该宽度应恒定且在标尺间距的 1/10 和 1/4 之间，但不小于 0.2 mm。最短的标尺标记长度至少应等于标尺间距。

b) 标尺标记的排列

标尺标记的排列应是图 6 中的任一种(连接标尺标记端点的连线是任意的)。

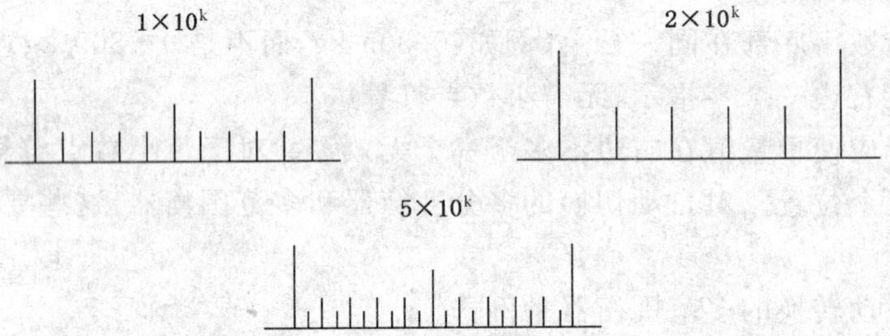

图 6 直线线性标尺示例

c) 数码编辑

在同一个标尺上，数码的间隔应是：

——恒定；

——以 1×10^k，2×10^k，5×10^k 形式为单位间隔(指数 k 为正整数、负整数或等于零)；

——不大于衡器分度值的 25 倍。

如果标尺是投射在一个屏幕上，至少应有两个数码标尺标记全部显示在投射区域内。

以毫米表示的数码高度(真实的或表观上的)应不小于以米为单位最小读数距离值的 3 倍，且不应小于 2 mm。

数码的高度应与其对应的标尺标记长度相称。

在平行于标尺基线的方向上测得的数码宽度应小于两个相邻数码标尺标记之间的距离。

d) 读数指针

显示器的指针宽度约等于标尺标记的宽度，其长度至少使指针的顶尖与最短标尺中部对齐。

标尺和指针之间的距离最多等于标尺间距，但不大于 2 mm。

4.3.2 标尺间距

标尺间距的最小值 i_0 等于：

——在Ⅰ或Ⅱ级衡器上：

指示装置为 1 mm；

补充指示装置为 0.25 mm，在这种情况下，i_0 是指针与被投影标尺间的相对位移，该值相当于衡器的检定分度值。

——在Ⅲ或ⅢⅠ级衡器上：

度盘指示装置为 1.25 mm；

光学投影指示装置为 1.75 mm。

可接受的方案：

标尺间距（实际的或表观的）i，以 mm 为单位，应至少等于 $(L+0.5)i_0$，式中：

i_0 是以毫米为单位最小标尺间距；

L 是以米为单位的最小读数距离，L 大于等于 0.5 m。

同一标尺上，最大标尺间距不应超过最小标尺间距的 1.2 倍。

4.3.3 指示的限定

止动器应在限制显示器运动的同时允许指示器运行至自行指示的零以下和最大秤量以上。这一要求不适用于多圈度盘衡器。

可接受的方案：

限制显示器运动的止动器，应允许指示器至少能穿过零点到达零点以下和自行指示最大秤量以上的 4 个标尺间距区域（扇形度盘和单圈度盘衡器的这些区域无分度标尺，该区域称为“空白区域”）。

4.3.4 阻尼

无论影响因子如何，显示器或可移动标尺的振荡阻尼，应微调到略低于“临界阻尼”的值。

可接受的方案：

在经历 3、4 或 5 个半振荡周期后，阻尼应使示值稳定。

对温度变化敏感的液压阻尼元件，应提供自动调节装置或易操作的手动调节装置。

便携式衡器，即使产生 45°的倾斜，液压阻尼元件的液体也不应溢出。

4.4 数字指示装置

以下要求用于对 4.2.1 至 4.2.5 的补充。

4.4.1 示值变化

衡器上载荷改变后，原示值保持时间不应超过 1 s。

4.4.2 平衡稳定

假如示值非常接近最终重量值，则认为该示值是平衡稳定的。如满足下述要求可认为平衡达到稳定：

——在数据的打印和（或）保存情形中，打印和保存的称重值与最终称重值的偏差不大于 $1e$（即允许相邻的两个值），或

——在置零操作和除皮操作情形下，装置按 4.5.4、4.5.6、4.5.7 和 4.6.8 实际操作，如满足相应准确度要求，则认为达到平衡稳定。

在平衡受到连续或瞬时干扰情况下，对衡器的打印、数据存储、置零和除皮操作应无效。

4.4.3 扩展指示装置

扩展指示装置不允许在带微分标尺的衡器上使用。

如果衡器安装了扩展指示装置，可以显示小于检定分度 e 的示值的条件是：

——按住该功能键期间；或

——在给出一个手动命令后的5 s期间内。

当扩展指示装置在运行时，无论何种情形均不可能打印。

4.4.4 多用指示装置

除主要指示外，同一指示装置可以显示或打印其他指示，条件是：

——任何附加指示不应对主要指示引起任何误解；

——除重量值外的其他量用适当的计量单位、符号、特殊记号或名称加以识别；和

——非称量结果重量值能被清楚地识别(T.5.3.1至T.5.3.3)，否则只有在给出手动命令时才可以暂时显示，但不能被打印。

如果明确指示衡器在非称重模式，可以不受上述限定(包括直接向公众售货衡器的客户显示)。

4.4.5 打印装置

打印应清晰、耐久，满足预期的使用。打印的字符高度至少应为2 mm。

如果需要打印，计量单位的名称或符号应同时打印在数值的右边或该数值列的上方。

衡器不满足平衡稳定时的打印应被禁止。

4.4.6 存储装置

平衡不稳定时，用于后续指示、数据传输、累计等主要指示的存储应被禁止。

4.5 置零装置和零点跟踪装置

衡器可以有一个或多个置零装置，但不得多于一个零点跟踪装置。

4.5.1 最大效果

任何置零装置的效果均不得改变衡器的最大秤量。

置零装置和零点跟踪装置的总效果不得大于衡器最大秤量的4%；初始置零装置不大于最大秤量的20%。本规定不适用于Ⅲ衡器，除非它用于贸易结算。

如果衡器对规定范围内经初始置零装置补偿后的任一载荷，能够满足3.5、3.6、3.8和3.9的要求，允许衡器有一个较宽的初始置零范围。

4.5.2 准确度

置零后，零点偏差对称量结果的影响应不大于±0.25e。

4.5.3 多范围衡器

如果衡器在有载荷时可以切换到较大称量范围，任何称量范围内，即便是在较大称量范围内，置零均应有效。

4.5.4 置零装置的控制

除属于4.13和4.14的衡器外，无论是否装配了初始置零装置，均可以用同一个按键兼作半自动置零装置和半自动皮重平衡装置的操作。

若衡器既有置零装置，又有皮重称量装置，则置零装置的控制与皮重称量装置的控制应分开。

半自动置零装置在下述情况才起作用：

——衡器处于平衡稳定状态；

——清除任何先前的皮重操作。

4.5.5 数字指示衡器的零点指示装置

数字指示衡器，应具有一个当零点示值偏差不大于±0.25e时显示专用信号的装置，该装置在皮重操作后的显示零点时也可以运行。

对带辅助指示装置或零跟踪速率不小于0.25d/s的衡器，不强制设置该零点指示装置。

4.5.6 自动置零装置

自动置零装置在以下情况时才允许运行：

——平衡处于稳定状态；和

——示值小于零并保持稳定至少 5 s。

4.5.7 零点跟踪装置

零点跟踪装置在以下情况时才允许运行：

——示值为零，或相当于毛重为零时负的净重值；

——平衡处于稳定；

——每秒钟修正量不大于 0.5d。

在除皮操作后示值为零时，零跟踪装置可以在实际零点附近最大秤量的 4%范围内运行。

4.6 皮重装置

4.6.1 一般要求

皮重装置应符合 4.1 至 4.4 的有关规定。

4.6.2 分度值

皮重称量装置的分度值，应等于任一相同给定载荷下衡器的分度值。

4.6.3 准确度

除皮后净重零点的准确度优于以下情况时允许皮重装置将示值置零：

——电子衡器和模拟指示衡器为±0.25e；

——数字指示的机械衡器为±0.5d。

在多分度衡器上，e 应为 e_1。

4.6.4 操作范围

皮重装置不得在示值为零及以下和指定的最大效果以上使用。

4.6.5 操作的可见性

皮重装置的运行，应在衡器上明显地指示出来。对数字指示衡器，用符号“NET”来标注指示的净重值。

注 1：“NET”可以用“Net”、“net”来表示。

注 2：如果衡器配备了皮重装置运行时能临时显示毛重值的装置，则在显示毛重时，符号“NET”必须消失。

对于用同一按键兼作半自动置零装置和半自动皮重平衡装置操作的衡器，本要求不适用。

允许使用汉字“净重”替代符号“NET”。

可接受的方案：

机械式加皮重装置的使用应通过皮重示值表示出来，或在衡器上显示某个符号，如，字母“T”。

4.6.6 扣除皮重装置

当使用减皮重装置，无法知道剩余称量范围的值时，应设置一个装置阻止衡器在最大秤量以上使用，或指示已达到最大秤量。

4.6.7 多范围衡器

在多范围衡器上，如果衡器在有载荷时可以切换到较大称量范围，即便是在较大称量范围内，除皮操作也应该有效。在这种情形下，皮重值应按衡器实际运行称量范围的分度值化整。

4.6.8 半自动或自动皮重装置

只有当衡器处于平衡稳定时，半自动或自动皮重装置才允许运行。

4.6.9 合并式置零和皮重平衡装置

如果用同一按键兼作半自动置零装置和半自动皮重平衡装置操作，4.5.2 和 4.5.5，如合适也包括 4.5.7 适用于任一载荷。

4.6.10 连续除皮操作

允许对皮重装置重复操作。

如果在同一时间有一个以上的皮重装置在运行，则这些皮重值在显示或打印时应被清楚地标注出来。

4.6.11 称量结果的打印

毛重值可以无须任何指定符号即可打印。如需要指定符号，仅允许使用“G”或“B”。

如果只打印净重值，而没有相应的毛重或皮重值，则无须任何指定符号即可打印。如需要指定符号，仅允许使用“N”。这一规定也适用于用同一按键兼作半自动置零装置和半自动皮重平衡装置的衡器。

由多范围衡器或多分度衡器确定的毛重、净重或皮重值不需要用专门的指定符号来说明相应（局部）称量范围。

如果净重值和相应的毛重或（和）皮重值一起打印，则净重值和皮重值至少应用相应的符号“N”和“T”来标识。

然而，允许使用汉字“毛重”、“净重”和“皮重”替代 G 或 B、N 和 T。

如果分别打印由不同皮重装置确定的净重值和皮重值，应对它们进行适当标识。

当毛重，净重和皮重值打印在一起时，其中一个值可以由另外两个质量的实际值计算出来。对多分度衡器，计算的重量值可以使用较小分度值打印。

打印输出的计算重量值应清楚识别。如果适用，在上述提及的符号附加符号“C”更合适，或使用汉字“计算”表示。

4.6.12 称重结果示值举例

4.6.12.1 带皮重平衡装置的衡器

衡器技术参数说明：准确度等级Ⅲ，最大秤量 Max=15 kg，检定分度值 e=5 g

衡器上无载荷：	显示值	=	0.000 kg			
加上皮重载荷：	内部值	=	2.728 kg			
	化整后显示值	=	2.730 kg[1)]			
皮重平衡操作后：	显示净重值	=	0.000 kg Net			
加上净重载荷：	内部值	=	11.833 kg			
	化整后显示净重值	=	11.835 kg Net[1)]			
累计加载：	内部值	=	14.561 kg			
	化整后显示（如可能）毛重值	=	14.560 kg[1)]			
按 4.6.11 可以打印：		a)	14.560 kg G 或 B	11.835 kg N		
		b)	14.560 kg	11.835 kg N		
		c)	11.835 kg N			
		d)	11.835 kg			

4.6.12.2 带有皮重称量装置的衡器

衡器技术参数说明：准确度等级Ⅲ，最大秤量 Max=15 kg，检定分度值 e=5 g

衡器上无载荷：	显示值	=	0.000 kg			
加上皮重载荷：	内部值	=	2.728 kg			
	化整后显示值	=	2.730 kg[1)]			
皮重称量操作后：	显示净重值	=	0.000 kg Net			
加上净重载荷：	内部值	=	11.833 kg			
	化整后显示净重值	=	11.835 kg Net[1)]			
累计加载：	内部值	=	14.561 kg			
	化整后显示（如可能）毛重值	=	14.560 kg[1)]			
按 4.6.11 可以打印：		a)	14.560 kg G 或 B	11.835 kg N	2.730 kg T[4)]	
		b)	14.560 kg	11.835 kg N	2.730 kg T[4)]	
		c)	11.835 kg N	2.730 kg T		

d） 11.835 kg N

e） 11.835 kg

4.6.12.3 带有皮重称量装置的多范围衡器

衡器技术参数说明：准确度等级Ⅲ，最大秤量$Max_1=60$ kg，检定分度值$e_1=10$ g

$Max_2=300$ kg　　$e_2=100$ g

衡器上无载荷：　称量范围1显示值　=　WR1　0.000 kg

加上皮重载荷：　内部值　=　53.466 kg

化整后显示值　=　WR1　53.470 kg[1)]

皮重称量操作后：　显示净重值　=　WR1　0.000 kg Net

加上净重载荷：　内部值　=　212.753 kg

化整后显示净重值　=　WR2 212.800 kg Net[1)2)]

自动转换到第二称量范围2，皮重称量值应按第二称量范围的实际分度值e化整

化整后的皮重称量值　=　WR2　53.500 kg[2)3)]

累计加载：　内部值　=　266.219 kg

化整后显示（如可能）毛重值　=　WR2　266.200 kg[1)2)]

按4.6.11可以打印：

a） 266.200 kg G或B　212.800 kg N　53.500 kg T[2)4)]

b） 266.200 kg　212.800 kg N　53.500 kg T[2)4)]

c） 212.800 kg N　53.500 kg T[2)]

d） 212.800 kg N[2)]

e） 212.800 kg[2)]

4.6.12.4 带皮重称量装置的多分度衡器

衡器技术参数说明：

准确度等级Ⅲ，最大秤量$Max=3/6/15$ t，检定分度值$e=0.5/2/10$ kg

衡器上无载荷：　显示值　=　0.0 kg

加上皮重载荷：　内部值　=　6 674 kg

化整后显示值　=　6 670.0 kg[1)]

皮重称量操作后：　显示净重值　=　0.0 kg Net

加上净重载荷：　内部值　=　2 673.7 kg

化整后显示净重值　=　2 673.5 kg Net[1)]

累计加载：　内部值　=　9 347.7 kg

化整后显示（如可能）毛重值　=　9 350.0 kg[1)2)]

按4.6.11可以打印：

a） 9 350.0 kg G或B　2 673.5 kg N　6 670.0 kg T[2)4)]

b） 9 350.0 kg　2 673.5 kg N　6 670.0 kg T[2)4)]

c） 2 673.5 kg N　6 670.0 kg T[2)]

d） 2 673.5 kg N[2)]

e） 2 673.5 kg[2)]

4.6.12.5 带预置皮重装置的多分度衡器(4.7)

衡器技术参数说明：

准确度等级Ⅲ，最大秤量$Max=4/10/20$ kg，检定分度值$e=2/5/10$ g

衡器上无载荷：　显示值　=　0.000 kg

加上毛重载荷：　内部值　=　13.376 kg

化整后显示毛重值　=　13.380 kg[1)]

输入预置皮重值：　=　3.813 kg

STANDARDS PRESS OF CHINA

输入过程中显示值	=	3.813 kg
化整和临时指示的预置皮重值	=	3.814 kg PT
皮重值可以向上化整或向下化整，		或 3.812 kg PT
因为 $e=2$ g，内部计算为：		
13.380 kg－3.814 kg＝9.566 kg		
化整后显示净重值	=	9.565 kg Net[5]
或 13.380 kg－3.812 kg＝9.568 kg		
化整后显示净重值	=	或 9.570 kg Net[5]

按 4.6.11 和 4.7.3 可以打印：

a) 13.380 kg G 或 B　9.565 kg N　3.814 kg PT[4]

b) 13.380 kg　9.565 kg N　3.814 kg PT[4]

c) 9.565 kg N　3.814 kg PT

或

a) 13.380 kg B 或 G　9.570 kg N　3.812 kg PT[4]

b) 13.380 kg　9.570 kg N　3.812 kg PT[4]

c) 9.570 kg N　3.812 kg PT

4.6.12.6　多分度衡器计算重量值

衡器技术参数说明：

准确度等级Ⅲ，最大秤量 $Max=20/50/150$ kg，检定分度值 $e=10/20/100$g

衡器上无载荷：　显示值　=　0.000 kg

第一次称量(空容器，皮重值)＝17.726 kg　显示值　=　17.730 kg

卸去载荷：　显示值　=　0.000 kg

第二次称量(净载荷，净重值)＝126.15 kg　化整后的显示值　=　126.200 kg

按 4.6.11 可以打印：　毛重 143.930 kg C　皮重 17.730 kg　净重 126.200 kg

标注：

1) 因预置皮重(3.5.3.3)的原因，计算净重除外，最大允许误差适用于毛重(3.5.1)，皮重(3.5.3.4)和净重(3.5.3.3)的称量结果。

2) 在自动转到较高(局部)称量范围的多分度值和多范围衡器上，可以出现多于 1 个的无效零(4.2.2.2)，无效零个数取决于最小(局部)称量范围。

3) 在多范围衡器上，皮重值应化整到衡器当前运行的称量范围的分度值(4.6.7，4.7.1)。

4) 显示和打印的称量结果(毛重、皮重和净重)均应按各自载荷下实际的分度值 e 化整，e 随当时实际称量范围或局部称量范围的不同而不同。因此，毛重称量结果与净重的计算值和皮重值间可能会出现 $1\times e$ 的偏差。只有满足 4.6.11(见 4.6.12.6)的 7、8 节，才可能有结果间的协调一致。

5) 计算净重值是由显示的毛重称量值和显示的经化整的预置皮重值(T.5.3.2)计算得到的，并非取自内部示值。

4.7　预置皮重

4.7.1　分度值

无论使用何种方式向预置皮重装置输入预置皮重值，其分度值应等于或自动化整为衡器的分度值。对于多范围衡器，预置皮重值只可以从一个称量范围向另一个具有较大检定分度值的称量范围转换，且应按后者称量范围对应的分度值化整。对于多分度衡器，预置皮重值应按衡器最小检定分度值 e_1 化整，且最大预置皮重值应不大于 Max_1。对计算净重值的显示或打印，应按相同净重值下衡器的分度值化整。

4.7.2　运行方式

预置皮重装置可以与一个或多个皮重装置一起运行，条件是：

——满足 4.6.10 的规定，且

——预置皮重运行后，只要任一皮重装置仍然处于使用中，就不得修改或取消预置皮重运行。

只有预置皮重值与被测量的载荷能被清楚地区别时(如，被称载荷容器上的条形码标志)，则预置皮重装置才可以自动运行。

4.7.3 运行指示

预置皮重装置的运行应在衡器上明显指示出来。对数字指示衡器，可以用符号“NET”、“Net”或“net”对净重值加以标注，或使用中文“净重”来替代。如果衡器配备了皮重装置运行时能临时显示毛重值的装置，则在显示毛重时，符号“NET”必须消失。

至少应能暂时地指示预置皮重值。

因此 4.6.11 也适用，条件是：

——除 4.13,4.14 或 4.16 包括的衡器外，如打印计算的净重值时，至少也应打印预置皮重值；

——预置皮重值用符号“PT”表示，允许使用汉字“预置皮重”替代符号“PT”。

注：4.7.3 也适用于用同一个按键兼作半自动置零装置和半自动皮重平衡装置操作的衡器。

4.8 锁定状态

4.8.1 禁止在“非称重”状态下称量

如果衡器有一个或多个锁定装置，这些装置只能有两个稳定状态，即“锁定”和“称重”，并且只能在“称重”状态才可以称量。

除 4.13,4.14 和 4.16 所涉及的衡器外，Ⅰ或Ⅱ级衡器可以设有一个“预称重”状态。

4.8.2 状态指示

“锁定”和“称重”状态应予以清楚地表示。

4.9 辅助检定装置(可拆除或固定的)

4.9.1 带一个或多个承载平台的装置

在承载平台上放置用以平衡某载荷的砝码，与该载荷间的额定比值通常不应小于 1/5 000(该值应清楚地标注在平台正上方)。

平衡一个等于检定分度值载荷所需的砝码值，应是 0.1 g 的整数倍。

4.9.2 编码标尺装置

辅助检定装置的分度值应等于或小于被检衡器检定分度值的 1/5。

4.10 多范围衡器的称量范围选择

当前运行的称量范围应清楚地指示。当符合下列要求时允许手动选择称量范围：

——对任何载荷，从小到大选择称量范围；

——只有当承载器上无载荷时，且示值为零或相当于毛重零的负净重值时，才允许从大到小选择称量范围，应同时自动取消皮重运行并自动将零点置到 $\pm 0.25e_1$ 范围内。

符合下列要求时允许自动改变称量范围：

——载荷超过当前运行称量范围 i 的最大毛重 Max_i 时，从小的称量范围转到下一较大称量范围；

——只有当承载器上无载荷，且示值为零或相当于毛重零负的净重值时，才允许从大的称量范围转到最小称量范围，同时自动取消皮重运行并自动将零点置为 $\pm 0.25e_1$ 范围内。

4.11 不同承载器和(或)载荷传递装置与不同载荷测量装置间的选择(或切换)装置

4.11.1 空载的补偿

选择装置应保证对所选用的不同承载器和(或)载荷传递装置各自不同的空载值进行补偿。

4.11.2 置零

衡器应能对不同载荷测量装置和不同承载器的多种任意组合进行准确无误置零，并符合 4.5 的规定。

4.11.3 称量的不可能性

选择装置在运行中应不可能进行称量。

4.11.4 组合使用的可识别性

承载器和使用的载荷测量装置间的组合应易于识别。该标识应明显可见,该指示与相应的承载器应一一对应。

4.12 “正”和“负”比较式衡器

从检定的角度认为,“正”和“负”比较式衡器可视为半自行指示衡器。

4.12.1 “正”和“负”区域的区分

在模拟指示装置上,位于零两边的区域,用“+”和“-”加以区分。

在数字指示装置上,指示装置附近的铭牌上应给出:

——比较范围:±…u_m,或

——比较范围:-…u_m/+…u_m

其中 u_m 表示 2.1 中规定的计量单位。

4.12.2 标尺形式

比较式衡器零点的每一侧至少应有一个标尺分度,$d=e$,相对应的值应显示在标尺的每一端。

4.13 直接向公众售货用衡器

注:“直接向公众售货用衡器”的含义应由国家法规解释。

以下要求适用于Ⅱ级,Ⅲ或Ⅲ级且最大秤量不大于 100 kg 直接向公众售货的衡器,作为对 4.1 到 4.11 和 4.20 要求的补充。

4.13.1 主要指示

直接向公众售货用衡器的主要指示为称量结果、以及确切的零位指示、皮重和预置皮重的运行状态。

4.13.2 置零装置

直接向公众售货的衡器不应配备非自动置零装置,除非是使用工具操作。

4.13.3 皮重装置

带砝码承载器的机械衡器不应配备皮重装置。

单称量平台的衡器可以配备皮重装置,如果能让公众见到:

——皮重装置是否在使用中;和

——皮重装置的设置是否被修改。

任何时候,只能有一个皮重装置在运行。

注:使用限制已包含在 4.13.3.2 的第 2 项中。

衡器不得配备当皮重或预置皮重装置运行时能返回显示毛重值的装置。

4.13.3.1 非自动皮重装置

控制点 5 mm 的位移,最多等于一个检定分度值。

4.13.3.2 半自动皮重装置

在下述情况下,衡器可以配备半自动皮重装置:

——皮重装置的作用不得减少皮重值;和

——只有当承载器上无载荷时,皮重装置的效果才能被取消。

另外,衡器至少应满足以下要求之一:

——皮重值在独立显示器上持久指示;

——当承载器上无载荷时,皮重值用带“-”符号的值指示;或

——大于零的一个稳定的净重称量结果被指示后,从承载器上卸去全部载荷时,自动取消皮重装置

效果并将示值返回至毛重零。

4.13.3.3　自动皮重装置

直接向公众售货的衡器不应配备自动皮重装置。

4.13.4　预置皮重装置

如果预置皮重值作为主要指示在单独的显示器上显示，此值应清楚地区别于重量示值。直接向公众售货用衡器可以配备预置皮重装置，且4.13.3.2第1节适用。

如果皮重装置在使用中，则预置皮重装置应不可能运行。

若预置皮重与价格查询(PLU)关联时，预置皮重值应当随PLU取消而同时被取消。

4.13.5　称量的不可能性

在正常锁定操作状态或正常的加减重量操作期间，应不可能进行称重操作或操纵指示单元。

4.13.6　可见性

所有主要指示(如适用包括4.13.1，和4.14.1)应被清楚地显示，并能让售货员和顾客同时可见，如不能做到使用同一个显示器来实现，有必要配备两套显示器，一个用于售货员，另一个用于顾客。

在显示主要指示的数字装置上，为顾客显示的数字高度至少为9.5 mm。

配备使用砝码的衡器，砝码值应能被辨别。

4.13.7　辅助指示装置和扩展指示装置

直接向公众售货的衡器不得配备辅助指示装置和扩展指示装置。

4.13.8　Ⅱ级衡器

直接向公众售货的Ⅱ级衡器，应符合3.9中对Ⅲ级衡器的要求。

4.13.9　显著增差

如已检测到有显著增差，应给顾客提供可视或可听到的报警，并禁止数据传输到任何外围设备。这种报警应持续到直至使用者采取措施，或引发的原因消失为止。

4.13.10　计数比

机械计数衡器的计数比应为1/10或1/100。

4.13.11　自助式衡器

自助式衡器不需要配备两套标尺或显示器。

当衡器用于出售不同产品，且需要打印票据或标签时，主要示值应包括物品名称。

如果计价衡器作为自助衡器使用，则应满足4.14条的要求。

4.14　用于直接向公众售货的计价衡器的附加要求

下列要求是对4.13的补充。

4.14.1　主要指示

计价衡器上，增补的主要指示为单价和付款金额。若适用，显示非称重商品的数量、单价和付款金额、非称重商品的金额与总金额；价格图表(不同于价格标尺，价格标尺包含在4.14.2中)，如扇形图表不受本标准该要求的限定。

4.14.2　带价格标尺的衡器

单价和支付金额的标尺应符合4.2条和4.3.1至4.3.3条规定，但其小数部分应根据国家法规而定。

从价格标尺上得到的读数应满足：重量值(W)和单价(U)的乘积与付款金额(P)之差的绝对值不应大于e和单价的乘积：

$$|W \times U - P| \leqslant e \times U$$

4.14.3　计价衡器

付款金额应由单价和重量值相乘计算得到，并化整到最接近的付款金额分度值，与单价一起在衡器上显示。任何情况下，执行付款金额计算和指示的装置均视作为衡器的一部分。

付款金额的间隔应符合国家贸易规定。

单价仅限于：价格/100 克(g)或价格元/千克(kg)。

尽管 4.4.1 已有规定：

——但当载荷加至承载器且示值稳定，在输入任意单价后，重量示值、单价和付款金额应至少保持 1 s。

——假如此前有不为零的稳定重量示值，卸载回零后这些示值保持时间应不大于 3 s，否则示值应为零。卸载后，只要有重量示值，就不能重新输入或改变单价。

如果对由衡器进行的交易打印，则重量值、单价和付款金额均应同时打印。

打印前数据可以寄存在衡器的存储器里。在给消费者的票据上，同一次交易的数据不得重复打印两次。

可以作为价格标签衡器使用的计价衡器还应符合 4.16 条规定。

4.14.4 计价衡器的特殊应用

只有当由衡器或与其连接的外围设备进行的所有交易都打印在为消费者提供的票据或标签上时，计价衡器才可以执行便于贸易与管理的附加功能。这些功能不得导致称量结果和价格计算的混乱。

也可以执行下列规定中未列入的其他操作和指示，但所提供的指示应不可能被客户误解为主要指示。

4.14.4.1 非称重物品

假如重量指示为零或使称量模式不起作用，衡器可以接受和记录一件或多件非称重物品正的或负的付款额。对一个或多个相同的非称重物品的付款额应在付款额显示器上显示。

如果计算多于一个相同非称重物品的付款额，除非使用辅助显示器来显示物品的数量和单价，物品数量应在重量显示器上显示，且不可能被认为是重量值，单件物品的价格应在单价显示器上显示。

可接受的方案：

在重量显示器上显示物品数量时，用适当的标识如“×”或其他按国家法规规定的清晰标识与重量值加以区别。

4.14.4.2 累计

衡器可以累积一张或多张票据的交易记录，总价应在付款金额显示器上显示，并伴随一个专门的文字或符号一起打印在付款栏目列的末行，或打印在单独的标签或票据上，在单独的标签和票据上有付款额已被累计商品所对应适当的参考标识；所有被累计的付款价格均应打印，总价应是这些打印金额的代数和。

衡器可以累计与其相连接的其他衡器上的交易，无论是直接的或通过计量管理的外围设备，只要符合 4.14.4 条的规定，且所有相连接衡器的付款额分度值是相同的。

4.14.4.3 多售货员操作

假如交易与相关的售货员或顾客之间的关系能被适当识别(参见 4.14.4.5)，衡器可以设计成由多个售货员同时使用或同时为多个顾客服务。

4.14.4.4 交易取消

衡器可以取消先前的交易记录。当交易已被打印，取消了的相应付款额应被打印并附加适当注释。如果对顾客显示被取消的交易，则应明显地区别于正常交易。

4.14.4.5 附加信息

衡器可以打印附加信息，只要这些附加信息显然与交易有关，而且不干扰重量值单位符号的使用。

4.15 类似于直接向公众售货的普通衡器

不符合 4.13 和 4.14 的规定，而又类似于直接向公众售货的普通衡器应在显示器附近设置永久性标记：“不得用于直接向公众售货”。

4.16 价格标签衡器

4.13.8，4.14.3(第 1 和第 5 段)，4.14.4.1(第 1 段)和 4.14.4.5 适用于该类衡器。

价格标签衡器至少应有一个重量显示器。它可以用于临时监视设定的重量界限、单价、预置皮重值和商品名称的目的。

衡器在使用中应能检查单价和预置皮重值的当前值。

低于最小秤量时应不可能打印。

只有在明确指示了称量模式不起作用时，才允许打印具有确定重量值、单价和付款金额的标签。

4.17　具有单位重量承载器的机械式计数衡器

从检定而言，计数衡器属于半自行指示衡器。

4.17.1　指示装置

为能检定，计数衡器在零的两侧至少应有一个 $d=e$ 的标尺分度，相应的值应在标尺上表示。

4.17.2　计数比

计数比应清楚地表示在每个计数平台的正上方或每个计数标尺标记的正上方。

4.18　移动式衡器的附加技术要求（见 3.9.1.1）

根据移动衡器的类型，申请者应对以下特性进行规定：

——当液压系统包含在称重过程中时，液压提升系统的预热程序/周期（对 5.3.5 的补充）；

——倾斜的极限值（倾斜上限）（见 3.9.1.1）；

——如果衡器设计成用于液体产品的称量，使用时的特殊条件；

——称量操作过程中保证工作在承载器合适的特定位置（如称重窗口）的说明，和；

——为保证满足称量条件（如果适用，例如移动衡器在室外使用时）而使用的探测器或传感器的描述。

4.18.1　室外使用的移动衡器[见 3.9.1.1,d)]

注：本节同样适用于具有不平坦地面特种室内应用（如叉车在具有不平坦地面的大厅内使用）。

衡器应有适当的方法指示衡器的倾斜已超过极限值（如，关闭显示器，报警灯，出错信号提示），并禁止打印输出和数据传输。

车辆每次移动后，至少在衡器开机后，应自动进行一次置零或皮重平衡操作。

对具有称量窗口（承载器的特殊位置或条件）的衡器，衡器不在称量窗口内称量时应提供一指示（关闭显示器，报警灯，出错信号提示），并禁止打印输出和数据传送。可使用传感器、开关或其他方法来识别称量窗口。

若衡器的载荷测量装置对移动或驾驶的影响敏感，则衡器应安装一个合适的保护系统。

预热周期或预热过程应满足 5.3.5 的要求。例如，如果液压系统包含在称量过程中。

在使用自动倾斜传感器时，通过对称量结果附加一个修正量来补偿倾斜的影响，此传感器被视为衡器的基本部件，在型式评价过程中，应满足影响因子和干扰测试的要求。

在使用万向悬挂件时，如悬挂系统或承载器触及四周的围框结构，尤其当倾斜大于限值时，应采取适当预防措施阻止错误称重结果的显示、打印和数据传输。

型式评价报告应包括倾斜测试说明。

4.18.2　其他移动式衡器

不在室外使用的移动衡器（如，轮椅秤，病床秤），应按 3.9.1.1a)、b)或 d)的要求设置一个装置防止倾斜的影响，如果衡器装有符合 3.9.1.1a)的要求的水平调节装置，在不使用工具的情况下水平调节装置应易于操作。应有适当标牌，提示用户在每次移动后作必要的水平调整。

4.19　便携式公路车辆衡器

便携式称量台应按型式批准申请和相应签发的证书加以标识。

申请者应提供文件说明安装表面的条件。

注 1：只有当所有轮子同时都被支撑时，可以使用轴组或轮重秤来确定车辆的总质量。是否允许用一个轴/轮重秤测定的轴载荷或轮载荷来确定道路车辆总质量由国家立法规定，这不属于本标准范畴。可以由轴载荷计算出车辆总质量，但并不认为这满足法定计量管理，其原因见注 2。

注 2：当使用单轴或轮重秤时，车辆也是载荷，这样与移动衡器和固定环境之间形成一个链。如果不考虑这种对称量结果产生附加影响，将会引起较大误差，这些附加影响可能是下述原因引起：

——由于车辆与称量台相互作用引起的侧向力；

——轴悬挂内各瞬态影响和磨擦作用在车辆部分的力；或

——如果称重台和坡道之间存在导致轴载荷分配变化的不同水平面，作用在坡道部分的力。

4.20 运行模式

衡器可以有不同的运行模式，可以通过手动命令选择。

称重模式举例：

——称量范围

——称量台组合

——多分度值或单分度值衡器

——操作员模式或自助模式

——预置皮重设置，和

——显示器或衡器的关闭状态等；

非称重模式举例：

——计算值

——求和

——计数

——百分比

——统计

——校准，和

——配置等。

衡器在使用中的实际运行模式应使用特定符号或使用国家所规定的文字符号清楚识别。任何情况下 4.4.4 条的要求适用。

任何时候衡器均应能从任一模式切换到称重模式。

运行模式的自动选择只有在规定的称量顺序内才允许（如，按一个固定称量顺序生产某种混合物）。在称量顺序结束时，衡器应自动切换到称重模式。

从非称重模式返回到正常称重模式，可以显示实际的称量值。

从关闭状态（关闭的显示或衡器）返回到称量模式，应显示零（自动置零或除皮），如果在这之前已经自动检查了零点的确切位置，也可以显示实际称量值。

5 电子衡器的技术要求

除应满足第 3 章"计量要求"和第 4 章"自行指示或半自行指示衡器技术要求"外，电子衡器还应符合以下要求：

5.1 通用要求

5.1.1 电子衡器应通过设计和制造，使其在经受干扰时：

a) 不出现显著增差；或

b) 显著增差被监测到并对其作出响应，显示器上显著增差的指示与在该显示器上其他信息不应产生混淆。

注：无论示值误差值如何，等于或小于 e 的增差是允许的。

5.1.2 根据衡器预期的使用，应始终满足 3.5、3.6、3.8、3.9 和 5.1.1 的要求。

5.1.3 如果电子衡器通过 5.4 条规定的检查和测试，则此类型电子衡器被认为符合 5.1.1、5.1.2 和

5.3.2 要求。

5.1.4 5.1.1 条要求可以分别适用于：

a) 引起显著增差的每一个单独原因；以及/或

b) 电子衡器的每个部件。

由制造商选择是应用 5.1.1a)还是应用 5.1.1b)。

5.2 对显著增差的响应

当监测到显著增差时，衡器应自动处于非工作状态，或自动提供看得见或听得到的信息，并持续到直至使用者采取措施或显著增差消失为止。

5.3 功能要求

5.3.1 接通(指示器)电源后，应立即执行特定程序，用足够长的时间显示指示器所有相关的指示符号，无论是处于有效状态和无效状态的，以便操作者检查。该要求对故障很明显的显示器不适用，例如非段码显示器、屏式显示器、点阵显示器等。

5.3.2 作为对 3.9 条要求的补充，电子衡器在温度范围的上限和 85%的相对湿度下应符合要求。该要求不适用于Ⅰ级衡器和 e 小于 1 g 的Ⅱ级衡器。

5.3.3 除Ⅰ级衡器外，电子衡器应经受 5.4.4 条规定的量程稳定性测试。接近最大秤量的误差不得超过最大允许误差，任意两次测量所得误差之间差异的绝对值不应超过 1/2 检定分度值，或 1/2 最大允许误差的绝对值，两者取其大者。

5.3.4 当电子衡器经受 5.4.3 规定的干扰时，受干扰与不受干扰间的重量示值(或固有误差)之差不应大于 e，或衡器能监测到显著增差并做出响应。

5.3.5 电子衡器在预热时间内，应无称量示值，也不传输称量结果。

5.3.6 电子衡器可以配备接口，以便与任何外部设备或其他衡器连接。

衡器的计量功能和测量数据，不应受连接在接口上外围设备(如计算机)、其他与衡器相互连接的设备，或作用在接口上干扰的影响。

经接口执行或启动的功能应满足第 4 章的有关要求和条款。

注：一个“接口”包括其所有机械的、电子的以及衡器与外围设备或其他衡器之间数据交换节点用逻辑器件。

5.3.6.1 意在产生下列情形的指令或数据，不可能通过接口输入到衡器

——显示没有清楚定义的数据，它可能对称量结果产生混淆；

——伪造显示、处理或存储的称量结果；

——调整衡器，或改变任何调整因子(但通过接口传入指令利用衡器内部的量程调节装置执行调整程序，以及对Ⅰ级衡器使用外部标准砝码或标准质量进行调节是允许的)，或

——在直接向公众售货的衡器上伪造显示的主要指示。

5.3.6.2 如 5.3.6.1 条所述的功能无法通过接口执行或启动，该接口不必进行保护。其他接口应按照 4.1.2.4 条要求进行保护。

5.3.6.3 接口用于连接本标准适用的外围设备时，外围设备应以能满足这些要求的方式来传输相关主要指示的数据。

5.4 性能测试和量程稳定性测试

5.4.1 测试考虑

无论是否配备了校验装置，所有相同类别的电子衡器，均应经受相同的性能测试程序。

5.4.2 被试衡器的状态

性能测试应在所有设备均处于正常运行状态，或在类似可能的运行状态下进行。当以非正常配置连接时，测试程序需经授权机构和申请单位双方同意，并在测试文件中给予说明。

如果电子衡器配备的接口允许与外部设备连接，在进行 B.3.2，B.3.3 和 B.3.4 条测试期间，按测试程序规定，应将衡器连接到外围设备上。

5.4.3 **性能测试**

应按照 B.2 和 B.3 规定进行性能测试。

表 10

测 试	特 性
静态温度	影响因子
湿热稳态	影响因子
电压波动	影响因子
交流电压暂降和中断	干扰
快速瞬变脉冲群	干扰
静电放电	干扰
浪涌(如适用)	干扰
射频电磁场抗干扰	干扰
射频传导抗干扰	干扰
由公路车辆电源供电的衡器 EMC 特殊要求	干扰

5.4.4 **量程稳定性测试**

量程稳定性测试应按照 B.4 条规定进行。

5.5 **软件控制的电子装置的附加要求**

注：对受控于软件的装置和计量器具更多的通用要求和建议在其他相关的国家标准/法规(或 OIML 出版物)中规定。

5.5.1 **带嵌入式软件的装置**

对带嵌入式软件的衡器和模块，制造商应描述或声明衡器或模块的软件为嵌入式，即在固定的硬件和软件环境中运行，并且在保护以及/或检定后不可能经接口或通过其他方法被修改和上传。除 8.2.1.2 条规定的文件要求外，制造商还应提交以下附加文件：

——法定相关功能的描述；

——明确赋予法定相关功能软件的标识；

——对受到干预的证据提供预设的保护措施。

衡器应提供软件标识并在型式批准证书中列出。

可接受的方案：

在正常运行模式下，以下列方法之一提供软件标识：

——通过一个被清楚标识了的物理的或软件的按键、按钮、开关的操作获得；或

——连续显示版本号或校验和等。

两种情形均要求清晰地说明如何检查现行软件标识与标注在衡器上或由衡器显示出来的参考代码(与型式批准证书中列出相同)的一致性。

5.5.2 **个人计算机、配有 PC 单元的衡器及具有可编程或可加载法定相关软件的其他衡器、装置、模块和单元**

如果满足以下的附加要求，个人计算机和配有可编程或可加载软件的其他衡器/装置可以做为指示器、终端、数据存储装置、外设等使用。

注：如不满足 5.5.1 嵌入式软件的环境条件要求，尽管这些具有可被加载软件装置或 PC 基础模块和部件等可以组成完整的衡器，仅视为是“PC”。在之后的描述中仍简称它们为“PC”。

5.5.2.1 **硬件要求**

PC 机作为模块与计量相关的模拟单元组成一体后，应视为附录 C 的称重指示器，见表 11 的类别 1 和 2。

PC 机仅作为纯数字模块使用，不与计量相关的模拟单元(如作为终端或价格计算的收银装置)组成一体应视为表 11 的类别 3 和 4。

PC 机仅作为纯数字外围设备使用应视为表 11 的类别 5。

表 11 还规定了应根据各自类别，对 PC 机的模拟和数字单元提交怎样的详细文件(供电电源、接口型式，主板，机壳等的说明)。

表 11 PC 机作为模块和外围设备的测试及必要的文件

类别		必要的测试	提交的文件	备注
No.	描述		硬件单元	
1	PC 作为一个模块，主要指示在监视器上； PC 与计量相关的模拟单元(ADC)组合在一起，该单元安装在 PC 的插槽内，印制电路板不加封闭保护(开放式装置)； ADC 的电源由 PC 电源装置或 PC 总线系统提供	ADC 和 PC 作为一个单元测试： ——作为指示器按附录 C 的要求测试； ——试样应尽可能以最大可能配置(最大功率消耗)配备	ADC：与衡器和模块相同，提供详细的电路图、印刷电路图和说明。 PC 机：与衡器和模块相同，提供 PC 机的制造商和型号，外壳型号，所有模块型号，电子装置和元件包括电源装置，配制清单，手册等	PC 可能对 ADC 产生影响(温度、电磁干扰 EMC)
2	PC 作为模块，主要指示在监视器上； PC 与计量相关的模拟单元(ADC)组合在一起，该单元安装在独立封闭的外壳内(封闭式装置)； ADC 工作电源由 PC 电源装置提供但不经 PC 总线系统	ADC 和 PC 作为一个单元测试： ——作为指示器按附录 C 的要求测试； ——试样应尽可能以最大可能配置(最大功率消耗)配备	ADC：与衡器和模块相同，提供详细的电路图、印刷电路图和说明等。 PC：供电电源装置： 与衡器和模块相同，提供制造商，型号，配制清单； 其他单元： 仅需要一般必要说明或与诸如外壳构成、主板、处理器型号、RAM、软驱和硬驱、控制板、视频控制器、接口、监视器、键盘有关的必要信息	PC 的供电电源装置对 ADC 可能产生的影响(温度、EMC)； PC 引起的其他的影响并不严重； 如 PC 更换供电电源装置，应重新进行 EMC 测试
3	PC 作为纯数字模块： 主要指示在监视器上； ADC 在 PC 的外面，具有独立的外壳； ADC 由 PC 供电电源装置提供	ADC：按附录 C 要求作为指示器测试，使用 PC 监视器显示主要指示； PC：按 3.10.2 要求进行	ADC：按类别 2 要求； PC：供电电源装置按类别 2 要求，其他部分按类别 4 要求	PC 对 ADC 供电的电源装置可能产生影响(仅 EMC)； PC 产生的其他影响是不可能的或是不严重的； 如果 PC 更换电源装置，应重新进行 EMI 测试
4	PC 作为纯数字模块： 主要指示在监视器上； ADC 在 PC 的外面，具有独立的外壳和自己的供电电源装置	ADC：按类别 3 要求； PC 机：按类别 3 要求	ADC：按类别 2 要求； PC：仅需要一般说明或诸如与主板型号、处理器型号、RAM、软驱和硬驱、控制板、视频控制器、接口、监视器、键盘等相关的必要信息	PC 不可能对 ADC 产生影响(温度、EMC)
5	PC 作为纯数字外围设备	PC 机：按 3.10.3 要求	PC：按类别 4 要求	

注：PC：个人计算机；

ADC：与模拟单元有关，包括模-数转换(见图 1)；

EMC：电磁兼容。

5.5.2.2 **软件要求**

PC的法定相关软件，即关键的测量特性、测量数据和保存或传输的重要计量参数的软件，被认为是衡器的一个基本组成部分，且应按照附录G.2要求对其进行检查。法定相关软件应符合下列要求：

a) 法定相关软件应能足以防止意外或恶意修改，应能够提供直至下次检定或类似官方检查前对法定相关软件所进行的诸如修改、上传或绕开等干扰的证据。

该要求意味着：

用特殊软件工具防止恶意更改不属于本标准要求的范畴，因为恶意更改被认为是违法行为。通常假定对法定相关参数和数据，尤其是经处理过的变量值产生影响是不可能的，这些值只要经程序处理，就能满足这些要求。然而，如果法定相关参数和数据，特别是最终的变量值，为满足法制管理的应用或功能要求，它们从受保护软件内部向外传输时，应对它们加以保护以满足5.3.6.3的要求。如果不能通过使用通用软件工具对法定相关软件中所有数据，参数，变量值等进行修改，则认为得到了充分保护。例如，目前所有使用的文本编辑类软件认为是通用软件工具。

可接受的方案：

程序开始首先自动计算全部法定相关软件机器码的校验和(至少采用隐含多项式CRC-16校验和)，计算结果与保存的固定值比较，如果机器码校验失败法定相关软件程序就不可能起动运行。

b) 若存在除计量功能外执行其他功能的关联软件时，法定相关软件应能被识别且不应受关联软件的影响。

该要求意味着：

从感官上而言，关联软件与法定相关软件是被分开的，它们通过软件接口进行通讯。如果软件接口满足下列要求则认为其具有保护性：

——符合5.3.6.1条规定，只有被定义和允许的参数、功能和数据可以经该接口进行交换；和

——没有任何部分能通过其他连接进行信息交换。

软件接口是法定相关软件的组成部分，使用者绕过保护性接口的操作认为是一种违法行为。

可接受的方案：

所有定义的功能、命令、数据等，从法定相关软件到所有其他连接的软件或硬件部分间的交换都经过受保护的接口。检查经接口交换的所有功能、命令和数据是否都是经允许的。

c) 法定相关软件应被识别和受保护，其标识应通过某个装置能方便获得，以便于计量管理和检查。

这一要求意味着：

软件标识不要求包含操作系统或类似的辅助标准软件，如：视频驱动、打印驱动或硬盘驱动程序部分。

可接受的方案：

运行时，依据一个手动命令计算并显示全部法定相关软件机器代码的校验和。此校验和代表了法定相关软件，且可以与型式批准时确定的校验和进行比较。

d) 除8.2.1.2规定的文件外，还应包括下述与软件相关的文档：

——若在操作说明书里没有按表11要求进行描述，则应提供硬件系统说明，如，框图，计算机型号，网络类型；

——法定相关软件的软件环境描述，如，操作系统，驱动要求等；

——所有法定相关软件功能、法定相关参数、确定衡器功能的开关和按键的说明，包括该说明的完整性声明；

——有关测量运算规则的说明(例如：稳定平衡，价格计算，化整规则)；

——有关菜单和对话框的说明；

——保护措施(如，校验和，签名，审核跟踪)；

——法定相关软件和关联软件间通过受保护软件接口交换的整套命令集和参数(包括对每个命令和参数的简短说明)的清单,以及该清单的完整性声明;

——法定相关软件的软件标识;

——如衡器允许由调制解调器或互连网下载软件:软件下载过程和防止意外或恶意修改采取的安全措施的详细说明;

——如衡器不允许由调制解调器或互连网下载软件:防止未经认可的法定相关软件上载所采取措施的描述;和

——如经网络传输或长期保存数据:对数据组和保护措施的描述(见5.5.3)。

5.5.3 **数据存储装置(DSD)**

如果一个装置,无论是与衡器组成一体,还是作为衡器软件方案的一部分,或者是外部的与衡器相连接,旨在用于长期保存称重数据(按T.2.8.5指出的),则应符合下述附加要求。

5.5.3.1 按使用目的,数据存储装置应有足够的存储容量

注:对于信息保存最小期限的规定不属于衡器的要求,可以由国家贸易法规确定。衡器拥有者有责任使衡器有足够的存储空间满足其使用要求。在型式检查中只需适当检查存储和取出数据的正确性,如果在预期的使用期结束前存储容量被用完,应有合适的方法预防数据丢失。

5.5.3.2 存储的法定相关数据应包含全部必要的相关信息以便先前的称量信息的调用

注:法定相关数据(见T.2.8.1):

——毛重值或净重值和皮重值(如适用,皮重和预置皮重的区别);

——小数点符号;

——计量单位(可以是编码);

——存储数据的标识;

——如果有多台衡器或承载器与数据存储装置连接,应有衡器识别号或承载器识别号;

——存储数据的校验和或其他签名。

5.5.3.3 存储的法定相关数据应受到充分保护,防止意外或恶意更改

可接受的方案举例:

a) 为防止在传输过程中数据意外改变,使用简单的奇偶校验被认为足够了。

b) 数据存储装置可以是一个使用外部软件控制的装置,例如,PC的硬盘作为存储媒介。在这种情形下,各自对应的软件均应满足5.5.2.2软件要求,若存储的数据是加密的或是签名保护的(至少采用隐含多项式CRC-16的2字节校验和)可以认为数据的防恶意修改措施是充分的。

5.5.3.4 存储的法定相关数据应能被识别和显示,其中,识别编码应被同时存储以便日后使用和在正式交易媒介上记录。在打印输出时,标识编码应被同时打印出来。

可接受的方案举例:

标识符可以是连续的数码或各自交易的日期和时间(月:日:时:分:秒(或mm:dd:hh:mm:ss))。

5.5.3.5 法定相关数据应自动存储

注:此要求的含义是,存储功能不取决于操作者。然而允许对不用于交易的中间称量结果不进行存储。

5.5.3.6 存储的法定相关数据组的识别和检验,必须是在合法受控的装置上显示或打印。

5.5.3.7 如果数据存储装置与衡器组成一体或作为软件方案的一部分,其特性、选项或参数应在型式批准证书中注明。

6 非自行指示衡器的技术要求

只要适用,非自行指示衡器应符合第3和第4章的要求。本章给出的是对第4章中某些相应要求的补充规定。

6.1的规定是强制性的,6.2的规定包括"可接受的方案"与第4章的要求相符。

对于可以直接递交首次检定的某些简单衡器的规定在6.3至6.9中给出。这些简单衡器是:

——单等臂梁和 1/10 臂比梁；

——单游码杠杆衡器；

——罗伯威尔衡器和伯朗格衡器；

——带比例平台的衡器，和；

——带可触及游码的杆式衡器。

6.1 最小灵敏度

衡器处于平衡状态时，施加一个等于所加载荷下最大允许误差绝对值的额外的载荷，但不小于 1 mg，指示器件由此引起的恒定位移至少应等于：

对Ⅰ级或Ⅱ级衡器为： 1 mm

对Ⅲ级或Ⅲ级且最大秤量不大于 30 kg 的衡器为： 2 mm

对Ⅲ级或Ⅲ级且最大秤量大于 30 kg 的衡器为： 5 mm

灵敏度测试时，应以微小的冲击施加载荷，以便消除鉴别力阈的影响。

6.2 指示装置可接受方案

6.2.1 一般规定

6.2.1.1 平衡指示器件

对衡器具有一个指示器并相对于另一个指示器件移动，两个指针应具有相同的厚度且两指针之间的距离应不大于该厚度。

若指针厚度小于 1 mm 时，则该距离可以等于 1 mm。

6.2.1.2 保护

应能对游码，可移动的质量和调节空腔或类似装置的外壳实施保护。

6.2.1.3 打印

如果装置可以提供打印，那么只有当滑杆或游砣、质量转换机构均位于标尺分度值的整数倍位置时才允许打印。除可触及的滑杆或游码外，只有当平衡指示部件处于标准位置附近半个分度值内时才允许打印。

6.2.2 游码装置

6.2.2.1 标尺标记形式

在衡器实际分度值等于检定分度值的标尺杆上，标尺标记由宽度恒定的刻线组成。在其他主（或副）标尺杆上的标尺标记由凹槽组成。

6.2.2.2 标尺间距

标尺标记之间的距离不应小于 2 mm，并有足够的长度，以至于凹槽或标尺标记的一般机械允许误差对称量结果引起的影响不超过 0.2 倍的检定分度值。

6.2.2.3 限位

游码和副标尺杆的移动限制在主标尺杆和副标尺杆有刻度部分。

6.2.2.4 显示器件

每个游码均配有一个读数用指示器件。

6.2.2.5 可触及游码装置

除副滑杆外，游码上没有可拆卸部件。

游码上没有可聚积外来杂物的空腔。

可拆分的部件能加以保护。

游码和副杆的移动需要有一定的作用力。

6.2.3 用受计量管理的砝码指示

缩比形式为 10^k，其中 k 为整数或零。

在用于直接向公众售货的衡器上，砝码承载平台边缘的高度不超过其直径的 1/10，且不大于

25 mm。

6.3 结构要求

6.3.1 平衡指示器件

衡器应有两个可移动的指针或一个移动指示器件加一个固定基准标记，他们各自的位置指示了平衡的标准位置。

Ⅲ或Ⅲ级用于直接向公众售货的衡器，在衡器两个相对的侧面应分别能见到指针和标尺标记的平衡状态。

6.3.2 刀子，刀承和摩擦板

6.3.2.1 连接方式

杠杆只应与刀子安装在一起，它们在刀承上回转(以刀承为支点)。

刀子和刀承之间的接触线应是直线。

计量杠杆应以刀刃为支点。

6.3.2.2 刀子

刀子与杠杆的安装不得使用焊接，应确保杠杆臂比不变。

同一杠杆上的刀刃应有很好的平行度，并安装在同一平面上。

6.3.2.3 刀承

刀承不得焊接到支承架或鞍座上。

具有比例平台和杠杆的衡器的刀承应能在支撑架或鞍座的各个方向摆动。该类衡器应配备防脱装置，防止铰接部件的脱开。

6.3.2.4 摩擦板

刀子的纵向活动应受摩擦板(按其作用可称为挡刀板)限制。刀和摩擦板之间应是点接触，该接触点应位于刀和刀承铰接线的延长线上。

摩擦板应有一个平面，穿过刀子与该平面接触点的面应垂直与刀子和刀承的铰接线。摩擦板不得焊接在刀承或其支架上。

6.3.3 硬度

刀、刀承、摩擦板、游码的嵌入装置、嵌入的支座和铰链的硬度至少为 58 HRC。

6.3.4 保护层

如不会引起计量性能的改变，焊接部分可以施加保护层。

6.3.5 皮重装置

该类衡器不得设置皮重装置。

6.4 单等臂梁

6.4.1 梁的对称性

梁应有两个对称平面，纵向对称面和横向对称面。无论带托盘或不带托盘均能达到平衡。梁两端可以使用质量相等且能互换的可拆卸部件。

6.4.2 置零

如果Ⅲ或Ⅲ级衡器设置了置零装置，则该装置应是由某个托盘下面的一个空腔构成。

该空腔可以被保护。

6.5 1/10 单臂比梁

6.5.1 臂比指示

臂比应以 1∶10 或 1/10 的形式清晰永久地标示在梁上。

6.5.2 梁的对称性

梁应有一个纵向对称面。

6.5.3 置零

6.4.2 的规定适用。

6.6 单游码衡器(杆秤)

6.6.1 概述

6.6.1.1 标尺标记

标尺标记应为线段或凹槽,它们应刻在分度杆的缘面或平面上。

凹槽之间最小标尺间距为 2 mm,线段之间最小标尺间距为 4 mm。

6.6.1.2 支点

刀子上每单位长度的载荷不得大于 10 kg/mm。

环形刀承的孔直径至少应等于刀子最大横截面直径的 1.5 倍。

6.6.1.3 平衡指示器件

衡器平衡指示器件的长度从杠杆刀刃支点起,应不小于主游码杆刻度部分长度的 1/15。

6.6.1.4 唯一性标记

游码可拆卸的衡器,其前端(头部)和游码应有相同的唯一性标记。

6.6.2 单秤量衡器

6.6.2.1 刀刃间的最小间距

刀刃间的最小间距是:

——最大秤量≤30 kg 的衡器为 25 mm;和

——最大秤量>30 kg 的衡器为 20 mm。

6.6.2.2 分度

分度应从零延伸到最大秤量。

6.6.2.3 置零

如Ⅲ或Ⅲ级衡器设置了置零装置,该装置应是配套的螺钉或螺母,每调整一圈的最大置零效果为四个检定分度值。

6.6.3 双秤量衡器

6.6.3.1 刀刃间的最小间距

刀刃间的最小间距是:

——小秤量为 45 mm;和

——大秤量为 20 mm。

6.6.3.2 悬挂机构的区别

衡器的悬挂机构应区别于载荷悬挂机构。

6.6.3.3 编码标尺

衡器每个秤量对应的标尺均应允许从零开始到最大秤量无间断地连续称量:

——两个标尺没有公共的部分;或

——有一个不大于小秤量标尺最大值 1/5 的公共部分。

6.6.3.4 分度值

每个标尺的分度值应为固定值。

6.6.3.5 置零装置

不得设置置零装置。

6.7 罗伯威尔和伯朗格衡器

6.7.1 对称性

成对的可拆卸对称部件应可以互换且质量相等。

6.7.2 置零

若衡器设置了置零装置，该装置应是由某个托盘支架下面的一个空腔构成。该空腔可以被保护。

6.7.3 刀刃长度

在单梁衡器上：

——载荷刀刃外部两端面之间的距离至少应等于盘底直径；和

——中心刀刃两个外端之间的距离至少等于载荷刀刃长度的 0.7 倍。

双梁衡器的机械稳定性应与单梁衡器相同。

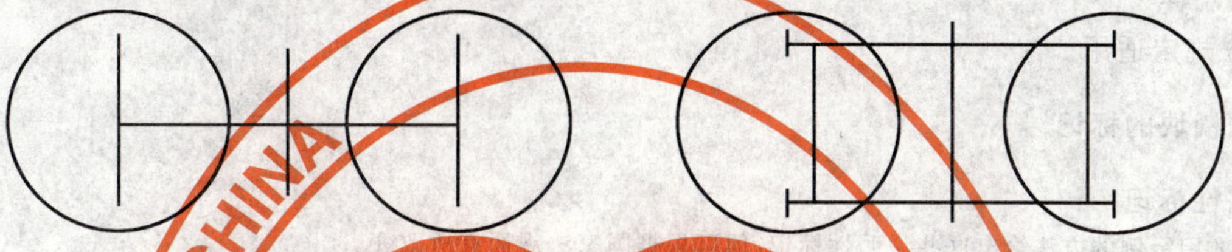

图 7

6.8 比例平台衡器

6.8.1 最大秤量

衡器的最大秤量应大于 30 kg。

6.8.2 比例指示

被称量载荷与平衡载荷之比应以 1∶10 或 1/10 的形式在梁上清晰永久性标注。

6.8.3 置零

衡器的置零装置应为下列任一种：

——一个明显突起的帽状盖，或；

——一对螺丝螺母，每调整一圈调零的最大效果为 4 个检定分度值。

6.8.4 补充平衡装置

如果衡器设置一个补充平衡装置，以避免使用与最大秤量相比较小的砝码，该装置应是由一个有刻度的杆和游码组成，其效果应是添加的且不大于 10 kg。

6.8.5 梁的锁定

衡器应有手动横梁锁定装置，其作用是防止平衡指针在复位状态时与平衡位置重合。

6.8.6 有关木制件的规定

如衡器的某一部件，如框架、平台或底板是木制的，则它们应是干燥的和无缺陷的。表面应涂有有效保护性涂料或清漆。

木制部件的最后组装不得使用钉子。

6.9 带可触及游码(钢码型)载荷测量装置的衡器

6.9.1 概述

应遵守 6.2 中有关使用游码载荷测量装置的规定。

6.9.2 数码标尺的范围

衡器编码的标尺应满足从零至最大秤量连续称量的要求。

6.9.3 最小标尺间距

不同标尺杆的标尺间距 $i_x(x=1,2,3\cdots)$ 对应其标尺分度 d_x 应为：

$$i_x \geqslant (d_x/e) \times 0.05\ \text{mm} \quad 但\ i_x \geqslant 2\ \text{mm}$$

6.9.4 比例平台

如果衡器具有用于扩展编码标尺的指示范围的比例平台，放置在比例平台上用于平衡载荷的砝码

STANDARDS PRESS OF CHINA

值与载荷之比应为 1/10 或 1/100。

比例关系应在杠杆上靠近比例平台的位置应清晰永久地指示，形式为：1：10，1：100，或 1/10，1/100。

6.9.5　置零

6.8.3 规定适用。

6.9.6　梁的锁定

6.8.5 规定适用。

6.9.7　木制件

6.8.6 规定适用。

7　衡器和模块的标记

7.1　说明性标记

注：标准用示例的方法给出这些说明性标记，但可根据国家法规而有所改变。

衡器应具有以下标记：

7.1.1　任何情况下的强制性标记

制造商标记，或全称(A)

计量标记(B)

——准确度等级指示以椭圆形内罗马数字形式表示(见 3.1.1 下注)：

特殊准确度	(Ⅰ)
高准确度	(Ⅱ)
中准确度	(Ⅲ)
普通准确度	(Ⅲ̲Ⅰ)
——最大秤量表示为	*Max*…
——最小秤量表示为	*Min*…
——检定分度值表示为	*e*=

7.1.2　必要时的强制标记

对于进口衡器，制造商代理的名称或标记(C)

序列号(D)

组成衡器的每一个单独而关联单元的识别标记(E)

型式批准标记(F)

附加计量特性(G)：

——软件标识(对于软件控制衡器是强制的)	
——分度值，假如 $d<e$ 表示为	*d*＝
——最大添加皮重效果表示为	*T*＝＋…
——最大扣除皮重效果，若与 *Max* 不同表示为	T＝－…
——计算衡器的计算比例，按 4.17 表示为	1：…或 1/…
——数字比较衡器的正/负指示范围表示为：um 为 2.1 规定的质量单位	±…um 或－…um/＋…um，
——砝码平台和载荷平台的比，按 5.5.1、6.8.2 和 6.9.4 的规定	

特别限制(H)

——最大安全载荷

(如制造商规定的最大安全载荷大于 *Max*＋*T*)表示为：　*Lim*＝…

——按 3.9.2.2 要求规定的特殊温度界限

在该温度界限内衡器按规定要求正常运行表示为： …℃/…℃

7.1.3 附加标记(I)

根据衡器特殊用途或某些规定的特性，必要时可以在衡器上附加标记：例如

——不用于直接向公众售货/贸易结算；

——专用于：…………………………………………………；

——印记不保证/只保证 ……………………………………；

——仅用于下列用途：………………………………………。

这些附加标记可以使用中文说明，也可以采用国际出版物通用的图形或符号形式表示。

7.1.4 说明性标记的描述

说明标记应是永久性的，其大小、形状和清晰度满足易读要求。

这些标记应集中在一个或两个明显易见的地方。标注在永久固定于衡器的铭牌上或粘贴的标签上，或在衡器自身不可拆卸部分。对使用的铭牌或粘贴的标签在拆除时如果不会被破坏，应提供一种保护方法，如施加一个管理标记。

7.1.1的B和7.1.2的G中所有适用的标记可以由软件方法持久地或依据手动指令同时显示出来。这种方式下的标记属于装置特定参数(见T.2.8.4,4.1.2.4和5.5)。

对标记： *Max*…

Min…

$e=$

以及 $d=$…(如果 $d \neq e$)

至少应在一个适当的地方永久性标注，以及在显示器上显示或在显示器附近一个清晰易见的位置标注。

上述7.1.1的B和7.1.2的G所提及的附加信息可以标注在铭牌上或由软件方法持久地或依据简单的手动指令同时显示出来。这种方式下的标记属于装置特定参数(见T.2.8.4,4.1.2.4和5.5)。

除非在拆除时会对其造成损坏，否则应可以对说明性标记铭牌施加保护。如果资料性标牌是受保护的，应有可能对其施加一个管理标记。

可接受的方案：

a) 最大秤量 *Max*、最小秤量 *Min*、检定分度值 *e*、分度值 *d*(如 *d* 不等于 *e*)的标记；

只要衡器处于工作状态，这些值就应同时持久地在称量结果显示器上显示。

它们可以自动地在一个显示器上滚动显示(一个接一个交替显示)。自动滚动显示(非手动命令)被认为是持久性的。

b) 多分度和多范围衡器的标记

在特定情况下，某些标记可以是表格形式，见图8示例。

多分度衡器

*Max*2/5/15 kg
*Min*20 g
e=1/2/5 g

多范围衡器(W1,W2)

	W1	W2
Max	20 kg	100 kg
Min	200 g	1 kg
e=	10 g	50 g

具有不同准确度等级称量范围的衡器

	W1	W2
	(Ⅱ)	(Ⅲ)
Max	1 000 g	5 000 g
Min	1 g	40 g
e=	0.1 g	2 g
d=	0.02 g	2 g

图 8

c) 紧固

如使用铭牌，则应对该铭牌加以保护，例如采用铆钉或螺丝，且有一只铆钉材料为紫铜或经认可类似性质的材料；或采用不可拆卸的管理标记。

应能通过适当的方法对其中一只固定螺丝加以保护（如嵌入一个用合适材料制成无法拆除的帽盖装置，或其他合适的技术方案）。

假如铭牌不被破坏就无法揭下，可以采用胶粘或转印方法。

d) 字符大小

大写字符的高度至少为 2 mm。

7.1.5 特殊情况

7.1.1 至 7.1.4 完全适用于由一个制造商生产的简单衡器。

由一个制造商生产的复杂衡器，或由几家制造商联合制造的简单或复杂衡器，还应符合以下附加规定。

7.1.5.1 衡器具有多个承载器和多个载荷测量装置

连接的每个载荷测量装置或可以连接的一个或多个承载器，均应有以下相应说明性标记：

——识别标记；

——最大秤量；

——最小秤量；

——检定分度值。

如适合，还包括最大安全载荷和最大附加皮重效果。

7.1.5.2 衡器由单独制造的主要部件组成

若更换衡器的主要部件会改变其计量特性，则每一个单元均应有各自的标识标记来重复描述说明性标记内容。

7.1.5.3 模块单独测试

具有型式批准证书的称重传感器，标记应符合 GB/T 7551 要求。

其他模块（指示器和称重模块）标记按附录 C 和 D 的要求。但是为了便于识别，每一模块至少应具有下列说明性标记：

——设计型号；

——序列号；

——制造商（标记或名称）。

其他有关信息和特性应在各自的型式批准证书里规定[模块型号，最大允许误差的分配系数 p_i，型式批准证书的编号，准确度等级，最大秤量（Max），检定分度值（e）等，]并应写入模块各自所附的文件中。

7.1.5.4 外围设备

型式批准证书中涉及到的外围设备应具有以下说明性标志：

——设计型号；

——序列号；

——制造商；和

——适用的其他信息。

7.2 检定标记

衡器应有一个用于安装检定标记的位置。

该位置应满足：

——安放在该位置上的标记不被破坏就不能将其取下；

——在不改变衡器计量性能的前提下，标记能够方便使用；和

——使用中无需移动衡器，标记就能正常可见。

注：如受技术原因的制约或限定（如，当衡器与其他装置联合组成另外的设备时），如果这些标记易于触及并在衡器明显可见的地方提供一个清晰的提示指明这些标记的位置，或在用户手册、型式批准证书和测试报告中说明其位置，那么这些标志固定在“隐蔽”地方是可接受的。

可接受的方案：

需要设置检定标记的衡器在上述的位置上应设有一个检定标志的支座，它能保证标志的长久性。

a) 当标记是打上去的印记，此支座可以由适当的金属牌或任何其他类似铅的材料（如塑料、黄铜等，由国家法规确定）或其他类似特性的材料构成，嵌入到固定在衡器的一个盖板上或衡器上的一个孔里。

b) 当标记是自粘型的，衡器上应留有足够的空间用于粘贴该标记。

为施加检定标记，至少需要150 mm^2 的压印区域。

如果用自粘贴检定标记，用于粘贴不干胶标签的空间的直径至少为15 mm。这些标记应具有与衡器预期使用相适应的耐用性，例如采取适当的防护措施。

8 计量管理

8.1 计量管理职责

国家可以通过立法强制管理，保证衡器在规定的使用条件下符合本标准要求。

如果规定衡器的符合性受强制性管理，应包括型式批准、首次检定（或等同的符合性评价程序）和后续检定，如周期检定，使用中检验，或其他等同的计量管理程序。

然而，属于本标准6.4至6.9规定的衡器，无需进行型式批准，国家法规还可以规定对特殊用途的衡器进行首次检定而无需型式批准。

8.2 型式批准

8.2.1 型式批准申请

型式批准申请，通常应向认证机构提交一台申请型式中有代表性的衡器。按3.10.2的模块化方案和按3.10.4衡器或模块族的测试来进行可能更合适和有效率。

只要适用和按国家对计量器具管理的有关法规要求，申请者应提交以下资料：

8.2.1.1 计量特征

——7.1规定的衡器特征，和

——按3.10.2测量系统中模块或器件的技术规范。

8.2.1.2 说明性文件

注：下表中括弧内数字是本标准的相关参考章节编号。

1	衡器的一般说明，功能描述，预期使用目的，衡器的种类（如平台秤，+/−比较式衡器，价格标签衡器）
2	一般特性（制造商，准确度等级，最大秤量，最小秤量，检定分度值，检定分度数，单/多分度值，多称量范围，温度范围，电压等）
3	衡器所有装置和模块的描述和特征参数的清单
4	总装图和与计量有关的详细资料，包括各种联锁装置，保护措施，约束和限制等详细资料
4.1	保护器件，调节装置，控制器等（4.1.2），对进入设定和调整操作的保护（4.1.2.4）
4.2	施加管理标记的位置，保护器件，说明性标记等标识，符合性和（或）型式批准标记（7.1，7.2）
5	衡器的装置
5.1	辅助指示装置或扩展指示装置（3.4，4.4.3，4.13.7）
5.2	多用指示装置（4.4.4）

5.3	打印装置(4.4.5,4.6.11,4.7.3,4.14.4,4.16)
5.4	存储装置(4.4.6)
5.5	置零装置,零点跟踪装置(4.5,4.6.9,4.13.2)
5.6	皮重装置(4.6,4.10,4.13.3)和预置皮重装置(4.7,4.13.4)
5.7	水平调节装置和水平指示器,倾斜传感器装置,倾斜度上限(3.9.1)
5.8	锁定装置(4.8,4.13.5)和辅助检定装置(4.9)
5.9	多范围衡器的称量范围选择(4.10)
5.10	不同承载器的连接(4.11)
5.11	接口(类型,预期用途,抗外界影响的说明)(5.3.6)
5.12	外围设备,如:型式批准证书包括的和干扰试验所连接的打印机,辅助显示器(5.4.2)
5.13	计价衡器(如:直接向公众售货)(4.14),自助衡器(4.13.11),价格标签衡器(4.16)的功能
5.14	其他装置或功能,如:用于除确定质量外的目的(不属于符合性评价范围)
5.15	衡器平衡稳定功能的详细说明(4.4.2,A.4.12)
6	关于特殊情况的资料
6.1	衡器的模块部分,如:称重传感器,机械系统,称重指示器,显示器、每个模块的功能指示和误差分配系数 p_i。对于已获型式批准的模块,参考其测试证书或型式批准证书(3.10.2),称重传感器评价参考 GB/T 7551 和(附录 F)
6.2	特殊工作条件(3.9.5)
6.3	衡器对显著增差的响应(5.1.1,5.2,4.13.9)
6.4	上电后的显示功能(5.3.1)
7	技术说明、装置的图纸和位置、组件等,特别是 7.1 到 7.4:
7.1	承载器,不符合 6.3.2～6.3.4 要求的杠杆系统,力传递装置
7.2	不作为模块的称重传感器
7.3	电器连接电缆,如:传感器和显示器的连接,包括信号线长度(浪涌试验的需要,见 B.3.3)
7.4	称重指示器:框图,示意图,内部处理和经接口的数据交换,键盘中所有按键指定的功能
7.5	制造商对诸如接口(5.3.6.1)、对受到保护的设定和调整的访问(4.1.2.4)、其他软件基本操作的声明
7.6	所有预期打印输出的式样
8	制造商或其他实验室按附录 H 提供的测试结果,包括实验室资格证明
9	文件中提到的与模块或其他部件有关的型式批准证书或单独测试证书及测试协议书
10	对于软件控制衡器或模块的附加文件要求按 5.5.1 和 5.5.2.2(表 11)执行
11	提供表示衡器检定和保护标识的原理和位置的图纸或照片,且有必要将它们包含在型式批准证书和测试报告中

除非征得制造商同意,除上述第 11 条的图纸或照片以外,认证机构应对衡器的所有文件保密。

8.2.2 型式评价

应检查提交的文件是否符合本标准的要求。

根据提交的文件,应通过相应的检查确认功能运行的正确性。但无需考察对显著增差的响应。

根据 3.10 和使用 3.7.1 规定的测试用标准器,衡器应经受附件 A 测试程序的测试,如适合还应经受附录 B 的测试,对外围设备的要求见 3.10.3 规定。

除在授权机构，也可以在其他有条件的地方进行切实可行的测试。

在特殊情况下，为完成测试，授权认证机构可要求申请者提供测试载荷、设备和人员。

建议授权认证机构接受申请者要求，考虑采纳其他国家和权威部门测试数据的可能性，不再重复这些测试[a]。

经认证机构确认和在其责任范围内，他们可以接受申请者提供的与型式相符的测试数据，从而减少其测试工作量[a]。

8.3 首次检定

首次检定可以由授权人员按国家法规执行。

除非衡器的符合性通过型式批准以及/或确认满足本标准要求，否则不得对其进行首次检定。除非在首次检定后衡器易于运输和安装，衡器的检定测试应在安装后准备投入使用时进行。

首次检定可以在制造场地或在其他任何场所进行：

a) 若运输到使用地，衡器不需要拆装。

b) 若在使用地投入使用不要求进行衡器装配及其他可能影响衡器性能的技术安装工作，和

c) 若已考虑了衡器使用地点重力加速度值，或衡器性能对重力加速度变化不敏感。

其他所有情况，衡器的检测应在使用地进行。

如果衡器的性能对重力加速度变化是敏感的，首次检定程序可分两步进行，第一步是所有与重力无关的检查和测试项，第二步应包括所有其结果取决于重力的检查和测试项，第二步应在衡器使用地进行。

倘若衡器满足国家或地区对重力的有关要求，可以定义在一个重力区域或使用区域内，而不是衡器的某个使用地点。

8.3.1 符合性

型式批准以及/或本标准的符合性声明应包括：

——所有装置运行的正确性，如：置零装置，皮重装置，计算装置；

——所有与计量有关的结构材料和设计；

——按 3.10.2 模块化方案选择的模块，其兼容性检查，和；

——如适用，所进行的测试清单。

8.3.2 目测检查

测试前，应通过目测的方法对衡器进行检查：

——计量特征，即：准确度等级，最小秤量 *Min*，最大秤量 *Max*，检定分度值 e，实际分度值 d；

——软件标识，如适用；

——模块标识，如适用；和

——检定、管理标记的位置和规定内容。

若衡器使用地点和使用条件已知，应考虑它们是否合适。

8.3.3 测试

应对衡器进行测试，检查是否满足以下要求：

——3.5.1，3.5.3.3 和 3.5.3.4：示值误差（参考 A.4.4 至 A.4.6，一般 5 个加载点已经足够，只有当 $Min \geqslant 100$ mg，选择的测试载荷才包括 *Min*）；

——4.5.2 和 4.6.3：置零装置和皮重装置的准确度（参考 A.4.2.3 和 A.4.6.2）；

——3.6.1：重复性（参考 A.4.10，第 3 节）；

——3.6.2：偏载（参考 A.4.7）；

——3.8：鉴别力（参考 A.4.8）；不适用数字指示衡器；

---

[a] 参见 OIML B3[3]，B 10-1 和 B 10-2[23]

——4.18:移动式衡器的倾斜(参考 A.5.1.3);和

——6.1:非自行指示衡器的灵敏度(参考 A.4.9)。

特殊情况下,可以进行其他测试,如:特殊结构或可疑的结果、或型式批准证书里指定的。

特殊情况下,授权职能机构可以要求申请者提供测试载荷,设备和人员进行测试(参见 3.7)。

对所有测试,执行的误差限值应是首次检定时的最大允许误差。如果首次检定后,衡器被移动到另一个地方,应适当考虑测试地点和使用地点重力加速度之间的差异,如按首次检定的第二步重新调整,或在首次检定时考虑使用地的重力加速度值。

8.3.4 标记和保护

根据国家法规,首次检定可以用检定标志加以证明。这些标志可以是首次检定的年月,或下次检定的日期。国家也可以立法要求对一些器件采取保护措施,如果对这些器件的拆卸或调整可能改变衡器计量特性而这种改变又不具明显可见。保护措施应遵守 4.1.2.4 和 7.2 规定。

8.4 后续计量管理

后续计量管理,由授权人员按国家法规进行。

8.4.1 后续检定

后续检定,通常仅按 8.3.2 和 8.3.3 进行检查和测试,允许误差执行首次检定的规定。封印和保护按照 8.3.4 执行,并注明下次检定日期。

8.4.2 使用中检验

使用中检验,通常仅按 8.3.2 和 8.3.3 进行检验和测试,误差限值是首次检定最大允许误差的两倍。封印和保护可以不更换,或按照 8.4.1 更新。

附 录 A
(规范性附录)
非自动衡器测试程序

A.1 行政审查(8.2.1)

审查提交的文件,这些文件包括必要的照片,图纸,主要部件的技术说明等,确定其是否齐全和正确。对操作手册或类似的用户文件进行评价。

注:操作手册可以是初稿。

A.2 结构与文件比较(8.2.2)

检查衡器的各个装置是否与文件的描述一致,同时包括3.10的内容。

A.3 初步检查

A.3.1 计量性能

按照"测试报告格式"(见附录H)要求记录计量特性。

A.3.2 说明性标记(7.1)

依据测试报告格式中的核查表检查说明性标志。

A.3.3 封印和保护措施(4.1.2.4和7.2)

依据测试报告格式中的核查表检查封印和保护措施。

A.4 性能测试

A.4.1 通用要求

A.4.1.1 正常测试条件(3.5.3.1)

应在正常测试条件下测定各种误差。评价一个影响因子的效果时,其他所有因子应保持相对恒定,并接近正常值。

对Ⅰ级衡器应考虑测试中影响因子对使用的测试载荷的影响,并进行所有必要的修正,如空气浮力的影响。

A.4.1.2 温度

测试应在稳定的环境温度下进行,除非另有规定,一般是正常室温。

环境温度的稳定是指在测试期间记录到的最大温差,不超过衡器规定温度范围的1/5,并且不大于5 ℃(蠕变测试为2 ℃),温度变化速率每小时不超过5 ℃。

A.4.1.3 供电电源

使用电源的衡器,应以正常的方式连接到主电源或供电电源装置,并在整个测试期间保持在"通电"状态。

A.4.1.4 测试前的标准位置

对于易倾斜的衡器,应将衡器的水平调整到标准位置。

A.4.1.5 自动置零和零点跟踪

测试期间,可能要关闭自动置零装置或零点跟踪装置,或在开始测试时用例如10e载荷超出该功能工作范围。

对于某些测试,自动置零和零点跟踪功能需要运行(或不运行),这些特定的情形应在测试报告中加以说明。

A.4.1.6 分度值小于 e 的示值

如果数字指示衡器有一个显示细分示值(不大于 0.2e)的指示装置,该装置可以用于确定误差,若该装置在测试中使用,则应在测试报告中加以注明。

A.4.1.7 用模拟器测试模块(3.10.2 和 3.7.1)

若用模拟器测试模块,模拟器的重复性和稳定性应能满足模块性能测试要求,其准确度至少应与整机测试所用砝码相同,最大允许误差要求对模块适用。如果使用模拟器测试,在评价报告中应注明以及它的溯源性。

A.4.1.8 调整(4.1.2.5)

半自动量程调整装置应仅在第一个测试项目前启用一次。

如适用,对Ⅰ级衡器按照衡器操作手册说明在每个测试项前进行量程预调整。

注:温度测试 A.5.3.1 被认为是一项测试。

A.4.1.9 恢复

每项测试后,在进行下一项测试前,应允许衡器充分恢复。

A.4.1.10 预加载

除 A.5.2 和 A.5.3.2 测试外,在每次称量测试前,衡器应预加载到最大秤量一次,或最大安全载荷 *Lim*,如果已规定了 *Lim*。

对称重传感器单独测试,预加载应按照 GB/T 7551 进行。

A.4.1.11 多范围衡器

原则上,每一称量范围均应作为一个单独衡器进行测试。但对于称量范围自动改变的衡器可以进行合并测试。

A.4.2 零点检查

A.4.2.1 置零范围(4.5.1)

A.4.2.1.1 初始置零

承载器空载时,将衡器置零。在承载器上施加测试载荷并关闭衡器电源,然后接通电源。重复此操作,直到在承载器上所加载荷在关断和接通电源后示值不能回到零为止。能重新被置零的最大载荷就是衡器初始置零范围的正向部分。

从承载器上取下载荷,将衡器置零,然后从衡器上取下承载器(秤台面),若在此时关闭电源再接通电源后,衡器能被重新置零,则所使用的承载器质量就是衡器初始置零范围的负向部分。

若承载器取下后,衡器不能被重新置零,则应在正常接通电源后取下承载器并在衡器可承载的任意部位(如在承载器的座架上)施加砝码,直到衡器再次指示零为止。

然后依次取下砝码,每取下一砝码时,衡器通断电源一次。衡器在切断和接通电源时,仍然能被重新置零所取下的最大载荷即为衡器初始置零范围的负向部分。

初始置零范围是其正向部分与负向部分之和。如果承载器不能取下,只考虑初始置零范围的正向部分。

A.4.2.1.2 非自动与半自动置零

测试方法与 A.4.2.1.1 相同,只是使用置零操作而不是关断和接通衡器电源。

A.4.2.1.3 自动置零

按照 A.4.2.1.1 取下承载器,并在衡器上放置砝码直至指示为零。

取下少量砝码,在每次取下砝码后,给出自动置零装置所需运行时间,以便观察衡器自动重新置零。重复该程序,直至衡器不能自动重新置零。

从衡器上取下的、衡器仍能自动重新置零的最大载荷就是自动置零范围。

如果承载器不易被取下,一个实际有效的方法是:如果衡器配备了其他置零装置,可以向衡器添加砝码,并使用另一个置零装置将衡器置零。然后取下砝码,检查自动置零装置是否仍然将衡器置为零。

从衡器上取下的、仍能自动重新置零的最大载荷就是自动置零范围。

A.4.2.2 零点指示装置(4.5.5)

带零点指示装置和数字指示的衡器,将衡器示值调整到零点以下约一个分度值,然后用加放如分度值的1/10砝码的方法,确定零点指示装置指示零点的偏差范围。

A.4.2.3 置零准确度(4.5.2)

可以与A.4.4.1的测试合并进行。

A.4.2.3.1 非自动与半自动置零

置零装置的准确度测试是通过先对衡器进行加载,使示值尽可能接近跳变点,然后启动置零装置,并确定使示值从零变到零以上一个分度值附加的载荷,根据A.4.4.3计算零点误差。

A.4.2.3.2 自动置零或零点跟踪

示值被置于自动置零范围外(如,施加10e的载荷),确定示值增加一个分度值时所附加的载荷,并根据A.4.4.3计算误差。假设空载时衡器的误差与上述载荷时的误差相同。

A.4.3 加载前置零

数字指示衡器按下述方法调整或确定零点:

a) 对于非自动置零衡器,将等于0.5分度值的砝码放在承载器上,调整衡器直至显示值在零与一个分度之间跳变。然后将等于0.5分度的砝码从承载器上取下,获得标准位置时的零中心。

b) 对于半自动或自动置零装置或零点跟踪的衡器,零点偏差的确定按A.4.2.3进行。

A.4.4 称量性能测定

A.4.4.1 称量测试

从零逐级施加测试载荷至最大秤量(Max),再以相反次序逐级卸下测试载荷至零。测定初始固有误差时,至少选择10个不同的测试载荷,其他称量测试至少选择5个测试载荷。选择的测试载荷包括最大秤量,最小秤量(只有当$Min \geqslant 100$ mg时),以及处于或接近最大允许误差改变的那些载荷值。

在型式检查过程中应注意,加、卸砝码时载荷应逐渐地增加或逐渐减少。在首次检定(8.3)和后续计量管理(8.4)中,应尽可能采用同样的程序。

如果衡器配备了自动置零装置或零点跟踪装置,除温度试验外,自动置零装置或零点跟踪装置在测试中可以运行。零点误差按A.4.2.3.2确定。

A.4.4.2 附加称量测试(4.5.1)

对于配备初始置零装置且置零范围大于20%Max的衡器,应进行以置零范围上限为零点的附加称量测试。

A.4.4.3 误差评定(A.4.1.6)

不具备显示较小分度值(不大于0.2e)装置的数字指示衡器,用以下跳变点的方法确定衡器化整前示值:

对于某一确定的载荷L,记录指示值I,逐一加放相当于1/10e的附加砝码,直至衡器的示值明显增加了一个分度值($I+e$)。附加载荷为ΔL加至承载器上以前,衡器给出的化整前示值P用以下公式计算:

$$P = I + 1/2e - \Delta L$$

化整前误差:

$$E = P - L = I + 1/2e - \Delta L - L$$

化整前修正误差:

$$E_c = E - E_0 \leqslant mpe$$

式中E_0为零点或零点附近(如:10e)的计算误差。

例:一台衡器的分度值e=5 g,加载1 kg后指示值为1 000 g。逐一加放0.5 g的砝码,示值从1 000 g变为1 005 g时的附加载荷为1.5 g。将这些值代入上述公式求出:

$$P=(1\ 000+2.5-1.5)\mathrm{g}=1\ 001\ \mathrm{g}$$

因此，化整前实际示值为 1 001 g，误差为：

$$E=(1\ 001-1\ 000)\mathrm{g}=+1\ \mathrm{g}$$

假设按上式跳变点方法计算，得到的衡器零点误差 $E_0=+0.5$ g，则修正误差：

$$E_c=+1-(+0.5)\quad=+0.5\ \mathrm{g}$$

鉴于对允差误差考虑，在 A.4.2.3 和 A.4.11.1 的测试中，误差的确定应有足够的准确度。

注：上述描述和公式也适用于多分度衡器。这里的载荷 L 和示值 I 是对应于不同的局部称量范围：

——附加砝码 ΔL 以 $0.1e_i$ 为步长；

——上述等式“$E=P-L=\cdots$”中，“$1/2e$”项为 $1/2e_i$ 或 $1/2e_{i+1}$，显示示值 $(I+e)$ 由局部称量范围而定。

A.4.4.4 模块测试

当模块独立测试时，根据所选定的最大允许误差的分配系数，尽可能以足够小的不确定度来确定模块的误差，应考虑使用能显示小于 $(1/5)p_i\times e$ 分度值的指示装置，或用优于 $(1/5)p_i\times e$ 的不确定度来评测跳变点示值。

A.4.4.5 称量测试中使用替代物(3.7.3)

只适用于在使用地点所进行的检定测试，并考虑 A.4.4.1 要求。

根据 3.7.3 确定允许的替代物数量。

检测重复性误差，是使用与替代物接近的载荷在承载器上重复加载 3 次，如果测试载荷与 A.4.10 中重复性测试规定的质量相当，可以使用其结果。

施加测试载荷从零开始至包括标准砝码的最大量。

确定误差(A.4.4.3)，然后卸掉砝码，即空载示值，对有零点跟踪装置的衡器回到载荷相当于 $10e$ 的示值。

用替代物代替前面的砝码加载，与误差测定的方法相同，直至达到上述相同的跳变点。重复上述过程直至达到衡器的最大秤量。

以反向顺序卸载至零，即，卸去砝码并确定跳变点。再放回砝码并取下替代物直至达到相同的跳变点。重复此过程直至空载示值。

可以采用其他类似等效程序。

A.4.5 多指示装置衡器(3.6.3)

如果衡器具有多个指示装置，不同指示装置的示值，应在 A.4.4 要求的测试中进行比较。

A.4.6 除皮

A.4.6.1 称量测试(3.5.3.3)

应在不同皮重值下进行称量测试(按 A.4.4.1 加载和卸载)。至少选择 5 个载荷值，包括最小秤量(仅当 $Min\geqslant 100$ mg 时)、处于或接近最大允许误差发生改变的那些载荷值和接近可能的最大净重载荷。

应在下列情况下对衡器进行称量测试：

——扣除皮重：　　用 1/3 和 2/3 最大皮重之间的一个皮重值；

——添加皮重：　　用 1/3 和 3/3 最大皮重效果两个皮重值。

在进行 8.3 和 8.4 实际的检定测试中，皮重称量测试可用其他适当的程序替代，如：用数值表示或图表表示。通过平移最大允许误差限值曲线坐标系原点至固有误差曲线(与称量测试结果曲线相等)上的任意点模拟皮重平衡操作，检查固有误差曲线和滞后曲线上的任意点是否仍处于平移后的最大允许误差限值曲线内。

如果衡器配备自动置零装置或零点跟踪装置，可以在测试过程中运行，此时应按照 A.4.2.3.2 确定零点误差。

A.4.6.2 除皮准确度(4.6.3)

除皮准确度的测试可以与 A.4.6.1 合并进行。

除皮准确度的确定应是使用皮重装置将示值置零，按与 A.4.2.3 阐述的类似方法进行测试。

A.4.6.3　皮重称量装置(3.5.3.4 和 3.6.3)

如果衡器具有皮重称量装置，应比较由皮重称量装置和指示装置对相同载荷(皮重)所获得的结果。

A.4.7　偏载测试(3.6.2)

与多个小砝码相比应优先使用大砝码，小砝码应放在大砝码的上面，但应避免在测试区域内形成不必要的叠堆。如果使用单个砝码，载荷应放在区域中心；如果使用几个小砝码，则应均匀分布在整个区域。仅在偏心区域加载已能满足要求，不必在承载器的中心加载。

注：如果衡器的设计可以用不同方式加载，应采用 A.4.7.1 至 A.4.7.5 的描述中一种以上的测试方法进行偏载测试。

载荷位置应在型式测试报告中的略图中标注。

根据 A.4.4.3 确定每个加载位置的测量误差，修正用零点误差值 E_0 是在每个加载测量前确定的。一般情况，只在开始时测量零点误差已能满足要求，但在特殊衡器上(Ⅰ级衡器，大容量衡器等)建议在每个偏载加载前测定零点误差。当出现超出最大允许误差，则有必要对每次加载前的零点误差进行测试。

如果衡器配备自动置零装置或零跟踪装置，在下列测试期间不应运行。

注：如在正常工作条件下不可能产生偏载，可以不进行偏载测试。

A.4.7.1　单承载器不多于 4 个支撑点的衡器

四个 1/4 加载区域，其表面积约等于承载器的 1/4(如图 A.1 中各略图或类似形状所示)，应依次进行加载测试。

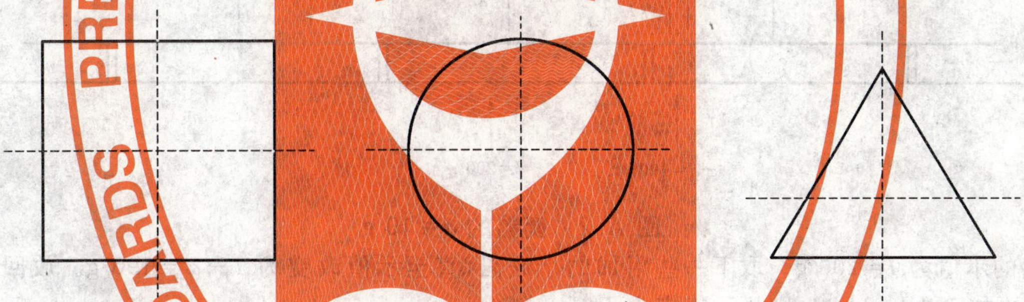

图 A.1

例如：承载器以下列方式传递来自载荷的力：

——直接传到一个传感器的单支撑点上；

——直接将力传递到 3 个传感器的 3 个支撑点上；和

——用 4 个机械连接件传到有 4 个支撑点的杠杆上。

A.4.7.2　单承载器多于 4 个支点的衡器

载荷施加在每一个支撑点的上方，面积与承载器 1/n 的表面区域相当，其中 n 为支撑点的个数。

如果两个支撑点靠得太近，按上述方法施加测试载荷困难，可将两倍的载荷施加到两个支撑点轴线两侧的两倍区域内。

A.4.7.3　特种承载器的衡器(储料罐，料斗等)

载荷应施加到每一个支承点上。

A.4.7.4　称量滚动载荷的衡器(3.6.2.4)

载荷应施加在承载器的不同位置。按正常的滚动方向这些位置应是承载器起始端、中间和末端，如果可以双向使用，则以相反方向对这些位置重复施加载荷。在反向加载前，应再次确定零点误差。如果承载器由几部分组成，测试适用于每个部分。

A.4.7.5　移动衡器的偏载测试

只要这些支撑点适用，A.4.7和A.4.7.1至A.4.7.4适用。如不适用，测试过程中测试载荷的位置应根据使用的操作条件确定。

A.4.8　鉴别力测试(3.8)

以下测试均应在3种不同载荷下进行，如：最小秤量，1/2最大秤量和最大秤量。

A.4.8.1　非自行指示与模拟指示

当衡器处于平衡状态时，在承载器上轻缓地放上或取下一个不小于1 mg附加载荷。对这个附加载荷，平衡机构应在规定的另一位置上达到平衡。

A.4.8.2　数字指示

这项测试仅适用于型式试验和$d \geqslant 5$ mg的衡器。

承载器上应加放一足够多由小砝码组成的附加载荷(如，10个1/10d的小砝码)。然后逐个取下附加小砝码直至示值I明确地减少了一个实际分度值$I-d$。重新放回一个小砝码在承载器上，然后在承载器上轻缓地放上一个等于1.4d的载荷，得到的结果为在原来示值上增加一个实际分度值$I+d$，例图A.2所示。

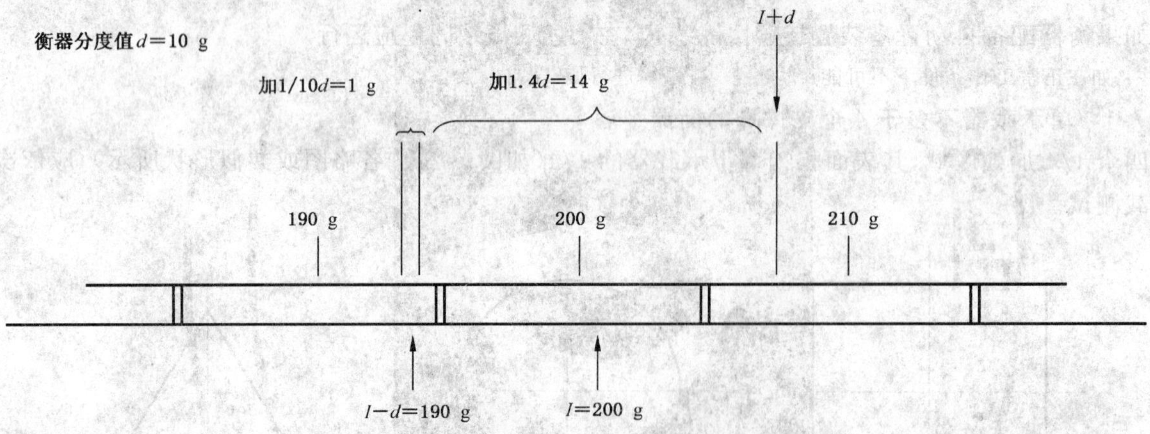

图 A.2　衡器的d=10 g

开始的示值为I=200 g。取下一些附加的小砝码，直至示值改变为$I-d$=190 g。放回1/10d=1 g，然后再加1.4d=14 g。则显示示值应为$I+d$=210 g。

A.4.9　非自行指示衡器的灵敏度(6.1)

在该项测试中衡器应能正常摆动。在衡器上放置等于所加载荷下的最大允许误差(不小于1 mg)的额外载荷，承载器仍应处于摆动状态。对有阻尼的衡器，以微小冲击方式施加额外载荷，读数中间点和无额外载荷读数点之间的直线距离应视为指示的恒定位移。至少应用两个不同载荷进行测试，如：零和最大秤量。

A.4.10　重复性(3.6.1)

对于型式评定，应进行两组称量测试，一组为50%的最大秤量，另一组为接近100%的最大秤量。对于最大秤量小于1 000 kg的衡器，每组测试由10次称量组成。其他情况，每组测试至少由3次称量测试组成。读数应在衡器加载后和卸载后两次称量间达到静态稳定时进行。对称量中出现零点偏差的情形，衡器应重新置零，而无需测定零点误差。在加载和卸载的称量间不必确定零点实际位置。

如果衡器配备自动置零装置或零点跟踪，在测试过程中应运行。

对于检定，用0.8倍最大秤量进行一组测试已能满足要求。对Ⅲ和ⅢⅠ级衡器，进行3次称量测试；而对Ⅰ和Ⅱ级衡器，须进行6次称量测试。

A.4.11　示值随时间变化(仅适用于Ⅱ，Ⅲ或ⅢⅠ级衡器)

A.4.11.1　蠕变测试(3.9.4.1)

在衡器上施加接近最大秤量的载荷，示值刚稳定立即记录读数，然后记录载荷在衡器上保持4 h期间的示值。测试期间温度的变化不得大于 2 ℃。

如果在第一个 30 min 内,示值变化小于 0.5e,且其中第 15 min 和 30 min 之间的变化小于 0.2e,则此项测试在 30 min 后即可结束。

A.4.11.2 回零测试(3.9.4.2)

测定衡器上施加接近最大秤量载荷前和 0.5 h 后的零点示值的偏差。示值刚稳应立即读数。

对于多范围衡器,应在示值稳定后的 5 min 内连续读取零点示值。

若衡器配备了自动置零或零点跟踪装置,测试中该装置不应运行。

A.4.12 平衡稳定性测试(4.4.2)

检查制造商提交的文件,下列平衡稳定性功能描述是否详细和充分:

——基本原理、功能和平衡稳定判断标准;

——所有平衡稳定功能可调和不可调参数(时间间隔、测量周期数等);

——这些参数的保护,和;

——平衡稳定最临界调整的定义(最严酷状态),该定义应适用于某型式中的所有规格。

将衡器调整到临界(最严酷状态)状态下进行平衡稳定测试。检查衡器是否在未达到平衡稳定时不可能进行打印(或存储)。

检查平衡处在连续受干扰的条件下,所有具有稳定平衡要求的功能都不能被执行,如,打印、存储、置零或除皮操作。

衡器加载至 50%Max,或加至包括有关功能运行范围的载荷,通过一个手动行为打破平衡,并且尽可能快地启动打印命令、数据存储或其他功能。在打印或数据存储时,读取打印输出后 5 s 期间内的示值。当其指示不多于相邻两个示值,而其中一个便是打印值时,即可认为达到稳定平衡。对具有微分标尺分度的衡器,本要求使用检定分度"e"而不是"d"。

对置零或皮重平衡情形,按照 A.4.2.3/A.4.6.2 检查其准确度,测试重复 5 次。

对车载衡器、嵌入式车辆衡器或移动衡器,测试应使用一个已知的测试载荷,处于运动中的衡器,要么保证按稳定性判断标准能阻止任何称量操作,要么满足 4.4.2 的平衡稳定判断标准要求。对衡器能用于称量装载液态产品车辆的情形,测试应在当试验车辆在测试操作前刚停下来的条件下进行,要么按稳定性判断标准禁止任何称量操作,要么满足 4.4.2 的平衡稳定判断标准要求。

A.4.13 便携式称量台的附加测试(4.19)

注:便携式衡器因其大量的不同应用,其结构具有非常大的差异,因此无法确定统一的测试程序。不同的要求、环境条件以及必要的技术规范取决于其结构和应用及计量要求(如准确度等级),这些应在测试报告中列出并加以描述,因此 A.4.13 仅规定了一些适用于便携式衡器测试的一般方法。

型式评价中的测试:

a) 在制造商同意的地点:

——首先检查试验用参考区域的不水平(或倾斜)度(称量台所有支撑点应在同一水平面上),然后进行准确度测试和偏载测试;

——使一些参考区域不在同一水平(不水平(或倾斜)度的值等于制造商规定的极限值),然后对每种状态进行偏载测试。

b) 在使用场地:

——检查安装面是否满足安装要求;和

——检查衡器的安装并进行测试,确定是否满足计量要求。

A.5 影响因子

A.5.1 倾斜(仅适用Ⅱ、Ⅲ和ⅢⅠ级衡器)(3.9.1.1)

衡器应在纵向的向前和向后倾斜;横向的左侧和右侧倾斜。

在实际中，A.5.1.1.1 和 A.5.1.1.2 规定的测试（空载和加载）可以按下述方法合并。

在标准位置将衡器置零后，确定空载和两个测试载荷下的示值（化整前）。然后卸载并使衡器倾斜（不重新置零），此后再次测定空载和两个测试载荷下的示值。每个倾斜方向重复此程序。

为了测定倾斜对受载衡器的影响，对每个倾斜方向获得的示值，应用衡器加载前的零点偏差进行修正。

如果衡器配备自动置零装置或零点跟踪装置，在测试时不应运行。

A.5.1.1　配水平指示器或自动倾斜传感器衡器的倾斜［3.9.1.1a）和 b）］

A.5.1.1.1　空载时的倾斜

在标准位置将衡器置零（不倾斜）。衡器在纵向倾斜至极限值，记录零点示值。同样应在横向倾斜时重复该测试。

A.5.1.1.2　受载时的倾斜

在标准位置将衡器置零。使用接近最大允许误差变化对应的最小载荷和接近最大秤量载荷进行两次称量测试，然后卸下衡器上的载荷后使其纵向倾斜并置零，衡器的倾斜应与规定的倾斜极限值相等，按上述要求进行称量测试，同样测试应在横向倾斜时重复进行。

A.5.1.2　其他衡器［3.9.1.1c）］

对可能倾斜的衡器和既不设置水平指示器，也不安装自动倾斜传感器的衡器，应按 A.5.1.1 条的方法，在倾斜极限为 50/1 000 条件下进行测试；对带自动倾斜传感器的衡器，根据制造商给出的倾斜极限值进行测试。

A.5.1.3　室外使用的移动衡器的倾斜测试［3.9.1.1d）和 4.18.1］

申请者应提供合适的承载器用于加放测试载荷。

根据规定的倾斜极限值进行倾斜测试。

衡器应向纵向的向前和向后倾斜，横向的左侧和右侧倾斜。

如适用应对倾斜传感器或倾斜开关进行适当的功能测试，特别当达到或超过最大允许倾斜时，应产生提示信号（如，关断显示器，错误信号，指示灯）并阻止称量结果传输和打印。

测试应在关断点附近（使用自动倾斜传感器时）或承载器将要接触到周围围框（使用悬挂结构时），即倾斜极限值时进行。

若衡器配备了自动置零装置或零点跟踪装置，在测试中不应运行。

衡器应按照 A.5.1 和 A.5.1.1 或 A.5.1.2 规定进行测试。

A.5.2　预热时间测试（5.3.5）

使用电源的衡器，在测试前至少应断开电源 8 h。然后接通衡器电源，示值刚稳定立即将衡器置零，并测定零点误差。用一个接近最大秤量的载荷对衡器加载，误差计算根据 A.4.4.3 进行。应在后续的 5 min，15 min 和 30 min 时重复这些测试。在 5 min，15 min 和 30 min 各自单独的测量均应对相应时刻的零点误差进行修正。

对于Ⅰ级衡器，在接通电源后应对操作手册规定的预热时间进行观察。

A.5.3　温度测试

注：温度测试的实际步骤见图 A.3。

A.5.3.1　静态温度（3.9.2.1 和 3.9.2.2）

测试是将被试衡器（EUT）置于 3.9.2 规定的温度范围内一个恒定的（见 A.4.1.2）温度中，在自由大气条件下，当 EUT 达到温度稳定并保持 2 h 后进行的。

按照 A.4.4.1 进行称量测试（加载和卸载）：

——在标准温度（通常为 20 ℃，但对于Ⅰ级衡器为规定温度界限的平均值）；

——在规定的高温；

——在规定的低温；

——在温度为5 ℃，如果规定的低温≤0 ℃；和

——在标准温度。

在升温和降温过程中，温度变化速率应不大于1 ℃/min。

对Ⅰ级衡器，应考虑大气压力的变化。

在规定的高温进行称量测试时大气相对湿度应不大于20 g/m³。

注：当大气压力为1 013.25 hPa时，20 g/m³ 的绝对湿度相对应于40 ℃时为39%、35 ℃时为50%、30 ℃时为66%的相对湿度。

参见[4]

A.5.3.2 温度对空载示值的影响(3.9.2.3)

应将衡器置零，然后改变温度到最高和最低，如适用还有5 ℃。稳定后测定零点示值误差，计算每变化1 ℃(Ⅰ级衡器)或每变化5 ℃(其他等级衡器)零点示值的变化。对测试中任意两个相邻温度，计算每1 ℃(Ⅰ级衡器)或每5 ℃(其他等级衡器)所对应的零点误差变化。

本项测试可以与温度测试(A.5.3.1)一起进行。在改变到下一个温度前和衡器在当前温度达到稳定的2小时后，直接确定零点误差。

注：在这些测量前不允许预加载。

如果衡器装有自动置零装置或零点跟踪装置，在测试中不应运行。

A.5.4 电压变化(3.9.3)

使EUT在恒定环境条件下稳定。

测试是使EUT经受按A.5.4.1、A.5.4.2、A.5.4.3或A.5.4.4规定的电源电压波动。

应在两个载荷下进行测试，分别为10*e*和1/2最大秤量与最大秤量之间的一个载荷。

如果衡器装有自动置零装置或零点跟踪装置，在测试过程中可以运行，在这种情况下零点误差应根据A.4.2.3.2确定。

在下面，U_{nom}是指衡器上标注的正常工作电压。假如规定的是电压范围，则U_{min}为范围的最低值，U_{max}为范围的最高值。

参见：[4]，[17]

A.5.4.1 AC(交流)电源电压波动

试验严酷等级(电压波动)：	下限： $0.85U_{nom}$或$0.85U_{min}$
	上限： $1.10U_{nom}$或$1.10U_{max}$
最大允许变化：	所有功能应符合设计要求；
	所有示值应在最大允许误差范围内。

注：对由三相交流供电的衡器，则电压变化应连续施加于每一相。

A.5.4.2 外部电源或插入式电源装置供电(AC或DC)的变化，假如衡器运行中能对可充电电池进行充电，包括可充电电池供电电源

试验严酷等级(电压波动)：	下限： 最低工作电压(见3.9.3)
	上限： $1.20U_{nom}$或$1.20U_{max}$
最大允许变化：	所有功能应符合设计要求，或关断示值指示；
	所有示值应在最大允许误差范围内。

A.5.4.3 不可充电电池供电电源的变化，假如衡器运行中不能对可充电电池进行充电，包括可充电电池供电电源

试验严酷等级(电压波动)：	下限： 最低工作电压(见3.9.3)
	上限： U_{nom}或U_{max}
最大允许变化：	所有功能应符合设计要求，或关断示值指示；
	所有示值应在最大允许误差范围内。

A.5.4.4 12 V或24 V车载电池的电压变化

对于在测试期间使用模拟电池电源的说明，参考[21]。

试验严酷等级(电压波动)：	下限：	最低工作电压(见3.9.3)
	上限：	12 V电池为16 V
		24 V电池为32 V
最大允许变化：	所有功能应符合设计要求，或关断示值指示；	
	所有示值应在最大允许误差范围内。	

A.6 耐久性测试(3.9.4.3)

注：仅适用于 $Max \leqslant 100$ kg的Ⅱ、Ⅲ和ⅢⅠ级衡器。

耐久性测试应在所有其他测试以后进行。

在正常使用条件下，衡器应经受100 000次载荷重量约等于50％的最大秤量的重复加载和卸载。加载频率和速度要求为在加载和卸载时以衡器能达到平衡为准。加载时产生的作用力应不超过正常加载操作下达到的力。

应在耐久性测试前按照A.4.4.1程序进行称量测试，确定其固有误差。在加载完成后再次进行称量测试，确定因磨损引起的耐久性误差。

如果衡器配备自动置零和零跟踪装置，测试过程中可以运行，在此情形下，零点误差应根据A.4.2.3.2确定。

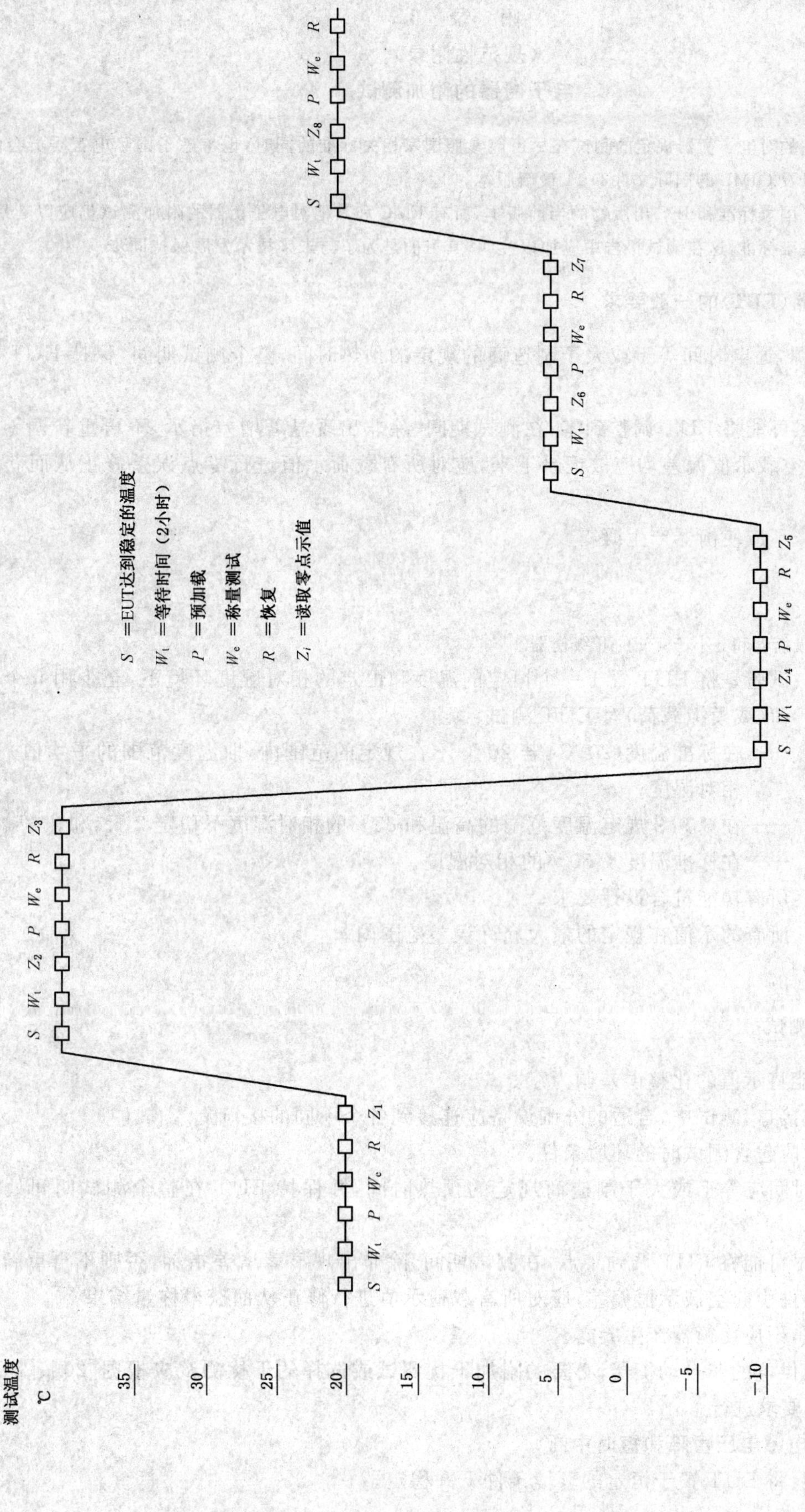

图 A.3 A.5.3.1和A.5.3.2相结合的测试序列
（温度范围为+40 ℃至−10 ℃）

附　录　B
（规范性附录）
电子衡器的附加测试

注1：该附件描述的对电子衡器规定的测试在尽可能参照国家相关标准的同时，也考虑了国际电工委员会（IEC）的相关标准以及 OIML 的国际文件 D 11 最新版本[4]。

注2：尽管参考了国家标准和 IEC 出版物的当前版本，所有 EMC 和其他对电子衡器的附加测试仍应以其最新有效版本作为基础标准，这在测试报告中应加以注明，其目的是为了与未来技术发展保持同步。

B.1　被试电子衡器（EUT）的一般要求

接通 EUT 电源，通电时间等于或大于制造商的规定的预热时间，整个测试期间，保持 EUT 处于通电状态。

每项测试前，尽可能将 EUT 调整到零，在测试期间，除非出现显著增差指示，不再重新调零。因各种测试条件引起的空载示值偏差均应被记录下来，应对所有载荷示值进行零点误差修正从而获得称量结果。

对衡器的处理，不应使衡器产生凝露。

B.2　湿热，稳态

注：不适用于Ⅰ级衡器和 e 小于 1 g 的Ⅱ级衡器。

试验程序简述：试验是将 EUT 置于一个恒定的温度和恒定的相对湿度环境下，至少用 5 个不同载荷（或模拟载荷）对 EUT 测试：

——在标准温度（20 ℃，若 20 ℃不在规定的范围内，取温度范围的平均值）及 50% 相对湿度；

——在 3.9.2 规定温度范围的高温和 85% 的相对湿度下稳定 2 天，和；

——在标准温度及 50% 的相对湿度。

最大允许变化：所有功能符合设计要求；

所有的示值在规定的最大允许误差范围内。

参见：[8]，[10]

B.3　抗干扰性能测试

测试前，尽可能将示值的化整误差调为零。

如果衡器配有接口，测试中，合适的外围设备应连接到各个不同的接口上。

所有测试记录应包含测试时的环境条件。

EUT 的通电时间应等于或大于制造商规定的预热时间，并保持 EUT 在整个测试期间处于通电状态。

每次测试前，尽可能将 EUT 调到零点，在测试期间，除非出现显著增差指示，否则不再重新调整零点。记录因测试条件引起空载示值偏差，应对所有载荷示值进行修正从而获得称量结果。

对衡器的处理，不应使衡器产生凝露。

对由车载电池供电的非自动衡器，必要的附加干扰测试或选择的干扰测试应根据[20]、[21]、[22]的（同时见 B.3.7）要求进行。

B.3.1　交流供电电源电压暂降和短时中断

测试程序简述：将 EUT 置于恒定的环境条件下并稳定。

调整试验发生器的电压为电压降低时期内规定的电压幅值,电压幅值降低时间应为所使用的交流电源电压的一个或多个半周期(过零)数。在连接到 EUT 前应对试验发生器进行调校。电源电压降低应重复 10 次,每次之间间隔至少为 10 s。

测试应在一个小的载荷下进行。

试验严酷等级:

试　验	幅值减小至	试验周期数
电压跌落测试:a	0%	0.5
电压跌落测试:b	0%	1
电压跌落测试:c	40%	10
电压跌落测试:d	70%	25
电压跌落测试:e	80%	250
短时中断	0%	250

最大允许变化:在有干扰和无干扰情况下,示值变化应不大于 e,或衡器应能检测到显著增差,并对其作出响应。

参见:[4]

B.3.2　电快速瞬变脉冲群

测试是将 EUT 置于规定的尖峰脉冲电压信号中进行的。脉冲的重复频率和输出电压的峰值是按参考标准规定的 50 Ω 和 1 000 Ω 负载条件下确定的,脉冲发生器在与 EUT 连接前应对其特性进行调校。

任何测试前,EUT 应在恒定的环境条件下稳定。

应对下列线路单独进行测试:

——电源线;

——所有输入输出(I/O)电路和通讯线。

测试应在一个小的载荷下进行。

对测试线路应分别施加正脉冲和负脉冲,每个幅值和极性下施加脉冲的持续时间应不小于 1 min。电源线注入网络应包含阻塞滤波器,防止脉冲能量被电网消耗。应使用标准中规定的电容耦合夹将脉冲耦合到输入/输出线路和通讯线路。

试验严酷等级:2 级

幅值(峰值)

——电源线:1 kV;

——I/O 信号、数据线和控制线:0.5 kV。

最大允许变化:在有干扰和无干扰情况下,示值变化应不大于 e,或者衡器应能检测到显著增差,并对其作出响应。

参见:[14]

B.3.3　浪涌(冲击)

该测试项仅适用于:基于典型安装情况下,因浪涌产生的严重影响的危险是可预见的,特别是室外安装以及/或室内安装但与长信号线连接的有关情形(线的长度大于 30 m,或无论其有多长,电缆的全部或部分安装在建筑物外)。

该测试适用于电源线、通讯线(互联网、拨号调制解调器等)和其他控制线、数据线或信号线(如:温度传感器、气体或液体流量传感器连接线等)。

如果电源是来自于直流公共电源,浪涌测试也适用于直流供电的衡器。

STANDARDS PRESS OF CHINA

测试是将待测衡器(EUT)置于浪涌环境条件下,它的上升时间、脉冲宽度、在高/低负载阻抗下的输出电压/电流峰值和相邻两个脉冲之间的最短时间间隔由参照的标准规定。浪涌发生器与EUT连接前应对其特性进行调校。

任何测试前,EUT应在恒定的环境条件下稳定。

测试应适用于电源线:

在AC电源线上与电源电压的0°,90°,180°和270°相位角处同步施加至少3个正极性和3个负极性浪涌信号。其他任何类型供电电源,应施加至少3个正极性和3个负极性浪涌信号。

测试应在一个小的载荷下进行。

测试应分别施加正极性和负极性浪涌,施加到EUT的每个浪涌信号间隔时间不小于1 min,对电源线的注入网络应包含阻塞滤波器防止浪涌能量被电网消耗。

试验严酷等级:2级

幅值(峰值):

电源线:0.5 kV(线—线)和1 kV(线—地)

最大允许变化:在有干扰和无干扰情况下,示值变化应不大于e,或衡器能检测到显著增差,并对其作出响应。

参见:[15]

B.3.4 静电放电

测试是将EUT置于规定的直接和间接静电放电环境下进行的。

使用的静电放电发生器的性能应满足参考标准规定的要求,测试开始前,应对发生器的性能进行调校。

如适用,此项测试包括涂层穿透法。

对直接放电,在不能用接触放电法的部位,采用空气放电法。

任何测试前,EUT应在恒定的环境条件下稳定。

至少进行10次放电。相邻两次放电的时间间隔至少10 s。测试应在一个小载荷下进行。

对于不安装接地端子的EUT,应在每次静电放电试验之间充分放电。

接触放电适用于导电表面,而空气放电则适用于非导电表面。

直接施加:

对接触放电模式,电极应与EUT接触。对空气放电模式,电极应逐步逼近EUT直至产生火花放电。

间接施加:

仅使用接触放电模式,对安放在EUT附近的耦合板接触放电。

试验严酷等级:3级(见GB/T 17626.2(或IEC 61000-4-2[12]))

接触放电:直流电压逐级升至6 kV;空气放电:8 kV。

最大允许变化:在有干扰和无干扰的情况下,示值变化不大于e,或衡器应检测到显著增差,并对其作出响应。

参见:[12]

B.3.5 射频电磁场辐射抗扰度

测试是将EUT置于规定的电磁场中进行。

试验设备　见GB/T 17626.3(或IEC 61000-4-3[13])

试验设置　见GB/T 17626.3(或IEC 61000-4-3[13])

试验程序　见GB/T 17626.3(或IEC 61000-4-3[13])

任何测试前,EUT应在恒定的环境条件下稳定。

将EUT置于由严酷等级规定的强度和特性的电磁场中。

测试应在一个小的载荷下进行。

试验严酷等级：

频率范围：80[a]—2 000 MHz

a 对不使用交流电源和没有可使用的 I/O 接口，无法进行 B.3.6 的测试，辐射试验频率范围的下限应为 26 MHz。

场强：10 V/m

调制：80%AM，1 kHz，正弦波

最大允许变化：在有干扰和无干扰情况下测试，示值变化应不大于 e，或衡器应检测到显著增差并对其作出反应。

参见：[13]

B.3.6 射频场传导抗扰度

测试是将 EUT 置于由射频场产生的传导干扰环境下。

试验设备　见 GB/T 17626.6（或 IEC 61000-4-6[16]）

试验设置　见 GB/T 17626.6（或 IEC 61000-4-6[16]）

试验程序　见 GB/T 17626.6（或 IEC 61000-4-6[16]）

任何测试前，EUT 应在恒定的环境条件下稳定。

将 EUT 置于严酷等级规定的强度和特性的传导干扰中。

测试应在一个小的载荷下进行。

测试严酷等级：

频率范围：0.15—80 MHz

射频幅值（50 Ω）：10 V（e.m.f.）

调制：80%AM，1 kHz，正弦波

最大允许变化：在有干扰和无干扰情况下，其示值变化应不大于 e，或衡器应检测到显著增差并对其作出响应。

参见：[16]

B.3.7 由公路车辆提供供电电源衡器的特殊 EMC 要求

B.3.7.1 沿外接 12 V 或 24 V 电池电源线的电瞬态传导干扰

测试是将 EUT 置于沿电源线施加瞬态传导干扰的环境下。

试验设备　见 ISO 7637-2(2004)[21]

试验设置　见 ISO 7637-2(2004)[21]

试验程序　见 ISO 7637-2(2004)[21]

适用标准　ISO 7637-2(2004)[21]

任何测试前，EUT 应在恒定的环境条件下稳定。

将 EUT 置于由严酷等级规定的强度和特性的传导干扰中。

测试应在一个小的载荷下进行。

试验脉冲：试验脉冲 2a+2b，3a+3b，4

试验目的：在下列情况下检查“最大允许变化”所规定的符合性：

——由与被试设备并联装置中电流突然中断，引起的线束自感应瞬态现象（脉冲 2a）；

——直流电机作为发电机，点火开关断开引起的瞬态现象（脉冲 2b）；

——由开关过程在电源线上引起的瞬态现象（脉冲 3a 和 3b）；

——内燃机起动马达工作引起电路电压下降（脉冲 4）。

试验严酷等级：Ⅲ级（ISO 76372-2(2004)/21/）

电池电压	试验脉冲	传导电压
12 V	2a	+50 V
	2b	+10 V
	3a	−150 V
	3b	+100 V
	4	−7 V
24 V	2a	+50 V
	2b	+20 V
	3a	−200 V
	3b	+200 V
	4	−16 V

最大允许变化：在有干扰和无干扰情况下测试，其示值变化应不大于 e，或衡器应检测到显著增差，并对其作出响应。

参见：[21]

B.3.7.2 电源线以外其他线路受容性和感性耦合瞬态传导干扰

测试是将 EUT 置于传导干扰环境下进行的，干扰沿除电源线外的线路施加。

试验设备　见 ISO 7637-3[22]

试验设置　见 ISO 7637-3[22]

试验程序　见 ISO 7637-3[22]

适用标准：　ISO 7637-3[22]

任何测试前，EUT 应在恒定的环境条件下稳定。

将 EUT 置于由严酷等级规定的强度和特性的传导干扰中。

测试应在一个小的载荷下进行。

试验严酷等级：按(ISO 7637-3[22])选择。

试验脉冲：试验脉冲 a 和 b

试验目的：由开关过程在其他线路上产生瞬态干扰的情况下，检查"最大允许变化"所规定的符合性(脉冲 a 和 b)。

试验严酷等级：ISO 7637-3/22/的水平 Ⅲ

电池电压	测试脉冲	传导电压
12 V	a	−60 V
	b	+40 V
24 V	a	−80 V
	b	+80 V

最大允许变化：在有干扰和无干扰情况下测试，其示值变化应不大于 e，或衡器应检测到显著增差并对其作出响应。

参见：[22]

B.4 量程稳定性测试

注：不适用于Ⅰ级衡器。

测试程序简述：测试在充分稳定的环境条件下(实验室正常稳定环境条件)进行，在 EUT 经受性能测试前,期间及测试后各个不同间隔期间,观察误差的变化。对配备了与其装成一体的量程调整装置的衡器,为了证明量程调整装置的稳定性和满足预期用途,应在每次测量前运行该装置。

性能测试应包括温度测试,如适用还应包括湿热测试,附录A和B中的其他性能测试,但不包括耐久性测试。

在测试期间,EUT的供电电源(包括电池)或供电电源装置应断开2次,每次断电时间至少8 h。如果制造商对此有规定,或者当没有任何此类规定,而认证机构认为必要时,可以增加电源断开次数。

在进行该项测试时,应参考制造商的操作说明书。

将EUT在恒定环境条件下充分地稳定,开机后至少5 h,在温度和湿热试验后至少16 h。

测试持续时间:28天或进行性能测试所需要的时间,取较短的时间。

相邻两次测量:半天与10天之间。测量应均匀分配在整个持续时间内。

测试载荷:　接近最大秤量 Max;整个测试过程中应使用同一砝码。

测量次数:　至少8次。

测试流程:　在充分稳定的环境条件下使所有影响因子充分稳定。

尽可能调整EUT接近零点。

使自动零跟踪处于非工作状态,而内置自动量程调整装置处于工作状态。

施加测试砝码,测定误差。

首次测量时应立即重复调零和重复加载4次,测定误差平均值。后续的测量只需进行一次,除非结果超过规定的允差,或首次测量5次读数的变化范围大于0.1e。

记录下列信息:

a) 日期和时间
b) 温度
c) 大气压力
d) 相对湿度
e) 测试载荷
f) 示值
g) 误差
h) 测试地点的改变

以及所有在各次测试中因温度、大气压力和其他影响因子的变化对测试载荷产生的影响而对测试结果所进行的必要修正。

在进行其他测试前,允许对EUT充分恢复。

最大允许变化:n 次测量中的任何一次,示值误差变化应不超过检定分度值的一半,或该测试载荷下首次检定最大允许误差绝对值的一半,两者取其大者。

当测量结果的差异表明有大于上述规定允许变化量一半的趋势,测试应继续进行直至该趋势自行停止或逆转,或超出最大允许变化量为止。

附　录　C
（规范性附录）
非自动衡器称重指示器和模拟数据处理装置模块的测试和验证

注：附录C适用于独立测试的模块。

C.1　适用要求

以下术语“称重指示器”也包括模拟数据处理装置。

如满足3.10.4所规定的要求，可以是称重指示器的族。

下列要求适用于称重指示器：

3.1.1　准确度等级
3.1.2　检定分度值
3.2　衡器分级
3.3　多分度衡器的附加要求
3.4　辅助指示装置
3.5　最大允许误差
3.9.2　温度
3.9.3　供电电源
3.10　型式评价测试和检查
4.1　通用结构要求
4.1.1　适用性
4.1.2　安全性
4.2　称量结果的指示
4.3　模拟指示装置
4.4　数字指示装置
4.5　置零装置和零点跟踪装置
4.6　皮重装置
4.7　预置皮重装置
4.9　辅助检定装置（可拆卸或固定的）
4.10　多范围衡器的称量范围选择
4.11　不同承载器和（或）载荷传递装置和不同载荷测量装置间的选择（或切换）装置
4.12　“正”和“负”比较式衡器
4.13　直接向公众售货的衡器
4.14　用于直接向公众售货计价衡器的附加要求
4.16　价格标签衡器
5.1　通用要求
5.2　对显著增差的响应
5.3　功能要求
5.4　性能测试和量程稳定性测试
5.5　软件控制电子装置的附加要求

注：特别是PC，其类别和必要的测试应按表11所描述的要求进行。

C.1.1 准确度等级

旨在用于某种衡器的称重指示器应具有与所配衡器相同的准确度等级，Ⅲ级指示器在满足ⅢⅠ级衡器的要求时，可以用于ⅢⅠ级衡器。

C.1.2 检定分度数

用于某种衡器的称重指示器应具有与所配衡器相同的或更高的检定分度数。

C.1.3 温度范围

用于某种衡器的称重指示器应具有与所配衡器相同或更宽的温度范围。

C.1.4 输入信号范围

与称重指示器连接的传感器输出的模拟信号范围应在指示器规定的输入信号范围内。

C.1.5 最小输入信号/检定分度值

称重指示器规定的每个检定分度值的最小输入信号(μV)，应等于或小于与其连接传感器输出的模拟信号除以衡器检定分度数。

C.1.6 传感器阻抗范围

与称重指示器连接的传感器等效阻抗应在称重指示器规定的范围内。

C.1.7 最大电缆长度

只有采用有远距离长线补偿(对称重传感器激励电压)六线制技术的称重指示器，才允许与加长了电缆线的传感器或者多个称重传感器通过单独的称重传感器接线盒相连接。但是，称重传感器或称重传感器接线盒与称重指示器之间的(附加)电缆长度不得超过称重指示器规定的最大附加电缆长度。电缆最大长度取决于电缆单根芯线的材料及横截面，因此可以将电缆最大长度转换成电缆芯线的最大电阻来表示，以阻抗单位的形式给出。

C.2 测试的一般原则

可以用称重传感器或模拟器进行各项测试，但应满足 A.4.1.7 要求。干扰测试应使用称重传感器或带称重传感器的称量台，在最接近实际条件下进行。

注：原则上，3.10.4 的规定适用于一个称重指示器族的测试，应特别注意的是不同的称重指示器可能有不同的EMC 特性(电磁兼容性)和不同的温度特性。

C.2.1 最严酷条件

为了限制测试量，只要可能，称重指示器测试应在包括最大应用范围的条件下进行。这意味多数测试应在最严酷条件下进行。

C.2.1.1 每个检定分度值 e 对应的最小输入信号

称重指示器应在制造商给定的每个检定分度值 e 对应的最小输入信号下(通常是最小输入电压)进行测试。这是模拟最严酷情况下的性能测试(淹没在称重传感器输出信号内固有的噪声)和干扰测试(信号和例如高频电压间不良的信噪比)。

C.2.1.2 最小模拟静载荷

模拟的静载荷应是制造商给定的最小值。称重指示器的低端输入信号隐含最大信号范围的问题，与线性和其他重要特性有关。使用较大静载荷而产生较大零点偏移的可能性被认为不是一个严重问题，但应考虑因静载荷的最大值可能引起的其他问题(如输入放大器的饱和)。

C.2.2 模拟在高或低传感器阻抗时的测试

进行干扰试验时(见 5.4.3)应采用称重传感器而不是模拟器，并且在按制造商给定连接的称重传感器实际最高阻抗值(至少是规定的最高阻抗的 1/3)下进行。对于“电磁场辐射抗扰度”试验，称重传感器应放置在电磁暗室内的均匀场区域(GB/T 17626.3 或 IEC 61000-4-3[13])。称重传感器电缆不能减短或去掉，因为称重传感器已被假设为衡器的基本部件而不是外围设备(参见 GB/T 17626.3 或 IEC 61000-4-3[13]中的图 6，该图描述了被试设备布置的模型)。

进行影响量测试时(见5.4.3)可以采用称重传感器或模拟器进行。但是,测试期间称重传感器/模拟器不置于影响条件下(即模拟器在气候试验室外面)。影响量测试应在申请者规定连接的称重传感器最低阻抗下进行。

表C.1规定了应该在最低阻抗(低阻)下进行的测试项目和应该在实际最高阻抗值(高阻)下进行的各个测试项目。

本附录所指的阻抗是称重传感器的输入阻抗,它是连接到两个激励线之间的等效阻抗。

C.2.3 外围设备

申请人应提供外围设备以证明系统或子系统功能的正确性及称量结果并非讹误。

进行干扰试验时,外围设备可以连接到所有不同的接口。但是,如果不能提供所有可选择的外围设备或者不能将所有外围设备放置在测试现场(特别是辐射电磁场试验期间应将它们放置在均匀区域时),那么至少应将电缆连接到各接口。电缆型号及长度应符合制造商经认可的手册中的规定。如果规定的电缆长度大于3米,用3米长的电缆进行试验认为是足够的。

C.2.4 调整和性能测试

应按照制造商的规定进行调整(校准)。称量测试应在从零点到最大检定分度数间至少选择五个不同(模拟)载荷,同时以最小输入电压/每个检定分度值(对于高灵敏指示器,也可以采用每个检定分度值 e 的最大输入电压,见C.2.1.1)的条件下进行。应尽可能选择接近误差限值改变的各载荷点。

C.2.5 分度值小于 e 的指示

如果称重指示器有以一个小的分度值(不大于 $1/5 \times p_i \times e$,高分辨率模式)显示重量值的装置,那么此装置可以被用于确定误差。也可以在能给出A/D转换原始计数值的服务模式下进行测试。无论使用哪种装置,都应将其记录在测试报告中。

进行试验前,应对这种用于确定测量误差的指示模式进行验证。如果高分辨率模式不能满足此要求,当不确定度优于 $1/5 \times p_i \times e$ 时,可以使用称重传感器、砝码及附加小砝码确定示值跳变点(见A.4.4.4)。

表C.1 测试项目

章节号	相关内容	误差系数 p_i	阻抗	μV/e
A.4.4	称量性能	0.3…0.8	低阻	最小
A.4.5	多指示装置			
	模拟	1	低阻	最小
	数字	0	低阻	最小
A.4.6.1	皮重称量准确度		低阻	最小
A.4.10	重复性		低阻	最小/最大[b]
A.5.2	预热时间测试	0.3…0.8	低阻	最小/最大[b]
A.5.3.1	温度(对放大增益的影响)	0.3…0.8	低阻	最小/最大[b]
A.5.3.2	温度(对空载的影响)	0.3…0.8	低阻	最小
A.5.4	电压波动	1	低阻	最小
3.9.5	其他影响			
B.2.2	湿热、稳态	0.3…0.8	低阻	最小/最大[b]
B.3.1	交流电源电压跌落和短时中断	1	高阻[a]	最小
B.3.2	快速瞬变脉冲群	1	高阻[a]	最小

表 C.1（续）

章节号	相关内容	误差系数 p_i	阻抗	$\mu V/e$
B.3.3	浪涌(如适用)	1	高阻[a]	最小
B.3.4	静电放电	1	高阻[a]	最小
B.3.5	射频电磁场抗扰度	1	高阻[a]	最小
B.3.6	射频场传导抗扰度	1	高阻[a]	最小
B.3.7	由公路车辆供电衡器的 EMC 特殊要求	1	高阻[a]	最小
B.4	量程稳定性	1	低阻	最小

a 用称重传感器进行测试。

b 见 C.3.1.1。

C.2.6 称重传感器模拟器

测试用模拟器应与被试称重指示器适配，应按称重指示器所使用的激励电压对模拟器进行校准(AC 激励电压应采用 AC 校准)。

C.2.7 误差系数 p_i

称重指示器标准误差系数 p_i 为整台衡器的最大允许误差的 0.5，但可以在 0.3 与 0.8 之间选择。

制造商应规定系数 p_i，它是用于测试时的基本参数，在 C.2.2 的表格中指定了各个测试 p_i 值的范围。

没有对重复性进行误差系数 p_i 赋值。重复性不佳是带杠杆、刀承、秤盘及其他机械结构的机械衡器的典型问题，这些结构会引起某些磨擦。一般认为称重指示器不会引起重复性缺陷，即便在极端情况下称重指示器不具重复性，这也不是指本标准含义中的重复性缺陷。但是应特别关注其原因及后果。

C.3 测试

称重指示器应使用附录 H 测试报告格式相应部分(见 C.1)和核查表。与附录 H 的核查表的无关部分为：

7.1.5.1

3.9.1.1

4.17.1

4.17.2

4.13.10

F.1

F.2.4

F.2.5

F.2.6

C.3.1 温度和性能测试

原则上，温度对增益影响的测试按下列程序进行：

——在 20 ℃时按规定程序进行调整；

——改变温度并且检验在修正零点漂移后各测量点的误差是否位于误差限值范围内。

对可调指示器，此程序应在称重指示器具有的最大增益及最低阻抗下进行。但应保证这些条件使得测量具有足够的准确度，确信误差曲线中的非线性误差不是所使用的测试设备引起的。

STANDARDS PRESS OF CHINA

在此情形下(例如,指示器在高灵敏度时)如果试验条件不能满足准确度要求时,此程序(C.2.1.1)应进行两次。首次测量应在最小增益下进行,至少采用5个测量点;第二次测量应在最大增益下进行,至少采用2个测量点,一个为测量范围的低端,另一个为测量范围的高端。如果在这两个点之间绘制与第一次测量误差曲线形状相同的图形,并且对零点漂移进行修正后仍位于相应的误差限值(允许误差包络线)之内时,由温度引起的增益变化可以被接受。

温度对空载示值的影响是温度变化对零点的影响,是以 μV 为单位的输入信号变化表示的。零点漂移计算是通过两个相邻温度下零点示值变化的直线值进行的。零点漂移应小于 $p_i \times e/5$ ℃。

C.3.1.1 在高增益和低增益时的测试

如果每个检定分度值的最小输入电压十分小,例如小于或等于 1 μV/e,可能很难找到合适的模拟器或称重传感器用于确定线性。对于 1 μV/e 的指示器,如果系数 p_i 的值为0.5,模拟载荷小于 500e 时的最大允许误差为±0.25 μV。模拟器的误差的影响应不超过 0.05 μV,或者至少重复性应等于或优于 0.05 μV。

任何情况下,下列各项应加以考虑:

a) 在最大输入信号范围下对称重指示器的线性进行测试。例如:一台典型的称重指示器对称重传感器提供的激励电源为12 V,其测量范围为 24 mV。如果称重指示器规定的分度数为 6 000e,线性测试时每个检定分度的最小输入为 24 mV/6 000e=4 μV/e。

b) 静态温度测试及湿热稳态测试期间,在同样的设定条件下测量温度对增益的影响。

c) 然后,称重指示器设置为规定的最小静载荷并使其具有最小的输入电压每个检定分度值 e。假设此值为 1 μV/e,这就意味着仅使用输入范围的25%。

d) 此时应使用接近 0 mV 和 6 mV 的输入电压对指示器进行测试。在 20 ℃、40 ℃、−10 ℃、5 ℃及 20 ℃时记录两个输入电压下的示值。20 ℃时,输入 6 mV 时指示器的示值(已对 0 mV 时的示值进行修正)与其他温度下的修正示值的差值都绘入图表中。得到的点按 a)及 b)确定的相同形状曲线与零点连接,绘出的曲线应在 6 000e 对应的允许误差包络线中。

e) 此测试期间,温度对空载示值的影响也应一并测量,以检查其影响是否小于 $p_i \times e/5$ ℃。

f) 如果称重指示器满足上述要求,它也就满足了 3.9.2.1、3.9.2.2 及 3.9.2.3 的要求,且满足静态温度测试及湿热稳态测试的要求。

C.3.2 除皮

皮重对称重性能的影响完全取决于误差曲线的线性。线性的确定是在正常称量性能测试时进行的。如果误差曲线显示出明显的非线性,将最大允许误差包络线沿着非线性误差曲线平移,检查当皮重值对应于误差曲线最陡峭部分时称重指示器是否满足称量要求。

C.3.3 激励自动补偿功能测试(仅适用于6线制传感器)

C.3.3.1 适用范围

对旨在用于与采用应变技术使用4线制或6线制原理的称重传感器相连接的称重指示器,如果指示器使用4线制技术,绝不允许用于称重传感器的电缆线加长或使用附加电缆将独立的称重传感器接线盒与称重指示器相连接。采用6线制技术的称重指示器有一对激励自动补偿输入线,使称重指示器能够对因温度变化引起加长电缆的电阻变化导致称重传感器激励电压变化的影响进行补偿。但是,与功能的理论原理相比,由于称重指示器激励自动补偿输入端的输入阻抗有限,对称重传感器激励电压的补偿也是有限的。这使得因温度变化引起的电缆电阻变化可能导致某种影响,从而引起量程的明显漂移。

C.3.3.2 测试

激励自动补偿功能的测试应在最严酷的条件下进行的,这些条件是:

——称重传感器激励电压的最大值；

——允许接入称重传感器的最大数量(可以是模拟的)；和

——最大电缆长度(可以是模拟的)。

C.3.3.2.1　模拟称重传感器最大数量

通过在激励线上外接一个纯欧姆分流电阻器来模拟称重传感器的最大数量，该电阻与称重传感器模拟器或称重传感器并联。

C.3.3.2.2　模拟最大电缆长度

可以通过在所有六条线上接入可变纯欧姆电阻器模拟最大的电缆长度。电阻值可以根据最大电缆电阻即最大电缆长度[取决于所采用的材料(例如铜或其他材料)以及其横截面]设置。但是，在多数情况下，只需将电阻器接入激励线和激励自动补偿线中就足以满足要求了，因为与激励自动补偿端的输入阻抗相比，信号输入端的输入阻抗要高得多。因此，信号输入电流几乎为零或与激励及补偿线的电流相比非常小。可以认为输入电流接近零而不会产生明显影响，因为这里的电压降可以忽略不计。

C.3.3.2.3　重新调整称重指示器

接入电缆模拟电阻器后应对称重指示器进行重新调整。

C.3.3.2.4　量程变化测定

应测量零点与最大(模拟)载荷之间的量程。假设在最严酷条件下，对应于衡器可能经受的整个温度变化范围会产生一个电阻变化。因此，应模拟最小与最大操作温度的差所对应的电缆电阻变化 ΔR_{Temp}。根据下面公式确定可能的电阻变化：

$$\Delta R_{\mathrm{Temp}} = R_{\mathrm{cable}} \times \alpha \times (T_{\max} - T_{\min})$$

式中：

R_{cable}——电缆单芯电阻值，根据下面公式计算：

$$R_{\mathrm{cable}} = (\rho \times l)/A$$

式中：

ρ——材料的电阻率(例如铜：$\rho_{\mathrm{copper}}=0.017\ 5\ \Omega\mathrm{mm}^2/\mathrm{m}$)

l——电缆长度(单位为 m)

A——电缆单芯横截面(单位为 mm^2)

α——电缆材料电阻率的温度系数 1/K(例如铜：$\alpha_{\mathrm{copper}}=0.003\ 9\ 1/\mathrm{K}$)

将可变欧姆电阻器设置为新值后，应再次测定零点与最大负荷之间的量程。因为变化可以是正或为负，所以应在两个方向进行测试，例如，对于Ⅲ级衡器，模拟对应温度变化的电缆电阻的变化应在温度变化的两个方向升高或下降 50 K(温度范围为－10 ℃到＋40 ℃)。

C.3.3.2.5　量程变化限定

为了确定温度对电缆影响引起的量程变化限值，应考虑对称重指示器温度试验的结果。温度引起的称重指示器最大量程误差与允许误差限值之间的差被指定为自动补偿装置对量程补偿效果的极限。无论如何，由补偿产生的效果不应大于最大允许误差绝对值乘以 p_i 的三分之一。

$$\Delta span(\Delta T) \leqslant p_i \times mpe - E_{\max}(\Delta T)$$

式中：$\Delta span(\Delta T) \leqslant 1/3 p_i \times mpe_{\mathrm{abs}}$

如果称重指示器不能满足这些条件，电缆最大电阻即电缆最大长度应减少，或选择大的横截面电缆。

规定的电缆长度可以采用 $\mathrm{m/mm}^2$ 的形式给出(取决于电缆材料，例如铜，铝)。

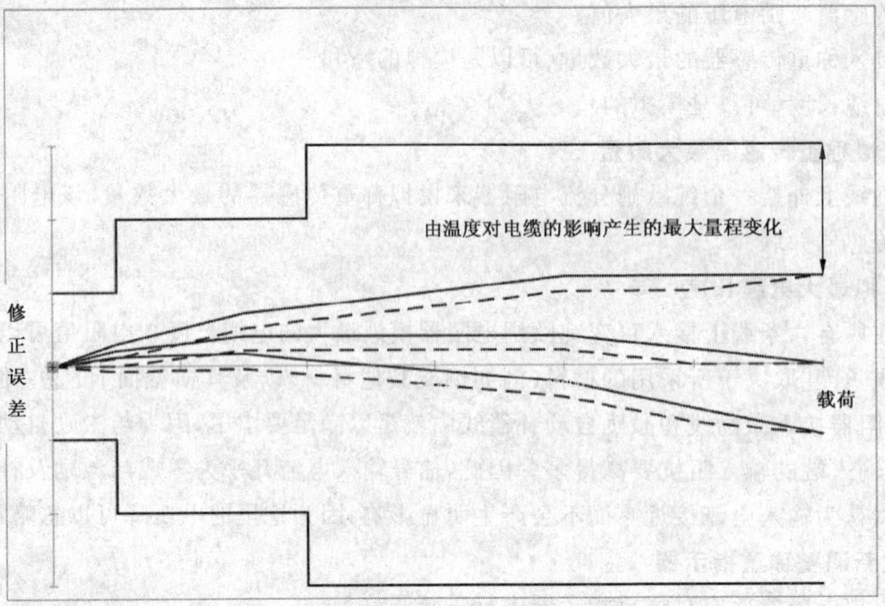

图 C.1

C.3.4 其他影响

其他影响及限制的考虑仅对整套衡器,不适用于模块。

C.4 型式批准证书

C.4.1 概述

证书应包含有关发证机构、制造商及称重指示器的一般信息及数据。对于其格式,应尽可能遵守国家对证书规定的格式或 OIML B3 附录 A[3]的一般规定。

下列有关称重指示器的重要信息应在证书的“模块鉴定证明”中给出:

——型号、准确度等级;

——误差分配系数 p_i;

——温度范围;

——最大检定分度数;

——每个检定分度值的最小输入电压;

——测量范围;及

——传感器的最小阻抗。

C.4.2 测试报告格式

附录 H 测试报告应包含有关称重指示器的详细信息。它们为技术指标、功能说明、特性、外观及附录 H 的核查表。相关信息如下:

报告编号:	……(格式由国家法规确定)
检查的型式:	指示器作为非自动机电称重衡器的模块
发证机构:	名称、地址、负责人
制造商:	名称、地址
模块类型:	
测试要求:	GB ××××,版本××××
检测概述:	单独测试的模块,$p_i=0.5$,测试用连接的称重传感器或称重传感器模拟器以及连接的外围设备。特殊信息,如一些测试是由制造

	商完成的以及它们被接受的原因，测试结果摘要
测评人：	姓名、日期、签字
内容列表：	
此报告属于型式批准证书	……（格式由国家法规确定）
1　有关模块的一般信息：	外壳、显示、键盘、插头及连接件等的说明，应通过称重指示器的相应图形或照片加以简要说明。
2　模块的功能、设施及装置：	应列出置零装置、皮重装置、称量范围、操作模式等（参考第4章）及第5章所述的电子衡器的装置。
3　技术参数：	为了核查模块的兼容性，在使用模块化方案时（参考3.10.2条及附录F）需要对指示器设置一些参数。这部分包括称重指示器的技术参数，为便于检查，需要在描述和单位的使用上与附录F的要求相同。
3.1　与衡器相关的计量参数：	——准确度等级 ——最大检定分度数 n ——工作温度范围（℃） ——误差分配系数 p_i
3.2　电气参数	——供电电源电压（VAC或DC） ——供电电源型式（和电源频率（Hz）） ——称重传感器激励电压（VAC或DC） ——最小静载荷信号电压（mV） ——最大静载荷信号电压（mV） ——每个检定分度的最小输入电压（μV） ——测量范围最小电压（mV） ——测量范围最高电压（mV） ——称重传感器最小阻抗（Ω） ——称重传感器最大阻抗（Ω）
3.3　激励自动补偿系统：	有或没有。
3.4　信号电缆：	应对称重指示器与称重传感器或称重传感器接线盒之间的附加电缆（只适用于使用六线制系统的称重指示器，即激励自动补偿系统）做下列规定： ——材料（铜、铝等） ——长度（m） ——截面积（mm^2） 或 ——材料（铜、铝等）确定后规定的电缆长度（m/mm^2） 或 ——电缆每根单芯的最大电阻
4　文件：	文件清单。
5　接口：	用于外围设备和其他装置的接口类型及数量。 所有满足本标准5.3.6.1的要求的保护性接口。
6　可连接装置：	打印机及数字显示装置等。对于不受强制检定的应用，可以连接

STANDARDS PRESS OF CHINA

任何外围设备。例如:数模转换器,计算机等。

7 说明性标记和管理标记: 说明性标记采用的方式应尽可能考虑7.1.4及7.1.5所述要求。除了完整的衡器外,模块本身应加以清楚标注。应对铭牌和检定标记的位置加以描述,如果适用,指示器的铅封和保护方法应用图样或照片的形式加以描述和表示。

8 试验设备: 有关用于本模块型式评定的试验设备,以及这些设备的校准信息。例如:称重传感器模拟器、温度试验箱、电压表、变送器、干扰试验设备等。

9 测试备注: 例如:在附录H核查表中与整套衡器有关的部分不需要填写(说明性标记、检验标记、保护和某些指示装置)。在干扰试验期间所使用的称重传感器型号和打印机型号。

10 测量结果: 附录H表格。

11 技术要求: 附录H核查表。

附　录　D
（规范性附录）
非自动衡器数字数据处理装置、终端和数字显示器模块的测试和验证

注：附录D适用于独立测试的模块。

D.1　适用要求

D.1.1　数字数据处理装置、终端、数字显示器的要求

只要可能，下列要求适用于这类模块：

3.3　多分度衡器的附加要求
3.9.3　供电电源
3.9.5　其他影响量和限制
3.10　型式评价测试和检查
4.1　通用结构要求
4.2　称重结果指示（不适用于数字数据处理装置）
4.4　数字指示装置（不适用于数字数据处理装置）
4.5　置零和零点跟踪装置
4.6　皮重装置
4.7　预置皮重装置
4.10　多范围衡器的称量范围选择
4.11　不同承载器和（或）载荷传递装置和不同载荷测量装置间的选择（或切换）装置
4.13　直接向公众售货的衡器
4.14　直接向公众售货的计价衡器的附加要求
4.16　价格标签衡器
5.1　通用要求
5.2　对显著增差的响应
5.3　功能要求
5.4　性能测试和量程稳定性测试
5.5　软件控制电子装置的附加要求
8.2.1.2　说明性文件

D.1.2　补充要求

D.1.2.1　最大允许误差系数

数字数据处理装置，终端和数字式显示器属于纯数字模块，用于整套衡器的这些模块，其最大允许误差系数 $p_i=0.0$。

D.1.2.2　准确度等级

数字数据处理装置、终端和数字显示器属于纯数字模块。因此，它们可以用于任何准确度等级的衡器，对旨在用于衡器的这些数字数据处理装置应考虑与衡器准确度等级相关的要求。

D.2　测试的一般原则

D.2.1　概要

数据处理装置，终端和数字显示器属于纯数字模块。因此测试：

——设计和结构应按文件（8.2.1.2）的要求；

——功能和指示应按 E.1.1 提及的要求，和

——干扰应按 E.3 的要求。

然而，应对所有经过接口传输的指示值和所有功能进行测试，确保正确并且符合本标准要求。

D.2.2 模拟装置

对这类模块的测试，模块的输入接口应与一个适当的模拟装置相连接（例如：模数转换（ADC），用于对数字数据处理装置测试；称重模块或数字数据处理装置，用于对终端或数字显示器测试），以便操作和测试所有功能。

D.2.3 显示装置

对数字数据处理装置测试，应将其连接到一个合适的数字显示装置或终端，以便显示每个称重结果和操作数字数据处理装置的所有功能。

D.2.4 接口

所有的接口，应符合 5.3.6 的要求。

D.2.5 外围设备

申请人应提供外围设备用以证明模块功能的正确性，以及称量结果不可能受外围设备的影响。

在进行干扰测试时，外围设备应连接到每种不同的接口。

D.3 测试

应根据附录 A 及附录 B 对这类模块进行下列测试。

电压波动[a]	A.5.4
交流电压暂降和短时中断[b]	B.3.1
快速瞬变脉冲群[b]	B.3.2
浪涌（如适用）[b]	B.3.3
静电放电[b]	B.3.4
射频电磁场抗扰度[b]	B.3.5
射频场传导抗扰度[b]	B.3.6
由公路车辆电源供电衡器的 EMC 特殊要求[b]	B.3.7

对这类模块的测试，应尽可能使用附录 H 测试报告和核查表。

附录 H 核查表中关于"说明性标记"和"检定标记和保护"的部分内容与这些模块不相关部分，无需填写。

a 电压波动测试仅对法定相关功能，观察到的主要指示易读、清晰。

b 如果纯数字模块符合有关国家标准（或 IEC 标准），且试验严酷等级不低于本标准要求，不需要进行 B.3 要求的干扰测试。

D.4 型式批准证书

D.4.1 概要

证书应包含有关发证部门、制造商及模块（数字数据处理装置，终端和数字显示器）的一般信息。对于其格式，只要适用，应尽可能遵守国家证书体系要求的一般规定或 OIML B3 附录 A[3]的一般规定。

D.4.2 测试报告格式

附录 H 测试报告应包括模块（数字数据处理装置，终端和数字显示器）的详细信息，它们是技术参数，功能描述，特性，外形和附录 H 核查表。相关信息如下：

报告编号：	……（格式由国家法规确定）
被检查型式：	非自动机电衡器模块（数字数据处理装置，终端或是称重指示器）

发证机构：	名称、地址、负责人
制造商：	名称、地址
模块型号：	
测试标准：	GB ××××，版本号××××
检测汇总	单独试验的模块，$p_i=0.0$。用于模拟输入信号所连接的装置；用于显示称量结果和操作模块的装置，连接的外围设备。特殊信息，如一些测试是由制造商完成的以及它们被接受的原因，测试结果摘要。
测评人：	姓名、日期、签字
内容列表：	
此报告属于型式批准	……（格式由国家法规确定）
1 与模块型号有关的一般信息：	
	模块、接口的简要说明。
2 模块的功能、设施和装置：	
	置零装置、皮重装置、多分度值功能、不同称量范围、操作模式等。
3 技术参数：	皮重范围等。
4 文件：	文件清单。
5 接口：	用于外设装置和其他装置接口的类型及数量。 符合本标准5.3.6.1规定的所有保护性接口。
6 可连接装置：	终端、打印机、数字显示器等。对于不受强制检定的应用，可以与任何外围设备连接。（例如：数模转换器D/A，个人计算机PC等）。
7 管理标记：	如果需要对衡器保护（铅封），此模块的调节单元可以用管理标记（粘贴性标志或铅封）加以保护。
8 测试设备：	有关此模块型式评价测试用设备信息及测试设备的校准信息。 例如：电压表、变送器、干扰试验设备等。
9 测试备注：	附录H的核查表中，与指示器有关的部分（说明性标记、检验标记及保护）不需要填写。在干扰试验期间，连接的打印机型号等。
10 测量结果：	附录H记录表格。
11 技术要求：	附录H核查表。

STANDARDS PRESS OF CHINA

附 录 E
（规范性附录）
非自动衡器称重模块的测试和验证

注：附录E适用于独立测试的模块。

E.1 适用要求

E.1.1 称重模块要求

下列要求适用于称重模块：

3.1 分级原则
3.2 衡器分级
3.3 多分度衡器附加要求
3.5 最大允许误差
3.6 称量结果间的允许差异
3.8 鉴别力
3.9 影响量和时间引起的变化
3.10 型式评价测试和检查
4.1 通用结构要求
4.2 称量结果示值
4.4 数字指示装置
4.5 置零装置和零点跟踪装置
4.6 皮重装置
4.7 预置皮重装置
4.10 多范围衡器的称量范围选择
4.11 不同承载器和(或)载荷传递装置和不同载荷测量装置间的选择(或切换)装置
4.13 直接向公众售货的衡器
4.14 直接向公众售货的计价衡器的附加要求
4.16 价格标签衡器
5.1 一般要求
5.2 对显著增差的响应
5.3 功能要求
5.4 性能测试和量程稳定性测试
5.5 软件控制电子装置的附加要求

E.1.2 补充要求

E.1.2.1 最大允许误差系数

对于称重模块，系数 $p_i = 1.0$，等于衡器的最大允许误差。

E.1.2.2 准确度等级

用于衡器的称重模块应与衡器有相同的准确度等级。Ⅲ级称重模块也可以用于Ⅲ级衡器，但应考虑Ⅲ级衡器的要求。

E.1.2.3 检定分度数

用于衡器的称重模块应与衡器有相同的检定分度数。

E.1.2.4 温度范围

用于衡器的称重模块应与衡器有相同的或更宽的温度范围。

E.2 测试一般原则

E.2.1 概述

称重模块应采用与完整衡器相同的方式进行测试,指示装置及控制部件的设计及结构不在测试范围内。然而,应对所有经过接口传输的示值和所有功能进行测试,保证其正确并且符合本标准要求。

E.2.2 指示装置

对于该测试是将称重模块与合适的指示装置或终端相连接,以便显示称重结果和对称重模块的所有功能进行操作。

如果称重模块称量结果具有3.4.1规定的微分标尺分度,指示装置应指示该数字。

指示装置有更高的分辨率更适合于误差的确定,如工作于特殊的服务模式下。如果使用高的分辨率显示,应在测试报告中加以记录。

E.2.3 接口

对于所有接口,5.3.6的要求适用。

E.2.4 外围设备

申请人应提供外围设备用于证明系统或子系统运行的正确性及称量结果的并非讹误。

进行干扰测试时,外围设备应连接到每种不同的接口。

E.3 测试

应按附录A及附录B非自动衡器所有测试程序的要求对称重模块进行全面测试。

附录H的测试报告及核查表同样适用于称重模块。

附录H核查表中与"说明性标记"、"检验标记和保护"及一些属于与"指示装置"的部分内容与这些模块不相关的部分无需填写。

E.4 型式批准证书

E.4.1 概述

证书应包含有关发证部门、制造商及称重模块的一般信息及参数。对于其格式,应尽可能遵守国家证书体系要求(或OIML B3附录A[3])的一般规定。

E.4.2 测试报告格式

附录H测试报告应包括称重模块的详细信息,它们是技术参数,功能描述,特性,外形和附录H核查表。相关信息如下:

报告编号:	……(格式由国家法规确定)
检查的型式:	非自动机电衡器称重模块
发证机构:	名称、地址、负责人
制造商:	名称、地址
模块型号:	
测试标准:	本标准,版本××××
检测汇总	单独试验的模块,$p_i=1.0$。用于指示称量结果和对模块进行操作所连接的指示装置;连接的外围设备;特殊信息,如一些测试是由制造商完成的以及它们被接受的原因。测试结果摘要。
测评人:	姓名、日期、签字
内容列表:	

此报告属于型式批准　　……(格式由国家法规确定)

1　与模块型号有关的一般信息：机械结构、称重传感器、模拟数据处理装置、接口的描述。

2　模块的功能、设施和装置：置零装置、皮重装置、多分度值称重模块、不同称量范围、操作模式等。

3　技术参数：准确度等级列表，$p_i=1.0$，Max，Min，n，n_i，皮重及温度范围等。

4　文件：文件清单。

5　接口：用于连接指示装置和操作装置(终端)、外围设备和其他装置的接口类型及数量。

符合本标准5.3.6.1规定的所有保护性接口。

6　可连接装置：指示和操作(终端)装置，其 $p_i=0.0$、打印机及显示器等。对于不受强制检定的应用，可以连接任何外围装置，例如：数模转换装置D/A，个人计算机PC等。

7　管理标记：如果要求对衡器保护(铅封)，此模块的部件及调节装置可以通过在承载器板下穿过外壳的螺钉上加管理标记(粘贴性标志或铅封)进行保护。不需要附加额外保护。

8　测试设备：有关对该模块进行型式评价所用试验设备的信息以及试验设备的校准信息。

例如：标准砝码(等级)、称重传感器模拟器、温度试验箱、电压表、变送器、干扰试验设备等。

9　测试备注：本标准附录H的核查表中，与称重指示器有关的部分(“说明性标记”、“检验标记及保护”和部分属于与“指示装置”有关的)不需要填写。在干扰试验期间，连接的打印机等型号。

10　测量结果：附录H表格。

11　技术要求：附录H核查表。

附 录 F
（规范性附录）
非自动衡器模块兼容性核查

注：附录F适用于独立测试的模块。

F.1 到 F.4：	仅适用于符合 GB/T 7551 的模拟称重传感器与符合本标准附录C称重指示器的组合。
F.5：	仅适用于数字称重传感器与称重指示器、模拟或数字数据处理单元或终端的组合。
F.6：	兼容性核查实例。

使用模块化方案时，衡器及模块的兼容性核查需要设定一些参数。该附录的前三节描述了衡器、称重传感器及称重指示器兼容性核查时所需要的参数。

F.1 衡器

下列是对衡器兼容性核查时所需要的计量参数及技术参数：

衡器的准确度等级

Max	(g,kg,t)	按 T.3.1.1 规定，衡器的最大秤量 （对多分度值，则有：Max_1，Max_2，…，Max，和多范围衡器为：Max_1，Max_2，…，Max_r）
e	(g,kg)	按 T.3.2.3 规定的检定分度值 （对于多分度值或多范围衡器，则有：e_1，e_2，e_3。其中 $e_1=e_{min}$）
n		按 T.3.2.5 规定的检定分度数 $n=Max/e$ （对多分度值或多范围衡器，则有：n_1，n_2，n_3。$n_i=Max_i/e_i$）
R		缩比，例如按 T.3.3 规定的杠杆，它是一个比率 （作用在称重传感器上的力除以作用在承载器上的力）
N		称重传感器的数量
IZSR	(g,kg)	按 T.2.7.2.4 的要求，设置的初始置零范围，指衡器开机后，在进行任何称重之前将显示自动设置为零
NUD	(g,kg)	不均匀分布载荷的修正[a]
DL	(g,kg)	承载器的静载荷，安装在称重传感器上的承载器及承载器上安装的附加结构的质量
T^+	(g,kg,t)	添加皮重
T_{min}	(℃)	温度范围的下限
T_{max}	(℃)	温度范围的上限

[a] 如果对衡器的加载没有提供不均匀分布的评估，不均匀分布一般可以按典型结构的衡器进行假设。

——带杠杆及单只称重传感器的衡器，或者衡器的承载器只允许施加最小偏载，或者只有一个支撑点的单称重传感器衡器： 0%*Max*

例如，称重传感器对称排列的料斗或漏料斗，且承载器上没有安装用于物料流动的振动器。

——其他典型衡器： 20%*Max*

——对于叉车秤，单轨吊挂秤及称量台： 50%*Max*

——多秤台称量机构

对于组合是固定的： 50%$Max_{累计}$

对于选择或组合是可以变化的： 50%$Max_{单桥}$

CH,NH,SH 称重传感器所通过的湿度试验的符号

系统连接,6线制

L (m) 连接电缆的长度

A (mm^2) 电缆的横截面

Q 修正系数

修正系数$Q>1$是对偏载(载荷的不均匀分布)、承载器的静载荷、初始置零范围及添加皮重可能产生的影响的考虑,采用如下公式计算:

$$Q=(Max+DL+IZSR+NUD+T^{+})/Max$$

F.2 单独测试的称重传感器

如果使用的称重传感器已根据国标GB/T 7551单独测试,拥有相应的型式批准证书并且满足3.10.2.1,3.10.2.2及3.10.2.3的要求,可以直接使用不需要重复测试。只有通过SH和CH测试的称重传感器允许作为模块使用(NH称重传感器不适用于作为模块使用)。

F.2.1 准确度等级

准确度等级,包括称重传感器(LC)温度范围及湿度稳定评价和蠕变应满足衡器(WI)的要求。

表 F.1 相应的准确度等级

	准确度				参考标准
衡器 WI	Ⅰ	Ⅱ	Ⅲ	Ⅲ	本标准
称重传感器 LC	A	A[a],B	B[a],C	C,D	GB/T 7551

[a] 如果温度范围足够宽并且湿度的稳定性评价和蠕变满足较低准确度等级的要求。

F.2.2 最大允许误差系数

如果型式批准证书中没有规定称重传感器的误差分配系数,那么$p_{LC}=0.7$。根据3.10.2.1,系数可以是$0.3\leqslant p_{LC}\leqslant 0.8$。

F.2.3 温度限定

如果型式批准证书中没有规定称重传感器的温度范围,那么温度范围下限$T_{min}=-10$ ℃及温度范围上限$T_{max}=40$ ℃。根据3.9.2.2,可以对温度范围做出限定。

F.2.4 传感器最大秤量

称重传感器的最大秤量应满足条件:

$$E_{max}\geqslant Q\times Max\times R/N$$

F.2.5 称重传感器最小静载荷

因承载器所产生的最小载荷应等于或大于称重传感器的最小静载荷(许多称重传感器有$E_{min}=0$):

$$E_{min}\leqslant DL\times R/N$$

F.2.6 称重传感器最大分度数

对于每只称重传感器,其最大分度数n_{LC}(参考GB/T 7551)应不小于衡器的检定分度数n:

$$n_{LC}\geqslant n$$

对于多称量范围或多分度衡器,此要求适用于任何单独的称量范围或局部称重范围:

$$n_{LC}\geqslant n_i$$

对于多分度衡器,最小静载荷输出恢复DR(参考GB/T 7551)应满足条件:

$$DR\times E/E_{max}\leqslant 0.5\times e_1\times R/N \quad 即 \quad DR/E_{max}\leqslant 0.5\times e_1/Max$$

其中$E=Max\cdot R/N$是衡器加载至Max时加在单个称重传感器上的部分载荷。

可接受方案:

当DR未知时,如满足条件$n_{LC}\geqslant Max/e_1$是合适的。

另外，对于多范围衡器，同一称重传感器用于多于一个称量范围时，称重传感器最小静载荷输出恢复 DR（参考 GB/T 7551）应满足条件：

$$DR \times E/E_{max} \leqslant e_1 \times R/N \quad 或 \quad DR/E_{max} \leqslant e_1/Max$$

可接受方案：

当 DR 未知时，如满足条件 $n_{LC} \geqslant 0.4 \times Max_r/e_1$ 是合适的。

F.2.7 称重传感器最小检定分度值

称重传感器最小检定分度值 v_{min}（参考 GB/T 7551）不应大于衡器检定分度值 e 乘以载荷传递装置的缩比 R，再除以称重传感器数量 N 的平方根：

$$v_{min} \leqslant e_1 \times R/\sqrt{N}$$

注：v_{min} 以质量单位为计量单位。此公式适用于模拟及数字称重传感器。

对于多范围衡器，相同的称重传感器用于多于一个称量范围时，或多分度衡器，e 用 e_1 代替。

F.2.8 称重传感器输入阻抗

称重传感器的输入电阻 R_{LC} 受到称重指示器的限制。

R_{LC}/N 应在称重指示器的 R_{Lmin} 到 R_{Lmax} 范围内。

F.3 单独测试的称重指示器和模拟数据处理装置

如果称重指示器及模拟数据处理装置已根据附录 C 进行单独检测，拥有相应的型式批准证书并且满足 3.10.2.1，3.10.2.2 及 3.10.2.3 的要求，可以直接使用，不需要重复测试。

F.3.1 准确度等级

准确度等级，包括温度范围及湿热稳态评价应满足衡器（WI）的要求。

表 F.2 相应的准确度等级

	准确度				参考标准
衡器 WI	Ⅰ	Ⅱ	Ⅲ	Ⅲ	本标准
称重指示器 IND	Ⅰ	Ⅰ[a]，Ⅱ	Ⅱ[a]，Ⅲ	Ⅲ，Ⅲ	本标准

[a] 如果温度范围足够宽并且湿度的稳定性评价满足较低准确度等级的要求。

F.3.2 最大允许误差系数

如果型式批准证书中没有规定称重指示器的最大允许误差系数值，那么 $p_{ind}=0.5$。根据 3.10.2.1，该系数可以是 $0.3 \leqslant p_{ind} \leqslant 0.8$ 的值。

F.3.3 温度限定

如果型式批准证书中没有规定称重指示器的温度范围，那么温度范围下限值 $T_{min}=-10$ ℃，温度范围上限值 $T_{max}=40$ ℃。根据 3.9.2.2，可以对温度范围进行限定。

F.3.4 最大检定分度数

对于每个称重指示器，其最大分度数 n_{ind} 应不小于衡器的检定分度数 n：

$$n_{ind} \geqslant n$$

对于多称量范围或多分度衡器，该要求适用于任何单独的称量范围或局部称重范围：

$$n_{ind} \geqslant n_i$$

在用于多称量范围或多分度值的情形，这些功能应包括在已经型式批准的称重指示器中。

F.3.5 与衡器相关的电气参数

U_{exc} （V） 称重传感器激励电压

U_{min} （mV） 称重指示器最小输入电压

Δu_{min} （μV） 称重指示器每个检定分度值的最小输入电压

每个检定分度值的信号 Δu 按如下方法计算：

$$\Delta u = \frac{C}{E_{max}} \cdot U_{exc} \cdot \frac{R}{N} \cdot e \text{ 对于多称量范围或多分度衡器}, e = e_1$$

U_{MRmin} (mV) 测量范围最低电压

U_{MRmax} (mV) 测量范围最高电压

R_{Lmin} (Ω) 称重传感器最小阻抗

R_{Lmax} (Ω) 称重传感器最大阻抗

注：R_{Lmin}，R_{Lmax}是电子称重指示器允许实际使用的称重传感器输入阻抗范围的极限。

F.3.5.1 连接电缆

称重指示器与称重传感器或称重传感器接线盒(只允许使用六线制的指示器使用，即激励自动补偿系统)之间的附加电缆应在称重指示器的型式批准证书中已经进行规定。

最简单的方法是在称重指示器型式批准证书中给出某种材料(铜，铝等)单芯电缆线的长度与单位横截面(m/mm^2)的比值。

对其他情形应根据电缆长度(m)、截面积(mm^2)、导电材料参数和每个芯线最大电阻(Ω)计算出该比值。

注：对于单芯横截面不同的电缆，应关注激励自动补偿的影响。

当使用用于防爆或防雷的快速放电隔离栅时，应检查称重传感器端的激励电压，以验证是否满足称重指示器每检定分度的最小输入电压的条件。

F.4 模拟输出模块兼容性核查

确定兼容性时采用的相关量和特性已列入下表。如果所有条件均满足，就满足本标准的兼容性要求。将数据填入此表可以很容易地确定它们是否满足要求。

衡器的制造商可以通过填写下页给出的表格，核查及验证其兼容性。

F.6 提供了填写兼容性检查表的典型实例。

兼容性核查表

(1) 称重传感器(LC)、称重指示器(IND)与衡器(WI)的准确度等级

称重传感器	和	称重指示器	等于或高于	衡器	通过	未通过
	和		等于或高于		□	□

(2) 衡器(WI)的温度界限与称重传感器(LC)及称重指示器(IND)的温度界限比较，单位为℃

	称重传感器		称重指示器		衡器	通过	未通过
T_{min}		和		≤		□	□
T_{max}		和		≥		□	□

(3) 连接部件、称重指示器及称重传感器的最大允差的系数 p_i 的平方和

p_{con}^2	+	p_{ind}^2	+	p_{LC}^2	≤1	通过	未通过
	+		+		≤1	□	□

(4) 称重指示器最大检定分度数与衡器的分度数

		n_{ind}	≥	$n_i = Max_i / e_i$	通过	未通过
单称量范围衡器			≥		□	□
多分度值或多范围衡器	$i=1$		≥		□	□
	$i=2$		≥		□	□
	$i=3$		≥		□	□

(5) 称重传感器的最大秤量 E_{max} 应与衡器的 Max 相兼容：

系数 Q：$Q=(Max_r+DL+IZSR+NUD+T^{+})/Max_r=$ ……

$Q\times Max\times R/N$	≤	E_{max}	通过	未通过
	≤		□	□

(6a) 称重传感器的最大检定分度数 n_{LC} 与衡器的分度数 $n_{(i)}$

		n_{LC}	≥	$n_i=Max_i/e_i$	通过	未通过
单称量范围衡器			≥		□	□
多分度值或多范围衡器	$i=1$		≥		□	□
	$i=2$		≥		□	□
	$i=3$		≥		□	□

(6b) 称重传感器的最小静载荷输出恢复与多分度衡器的最小检定分度值 e_1

n_{LC} 或 $Z=E_{max}/(2\times DR)$	≥	Max_r/e_1	通过	未通过
	≥		□	□

(6c) 称重传感器的最小静载荷输出恢复与多范围衡器的最小检定分度值 e_1

n_{LC} 或 $Z=E_{max}/(2\times DR)$	≥	$0.4\times Max_r/e_1$	通过	未通过
	≥		□	□

(6d) 加到称重传感器上实际的承载器静载荷与称重传感器的最小静载荷，以 kg 为单位

$DL\times R/N$	≥	E_{min}	通过	未通过
	≥		□	□

(7) 衡器的检定分度值与称重传感器的最小检定分度值(单位为 kg)应兼容

$e\times R/\sqrt{N}$	≥	$v_{min}=E_{max}/Y$	通过	未通过
	≥		□	□

(8) 电子称重指示器的正常最小输入电压、每检定分度值的最小输入电压与称重传感器的实际输出

电子称重指示器的正常最小输入电压(衡器空载)	$U=C\times U_{exc}\times R\times DL/(E_{max}\times N)$	≥	U_{min}	通过	未通过
		≥		□	□
每检定分度的最小输入电压	$\Delta u=C\times U_{exc}\times R\times e/(E_{max}\times N)$	≥	Δu_{min}	通过	未通过
		≥		□	□

(9) 电子称重指示器的允许阻抗范围与称重传感器的实际阻抗，单位为 Ω

R_{Lmin}	≤	R_{LC}/N	≤	R_{Lmax}	通过	未通过
	≤		≤		□	□

(10) 称重传感器与电子称重指示器之间附加电缆长度与电缆单位横截面，单位为 m/mm^2

(L/A)	≤	$(L/A)_{max}$	通过	未通过
	≤		□	□

F.5 数字输出模块的兼容性核查

对于称重模块及其他数字模块或装置(参考图 1)，不需要特殊的兼容性核查，仅对一个整台衡器运行正确性检验就足够了。如果各模块之间(或其他部件/装置之间)数据存在传送不正确，衡器将无法正常运行或者某些功能将无效，例如置零或皮重。

对于数字式称重传感器，F.4 规定的兼容性核查适用，但不包括表格中(8)、(9)及(10)的要求。

F.6 模拟输出模块的兼容性核查实例

F.6.1 单称量范围公路车辆衡(实例 1)

衡器：

准确度等级	Ⅲ	
最大秤量	Max	60 t
检定分度值	e	=20 kg
称重传感器数量	N	=4
没有杠杆	R	=1
承载器的静载荷	DL	=12 t
初始置零范围	$IZSR$	=10 t
不均匀分布载荷的修正	NUD	=30 t
附加皮重	T^+	=0
温度范围	−10 ℃到+40 ℃	
电缆长度	L	=100 m
电缆横截面	A	=0.75 mm^2

称重指示器：

准确度等级	Ⅲ	
最大检定分度数	n_{ind}	=3 000
称重传感器激励电压	U_{exc}	=12 V
最小输入电压	U_{min}	=1 mV
每检定分度的最小输入电压	Δu_{min}	=1 μV
称重传感器的最小/最大阻抗	30 Ω 到 1 000 Ω	
温度范围	−10 ℃到+40 ℃	
最大允许误差系数	p_{ind}	=0.5
电缆连接	6 线	
电缆单位横截面的长度最大值	$(L/A)_{max}$=150 m/mm^2	

传感器：

准确度等级	C	
最大秤量	E_{max}	=30 t
最小静载荷	E_{min}	=2 t
额定输出[a]	C	=2 mV/V
最大检定分度数	n_{LC}	=3 000
比率 E_{max}/v_{min}	Y	=6 000
比率 $E_{max}/(2\times DR)$	Z	=3 000
单只称重传感器的输入电阻	R_{LC}	=350 Ω
温度范围	−10 ℃到+40 ℃	
最大允许误差系数	p_{LC}	=0.7

---

[a] 称重传感器在用 E_{max} 加载后，对应输入电压下的输出信号的变化一般采用 mV/V 表示。

连接单元

最大允许误差系数 p_{con} =0.5

注：为了更方便于计算，GB/T 7551 中引入了下面的相对值：

$$Y = E_{max}/v_{min}$$

$$Z = E_{max}/(2 \times DR)$$

兼容性检查(实例 1)

(1) 称重传感器(LC)、称重指示器(IND)与衡器(WI)的准确度等级

称重传感器	和	称重指示器	等于或高于	衡器 WI	通过	未通过
C	和	Ⅲ	等于或高于	Ⅲ	☒	☐

(2) 衡器(WI)的温度界限与称重传感器(LC)及称重指示器(IND)的温度界限比较，单位为℃

	称重传感器		称重指示器		衡器 WI	通过	未通过
T_{min}	−10 ℃	&	−10 ℃	≤	−10 ℃	☒	☐
T_{max}	40 ℃	&	40 ℃	≥	40 ℃	☒	☐

(3) 连接部件、称重指示器及称重传感器的最大允差的系数 p_i 的平方和

p_{con}^2	+	p_{ind}^2	+	p_{LC}^2	≤1	通过	未通过
0.25	+	0.25	+	0.49	≤1	☒	☐

(4) 称重指示器最大检定分度数与衡器的分度数

		n_{ind}	≥	$n_i = Max_i/e_i$	通过	未通过
单称量范围衡器		3 000	≥	3 000	☒	☐
多分度值或多范围衡器	$i=1$		≥		☐	☐
	$i=2$		≥		☐	☐
	$i=3$		≥		☐	☐

(5) 称重传感器的最大秤量 E_{max} 应与衡器的 Max 相兼容：

系数 Q:$Q=(Max_r + DL + IZSR + NUD + T^+)/Max_r=$ ……

$Q \times Max \times R/N$	≤	E_{max}	通过	未通过
28 000 kg	≤	30 000 kg	☒	☐

(6a) 称重传感器的最大检定分度数 n_{LC} 与衡器的分度数 $n_{(i)}$

		n_{LC}	≥	$n_i = Max_i/e_i$	通过	未通过
单称量范围衡器		3 000	≥	3 000	☒	☐
多分度值或多范围衡器	$i=1$		≥		☐	☐
	$i=2$		≥		☐	☐
	$i=3$		≥		☐	☐

(6b) 称重传感器的最小静载荷输出恢复与多分度衡器的最小检定分度值 e_1

n_{LC} 或 $Z=E_{max}/(2 \times DR)$	≥	Max_r/e_1	通过	未通过
—	≥	—	☐	☐

(6c) 称重传感器的最小静载荷输出恢复与多范围衡器的最小检定分度值 e_1

n_{LC} 或 $Z=E_{max}/(2 \times DR)$	≥	$0.4 \times Max_r/e_1$	通过	未通过
—	≥	—	☐	☐

(6d) 加到称重传感器实际的承载器静载荷与称重传感器的最小静载荷，以 kg 为单位

$DL\times R/N$	≥	E_{min}	通过	未通过
3 000 kg	≥	2 000 kg	☒	☐

(7) 衡器的检定分度值与称重传感器的最小检定分度值(单位为 kg)应兼容

$e\times R/\sqrt{N}$	≥	$v_{min}=E_{max}/Y$	通过	未通过
10.00 kg	≥	5.00 kg	☒	☐

(8) 电子指示器的正常最小输入电压、每检定分度的最小输入电压与称重传感器的实际输出

				通过	未通过
电子指示器的正常最小输入电压(衡器空载)	$U=C\times U_{exc}\times R\times DL/(E_{max}\times N)$	≥	U_{min}	通过	未通过
	2.40 mV	≥	1 mV	☒	☐
每检定分度值的最小输入电压	$\Delta u=C\times U_{exc}\times R\times e/(E_{max}\times N)$	≥	Δu_{min}	通过	未通过
	4.00 μV	≥	1.0 μV	☒	☐

(9) 电子指示器的允许阻抗范围与称重传感器的实际阻抗，单位为 Ω

R_{Lmin}	≤	R_{LC}/N	≤	R_{Lmax}	通过	未通过
30	≤	87.5	≤	1 000	☒	☐

(10) 称重传感器与电子称重指示器之间附加电缆长度与电缆单位横截面，单位为 m/mm^2

(L/A)	≤	$(L/A)_{max}$	通过	未通过
133.3	≤	150	☒	☐

F.6.2 称量范围工业衡器(实例 2)

衡器：

准确度等级	Ⅲ	
最大秤量	Max	=5 000 kg
	Max_2	=2 000 kg
	Max_1	=1 000 kg
检定分度值	e_3	=2 kg
	e_2	=1 kg
	e_1	=0.5 kg
称重传感器数量	N	=4
没有杠杆	R	=1
承载器的静载荷	DL	=250 kg
初始置零范围	$IZSR$	=500 kg
不均匀分布载荷的校正	NUD	=1 000 kg
添加皮重	T^+	=0
温度范围	−10 ℃到+40 ℃	
电缆长度	L	=20 m
电线横截面	A	=0.75 mm^2

指示器：

准确度等级	Ⅲ	
最大检定分度数	n_{ind}	=3 000
称重传感器激励电压	U_{exc}	=10 V
最小输入电压	U_{min}	=0.5 mV

每检定分度的最小输入电压	Δu_{min} $=1\ \mu V$
称重传感器的最小/最大阻抗	30 Ω 到+1 000 Ω
温度范围	−10 ℃到+40 ℃
最大允许误差系数 mpe	p_{ind} $=0.5$
电缆连接	6 线
单位横截面的电缆长度最大值	$(L/A)_{max}$ $=150\ m/mm^2$

传感器：

准确度等级	C
最大秤量	E_{max} $=2\ 000$ kg
最小静载荷	E_{min} $=0$ t
额定输出[a]	C $=2$ mV/V
最大检定分度数	n_{LC} $=3\ 000$
最小检定分度值	v_{min} $=0.2$ kg
比率 $E_{max}/(2\times DR)$	Z $=5\ 000$
单只称重传感器的输入电阻	R_{LC} $=350\ \Omega$
温度范围	−10 ℃到+40 ℃
最大允许误差系数	p_{LC} $=0.7$

连接部件：

最大允许误差系数	p_{con} $=0.5$

注：为了更方便于计算，GB/T 7551 中引入了下面的相对值：

$$Y=E_{max}/v_{min}$$

$$Z=E_{max}/(2\times DR)$$

兼容性检查(实例 2)

(1) 称重传感器(LC)、称重指示器(IND)与衡器(WI)的准确度等级

称重传感器	&	称重指示器	等于或高于	衡器	通过	未通过
C	&	Ⅲ	等于或高于	Ⅲ	☒	☐

(2) 衡器(WI)的温度界限与称重传感器(LC)及称重指示器(IND)的温度界限比较，单位为℃

	称重传感器		称重指示器		衡器	通过	未通过
T_{min}	−10 ℃	&	−10 ℃	≤	−10 ℃	☒	☐
T_{max}	40 ℃	&	40 ℃	≥	40 ℃	☒	☐

(3) 连接部件、称重指示器及称重传感器的最大允差的系数 p_i 的平方和

$p_{con}{}^2$	+	$p_{ind}{}^2$	+	$p_{LC}{}^2$	≤1	通过	未通过
0.25	+	0.25	+	0.49	≤1	☒	☐

(4) 称重指示器最大检定分度数与衡器的分度数

		n_{ind}	≥	$n_i=Max_i/e_i$	通过	未通过
单称量范围衡器		—	≥	—	☐	☐
多分度值或多范围衡器	$i=1$	3 000	≥	2 000	☒	☐
	$i=2$	3 000	≥	2 000	☒	☐
	$i=3$	3 000	≥	2 500	☒	☐

[a] 称重传感器在用 E_{max} 加载后，对应输入电压下的输出信号的变化一般采用 mV/V 表示。

STANDARDS PRESS OF CHINA

(5) 称重传感器的最大秤量 E_{max} 应与衡器的 Max 相兼容：

系数 Q:$Q=(Max_r+DL+IZSR+NUD+T^+)/Max_r=$ ……

$Q\times Max\times R/N$	≤	E_{max}	通过	未通过
1 687.5 kg	≤	2 000 kg	☒	☐

(6a) 称重传感器的最大检定分度数 n_{LC} 与衡器的分度数 $n_{(i)}$

		n_{LC}	≥	$n_i=Max_i/e_i$	通过	未通过
单称量范围衡器		—	≥	—	☐	☐
多分度值或多范围衡器	$i=1$	3 000	≥	2 000	☒	☐
	$i=2$	3 000	≥	2 000	☒	☐
	$i=3$	3 000	≥	2 500	☒	☐

(6b) 称重传感器的最小静载荷输出恢复与多分度衡器的最小检定分度值 e_1

n_{LC} 或 $Z=E_{max}/(2\times DR)$	≥	Max_r/e_1	通过	未通过
—	≥	—	☐	☐

(6c) 称重传感器的最小静载荷输出恢复与多范围衡器的最小检定分度值 e_1

n_{LC} 或 $Z=E_{max}/(2\times DR)$	≥	$0.4\times Max_r/e_1$	通过	未通过
5 000	≥	4 000	☒	☐

(6d) 加到称重传感器实际的承载器静载荷与称重传感器的最小静载荷，以 kg 为单位

$DL\times R/N$	≥	E_{min}	通过	未通过
62.5 kg	≥	0 kg	☒	☐

(7) 衡器的检定分度值与称重传感器的最小检定分度值(单位为 kg)应兼容

$e\times R/\sqrt{N}$	≥	$v_{min}=E_{max}/Y$	通过	未通过
0.25 kg	≥	0.2 kg	☒	☐

(8) 电子指示器的正常最小输入电压、每检定分度的最小输入电压与称重传感器的实际输出

				通过	未通过
电子指示器的正常最小输入电压(衡器空载)	$U=C\times U_{exc}\times R\times DL/(E_{max}\times N)$	≥	U_{min}	通过	未通过
	0.625 mV	≥	0.5 mV	☒	☐
每检定分度值的最小输入电压	$\Delta u=C\times U_{exc}\times R\times e/(E_{max}\times N)$	≥	Δu_{min}	通过	未通过
	1.25 μV	≥	1 μV	☒	☐

(9) 电子指示器的允许阻抗范围与传感器的实际阻抗，单位为 Ω

R_{Lmin}	≤	R_{LC}/N	≤	R_{Lmax}	通过	未通过
30	≤	87.5	≤	1 000	☒	☐

(10) 称重传感器与电子称重指示器之间附加电缆长度与电缆单位横截面，单位为 m/mm^2

(L/A)	≤	$(L/A)_{max}$	通过	未通过
26.67	≤	150.0	☒	☐

附　录　G
（规范性附录）
对于软件控制的数字装置及衡器的附加检查及测试

注：附录G适用于软件控制的数字装置及衡器。对由软件控制的装置及计量器具更多的检查和测试程序由国家另行规定(或按 OIML TC 5/SC 2 发布的文件进行)。

G.1　内置嵌入式软件的装置和衡器(5.5.1)

检查8.2.1.2规定的说明性文件并且检查制造商是否已说明或声明使用的软件为嵌入式软件，即在固定的硬件和软件环境中运行，并且在保护或铅封后不可能通过任何接口或其他方式进行修改或上传软件。

检查是否已对保护方式加以说明和是否提供受干预的证据。

检查是否有软件标识，该标识被明确地指定为法定相关软件和法定相关功能。按制造商提交的文件中的描述进行检查。

检查由衡器是否能方便地提供软件标识。

G.2　个人计算机和其他可编程或可加载软件的装置(5.5.2)

G.2.1　软件文件

检查制造商是否根据5.5.2.2d)提供专门的软件文件，此文件包括检查法定相关软件用所有信息。

G.2.2　软件保护

G.2.2.1　带保护层的软件(用户不可能进入操作系统以及/或程序)：

——检查是否提供全部命令集并附带简要说明(例如，经外部接口的功能键或命令)；

——检查制造商是否提交有关命令集完整性的书面声明。

G.2.2.2　用户可以进入操作系统以及/或程序

——检查是否产生覆盖整个法定相关软件(受法定管理的程序模块及型式特定参数)机器码的校验和(或)等同签名；

——检查如果代码经过文本编辑器篡改后，是否就不能启动法定相关软件。

G.2.2.3　对G.2.2.1或G.2.2.2的补充

——检查是否所有装置特定参数受到充分保护，例如通过校验和；

——检查是否所有装置特定参数的保护有审核跟踪以及审核跟踪的说明；

——进行某些实际的抽样检查，检测文件所描述的保护及功能运行是否与说明一致。

G.2.3　软件接口

——检查是否已对法定相关程序模块定义并通过规定的保护性软件接口将其与关联软件模块隔离；

——检查保护性软件接口本身是否是法定相关软件的组成部分；

——检查是否对经保护性软件接口所释放的法定相关软件的功能已做定义和说明；

——检查是否对经保护性软件接口交换的参数已做定义和说明；

——检查对功能和参数的描述是否真实和完整；

——检查每个文件中所说明的功能和参数是否是与本标准的要求不矛盾；

——检查是否有保护性软件接口有关的适当介绍提供给应用软件编程者(例如，在软件文档中)。

G.2.4 软件标识

——检查衡器在运行时是否产生合适的软件标识，它覆盖所有法定相关软件程序的模块和型式特定参数；

——检查是否在给出一手动命令后能显示规定的软件标识，并可以与型式批准时固定的参考标识相比较；

——检查软件标识是否涵盖了所有与法定相关软件的相关程序模块和型式特定参数；

——同样应通过某些实际抽样，检查是否按照文件描述的方式产生校验和(或者其他签名)；

——检查是否有有效的审核跟踪。

G.3 数据存储装置(5.5.3)

查阅提交的文件并且核对制造商是否预先设置一个装置——无论衡器内置或外部连接——旨在用于法定相关数据的长期保存。如果是：

G.3.1 检查安装在装置中用于数据存储的软件是否是嵌入式软件(G.1)，或可编程/可加载软件(G.2)。按G.1或G.2要求检查用于数据存储的软件

G.3.2 检查存储的和再取出的数据是否正确

检查存储容量和防止无法接受的数据丢失的措施是否已由制造商说明并且是充分的。

G.3.3 检查存储的数据是否包含再现早期称重值必要的所有相关信息(相关信息为：毛重或净重以及皮重，(如果合适，还包括皮重及预置皮重的区分)，小数点符号，单位(例如，kg——可以是编码)，数据组的标识，如果数台衡器或承载器连接到数据存储装置，还包括衡器或承载器的标识号码，以及存储数据组的校验和或其他签名

G.3.4 检查存储的数据是否受到充分的保护，以免意外的或恶意修改

检查数据在向存储装置传输时是否至少使用奇偶检验保护。

使用嵌入式软件(5.5.1)的存储装置，检查数据的存储是否至少采用奇偶检验保护。

对可编程或可下载软件(5.5.2)存储装置，检查数据的存储是否采用校验和或签名(至少带隐藏多项式CRC-16两个字节的校验和)的方法进行适当的保护。

G.3.5 检查存储的数据是否能够被识别和显示。为以后使用，识别编码保存和记录在正式交易介质上，即：被打印，例如在输出打印机上打印。

G.3.6 检查用于交易的数据是否是自动存储，即不取决于操作人员的意愿。

G.3.7 检查是否是通过在符合法定受控的装置上显示或打印识别编码的方法验证存储的数据组。

G.4 测试报告格式

测试报告应包括所有对PC的硬件和软件结构检查和测试结果的信息。

附 录 H
（规范性附录）
非自动衡器测试报告格式

注解：

符号含义：

I　　　＝示值

I_n　　　＝第 n 个示值

L　　　＝载荷

ΔL　　　＝至下一示值所加的附加载荷

P　　　＝$I+1/2e-\Delta L$＝化整前示值（数字指示）

E　　　＝$I-L$ 或 $P-L$ 或＝$I+1/2e-\Delta L-L$＝误差

E_c　　　＝修正误差

mpe　　　＝最大允许误差（绝对值）

EUT　　　＝被试衡器

用于描述测试结果的单位的名称或符号应在每个表格中注明。

对每项测试，“型式评价汇总”和“核查表”应按下列举例填写：

	合格	不合格
衡器该项目测试合格时	×	
衡器该项目测试不合格时		×
衡器该项目测试不要求时	—	—

报告表头中白色空白格按下列举例填写：

	开始	最大	结束	
温度：	20.5		21.2	℃
相对湿度：				%
时间：				
大气压力：				hPa

注：大气压力只有在量程稳定性试验和相关国家标准或 IEC 标准中有规定时才有必要，其他情况仅适用于 I 级衡器。

测试报告中的“日期”是进行实际测试时的日期。

在干扰试验中（12.1 到 12.7），如果能检测到显著增差并做出响应，允许有大于 1e 的增差，或者是因 T.5.5.6 描述的情形引起的结果不认为是显著增差，应在报告的“是（备注）”栏中给出适当注解。

括号中的数码参见标准中的相关条款。

STANDARDS PRESS OF CHINA

报告页……/……

与型式有关的基本信息

申请号：……………………

设计型号：……………………

制造商：……………………

申请人：……………………

衡器类型：……………………

□整台衡器　　□模块[a]　　误差分配系数 p_i=□

准确度等级□ Ⓘ □ Ⅱ □ Ⅲ □ ⅡⅡ

□自行指示　　□半自行指示　　□非自行指示

Min=□

e=□　　Max=□　　d=□　　n=□

e_1=□　　Max_1=□　　d_1=□　　n_1=□

e_2=□　　Max_2=□　　d_2=□　　n_2=□

e_3=□　　Max_3=□　　d_3=□　　n_3=□

T=+□　　T=−□

U_{nom}=□V　　U_{min}=□V　　U_{max}=□V　　f=□Hz　　电池 U_{nom}=□V

置零装置	皮重装置	
□非自动	□皮重平衡	□组合置零/皮重装置
□半自动	□皮重称量	
□自动置零	□预置皮重	
□初始置零	□扣除皮重	
□零跟踪	□添加皮重	

初始置零范围=□%Max　　温度范围：□℃

打印机：□内置□外置□不设置但可以连接□不可连接

衡器符合：	……………………	传感器：	
标识编号：	……………………	制造商：	……………………
软件版本：	……………………	型式：	……………………
连接的设备：	……………………	秤量：	……………………
	……………………	编号：	……………………
接口	……………………	准确度等级	……………………
(数量、种类)	……………………	符号	……………………
评价时间：	……………………		
报告日期：	……………………	备注：	……………………
测试人员：	……………………		……………………

a 连接到模块的试验设备(模拟器或整机的一部分)应在使用的测试表格中描述。

报告页……/……

与型式有关的基本信息(续)

在下面空白处描述附加标记以及/或信息:连接的设备;接口和传感器;衡器受干扰时制造商选择的防止受干扰的方式本标准的[5.1.1a)或5.1.1b)]等。

报告页______/______

型式评价用测试设备有关信息

报告页……/……

型式评价汇总

申请号：……………………………………

设计型号：……………………………………

	测 试		报告页	合格	不合格	备 注
1	称量性能	初始 ℃ ℃ ℃ ℃ ℃ ℃				
2	温度对空载示值的影响					
3.1	砝码偏载					
3.2	滚动载荷偏载					
4.1	鉴别力					
4.2	灵敏度					
5	重复性					
6.1	回零					
6.2	蠕变					
7	平衡稳定	打印、存储				
		置零、皮重平衡				
8	倾斜					
9	皮重					
10	预热					
11	电源电压波动					
12.1	交流电源电压暂降和中断					
12.2	电脉冲	a) 主电源线				
		b) I/O电路和通讯线				
12.3	浪涌	a) 交流电源				
		b) 其他所有电源线				
12.4	静电放电	a) 直接施加				
		b) 间接施加(仅接触放电)				
12.5	射频电磁场抗扰度					
12.6	射频传导抗扰度					
12.7	公路车辆提供供电电源电瞬态传导干扰	a) 沿外接12 V或24 V电池电源线的电瞬态传导干扰				
		b) 电源线以外其他线路受容性和感性耦合瞬态传导干扰				
13	湿热温度	a) 初始测试(在标准温度)				
		b) 在高温和85%RH时的测试				
		c) 最终测试(在标准温度)				
14	量程稳定性					
15	耐久性	a) 初始测试				
		b) 最终测试				
检查						
16	结构检查					
17	核查表					

STANDARDS PRESS OF CHINA

报告页____/____

1 称量性能(A.4.4)(A.5.3.1)

(误差计算)

申请号：……………………

设计型号：……………………

日期：……………………

测试人员：……………………

检定分度值 e：……………………

细分示值：

(小于 e) ……………………

	开始	最大	结束	
温度：				℃
相对湿度：				%
时间：				
大气压：				hPa

(仅适用于Ⅰ级衡器)

自动置零和零跟踪装置：

☐不设置　☐不运行　☐超出工作范围　☐运行

初始置零＞20％Max　☐是　☐否(参考标准的 A.4.4.2)

$E=I+1/2e-\Delta L-L$

$E_C=E-E_0$　其中 E_0＝零点或零点附近的计算误差[a]

载荷 L	示值 I ↓	示值 I ↑	附加载荷 ΔL ↓	附加载荷 ΔL ↑	误差 E ↓	误差 E ↑	修正误差 E_C ↓	修正误差 E_C ↑	mpe
	[a]				[a]				

检查是否：$E_C \leqslant mpe$

☐通过　☐不通过

备注：

报告页____/____

2 温度对空载示值的影响(A.5.3.2)

申请号：________________

设计型号：________________

日期：________________

测试人员：________________

检定分度值 e：________________

细分示值：

(小于 e)________________

自动置零和零跟踪装置：

☐不设置　　☐不运行　　☐超出工作范围

$E=I+1/2e-\Delta L-L$

报告页[a]	日期	时间	温度(℃)	零点示值 I	附加载荷 ΔL	P	ΔP	ΔT	零点变化 __/℃

ΔP＝相邻两个不同温度下零点示值的差；

ΔT＝相邻两个不同温度的温度差；

对于Ⅱ、Ⅲ和Ⅲ级衡器，检查是否每 5 ℃零点示值变化不大于 e；

对于Ⅰ级衡器，检查是否每 1 ℃零点示值变化不大于 e。

☐通过　　☐不通过

[a] 称量测试和温度对空载示值影响测试结合在一起进行时，给出相应称量测试的报告页(见图 A.2)。

备注：

报告页……/……

3 偏载(A.4.7)

3.1 砝码偏载(A.4.7.1、A.4.7.2、A.4.7.3)

申请号：……

设计型号：……

日期：……

测试人员：……

检定分度值 e：……

细分示值：……

(小于 e)

	开始	最大	结束	
温度：				℃
相对湿度：				%
时间：				
大气压：				hPa

(仅适用于Ⅰ级衡器)

(1) 对移动衡器的测试(A.4.7.5)： □是 □否

(2) 如果(1)要求：A.4.7 和 A.4.7.1 到 A.4.7.4 应被测试 □是 □否

(3) 如果(2)不要求：偏载测试(见 A.4.7.5)在“备注”中描述

测试载荷的位置：测试载荷连续加载位置标注在草图上(见下面举例)，使用的编号数应与下面表格中的一致。

1	2
4	3

草图也可以指示出显示器的位置或衡器其他显而易见的部分。

自动置零和零点跟踪装置：

□不设置 □不运行 □超出工作范围

$E=I+1/2e-\Delta L-L$

$E_C=E-E_0$ 其中 E_0=零点或零点附近的计算误差[a]

位置	载荷 L	示值 I	附加载荷 ΔL	误差 E	修正误差 E_C	mpe
	[a]			[a]		
1						
	[a]			[a]		
2						
	[a]			[a]		
3						
	[a]			[a]		
4						

检查是否：$E_C \leqslant mpe$

□通过 □不通过

备注：

报告页……/……

3.2 滚动载荷偏载(A.4.7.4)

申请号：……

设计型号：……

日期：……

测试人员：……

检定分度值 e：……

细分示值：……

(小于 e)

	开始	最大	结束	
温度：				℃
相对湿度：				%
时间：				
大气压：				hPa

(仅适用于Ⅰ级衡器)

承载器被分割的数量：☐ ☐承载器不被分割

承载器每个局部其测试载荷的位置：测试载荷连续加载位置标注在草图上(见下面举例)，使用的编号数应与下面表格中的一致。草图也可以指示出显示器的位置或衡器其他显而易见的部分。

1	2	3

自动置零和零点跟踪装置：

☐不设置 ☐不运行 ☐超出工作范围

$E=I+1/2e-\Delta L-L$

$E_C=E-E_0$ 其中 E_0 = 零点或零点附近的计算误差[a]

局部号	方向 (←/→)	位置	载荷 L	示值 I	附加载荷 ΔL	误差 E	修正误差 E_C	mpe
			a			a		
			a			a		
			a			a		
			a			a		

检查是否：$E_C \leq mpe$

☐通过 ☐不通过

备注：

报告页……/……

4 鉴别力和灵敏度

4.1 鉴别力

4.1.1 数字指示(A.4.8.2)

申请号：……

设计型号：……

日期：……

测试人员：……

检定分度值 e：……

实际分度值 d：……

	开始	最大	结束	
温度：				℃
相对湿度：				%
时间：				
大气压：				hPa

(仅适用于Ⅰ级衡器)

载荷 L	示值 I_1	移去载荷 ΔL	加 1/10d	外加载荷 =1.4d	示值 I_2	I_2-I_1

检查是否 $I_2-I_1=d$

☐通过　　☐不通过

备注：

4.1.2 模拟指示(A.4.8.1)

申请号：……

设计型号：……

日期：……

测试人员：……

检定分度值 e：……

细分示值

(小于 e)……

	开始	最大	结束	
温度：				℃
相对湿度：				%
时间：				
大气压：				hPa

(仅适用于Ⅰ级衡器)

载荷 L	示值 I_1	外加载荷=$\|mpe\|$	示值 I_2	I_2-I_1

检查是否 $I_2-I_1\geqslant 0.7mpe$

☐通过　　☐不通过

备注：

报告页……/……

4.1.3 非自行指示衡器(A.4.8.1)

申请号：……

设计型号：……

日期：……

测试人员：……

	开始	最大	结束	
温度：				℃
相对湿度：				%
时间：				
大气压：				hPa

(仅适用于Ⅰ级衡器)

载　荷　L	示　值　I	外加载荷＝0.4|mpe|	可　见　位　移[a]

[a] 用"＋"表示可见位移。

检查是否有可见位移

☐通过　　　☐不通过

备注：

4.2 灵敏度(非自行指示衡器)(A.4.9)

申请号：……

设计型号：……

日期：……

测试人员：……

	开始	最大	结束	
温度：				℃
相对湿度：				%
时间：				
大气压：				hPa

(仅适用于Ⅰ级衡器)

载　荷　L	外加载荷＝|mpe|	指示单元稳定偏移
		mm
		mm
		mm

检查产生的稳定位移是否等于或大于：

1 mm,对准确度等级为Ⅰ和Ⅱ的衡器；

2 mm,对准确度等级为Ⅲ和ⅢⅠ且 $Max \leqslant 30$ kg 的衡器；

5 mm,对准确度等级为Ⅲ和ⅢⅠ且 $Max > 30$ kg 的衡器；

☐通过　　　☐不通过

备注：

报告页……/……

5 重复性(A.4.10)

申请号：……
设计型号：……
日期：……
测试人员：……
检定分度值 e：……
细分示值：……
(小于 e)

	开始	最大	结束	
温度：				℃
相对湿度：				%
时间：				
大气压：				hPa

(仅适用于Ⅰ级衡器)

自动置零和零点跟踪装置：

☐ 不设置　　☐ 运行

载荷(称量1～10) ☐　　载荷(称量11～20) ☐

$E=I+1/2e-\Delta L-L$

	载荷示值 I	附加载荷 ΔL	E
1			
2			
3			
4			
5			
6			
7			
8			
9			
10			

	载荷示值 I	附加载荷 ΔL	E
11			
12			
13			
14			
15			
16			
17			
18			
19			
20			

$E_{max}-E_{min}$(称量1～10) ☐　　$E_{max}-E_{min}$(称量11～20) ☐

mpe ☐　　mpe ☐

检查是否：a) $E \leqslant mpe$(本标准的3.6)

b) $E_{max}-E_{min} \leqslant |mpe|$(本标准的3.6.1)

☐ 通过　　☐ 不通过

备注：

报告页……/……

6 时间影响

6.1 回零(A.4.11.2)

申请号：……

设计型号：……

日期：……

测试人员：……

检定分度值 e：……

细分示值：……

(小于 e)

	开始	最大	结束	
温度：				℃
相对湿度：				%
时间：				
大气压：				hPa

(仅适用于Ⅰ级衡器)

自动置零和零点跟踪装置：

☐不设置 ☐不运行 ☐超出工作范围

$P=I+1/2e-\Delta L$

读数时间		载荷 L_0	零点示值 I_0	附加载荷 ΔL	P
0 min					$P_0=$
30 min 期间加载载荷＝					
30 min					$P_{30}=$

30 min 后零点示值变化

$|\Delta(P_{30}-P_0)|$ ☐

多范围衡器卸载后续 5 min 的空载值

35 min					$P_{35}=$

后续 5 min 零点示值变化

$|\Delta(P_{35}-P_{30})|$ ☐

检查是否： a) $|\Delta(P_{30}-P_0)|\leqslant 0.5e$

b) $|\Delta(P_{35}-P_{30})|\leqslant e_1$(仅适用于多范围衡器)

☐通过 ☐不通过

备注：

报告页______/______

6.2 **蠕变**(**A.4.11.1**)

申请号：______

设计型号：______

日期：______

测试人员：______

检定分度值 e：______

细分示值：______

(小于 e)

	开始	最大	结束	
温度：				℃
相对湿度：				%
时间：				
大气压：				hPa

(仅适用于Ⅰ级衡器)

$P=I+1/2e-\Delta L$

读数时间		载荷 L	示值 I	附加载荷 ΔL	P	ΔP
	0 min					
	5 min					
	15 min					
	30 min					

[a]

	1 h					
	2 h					
	3 h					
	4 h					

ΔP=化整前示值 P 在开始(0 min)和给定时间的示值差。

[a] 如果满足条件 a)，可以结束测试；如果不是，则测试应继续进行后续的 3.5 h，并满足条件 b)。

条件 a)：$|\Delta P|\leqslant 0.5e$，在第一个 30 min 内，且

$|\Delta P|\leqslant 0.2e$，在 15 min 到 30 min 之间

条件 b)：$|\Delta P|\leqslant|mpe|$，整个 4 h 内的示值变化

检查是否：条件 a)或条件 b)满足。

☐ 通过　　☐ 不通过

备注：

报告页____/____

7 平衡稳定性(A.4.12)

申请号：

设计型号：

日期：

测试人员：

检定分度值 e：

细分示值：
(小于 e)

	开始	最大	结束	
温度：				℃
相对湿度：				%
时间：				
大气压：				hPa

(仅适用于Ⅰ级衡器)

自动置零和零跟踪装置：

□不设置　□不运行　□超出工作范围　□运行

在打印或数据存储状态：

序号	载荷(50%Max)	在干扰和命令后首次打印或存储值	打印输出或存储后 5 s 内的示值 最小值	最大值
1				
2				
3				
4				
5				

核查首个打印或存储的重量值与打印或存储输出后的 5 s 内的读数间的差异是否不大于 $1e$，且只允许是两个相邻的值。

□通过　□不通过

备注：

置零和除皮状态

置零	$E_0=I_0+1/2e-\Delta L-L_0$				
序号[a]	置零载荷(<4%Max)	空载 L_0[b] $10e$	置零后示值 I_0	附加载荷 ΔL	误差 E_0
1					
2					
3					
4					
5					

除皮	$E_0=I_0+1/2e-\Delta L-L_0$				
序号[a]	皮重载荷(约 30%Max)	空载 L_0[b] $10e$	除皮后示值 I_0	附加载荷 ΔL	误差 E_0
1					
2					
3					
4					
5					

a 施加一个置零范围内或皮重载荷，破坏或扰动平衡并立即进行置零和除皮操作，如必要施加 L_0 并按标准的 A.4.2.3 和 A.4.6.2 计算误差。进行 5 次操作；

b 只有在自动置零或零点跟踪装置处于运行时才施加 $L_0(10e)$，应在置零和除皮操作后，首次显示零点时立即施加 L_0。

检查是否：$E_0\leqslant 0.25e$

□通过　□不通过

备注：

报告页 ____/____

8 **倾斜(A.5.1、A.5.2、A.5.3)**

申请号：..

设计型号：..

日期：..

测试人员：..

检定分度值 e：..

细分示值：..

(小于 e)

	开始	最大	结束	
温度：				℃
相对湿度：				%
时间：				
大气压：				hPa

(仅适用于Ⅰ级衡器)

- ☐ 衡器配备水平调节装置和水平指示装置
- ☐ 衡器配备倾斜自动传感器
- ☐ 衡器不配备水平指示装置，也没有倾斜自动传感器
- ☐ 配备倾斜自动传感器的移动衡器
- ☐ 配备悬挂式万向节的移动衡器

倾斜极限＝☐

给出承载器草图，标明水平指示位置(如需要在单独的表格中标注)。

自动置零和零跟踪装置：

☐不设置　　☐不运行　　☐超出工作范围

$E_V = I_V + 1/2e - \Delta L_V - L$ (V＝1,2,3,4,5)，I_V＝示值，ΔL_V＝附加载荷

$E_{CV} = E_V - E_{V0}$　其中 E_{V0}＝零点或零点附近的计算误差

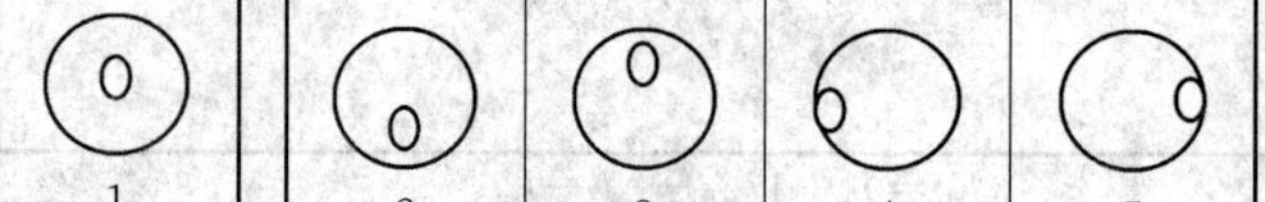

载荷 L		参考状态 1	倾斜状态 2	倾斜状态 3	倾斜状态 4	倾斜状态 5
空载	I_V＝					
	ΔL_V＝					
	E_{V0}＝					
L＝	I_V＝					
	ΔL_V＝					
	E_V＝					
	E_{CV}＝					
Max＝	I_V＝					
	ΔL_V＝					
	E_V＝					
	E_{CV}＝					

$2e$＝	
$\lvert E_{10} - E_{V0} \rvert_{max}$＝	
mpe＝	
$\lvert E_{el} - E_{CV} \rvert_{max}$＝	
mpe＝	
$\lvert E_{el} - E_{CV} \rvert_{max}$＝	

检查变化是否是：a)　衡器空载时(不适用于非直接向公众售货的Ⅱ衡器)≤2e

b)　衡器加载时≤｜mpe｜

☐通过　　☐不通过

备注：

报告页……/……

9　皮重(称量测试)(A.4.6.1)

申请号：……………………

设计型号：……………………

日期：……………………

测试人员：……………………

检定分度值 e：……………………

细分示值：……………………

(小于 e)

	开始	最大	结束	
温度：				℃
相对湿度：				%
时间：				
大气压：				hPa

(仅适用于Ⅰ级衡器)

自动置零和零跟踪装置：

☐不设置　　☐不运行　　☐超出工作范围　　☐运行

$E=I+1/2e-\Delta L-L$

$E_C=E-E_0$　其中 E_0＝零点或零点附近的计算误差[a]

	载荷 L	示值 I ↓	示值 I ↑	附加载荷 ΔL ↓	附加载荷 ΔL ↑	误差 E ↓	误差 E ↑	修正误差 E_C ↓	修正误差 E_C ↑	mpe
第一个皮重值		a				a				
第二个皮重值		a				a				

检查是否：$E_C \leqslant mpe$

☐通过　　☐不通过

备注：

STANDARDS PRESS OF CHINA

报告页____/____

10　预热时间(A.5.2)

申请号：________________

设计型号：________________

日期：________________

测试人员：________________

检定分度值 e：________________

细分示值：

(小于 e)________________

测试前断

电时间：________________

	开始	最大	结束	
温度：				℃
相对湿度：				%
时间：				
大气压：				hPa

(仅适用于Ⅰ级衡器)

自动置零和零跟踪装置：

□不设置　　□不运行　　□超出工作范围　　□运行

$E=I+1/2e-\Delta L-L$

E_0＝每次加载前零点或零点附近(空载)的计算误差

E_L＝加载时的计算误差

	时间[a]		载荷 L	示值 I	附加载荷 ΔL	误差 E	E_L-E_0	mpe=
空载		0 min						
加载								
空载		5 min						
加载								
空载		15 min						
加载								
空载		30 min						
加载								

a 示值刚出现时并开始计时。

检查是否：$|E_L-E_0|\leqslant mpe$

□通过　　□不通过

备注：

报告页……/……

11 电源电压变化(A.5.4)

申请号：……

设计型号：……

日期：……

测试人员：……

检定分度值 e：……

细分示值：

(小于 e) ……（仅适用于Ⅰ级衡器）

	开始	最大	结束	
温度：				℃
相对湿度：				%
时间：				
大气压：				hPa

☐ 交流主电源供电(AC),A.5.4.1

☐ 外接或插入式供电电源装置(AC 或 DC),A.5.4.2

☐ 可充电电池供电电源,衡器运行期间可以充放电,A.5.4.2

☐ 非充电电池和可充电电池供电电源,衡器运行期间不能对电池充电的,A.5.4.3

☐ 12 V 或 24 V 公路车辆电池供电电源,A.5.4.4

U_{nom}=☐ V　　U_{min}=☐ V　　U_{max}=☐ V

如果标注的是电压范围(U_{min}/U_{max}),使用平均值作为参考电压值并按 A.5.4 计算使用的电压上限和下限。

自动置零和零跟踪装置：

☐不设置　☐不运行　☐超出工作范围　☐运行

供电电源类型(如果衡器配备多于一种供电电源)：……

$E=I+1/2e-\Delta L-L$　　$E_C=E-E_0$　其中 E_0=零点或零点附近的计算误差

电压	U (V)	载荷 L	示值 I	附加载荷 ΔL	误差 E	修正误差 E_C	mpe
参考电压		$10e$=					
电压下限值		$10e$=					
电压上限值		$10e$=					

供电电源类型(如果衡器配备多于一种供电电源)：……

$E=I+1/2e-\Delta L-L$　　$E_C=E-E_0$　其中 E_0=零点或零点附近的计算误差

电压	U (V)	载荷 L	示值 I	附加载荷 ΔL	误差 E	修正误差 E_C	mpe
参考电压		$10e$=					
电压下限值		$10e$=					
电压上限值		$10e$=					

检查是否：$E_C \leqslant mpe$

☐通过　☐不通过

备注：

报告页______/______

12 干扰

12.1 交流主电源电压暂降和短时中断(B.3.1)

申请号：______

设计型号：______

日期：______

测试人员：______

检定分度值 e：______

细分示值：______

(小于 e)

	开始	最大	结束	
温度：				℃
相对湿度：				%
时间：				
大气压：				hPa

主电源电压：　U_{nom} [ ] V　U_{min} [ ] V　U_{max} [ ] V

试验电源电压：　U_{test} [ ] V $=U_{nom}$ 或 U_{min} 与 U_{max} 的平均值

标注的正常工作电压或电压范围：[ ] V

试验载荷 L	干扰				结果		
	测试电压幅值 U_{test}	持续时间/周期数	干扰次数 ≥10	重复间隔(s) ≥10 s	示值 I	显著增差(>e)或探测和响应	
						不是	是(见备注)
	没有干扰						
	0%	0.5					
	0%	1					
	40%	10					
	70%	25					
	80%	250					
	0%	250					

检查是否出现显著增差

[ ] 通过　　[ ] 不通过

备注：

报告页……/……

12.2 快速瞬变脉冲群(B.3.2)

a) 主电源线

申请号：……………………

设计型号：……………………

日期：……………………

测试人员：……………………

检定分度值 e：……………………

细分示值：

(小于 e)……………………

	开始	最大	结束	
温度：				℃
相对湿度：				%
时间：				
大气压：				hPa

主电源电压： U_{nom} [ ] V U_{min} [ ] V U_{max} [ ] V

试验电源电压： U_{test} [ ] V $=U_{nom}$ 或 U_{min} 与 U_{max} 的平均值

施加在每个电源连接线上的试验电压(脉冲)：1 kV

每个连接线和极性持续：1 min

载荷 L	干扰				结果		
	脉冲施加连接				示值 I	显著增差(>e)或探测和响应	
	L↓地	N↓地	PE↓地	极性		不是	是(见备注)
	无干扰						
	×			正			
				负			
	无干扰						
		×		正			
				负			
	无干扰						
			×	正			
				负			

L：相线；N：中性线；PE：保护地线

检查是否出现显著增差

[ ] 通过 [ ] 不通过

备注：

报告页____/____

12.2 快速瞬变脉冲群(续)

b) I/O电路和通讯线

申请号：……

设计型号：……

日期：……

测试人员：……

检定分度值 e：……

细分示值：

(小于 e) ……

	开始	最大	结束	
温度：				℃
相对湿度：				%
时间：				
大气压：				hPa

每根电缆/接口线(I/O信号线、数据线和控制线)试验电压：0.5 kV

每根电缆/接口线上的每个极性持续：1 min

载荷 L	干扰：干扰施加的电缆/接口(型式、种类)	干扰：干扰/极性	结果：示值 I	结果：显著增差(>e)或探测和响应：不是	结果：显著增差(>e)或探测和响应：是(见备注)
	1	无干扰			
		正			
		负			
	2	无干扰			
		正			
		负			
	3	无干扰			
		正			
		负			
	4	无干扰			
		正			
		负			
	5	无干扰			
		正			
		负			
	6	无干扰			
		正			
		负			
	7	无干扰			
		正			
		负			
	8	无干扰			
		正			
		负			

如必要，使用附加页说明或图示耦合夹与电缆耦合的位置。

检查是否出现显著增差

☐ 通过　　☐ 不通过

备注：

报告页 ____/____

12.3 浪涌(B.3.3)

a) 主电源线

申请号：________________

设计型号：________________

日期：________________

测试人员：________________

检定分度值 e：________________

细分示值：

(小于 e) ________________

	开始	最大	结束	
温度：				℃
相对湿度：				%
时间：				
大气压：				hPa

浪涌干扰施加在主电源线上

载荷 L	干扰						结果		
	幅值/施加在	在同步交流电源电压上施加3个正的和3个负的浪涌干扰 相位角				极性	示值 I	显著增差(>e)或探测和响应	
		0°	90°	180°	270°			不是	是(见备注)
	0.5 kV	无干扰							
	L	×				正			
	↓					负			
	N		×			正			
						负			
				×		正			
						负			
					×	正			
						负			
	1 kV	无干扰							
	L	×				正			
	↓					负			
	PE		×			正			
						负			
				×		正			
						负			
					×	正			
						负			
	1 kV	无干扰							
	N	×				正			
	↓					负			
	PE		×			正			
						负			
				×		正			
						负			
					×	正			
						负			

L＝相线，N＝中性线，PE＝保护地线

检查是否出现显著增差

☐ 通过　　☐ 不通过

备注：

报告页......../........

12.3 **浪涌(B.3.3)**

b) 其他各类电源

申请号：..

设计型号：..

日期：..

测试人员：..

检定分度值 *e*：..

细分示值：

(小于 *e*)..

	开始	最大	结束	
温度：				℃
相对湿度：				%
时间：				
大气压：				hPa

供电电源类型：

直流(DC)：　　其他型式：　　电压：

施加在其他类型供电电源线上的浪涌

载荷 *L*	干扰			结果		
	3 个正的和 3 个负的浪涌干扰		极性	示值 *I*	显著增差(>*e*)或探测和响应	
	施加在	施加电压幅值			不是	是(见备注)
	L↓N	无干扰				
		0.5 kV	正			
			负			
	L↓PE	无干扰				
		1 kV	正			
			负			
	N↓PE	无干扰				
		1 kV	正			
			负			

L＝相线，N＝中性线，PE＝保护地线

检查是否出现显著增差

☐通过　　☐不通过

备注：

报告页……/……

12.4 静电放电(B.3.4)

a) 直接施加

申请号：……………………………………

设计型号：……………………………………

日期：……………………………………

测试人员：……………………………………

检定分度值 e：……………………………………

细分示值：

（小于 e）……………………………………

	开始	最大	结束	
温度：				℃
相对湿度：				%
时间：				
大气压：				hPa

☐ 接触放电 ☐ 穿透涂层

☐ 空气放电

载荷 L	放电				结果		
	试验电压(kV)	极性	放电次数 ≥10	重复间隔 ≥10 s	示值 I	显著增差(>e)或探测和响应	
						不是	是(备注,测试点)
	无干扰						
	2	正					
	4	正					
	6	正					
	8(空气放电)	正					
	无干扰						
	2	负					
	4	负					
	6	负					
	8(空气放电)	负					

检查是否出现显著增差

☐ 通过 ☐ 不通过

注：如果被试衡器失效,应记录发生失效的试验点。

备注：

STANDARDS PRESS OF CHINA

报告页……/……

12.4 静电放电(续)

b) 间接施加(仅接触放电)

申请号：……

设计型号：……

日期：……

测试人员：……

检定分度值 e：……

细分示值：

(小于 e)……

	开始	最大	结束	
温度：				℃
相对湿度：				%
时间：				
大气压：				hPa

水平耦合板

载荷 L	放电				结果		
	试验电压 (kV)	极性	放电次数 ≥10	重复间隔 ≥10 s	示值 I	显著增差(>e)或探测和响应	
						不是	是(备注,测试点)
	无干扰						
	2	正					
	4	正					
	6	正					
	无干扰						
	2	负					
	4	负					
	6	负					

垂直耦合板

载荷 L	放电				结果		
	试验电压 (kV)	极性	放电次数 ≥10	重复间隔 ≥10 s	示值 I	显著增差(>e)或探测和响应	
						不是	是(备注,测试点)
	无干扰						
	2	正					
	4	正					
	6	正					
	无干扰						
	2	负					
	4	负					
	6	负					

检查是否出现显著增差

☐ 通过　　☐ 不通过　　注：如果被试衡器失效,应记录发生失效的试验点。

备注：

报告页____/____

12.4 **静电放电(续)**

被试衡器测试点描述(直接施加),如:照片和草图

a) 直接施加

接触放电:

气隙放电:

b) 间接施加

报告页……/……

12.5 射频电磁场辐射抗干扰(B.3.5)

申请号：……

设计型号：……

日期：……

测试人员：……

检定分度值 e：……

细分示值：

(小于 e)……

	开始	最大	结束	
温度：				℃
相对湿度：				%
时间：				
大气压：				hPa

☐ 如果按 B.3.6 测试不适用，频率范围 26～2 000 MHz(非电网电源供电和无 I/O 端口)

☐ 如果按 B.3.6 进行测试，频率范围 80～2 000 MHz(见 12.6 表格)

扫描速率：☐　　载荷材料：☐

载荷 L	干扰				结果		
	天线	频率范围 (MHz)	极化方向	EUT 朝向	示值 I	显著增差(>e)或探测和响应	
						不是	是(见备注)
	无干扰						
			垂直	前			
				右			
				后			
				左			
			水平	前			
				右			
				后			
				左			
			垂直	前			
				右			
				后			
				左			
			水平	前			
				右			
				后			
				左			

频率范围：26 MHz～2 000 MHz；场强：10 V/m；调制：80% 调幅，1 kHz 正弦波

检查是否出现显著增差

☐ 通过　　☐ 不通过

注：如果被试衡器失效，应记录发生失效的频率点。

备注：

报告页______/______

12.5 射频电磁场抗干扰(续)

被试衡器试验布置详细描述,如照片或草图。

报告页……/……

12.6 射频电磁场传导抗干扰(B.3.6)

申请号：……………………………………

设计型号：……………………………………

日期：……………………………………

测试人员：……………………………………

检定分度值 e：……………………………………

细分示值：

(小于 e)……………………………………

	开始	最大	结束	
温度：				℃
相对湿度：				%
时间：				
大气压：				hPa

扫描速率：[ ] 载荷：[ ] 载荷材料：[ ]

电缆/接口	频率范围 (MHz)	结果		
		示值 I	显著增差(>e)或探测和响应	
			不是	是(见备注)
	无干扰			
	无干扰			
	无干扰			
	无干扰			
	无干扰			
	无干扰			
	无干扰			
	无干扰			
	无干扰			
	无干扰			

频率范围：0.15 MHz～80 MHz；射频幅度(50 Ω)：10 V(e.m.f)；调制：80%调幅，1 kHz 正弦波

检查是否出现显著增差

[ ] 通过 [ ] 不通过

注：如果被试衡器失效，应记录发生失效的频率点。

备注：

报告页____/____

12.7　由公路车辆电源对衡器供电的电瞬变干扰(B.3.7)

a)　沿外接 12 V 和 24 V 电池电源线

申请号：................................

设计型号：................................

日期：................................

测试人员：................................

检定分度值 *e*：................................

细分示值：

(小于 *e*)................................

	开始	最大	结束	
温度：				℃
相对湿度：				%
时间：				
大气压：				hPa

12 V 电池电压　　　　　　　　　　24 V 电池电压

12 V 电池					
载荷 *L*	干扰		结果		
	试验脉冲	传导电压	示值 *I*	显著增差(>*e*)或探测和响应	
				不是	是(见备注)
	无干扰				
	2a	+50 V			
	2b[a]	+10 V			
	3a	−150 V			
	3b	+100 V			
	4	−7 V			

24 V 电池					
载荷 *L*	干扰		结果		
	试验脉冲	传导电压	示值 *I*	显著增差(>*e*)或探测和响应	
				不是	是(见备注)
	无干扰				
	2a	+50 V			
	2b[a]	+20 V			
	3a	−200 V			
	3b	+200 V			
	4	−16 V			

[a] 试验 2b)仅适用于衡器经车辆主(点火)开关连接至电池，即：如果衡器制造商没有规定衡器必须直接(或通过自身开关)连接到电池。

检查是否出现显著增差

☐ 通过　　　☐ 不通过

备注：

报告页_____/_____

12.7 由公路车辆电源对衡器供电的电瞬变干扰(B.3.7)

b) 经除电源线外的线路的容性和感性耦合

申请号：____________________

设计型号：____________________

日期：____________________

测试人员：____________________

检定分度值 e：____________________

细分示值：
(小于 e)____________________

	开始	最大	结束	
温度：				℃
相对湿度：				%
时间：				
大气压：				hPa

☐ 12 V 电池电压　　　　☐ 24 V 电池电压

12 V 电池						
其他线路型式或种类(电源线除外)	干扰			结果		
	载荷 L	试验脉冲	传导电压	示值 I	显著增差(>e)或探测和响应	
					不是	是(见备注)
	无干扰					
		a	−60 V			
		b	+40 V			
	无干扰					
		a	−60 V			
		b	+40 V			
	无干扰					
		a	−60 V			
		b	+40 V			

24 V 电池						
其他线路型式或种类(电源线除外)	干扰			结果		
	载荷 L	试验脉冲	传导电压	示值 I	显著增差(>e)或探测和响应	
					不是	是(见备注)
		无干扰				
		a	−80 V			
		b	+80 V			
		无干扰				
		a	−80 V			
		b	+80 V			
		无干扰				
		a	−80 V			
		b	+80 V			

检查是否出现显著增差

注：如果被试衡器失效，应记录发生失效的频率点。

☐ 通过　　　　☐ 不通过

备注：

报告页……/……

13 湿热、稳态(B.2)

a) 初始测试(在标准温度)

申请号：……

设计型号：……

日期：……

测试人员：……

检定分度值 e：……

细分示值：

(小于 e)……

	开始	最大	结束	
温度：				℃
相对湿度：				%
时间：				
大气压：				hPa

自动置零和零点跟踪装置：

☐不设置　☐不运行　☐超出工作范围　☐运行

$E = I + 1/2e - \Delta L - L$

$E_C = E - E_0$　其中 E_0 = 零点或零点附近的计算误差[a]

载荷 L	示值 I		附加载荷 ΔL		误差 E		修正误差 E_C		mpe
	↓	↑	↓	↑	↓	↑	↓	↑	
a					a				

检查是否：$E_C \leqslant mpe$

☐通过　☐不通过

备注：

STANDARDS PRESS OF CHINA

报告页......../........

13　湿热、稳态(续)

b)　在高温和85%的相对湿度下测试

申请号：..

设计型号：..

日期：..

测试人员：..

检定分度值 e：..

细分示值：

(小于 e)　..

	开始	最大	结束	
温度：				℃
相对湿度：				%
时间：				
大气压：				hPa

自动置零和零点跟踪装置：

☐不设置　☐不运行　☐超出工作范围　☐运行

$E=I+1/2e-\Delta L-L$

$E_C=E-E_0$　其中 E_0=零点或零点附近的计算误差[a]

载荷 L	示值 I ↓	示值 I ↑	附加载荷 ΔL ↓	附加载荷 ΔL ↑	误差 E ↓	误差 E ↑	修正误差 E_C ↓	修正误差 E_C ↑	mpe
[a]					[a]				

检查是否：$E_C \leqslant mpe$

☐通过　☐不通过

备注：

报告页……/……

13 湿热、稳态(续)

c) 最终测试(在标准温度)

申请号：……

设计型号：……

日期：……

测试人员：……

检定分度值 e：……

细分示值：

(小于 e) ……

	开始	最大	结束	
温度：				℃
相对湿度：				%
时间：				
大气压：				hPa

自动置零和零点跟踪装置：

☐不设置　☐不运行　☐超出工作范围　☐运行

$E=I+1/2e-\Delta L-L$

$E_C=E-E_0$　其中 E_0＝零点或零点附近的计算误差[a]

载荷 L	示值 I		附加载荷 ΔL		误差 E		修正误差 E_C		mpe
	↓	↑	↓	↑	↓	↑	↓	↑	
[a]					[a]				

检查是否：$E_C \leqslant mpe$

☐通过　☐不通过

备注：

报告页……/……

14 量程稳定性(B.4)

申请号：……

设计型号：……

检定分度值 e：……

细分示值(小于 e)：……

自动置零和零点跟踪装置：

☐不设置　　☐不运行　　☐超出工作范围

零点载荷：☐　　测试载荷：☐

自动量程调整装置：

☐配备　　☐不配备

第一次测试：首次测试

日　　期：……

测试人员：……

地　　址：……

	开始	最大	结束	
温　　度：				℃
相对湿度：				%
时　　间：				
大 气 压：				hPa

☐自动量程调整装置有效(如果配备)

$E_0=I_0+1/2e-\Delta L_0-L_0$　　$E_m=I_L+1/2e-\Delta L-L$

	零点示值 I_0	附加载荷 ΔL_0	E_0	加载示值 I_L	附加载荷 ΔL	E_L	E_L-E_0	修正值[a]
1								
2								
3								
4								
5								

[a] 如适用，对因温度、大气压力等引起的变化做必要的修正。见备注。

平均误差＝平均(E_L-E_0)＝☐

$(E_L-E_0)_{max}-(E_L-E_0)_{min}$＝☐

$0.1e$＝☐

如果$|(E_L-E_0)_{max}-(E_L-E_0)_{min}|\leqslant 0.1e$，则随后的每次测试只需加载和读数一次；否则每次测试仍需要5次加载和读数。

备注：

报告页____/____

14 量程稳定性(续)

后续测量

第二次测试:

日　　期:……………………

测试人员:……………………

地　　点:……………………

	开始	最大	结束	
温　　度:				℃
相对湿度:				%
时　　间:				
大 气 压:				hPa

☐ 温度试验后测试

☐ 主电源断电后测试

☐ 其他条件下

☐ 湿热试验后测试

☐ 试验位置发生改变后测试

☐ 自动量程调整装置有效(如果配备)

$E_0 = I_0 + 1/2e - \Delta L_0 - L_0$　　　$E_m = I_L + 1/2e - \Delta L - L$

	零点示值 I_0	附加载荷 ΔL_0	E_0	加载示值 I_L	附加载荷 ΔL	E_L	$E_L - E_0$	修正值[a]
1								
2								
3								
4								
5								

[a] 如适用,对因温度、大气压力等引起的变化做必要的修正。见备注。

如果是 5 次加载和读数,则:

平均误差=平均($E_L - E_0$)=☐

备注:

第三次测试:

日　　期:……………………

测试人员:……………………

地　　点:……………………

	开始	最大	结束	
温　　度:				℃
相对湿度:				%
时　　间:				
大 气 压:				hPa

☐ 温度试验后测试

☐ 主电源断电后测试

☐ 其他条件下

☐ 湿热试验后测试

☐ 试验位置发生改变后测试

☐ 自动量程调整装置有效(如果配备)

$E_0 = I_0 + 1/2e - \Delta L_0 - L_0$　　　$E_m = I_L + 1/2e - \Delta L - L$

	零点示值 I_0	附加载荷 ΔL_0	E_0	加载示值 I_L	附加载荷 ΔL	E_L	$E_L - E_0$	修正值[a]
1								
2								
3								
4								
5								

[a] 如适用,对因温度、大气压力等引起的变化做必要的修正。见备注。

如果是 5 次加载和读数,则:

平均误差=平均($E_L - E_0$)=☐

备注:

STANDARDS PRESS OF CHINA

报告页______/______

14　量程稳定性(续)

后续测量

第四次测试:

日　　期:________________　　测试人员:________________　　地　　点:________________

	开始	最大	结束	
温　　度:				℃
相对湿度:				%
时　　间:				
大 气 压:				hPa

☐ 温度试验后测试
☐ 主电源断电后测试
☐ 其他条件下
☐ 湿热试验后测试
☐ 试验位置发生改变后测试
☐ 自动量程调整装置有效(如果配备)

$E_0=I_0+1/2e-\Delta L_0-L_0$　　　$E_m=I_L+1/2e-\Delta L-L$

	零点示值 I_0	附加载荷 ΔL_0	E_0	加载示值 I_L	附加载荷 ΔL	E_L	E_L-E_0	修正值[a]
1								
2								
3								
4								
5								

[a] 如适用,对因温度、大气压力等引起的变化做必要的修正。见备注。

如果是 5 次加载和读数,则:

平均误差=平均(E_L-E_0)=☐

备注:

第五次测试:

日　　期:________________　　测试人员:________________　　地　　点:________________

	开始	最大	结束	
温　　度:				℃
相对湿度:				%
时　　间:				
大 气 压:				hPa

☐ 温度试验后测试
☐ 主电源断电后测试
☐ 其他条件下
☐ 湿热试验后测试
☐ 试验位置发生改变后测试
☐ 自动量程调整装置有效(如果配备)

$E_0=I_0+1/2e-\Delta L_0-L_0$　　　$E_m=I_L+1/2e-\Delta L-L$

	零点示值 I_0	附加载荷 ΔL_0	E_0	加载示值 I_L	附加载荷 ΔL	E_L	E_L-E_0	修正值[a]
1								
2								
3								
4								
5								

[a] 如适用,对因温度、大气压力等引起的变化做必要的修正。见备注。

如果是 5 次加载和读数,则:

平均误差=平均(E_L-E_0)=☐

备注:

报告页____/____

14 量程稳定性(续)

后续测量

第六次测试：

日　　期：……………………

测试人员：……………………

地　　点：……………………

	开始	最大	结束	
温　　度：				℃
相对湿度：				%
时　　间：				
大 气 压：				hPa

☐ 温度试验后测试

☐ 主电源断电后测试

☐ 其他条件下

☐ 湿热试验后测试

☐ 试验位置发生改变后测试

☐ 自动量程调整装置有效(如果配备)

$E_0 = I_0 + 1/2e - \Delta L_0 - L_0$　　　　$E_m = I_L + 1/2e - \Delta L - L$

	零点示值 I_0	附加载荷 ΔL_0	E_0	加载示值 I_L	附加载荷 ΔL	E_L	$E_L - E_0$	修正值[a]
1								
2								
3								
4								
5								

[a] 如适用，对因温度、大气压力等引起的变化做必要的修正。见备注。

如果是 5 次加载和读数，则：

平均误差＝平均$(E_L - E_0)$＝☐

备注：

第七次测试：

日　　期：……………………

测试人员：……………………

地　　点：……………………

	开始	最大	结束	
温　　度：				℃
相对湿度：				%
时　　间：				
大 气 压：				hPa

☐ 温度试验后测试

☐ 主电源断电后测试

☐ 其他条件下

☐ 湿热试验后测试

☐ 试验位置发生改变后测试

☐ 自动量程调整装置有效(如果配备)

$E_0 = I_0 + 1/2e - \Delta L_0 - L_0$　　　　$E_m = I_L + 1/2e - \Delta L - L$

	零点示值 I_0	附加载荷 ΔL_0	E_0	加载示值 I_L	附加载荷 ΔL	E_L	$E_L - E_0$	修正值[a]
1								
2								
3								
4								
5								

[a] 如适用，对因温度、大气压力等引起的变化做必要的修正。见备注。

如果是 5 次加载和读数，则：

平均误差＝平均$(E_L - E_0)$＝☐

备注：

报告页____/____

14 量程稳定性(续)

后续测量

第__次测试:

日　　期:……………………

测试人员:……………………

地　　点:……………………

	开始	最大	结束	
温　　度:				℃
相对湿度:				%
时　　间:				
大 气 压:				hPa

☐ 温度试验后测试

☐ 主电源断电后测试

☐ 其他条件下

☐ 湿热试验后测试

☐ 试验位置发生改变后测试

☐ 自动量程调整装置有效(如果配备)

$E_0 = I_0 + 1/2e - \Delta L_0 - L_0$　　　$E_m = I_L + 1/2e - \Delta L - L$

	零点示值 I_0	附加载荷 ΔL_0	E_0	加载示值 I_L	附加载荷 ΔL	E_L	$E_L - E_0$	修正值[a]
1								
2								
3								
4								
5								

[a] 如适用,对因温度、大气压力等引起的变化做必要的修正。见备注。

如果是5次加载和读数,则:

平均误差=平均$(E_L - E_0)$=☐

备注:

第__次测试:

日　　期:……………………

测试人员:……………………

地　　点:……………………

	开始	最大	结束	
温　　度:				℃
相对湿度:				%
时　　间:				
大 气 压:				hPa

☐ 温度试验后测试

☐ 主电源断电后测试

☐ 其他条件下

☐ 湿热试验后测试

☐ 试验位置发生改变后测试

☐ 自动量程调整装置有效(如果配备)

$E_0 = I_0 + 1/2e - \Delta L_0 - L_0$　　　$E_m = I_L + 1/2e - \Delta L - L$

	零点示值 I_0	附加载荷 ΔL_0	E_0	加载示值 I_L	附加载荷 ΔL	E_L	$E_L - E_0$	修正值[a]
1								
2								
3								
4								
5								

[a] 如适用,对因温度、大气压力等引起的变化做必要的修正。见备注。

如果是5次加载和读数,则:

平均误差=平均$(E_L - E_0)$=☐

备注:

14 **量程稳定性(B.4)**

申请号：……………………………………

设计型号：……………………………………

在图表中对温度测试Ⓣ、湿度测试Ⓓ和断电测试Ⓟ后量程稳定性测试加以标注。

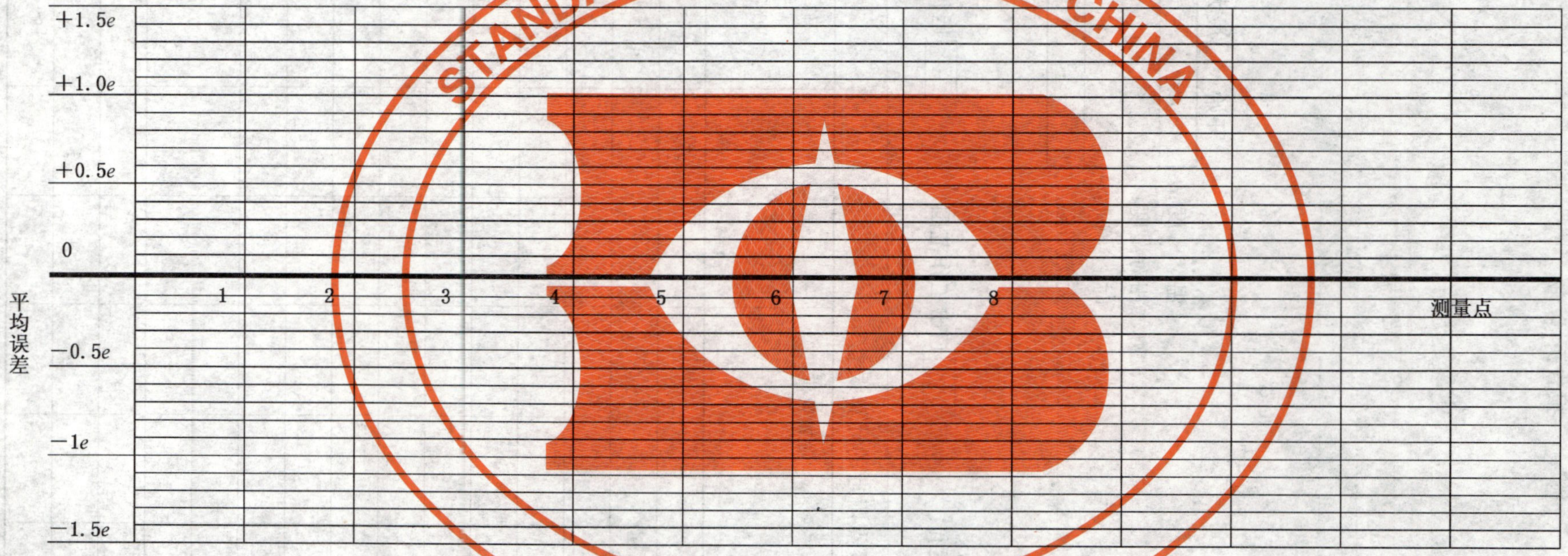

☐通过　　☐不通过　　最大允许变化

STANDARDS PRESS OF CHINA

报告页______/______

15 耐久性(A.6)

申请号：..

设计型号：..

检定分度值：..

细分指示(小于 e)：..

a) 初始测试

日　　期：..

测试人员：..

地　　点：..

	开始	最大	结束	
温　　度：				℃
相对湿度：				%
时　　间：				
大 气 压：				hPa

自动置零和零点跟踪装置：

☐不设置　　☐不运行　　☐超出工作范围　　☐运行

$E=I+1/2e-\Delta L-L$

$E_C=E-E_0$　　E_0＝零点或零点附近的计算误差[a]

载荷 L	示值 I ↓	 ↑	附加载荷 ΔL ↓	 ↑	误差 E ↓	 ↑	修正误差 E_C ↓	 ↑	mpe
	a				a				

报告页____/____

15 **耐久性(续)**

b) 性能测试

加载次数：☐　　　施加载荷：☐

c) 最终测试

	开始	最大	结束	
温　度：				℃
相对湿度：				%
时　间：				
大气压：				hPa

日　　期：................................

测试人员：................................

地　　点：................................

自动置零和零点跟踪装置：

☐不设置　☐不运行　☐超出工作范围　☐运行

$E=I+1/2e-\Delta L-L$

$E_C=E-E_0$　其中 E_0=零点或零点附近的计算误差[a]

磨损和产生的耐久性误差=$|E_{C初始}-E_{C最终}|$[b]

载荷 L	示值 I ↓	示值 I ↑	附加载荷 ΔL ↓	附加载荷 ΔL ↑	误差 E ↓	误差 E ↑	修正误差 E_C ↑	修正误差 E_C ↓	mpe ↑	磨损和产生的耐久性误差[b]
	[a]				[a]					

检查因磨损引起的耐久性误差是否≤mpe

☐通过　☐不通过

备注：

报告页……/……

16 衡器结构检查

本页记载有关对衡器的描述和资料，作为对本报告的附加内容，与国家型式批准证书一同给出。可以包含整机图片、主要部件说明和注解，有利于授权人按型式对其单独进行首次检定和后续检定，也可以包括制造商的参考资料。

描述：

备注：

核查表

该核查表基于下列原则制定：

——包括那些不能按上述 1 到 15 进行测试的要求，但应通过实验的方法进行检查。如：皮重装置(4.6.4)的操作范围；或可见性如：标记的描述(7.1)。

——包括那些指明衡器中被禁止的某些功能的要求，如：直接向公众售货衡器的自动皮重功能(4.13.3.3)。

——包括那些既不属于通用要求，如：使用适应性(4.1.1.2)，也不属于砝码和检定装置，如：辅助检定装置(4.9)。

——不包括那些常用功能和装置的要求，如：使用同一按键操作组合在一起的半自动置零装置和半自动皮重装置(4.5.4)。

该核查表旨在提供一个所做检验结果的汇总，不属于程序的一部分。核查表提出的条款是标准中所规定要求的重申，不应认为可以代替标准的要求。

对非自行指示衡器，标准的第 6 章可以由本核查表内容代替。

那些没有包含在型式评价报告测试 1 到 15 和核查 17 中的要求，应隐含在型式批准证书中(如：分级标准(3.2 和 3.3)，应用、使用和检定适应性(4.1.1.1，4.1.1.2 和 4.1.1.3))。

对非必备装置，在核查表提供的空格中注明是否配置，它的型号(如配置)。配置选择框(空格)内的交叉线表示配置该装置并符合名词术语中给出的定义，如果指示没有配置该装置，也应在检查框内表明测试不适用。

如适用，本核查表中规定的结果可以在备注中给出附加补充的页码。

STANDARDS PRESS OF CHINA

17 核查表

申请号：

设计型号：

17.1 除非自行指示衡器外(6.1～6.9),适用于所有类型的衡器

要求	测试程序		通过	不通过	备注
说明性标记					
7.1.1	A.3	所有情形强制：			
		制造商标记或全称			
		准确度等级			
(+3.3.1)		最大秤量 Max,Max_1,Max_2,……			
		最小秤量,Min			
(+3.3.1)		检定分度值 e;e_1,e_2,……			
7.1.2	A.3	如适用则强制			
		制造商代理标记或全称			
		序列号			
		标识的标注独立但与装置组合在一起			
		型式批准标记			
		实际分度值($d<e$)			
		软件标识(如适用)			
		最大皮重效果(仅适用于皮重不等于 Max 的扣除皮重)			
		最大安全载荷 Lim(如果限值大于最大秤量加添加皮重)			
		特殊温度界限			
		计算比			
		砝码平台和载荷平台的比			
		正/负指示范围			
7.1.3	A.3	附加标记：			
		不得用于直接向公众售货			
		专用于			
		印记不保证/只保证……			
		只适用于下列：			
3.2		特殊应用明显地标注(准确度等级Ⅰ和Ⅱ或Ⅱ和Ⅲ各自的称量范围)			
4.1.5		靠近显示器有“不用于直接对公众售货”(对类似于向公众售货的衡器)			

表（续）

要求	测试程序		通过	不通过	备注
7.1.4	A.3	标记的表示：			
		永久性的			
		易读			
		集中在清晰可见的地方			
		Max，Min，e 和 d（如果 $d \neq e$）在显示器上或靠近显示器可见的位置上持久并清晰地指示			
		可以铅封和施加管理标记/不破坏就不能拆除			
		标记 B 和 G			
7.1.4 和 7.1.1B， 7.1.2G		附加信息的指示可以是在标牌上； 或通过软件方法持久显示； 或由简单的一个手动命令获得			
7.1.5.1	A.3	衡器有多个承载器和载荷测量装置：			
		每个承载器的标识标记、Max，Min 和 e 与相关的载荷测量装置（如适用包括各自的安全极限载荷和添加皮重）			
7.1.5.2	A.3	独立制造的主要部件：			
		说明性标记中重复标识标记			
4.1.1.3		检定适应性：			
		已经符合独立的型式检查装置的标识			
		检定标记和铅封			
7.2	A.3	检定标记：			
		不破坏无法拆除			
		易于施加			
		使用中不移动衡器就可见			
7.2.b		检定标记支座或空间：			
		能保证标记的永久			
		对采用印封方式的印封区域不小于 150 mm^2			
		对自粘型标记的直径不小于 15 mm			
4.1.2.4	A.3	器件的保护和预设控制：			
		施加位置			
		形式			
4.1.2.4		使用软件方法保护：			
4.1.2.4a		衡器的法定状态可识别			
		受任何干扰的证据			
4.1.2.4b		防止参数和参考数被修改的保护			
4.1.2.4c		方便粘贴参考数			

表（续）

要求	测试程序		通过	不通过	备注
4.1.2.5		量程调整装置(自动和半自动)： 配备☐ 不配备☐			
		保护后外部不可能对其施加影响			
4.1.2.6		重力补偿： 配备☐ 不配备☐			
		保护后不可能受影响和被访问			
		文件			
8.2.1	A.1	技术信息和参数：			
8.2.1.1		衡器特性			
3.10.2		模块的技术参数			
3.10.2.1 3.10.4		误差系数 p_i(模块单独测试)			
		族的技术参数			
		部件的技术参数			
8.2.1.2 5.3.6.1		适用的说明性文件(按1～11)			
		制造商的特别声明			
3.9.1.1		制造商规定的倾斜限值			
8.2.2	A.2	审查：			
		提交的文件			
		功能(抽样检查)			
		其他授权技术机构出具的测试报告			
		指示装置			
4.2.1		读数：			
		可靠、易读、清晰			
		总不确定度小于0.2e(模拟指示)			
		大小、形状和清晰度			
		简单并列			
4.2.2.1	A.3	单位：			
		质量			
		价格			
4.2.2.1		示值形式：			
		一种示值使用一种质量单位			
		分度值形式(1、2或5)×10^k			
		指示装置、打印装置和皮重装置的分度值相同			

表（续）

要求	测试程序		通过	不通过	备注
4.2.2.2		数字指示格式：			
		右端至少有一位数字			
		小数点符号：			
		维持位置不变(分度值自动改变时)			
		左侧至少有一位数字,右侧所有数字齐全			
		与数字底部在同一直线上			
		零 Zero：			
		右侧仅允许有一个无效零			
		对有小数符号的数值,无效零仅允许出现在小数点后的第三位			
4.2.3		限定：			
		大于 $Max+9e$ 时无示值显示			
		除非皮重装置在运行,禁止显示小于零的示值(显示 0～－20d 的值是可以被接受的)			
4.2.4		"近似"显示装置： 配备□ 不配备□			
		分度值大于 $Max/100$,不小于 20e			
4.2.5		半自行指示衡器：			
		自行指示扩展范围小于等于自行指示秤量			
		模拟指示：			
4.3.1		标尺标记的宽度和长度			
4.3.2		刻度间距			
4.3.3		零点以下和自行指示秤量以上移动的限定			
4.3.4		显示器件振荡的阻尼			
4.4.1		数字示值的变化：			
		载荷改变后,先前的示值保持不大于 1 s			
4.4.2		数字示值的稳定平衡：			
		打印或存储的重量值与最终重量值的差不大于 1e			
		置零和除皮符合规定的准确度要求			
		在平衡受到连续或暂时的干扰时,不可能打印、存储、置零和除皮操作			
4.4.3		数字式扩展指示： 配备□ 不配备□			
		不得用于有微分标尺分度			
		只有在按压操作键的期间才允许显示小于检定分度值的示值			
		多数情况下,给出手动命令后 5 s			
		装置在运行期间禁止打印			

STANDARDS PRESS OF CHINA

表（续）

要求	测试程序		通过	不通过	备注
4.4.4		主要示值以外的数字示值： 配备□　不配备□			
		附加指示不对主要指示引起任何讹误			
		使用单位、标识符、正负号或名称标识的量			
		(非称量的)重量值应清晰标注，或			
		仅在给出手动命令后暂时显示，且			
		不得被打印			
		称重模式不起作用时，能被清晰而明确地标识			
4.4.5		数字打印： 配备□　不配备□			
		清晰并永久			
		数字高度大于 2 mm			
		单位名称或符号　在数值的右边			
		单位名称或符号　在数值列的上方			
		平衡不稳定不可能打印			
4.4.6		存储器： 配备□　不配备□			
		平衡不稳定时，存储、传输、累计被禁止			
3.4.1		辅助指示装置(仅适用于Ⅰ和Ⅱ级衡器；不适用于多分度衡器) 配备□　不配备□ 如果配备，其类型 游砣□　插值指示□ 补充指示□　微分标尺□			
		仅适用于小数点符号的右侧			
3.4.2		$d<e\leqslant 10\ d, e=10^k$ kg 或对 $d<1$ mg 的Ⅰ级衡器 $e=1$ mg			
结果间的差异					
3.6.3		差异：			
		多个示值间≤*mpe*			
		数字示值和打印值之间：零			
3.6.4		对相同的载荷改变平衡方法(半自行指示)的两个结果间：≤*mpe*			
3.9.1.1		Ⅱ、Ⅲ、Ⅲ级衡器的倾斜			
		水平指示器上的标记表示倾斜的限值			
		水平指示器牢固地固定在使用者能清晰可见的地方			
		自动倾斜传感器给出切断显示的信号或其他适当的报警信号			
		并且阻止打印和数据传输			

表（续）

要求	测试程序			通过	不通过	备注
置零、零跟踪和零点指示 配备 / 不配备 初始置零 □ □ 自动置零 □ □ 半自动置零 □ □ 非自动置零 □ □ 零点跟踪 □ □ 零点指示 □ □						
4.5.1	A.4.2.1	置零效果不改变最大秤量				
		总效果：	置零			= %
			零跟踪			
			初始置零			= %
		准确度：				
4.5.2	A.4.2.3	偏差≤±0.25e				
4.5.3		多称量范围： 配备 □ 不配备 □				
		对较大称量范围有效（如果可以在加载后转换称量范围）				
4.5.4		置零控制：				
		与皮重装置分开				
		半自动置零：仅是功能要求				
		平衡稳定				
		如果取消先前的皮重操作				
4.5.5	A.4.2.2	零点指示装置（数字指示）：				
		指示偏差≤0.25e				
		如果配备辅助指示装置或零点跟踪速率0.25d/s，则不是强制的				
4.5.6		自动置零装置：				
		仅在平衡稳定时运行，且				
		小于零的示值保持平衡稳定至少5 s以上				
4.5.7		零点跟踪：				
		仅在指示为零，或				
		相当于毛重零时负的净重值，且				
		平衡稳定				
		修正速率≤0.5d/s				
		除皮操作后，总效果在最大秤量的4%内				

表（续）

要求	测试程序		通过	不通过	备注
皮重装置					
			配备	不配备	
		皮重称量			
		皮重平衡			
		置零与皮重平衡相结合			
		皮重指示			
		类型：添加皮重		扣除皮重	
4.6.1		4.1 到 4.4 要求适用			
4.6.2		皮重称量装置：			
		$d_t = d$			
4.6.3	A.4.6.2	准确度：			
		优于 $\pm 0.25e$（电子衡器和模拟指示衡器），对多分度衡器 $e = e_1$			
		优于 $\pm 0.5d$（数字指示的机械衡器）			
4.6.4		操作范围：			
		在零或零点以下禁止运行：在零点			
		在零或零点以下禁止运行：在零点以下			
		在最大指示效果以上禁止运行			
4.6.5		运行的可见性：			
		运行指示			
		用符号“*NET*”、“*Net*”、“*net*”（或“净重”）表示净重（数字指示）			
		如果暂时显示毛重，净重指示（如：“*NET*”）应消失			
		皮重值或字符“*T*”（机械加皮重装置）			
4.6.6		扣除皮重：			
		禁止在最大称量或最大允许指示值以上运行			
4.6.7		多范围衡器：			
		如果加载后，可以转换到较大称量范围允许运行有效			
		皮重值按衡器实际运行的称量范围分度值化整			
4.6.8		半自动或自动皮重：			
		仅在平衡稳定时运行			
4.6.9		置零/除皮结合：			
		准确度(4.5.2)			
		零点指示装置(4.5.5)			
		零点跟踪装置(4.5.7)			

表（续）

要求	测试程序		通过	不通过	备注
4.6.10		连续除皮操作：			
		指示或打印的各个皮重值被清楚地指定（如果多个皮重装置同时运行）			
4.6.11		打印净重或毛重：			
		不指定			
		指定名称：用 G 或 B 表示			
		指定名称：用 N 表示（仅适用于打印净重）			
		用 N 和 T 表示净重和皮重（如果与毛重以及/或皮重一起打印）			
		用“毛重”、“净重”和“皮重”替代 G、B、N 和 T			
		附带标识分别打印净重和皮重（取决于不同皮重装置所确定的值）			
预置皮重 配备□ 不配备□					
4.7.1		$d_t = d$ 或自动化整到 d			
		从一个称量范围转换到另一个较大检定分度值 e_i 的称量范围应将示值化整到后者（多范围衡器）			
		预置皮重值 $\leqslant Max_1$（多分度衡器），且计算净重值与相同净重一样按衡器实际运行的分度值化整			
4.7.2		4.6.10 适用			
		如果皮重装置在预置皮重运行后仍处于使用中不能被修改/取消			
		如果能对载荷清楚识别可以自动运行			
4.7.3		4.6.5 适用			
		预置皮重指示的可能性			
		如果打印计算净重，同时打印预置皮重			
		4.6.11 适用			
		用“PT”或“预置皮重”标注			
锁定装置 配备□ 不配备□					
4.8.1		状态：			
		只有两种稳定状态			
		只有在“称重”状态才可以称量			
4.8.2		状态明确显示			

STANDARDS PRESS OF CHINA

表（续）

要求	测试程序		通过	不通过	备注
		多称量范围 配备 □　　不配备 □			
4.10		称量范围选择：			
		明确指示运行的称量范围			
		任意载荷可以手动从小的称量范围选择到大的称量范围			
		只有载荷大于小称量范围的最大秤量时才自动从小称量范围选择到较大的称量范围			
		从较大称量范围（手动）选择到较小称量范围或最小称量范围（自动），只有当： ——空载，示值为零或负值 ——自动清除皮重运行 ——零点被自动置为$\pm 0.25e_1$以内			
		多承载器、传递和测量装置间的选择 配备 □　　不配备 □			
4.11，4.11.1		对不同空载效果的补偿			
4.11.2		置零准确并符合4.5要求			
4.11.3		选择中不可能称量			
4.11.4		组合易于识别			
4.12		“正”、“负”比较衡器			
4.12.1		区域的区别：			
		模拟指示用“+”和“−”区别			
		数字指示用名牌标注范围			
4.12.2		标尺：			
		在零的两侧至少有一个分度$d=e$，且			
		在任一端标注$d=e$的值			
		具有单位重量承载器的机械计数衡器			
4.17.1		标尺：			
		在零点的两侧至少有一个分度$d=e$，且			
		$d=e$的值标注在衡器上			
4.17.2		计数比：			
		在上述的每个计数平台上清楚地表示，或			
		在每个计数盘上标注			
4.20		运行模式：			
		实际运行模式清晰标识			
		任何时候都可以从任何模式手动转换到称重模式			

表（续）

要求	测试程序		通过	不通过	备注
		只有在规定的称量序中才允许运行模式自动选择			
		在规定的称量程序运行结束时自动返回到称重模式			
		从关断状态返回后示值应为零			
		从关断状态返回前自动检查零点位置			

17.2 直接向公众售货用衡器和计价及标签衡器

要求	测试程序		通过	不通过	备注
多重核查(直接向公众售货用)					
4.5.4		半自动置零装置和半自动皮重平衡装置使用同一按键：			
		不允许			
4.8.1		“预称重”状态：			
		不允许配备			
4.13.10		计数比：			
		1/10 或 1/100(机械计数衡器)			
4.13.5		下列状态称重的不可能：			
		锁定运行			
		添加或减少重量时			
4.13.7		辅助和扩展指示装置：			
		不允许配备			
4.13.9		检测到有显著增差时(电子衡器)：			
		给顾客提供能看得见或听得到的报警和[a]			
		禁止数据传输和[a]			
		直至使用者采取措施或产生误差的原因消失			
指示装置(直接向公众售货用)					
4.13.1, 4.13.6		售货员和顾客相同的主要指示(4.14.1)			
		设置两个显示器,一个用于售货员,一个用于顾客： 是☐　不是☐			
		售货员和顾客共用一个显示器 是☐　不是☐			
		重量			
		确切的零点位置信息			
		皮重运行			
		预置皮重运行			
		顾客用显示器数字高度不小于 9.5 mm			

[a] 通过检查文件或模拟故障进行核查。该核查不能替代 12.1 到 12.7 的干扰测试。

表（续）

要求	测试程序		通过	不通过	备注
		衡器使用的砝码：			
		砝码值可识别			
置零装置(直接向公众售货用)					
4.13.2		非自动置零装置：			
		只有在使用工具时允许配备			
皮重装置(直接向公众售货用)					
4.13.3		配备砝码承载器的机械衡器不允许			
		衡器有一个平台，公众总能看见： ——皮重是否运行			
		——皮重是否被改变			
		任何时刻只允许一个皮重装置运行			
		皮重或预置皮重运行时禁止调显毛重值			
4.13.3.1		非自动除皮：			
		5 mm 位移至多对应 1e			
4.13.3.2		半自动除皮：			
		不允许减小皮重值，且			
		只有在承载器没有载荷时才允许取消皮重效果			
		是下列情形之一：			
		皮重值在一个独立的显示器上长久显示			
		承载器上没有载荷时用带“—”号的值表示皮重值			
		当完成一次净重称量卸载后，皮重功能自动取消			
4.13.3.3		自动除皮：			
		不允许配备			
4.13.4		预置皮重：			
		在一个独立的显示器上明显区别于重量值显示			
		不允许减小皮重值，且			
		皮重效果只有在承载器上没有载荷时才允许取消			
		如果皮重装置在运行，预置皮重不可能运行			
		如果是与 PLU 关联的，PLU 被取消时预置皮重同时被取消			
4.13.11		自助式衡器： 一组标尺或显示 □ 两组标尺或显示 □			
		衡器有两组刻度或显示			
		如果打印标签，主要指示包括产品名称			

表（续）

要求	测试程序		通过	不通过	备注
价格计算衡器和价格标尺(直接向公众售货用)					
4.14		满足 4.13 直接向公众售货用衡器要求			
4.14.1		辅助主要示值(4.13.6)			
		单价			
		付款额			
		如适用,非计重物品的数量、单价和付款额,总金额			
4.14.2		价格标尺:			
4.2 4.3.1-4.3.3		4.2 和 4.3.1 到 4.3.3 适用			
		价格标尺误差 $\|(W\times U)-P\|\leqslant e\times U$			
4.14.3		价格计算:			
		指示的重量示值与单价的乘积			
		化整到最接近的付款额分度值			
		单价:价格/100 g 或价格/kg			
		重量示值、单价和付款额可见:			
		当载荷加至承载器上,重量示值稳定并输入任何单价后至少保持 1 s			
		卸去载荷后的示值保持不大于 3 s,且不可能输入或改变单价(如果此前的示值已经稳定,否则示值为零)			
		打印重量、单价和付款额			
		保存在存储器中:			
		打印前保存			
		同样的数据不可能对顾客打印两次			
4.14.4		用于贸易和管理的附加功能:			
		所有交易为顾客全部打印			
		不引起误解			
4.14.4.1		非计重物品的付款额(正的或负的):			
		重量示值为零,或			
		称重模式无效			
		价格应在付款额显示器上显示			
		多于一个相同物品的计价:			
		物品数量在重量显示器上且不被误认为是重量值			
		单个物品的价格在单价显示器上显示			
		附加显示器用于显示物品数量以及/或物品价格			

STANDARDS PRESS OF CHINA

表（续）

要求	测试程序		通过	不通过	备注
4.14.4.2		对一张或多张交易票据的累计：			
		累计金额在付款额显示器上，和			
		与专用文字或符号一起打印			
		如果单独打印累计票据，金额已累计的物品参考信息			
		所有的付款额应被打印，且总金额应是这些被打印价格的代数和			
		累计来自与衡器相连接的交易：			
		所有与衡器连接的付款额分度值应相同			
4.14.4.3		多售货员或多顾客同时使用的衡器：			
		交易、售货员和顾客间关系的标注			
4.14.4.4		先前的交易取消：			
		交易已经打印：取消的付款额应打印并加以注释			
		交易未打印和显示：其明显区别于正常交易			
4.14.4.5		打印附加信息：			
		明显与交易有关，且			
		不影响对重量值赋予的单位符号			
价格标签衡器					
4.16		符合 4.13.8，4.14.3（第一段和第五段），4.14.4.1（第一段）和 4.14.4.5 的要求			
		显示：			
		重量			
		衡器在使用中能够对单价、预置皮重进行检查			
		打印：			
		小于最小称量 *Min* 禁止打印			
		假如称重模式被禁止（无效），允许打印有固定重量、单价和付款额的标签			
4.18.1		户外使用的移动衡器： 配备 □ 不配备 □			
		超出倾斜限值的指示和阻止打印输出和数据传输的方法			
		车辆每次移动后自动置零或皮重平衡操作			
		当衡器不处于称重窗内时的指示			
		如果载荷测量装置对移动或车辆行驶敏感，应安装一个适当的保护系统			
		如果悬挂式万向连接系统或承载器与周围围框结构触及，能防止错误称重结果			

表（续）

要求	测试程序		通过	不通过	备注
4.18.2		非户外使用的其他移动衡器 配备水平调节装置和水平指示器			
		水平调节装置应在不使用工具时就易于调节			
		有适当的指示牌，提醒用户在每次移动后进行必要的调整水平			

17.3 电子衡器

要求	测试程序		通过	不通过	备注
干扰					
5.1.1		显著增差指示不会引起对其他信息的误解			
5.2		对显著增差的响应 5.1.1b)的情形：			
		衡器自动不工作[a]，或			
		可见或可听到的指示(警示)直至使用者采取行动或误差消失[a]			
显示器检查					
5.3.1		接通电源：			
		所有使用和不使用的指示符有足够长的显示时间，以便操作人员检查			
外围设备					
5.3.6		接口(机械的、电子的、逻辑的)不允许：			
5.3.6.1		——功能和测量数据受外围装置或连接在衡器上的其他装置的影响或干扰			
		——显示对某个称重结果产生误解的数据			
		——伪造称重结果(显示的、处理的、存储的)			
		——改变调整系数或调整衡器(除授权情形)			
		伪造主要示值(直接售货)			
5.3.6.2		不能满足 5.3.6.1 要求的接口可以被保护			
		传输数据接口上的外围设备符合要求			
5.3.6.3 5.3.6		执行或通过接口实现的计量相关功能符合本标准第 4 章要求			

[a] 通过检查文件或模拟故障进行核查。该核查不能替代 12.1 到 12.7 的干扰测试。

17.4 软件控制的数字装置和衡器

要求	测试程序		通过	不通过	备注
带嵌入式软件的装置 配备☐ 不配备☐					
5.5.1	G.1	制造商对软件的声明： ——用于固定的硬件和软件环境中，且			

表(续)

要求	测试程序		通过	不通过	备注
		——保护/检定后不能用任何方法进行修改或更新			
		软件文件包含: ——法定相关功能的说明			
		——保护方法(受干扰的证据)的说明			
		——软件标识			
		——如何检查现行软件标识的描述			
		软件标识是: ——清楚地被指定为法定相关软件和功能			
		——由衡器的证明文件提供			
个人计算机,带PC部件的衡器以及其他带可编程或可加载法定相关软件的衡器、装置、模块和部件 配备☐ 不配备☐					
5.5.2.2d	G.2.1	法定相关软件 ——有文件证明所有法定相关的信息			
5.5.2.2a		——有防止被意外和恶意修改的保护			
5.5.2.2a		能提供直至下次检定或检查时其间所有受到干扰的证明			
5.5.2.2	G.2.2.1	用户不可能访问操作系统/程序			
		所有由键盘或接口给出命令的描述			
		命令集完整性声明			
5.5.2.2	G.2.2.2	用户可以访问操作系统/程序			
		产生的校验和或签名覆盖法定相关软件的机器码			
		如果代码被篡改,法定相关软件不能启动			
	G2.2.2.3	除G.2.2.1或G.2.2.2以外的要求			
		装置特定参数被充分保护			
		参数保护的审核跟踪和描述			
		实际抽样检查			
5.5.2.2b	G.2.3	软件接口			
		如果有关联软件提供测量以外的功能,法定相关软件部分: ——与关联软件是分割的			
		——已标识			
		——不受关联软件的影响			
		法定相关程序模块被定义并通过规定的保护性软件接口与关联软件模块实施分割			
		保护性软件接口自身是法定相关软件的一部分			

表（续）

要求	测试程序		通过	不通过	备注
		通过保护性软件接口实施的法定相关软件功能的描述和定义			
		允许通过保护性接口进行交换的参数的描述和定义			
		功能、参数描述的真实性和完整性			
		每个由文件证明的功能和参数与本标准的要求不矛盾			
		对应用程序编程员，给出有关保护性软件接口适当的说明			
5.5.2.2c	G.2.4	软件标识			
		法定相关软件已由软件标识加以标注			
		软件标识： ——涵盖衡器运行的所有法定相关软件程序模块和型式特定参数			
		——软件标识易于由衡器提供			
		——便于与型式批准时的固定参照数比较			
		抽样检查校验和（签名）的产生和运行是否与证明文件一致			
		设置了有效的审核跟踪			
		数据存储装置（DSD）	配备□	不配备□	
5.5.3	G.3.1	DSD 使用嵌入软件（按 G.1 检查软件）	是□	不是□	
		DSD 使用可编程/可加载软件（按 G.2 检查软件）	是□	不是□	
		文件提供所有相关信息			
5.5.3.1	G.3.2	按使用目的有足够的存储容量			
		数据被存储和再取回的正确性			
		防止数据丢失方法的详细说明			
5.5.3.2	G.3.3	存储所有必要的法定相关原始称重信息以便再现早期称量结果，它们是毛重值、净重值和皮重值、小数点符号、单位、数据组标识、衡器编号、承载器编号（如适用）、存储的数据组校验和/签名			
5.5.3.3	G.3.4	防止对存储的法定相关数据的意外或恶意修改的保护			
		数据传输到存储装置至少使用奇偶校验对存储法定相关数据加以保护			
		使用嵌入式软件（5.5.1）的存储装置至少使用奇偶校验对存储的法定相关数据加以保护			

STANDARDS PRESS OF CHINA

表（续）

要求	测试程序		通过	不通过	备注
		对存储的法定相关数据，或对可编程或可加载软件的存储装置使用适当的校验和保护(5.5.2)			
5.5.3.4	G.3.5	使用一个标识数码作为存储的法定相关数据的标识和指示			
		标识数码记录在正式交易媒介上，如：打印输出			
5.5.3.5	G.3.6	法定相关数据自动存储			
5.5.3.6	G.3.7	用符合法制管理的装置打印或显示来检查存储的法定相关数据			

参 考 文 献

代号	标准和参考文件	描　　述
[1]	《国际计量基本词汇与通用术语》(VIM)(1993)	词汇，由 BIPM，IEC，IFCC，ISO，IUPAC，IUPAD 和 OIML 指定的专家工作组制定
[2]	《国际法制计量词汇》(BIML—2000 年版，巴黎)	词汇，仅包括适用于法制计量场合的概念，这些概念与法制计量管理行为有关，与其有关的还有文件和其他内容。该词汇也包含了一些由 VIM 提出的具有相同概念的词汇
[3]	OIML B 3(2003) 计量器具 OIML 证书体系(原 OIML P1)	OIML 符合性证书的发布、注册和使用的规则
[4]	OIML D11(2004) 电子计量器具通用要求	包含了对电子计量器具的通用要求
[5]	GB/T 2421—1999[idt IEC 60068-1(1988-06)，附录 B(包括修订 1，1992-04)] 电工电子产品环境试验 第 1 部分：总则	列举了一系列环境试验方法和相应的严酷等级，规定了各种试验用大气条件，用于评定样品在一般运输、存储和使用环境下的工作能力
[6]	GB/T 2423.1—2001[idt IEC 60068-2-1(1990-05)及修订 1(1993-02)和 2(1994-06)] 电工电子产品环境试验 第 2 部分：试验 A　低温试验	低温试验，涉及非散热和散热两类试样
[7]	GB/T 2423.2—2001[idt IEC 60068-2-2(1974-05)及修订 1(1993-02)和 2(1994-05)] 电工电子产品环境试验 第 2 部分：试验 B　高温试验(干热)	包括： 试验 Ba：非散热试样的高温试验——温度突变； 试验 Bb：非散热试样的高温试验——温度渐变； 试验 Bc：散热试样的高温试验——温度突变； 试验 Bd：散热试样的高温试验——温度渐变； 1987 再版包括 IEC No. 62-2-2A
[8]	GB/T 2423.3—2006[idt IEC 60068-2-78(2001-08)] 电工电子产品环境试验 试验 Cab：恒定湿热试验 (替代 GB/T 2423.3—1993、GB/T 2423.9—2001) (IEC 60068-2-78 替代下列单个标准： IEC 60068-2-3，测试 Ca 和 IEC 6008-2-56，测试 Cb)	提供一种试验方法，用于确定电子产品、器件和设备在湿热条件下，产品运输、存储和使用的适应性，试验的主要目的是观察在规定的试验期间内，无凝露的恒定湿热条件对试样的影响； 该试验提供几种温度、湿度和持续时间优选严酷等级，试验适用于散热和非散热试样。本试验适用于小型设备和器件，也适用于与试验箱外设备有较复杂连接的大型设备，其连接可能需要一定的时间，然而在安装期间，不要求预热和维持特定条件
[9]	GB/T 2424.1—2005[idt IEC 60068-3-1(1974-01)＋补充件 A(1978-01)] 电工电子产品环境试验 第 3 部分：高低温试验导则 背景资料，第一章节 低温和高温试验导则	给出了低温试验 A：(IEC 68 2 1)低温试验和试验 B：高温试验(IEC 68-2-2)干热的背景资料，包括附录：无强迫空气流动时试验箱尺寸对试样表面温度的影响；气流对试验箱条件和试样表面温度的影响。器件引线端尺寸和材料对其表面温度的影响；温度测量；风速和辐射系数。补充件 A 给出了试验期间温度达不到稳定时的附加信息

表(续)

代号	标准和参考文件	描述
[10]	GB/T 2424.2—2005[idt IEC 60068-3-4(2001-08)] 环境试验-第3-4部分, 支持性文件和导则—湿热试验	对相关说明提供必要的信息帮助,如器件和设备标准,在某些情形下,为规定的产品选择适当试验和试验严酷等级及应用的特定类型。湿热试验的目的是确定产品对湿热环境的适应性。无论有或没有凝露,应特别关注电气和机械性能的变化。湿热试验也可以用来检查试样耐受某些形式的腐蚀能力
[11]	GB/T 17626.1—2006[idt IEC 61000-4-1(2000-04)基本EMC出版物] 电磁兼容性(EMC) 第4部分:试验和测量技术 第1篇:IEC 61000-4系列总要求	给出电工电子设备使用者和制造商使用EMC标准IEC 61000-4系列——试验和测量技术的参考。 提供相关测试选择的一般建议
[12]	GB/T 17626.2—2006[idt IEC 61000-4-2(1995-01)及修订1(1998-01)] 基本EMC出版物 电磁兼容性(EMC) 第4部分:试验和测量技术 第2篇:静电放电抗扰度试验 统一版本号: IEC 61000-4-2(2001-04)1.2版 该出版物基于IEC 60801-2(第2版本;1991)	描述了电气电子设备经受来自操作者直接的和对邻近物体静电放电时的抗扰度要求和试验方法,还规定了不同环境和安装条件下的试验严酷等级和程序。该标准的目的在于建立通用和可再现的标准,评价电气和电子设备经受静电放电的性能,此外,还包括人体对靠近重要设备的物体可能产生的静电放电
[13]	GB/T 17626.3—2006[idt IEC 61000-4-3 2.1版本(2002-09)及修订1(2002-08)] 电磁兼容性(EMC) 第4部分:试验和测量技术 第3篇:射频电磁场辐射抗扰度试验	适用于电气和电子设备对电磁场辐射能量的抗扰度。规定试验严酷等级和必要的试验程序,建立通用的试验标准用于评价电气、电子设备经受射频电磁场干扰的性能
[14]	IEC 61000-4-4(2004-07) 电磁兼容性(EMC) 第4部分:试验和测量技术 第4篇:电快速瞬变/脉冲抗扰度试验	建立通用的和可再现的试验标准,评价电气和电子设备的电源线,信号线,控制线和接地端经受电快速瞬变/脉冲干扰作用时的抗干扰性能,IEC 61000-4的测试方法部分描述了使用统一的方法和基于所规定的现象来评价设备或系统的抗扰度。 标准规定了: ——试验电压波形 ——试验严酷等级 ——试验设备 ——试验设备校准程序 ——试验设定,和 ——试验程序 标准给出了在实验室和安装地点试验的详细规定
[15]	IEC 61000-4-5(2001-04)统一版本1.1(包括修订1和勘误1) 电磁兼容性(EMC) 第4部分:试验和测量技术 第5篇:浪涌抗扰度试验	描述了设备对来自于开关和雷电瞬变过电压引起的单向浪涌的抗扰度要求、试验方法和推荐的试验严酷等级,规定的一系列试验严酷等级对应了不同的环境和安装条件,这些要求适用于电气电子设备。该篇章的目的是建立通用标准,评价设备电源和内部线路在经受高能量干扰的性能

表（续）

代号	标准和参考文件	描　　述
[16]	IEC 61000-4-6(2003-05)，及修订 1(2004-10) 电磁兼容性(EMC) 第 4 部分：试验和测量技术 第 6 篇：射频场感应传导骚扰抗扰度	是关于电气和电子设备对来自 9 kHz～80 MHz 频率范围内射频发射机电磁骚扰传导抗扰度要求。设备没有电缆(如电源线、信号线或地连接线)与射频干扰场耦合的不包括在内。标准没有规定适用于特殊设备或系统的试验，其主要目的为所有 IEC 相关标准委员会提供一个通用基本参考，产品标准协会(使用者或设备制造商)有责任对其设备选择适当的试验和严酷等级
[17]	IEC 61000-4-11(2001-03) 电磁兼容性(EMC) 第 4 部分：试验和测量技术 第 11 篇：电压下降，短时中断和电压变化抗干扰试验	该标准规定了与低压供电网络连接的电工和电子设备对电压暂降、短时中断和电压变化的抗扰度试验方法和优选试验严酷等级。该标准适用于额定输入电流每相不大于 16 A 的电工和电子设备，连接到 50 Hz 或 60 Hz 的交流供电网络；不适用于由 400 Hz 交流供电网络连接的电工和电子设备，这些公共网络设备由相关的 IEC 标准规定。该标准的目的是建立评价电工电子设备在经受电压暂降、短时中断和电压波动时抗扰度的统一标准。依据 IEC 107 指南，该标准作为基本 EMC 出版物
[18]	IEC 61000-6-1(1997-07) 电磁兼容性(EMC) 第 6 部分：通用标准 第 1 节：居住、商业、轻工环境的抗扰度要求	规定了在居住、商业、轻工环境中使用的电工和电子设备在经受连续和瞬态、传导和辐射，包括静电放电干扰的抗扰度试验要求，并不关注产品或产品族标准。对每个需考虑的端口抗扰度要求规定的频率范围覆盖了 0～400 GHz。该标准适用于直接连接到公共低压供电网络的设备或连接到设备与低压供电网络间的接口用直流电源
[19]	IEC 61000-6-2(1999-01) 电磁兼容性(EMC) 第 6 部分：通用标准 第 2 节：工业环境抗扰度	适用于工业环境中使用的电工和电子设备，标准没有规定产品或产品族的具体抗扰度。抗干扰性能的要求在频率范围覆盖了 0～400 GHz，与连续和瞬态相关的是传导和辐射干扰，包括静电放电。应规定对每个端口的试验要求。 用于工业场所的设备表现为存在下列一个或多个情形： ——由固定的高压变压器或中压变压器向制造业或类似场所供电的电网电源； ——工业、科研和医药设备(ISM) ——频繁接通和关断大的感性或容性负载 ——大电流且伴随着强磁场
[20]	ISO 7637-1(2002) 道路车辆　由传导和耦合引起的电骚扰 第 1 部分：定义和一般描述	定义了各分标准中使用的基本名词术语(由传导和耦合引起的电干扰)，也给出了各分标准所涉及的通用国际标准的一般信息
[21]	ISO 7637-2(2004) 道路车辆　由传导和耦合引起的电骚扰 第 2 部分：沿电源线的电瞬态传导	规定了安装在使用 12 V 供电系统的客车或轻型商务车上或使用 24 V 供电系统的商用车上的电工和电子设备电瞬变传导抗干扰性能的试验方法和程序，同时给出电瞬变抗干扰的不合格等级和严酷等级划分。适用于那些具有独立动力系统的公路车辆(如：火花点火或柴油发动机，或电动机)
[22]	ISO 7637-3(1995)及勘误 1(1995) 道路车辆　由传导和耦合引起的电骚扰 第 3 部分：12 V/24 V 电系车辆　除电源线外的导线通过容性和感性耦合的电瞬态发射	建立通用标准，评估车载电子仪器、装置和设备对瞬态发射干扰经耦合至电源以外的其他线路的电磁兼容性。试验目的是证明仪器、装置或设备在经受快速瞬变干扰时的抗扰度，这些干扰是由开关(感性负载通断，继电器接触抖动等)引起的

ICS 29.140.30
K 71

中华人民共和国国家标准

GB/T 23112—2008

紫外线金属卤化物灯

Ultraviolet metal halide lamp

2008-12-30 发布 2009-09-01 实施

中华人民共和国国家质量监督检验检疫总局
中国国家标准化管理委员会 发布

前　言

本标准的附录A、附录B、附录C均为规范性附录。

本标准由中国轻工业联合会提出。

本标准由全国照明电器标准化技术委员会(SAC/TC 224)归口。

本标准起草单位:北京华夏恒光科技发展有限公司、北京凌业特种光源技术有限公司。

本标准主要起草人:姚从璞、韩五洲。

本标准为首次制定。

紫外线金属卤化物灯

1 范围

本标准规定了长波紫外线金属卤化物灯的型号命名、技术要求、试验方法、检验规则及标志、包装贮存与运输。

本标准适用于光化学反应领域，辐射波段在320 nm～400 nm范围的金属卤化物灯。

2 规范性引用文件

下列文件中的条款通过本标准的引用而成为本标准的条款。凡是注日期的引用文件，其随后所有的修改单(不包括勘误的内容)或修订版均不适用于本标准，然而，鼓励根据本标准达成协议的各方研究是否可使用这些文件的最新版本。凡是不注日期的引用文件，其最新版本适用于本标准。

GB/T 191 包装储运图示标志(GB/T 191—2008，ISO 780:1997，MOD)

GB 19652—2005 放电灯(荧光灯除外)安全要求(IEC 62035:2003，IDT)

QB 2274 电光源产品的分类和型号命名方法

3 术语和定义

3.1

长波紫外线金属卤化物灯 UVA metal halide lamp

长波紫外线金属卤化物灯是指在紫外线A波段(320 nm～400 nm)有很强辐射能量，在灯内有添加的金属卤化物参与放电辐射光谱的高强度紫外辐射的气体放电灯。

3.2

辐射照度 irradiance

E_e

投射到包含该点的面元上的辐射通量 dΦe 除以该面元面积 dA。单位：$\mu W/cm^2$。

3.3

紫外线辐射照度 ultraviolet irradiance

E_{e365}

以365 nm为主波长的紫外线辐射照度，单位：$\mu W/cm^2$。

3.4

初始紫外线辐射照度 initial ultraviolet irradiance

新灯点燃至电参数稳定后所测得的365 nm紫外线辐射照度值。单位：$\mu W/cm^2$。

3.5

稳定时间 stabilization time

指灯启动后，点燃至工作电流和工作电压稳定时的时间。

3.6

有效寿命 effective life

灯点燃期间紫外线辐照度值下降到初始辐照度值的70%时，累计点燃时间即为有效寿命。单位：h。

3.7

镇流器 ballast

指采用50 Hz交流电源供电的电感型镇流器和漏磁升压镇流器。

STANDARDS PRESS OF CHINA

4 型号命名规则

灯的型号应符合 QB 2274 的规定。

JLZ □/□ □/□

- 灯信息的补充部分
- 玻壳型号
- 波长(mm)
- 灯的额定功率(W)
- 金属卤化物灯紫外灯

5 技术要求

5.1 灯的型式及主要尺寸

灯的型式及主要尺寸见图 1 及表 1。

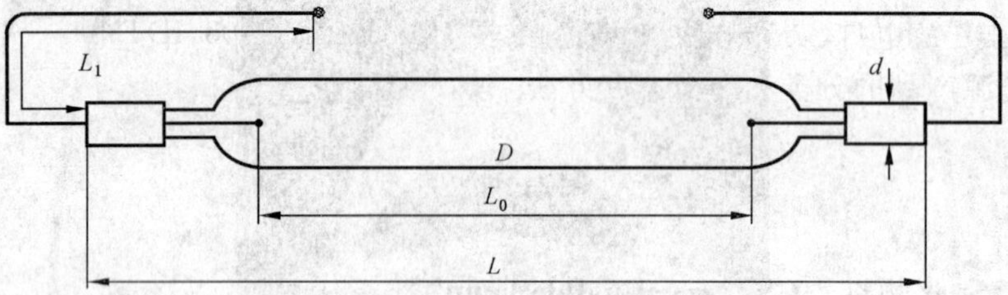

图 1 灯外型

表 1 灯的几何尺寸

单位为毫米

灯的型号	管径 D	极距 L_0	安装长度 L	灯头直径 d	导线长 L_1
JLZ1500/365T	Φ23	125	215	Φ15	130
JLZ3000/365T	Φ25	125	215	Φ15	150
JLZ3000/365T/1	Φ25	250	350	Φ15	130
JLZ6000/365T	Φ23	500	620	Φ15	130
JLZ7000/365T	Φ32	280	388	Φ15	380

5.2 灯的主要光电参数

灯的主要光电参数见表 2。

表 2 灯的光电参数

灯型号	电源电压 AC. V	额定功率 W	工作电流 A	工作电压 V	初始辐射照度 365 nm $\mu W/cm^2$	有效寿命 h	点燃形式	稳定时间 min
JLZ1500/365T	220	1 500	12	145	480	1 000	水平	5
JLZ3000/365T	380	3 000	8	400	1 380	300	水平	5
JLZ3000/365T/1	380	3 000	9	350	1 100	800	水平	5
JLZ6000/365T	380	6 000	9	750	1 600	800	水平	5
JLZ7000/365T	380	7 000	15	550	4 000	800	水平	5

5.3 灯壳表面应透明洁净,无影响紫外线输出和影响灯正常使用的缺陷。

5.4 灯的软引出线焊接要牢固，应能承受 60 s 4.9 N 的拉力试验，不应有拉脱现象。

5.5 灯的安装长度误差应控制在±2 mm 之内。

5.6 灯头与管壳应处在同一轴线上，两端灯头与管壳轴线不应有明显的偏斜。

5.7 灯头与管壳的装配应牢固，在 1 N·m 的扭力矩作用下，不应有松动现象。

5.8 灯应在电源电压(额定值)±10%的波动范围内能正常启动和点燃。

5.9 灯管工作电压应逐支测量，灯管工作电压的误差范围应控制在额定值的±10%以内。

5.10 灯应配有配套的镇流器和启动器或镇流器自身有启动功能，以保证灯可有效启动和稳定工作。

5.11 灯电源部分的镇流器和启动器应有良好的启动性能，灯在接通电源后，3 s 内应能正常点燃。

5.12 灯在 365 nm 波长的初始辐照度值应符合表 2 中的数值要求，应不低于此值的 90%。

5.13 灯的有效寿命时间应满足表 2 中对有效寿命的要求。

6 试验方法

6.1 灯管的表面质量(5.3)

可用目视法检验。

6.2 软引出线焊接点牢固度测试(5.4)

将被测灯固定于拉力试验台上，测力器勾住引出线焊片孔，沿引出线轴线方向逐渐增大拉力至 4.9 N 时，保持 60 s，试验后，引出线不应有拉脱现象。

6.3 灯的安装长度检验(5.5)

应用通用量具或标准量规进行检验。

6.4 灯头与管壳同轴性检验(5.6)

可用目视法检验。

6.5 灯头牢固度检验(5.7)

用专用扭力矩测试仪进行，扭力矩从零逐渐增加到规定值。

6.6 电源电压波动性试验(5.8)

用调压器调至额定电源电压值±10%的上下限临界值，灯应能正常启动和点燃。

6.7 灯管工作电压的测量(5.9)

应在灯稳定点燃 5 min 后用电压表测量。电参数测量系统见附录 A。

6.8 灯用配套镇流器的检验(5.10)

点灯用配套镇流器应符合灯的电参数要求，启动电流应为灯工作电流的 1.5 倍以内 (见附录 C)。工作时镇流器本体温度在 60 ℃以内，能连续稳定工作。

6.9 灯的启动性能测试(5.11)

灯的冷态情况下，镇流器、启动器与灯距离应控制在 5 m 之内(或漏磁升压镇流器的次极输出距灯 10 m 之内)，用导线连接点灯线路，灯能正常启动和点燃。连接线路见附录 A。

6.10 长波紫外辐照度的测量(5.12)

使用 365 nm 波长的紫外辐照度计测量。测试系统见附录 B。

6.11 有效寿命试验(5.13)

灯在配套的电源装置下点燃，电源每昼夜关闭不应少于 2 次，每次不少于 30 min，关闭时间不计入寿命。计算寿命时，寿命试验中偶然受机械损坏的灯，不应计算在内。允许补试，若灯的寿命已符合要求，则可不必补试。以三只被测灯寿命的算术平均值为测试结果，但单只灯寿命低于或高于平均值的 50%时，不应纳入计算。

7 检验规则

7.1 灯应由生产单位质量检验部门按本标准检验，合格后签发质量合格证方可出厂。

7.2 检验分类

灯的检验分产品出厂检验和型式检验，检验项目见表3。

7.3 出厂检验

出厂检验要对灯管逐只进行，灯体和单支包装盒上的标志(8.1、8.2)应清晰、齐全，合格后方可出厂。

表3 出厂检验及型式检验项目

检验项目	出厂检验	型式检验	技术要求	试验方法
外观	√	√	5.3	6.1
安装长度	√	√	5.5	6.3
工作电压	√	√	5.9	6.7
初始辐照度	—	√	5.12	6.10
有效寿命	—	√	5.13	6.11
软引线与灯头牢固度	√	√	5.4，5.7	6.2，6.5
管壳与灯头同轴性	√	√	5.6	6.4
启动性能	√	√	5.11	6.9
电源电压波动	—	√	5.8	6.6

7.4 型式检验

有下列情况之一时，应进行型式检验。

——新产品新规格灯试制定型；

——正式生产后，如结构、材料、工艺有较大变化时；

——正常生产的规格产品，每年进行一次；

——停产一年以上恢复生产时；

——生产中出现质量问题，随时进行技术标准检验。

型式检验为本标准技术要求中规定的全部项目。

8 标志、包装、贮存、运输

8.1 每只灯上应有下列清晰牢固的标志。

a) 灯型号规格；

b) 生产日期；

c) 商标；

d) 紫外线对人皮肤和眼睛造成伤害的提示；

e) 灯上标志的清晰度检查采用GB 19652—2005的4.2所规定的方法进行检验。

8.2 灯的单只包装盒应有良好的防震、防潮措施，盒上应有清晰牢固的标签，标签应含有以下内容：

a) 产品名称；

b) 规格型号；

c) 制造单位名称、地址、电话；

d） 制造日期；

e） 商标；

f） 符合 GB/T 191 规定的包装储运图示标志。

8.3 灯应贮存在湿度不超过 85％的干燥通风的室内，空气中不应有腐蚀性气体，灯库存期不超过 1 年。

8.4 运输时，灯的单只包装盒和外包装箱之间应装有防震材料，外包装箱上应有注明灯的名称、型号、厂名和包装日期的标签。

STANDARDS PRESS OF CHINA

附 录 A
（规范性附录）
电参数测量系统

A.1 电参数测试线路图

A.1.1 电感型镇流器测试线路见图 A.1。

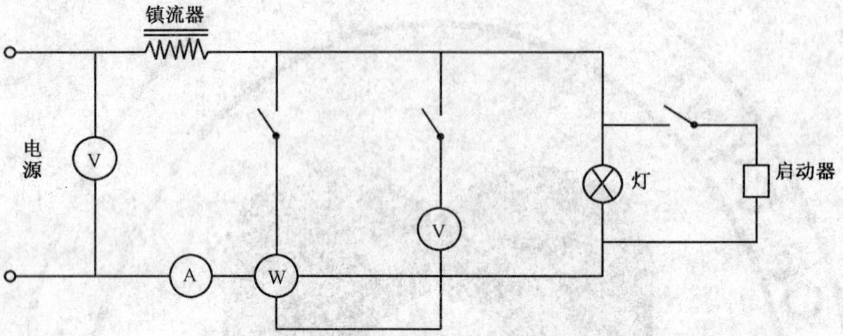

图 A.1 电感型镇流器测试线路

A.1.2 漏磁升压型镇流器测试线路见图 A.2。

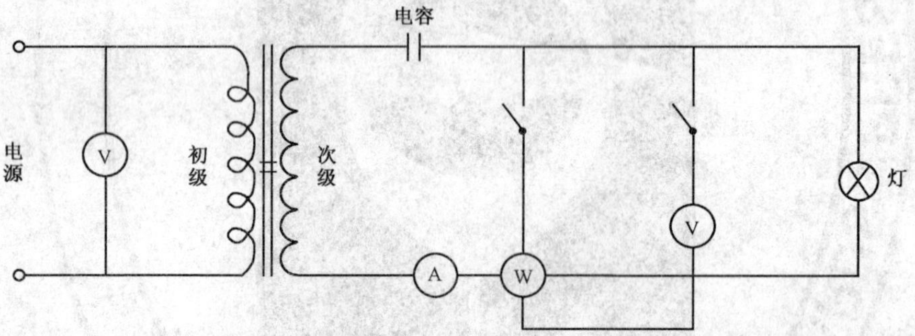

图 A.2 漏磁升压型镇流器测试线路

A.2 测试条件

A.2.1 供电电源

电源频率应稳定在 50 Hz，电源电压可视灯需要或镇流器设计而采用 220 V 或 380 V 交流电。漏磁升压镇流器可按镇流器设计初级采用 220 V 或 380 V 交流电源。电源电压应保持稳定。

A.2.2 测试仪表

电测仪表的精度应不低于 0.5 级，且不应有波形误差，与灯并联的仪表，从线路上分取的电流应不超过灯正常工作电流值的 3%；与灯串联的仪表，其电压降应不超过灯工作电压的 2%。

A.3 测试要求

A.3.1 灯点燃至工作电压额定值，在稳定 5 min 后测试。

A.3.2 在测量过程中，操作人员应采取有效措施，防止紫外线辐射灼伤眼睛和皮肤。

附 录 B
（规范性附录）
紫外线辐照度的测量方法

B.1 紫外线辐射照度的测量系统

B.1.1 紫外线辐射照度的测量系统见图 B.1。

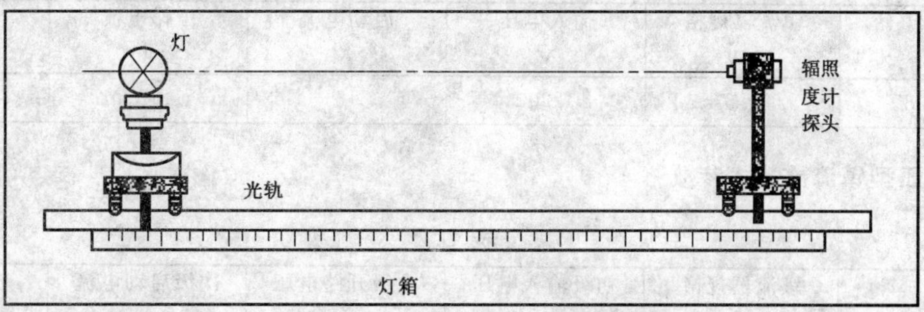

图 B.1 紫外线辐射照度的测量系统

紫外线辐射照度的测量需在不透光的专用测试箱内进行，测量时，灯以及紫外线照度计探头要精确的安装在箱内光轨支架上，灯和探头之间的距离可以自由变化并可以被准确测量。

B.1.2 点灯电源部分见附录 A。

B.1.3 光轨应平直，其长度不小于 1.5 m。

B.1.4 测试箱的内表面及其他部件应涂黑。

B.1.5 固定灯与照度计接收头的支架应能上、下、左、右、俯、仰调节。

B.1.6 辐射照度计：使用由国家认可的计量部门标定的，中心波为 365 nm 的紫外线辐射照度计。

B.2 测量步骤

B.2.1 将被测灯管固定在光轨上，灯的中部水平法线通过紫外线辐射照度计探头的中心，灯的发光体轴向应垂直于光轨并与紫外线辐照度计探头接收面平行。

B.2.2 将紫外线辐射照度计安装在光轨上，使照度计接受平面的法线与被测灯管中部的水平法线相重合。

B.2.3 调节紫外线辐射照度计的位置，使紫外线辐射照度计的接受表面距被测灯管表面的距离为 1 000 mm±1mm。

B.2.4 接通测试灯管的电源使其正常点燃至额定值稳定 5 min 后测试。

B.2.5 打开紫外线辐射照度计开关，直接读取紫外线辐射照度计的读数。

B.3 安全操作要求

在测试过程中，操作人员应采取有效措施，防止眼睛和人体皮肤裸露部分受到紫外线辐射灼伤。

附 录 C
（规范性附录）
基准镇流器参数

C.1 JLZ1500/365T 灯用电感型镇流器

表 C.1

灯管型号	镇流器规格 kW	输入电压 V	启动电流 A	工作电流 A	工作频率 Hz
JLZ1500/365T	1.5	220	16	12	50

C.2 漏磁升压型镇流器技术参数

表 C.2

灯管型号	镇流器规格 kW	初级输入电压 V	次级开路电压 V	次级启动电流 A	次级工作电流 A
JLZ3000/365T	3	380	1 000	10	8
JLZ3000/365T/1	3	380	1 200	11	9
JLZ6000/365T	6	380	1 500	11.5	9
JLZ7000/365T	7	380	1 200	18	15

ICS 29.140.01
K 70

中华人民共和国国家标准

GB/T 23113—2008

荧光灯含汞量的测定方法

Measurement of mercury level in fluorescent lamps

STANDARDS PRESS OF CHINA

2008-12-30 发布　　2009-09-01 实施

中华人民共和国国家质量监督检验检疫总局
中国国家标准化管理委员会　发布

前　言

本标准由中国轻工业联合会提出。

本标准由全国照明电器标准化技术委员会(SAC/TC 224)归口。

本标准起草单位:北京电光源研究所、北京松下照明光源有限公司、国家电光源质量监督检验中心(北京)、国家电光源质量监督检验中心(上海)。

本标准主要起草人:姚念稷、屈素辉、华树明、江姗、俞安琪。

本标准首次制定。

荧光灯含汞量的测定方法

1 范围

本标准规定了定量分析荧光灯中含汞量的测定程序。

本标准适用于所有荧光灯。

2 规范性引用文件

下列文件中的条款通过本标准的引用而成为本标准的条款。凡是注日期的引用文件，其随后所有的修改单（不包括勘误的内容）或修订版均不适用于本标准，然而，鼓励根据本标准达成协议的各方研究是否可使用这些文件的最新版本。凡是不注日期的引用文件，其最新版本适用于本标准。

GB/T 6682　分析实验室用水规格和试验方法（GB/T 6682—2008，ISO 3696:1987，MOD）

GB 18597　危险废物贮存污染控制标准

GB 8978　污水综合排放标准

3 术语和定义

本标准采用下述定义。

3.1

汞　mercury

汞是银白色易流动的金属，最大特点是在室温下成很重的液体，凝固点 −38.87 ℃，沸点 358.58 ℃，相对密度 13.593 9。化学符号 Hg，原子序数 80，原子量 200.59，属周期系ⅡB族。

3.2

汞齐　amalgam

汞齐是汞与一种或几种其他金属所形成的合金，汞有一种独特的性质，它可以溶解于多种金属（如金、银、钾、钠、锌等），溶解以后便组成了汞和这些金属的合金。

3.3

原子吸收光谱法　atomic absorption spectrometry，AAS

原子吸收光谱法，又名原子吸收分光光度法，它是基于从光源辐射出具有待测元素特征谱线的光，通过试样蒸气时被蒸气中待测元素基态原子所吸收，由辐射特征谱线光被减弱的程度来测定试样中待测元素含量的方法。

3.4

冷蒸气原子吸收光谱法　cold vapour atomic absorption spectrometry，CV-AAS

将欲分析试样中的汞离子还原成自由原子，通过测量该蒸气相中的基态原子对特征电磁辐射的吸收，以确定汞元素含量的方法。

3.5

电感耦合等离子体原子发射光谱法　inductively coupled plasma atomic emission spectrometry，ICP-AES/OES

利用高频等离子体使试样原子化或者离子化，通过测量激发原子或离子的能量对应的波长来确定试样中存在的元素。

4 测量值的表达方式和分析过程的注意事项

4.1 按照此标准测量的汞含量应包含两位有效数字。

4.2 测量应重复进行三次或更多，并计算出平均值。

4.3 在处理样品前应作空白测试，以确定空白值不会影响样品的测量值。

5 样品准备

荧光灯中的汞存在以下三种状态：

——灯中的气态

——液态金属或氧化物

——汞齐

虽然最近部分荧光灯中充的是汞齐以精确控制灯中的汞，但是依然有很多荧光灯充的是金属态汞。

在测量荧光灯中的汞的总量时，考虑到在室温下汞的蒸气压，不需要考虑灯中的气态汞，因为此时气态汞的量是很少的。

测量汞的总量，即测量金属态汞、氧化态汞和汞齐的量。

金属态汞和氧化态汞能够很容易地被硝酸消解，然而一些种类的汞齐（如：Ti/Hg，Bi/Pb/Sn/Hg等）不能被硝酸完全消解掉，因而需要混合别的酸。

本方法包含了消解金属态汞和氧化态汞的方法（6.1），也包含了消解一些汞齐的方法（6.2）。

计算全部的汞含量要将金属态汞、氧化态汞和汞齐的测量值加起来。

6 汞及汞齐的消解

6.1 荧光灯中金属态汞和氧化态汞的消解方法

6.1.1 器具

1) 注射器；

2) 烧杯，容量瓶，吸液管；

3) 滤纸，过滤漏斗；

4) 锉刀，剪刀，锤子，钳子，橡胶管，用来加热的 Ni/Cr 丝和电源，用于玻璃器皿和玻璃棒的炉子；

5) 电热板或其他加热装置。

6.1.2 试剂

除非另有说明，在分析中仅使用分析纯以上试剂（且汞含量不能超过 1 ngHg/mL）和 GB/T 6682 规定的一级水。

1) 硝酸：ρ=1.4 g/mL，65%（m/m），以后使用到的硝酸都是该硝酸；

2) 硝酸（1+1）：硝酸与水等体积混合；

3) 高锰酸钾：5%水溶液（m/V），每 100 mL 水溶解 5 g 高锰酸钾。

6.1.3 取样方法

不含汞齐的荧光灯按照方法 6.1.3.1 或 6.1.3.2 处理。

含有汞齐的荧光灯按照方法 6.1.3.2 处理。

6.1.3.1 在灯管中注入硝酸消解汞

1) 去掉灯头（仅一端的灯头），打破排气管细管封离部。

2) 将合适量的硝酸（1+1）注入灯管（例如：30 mL 每 40 W 灯）[1)]。

---

1) 通过利用灯管内部和大气压之间的压力差，在取掉排气细管后，稀硝酸可以很容易地通过灯与烧杯之间的橡胶管被吸入灯中（图 2）。

3） 润洗荧光灯的内壁，直至没有荧光粉再掉下来。一旦溶液溢出，则终止操作，换另一支灯重新开始。密封排气管细管，用电热板或其他方式加热灯管中的溶液至 80 ℃～100 ℃保持 40 min。此时荧光灯中的汞将被完全消解。

4） 在灯管一端靠近电极处切断灯管，将溶液倒入烧杯。

5） 将 20 mL 硝酸(1＋1)注入灯中，然后倒入前一烧杯中；之后，用大约 20 mL 水清洗灯管内壁。水也应该加入前面的溶液中。

6） 在灯管另一端靠近电极处切断灯管。充分冲洗灯管内壁[2]。

7） 将两电极间的灯丝和内导线去掉。用 5 mL 硝酸(1＋1)和少量的水冲洗两电极部分，洗液并入前面的烧杯中。

8） 溶液经滤纸过滤后，移入容量瓶中。用水充分地冲洗滤纸，向容量瓶中加入 1～2 滴高锰酸钾溶液使溶液呈现浅紫红色，并加水使液面达到标记线，即为测试溶液[3]。

STANDARDS PRESS OF CHINA

图 1　用注射器注入硝酸

2） 如果灯管内壁不能充分地冲洗干净，将对测试结果造成负误差。

3） 这个样品溶液能够低温(如：在冰箱中)储存一周。然而，稀释后的测试溶液应该当天进行测试。

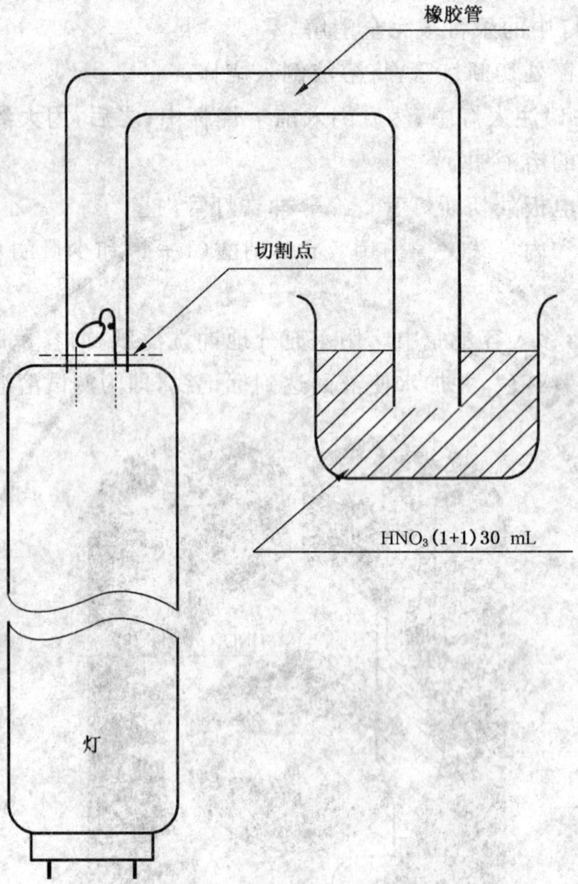

图 2 吸入方式注入硝酸

6.1.3.2 打碎灯管在烧杯中消解汞

1) 用刀去掉灯头和焊泥。

2) 用挫刀在靠近灯头部位划出锉痕。

3) 用红热的玻璃棒或 Ni/Cr 丝接触这划痕，使出现裂纹，使灯管漏气至大气压压力。

4) 从灯管中取出汞齐，按照 6.2 的方法进行消解。

5) 用水润湿灯管内部的所有地方，以防打碎灯管时溅出汞和荧光粉。将这些水收集到烧杯里。

6) 把灯管弄碎，可以在厚的塑料袋里用橡皮锤从外部敲碎，也可以在烧杯里用钳子夹碎(为了防止弄破塑料袋，使用钳子可以让碎片更小而不用反复地用锤子敲)。

7) 把灯管的碎片移入烧杯，并用水涮洗塑料袋内部。

8) 烧杯中加入约 30 mL(1＋1)浓度的硝酸。用吸液管冲洗灯管碎片，直到再没有荧光粉从碎片上掉下。在电热板上(或其他加热装置)加热烧杯，保持温度在 80 ℃至少 1 h。

9) 等样品溶液冷却到室温后，用滤纸过滤，移入容量瓶中。用水淋洗滤纸各处，向容量瓶中滴加 1～2 滴高锰酸钾使溶液呈浅紫红色，并加水至标记线处，成为测试溶液[4]。

---

4) 这个样品溶液可以存放一周，但是稀释后的测试溶液应该当天进行测试。
稀释的量取决于灯的形状，因为使用汞齐的灯管里的汞浓度是很低的，稀释的量应该尽可能地小。

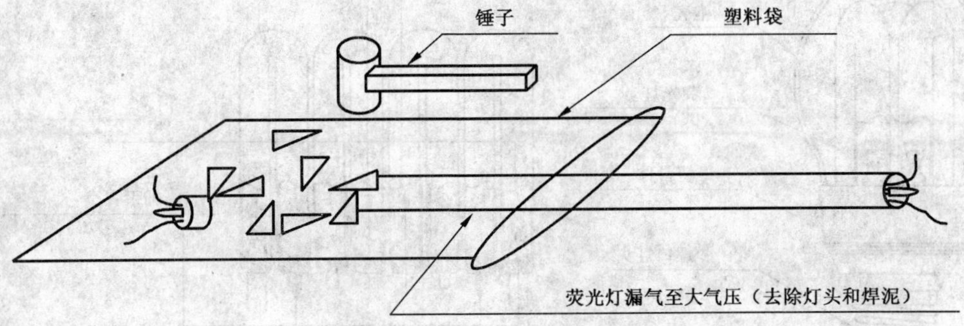

图 3　破碎灯的方法示意图

6.2　汞齐的消解

6.2.1　钛汞齐

图 4 为荧光灯中钛汞齐的示例图。

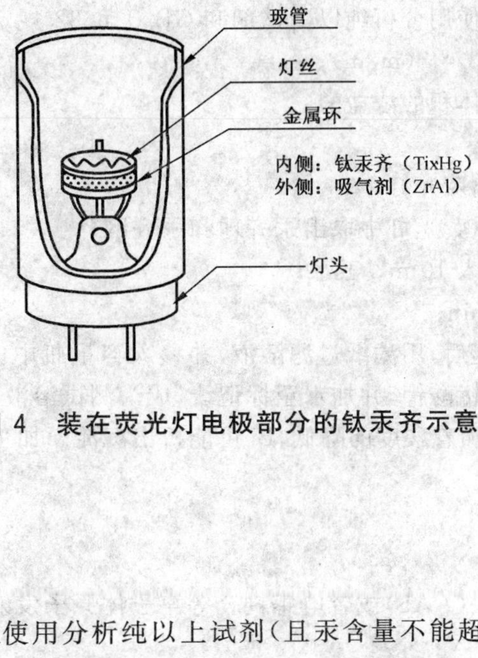

图 4　装在荧光灯电极部分的钛汞齐示意图

6.2.1.1　玻璃器具

1）　圆底烧瓶，烧杯；

2）　回流冷凝器。

6.2.1.2　试剂

除非另有说明，在分析中仅使用分析纯以上试剂（且汞含量不能超过 1 ngHg/mL）和 GB/T 6682 规定的一级水。

1）　硫酸：ρ=1.84 g/mL，95％（m/m），下文提到的硫酸均指这样的硫酸；

2）　硫酸（1＋1）：等体积的硫酸与水混合；

3）　硝酸（1＋1）：等体积的硝酸与水混合。

6.2.1.3　钛汞齐的分解

从灯里取出汞齐和金属环（6.1.3.2），放在圆底烧杯中，连接上回流冷凝装置，并通冷却水。然后加入 10 mL 硫酸（1＋1）并温和加热大约 30 min。再加入 5 mL 硝酸（1＋1）并加热，直到白雾都已放出。再加入 5 mL 硝酸（1＋1）并加热，直到一些形成的盐完全溶解并冷却。

6.2.2　汞齐球和汞齐网

图 5 为荧光灯中装配的汞齐球和汞齐网的示意图。

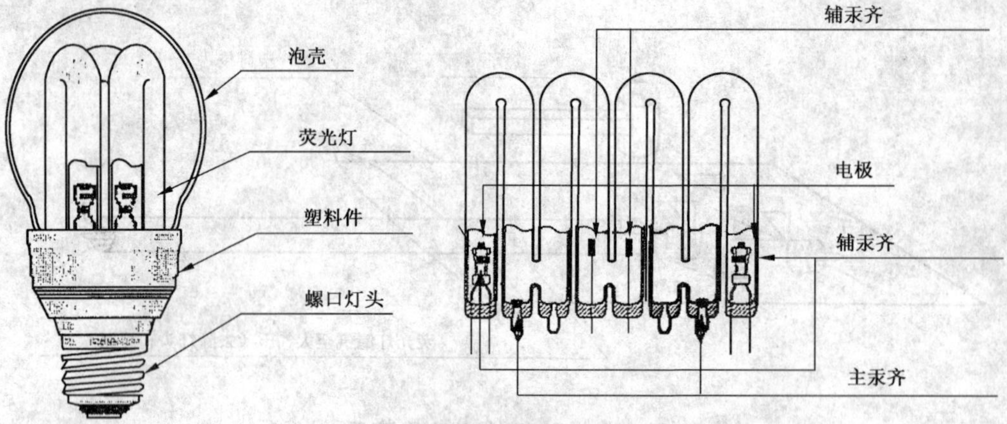

图 5 荧光灯中装配的汞齐球和汞齐网

6.2.2.1 玻璃器具

1） 烧杯；

2） 表面皿。

6.2.2.2 试剂

除非另有说明，在分析中仅使用分析纯以上试剂和 GB/T 6682 规定的一级水。

1） 盐酸：ρ=1.16 g/mL，37%（m/m）；

2） 王水：浓硝酸混合三倍体积的浓盐酸。

6.2.2.3 汞齐球的分解

1） 从塑料件中小心地取出荧光灯；

2） 让荧光灯缓慢漏气。从荧光灯中取出汞齐球和汞齐网；

3） 把它们放在烧杯中，加入 10 mL 王水；

4） 加热至 80 ℃保持 90 min；

5） 当样品溶液冷却至室温后，用滤纸过滤溶液，并移入容量瓶中。用水淋洗滤纸各处，最后向容量瓶中加入 1～2 滴高锰酸钾，并加水至标记线，成为测试溶液。

注意：当溶液中含有 Bi 时，随着酸度的降低，Bi 可能析出沉淀。加王水使酸浓度超过 10V/V%，避免盐的沉积。

7 测试

使用冷蒸气原子吸收光谱法（AAS）或者电感耦合等离子体原子发射光谱法（ICP-AES/OES）。

7.1 冷蒸气原子吸收光谱法

7.1.1 简述

使用硼氢化钠或氯化亚锡（Ⅱ）作为还原剂，生成原子态的汞，并被送到吸收池中。检测紫外区 253.7 nm 谱线的吸光度来测量包含汞和荧光粉的测试溶液中的汞浓度。用高锰酸钾进行前处理的步骤可以省略，因为灯中不含有机化合物。

7.1.2 仪器和玻璃器具

1） 容量瓶，吸液管；

2） 原子吸收光谱仪：AAS：该仪器能在给定范围内给出原子吸收的信号和精确度；

3） 氩气：高纯氩气，纯度至少为 99.99%（V/V）。

注意：因汞极易被污染，试验中的每一个步骤都应极其小心，所有取样、储存与操作装置均应无汞（Hg）。所有的器皿在室温下以 1 mol/L 的硝酸浸泡 24 h，再以一级水彻底清洗。

下面给出了原子吸收光谱仪系统示意图：

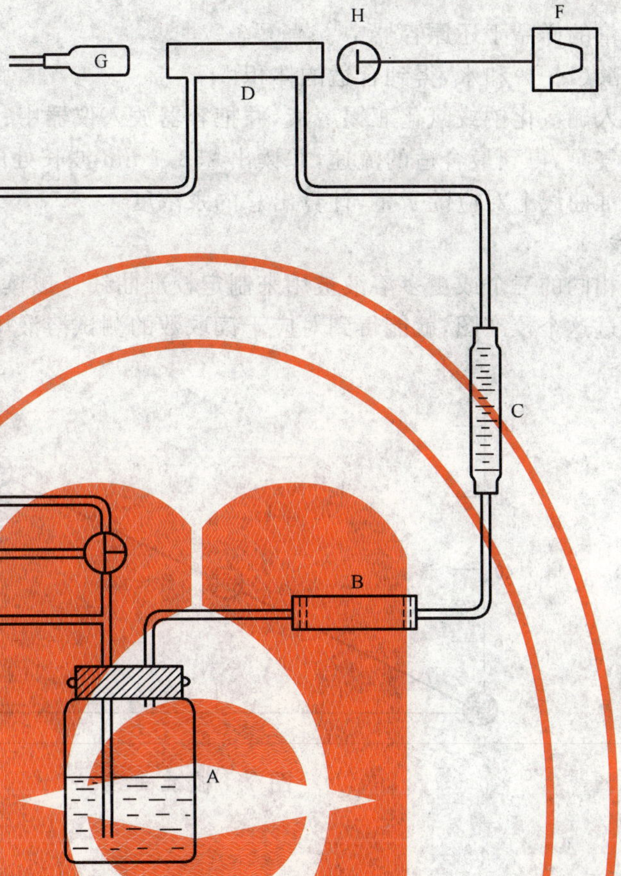

A——还原的容器；
B——干燥管；
C——流量计；
D——吸收池；
E——空气泵；
F——记录仪；
G——汞空心阴极灯或汞灯；
H——原子吸收光谱仪的探测器；
I——汞消除装置。

图6　封闭式装置结构示意图

STANDARDS PRESS OF CHINA

7.1.3　试剂

除非另有说明，在分析中仅使用分析纯以上试剂（且汞含量不能超过1 ngHg/mL）和GB/T 6682规定的一级水。

1）　硫酸(1+1)：等体积的硫酸与水混合。

2）　硫酸(1+20)：1体积硫酸与20体积水混合。

3）　AAS用还原剂：

3%(m/V)$NaBH_4$ 和 1%(m/V)NaOH：先用水溶解10.0g NaOH(分析纯)，再加入30.0 g $NaBH_4$，最后在1 000 mL容量瓶中定容。当天配制。

或10%(m/V)$SnCl_2$：取10 g干燥氯化亚锡(分析纯)于烧杯中，加入60 mL硫酸(1+20)，加热并搅拌使之溶解。冷却后，在容量瓶中加水定容至100 mL。该溶液可存放一周。

4）　汞标准溶液：1 000 μg/mL。用于校准曲线的汞标准溶液应该在测试的当天稀释。

7.1.4 操作

1) 取一定量的样品于还原容器中[5)]；

2) 加入硫酸(1+1)和水，得到合适的体积[6)]；

3) 快速加入硼氢化钠或氯化亚锡溶液，并把容器放入仪器中；

4) 启动空气泵，得到最合适的流速，并读出253.7 nm波长处的值；

5) 找到校准曲线上对应的汞量，计算出总的汞浓度。

7.1.5 校准曲线

汞浓度各不相同的三个或更多溶液被用来制定校准曲线。以读取值与浓度值之间的相对校准曲线作为校准线。通过这个校准图，就能得到对应于读取数的测试溶液中的汞浓度。

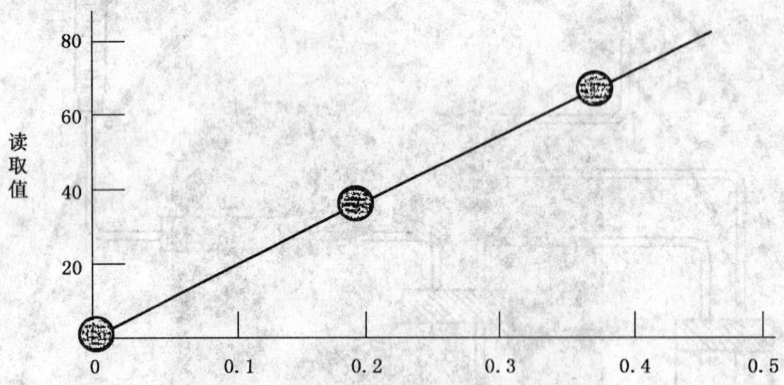

图7 校准曲线

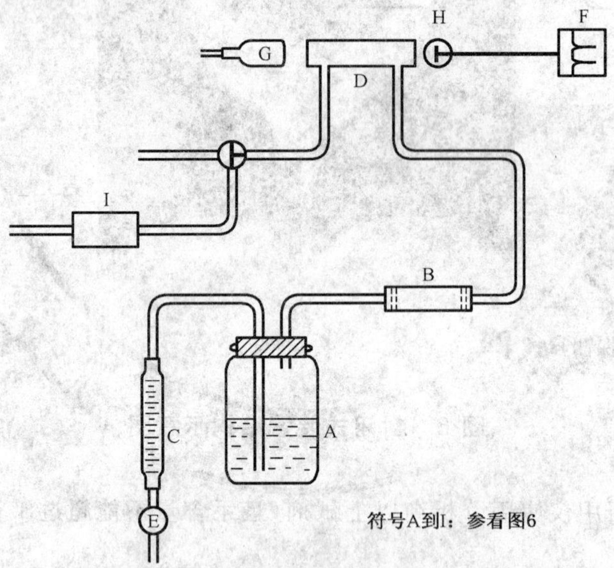

图8 开放型充气装置示意图

7.2 电感耦合等离子体原子发射光谱

7.2.1 概述

用硝酸或混酸(硝酸和别的酸)消解掉汞以后，不可溶的化合物被过滤除掉。将适当稀释后的样品溶液喷入等离子区，测量汞的原子发射强度。

---

5) 取用1 mL或更多的样品溶液，以避免误差过大。

6) 该溶液应尽快测量，以避免汞浓度的测得值低于实际值。

7.2.2 **仪器和玻璃器具**

1) 电感耦合等离子体原子发射光谱仪:ICP-AES/OES;

该仪器对于一定的目标测量物和浓度范围给出具有合适灵敏度和稳定性的光发射强度;

2) 氩气:高纯氩气,纯度至少为 99.99%(V/V);

3) 玻璃器具:干净的烧杯和容量瓶。

注意:因汞极易被污染,试验中的每一个步骤都应极其小心,所有取样、储存与操作装置均应无汞(Hg)。所有的器皿在室温下以 1 mol/L 的硝酸浸泡 24 h,再以一级水彻底清洗。

图 9 给出了 ICP-AES 的示意图。

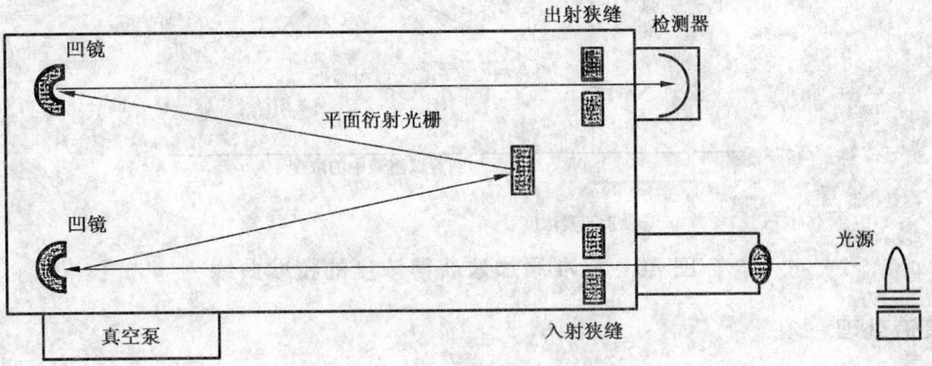

图 9 使用连续光谱(示例)的分光光路部分

7.2.3 **试剂**

1) 水:GB/T 6682 规定的一级水;

2) 汞标准溶液:1 000 μg/mL。用于校准曲线的溶液,应该用汞标准溶液当天稀释配置。

7.2.4 **测试条件的设定**

等离子体输出、光度计高度、载体气体的流量等都需要调节至最适宜的条件。

当测试完高汞浓度的样品后再测试低浓度样品时,可能存在记忆效应。为了避免记忆效应,应确认溶液中的汞浓度,或一定的清洗时间直到没有记忆效应。

7.2.5 **定量分析**

1) 选择波长在 194.2 nm 的汞分析线来测量光发射强度。当光谱干涉不存在时,253.7 nm 的分析线或别的光谱线也可使用。

2) 因为样品溶液中的共存元素在汞分析线上存在光谱干涉,故可以通过将溶液喷入等离子区[7]后在汞分析线附近扫描来选择没有光谱干涉的汞光谱线。

3) 为避免荧光粉基质的影响,应使用标准添加法[8]。将等量的测试溶液制成至少四个样品溶液,其中一个不添加汞元素,另外至少三种溶液中分别添加不同浓度的汞元素。

4) 溶液被注入等离子区后,就可测量汞的原子发射强度。光发射强度与测试溶液中汞元素的关系曲线如图 10 所示。根据图中横坐标轴(汞浓度)上的截距可得到测试溶液中的汞元素的光发射强度(浓度)。荧光灯里的汞含量可由下面的公式计算得到:

$$W = A \times C \times V / 1\,000$$

---

7) 由于等离子体和共存元素的光谱线和连续光谱偶然会相互叠加,形成光谱干涉,推荐选择没有光谱干涉的分析线。当光谱干涉存在时,使用标准添加法计算出来的汞浓度的干涉度应小于测试溶液中汞浓度的 1/100。

8) 该方法仅适用于以下的情况:不存在光谱干涉;或者背景和光谱干涉都经过定期修正,并且在校准曲线的低浓度区域,光的发射强度和汞浓度之间依然保持有良好的线性关系。

这里：

W——荧光灯中汞含量(mg)；

A——稀释比例；

C——测试溶液中汞浓度(μgHg/mL)；

V——测试溶液的体积(mL)。

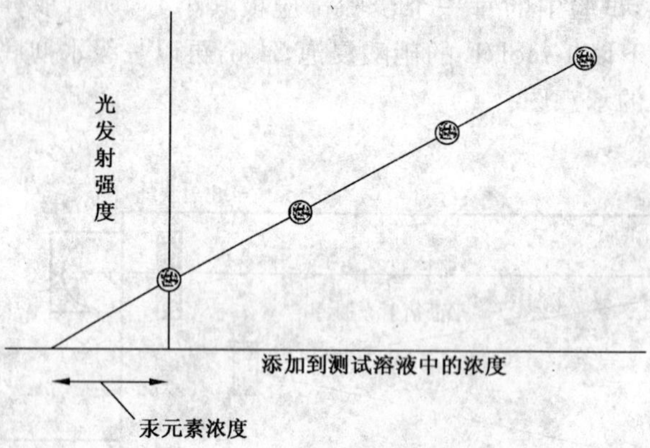

图 10 标准添加法获得浓度的校准曲线

8 废气和废液处理

1) 含汞废液应单独存放，符合 GB 18597 规定的贮存要求，并交由具有汞废液处理资质的单位收集处理；

2) 测试仪器应具有尾气吸收装置，测试废液的排放应符合 GB 8978 标准的要求。

ICS 97.195
Y 87

中华人民共和国国家标准

GB/T 23114—2008

竹编制品

Plaited bamboo products

2008-12-30 发布　　2009-09-01 实施

中华人民共和国国家质量监督检验检疫总局
中国国家标准化管理委员会　发布

前　言

本标准由中国轻工业联合会提出。

本标准由全国日用杂品标准化中心归口。

本标准主要起草单位:宁波开诚工艺品有限公司、北京市轻工产品质量监督检验一站、宁波市鄞州区蔺业经济联合总会、宁波华备编织品有限公司、宁波天韵农业开发有限公司、宁波黄古林工艺品有限公司、宁波市鄞州兴明工艺编织品有限公司、宁波市鄞州恒业工贸有限公司、宁波市鄞州大自然工艺编织品厂。

本标准主要起草人：李传和、陈志福、余自生、李秉刚、宣林峰、李建伟、毛国光、陆浩成、王绍剑、章敏辉、杨颖梅、程小虎、宫宝利。

竹 编 制 品

1 范围

本标准规定了竹编制品的相关术语和定义、产品分类、要求、试验方法、检验规则、标志、包装、运输、贮存。

本标准适用于用竹材或以竹材为主配以织物材料编织而成的竹编制品。

2 规范性引用文件

下列文件中的条款通过本标准的引用而成为本标准的条款。凡是注日期的引用文件，其随后所有的修改单(不包括勘误的内容)或修订版均不适用于本标准，然而，鼓励根据本标准达成协议的各方研究是否可使用这些文件的最新版本。凡是不注日期的引用文件，其最新版本适用于本标准。

GB/T 2828.1—2003 计数抽样检验程序 第1部分：按接收质量限(AQL)检索的逐批检验抽样计划(ISO 2859-1:1999,IDT)

GB/T 2829—2002 周期检验计数抽样程序及表(适用于对过程稳定性的检验)

GB/T 2912.1—1998 纺织品 甲醛的测定 第1部分：游离水解的甲醛(水萃取法)

GB/T 17592—2006 纺织品 禁用偶氮染料的测定

GB 18401—2003 国家纺织产品基本安全技术规范

3 术语和定义

下列术语和定义适用于本标准。

3.1

经线 the warp

平行于竹编制品表面长度方向的线条。

3.2

纬线 the weft

垂直于竹编制品表面长度方向的线条。

3.3

断丝 broken bamboo filament

竹丝的断裂。

3.4

缺丝 flawed bamboo filament

竹编制品表面按照原先的编织组织结构缺少了一部分竹丝。

3.5

透胶 adhesive seepages

胶黏剂渗透在竹编制品表面，致使受到污染。

4 产品分类

按产品的使用性能分为竹席、竹垫、竹枕、竹地毯、竹帘等。

5 要求

5.1 材料

5.1.1 产品所用竹材生长期应在 3 a 以上。

5.1.2 编织竹材颜色、粗细均匀，不应有发霉现象。

5.2 外观

5.2.1 产品表面

5.2.1.1 表面应光滑平整，色泽一致，不应有污迹和发霉现象及明显的断线、断丝、缺丝、透胶现象。

5.2.1.2 表面应编织紧密、均匀，无明显瑕疵。

5.2.1.3 表面图案清晰，层次分明。印花、烫花无重叠；绣花平整、贴绣平服，无明显漏绣。

5.2.2 包边、卷边、针码

5.2.2.1 包边应平顺、牢固、不起皱、不翻毛边。包角方正牢固，圆角圆滑润贴。

5.2.2.2 卷边整齐、平顺、无锯齿、无破裂、修边光平。

5.2.2.3 针码均匀、无跳针，竹丝类每 30 mm 内针码不少于 6 针，竹板类每 30 mm 内针码不少于 4 针。

5.3 规格尺寸及允差

5.3.1 应明示长度和宽度的尺寸。

5.3.2 长度允许偏差±20 mm，宽度允许偏差±10 mm。

5.4 安全、卫生

5.4.1 甲醛含量

不大于 75 mg/kg。

5.4.2 可分解芳香胺染料

应符合 GB 18401—2003 中相关要求。

5.4.3 染色牢度

染色部位不应脱色。

5.4.4 针头及金属异物

产品中不应含有针头及其他金属异物。

6 试验方法

6.1 材料

目测。

6.2 外观

平铺在自然光线下或在 40 W 日光灯下目测检查。

6.3 规格尺寸及允差

用钢卷尺进行测量。

6.4 安全、卫生

6.4.1 甲醛含量

按 GB/T 2912.1—1998 规定的方法进行测试。

6.4.2 可分解芳香胺染料

按 GB/T 17592—2006 规定的方法测试，检出限为 20 mg/kg。

6.4.3 染色牢度

用充分浸透 65%乙醇的脱脂纱布，在染色部位用力往返擦拭 10 次，目测观察脱脂纱布上是否有颜色。

6.4.4　针头及金属异物

用检针器检测。

7　检验规则

7.1　产品须经产品质量部门检验合格后方可出厂，并附有产品使用说明及质量检验合格证。

7.2　检验分类

7.2.1　出厂检验

出厂检验按 GB/T 2828.1—2003 一般检验水平Ⅰ正常检查一次抽样方案，检验项目、要求、试验方法、不合格分类、样本大小、接收质量限 AQL 值见表 1。

表 1　出厂检验

序号	检验项目	要求	试验方法	不合格分类	样本大小	接收质量限 AQL 值
1	材料	5.1	6.1	B	4	6.5
2	外观	5.2	6.2			
3	规格尺寸及允差	5.3	6.3			
4	针头及金属异物	5.4.4	6.4.4			

7.2.2　型式检验

7.2.2.1　有下列情况之一时，应进行型式检验：

a)　新产品或老产品转厂生产的试制定型鉴定；

b)　正式生产后，原材料、工艺等发生较大改变，可能影响产品性能时；

c)　正常生产后，对批量产品进行抽样检查，每年至少一次；

d)　产品停产半年后，恢复生产时；

e)　出厂检验结果与上次型式检验结果有较大差异时；

f)　国家产品质量监督机构提出进行型式检验要求时。

7.2.2.2　型式检验采用 GB/T 2829—2002 判别水平Ⅱ的一次抽样方案，检验项目、要求、试验方法、不合格分类、样本大小、不合格质量水平 RQL 值及判定数组见表 2。一项不合格即判定为型式检验不合格。

表 2　型式检验

序号	检验项目	要求	试验方法	不合格分类	样本大小	不合格质量水平 RQL 值	判定数组 Ac	判定数组 Re
1	材料	5.1	6.1	B	3	100	1	2
2	外观	5.2	6.2					
3	规格尺寸及允差	5.3	6.3					
4	甲醛含量	5.4.1	6.4.1	A	按测试要求取样，不符合 5.4.1，5.4.2，5.4.3 中规定则判定为不合格			
5	可分解芳香胺染料	5.4.2	6.4.2					
6	染色牢度	5.4.3	6.4.3					
7	针头及金属异物	5.4.4	6.4.4	A	3	50	0	1

STANDARDS PRESS OF CHINA

8 标志、包装、运输、贮存

8.1 标志

8.1.1 产品上应有如下中文内容：

a) 产品名称；

b) 生产厂厂名、厂址；

c) 产品质量检验合格证；

d) 产品执行标准编号；

e) 规格、尺寸；

f) 商标；

g) 使用说明(使用、维护保养及贮存方法)。

8.1.2 产品包装箱应有如下中文内容：

a) 产品名称；

b) 制造厂名、厂址；

c) 产品型号；

d) 规格尺寸、数量。

8.2 包装

包装物应牢固，无破损、防挤压、防潮。

8.3 运输

产品搬运时应轻装轻卸，切勿重压。

8.4 贮存

存放在干燥、通风的仓库内、避免阳光直射。

ICS 97.220.30
Y 56

中华人民共和国国家标准

GB/T 23115—2008

乒　乓　球　拍

Table tennis racket

2008-12-30 发布　　　　2009-09-01 实施

中华人民共和国国家质量监督检验检疫总局
中国国家标准化管理委员会　发布

前 言

本标准的主要技术内容采用了国际乒乓球联合会技术手册 T4(2007 年 7 月 5 日版)。

本标准由中国轻工业联合会提出。

本标准由全国文体用品标准化中心归口。

本标准起草单位:上海红双喜股份有限公司、广州双鱼体育用品集团有限公司、青岛润丰实业总公司青岛球拍厂、盐城市艾斯特体育器材有限公司。

本标准主要起草人:周云峰、梁灿明、左奎清、王旭升。

乒 乓 球 拍

1 范围

本标准规定了乒乓球拍的分类、要求、试验方法、检验规则及标志、包装、运输、贮存。

本标准适用于竞赛、练习用的覆盖有胶粒片或海绵胶粒片的乒乓球拍，也适用于作为单独商品的未覆盖胶粒片或海绵胶粒片的乒乓球拍、作为单独商品的胶粒片和海绵胶粒片。

2 规范性引用文件

下列文件中的条款通过本标准的引用而成为本标准的条款。凡是注日期的引用文件，其随后所有的修改单(不包括勘误的内容)或修订版均不适用于本标准，然而，鼓励根据本标准达成协议的各方研究是否使用这些文件的最新版本。凡是不注日期的引用文件，其最新版本适用于本标准。

GB/T 191 包装储运图示标志(GB/T 191—2008，ISO 780：1997，MOD)

GB/T 2828.1—2003 计数抽样检验程序 第1部分：按接收质量限(AQL)检索的逐批检验抽样计划(ISO 2859-1：1999，IDT)

GB/T 2829—2002 周期检验计数抽样程序及表(适用于对过程稳定性的检验)

3 分类

3.1 按产品质量分类

3.1.1 球拍分为优等品、一等品和合格品。

3.1.2 底板分为优等品和一等品。

3.1.3 胶粒片和海绵胶粒片分为优等品和一等品。

3.2 按胶粒片分类

3.2.1 齿粒朝里的为反胶(in)。

3.2.2 齿粒朝外的为正胶(out)。

3.2.3 齿粒朝外，且齿粒高度与齿粒直径之比＞0.89 为长胶(long)。

4 要求

4.1 通用要求

4.1.1 用来击球的拍面应用一层齿粒向外的胶粒片覆盖，连同粘合剂，厚度应不超过 2 mm；或者用齿粒向内或向外的海绵胶粒片覆盖，连同粘合剂，厚度应不超过 4 mm。

4.1.2 底板、底板中的任何夹层以及用来击球一面的任何覆盖物及粘合层均应为由同一类材料构成的且厚度均匀的一个整体。

4.1.3 半透明的胶粒片不应用在会明显改变表面颜色的海绵或底板上。

4.1.4 底板上可涂有一层透明的薄漆，但漆膜厚度应不超过 0.1 mm。

4.1.5 不应有开胶现象。

4.1.6 底板与胶粒片或海绵胶粒片的粘接结合力应≥4 N。

4.1.7 球拍的外观应符合表 1 的要求。

表 1

序号	项目	要　求		
		优等品	一等品	合格品
1	表面	完整光洁,无节疤,无拼缝、凹陷、压痕等	较完整光洁,无明显拼缝、节疤、凹陷、压痕等	较光洁,拼缝严密,无明显凹陷、压痕等
2	颜色	球拍的两面不论是否有覆盖物,一面应为红色,另一面应为黑色		—
3	胶粒片色泽	均匀	较均匀	
4	光泽度	球拍的两面,无论是否粘有覆盖物,表面的光泽度应不超过 24%。	—	
5	嵌入商标	色泽鲜艳,字迹、图案清晰完整,嵌入拍柄后无明显凹凸感	商标字迹、图案完整,嵌入拍柄后无明显不适感	商标字迹、图案完整

4.2　球拍的底板构成

4.2.1　优等品、一等品球拍的底板厚度 85%以上的材料应是天然木材。

4.2.2　底板可以使用胶合板,不应使用纤维板、刨花板和合成材料。

4.2.3　底板的粘合层允许加入纤维材料,但厚度不能超过底板厚度的 7.5%或 0.35 mm,二者取较小数。

4.2.4　底板的各层单板允许拼接,但不应跨层拼接。每层的材质应相同,纹理方向应保持一致。

注:4.2 的规定只对底板主体有效。拍柄不受其限制。

4.3　海绵及胶粒片

4.3.1　胶粒片和海绵应用橡胶等高分子材料制成。

4.3.2　胶粒片的一面应有胶粒,另一面应是平面的。

4.3.3　胶粒片的齿粒应是圆柱体、圆台体或它们的组合。平行于齿粒顶端表面的任一圆截面的直径应不小于齿粒顶端直径,它们的对称轴应垂直于底面。

4.3.4　胶粒截面尺寸应符合表 2 的要求。

表 2

序号	项目	要　求		
		优等品		一等品
		正胶、长胶	反胶	
1	胶粒顶部直径/mm	1.0～2.2	≥1.0	≥1.0
2	胶粒高度/mm	≥1.0	≥0.5	≥0.5
3	胶粒顶部间距离/mm	1.0～2.0	≥0.5	≥0.5
4	胶粒高度与直径之比	≤1.10		

4.3.5　胶粒顶端平面应与底面平行。它可以是光滑的,也可以是粗糙的,但不应形成凹窝。

4.3.6　胶粒应沿着三组彼此成 60°角度的平行线均匀分布。

4.3.7　胶粒的分布密度为 10 粒/cm^2～30 粒/cm^2。

4.3.8　胶粒片的颜色应采用红色或黑色两种颜色。

4.3.9 胶粒片不应有缺粒现象。

4.3.10 优等品和一等品的海绵胶粒片组合中只应使用一层海绵。

4.3.11 胶粒片和海绵胶粒片可附带厚度不大于 0.1 mm 的压敏胶。

4.3.12 优等品胶粒片其正面商标的高度应不小于 0.2 mm。

4.3.13 优等品反胶表面的光泽度应不超过 24%。

4.3.14 胶粒片和海绵胶粒片的外观质量应符合表 3 的要求。

表 3

序号	项目	要求	
		优等品	一等品
1	表面划痕	无	不明显的划痕不多于 2 处
2	胶合	结合完整。无透胶,无夹层气泡	
3	胶粒片杂质	不能去除的 0.3 mm^2 的杂质不多于 1 处	不能去除的 0.3 mm^2 的杂质不多于 3 处
4	胶粒片色泽	均匀	
5	型号及商标	完整、清晰	

4.4 独立底板的特殊要求

4.4.1 对所标示的底板质量,其偏差:优等品为±3.0 g,一等品为±5.0 g。

4.4.2 底板应平整。其最大测量间隙值,优等品应小于 0.3 mm,一等品应小于 0.5 mm。

4.4.3 底板的外观质量应符合表 4 的要求。

表 4

序号	项目	要求	
		优等品	一等品
1	表面	整体光洁,无毛糙感,无节疤、拼缝、缺损、凹陷、压痕,色泽一致	整体光洁,无毛糙感,无节疤、无明显拼缝、缺损、凹陷、压痕
2	胶合	不应有开胶、开裂、透胶	不应有开胶、开裂,无明显透胶
3	烫印	字迹清晰完整	字迹清晰
4	印刷	字迹、图案清晰完整	字迹、图案清晰
5	嵌入商标	字迹、图案清晰完整,嵌入拍柄后无明显凹凸感	字迹、图案清晰完整,嵌入拍柄后无明显不适感

5 试验方法

5.1 4.1.1、4.1.4、4.3.11、4.3.12 要求用分度值为 0.02 mm 的游标卡尺及其他同等精度之量具测量。

5.2 底板的结构用精度为 0.01 mm 的读数显微镜测量。

5.3 齿粒形状与尺寸用精度为 0.01 mm 的读数显微镜测量。任取 3 个齿的平均值为测量值。

5.4 相交齿粒排列的角度的测量:用量角器测量相邻的任意 2 齿之连线间的夹角。

5.5 光泽度用 60°光泽度仪测量。

5.6 胶粒分布密度的测量:用 10 mm×10 mm 标准孔板覆盖在样品上,数出孔中的胶粒数即为胶粒密度。不满一粒的按实际面积累加计算。

5.7 底板质量的测量: 将底板放置在温度为 20 ℃～25 ℃,相对湿度为 50%～60%的环境里平衡

48 h后，用感量为 0.5 g 的天平或电子秤测量。

5.8　底板平面度用精度为 1 级的 300 mm 刀口形直尺测量。

用刀口形直尺分别放置于两拍面，作平面内 360°旋转，用塞尺测量其凹面间隙最大值。

5.9　底板与胶粒片或海绵胶粒片的粘接结合力用图 1 所示的装置测量。

操作方法：

1)　把球拍肩处海绵胶粒片与底板之间分离横向宽度 7 cm；

2)　用固定板夹紧球拍；

3)　用带重锤的夹子夹住海绵胶粒片，使夹子和重锤产生 4 N 力；

4)　保持 1 min，以目测海绵胶粒片与底板之间是否拉开。

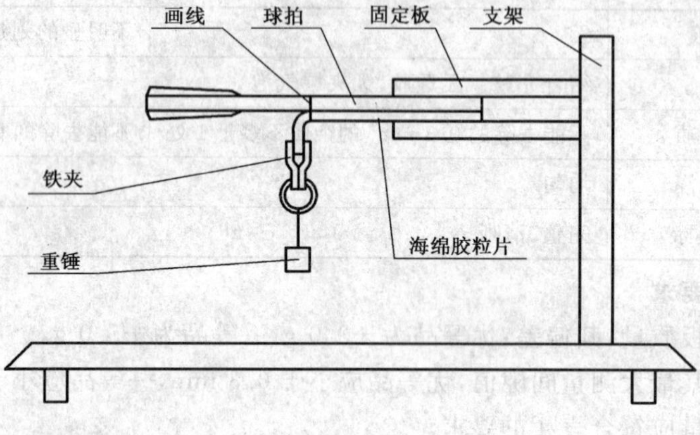

图 1

5.10　材料、颜色、外观要求用感官检查。

6　检验规则

6.1　交收检验

6.1.1　产品出厂前应由生产企业质量检验部门进行检验，符合本标准方可出厂。

6.1.2　交收检验按 GB/T 2828.1—2003 特殊检验水平 S-3、正常检验一次抽样方案进行。

6.1.3　球拍的交收检验项目和接收质量限 AQL 值，按表 5 规定执行。

表 5

<table>
<tr><th rowspan="2">序号</th><th rowspan="2">检验项目</th><th rowspan="2">要求条款</th><th rowspan="2">试验方法条款</th><th colspan="3">AQL</th></tr>
<tr><th>优等品</th><th>一等品</th><th>合格品</th></tr>
<tr><td>1</td><td>开胶</td><td>4.1.5</td><td rowspan="3">5.9</td><td rowspan="3">1.5</td><td colspan="2" rowspan="2">2.5</td></tr>
<tr><td>2</td><td>缺粒</td><td>4.3.9</td></tr>
<tr><td>3</td><td>颜色</td><td>4.1.6、4.3.8</td><td>2.5</td><td>—</td></tr>
<tr><td>4</td><td>胶粒片、海绵、粘合剂总厚度</td><td>4.1.1</td><td rowspan="3">5.1</td><td rowspan="4">6.5</td><td colspan="2" rowspan="4">10</td></tr>
<tr><td>5</td><td>漆膜厚度</td><td>4.1.4</td></tr>
<tr><td>6</td><td>压敏胶厚度</td><td>4.3.11</td></tr>
<tr><td>7</td><td>球拍外观</td><td>4.1.2、4.1.3、4.1.6、4.3.2、4.3.10、4.3.14</td><td>5.9</td></tr>
<tr><td>8</td><td>光泽度</td><td>4.1.6、4.3.13</td><td>5.5</td><td colspan="3">—</td></tr>
</table>

6.1.4　底板的交收检验项目和接收质量限 AQL 值，按表 6 规定执行。

表 6

序号	检验项目	要求条款	试验方法条款	AQL	
				优等品	一等品
1	重量	4.4.1	5.9	4.0	6.5
2	板面平整	4.4.2	5.8		
3	外观	4.4.3	5.9		

6.2 型式检验

6.2.1 型式检验每半年进行一次,发生下列任何情况,亦应进行型式检验。

a) 更改设计;

b) 更改关键工艺;

c) 更改主要材料;

d) 质量不稳定;

e) 停产 6 个月以上又重新生产;

f) 国家有关质量部门提出检查时。

6.2.2 型式检验按 GB/T 2829—2002 判别水平Ⅱ的一次抽样方案进行。判定数组[1,2]。检验样本应在交收检验提交批中随机抽取。

6.2.3 球拍的型式检验除了交收检验项目外,还应按表 7 规定进行。

表 7

序号	检验项目	要求条款	试验方法对应条款	RQL n[Ac,Re]		
				优等品	一等品	合格品
1	胶粒截面尺寸	4.3.4	5.3	65 5[1,2]	80 4[1,2]	—
2	胶粒形状	4.3.3、4.3.5				
3	材料	4.2.2、4.2.4、4.3.1	5.9			80 4[1,2]
4	底板结构	4.2.1、4.2.3	5.2			
5	粘接结合力	4.1.7	5.9			
6	胶粒排列角度	4.3.6	5.4			
7	胶粒分布密度	4.3.7	5.6			
8	商标高度	4.3.12	5.1		—	

6.2.4 底板的型式检验除了交收检验项目外,还应按表 8 规定进行。

表 8

序号	检验项目	要求条款	试验方法对应条款	RQL n[Ac,Re]	
				优等品	一等品
1	底板结构	4.2.1、4.2.3	5.2	65 5[1,2]	80 4[1,2]
2	材料	4.2.2、4.2.4	5.9		

STANDARDS PRESS OF CHINA

7 标志、包装、运输、贮存

7.1 标志

每个产品应标有商标、型号。

底板或其包装上应标有厚度和质量。

7.2 包装

产品应有包装。包装上应标明制造(销售)商名称、地址、执行标准编号、生产日期,并有合格证。

外包装箱外应注明产品名称,规格型号,数量,重量,体积及制造(销售)商等标志。

图形标志按 GB/T 191 执行。

7.3 运输

产品装卸运输时,应轻装、轻卸,严禁日晒雨淋。

7.4 贮存

产品应贮存在通风、干燥、温度≤40 ℃的环境内,不应与酸、碱、油类以及其他有机溶剂接触,并距离热源 1 m 以外。

ICS 97.220.10
Y 56

中华人民共和国国家标准

GB/T 23116—2008

链　　球

Hammer

2008-12-30 发布　　2009-09-01 实施

中华人民共和国国家质量监督检验检疫总局
中国国家标准化管理委员会　发布

前　言

本标准在制定时采用了国际田径联合会(IAAF)《竞赛规则 2008》和中国田径协会审定的《田径竞赛规则 2008》中与器材有关的全部技术参数。

本标准由中国轻工业联合会提出。

本标准由全国文体用品标准化中心归口。

本标准起草单位:北京飞鹿体育用品有限公司、江苏金陵体育器材股份有限公司、广州双鱼体育用品集团有限公司、定州市环球体育器材厂、中山市健将健身器械有限公司、山东冀鲁体育器材有限公司、北京皇冠体育用品有限责任公司、宁波奇胜运动器材有限公司。

本标准主要起草人:肖建京、李春荣、罗文辉、曹振瑞、黎炎生、张洪印、岳峰、陆立青。

链　　球

1　范围

本标准规定了链球的分类、要求、试验方法、检验规则及标志、包装、运输、贮存。

本标准适用于比赛、练习使用的各种类型链球。

2　规范性引用文件

下列文件中的条款通过在本标准的引用而成为本标准的条款。凡是注日期的引用文件，其随后所有的修改单（不包括勘误的内容）或修订版均不适用于本标准，然而，鼓励根据本标准达成协议的各方研究是否可使用这些文件的最新版本。凡是不注日期的引用文件，其最新版本适用于本标准。

GB/T 191—2008　包装储运图示标志(ISO 780:1997,MOD)

GB/T 2828.1—2003　计数抽样检验程序　第1部分：按接收质量限(AQL)检索的逐批检验抽样计划(ISO 2859-1:1999,IDT)

GB/T 2829—2002　周期检验计数抽样程序及表（适用于对过程稳定性的检验）

QB/T 3826—1999　轻工产品金属镀层和化学处理层的耐腐蚀试验方法、中性盐雾试验(NSS)法

QB/T 3832—1999　轻工产品金属镀层腐蚀试验结果的评价

3　分类

3.1　按使用要求分为比赛链球、练习链球，每种又分为男子、女子、少年、青年五种类型。

3.2　链球由球体、链子、把手、球盖和转轴五部分组成，其结构如图1所示。

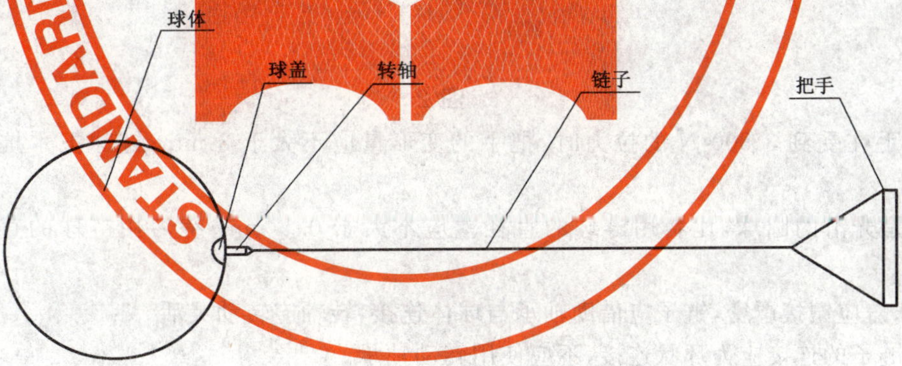

图1

3.3　链球基本参数见表1、表2。

表1　基本参数

类　别	成年男子			少、青、成年女子 少年乙组男子		
	质量/kg	全长/mm	球体直径/mm	质量/kg	全长/mm	球体直径/mm
比赛型	7.265～7.285	1 175～1 215	110～130	4.005～4.025	1 160～1 195	95～110
练习型	7.260～7.290			4.000～4.030		

STANDARDS PRESS OF CHINA

表 2　基本参数

<table>
<tr><th rowspan="2">类　别</th><th colspan="3">青 年 男 子</th><th colspan="3">少 年 男 子</th><th colspan="3">少年乙组女子</th></tr>
<tr><th>质量/kg</th><th>全长/mm</th><th>球体直径/mm</th><th>质量/kg</th><th>全长/mm</th><th>球体直径/mm</th><th>质量/kg</th><th>全长/mm</th><th>球体直径/mm</th></tr>
<tr><td>比赛型</td><td>6.005～6.025</td><td rowspan="2">1 175～1 215</td><td rowspan="2">105～125</td><td>5.005～5.025</td><td rowspan="2">1 165～1 200</td><td rowspan="2">100～120</td><td>3.005～3.025</td><td rowspan="2">1 160～1 195</td><td rowspan="2">90～105</td></tr>
<tr><td>练习型</td><td>6.000～6.030</td><td>5.000～5.030</td><td>3.000～3.030</td></tr>
</table>

4　要求

4.1　链球基本参数应符合表 1、表 2 的规定。

4.2　链球球体应用铁或其他硬度不低于铜的金属材料制成。

4.3　链球链子应用直径大于等于 3 mm 的单根钢丝制成。

4.4　链球把手抓握处应是弧形的或直形的，内沿尺寸应不大于 110 mm(见图 2)。

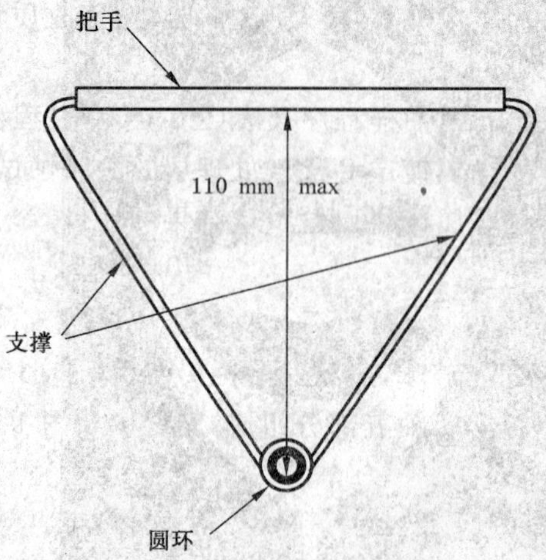

图 2

4.5　链球把手在受到 3 800 N 的拉力时，把手的变形量应不大于 3 mm；链球把手抗拉力应大于等于8 000 N。

4.6　球体应是光滑的圆球，比赛用链球的直径差应不大于 0.5 mm；练习用链球的直径差应不大于 1 mm。

4.7　球体、球盖应镶接严密，链子应借助轴承与球体连接，转轴应转动灵活。

4.8　把手与链子的连接应为环状连接，不应使用转动轴承。

4.9　比赛链球球体重心距球体中心距离应小于等于 6 mm。

4.10　球体、链子、把手表面宜采用电镀、涂饰或其他工艺进行处理，涂层表面应均匀一致，不起泡、无皱纹、无脏点、无明显的划痕。

4.11　部件的防腐性能，按 QB/T 3826 规定，耐腐级别应不低于 6 级。

5　试验方法

5.1　链球质量：用分度值为 1 g 的工业天平、台秤称量。

5.2　尺寸要求用相应等级误差的钢卷尺、卡尺、卡规测量。

5.3　链球表面外观、球体材料、轴承转动性能在明亮自然光线下感官检测。

5.4 链子直径用示值误差 0.02 mm 的卡尺测量。

5.5 把手外形感官检验:内沿尺寸用示值误差 0.02 mm 的卡尺测量。

5.6 把手拉力性能试验在专用拉力机上测量。

5.7 链球直径差测量:将球体置于平台上,用千分尺或卡尺测量(水平方向垂直测两点,垂直方向测一点,取其最大差值)。

5.8 球体重心检测将球体放在水平放置的直径为 12 mm 的圆形刃口上,球体应保持平衡(见图 3 示)。

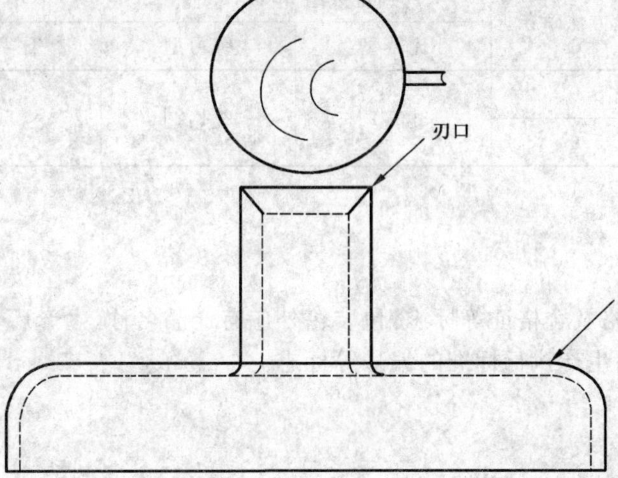

图 3

5.9 电镀抗腐蚀性能试验:按 QB/T 3826 规定连续喷雾 12 h 后,结果按 QB/T 3832 评价。

6 检验规则

6.1 交收检验

6.1.1 每个链球出厂前应按本标准检验,检验合格的产品签发合格标志方可出厂。

6.1.2 交收检验项目包括:4.1,4.2,4.3,4.4,4.6,4.7,4.8,4.9,4.10 进行逐项检验。

6.1.3 交收试验可按 GB/T 2828.1—2003 中一般检查水平Ⅱ的一次正常检查抽样方案进行检验。

6.1.4 交收试验顺序其接收质量限(AQL 值)应按表 3 中进行。

表 3

不合格分类	试验项目及章条	试验方法及章条	接收质量限(AQL)	
			比赛型	练习型
B	质量 4.1	5.1	4.0	6.5
	重心位置 4.9	5.8		
	尺寸要求 4.1,4.3,4.4	5.4		
	球体圆度 4.6	5.7		
C	外观质量 4.2,4.4,4.7,4.8,4.10	5.2,5.3,5.5	6.5	10

6.1.5 对于检验样本中的不合格品,供货方应以合格品代替。

6.2 型式检验

6.2.1 型式检验每年进行一次,发生下列情况之一时,应进行型式检验:

a) 更改设计、结构、关键工艺、主要原材料时;

b) 停产半年以上又重新生产时;

c) 出厂检验结果与上次型式试验有较大差异时；

d) 国家质量监督机构提出进行型式试验的要求时。

6.2.2 型式检验样本应在交收检验合格批中随机抽取。

6.2.3 型式检验抽样方案按 GB/T 2829 判别水平Ⅱ一次抽样方案进行。

6.2.4 型式检验项目顺序、判定数组及不合格质量水平(RQL)应按表 4 进行。

表 4 型式检验

试验项目及章条	试验方法章条	判定数组 n[Ac,Re]		不合格质量水平(RQL)	
		比赛型	练习型	比赛型	练习型
把手、链子拉力 4.5	5.6	3[0,1]	2[1,2]	50	65
电镀层防腐层 4.11	5.9				

7 标志、包装、运输、贮存

7.1 标志

每个链球应有商标、规格及合格证等标志，包装箱外应有产品名称、生产厂名、地址、出厂日期、包装箱体积、内装链球数量、产品生产执行标准的编号等标志。

7.2 包装

链球必须有内包装、外包装。

图形标志按 GB/T 191 执行。

7.3 运输

轻装轻卸，防止日晒雨淋。

7.4 贮存

仓库应通风、干燥、严禁接触酸碱及其他腐蚀性物质，避免重压。

ICS 97.220.10
Y 55

GB

中华人民共和国国家标准

GB/T 23117—2008

跨栏架

Hurdle

2008-12-30 发布　　　　2009-09-01 实施

中华人民共和国国家质量监督检验检疫总局
中国国家标准化管理委员会　发布

前　言

本标准采用了国际田径联合会(IAAF)《竞赛规则 2008》和中国田径协会审定的《田径竞赛规则 2008》中与器材有关的全部技术参数。

本标准由中国轻工业联合会提出。

本标准由全国文体用品标准化中心归口。

本标准起草单位:北京飞鹿体育用品有限公司、江苏金陵体育器材股份有限公司、广州双鱼体育用品集团有限公司、定州市环球体育器材厂、中山市健将健身器械有限公司、山东冀鲁体育器材有限公司、北京皇冠体育用品有限责任公司、宁波奇胜运动器材有限公司。

本标准主要起草人:肖建京、李春荣、罗文辉、曹振瑞、黎炎生、张洪印、岳峰、陆立青。

跨 栏 架

1 范围

本标准规定了跨栏架的分类、要求、试验方法、检验规则及标志、包装、运输、贮存。

本标准适用于比赛用跨栏架和练习用跨栏架。

2 规范性引用文件

下列文件中的条款通过在本标准的引用而成为本标准的条款。凡是注日期的引用文件，其随后所有的修改单(不包括勘误的内容)或修订版均不适用于本标准，然而，鼓励根据本标准达成协议的各方研究是否可使用这些文件的最新版本。凡是不注日期的引用文件，其最新版本适用于本标准。

GB/T 191 包装储运图示标志(GB/T 191—2008,ISO 780:1997,MOD)

GB/T 2828.1—2003 计数抽样检验程序 第1部分:按接收质量限(AQL)检索的逐批检验抽样计划(ISO 2859-1:1999,IDT)

GB/T 2829—2002 周期检验计数抽样程序及表(适用于对过程稳定性的检验)

QB/T 3826—1999 轻工产品金属镀层和化学处理层的耐腐蚀试验方法 中性盐雾试验(NSS)法

QB/T 3832—1999 轻工产品金属镀层腐蚀试验结果的评价

3 分类

跨栏架按使用要求不同分为比赛和练习两种。跨栏架及其各部位见图1。

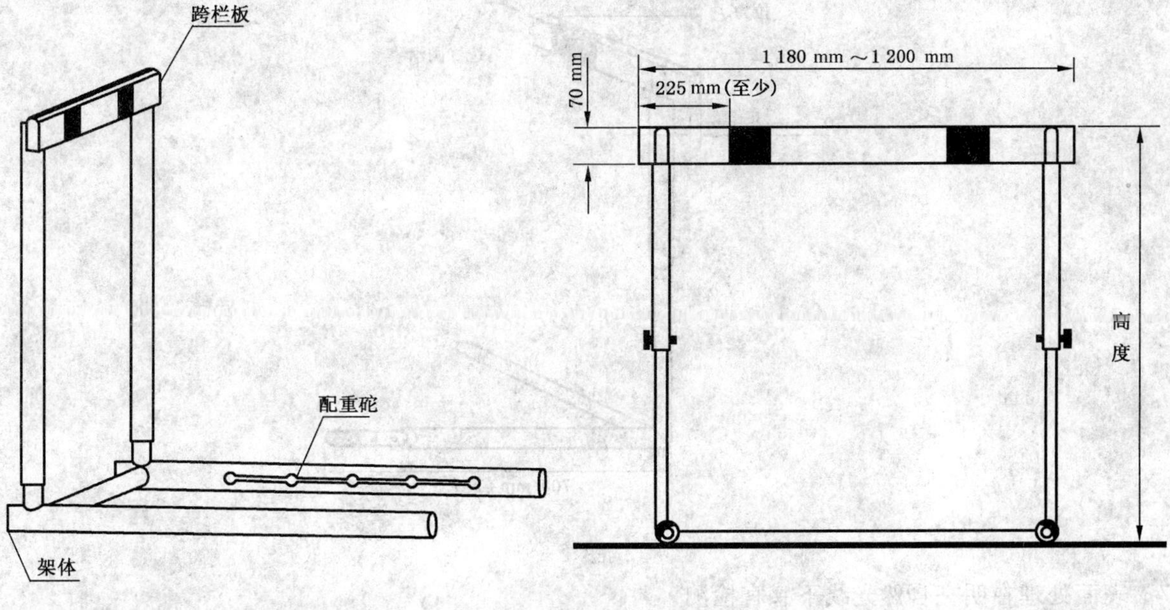

图 1

4 要求

4.1 跨栏架高度应可调节为:762 mm±3 mm、840 mm±3 mm、914 mm±3 mm、990 mm±3 mm、1 067 mm±3 mm。

4.2 跨栏架宽度应为1 180 mm～1 200 mm,底座长度应小于等于700 mm。

4.3 跨栏板宽度应为 70 mm±1 mm,厚度应为 10 mm～25 mm。

4.4 比赛用跨栏架总质量应大于等于 10 kg。

4.5 跨栏架架体应采用金属或其他适宜材料制成,跨栏板应采用木材或其他适宜材料制成。

4.6 架体底面置地后应端正平稳。

4.7 跨栏架高度升降调节及配重砣移动应灵活。

4.8 比赛用跨栏架底架与跨栏板后沿的垂线位置处应有明显的标线。

4.9 跨栏板应漆成黑白相间的颜色或涂以其他醒目的对比颜色;两端应为浅色条纹,其长度应大于等于 225 mm。

4.10 跨栏板边缘应圆滑,端头平齐,板面要求平直,宽度面的直线度应小于等于 3 mm。

4.11 比赛跨栏架跨栏板调整至各高度时,跨栏架受到规定外力后应翻倒。

4.12 跨栏架架体应采用涂饰、阳极氧化或其他工艺处理,颜色应均匀。

4.13 跨栏架配重砣宜电镀或其他防锈工艺处理。

4.14 电镀层抗腐蚀性能,按照 QB/T 3826—1999 规定,耐腐蚀级别应不低于 6 级。

5 试验方法

5.1 高度尺寸用相应等级的钢直尺或专用量尺测量,其他用毫米制计量工具测量。

5.2 跨栏架质量用相应等级的电子秤或落地秤称量。

5.3 4.5、4.6、4.7、4.8 采用感官检测和实际操作的方法检测。

5.4 跨栏板外观采用目测和钢圈尺测量。

5.5 跨栏板直线度测定:将栏板置于平台上,用测量直线度的器具测量。

5.6 跨栏架受力检测:将跨栏架放置在平台上,跨栏架高度和配重砣调至各标准高度及相应位置,在跨栏板顶部中心位置水平施加 35.3 N～39.2 N 拉力时,跨栏架应翻倒。见图 2。

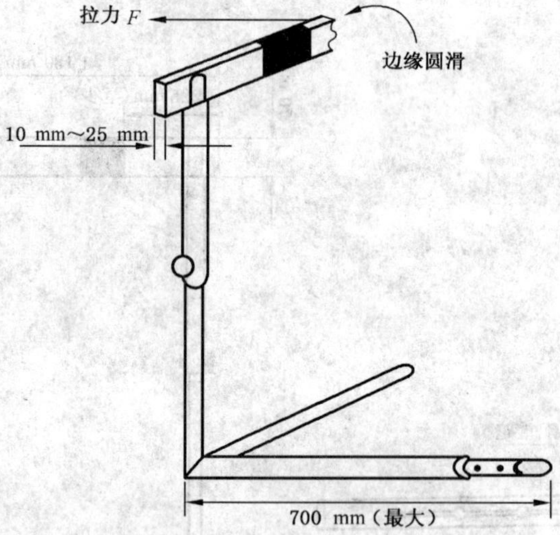

图 2

5.7 表面处理在明亮自然光线下感官检测。

5.8 电镀层抗腐蚀性能试验:按 QB/T 3826—1999 规定连续喷雾 12 h 后,结果按 QB/T 3832—1999 评价。

6 检验规则

6.1 交收检验

6.1.1 每批跨栏架出厂前,应按本标准进行检验,检验合格的产品签发合格标志方可出厂。

6.1.2 交收检验项目包括：4.1，4.2，4.4 进行逐项检验。

6.1.3 交收检验按本标准规定进行抽样检验，抽样检验按 GB/T 2828.1—2003 的一般检查水平Ⅱ、正常检查一次抽样方案进行。

6.1.4 交收检验项目、顺序及接收质量限（AQL 值）应按表 1 进行。

表 1

不合格品分类	试验项目及章条	试验方法及章条	接收质量限（AQL）	
			比赛型	练习型
B	总质量 4.4	5.2	4.0	6.5
	规格尺寸 4.1，4.2，4.3，4.9	5.1，5.4		
	外观要求 4.5，4.6，4.7，4.8，4.9，4.10	5.3		
C	直线度要求 4.10	5.5	6.5	10
	表面处理 4.12，4.13	5.7		

6.1.5 对于检验样本中的不合格品，供货方应以合格品代替。

6.2 型式检验

6.2.1 型式检验每年进行一次，发生下列情况之一时，亦应进行型式检验。

a) 更改设计、结构、关键工艺、主要原材料时；

b) 停产半年以上又重新生产时；

c) 出厂检验结果与上次型式试验有较大差异时；

d) 国家质量监督机构提出进行型式试验要求时。

6.2.2 型式检验样本应在交收检验合格批中随机抽取。

6.2.3 型式检验抽样方案按 GB/T 2829—2002 中判别水平Ⅱ的一次抽样方案进行。

6.2.4 型式检验项目、顺序、样本量、判定数组及不合格质量水平（RQL）应按表 2 进行。

表 2

试验项目及章条	试验方法章条	样本量及判定数组 n[Ac，Re]	不合格质量水平（RQL）
跨栏架拉力试验 4.11	5.6	3[0，1]	50
电镀防腐性能 4.14	5.8		

7 标志、包装、运输、贮存

7.1 标志

产品应有产品名称、制造商名称和地址、出厂日期、商标、产品生产执行标准的编号，并附有产品合格证。

7.2 包装

跨栏架应有内包装、外包装；内包装应采取防潮措施，外包装应捆扎牢固。

图形标志按 GB/T 191 执行。

7.3 运输

轻装轻卸，防止日晒雨淋。

7.4 贮存

仓库应通风、干燥、严禁接触酸碱及其他腐蚀性物质，避免重压。

STANDARDS PRESS OF CHINA

ICS 97.060
Y 62

中华人民共和国国家标准

GB/T 23118—2008

家用和类似用途滚筒式洗衣干衣机技术要求

Technical requirement for household and similar tumble washer-dryer

2008-12-30 发布　　2009-09-01 实施

中华人民共和国国家质量监督检验检疫总局
中国国家标准化管理委员会　发布

前　言

本标准由中国轻工业联合会提出。

本标准由全国家用电器标准化技术委员会(SAC/TC 46)归口。

本标准起草单位:中国家用电器研究院、博西华电器(江苏)有限公司、青岛海尔洗衣机有限公司、无锡小天鹅股份有限公司、金羚电器有限公司、合肥荣事达洗衣设备有限公司、松下电化住宅设备机器(杭州)有限公司。

本标准主要起草人:鲁建国、冶萍、时妍玲、李宏、潘皓炫、杜琪、贾春耕、宋力强、朱焰、孙鹏。

引　言

近年来，随着人们生活水平的不断提高，购买使用滚筒式干衣机、特别是滚筒式洗衣干衣机的消费者比例明显上升，滚筒式干衣机的家庭占有率大幅度提高。GB/T 20292—2006《家用滚筒干衣机性能测试方法》国家标准已经正式发布实施。由于该标准仅规定干衣机性能项目的试验方法，未对各个性能项目的限定值做出规定。为引导消费、规范市场，制定各检测项目的限定值十分必要，因此制订本标准。

家用和类似用途滚筒式洗衣干衣机技术要求

1 范围

本标准规定了滚筒式干衣机和滚筒式洗衣干衣机的术语和定义、分类、技术要求和试验方法。

本标准适用于带有或不带有冷水水源、加热元件的，在家庭、商店、学校等场所由非专业人员使用的滚筒式干衣机和滚筒式洗衣干衣一体机。

2 规范性引用文件

下列文件中的条款通过本标准的引用而成为本标准的条款。凡是注日期的引用文件，其随后所有的修改单(不包括勘误的内容)或修订版均不适用于本标准，然而，鼓励根据本标准达成协议的各方研究是否可使用这些文件的最新版本。凡是不注日期的引用文件，其最新版本适用于本标准。

GB/T 4288 家用电动洗衣机

GB/T 20292—2006 家用滚筒干衣机性能测试方法(IEC 61121:2005,IDT)

GB/T 23119—2008 家用和类似用途电器性能测试中使用的硬水(IEC 60734:2001,IDT)

IEC 60704-2-6 测定家用和类似用途电器发出的空中传播噪声的试验规范 第2-6部分:滚筒式干衣机的特殊要求

3 术语和定义

GB/T 20292—2006 建立的以及下列术语和定义均适用于本标准。

3.1

滚筒式洗衣干衣机 tumble washer-dryer

带有脱水功能和干燥织物(通常通过加热和翻转)装置的滚筒式洗衣机。

3.2

滚筒干衣机 tumble dryer

由旋转的滚筒中的热空气对纺织材料进行干燥的器具。

3.3

直排式滚筒干衣机 air vented tumble dryer

带有引入新鲜空气入口的滚筒干衣机，烘干织物后通过出口将潮湿空气排到房间或室外。

3.4

冷凝式滚筒干衣机 condenser tumble dryer

通过冷凝空气去除水分完成干衣过程的滚筒干衣机。

注：也可以是上述型式的组合。

3.5

自动滚筒干衣机 automatic tumble dryer

当负载达到一定含水率时，开关自动断开的滚筒干衣机。

注：可以包括导电率或温度传感器。

3.6

非自动滚筒干衣机 non-automatic tumble dryer

当负载达到一定含水率时，开关不自动断开、通常由定时器或手动控制的滚筒干衣机。

3.7

基本负载　base load

不包括污染布的织物负载。

3.8

额定干衣容量　rated drying capacity

制造商声称在一个完整的干衣周期中能处理的(按照 GB/T 20292—2006 中 7.3.3)调整后织物的最大质量。

3.9

完整的操作周期　complete operation cycle

完整的洗衣和干衣过程，如所需的(一个或多个)程序定义，由洗衣周期和干衣周期组成。

3.10

洗衣周期　washing cycle

由一系列不同的操作(洗涤、漂洗、脱水)组成的完整洗衣过程。

3.11

干衣周期　drying cycle

完整的干衣过程，如所需程序定义，由一系列不同的操作组成(加热、冷却)。如果基本负载按照 6.4.2 的规定分成若干部分，则干衣周期包括所有部分负载的干燥过程。

4　产品分类

4.1　型式

按干衣控制方式分：

a)　自动；

b)　非自动。

按干衣方式分：

a)　直排式；

b)　冷凝式。

4.2　规格和型号

滚筒式干衣机的规格按照额定干衣容量(kg)表述。

滚筒式洗衣干衣机的规格按照额定洗衣容量、额定干衣容量(kg)分别表述。

5　技术要求

5.1　使用环境条件

a)　环境温度：(0～40)℃；

b)　环境湿度：不大于 80%RH(温度为 25 ℃)。

5.2　使用电源、试运转

滚筒式干衣机和滚筒式洗衣干衣机使用的电源为单相交流，额定电压为 220 V，额定频率为 50 Hz(特殊要求除外)。

按照产品使用说明书的要求操作，滚筒式干衣机和滚筒式洗衣干衣机应能起动运转，并能完成产品使用说明书所述功能(关于这些功能的技术要求，如在本标准中没有规定，可以执行相应的国家标准、行业标准或备案的企业产品标准)。

5.3　耗电量

滚筒式干衣机干衣周期和滚筒式洗衣干衣机完整的操作周期单位负载的耗电量应符合表 1 规定：

表 1　耗电量限定值

产品类别	类　　型	限定值/(kWh/kg)
滚筒式干衣机	直排式	≤0.83
	冷凝式	≤0.91
滚筒式洗衣干衣机	直排式	≤1.09
	冷凝式	≤1.17

5.4　耗水量

滚筒式干衣机干衣周期和滚筒式洗衣干衣机完整的操作周期单位负载耗水量应符合表 2 规定：

表 2　耗水量限定值

产品类别	限定值/(L/kg)
滚筒式干衣机	≤20
滚筒式洗衣干衣机	≤36

5.5　干燥均匀度

带有熨烫干燥程序或能够达到熨烫干燥程序要求的滚筒式干衣机和滚筒式洗衣-干衣机干衣周期的干燥均匀度应符合表 3 规定：

表 3　干燥均匀度限定值

产品类别	类　　型	限定值(%)
滚筒式干衣机	直排式	≤3.9
	冷凝式	≤4.8
滚筒式洗衣干衣机	直排式	≤3.9
	冷凝式	≤4.8

5.6　凝结效率

带有冷凝盒的滚筒式干衣机和滚筒式洗衣干衣机干衣周期的凝结效率应符合表 4 规定：

表 4　凝结效率限定值

产品类别	限定值(%)
滚筒式干衣机	≥80%
滚筒式洗衣干衣机	≥76%

5.7　噪声

滚筒式干衣机和滚筒式洗衣干衣机干衣周期的声功率级噪声值应不大于 69 dB(A)。

5.8　分等分级

主要性能指标的测试结果按照表 5 进行分等分级：

表 5　主要性能指标分等分级

产品种类	类　　型	检测项目	单　　位	A 级	B 级	C 级	D 级
滚筒式干衣机	直排式	耗电量	kWh/kg	≤0.59	≤0.67	≤0.75	≤0.83
		干燥均匀度	%	≤3.0	≤3.3	≤3.6	≤3.9
		噪声	dB(A)	≤58	≤61	≤65	≤69
	冷凝式	耗电量	kWh/kg	≤0.64	≤0.73	≤0.82	≤0.91
		耗水量	L/kg	≤5	≤10	≤15	≤20
		干燥均匀度	%	≤3.6	≤4.0	≤4.4	≤4.8
		噪声	dB(A)	≤58	≤61	≤65	≤69

表 5（续）

产品种类	类　型	检测项目	单　位	A 级	B 级	C 级	D 级
滚筒式洗衣干衣机	直排式	耗电量	kWh/kg	≤0.78	≤0.87	≤0.98	≤1.09
		干燥均匀度	%	≤3.0	≤3.3	≤3.6	≤3.9
		噪声	dB(A)	≤58	≤61	≤65	≤69
	冷凝式	耗电量	kWh/kg	≤0.81	≤0.93	≤1.05	≤1.17
		耗水量	L/kg	≤17	≤24	≤29	≤34
		干燥均匀度	%	≤3.6	≤4.0	≤4.4	≤4.8
		噪声	dB(A)	≤58	≤61	≤65	≤69

5.9 明示值允许偏差

在本标准规定的试验条件下，滚筒式干衣机和滚筒式洗衣干衣机耗电量、耗水量和干燥均匀度的实测值与其在产品或使用说明书上明示值的偏离应不大于表 6 所示偏差。

表 6　明示值允许偏差

项　目	偏　差
耗电量	+5%
耗水量	+5%
干燥均匀度	+3.0%
注：干燥均匀度的偏差是指实测值与明示值减少量占明示值的百分比。	

6 试验方法

6.1 试验条件

6.1.1 电源

在试验过程中，电源电压应保持在额定电压的±1%以内。如果指定电压范围，则试验电压为220(1±2%)V。

在试验过程中，电源频率应保持在额定频率的±1%以内。如果指定频率范围，则试验频率为50(1±1%)Hz。

6.1.2 水源

在整个试验及负载处理过程中，试验用水的硬度应为(2.5±0.2)mmol/L。如果水的硬度需要调整，应按照 GB/T 23119—2008《家用和类似用途电器性能试验用硬水》进行。

如果需要，冷水进水温度为(15±2)℃，所测水温应记录在报告中。

在整个试验过程中，进水口水压应保持在(240±50)kPa，所测水压应记录在报告中。

为测试导电率控制的全自动滚筒式干衣机和滚筒式洗衣干衣机，应使用在 20 ℃ 时导电率为(75±15)mS/m的试验用水。如果导电率不在此范围内，应按照 GB/T 20292—2006 的附录 D 进行调整。

6.1.3 环境温度

在试验过程中，滚筒式干衣机和滚筒式洗衣干衣机附近的环境温度应保持在(23±2)℃，所测环境温度应记录在报告中。

6.1.4 环境湿度

在试验过程中，滚筒式干衣机和滚筒式洗衣干衣机附近的室内相对湿度应保持在(55±5)%，所测环境相对湿度应记录在报告中。

6.2 基本负载

使用 GB/T 20292—2006 中 7.1.1 规定的棉试验负载，使用时间同 GB/T 20292—2006 中 7.2 要求，试验准备按照 GB/T 20292—2006 中 7.3 进行，加湿后负载的含水率应符合表 7 规定。

表 7 滚筒式洗衣干衣机基本负载的初始含水率

产品类型	标称初始含水率 μ_{i0}	标称初始含水率范围 μ
滚筒式干衣机	60%	59%～61%
滚筒式洗衣干衣机	规定洗涤程序结束后达到的含水率	—

注：规定洗涤程序是指制造商在使用说明书中指定的能效测试程序，如果制造商未在使用说明书中指定能效测试程序，则为棉试验负载的默认洗涤程序。所用程序应记录在报告中。

6.3 试验用仪器仪表

试验用仪器仪表准确度应符合以下要求。

6.3.1 质量

质量测量应准确至±0.1%。

6.3.2 温度

温度测量应准确至 0.5 ℃。

6.3.3 水量

水量测量应准确至±1%。

6.3.4 水压

水压测量应准确至±5%。

6.3.5 时间

时间测量应准确至±5 s。

6.4 试验方法

至少进行 5 次有效的干衣周期试验。各试验项目的试验结果为全部有效干衣周期的算术平均值。

6.4.1 滚筒式干衣机的干衣周期试验按照 GB/T 20292—2006 的第 9 章进行，对试验结果的评估与计算按照 GB/T 20292—2006 的第 10 章进行。

6.4.2 滚筒式洗衣干衣机累计计算洗涤、烘干程序的耗电量和耗水量。

滚筒式洗衣干衣机洗涤周期按 GB/T 4288 相关规定进行试验，试验负载与干衣负载相同，不使用洗涤剂。

滚筒式洗衣干衣机的干衣周期试验按照以下步骤进行：

洗衣周期结束后，立即记录基本负载的实际初始质量 W_i，以 kg 为单位。实际初始含水率 μ_i 按照公式(1)计算：

$$\mu_i = \frac{W_i - W_0}{W_0} \times 100\% \quad \cdots\cdots(1)$$

式中：

μ_i——实际初始含水率，%；

W_i——实际初始质量，kg；

W_0——负载的调整质量，kg。

基本负载应根据制造商的使用说明分开。如果制造商未提供说明，并且额定干燥容量小于额定洗涤容量，基本负载根据样机额定容量分成若干部分。除最后一部分外，其余每部分质量等于或尽可能接近其额定干燥容量，其组成按照 GB/T 20292—2006 中 7.1 规定。

注：每部分质量与额定干燥容量差值应小于 100 g。

在此情况下，为了确定每块负载是属于哪部分，应在洗衣周期开始前将所有基本负载编号。在整个

STANDARDS PRESS OF CHINA

试验系列中，每部分应包含相同编号的基本负载。

洗衣周期结束后的 5 min 内，开始干燥第一部分负载。其余部分的负载应保存在密封的塑料袋里。

对于带有自动干衣功能的洗衣干衣机，选择自动干衣程序后启动洗衣干衣机。对于无自动干衣功能的洗衣干衣机，定时器设置为能够达到 GB/T 20292—2006 中表 3 规定的最终含水率范围的时间。所需时间可以通过监测干衣过程确定。这可以通过将洗衣干衣机放在台秤上或预试验来确定。

当程序结束并且洗衣干衣机已经停止，在 5 min 内取出这部分负载并立即称重。本部分质量记作 W_{fp1}。

第一部分负载干燥结束后的 5 min 内，开始干燥第 2 部分负载。干燥结束后立即称重，记作 W_{fp2}。

如有的话，剩余部分的负载，应按照上述方法进行干燥，干燥质量依次记作 W_{fp3}，…

试验过程中进行下列测量：

6.4.2.1 干衣时间

干衣时间是指进行上述试验时测得的所有部分负载干衣时间（包括冷却时间在内）的总和。如果洗衣干衣机无冷却时间，应记录在报告中。

干衣时间不包括干衣试验前的 5 min 准备时间。

6.4.2.2 干衣周期耗电量

耗电量是指进行上述试验时测量的每部分负载耗电量之和，以千瓦小时为单位（kWh）。

测量的耗电量 E 按照公式（2）进行修正：

$$E = E_m \frac{\mu_i - \mu_{f0}}{\mu_i - \mu_f} \times \frac{W}{W_0} \qquad \cdots\cdots(2)$$

式中：

E——修正后的干衣周期耗电量，kWh；

E_m——测量的耗电量，kWh。

6.4.2.3 干衣周期耗水量

耗水量，如有的话，是指进行上述试验时测量的每部分负载耗水量之和，以升为单位（L）。

测量的耗水量 L 按照公式（3）进行修正：

$$L = L_m \frac{\mu_i - \mu_{f0}}{\mu_i - \mu_f} \times \frac{W}{W_0} \qquad \cdots\cdots(3)$$

式中：

L——修正后的干衣周期耗水量，L；

L_m——测量的耗水量，L。

6.4.2.4 基本负载质量计算

干燥后的负载质量，即最终质量 W_f，按照公式（4）计算：

$$W_f = \sum_{i=1}^{n} W_{fpi} \qquad \cdots\cdots(4)$$

式中：

W_f——干燥后负载的最终质量，kg；

W_{fpi}——干燥后第 i 部分负载的质量，kg。

6.4.2.5 最终含水率

对于可以自动烘干的滚筒式洗衣干衣机，按照 GB/T 20292—2006 中 9.2.1.1 规定进行试验。

对于不可以自动烘干的滚筒式洗衣干衣机，按照 GB/T 20292—2006 中 9.2.1.2 规定进行试验。

含水率 μ_f 均按照公式（5）计算：

$$\mu_f = \frac{W_f - W_0}{W_0} \times 100\% \qquad \cdots\cdots(5)$$

6.4.2.6 干燥均匀度

采用能够达到 GB/T 20292—2006 表 3 规定的熨烫干燥棉织物的最终含水率范围的程序或时间设定，按照上述规定的试验方法测量干燥均匀度。试验结果按照 GB/T 20292—2006 中 10.6 规定进行评估与计算。

试验前对每一块基本负载编号，每块负载在调整后和每周期试验后分别称重并记录。

注 1：对于无法达到规定的熨烫干燥棉织物程序最终含水率的滚筒式洗衣干衣机，本要求不适用。

6.4.2.7 噪声

滚筒式干衣机和滚筒式洗衣干衣机干衣周期的噪声试验按照 IEC 60704-2-6 进行。

ICS 97.180
Y 69

中华人民共和国国家标准

GB/T 23119—2008/IEC 60734:2001

家用和类似用途电器性能测试中使用的硬水

Household and similar electrical appliances—Performance—Hard water for testing

(IEC 60734:2001, Household electrical appliances—Performance—Hard water for testing, IDT)

2008-12-30 发布　　2009-09-01 实施

中华人民共和国国家质量监督检验检疫总局
中国国家标准化管理委员会
发布

前　言

本标准等同采用 IEC 60734:2001《家用电器性能测试中所用的硬水》(英文版)。

本标准等同翻译 IEC 60734:2001。

为便于使用,本部分做了下列编辑性修改:

——用小数点'.'代替用作小数点的逗号','。

本标准的附录 B 为规范性附录,附录 A、附录 C 为资料性附录。

本标准由中国轻工业联合会提出。

本标准由全国家用电器标准化技术委员会(SAC/TC 46)归口。

本标准起草单位:中国家用电器研究院、国家家用电器质量监督检验中心、美的集团有限公司。

本标准主要起草人:邴旭卫、鲁建国、朱焰、梁鸿鹄、许振刚、孙鹏。

IEC 前言

1） IEC（国际电工委员会）是由所有国家的电工委员会（IEC 国家委员会）组成的世界范围内的标准化组织。IEC 的宗旨就是促进各国在电气和电子标准化领域的全面合作。鉴于以上的目的并考虑到其他活动的需要，IEC 还出版国际标准。整个制定工作由技术委员会来完成。任何对此技术问题感兴趣的 IEC 国家委员会都可以参加制定工作。与国际电工委员会有联系的国际、政府及非政府组织也可参加这项工作。根据 IEC 和 ISO 两组织达成的协议，它们在工作上有着密切的协作关系。

2） IEC 有关技术问题的决议或协议是由所有对此问题感兴趣的 IEC 国家委员会参加的技术委员会制定的，并尽可能表述对所涉及的问题在国际上的一致意见。

3） 这些决议或协议以标准、技术报告或规则的形式供国际上使用，并在此意义上为各国委员会所承认。

4） 为了促进国际上的统一，IEC 希望各国委员会在本国情况允许的范围内采用 IEC 标准的内容作为他们国家的标准。IEC 与相应的国家标准或地区标准有差异的，应尽可能在本国标准中明确地指出。

5） IEC 规定了表示其认可的无标志程序，但并不表示对某一设备声称符合某一标准承担责任。

6） 本国际标准中的某些内容有可能涉及一些专利权问题，对此应引起注意。IEC 组织不负责识别任一或所有该类专利权问题。

IEC 60734 由 IEC 第 59 技术委员会“家用电器的性能”的第 59D 分技术委员会“家用洗涤器具”制定。

IEC 60734 的第 3 版替代 1993 年出版的第 2 版。

本标准内容基于下述文件：

FDIS	表决报告
59D/201/FDIS	59D/210/RVD

有关本标准所有表决通过时的全部资料可从上面表格中的表决报告中获得。

本标准按照 ISO/IEC 指导文件的第 3 部分起草。

附录 B 为本标准的一部分。

附录 A、C 仅作为资料提供。

第 3 章定义部分使用黑体字。

技术委员会决定本出版物的内容和其增补件将保持不变，直到修改结果在 IEC 网站（http://webstore.iec.ch）上明确规定相关日期。届时本部分将被：

- 重新确认；
- 撤销；
- 由修订版本代替，或者
- 被修订。

引　言

本标准描述了用于家用电器试验用标准硬水的多种制备方法，以避免水质对相关试验结果重现性的影响。

本标准描述了A和B两种方法，用于制备3种不同硬度的水。这些方法应用的经验表明，对于某些目的，如果花费非常昂贵，或这些不适合生产大量硬水，则不必严格执行这些方法；此外一些给定的水硬度不符合性能标准要求，在这样的情况下，使用给定的补充方法C1和C2，允许使用软化后的水来代替自来水。

方法A用于制备总体符合硬度要求的硬水。将硬化用盐通过二氧化碳气泡的方式溶解入软化水中进行制备。

方法B使用类似的方式制备，但要使用其他种类的盐，此盐应不必使用二氧化碳即可溶解。此方法的制备结果，相比于方法A会产生过量离子。方法A、B都可以得出所需的临时硬度或永久硬度的硬水。

方法C1使用自来水，其硬度值比所要求值高。而方法C2使用经过硬化的自来水，依据自来水的成分，可以发现许多其他离子，限制某些离子的数量，可能影响洗衣机与洗碗机洗净试验的结果。不考虑暂时性要求，应提供永久硬度。

家用和类似用途电器
性能测试中使用的硬水

1 范围

本标准规定了用于家用和类似用途电器(如洗衣机、洗碗机、烘干机、蒸汽电熨斗等)性能试验的3种不同硬度的水的制备过程。

本标准定义了3种不同硬水的特点及制备方法。

2 规范性引用文件

下列文件中的条款通过本标准的引用而成为本标准的条款。凡是注日期的引用文件,其随后所有的修改单(不包括勘误的内容)或修订版均不适用于本标准,然而,鼓励根据本标准达成协议的各方研究是否可使用这些文件的最新版本。凡是不注日期的引用文件,其最新版本适用于本标准。

GB/T 7477 水质 钙和镁总量的测定 EDTA滴定法(GB/T 7477—1987,eqv ISO 6059:1984)

3 术语和定义

下列术语和定义适用本标准。

3.1

水硬度 water hardness

测量值,单位为度,表示预置水中碱土盐的量(重碳酸盐、硫酸盐、氯化物等)。

3.2

总硬度 total hardness

水中钙镁离子的总量。

3.3

暂时硬度 temporary hardness

总硬度的一部分,等于重碳酸盐的含量。

3.4

永久硬度 permanent hardness

总硬度和暂时硬度的硬度差。

4 一般要求

4.1 原则

硬水可以使用不同的方法制备。方法A和方法B皆可用于制备大量或少量的水。用方法C1和方法C2制备,水硬度不很准确,仅适用于制备大量硬水。

由于自来水在特性和硬度上多种多样,因此仅列出一种制备程序,使用符合5.1要求的软化水制备成一种拥有详细成分的硬水,持续硬化直至达到合格的硬度级别。可使用两种方法进行2次硬化,若要求硬化后的硬水有精确的成分,按照5.2的方法A进行;水中含有过量的钠离子、硫酸根离子和氯离子,按照5.3的方法B进行。

使用第2种方法耗时更少,如果不在意过量离子,其效果更令人满意。

第3种方法,不对硬水成分进行准确控制,硬水可以达到要求的硬度,但可能包含未知离子。该方法使用按照5.4.2的方法C1进行软化的自来水，或按照5.4的方法C2重新硬化的水稀释而成，根据水源及目的而定，钙、镁离子的比值保持在相对较宽的范围内，对于金属离子的数量级别有所限制。

注：依据设备试验要求，所制备的水可以冷却到要求的温度。

4.2 单位

硬度使用mmol/L表示(对Ca^{2+}与Mg^{2+}离子)。

注：硬度单位换算表由附录A给出。

4.3 水硬度级别

本标准定义了3种不同的水硬度级别：

2.5 mmol/L

1.5 mmol/L

0.5 mmol/L

Ca+Mg的总硬度。

注：以此3种水硬度值可以去选择一种或多种标准化硬水，使其近似于当地可获得的自来水。若需要其他硬度，可以通过添加化学药品，或使用相似的方法制备。

5 人工硬水的成分与制备

5.1 自来水的软化

经过软化的自然界水，其特定阻抗应达到或超过100 000 Ω·cm(其传导系数不超过10 μS/cm)。这种水质可以通过使用一个带有阴阳离子交换树脂的柱状物或反向渗透装置获得。

注：若离子交换树脂是新的，则最先一、二次的制备的水不应使用，这不适用于正常过程中再生后的制备。

5.2 水制备方法A

5.2.1 方法A制备硬水的成分

硬水暂时硬度的成分为碳酸氢钙[$Ca(HCO_3)_2$]。永久硬度在氯化钙($CaCl_2$)和硫酸镁($MgSO_4$)之间。

表1 使用方法A制备硬水的成分

离子	摩尔质量	总硬度/(mmol/L)		
		0.5	1.5	2.5
		离子浓度/(mmol/L)		
Ca^{2+}	40.0	0.42	1.25	2.08
Mg^{2+}	24.3	0.08	0.25	0.42
HCO_3^-	61.0	0.68	2.00	3.33
Cl^-	35.5	0.16	0.50	0.83
SO_4^{2-}	96.0	0.08	0.25	0.42
暂时硬度/(mmol/L)		0.34	1.00	1.67

5.2.2 二次硬化方法A

添加附录B给出的盐量达到所要求硬度。

根据水量和要求的暂时硬度，称量干燥的碳酸钙($CaCO_3$)用量，取少量软水混合后加入到余下的水中。

通过使用小棒或带有小孔的循环喷头使二氧化碳缓慢起泡，将其分散到储水箱的底部。在注入水箱前，使用减压阀将二氧化碳气柱的压力降至约为35 kPa，如有必要可以加热阀门以防止冻结。

这个过程，pH值下降，将不可溶解的碳酸钙转化成碳酸氢钙，持续到水变清为止。

注：本过程可能持续1 h至3 h，由水量及硬度要求而定。

然后加入固体氯化钙($CaCl_2 \cdot 2H_2O$),加入量为要求的永久硬度的一半。(0.01 mmol/L,每升加入1.47 mg $CaCl_2 \cdot 2H_2O$)

然后加入固体硫酸镁($MgSO_4 \cdot 7H_2O$),加入量为要求的永久硬度的一半。(0.01 mmol/L,每升加入2.46 mg $MgSO_4 \cdot 7H_2O$)

加入气体以提升pH值,使之达到表2中pH值范围内。

表2 水硬度及相关pH

硬　度	20 ℃时pH值
0.5 mmol/L	8.0—8.3
1.5 mmol/L	7.5—8.0
2.5 mmol/L	7.3—7.7

水应保持在正常室温的密闭水箱内,不进行进一步搅拌。

在使用硬水之前,如有需要可使用HCl或NaOH调整pH值。

5.3 水制备方法B

5.3.1 方法B制备硬水的成分

硬水暂时硬度由碳酸氢钙[$Ca(HCO_3)_2$]和碳酸氢镁[$Mg(HCO_3)_2$]组成。永久硬度的成分是氯化钙、硫酸钙、氯化镁和硫酸镁($CaCl_2$、$CaSO_4$、$MgCl_2$、$MgSO_4$)。

表3 使用方法B制备硬水的成分

离　子	摩尔质量	总硬度/(mmol/L)		
		0.5	1.5	2.5
		离子浓度/(mmol/L)		
Ca^{2+}	40.0	0.37	1.11	1.85
Mg^{2+}	24.3	0.13	0.39	0.65
HCO_3^-	61.0	0.67	2.00	3.35
Cl^-	35.5	0.75	2.23	3.75
SO_4^{2-}	96.0	0.13	0.39	0.65
Na^+	23.0	0.67	2.00	3.35
暂时硬度/(mmol/L)		0.33	1.00	1.67

5.3.2 二次硬化方法B

添加附录B给出的盐量溶解到水中。

准备下列溶剂:

溶剂1	$NaHCO_3$	67.2 g/L (800 mmol/L)
溶剂2	$MgSO_4 \cdot 7H_2O$	38.0 g/L (154.2 mmol/L)
溶剂3	$CaCl_2 \cdot 2H_2O$	65.6 g/L (446.1 mmol/L)

将上述3种溶剂的规定量加入到0.7 L的软化水中,加水至1.00 L以制备3种不同硬度的标准硬水。如果要大量制备,可通过自动配制完成。在使用前加入HCl或NaOII使pH值在表4的范围之内。

表4 水硬度及相关pH

硬　度	20 ℃时pH值
0.5 mmol/L	8.0—8.5
1.5 mmol/L	7.5—7.9
2.5 mmol/L	7.3—7.7

5.4 水制备方法 C

5.4.1 方法 C 制备硬水的成分

硬水按总硬度 2.5 mmol/L 来制备。暂时硬度和永久硬度无差值。总硬度的(75±15)%为钙的硬度，Ca^{2+} 和 Mg^{2+} 的比率为 1.5 比 9。

下列金属离子可能会影响水的漂白程度，如果制备的水用于清洁目的，应将离子含量保持在下列限值内：

铁　<0.1 mg/L

铜　<0.05 mg/L

锰　<0.05 mg/L

如果制备的水用于洗碗机试验，氯化物的含量应低于 4.5 mmol/L。如有必要，可使用软化水稀释。

通过分析自来水中钙、镁离子的含量以获得其硬度。如果钙和镁的比例在限值之外，则通过溶解一些可忽略的离子来调节，如 $CaCl_2 \cdot 2H_2O$ 或 $MgSO_4 \cdot 7H_2O$。调整示例由附录 C 给出。

5.4.2 硬度调节法 C1

当自来水硬度高于要求硬度时，使用方法 C1 调整。通过阳离子交换树脂或使用软化水稀释，将自来水软化，以钠离子替换钙、镁离子。如果 pH 值过低，应以发泡的方式去除一些 CO_2。

通过分析自来水中钙、镁离子的含量获知其硬度，如果钙与镁的比例在条款 5.4.1 限值之外，则通过溶解一些可忽略的离子来调节，如 $CaCl_2 \cdot 2H_2O$ 或 $MgSO_4 \cdot 7H_2O$。

混合比例的示例由附录 C 给出。

5.4.3 硬度调节法 C2

如果自来水太软，则使用该方法。将软化的自来水与钙、镁离子混合以获得要求的硬度。

加入盐量的示例由附录 B 给出。

6 标准硬水的贮存

标准硬水更为合理的贮存方法是置于排出空气和避光的密闭水箱中，以防止 CO_2 的流失以及防止污染物和有机物生长。若水箱保持密闭状态，贮存期为 1 个月，但如果水箱打开，贮存期大约为 1 d。

6.1 加热标准硬水的作用

当标准硬水从 20 ℃被加热到 90 ℃时，从 85 ℃开始形成晶体，视加热速率而定。若加热至一个较低的温度且持续加热，形成晶体可能发生，超过 60 ℃时形成晶体文石，低于 40 ℃时形成晶体方解石。

注：文石体积较大，针状结构，且能迅速堵塞细小开口。方解石体积较小，但质地坚硬。

7 检验

按照 GB/T 7477 的方法测量总硬度。

附 录 A
（资料性附录）
水硬度—换算表

A.1 水硬度相关单位

1 mmol/L＝2.0 毫(克)当量 ＝ 2 mval/L

1 mmol/L＝100 ppm 的 $CaCO_3$

1 mmol/L＝100 000 分之 10

1 mmol/L＝10 个法国度

1 mmol/L＝7.0 个英国度

1 mmol/L＝5.6 个德国度

A.2 转换为不同硬度

下表为法国度、英国度、德国度与本标准使用硬度值的换算。

mmol/L 值	法国度	英国度	德国度
0.5	5	3.5	2.8
1.5	15	10.5	8.4
2.5	25	17.5	14.0

STANDARDS PRESS OF CHINA

附　录　B
（规范性附录）
对软化水进行二次硬化的盐用量

B.1　方法 A

向软水加入盐量以 mg/L 为单位，所加盐的纯度至少为 98%。

盐种类	总硬度/(mmol/L)		
	0.5	1.5	2.5
$CaCO_3$	33	100	167
$CaCl_2 \cdot 2H_2O$	12	37	61
$MgSO_4 \cdot 7H_2O$	21	61	103

B.2　方法 B

向软水中加入盐溶液量以 mL/L 为单位。

盐溶液	总硬度/(mmol/L)		
	0.5	1.5	2.5
$NaHCO_3$—溶液 1	0.83	2.50	4.17
$CaCl_2 \cdot 2H_2O$—溶液 2	0.83	2.50	4.17
$MgSO_4 \cdot 7H_2O$—溶液 3	0.83	2.50	4.17

附 录 C
（资料性附录）
按照方法 C1 和 C2 将自来水与一定量水混合成各种等级硬度

C.1 方法 C1:使用软化后的天然硬水

自来水首先要使用阳离子交换器进行软化，或使用软化水稀释，以使其最大硬度达到 0.05 mmol/L。

本示例对于硬度为 2.5 mmol/L 的水有效，如果需要更多软化水，则按比例加入软化水。

表 C.1 自来水过硬—稀释至 2.5 mmol/L 示例

自来水			软化水	总量/L	备　注
硬度/(mmol/L)	Ca^{2+}/Mg^{2+}	水量/L	水量/L		
2.8	4	890	110	1 000	—
3.0	4	830	170	1 000	—
3.5	2.3	710	290	1 000	—
4.0	9	630	370	1 000	—
3.0	1	—	—	—	见表 C.2
3.0	∞	—	—	—	见表 C.2

$$\text{天然水}=\frac{2.5(2.5\ \text{mmol/L 有效})\text{总水量}}{\text{总硬度}}$$

表 C.2 调整 Ca^{2+} 和 Mg^{2+} 比例

自来水		$CaCl_2 \cdot 2H_2O$ mg/L	$MgSO_4 \cdot 7H_2O$ mg/L	新硬度 mmol/L	新比例 Ca^{2+}/Mg^{2+}	氯化物添加量 mg/L
硬度 mmol/L	Ca^{2+}/Mg^{2+}					
4.0	1	588	—	8.0	3	284
4.0	∞	—	330	5.3	3	
3.0	1	441	—	6.0	3	213
3.0	∞	—	246	4.0	3	—
2.5	1	365	—	5.0	3	176
2.5	∞	—	204	3.3	3	—
2.0	1	294	—	4.0	3	142
2.0	∞	—	165	2.7	3	—

调整后的水按表 1 与软化水混合。

若用于洗碗机试验，应检查最终制剂的氯化物含量，最大许可量为 4.5 mmol/L(＝160 mg/L)

C.2 方法 C2:天然软水的使用

表 C.3 自来水过软—再硬化至 2.5 mmol/L 示例

自来水		$CaCl_2 \cdot 2H_2O$ mg/L	$MgSO_4 \cdot 7H_2O$ mg/L	新硬度 mmol/L	新比例 Ca^{2+}/Mg^{2}
硬度 mmol/L	比例 Ca^{2+}/Mg^{2+}				
1.0	1.5	188	54	2.50	3
1.0	9	144	128	2.50	3
1.0	1	203	30	2.50	3
1.0	∞	128	155	2.50	3
2.0	1.5	176	—	3.20	3
2.0	9	12	103	2.50	3
2.0	1	292	—	4.00	3
2.0	∞	—	165	2.67	3

注：若调整 Ca^{2+}/Mg^{2+} 比例后使水过硬，应按表 1 加软化水稀释。

ICS 97.220.40
Y 56

GB

中华人民共和国国家标准

GB/T 23120—2008

飞碟靶

Clay pigeon

STANDARDS PRESS OF CHINA

2008-12-30 发布　　2009-09-01 实施

中华人民共和国国家质量监督检验检疫总局
中国国家标准化管理委员会　发布

前 言

本标准采用了国际射击联合会《竞赛规则》中关于飞碟靶的全部技术要求。

本标准由中国轻工业联合会提出。

本标准由全国文体用品标准化中心归口。

本标准主要起草单位：鞍山北方广大体育发展有限责任公司。

本标准主要起草人：张刚、刘广大、孟军、吴焕民。

飞　　碟　　靶

1　范围

本标准规定了飞碟靶的要求、试验方法、检验规则及标志、包装、运输、贮存。

本标准适用于在射击运动中使用的飞碟靶(以下简称“碟靶”)。

2　规范性引用文件

下列文件中的条款通过本标准的引用而成为本标准的条款。凡是注日期的引用文件,其随后所有的修改单(不包括勘误的内容)或修订版均不适用于本标准,然而,鼓励根据本标准达成协议的各方研究是否可使用这些文件的最新版本。凡是不注日期的引用文件,其最新版本适用于本标准。

GB/T 191　包装储运图示标志(GB/T 191—2008,ISO 780:1997,MOD)

GB/T 2828.1—2003　计数抽样检验程序　第1部分:按接收质量限(AQL)检索的逐批检验抽样计划(ISO 2859-1:1999,IDT)

GB 5085.3　危险废物鉴别标准　浸出毒性鉴别

GB/T 6543　运输包装用单瓦楞纸箱和双瓦楞纸箱

GB 6566　建筑材料放射性核素限量

GB 18582　室内装饰装修材料　内墙涂料中有害物质限量

国际射击联合会　竞赛规则　飞碟靶

3　术语和定义

下列术语和定义适用于本标准。

3.1

变形　deformation

碟靶呈现不符合规定设计的形状。

3.2

底沿变形　deformation of base

碟靶的底边及相邻处呈现不符合规定设计的形状。

4　要求

4.1　外形尺寸

4.1.1　碟靶的外形尺寸应符合表1和图1的要求。

表1　碟靶外形尺寸要求

序　号	字母代号	名　称	要求/mm
1	A	底圈直径	110±1
2	B	中圈直径	95～98
3	C	全高	25～26
4	D	底圈高	11±1
5	E	中圈高	7±1
6	F	底圈和中圈高	18±1

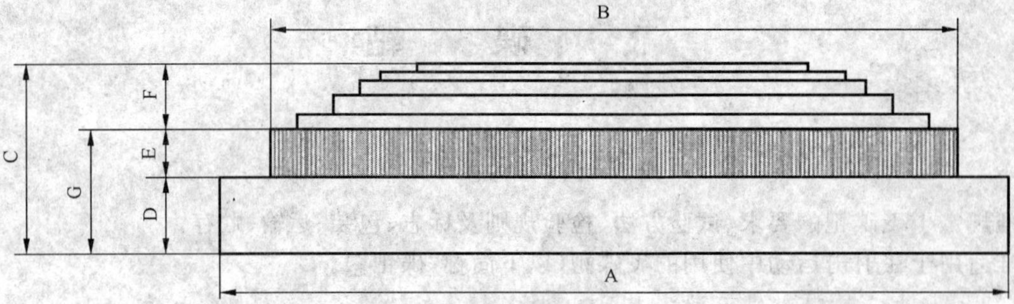

图 1 碟靶的外形和尺寸

4.1.2 碟靶底沿的变形应小于0.1 mm。

4.1.3 碟靶中圈表面应按国际射联竞赛规则的要求设置摩擦线。

4.2 碟靶的质量

碟靶的质量应为：105 g±5 g。

4.3 碟靶的颜色

碟靶应为全黑色、全白色、全黄色、全橙色或圆顶应为白色、黄色、橙色，或按国际射联的规则确定颜色。颜色的选择应在正常光线下，对着背景能清楚地看到。

4.4 表面涂料

碟靶中使用的涂料应符合 GB 18582 的规定。

4.5 碟靶的强度

碟靶被抛出后，应能够完整无损地飞行。碎靶率应小于5%。按国际射联规则被子弹击中时，碟靶应容易被击碎。

4.6 碟靶中的毒性物质

碟靶的浸出液中任何一种有害成分的浓度均不应超过表2所列的浓度值。

表 2 浸出毒性鉴别标准值

序号	项目	浸出液最高允许浓度/(mg/L)
1	有机汞	不应检出
2	汞及其化合物(以总汞计)	0.05
3	铅(以总铅计)	3
4	镉(以总镉计)	0.3
5	总铬	10
6	六价铬	1.5
7	铜及其化合物(以总铜计)	50
8	锌及其化合物(以总锌计)	50
9	铍及其化合物(以总铍计)	0.1
10	钡及其化合物(以总钡计)	100
11	镍及其化合物(以总镍计)	10
12	砷及其化合物(以总砷计)	1.5
13	无机氟化物(不包括氟化钙)	50
14	氰化物(以 CN 计)	1.0

4.7 碟靶的放射性

碟靶的放射性应符合 GB 6566 的规定。

5 试验方法

5.1 碟靶的外形尺寸用精度不低于 0.05 mm 通用量具测量。检验底沿变形时，应将被测碟靶底圈朝下自然放置于平板上，把塞尺塞入碟靶底沿与平板之间的最大空隙处，测量结果应符合 4.1.2 的规定。应采用精度不低于 2 级的平板，平板尺寸应大于被测品的尺寸。

5.2 碟靶的质量用精度不低于 0.001 g 的天平测量。

5.3 碟靶的颜色应在明亮的自然光下，用目测进行。

5.4 表面涂料中有害物质限量按 GB 18582 规定的方法检验。

5.5 碟靶的强度试验应在飞碟靶场使用国际射联认定合格的奥林匹克标准型抛靶机进行实地检验。抛靶机(按射击规则)调整到抛射的碟靶飞行高度(碟靶抛出 10 m 时的高度)为 1.5 m，平面直线距离为(76±1)m 的情况下进行检验。

5.6 碟靶浸出液有害成分浓度值的检验按 GB 5085.3 规定的方法进行。

5.7 碟靶的放射性试验按 GB 6566 规定的方法进行。

6 检验规则

6.1 出厂检验

出厂检验项目为：

a) 外形尺寸；

b) 碟靶的质量；

c) 碟靶的颜色；

d) 碟靶的强度。

6.2 型式检验

6.2.1 有下列情况之一时应进行型式检验：

a) 新产品试制定型时；

b) 配方或工艺有较大改变时；

c) 正常生产一年时；

d) 停产半年以上，重新恢复生产时；

e) 国家质量监督部门提出要求时。

6.2.2 型式检验项目应为本标准要求的全部内容。

6.3 组批抽样与判定规则

6.3.1 生产企业应保证所生产的飞碟靶符合本标准的要求，以一次交货数量为一批，每批产品均应附有产品合格证明。

6.3.2 飞碟靶的毒性物质和放射性试验不合格，则判定该批产品是不可接收的。

6.3.3 计数抽样检验程序按 GB/T 2828.1—2003 的规定进行。飞碟靶样本单位为“个”，检验项目为：质量、外形尺寸偏差、强度、颜色，其接收质量限(AQL 值)为 4.0，采用检查水平为特殊检查水平 S-4 的二次抽样，其抽样方案见表 3。

6.4 型式检验抽样与判定规则

6.4.1 型式检验样本在交收检验合格批中随机抽取。

6.4.2 型式检验项目为 4.4，4.5，4.6，凡有一项一个不合格即判该周期型式检验不合格。

STANDARDS PRESS OF CHINA

表 3 抽样方案

批量/个	正常检验二次抽样方案(特殊检查水平 S-4,AQL 为 4.0)		
	样本量	Ac	Re
≤90	3	0	1
91～500	8 8	0 1	2 2
501～1 200	13 13	0 3	3 4
1 201～10 000	20 20	1 4	3 5
10 001～35 000	32 32	2 6	5 7
35 001～500 000	50 50	3 9	6 10

7 标志、包装、运输、贮存

7.1 标志

产品和包装上应由下列标志内容：

a) 产品名称及型号；

b) 企业名称、地址；

c) 产品执行标准编号；

d) 生产日期或生产编号；

e) 数量、重量。

7.2 包装

7.2.1 碟靶宜采用纸箱包装，并应采取减震、防潮措施。

7.2.2 包装纸箱应符合 GB/T 6543 的规定。

7.2.3 包装储运图示标志应符合 GB/T 191 的规定。

7.3 运输

7.3.1 运输方式应保证产品质量不受任何损坏。

7.3.2 装卸过程中应轻拿轻放。运输过程中应平稳，避免碰撞和剧烈颠簸，勿倒置，防潮湿。

7.4 贮存

7.4.1 产品应贮存于温度低于 45 ℃干燥的库房内，并不应与有毒有害物品同库存放。

7.4.2 包装箱堆放时层高不应超过 5 层。

ICS 97.220.30
Y 55

中华人民共和国国家标准

GB/T 23121—2008

体操器械　助跳板

Gymnastic equipment—Spring board

2008-12-30 发布　　　　2009-09-01 实施

中华人民共和国国家质量监督检验检疫总局
中国国家标准化管理委员会　发布

前 言

本标准主要技术要求采用了国际体操联合会(FIG)2006 年器材标准规范中的Ⅱ MAG14 01.01.2006《助跳板》、Ⅳ MAG14 01.01.2006《助跳板》。

本标准与国际体操联合会(FIG)器材标准规范对应如下:

——本标准第 3 章“术语和定义”与 FIG 的Ⅳ MAG14 01.01.2006 中第 3 章“术语”相同。

——本标准第 4 章“分类”与 FIG 的Ⅱ MAG14 01.01.2006 一致。

——本标准 5.1“外形及尺寸”与 FIG 的Ⅱ MAG14 01.01.2006 中“形状及图样”相同。

——本标准 5.2“外观”中 5.2.2、5.2.4 与 FIG 的Ⅱ MAG14 01.01.2006 一致。5.2.1、5.2.3 为增加的条文。

——本标准 5.3“结构与材料”与 FIG 的Ⅱ MAG 的 14 01.01.2006 中“作用性能”一致。

——本标准 5.4“金属零部件耐蚀性”为增加的条文。

——本标准 5.5“冲击弹性”、6.5“冲击弹性检验”与 FIG 的Ⅳ MAG14 01.01.2006 中第 5 章“性能要求”、第 6 章“测试设备”、第 8 章“测试环境条件”及第 9 章“测试程序”相同。

本标准由中国轻工业联合会提出。

本标准由全国文体用品标准化中心归口。

本标准起草单位:泰山体育产业集团有限公司、天津春合体育用品厂、江苏金陵体育器材股份有限公司、广州双鱼体育用品集团有限公司、山东冀鲁体育器材有限公司、中山市健将健身器械有限公司。

本标准主要起草人:张之林、陈宝生、李春荣、罗文辉、张洪印、黎炎生。

体操器械　助跳板

1　范围

本标准规定了体操器械中助跳板的术语和定义、分类、要求、试验方法、检验规则和标志、包装、运输、贮存。

本标准适用于体操竞赛用和练习用助跳板。

2　规范性引用文件

下列文件中的条款通过本标准的引用而成为本标准的条款。凡是注日期的引用文件，其随后所有的修改单(不包括勘误的内容)或修订版不适用于本标准，然而，鼓励根据本标准达成协议的各方研究是否可使用这些文件的最新版本。凡是不注日期的引用文件，其最新版本适用于本标准。

GB/T 2828.1—2003　计数抽样检验程序　第1部分:按接收质量限(AQL)检索的逐批检验抽样计划(ISO 2859-1:1999,IDT)

GB/T 2829—2002　周期检验计数抽样程序及表(适用于对过程稳定性的检验)

QB/T 3826—1999　轻工产品金属镀层和化学处理层的耐腐蚀试验方法　中性盐雾试验(NSS)法

QB/T 3832—1999　轻工产品金属镀层腐蚀试验结果的评价

3　术语和定义

下列术语和定义适用于本标准。

3.1

冲击点原位　starting position of an impact site

在无外力作用下，助跳板上表面所处的位置。

3.2

变形量　deflection

冲击点原位与其被冲击后向下的最大位移距离。

3.3

回弹高度　height of rebound

冲击点原位与被冲击后冲击块反弹的最大位移距离。

3.4

最大作用力　maximum force

冲击块质量(kg)与其最大加速度(m/s^2)的乘积(N)。

4　分类

按其弹性性能分为软板、硬板。

5　要求

5.1　外形及尺寸

5.1.1　外形及尺寸见图1。基本尺寸及其极限偏差应符合表1规定。

单位为毫米

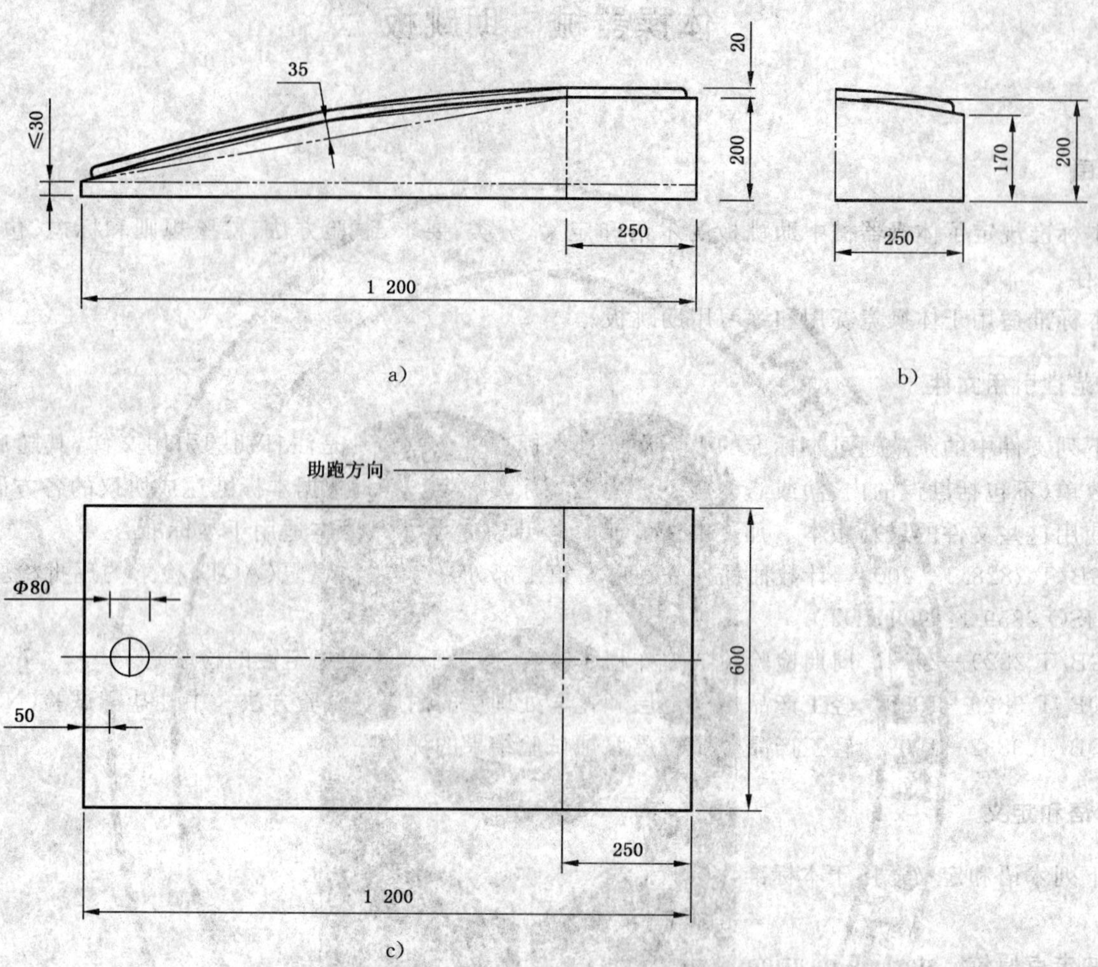

图 1 助跳板

表 1 基本尺寸及其极限偏差

单位为毫米

名　　称	基本尺寸	极限偏差
长度	1 200	±10
宽度	600	
高度	200	
覆盖层厚度	20	±5
加覆盖层总高	220	±15
弧形弦高[图 1a)]	35	±5
起跑端高	≤30	—

5.1.2　上板端部 250 mm 范围内可为等高,见图 1a);也可为逐渐向下的形式,见图 1b)。

5.1.3　图 1 中长宽尺寸为上板垂直投影尺寸。下板可大于上板,但不得超出上板垂直投影边缘 20 mm。

5.1.4　硬板应加标记,标记形状及位置见图 1c)。标记颜色不应眩目。

5.1.5　起跑侧下板与地面之间的空间应不大于 30 mm,如图 2 所示。

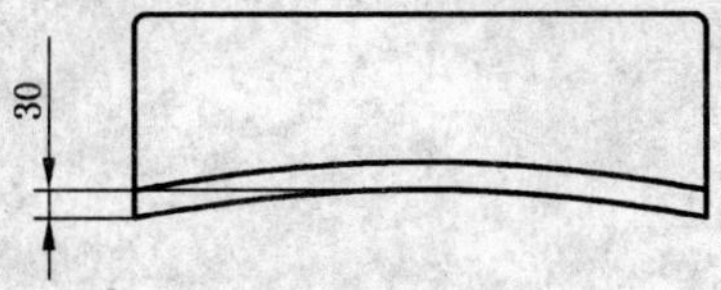

图 2 起跑端面图

5.2 外观

5.2.1 上表面应无污渍，覆盖层无松弛及明显皱折等缺陷。

5.2.2 除"硬"板圆点外，上表面不应有眩目的图案、条纹或标记。

5.2.3 金属件应无锈迹、裂纹等缺陷。

5.2.4 应无尖角、毛刺。

5.3 结构与材料

5.3.1 上板表面应加防滑覆盖层，覆盖层下面应有柔性层。

5.3.2 弹簧应固定，使其不应用手轻易取下。

5.3.3 使用中应无噪声、滑移。

5.4 金属零部件耐蚀性

耐腐蚀性能应不低于 QB/T 3832—1999 中的 6 级。

5.5 冲击弹性

5.5.1 助跳板受到规定的冲击块冲击后其参数应符合表 2 的规定，取消外力后应恢复原位。

表 2 助跳板冲击弹性参数

冲击点平均值	变形量/mm		回弹高度/mm		最大作用力/N	
	硬板	软板	硬板	软板	硬板	软板
冲击点 1 至 5 的平均值	$55 \leqslant x \leqslant 68$	$62 \leqslant x \leqslant 80$	$340 \leqslant x \leqslant 400$		≤4 000	
冲击点 1 至 5 的最大平均值与最小平均值之间的差值	≤15		≤100		—	
冲击点 6 至 7 的平均值之间的差值	≤4		≤25		≤150	

5.5.2 冲击点分布在上板上，如图 3 所示。

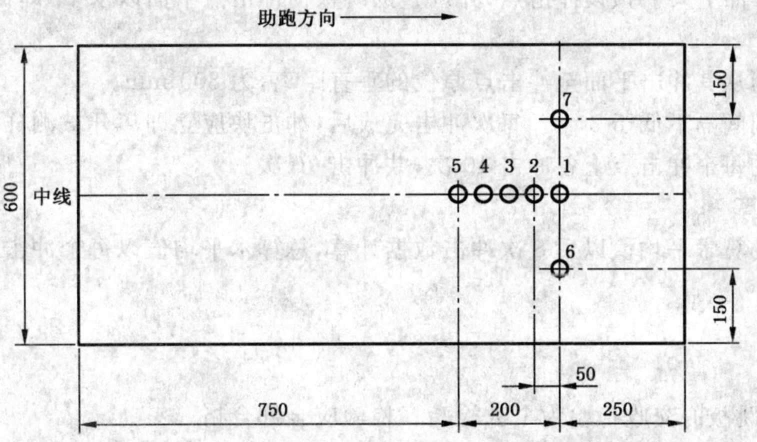

图 3 冲击点分布

6 试验方法

6.1 尺寸检验

用钢卷尺或专用量尺测量。

6.2 外观检验

在明亮的自然光线下目测。

6.3 结构与材料检验

用感官检测。

6.4 金属零部件耐蚀性能检测

按 QB/T 3826 规定连续喷雾 12 h 后，结果按 QB/T 3832 进行评价。

6.5 冲击弹性检验

6.5.1 环境条件

相对湿度 50%±10%，温度 21 ℃±3 ℃。被测样品应在此环境下放置至少 24 h 后检测。

6.5.2 冲击检测机

能够使一个有确定的质量和几何形状的冲击块在给定的高度自由垂直下落而冲击被测样品。

冲击块自由垂直下落的同时，由传感器探测和记录仪记录打印记录冲击块冲击被测样品过程的加速度与时间、位移与时间的变化关系。

本机及冲击块应有足够的刚性以避免振动而影响记录的准确性，并保证只有冲击块的冲击面冲击被测样品。

6.5.3 冲击块

质量为 20 kg±0.2 kg，冲击平面为直径 100 mm±5 mm 的圆平面，平面边缘应避免尖角。

冲击块配置加速计，加速计与冲击块的垂直轴线平行固定，最大固定偏差±5°。

6.5.4 记录装置

a) 加速度-时间：包含传感器在内的加速度-时间的记录装置具备峰值加速度真值的±5%的精度，能在 2 Hz～1 000 Hz 频率范围内测量 200 倍重力加速度的冲击加速度且精度为±5%，其最小取样频率为 5 000 Hz；

b) 位移-时间：位移传感器沿冲击轴线监视冲击块的位移量并输出线性比例信号，通过记录装置记录位移与时间关系，由此确定陷入深度及回弹高度。

6.5.5 冲击检验程序

将被测样品置于水平、平整坚实的水泥地面或金属平面上。

冲击块对准样品上某一预设冲击点，并调整助跳板使冲击点平面以水平，即冲击点平面垂直于冲击块下落轴线。

冲击块高度为从其冲击平面至冲击点原位的垂直距离，为 800 mm。

每次冲击时间间隔不低于 30 s。每次冲击完成后，冲击块应立即离开被测样品。

在图 3 设定的每个冲击点上各冲击 10 次，共冲击 70 次。

6.5.6 平均值计算

每个冲击点的算术平均值以后 8 次冲击数据计算，总算术平均值以每个冲击点的算术平均值计算。

7 检验规则

7.1 交收检验

7.1.1 竞赛用助跳板的交收检验为全数检验。检验应全部合格。

7.1.2 练习用助跳板的交收检验为抽检，按 GB/T 2828.1 中一般检查水平Ⅱ，正常检查一次抽样方案进行。

7.1.3 交收检验项目、要求、试验方法、接收质量限(AQL)应符合表3的规定。

表3 交收检验

项目	要求	检验方法	AQL
外形与尺寸	5.1	6.1	6.5
外观	5.2	6.2	
结构与材料	5.3	6.3	

7.2 型式检验

7.2.1 型式检验每18个月进行一次,发生下列任一情况,也应进行型式检验:

a) 设计、工艺、材料改变,可能影响产品质量时;

b) 质量明显不稳定时;

c) 停产6个月以上重新生产时;

d) 国家有关质量监督部门提出试验时。

7.2.2 型式检验样本应在交收检验合格批中随机抽取。

7.2.3 型式检验的抽样,按GB/T 2829判别水平Ⅱ一次抽样方案进行。

7.2.4 型式检验项目、要求、试验方法、不合格质量水平(RQL)、样本量及判定数组应符合表4的规定。

表4 型式检验

项目	要求	试验方法	RQL	样本量及判定数组 n[Ac,Re]
金属零部件耐蚀性	5.4	6.4	65	2[1,2]
冲击弹性	5.5	6.5		

8 标志、包装、运输、贮存

8.1 标志

产品或包装上应有产品名称、制造商名称和地址、执行标准号、商标、出厂日期,并附有合格证。

8.2 包装

应根据不同情况选择保护产品的适宜的包装材料和包装方法。

8.3 运输

途中不得雨淋、日晒、受潮,搬运时应避免污染、划伤。

8.4 贮存

仓库应通风干燥,远离火源,避免露天存放。

STANDARDS PRESS OF CHINA

ICS 97.220.10
Y 55

中华人民共和国国家标准

GB/T 23122—2008

跳　高　架

High jump uprights

2008-12-30 发布　　2009-09-01 实施

中华人民共和国国家质量监督检验检疫总局
中国国家标准化管理委员会　发布

前言

本标准采用了国际田径联合会(IAAF)《竞赛规则 2008》和中国田径协会审定的《田径竞赛规则 2008》与器材有关的全部技术参数。

本标准由中国轻工业联合会提出。

本标准由全国文体用品标准化中心归口。

本标准起草单位:北京飞鹿体育用品有限公司、江苏金陵体育器材股份有限公司、广州双鱼体育用品集团有限公司、定州市环球体育器材厂、中山市健将健身器械有限公司、山东冀鲁体育器材有限公司、北京皇冠体育用品有限责任公司、宁波奇胜运动器材有限公司。

本标准主要起草人:肖建京、李春荣、罗文辉、曹振瑞、黎炎生、张洪印、岳峰、陆立青。

跳 高 架

1 范围

本标准规定了跳高架的要求、试验方法、检验规则、标志、包装、运输、贮存。

本标准适用于比赛和练习使用的跳高架,包括横杆和落地区。

2 规范性引用文件

下列文件中的条款通过在本标准的引用而成为本标准的条款。凡是注日期的引用文件,其随后所有的修改单(不包括勘误的内容)或修订版均不适用于本标准,然而,鼓励根据本标准达成协议的各方研究是否可使用这些文件的最新版本。凡是不注日期的引用文件,其最新版本适用于本标准。

GB/T 191—2008 包装储运图示标志(ISO 780:1997,MOD)

GB/T 2828.1—2003 计数抽样检验程序 第1部分:按接收质量限(AQL)检索的逐批检验抽样计划(ISO 2859-1:1999,IDT)

GB/T 2829—2002 周期检验计数抽样程序及表(适用于对过程稳定性的检验)

QB/T 3826—1999 轻工产品金属镀层和化学处理层的耐腐蚀试验方法、中性盐雾试验(NSS)法

QB/T 3832—1999 轻工产品金属镀层腐蚀试验结果的评价

3 分类

3.1 按使用要求分为比赛跳高架、练习跳高架两种。

3.2 跳高架(包括横杆和落地区)及其各部件见图1,基本参数见表1。

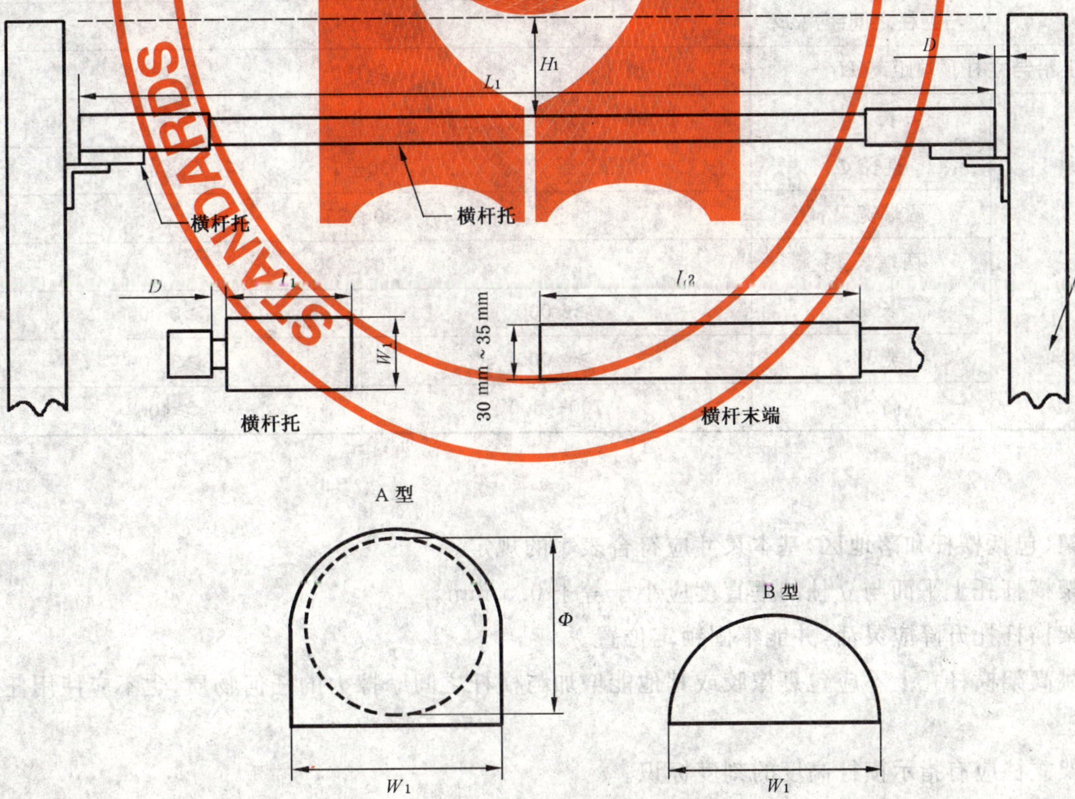

图 1

STANDARDS PRESS OF CHINA

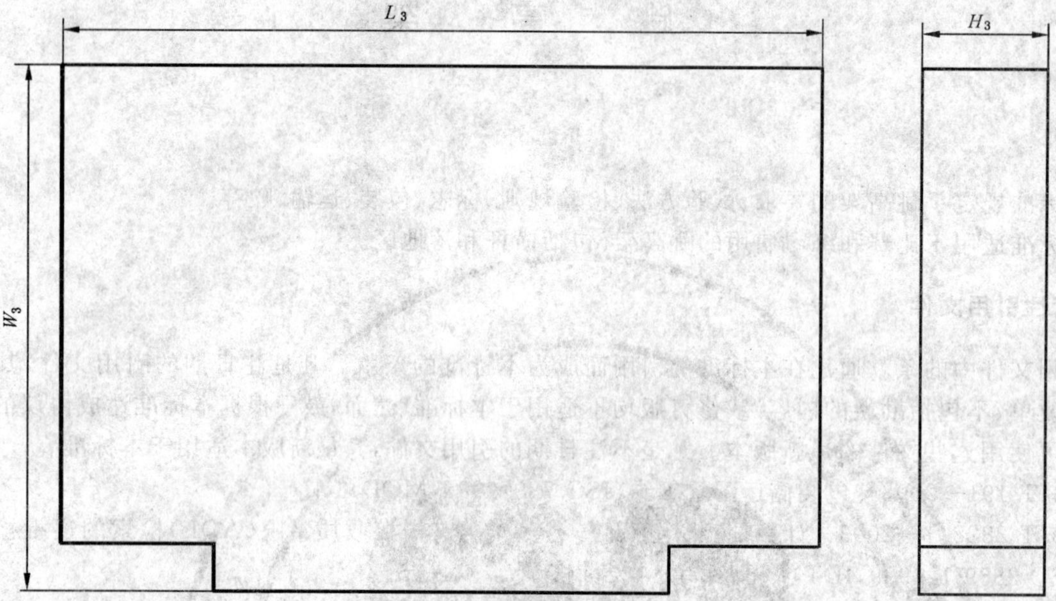

图 1（续）

表 1　基本参数

单位为毫米

项　　目		比赛型		练习型	
		基本尺寸	极限偏差	基本尺寸	极限偏差
横杆托	长 L	60	±0.5	60	±2
	宽 W	40		40	
	与立柱之间距离 D	≥10			
横杆上沿与立柱顶端距离 H_1		≥100			
横杆	长 L_1	4 000	±20	4 000	±30
	直径 Φ	30±1			
	两端宽 W_1	30～35			
	两端长 L_2	150～200			
落地区	长 L_3	≥6 000		≥5 000	
	宽 W_3	≥4 000		≥3 000	
	高 H_3	700～800		≥400	

4　要求

4.1　跳高架（包括横杆和落地区）基本尺寸应符合表 1 的规定。

4.2　跳高架横杆托上平面与立柱的垂直度应小于等于 0.5 mm。

4.3　跳高架横杆托升降应灵活，并能牢固锁定位置。

4.4　比赛跳高架横杆托上不应包裹橡胶或其他能增加与横杆之间摩擦力的任何物质，也不应使用任何种类的弹簧。

4.5　跳高架立柱应有指示横杆高度的刻度标识。

4.6　跳高架立柱在承受规定载荷后，立柱不应产生弯曲变形。

4.7 比赛用横杆应采用玻璃纤维增强塑料或其他适宜材料制成，不应使用金属材料。

4.8 横杆质量应小于等于 2 kg。

4.9 比赛用横杆应有弹性，其自然下垂量应小于等于 20 mm；在受力时其下垂量应小于等于 70 mm。

4.10 跳高比赛落地区宜由若干单元组成，各单元之间应牢固连接。

4.11 落地区内填充物密度宜为：$(25\pm3)kg/m^3$。

4.12 跳高架金属部件应采用阳极氧化、涂饰、电镀或其他工艺方法处理，颜色应均匀一致。

4.13 电镀层抗腐蚀性能，按照 QB/T 3826 规定，腐蚀级别应不低于 6 级。

5 试验方法

5.1 跳高架基本尺寸用相应等级的游标卡尺和钢卷尺测量。

5.2 横杆托与立柱垂直度用直角尺、塞规测量。

5.3 4.3、4.4、4.5、4.7、4.10 感官检验。

5.4 立柱抗弯性能：将跳高架固定，横杆托升至最高高度时，在横杆托中间位置垂直施加 300 N 力，保持 30 s，卸载后立柱残余变形量比赛跳高架不得超过 1 mm，练习跳高架不得超过 3 mm。

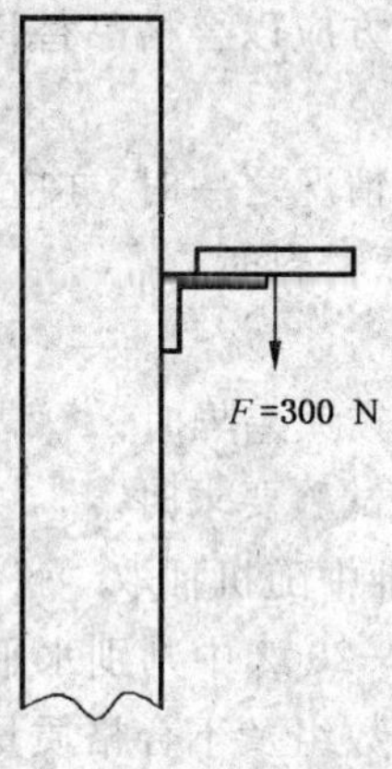

图 2

5.5 横杆总质量用示值误差为 1 g 的天平、台秤等仪器检测。

5.6 将横杆两端放置在横杆托上，测量横杆中间自然下垂量；在横杆中央悬挂 3 kg 重物，测量其下垂量。

5.7 称重计算填充物密度。

5.8 表面处理在明亮自然光线下目测。

5.9 电镀层抗腐蚀性能试验：按 QB/T 3826 规定连续喷雾 12 h 后，结果按 QB/T 3832 评价。

6 检验规则

6.1 交收检验

6.1.1 每批产品出厂前应按本标准检验，检验合格的产品签发合格标志后方可出厂。

6.1.2 交收检验按 GB/T 2828.1 中一般检查水平Ⅱ的一次正常检验抽样方案进行。

6.1.3 交收检验项目顺序及接收质量限（AQL 值）应按表 2 中规定进行。

表 2　交收检验

不合格分类	试验项目及章条款	试验方法章条	接收质量限(AQL 值)	
			比赛型	练习型
B	横杆质量 4.8	5.5	4.0	6.5
	基本尺寸 4.1	5.1		
	结构和材料要求 4.3,4.4,4.5,4.7,4.10	5.3		
	横杆弹性 4.9	5.6		
C	垂直度 4.2	5.2	6.5	10
	表面外观 4.12	5.8		

6.1.4　对于检验样本中的不合格品,供货方应以合格品替代。

6.2　型式检验

6.2.1　型式检验每年进行一次,发生下列情况之一时,亦应进行型式试验:

a)　更改设计、结构、关键工艺、主要原材料时;

b)　停产半年以上又重新生产时;

c)　出厂检验结果与上次型式试验有较大差异时;

d)　国家质量监督机构提出进行型式试验要求时。

6.2.2　型式检验样本应在交收检验合格批中随机抽取。

6.2.3　型式检验抽样方案按 GB/T 2829—2002 中判别水平Ⅱ的一次抽样方案进行。

6.2.4　型式检验项目、顺序、样本量、判定数组及不合格质量水平(RQL)应按表 3 进行。

表 3　型式检验

试验项目及章条	试验方法章条	判定数组[Ac,Re]		不合格质量水平(RQL)	
		比赛型	练习型	比赛型	练习型
立柱强度 4.6	5.4	3[0,1]	2[1,2]	50	65
填充物密度 4.11	5.7				
抗腐蚀性能 4.13	5.9				

7　标志、包装、运输、贮存

7.1　标志

产品应有产品名称、商标、制造商名称和地址、出厂日期、产品生产执行标准的编号,并附有产品合格证。

7.2　包装

应有内包装、外包装;内包装应采取防潮措施,外包装应捆扎牢固。

图形标志按 GB/T 191 执行。

7.3 运输

轻装轻卸，防止日晒雨淋。

7.4 贮存

仓库应通风、干燥、严禁接触酸碱及其他腐蚀性物质，避免重压。

ICS 97.220.10
Y 56

中华人民共和国国家标准

GB/T 23123—2008

铁　　饼

Discus

2008-12-30 发布　　2009-09-01 实施

中华人民共和国国家质量监督检验检疫总局
中国国家标准化管理委员会　发布

前　言

本标准采用了国际田径联合会(IAAF)《竞赛规则 2008》和中国田径协会审定的《田径竞赛规则 2008》中与器材有关的全部技术参数。

本标准由中国轻工业联合会提出。

本标准由全国文体用品标准化中心归口。

本标准起草单位：北京飞鹿体育用品有限公司、江苏金陵体育器材股份有限公司、广州双鱼体育用品集团有限公司、定州市环球体育器材厂、中山市健将健身器械有限公司、山东冀鲁体育器材有限公司、北京皇冠体育用品有限责任公司、宁波奇胜运动器材有限公司。

本标准主要起草人：肖建京、李春荣、罗文辉、曹振瑞、黎炎生、张洪印、岳峰、陆立青。

铁　　饼

1　范围

本标准规定了铁饼的分类、要求、试验方法、检验规则及标志、包装、运输、贮存。

本标准适用于比赛、练习使用的各类型铁饼。

2　规范性引用文件

下列文件中的条款通过在本标准的引用而成为本标准的条款。凡是注日期的引用文件，其随后所有的修改单(不包括勘误的内容)或修订版均不适用于本标准，然而，鼓励根据本标准达成协议的各方研究是否可使用这些文件的最新版本。凡是不注日期的引用文件，其最新版本适用于本标准。

GB/T 191—2008　包装储运图示标志(ISO 780:1997,MOD)

GB/T 2828.1—2003　计数抽样检验程序　第1部分:按接收质量限(AQL)检索的逐批检验抽样计划(ISO 2859-1:1999,IDT)

GB/T 2829—2002　周期检验计数抽样程序及表(适用于对过程稳定性的检验)

QB/T 3826—1999　轻工产品金属镀层和化学处理层耐腐蚀测试方法、中性盐雾实验(NSS)法

QB/T 3832—1999　轻工产品金属镀层腐蚀试验结果的评价

3　分类

3.1　按使用要求分为成年男子、少、青、成年女子、青年男子、少年男子铁饼四类。

3.2　铁饼各部位名称见图1。

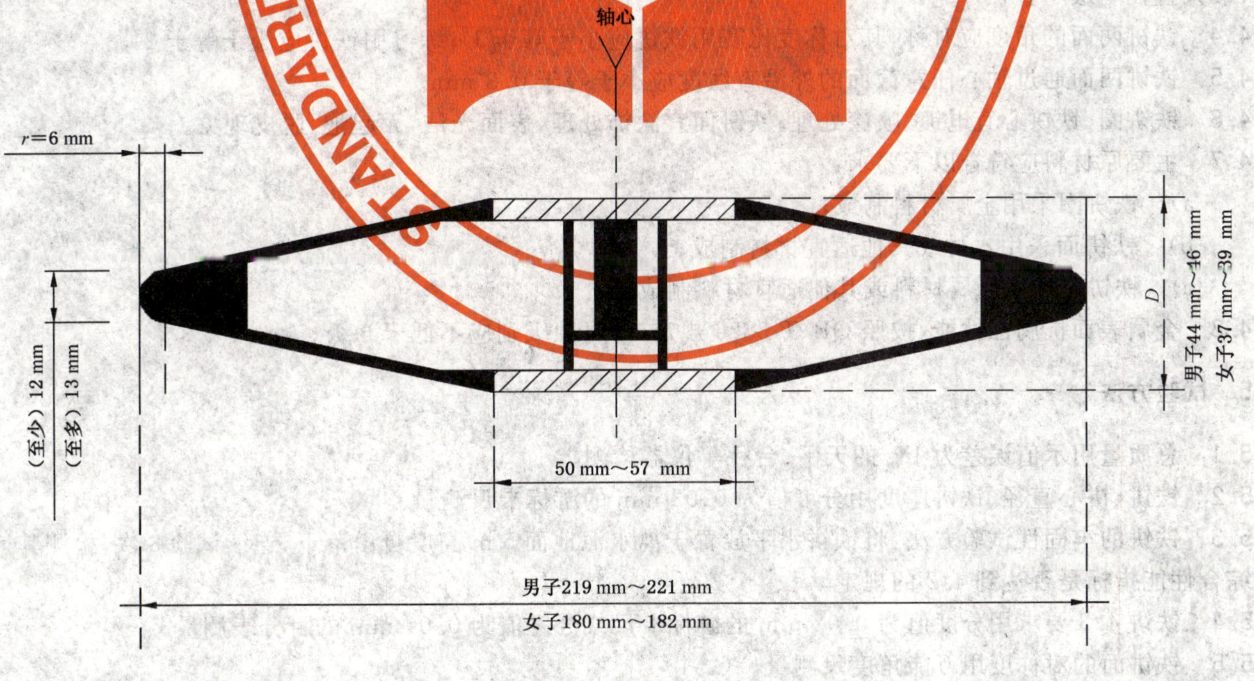

图 1

3.3　基本参数:比赛铁饼见表1;练习铁饼见表2。

STANDARDS PRESS OF CHINA

表 1　比赛铁饼基本参数

项　目	成年男子	少、青、成年女子	少年男子	青年男子
总质量/g	2 005～2 025	1 005～1 025	1 505～1 525	1 755～1 775
铁饼的直径/mm	219～221	180～182	200～202	210～212
饼心的直径/mm	50～57			
铁饼的厚度/mm	44～46	37～39	38～40	41～43
金属圈的厚度/(距边缘 6 mm 处)/mm	12～13			

表 2　练习铁饼基本参数

项　目	成年男子	少、青、成年女子	少年男子	青年男子
总质量/g	2 000～2 030	1 000～1 030	1 500～1 530	1 750～1 780
铁饼的直径/mm	219～221	180～182	200～202	210～212
饼心的直径/mm	50～57			
铁饼的厚度/mm	44～46	37～39	38～40	41～43
金属圈的厚度(距边缘 6 mm 处)/mm	≥12			

4　要求

4.1　铁饼基本参数应符合表 1、表 2 的规定。

4.2　铁饼圈、铁饼面及铁饼心应连接牢固。

4.3　铁饼边缘应呈圆形，比赛铁饼全饼直径，其最大最小值之差应不超过平均直径的 0.1%[平均直径＝(最大直径＋最小直径)/2]。

4.4　铁饼两面的角度应对称，其对称度比赛用铁饼应小于等于 1°；练习用铁饼应小于等于 2°。

4.5　铁饼两面通过轴心任意截面的外沿直线度应小于等于 0.3 mm。

4.6　铁饼圈、铁饼心宜电镀、喷漆处理；铁饼面宜涂饰处理，表面光洁，无起泡、脱皮现象。

4.7　主要原材料应符合以下要求：

a)　铁饼圈采用金属材料制成；

b)　铁饼面采用木材或其他适宜材料制成；

c)　铁饼心采用金属材料或其他适宜材料制成。

4.8　金属表面抗腐蚀性能，按照 QB/T 3826 规定，耐腐蚀级别应不低于 6 级。

5　试验方法

5.1　总质量用示值误差为 1 g 的天平、台秤等仪器检测。

5.2　铁饼、饼心直径、铁饼厚度用分度值为 0.02 mm 的游标卡尺测量。

5.3　铁饼的牢固性试验方法：将铁饼水平放置于离水泥地面 5 m 高度自由落下，连续试验 3 次，检测其综合性能指标是否达到 4.2 的规定。

5.4　铁饼 4.3 要求用分度值为 0.02 mm 的游标卡尺或分度值为 0.01 mm 的百分表测量。

5.5　铁饼面的对称度用万能角度尺测量。

5.6　铁饼面直线度用刀口尺和塞规测量。

5.7　铁饼外观质量和材料在明亮的自然光线下目测。

5.8　电镀表面抗腐蚀性能试验：按 QB/T 3826 规定连续喷雾 12 h 后，结果按 QB/T 3832 评价。

6 检验规则

6.1 交收检验

6.1.1 每批产品出厂前应按本标准检验，检验合格的产品签发合格标志后方可出厂。

6.1.2 交收检验按 GB/T 2828.1 中一般检查水平Ⅱ的一次正常检验抽样方案。

6.1.3 交收检验顺序及接收质量限(AQL 值)应按表 3 中规定进行。

表 3 交收检验

不合格品分类	试验项目及章条	试验方法条款	接收质量限(AQL 值)	
			比赛型	练习型
B	总质量 4.1	5.1	4.0	6.5
	直径、厚度尺寸 4.1	5.2		
	铁饼圈圆度 4.3	5.4		
	对称性 4.4	5.5		
C	饼面平度 4.5	5.6	6.5	10
	表面外观 4.6,4.7	5.7		

6.1.4 对于检验样本中的不合格品，供货方应以合格品替代。

6.2 型式检验

6.2.1 型式检验每年进行一次，发生下列情况之一时，亦应进行型式检验：

a) 更改设计、结构、关键工艺、主要原材料时；

b) 停产半年以上又重新生产时；

c) 出厂检验结果与上次型式试验有较大差异时；

d) 国家质量监督机构提出进行型式试验的要求时。

6.2.2 型式检验样本应在交收检验合格批中随机抽取。

6.2.3 型式检验抽样方案按 GB/T 2829—2002 中判别水平Ⅱ的一次抽样方案进行。

6.2.4 型式检验项目顺序、判定数组及不合格质量水平(RQL)应按表 4 进行。

表 4 型式检验

试验项目及条款	试验方法条款	判定数组[Ac Re]		不合格质量水平(RQL)	
		比赛型	练习型	比赛型	练习型
牢固性 4.2	5.3	3[0,1]	2[1,2]	50	65
抗腐蚀性能	5.8				

7 标志、包装、运输、贮存

7.1 标志

产品应有产品名称、制造商名称和地址、出厂日期、商标、产品生产执行标准的编号，并附有产品合格证。

7.2 包装

铁饼应有内包装、外包装；内包装应采取防潮措施，外包装应捆扎牢固。

图形标志按 GB/T 191—2008 执行。

7.3 运输

轻装轻卸，防止日晒雨淋。

7.4 贮存

仓库应通风、干燥、严禁接触酸碱及其他腐蚀性物质，避免重压。

ICS 97.220.30
Y 55

GB

中华人民共和国国家标准

GB/T 23124—2008

体操器械　体操垫

Gymnastic equipment—Gymnastic mats

STANDARDS PRESS OF CHINA

2008-12-30 发布　　2009-09-01 实施

中华人民共和国国家质量监督检验检疫总局
中国国家标准化管理委员会　发布

前　言

本标准主要技术要求采用国际体操联合会(FIG)2006、2007年颁布或重新颁布的垫类标准：

——Ⅱ WAG 11　26.01.2007　《落地垫》；

——Ⅱ MAG 11/12　01.01.2006　《落地垫》；

——Ⅱ MAG 13　01.01.2006　《辅助垫》及Ⅱ WAG 13　26.01.2007　《辅助垫》；

——Ⅱ MAG 16　26.01.2007　《撑手垫》及Ⅱ WAG 16　26.01.2007　《撑手垫》；

——Ⅳ MAG 11　01.08.1996　《20 cm 落地垫》(2006版)；

——Ⅳ MAG 12　12.07.1989　《10 cm 落地垫》(2006版)。

本标准与FIG标准对应如下：

——本标准第3章“术语和定义”与FIG的Ⅳ MAG 11　01.08.1996中第3章“术语”一致；

——本标准第4章“分类”与FIG器材规范　第Ⅱ部分 一致；

——本标准5.1中除落地垫长宽尺寸的极限偏差外(FIG未作规定)，其余图形尺寸及其极限偏差与上述FIG两种落地垫、两种辅助垫及两种撑手垫中的图样的图形尺寸及其极限偏差相同；

——本标准5.2“外观”中除5.2.2为增加条外，其余条符合FIG的Ⅱ MAG 11/12　01.01.2006中第1章及第4章；

——本标准5.3“结构与材料”中5.3.2符合FIG的Ⅱ MAG 13　01.01.2006中第2章，其余条符合Ⅱ MAG 11/12　01.01.2006中第3章；

——本标准5.4“冲击性能”及6.4“冲击性能测试”与FIG的Ⅳ MAG 11　01.08.1996中第5章、第6章、第8章及第9章相同；

——本标准5.5“辅助垫材料特性”与FIG的Ⅱ MAG 13　01.01.2006中第4章及Ⅱ WAG 13　26.01.2007中第4章相同。

本标准由中国轻工业联合会提出。

本标准由全国文体用品标准化中心归口。

本标准起草单位：泰山体育产业集团有限公司、天津春合体育用品厂、江苏金陵体育器材股份有限公司、广州双鱼体育用品集团有限公司、山东冀鲁体育器材有限公司、中山市健将健身器械有限公司。

本标准主要起草人：张之林、陈宝生、李春荣、罗文辉、张洪印、黎炎生。

体操器械　体操垫

1　范围

本标准规定了体操器械中体操垫的术语及定义、分类、要求、试验方法、检验规则和标志、包装、运输、贮存。

本标准适用于体操竞赛和练习用体操垫。

2　规范性引用文件

下列文件中的条款通过本标准的引用而成为本标准的条款。凡是注日期的引用文件，其随后所有的修改单(不包括勘误的内容)或修订版均不适用于本标准，然而，鼓励根据本标准达成协议的各方研究是否可使用这些文件的最新版本。凡是不注日期的引用文件，其最新版本适用于本标准。

GB/T 2829—2002　周期检验计数抽样程序及表(适用于对过程稳定性的检验)

GB/T 6344—2008　软质泡沫聚合材料　拉伸强度和断裂伸长率的测定(ISO 1798:2008,IDT)

GB/T 10807—2006　软质泡沫聚合材料　硬度的测定(压陷法)(ISO 2439:1997,IDT)

3　术语和定义

下列术语和定义适用于本标准。

3.1

基准平面　base plane

在无外力状态下，体操垫的上平面。

3.2

下落高度　drop height

冲击块的冲击面至被测样品基准平面之间的垂直距离。

3.3

陷入深度　deflection

基准平面以下冲击块冲击下沉的最大位移量。

3.4

回弹高度　height of rebound

基准平面以上冲击块回弹的最大位移量。

3.5

最大作用力　maximum force

冲击块质量(kg)与其最大加速度(m/s^2)的乘积(N)。

4　分类

4.1　按用途分为：

a)　落地垫；

b)　辅助垫；

c)　撑手垫(跳马专用)。

4.2　落地垫按运动项目分为：

a)　单杠落地垫；

b) 双杠落地垫；
c) 高低杠落地垫；
d) 鞍马落地垫；
e) 跳马落地垫；
f) 平衡木落地垫；
g) 吊环落地垫。

5 要求

5.1 外形及尺寸

体操垫的外形及基本尺寸(单位为毫米)如图1～图9所示。

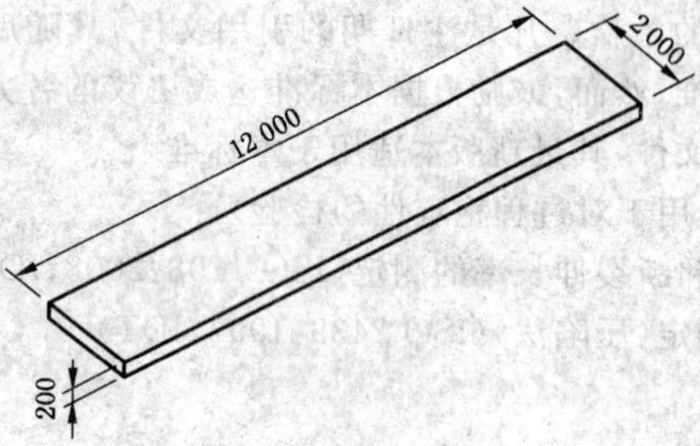

图1 单杠落地垫

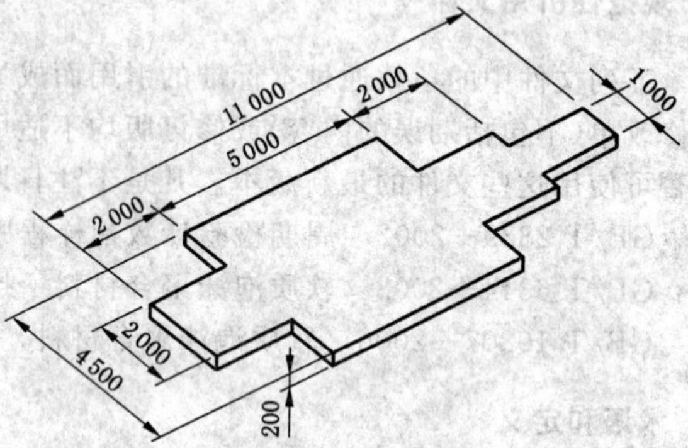

图2 双杠落地垫

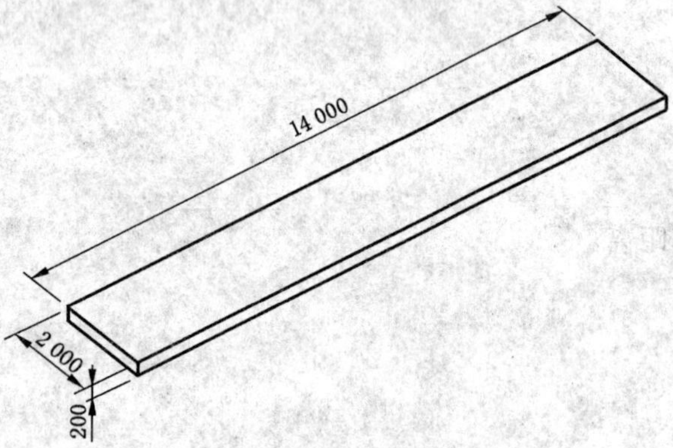

图3 高低杠落地垫

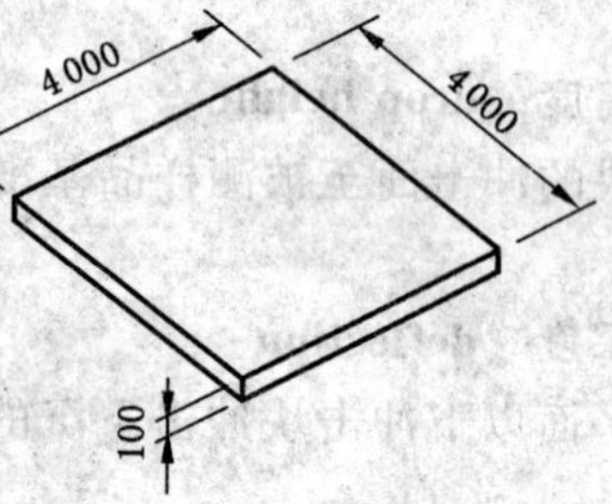

图4 鞍马落地垫

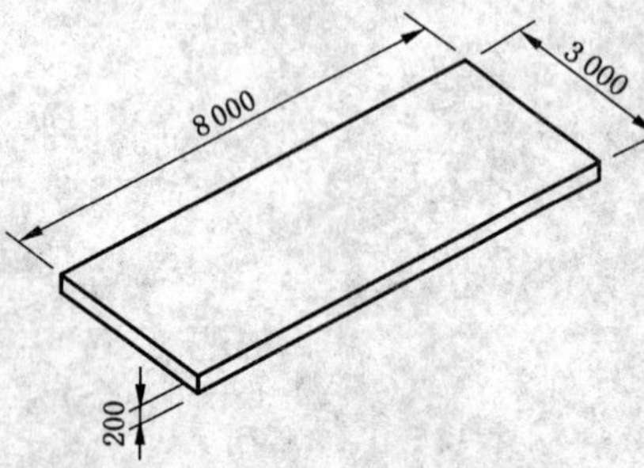

图5 跳马落地垫

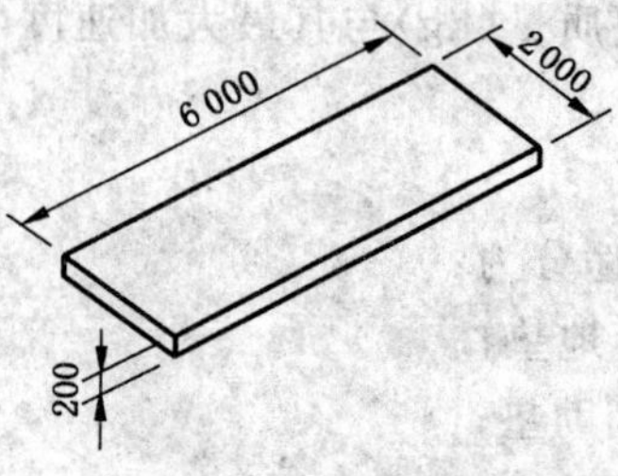

图6 吊环落地垫

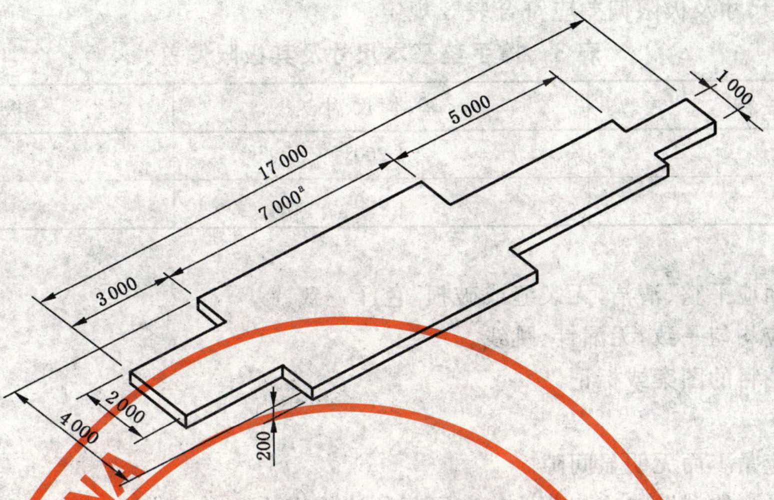

[a] 本尺寸可为 7 500。若为 7 500，相邻两尺寸同量减少，即分别为 2 750 和 4 750。

图 7　平衡木落地垫

图 8　辅助垫外形

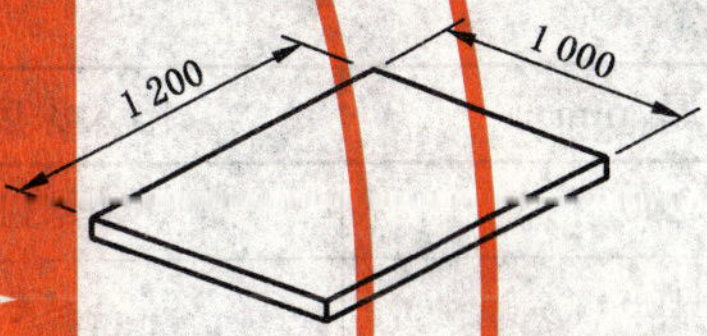

图 9　撑手垫外形与尺寸

落地垫基本尺寸及其极限偏差应符合表 1 规定。

表 1　落地垫基本尺寸及其极限偏差

单位为毫米

平面基本尺寸	极限偏差	厚度基本尺寸	极限偏差
17 000、14 000	±150	200	±10
12 000、11 000	±120	100	±10
7 500、7 000、6 000	±70	—	—
5 000、4 750、4 500、4 000	±45	—	—
3 000、2 750、2 500	±25	—	—
2 000	±20	—	—
1 000	±10	—	—

辅助垫的基本尺寸及极限偏差应符合表 2 规定。

表 2　辅助垫基本尺寸及其极限偏差

单位为毫米

尺寸代号	基本尺寸		极限偏差
	跳跃平台用	单杠、高低杠及平衡木用	
l_1	6 000	4 000	±50
l_2	2 000	2 000	±20
l_3	100	100	±10

撑手垫的基本尺寸及极限偏差应符合表3规定。

表3 撑手垫基本尺寸及其极限偏差

单位为毫米

尺寸名称	基本尺寸	极限偏差
长度	1 200	+100
宽度	1 000	±10

5.2 外观

5.2.1 体操垫表面应平整、清洁,无裂缝或破损,色泽一致。

5.2.2 缝合针脚应均匀一致,无漏针、跳线。

5.2.3 表面应无眩目的图案或标记。

5.3 结构与材料

5.3.1 拼接接缝应紧凑而无明显间隙。

5.3.2 用于跳跃平台的辅助垫应与落地垫有可靠的连接措施。

5.3.3 落地垫表面覆盖层应为适宜运动员落地的材料。

5.3.4 落地垫底面应有防滑措施。

5.4 冲击性能

落地垫冲击性能应符合表4的规定。

表4 落地垫冲击性能

垫厚/mm	陷入深度/mm	回弹高度/mm	最大作用力/N
200	≤110	≤90	≤3 000
100	≤65	≤80	≤3 750

5.5 辅助垫材料特性

辅助垫的内胎:密度应为25 kg/m^3±2 kg/m^3,抗拉强度应为≥115 kPa,压缩40%时作用力应为4.0 kPa ±0.5 kPa。

6 试验方法

6.1 尺寸检验

用钢卷尺或专用量尺测量。

6.2 外观检验

在明亮的光线下目测。

6.3 结构与材料检验

感官检验。

6.4 冲击性能测试

6.4.1 试验条件

6.4.1.1 环境:相对湿度50%±10%,温度21 ℃±3 ℃。被测样品应在此环境条件下至少放置24 h后测试;

6.4.1.2 样本大小:被测样品平面尺寸不小于2 000 mm×1 200 mm。

6.4.2 冲击测试机

能够使一个有确定的质量和几何形状的冲击块在给定的高度自由垂直下落而冲击被测样品。

冲击块自由垂直下落的同时,由传感器探测和记录仪记录、打印记录冲击块冲击被测样品过程的加速度与时间、位移与时间的变化关系。

本机及冲击块应有足够的刚性以避免振动而影响记录的准确性,并保证只有冲击块的冲击面冲击被测样品。

6.4.3　冲击块

质量为 20 kg±0.2 kg，冲击面为直径 100 mm±5 mm 的平面，平面边缘应避免尖角。

冲击块配置加速计，加速计与冲击块的垂直轴线平行固定，最大固定偏差±5°。

6.4.4　记录装置

6.4.4.1　加速度-时间：包含传感器在内的加速度与时间关系的记录装置具备峰值加速度真值的±5%的精度，能在 2 Hz～1 000 Hz 频率范围内测量 200 倍重力加速度的冲击加速度且精度为±5%，其最小取样频率为 5 000 Hz；

6.4.4.2　位移-时间：位移传感器沿冲击轴线监视冲击块的位移量并输出线性比例信号，通过记录装置记录位移与时间关系，由此确定陷入深度及回弹高度。

6.4.5　冲击检验程序

将被测样品置于平整坚实的水泥地面或金属平面上。

冲击测试机的冲击块对准样品上某一预设冲击点。冲击块下落高度：落地垫厚度 200 mm，下落高度为 800 mm；落地垫厚度 100 mm，下落高度为 400 mm。

每次冲击时间间隔不低于 30 s。每次冲击完成后，冲击块应立即离开被测样品。

冲击点预设分布见图 10，冲击点距被测样品边缘 250 mm。

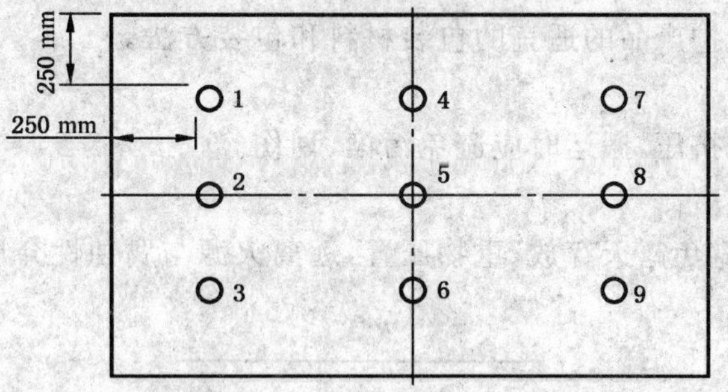

图 10　冲击点分布

每个冲击点上冲击 10 次，共冲击 90 次。

6.4.6　平均值计算

每个冲击点的最大作用力、陷入深度及回弹高度的算术平均值以后 8 次冲击数据计算，总算术平均值以每个冲击点的算术平均值计算。

6.5　辅助垫材料特性检验

6.5.1　密度确定：采用精度≤1 g 的天平称重及精度≤1%的量具测得体积后计算其商值。

6.5.2　抗拉强度：按 GB/T 6344 规定的方法进行测定。

6.5.3　压缩比作用力：按 GB/T 10807 规定的方法进行测定。

7　检验规则

7.1　交收检验

7.1.1　交收检验为全数检验。检验应全部合格。

7.1.2　交收检验项目为 5.1、5.2、5.3，检验方法为 6.1、6.2、6.3。

7.2　型式检验

7.2.1　型式检验每 18 个月进行一次。发生下列任一情况，也应进行型式检验：

a)　设计、工艺、材料改变，可能影响产品质量时；

b)　停产 6 个月以上重新生产时；

c) 质量明显不稳定时；

d) 国家有关质量监督部门提出检验时。

7.2.2 型式检验样本应在交收检验合格批中随机抽取。

7.2.3 型式检验抽样，按 GB/T 2829—2002 判别水平Ⅱ的一次抽样方案进行。

7.2.4 型式检验的项目、要求、试验方法、不合格质量水平(RQL)、样本量及判定数组应符合表5的规定。

表5 型式检验

项目	要求	试验方法	RQL	样本量及判定数组 n[Ac,Re]
冲击性能	5.4	6.4	65	2[0,1]
辅助垫材料特性	5.5	6.5		

8 标志、包装、运输、贮存

8.1 标志

产品或包装上应有产品名称、制造商名称、地址、执行标准号、商标和出厂日期，并附有合格证。

8.2 包装

应根据不同情况选择保护产品的适宜的包装材料和包装方法。

8.3 运输

途中不应雨淋、日晒、受挤压，搬运时应避免污染、划伤。

8.4 贮存

贮存环境应通风干燥，避免露天存放、重物压置，远离火源与腐蚀性介质。

ICS 97.220.30
Y 55

GB

中华人民共和国国家标准

GB/T 23125—2008

体操器械　自由体操场地

Gymnastic equipment—Free exercise floor

STANDARDS PRESS OF CHINA

2008-12-30 发布　　2009-09-01 实施

中华人民共和国国家质量监督检验检疫总局
中国国家标准化管理委员会　发布

前　言

本标准主要技术要求采用了国际体操联合会(FIG)器材标准规范Ⅱ MAG1 01.01.2006《竞技体操场地》及 Ⅳ MAG1 01.01.2006《竞技体操场地》。

本标准与国际体操联合会(FIG)标准对应如下：

——本标准第3章“术语和定义”与FIG的Ⅳ MAG1 01.01.2006中3.1“术语”相同；

——本标准4.1“外形及尺寸”与FIG的Ⅱ MAG1 01.01.2006中第2章“尺寸及图样”相同；

——本标准4.2“外观”中4.2.1、4.2.3与FIG的Ⅱ MAG1 01.01.2006中第1章“形状”相同。4.2中4.2.2为增加的条文；

——本标准4.3“结构与材料”4.3.2、4.3.3、4.3.4及4.3.5与FIG的Ⅱ MAG1 01.01.2006中第3章“作用性能”相同。4.3中4.3.1为增加的条文；

——本标准4.4“冲击性能”及5.4“冲击性能测试”与FIG的Ⅳ MAG1 01.01.2006中第5章“性能要求”、第6章“试验设备”、第7章“试样”、第8章“环境条件”及第9章“试验程序”相同。

本标准由中国轻工业联合会提出。

本标准由全国文体用品标准化中心归口。

本标准起草单位：泰山体育产业集团有限公司、天津春合体育用品厂、江苏金陵体育器材股份有限公司、广州双鱼体育用品集团有限公司、山东冀鲁体育器材有限公司、中山市健将健身器械有限公司。

本标准主要起草人：张之林、陈宝生、李春荣、罗文辉、张洪印、黎炎生。

体操器械　自由体操场地

1　范围

本标准规定了体操器械中自由体操场地的术语和定义、要求、试验方法、检验规则和标志、包装、运输、贮存。

本标准适用于竞赛和练习用自由体操场地。

2　规范性引用文件

下列文件中的条款通过本标准的引用而成为本标准的条款。凡是注日期的引用文件，其随后所有的修改单(不包括勘误的内容)或修订版不适用于本标准，然而，鼓励根据本标准达成协议的各方研究是否可使用这些文件的最新版本。凡是不注日期的引用文件，其最新版本适用于本标准。

GB/T 2829—2002　周期检验计数抽样程序及表(适用于对过程稳定性的检验)

3　术语和定义

下列术语和定义适用于本标准。

3.1

基准平面　base plane

在无外力作用下，自由体操场地的上平面。

3.2

下落高度　drop height

冲击块的冲击面至被测样品基准平面之间的垂直距离。

3.3

陷入深度　deflection

基准平面以下冲击块冲击下沉的最大位移量。

3.4

回弹高度　height of rebound

基准平面以上冲击块回弹的最大位移量。

3.5

最大作用力　maximum force

冲击块质量(kg)与其最大加速度(m/s^2)的乘积(N)。

4　要求

4.1　外形及尺寸

自由体操场地外形及尺寸应符合图1、图2及表1的规定。

单位为毫米

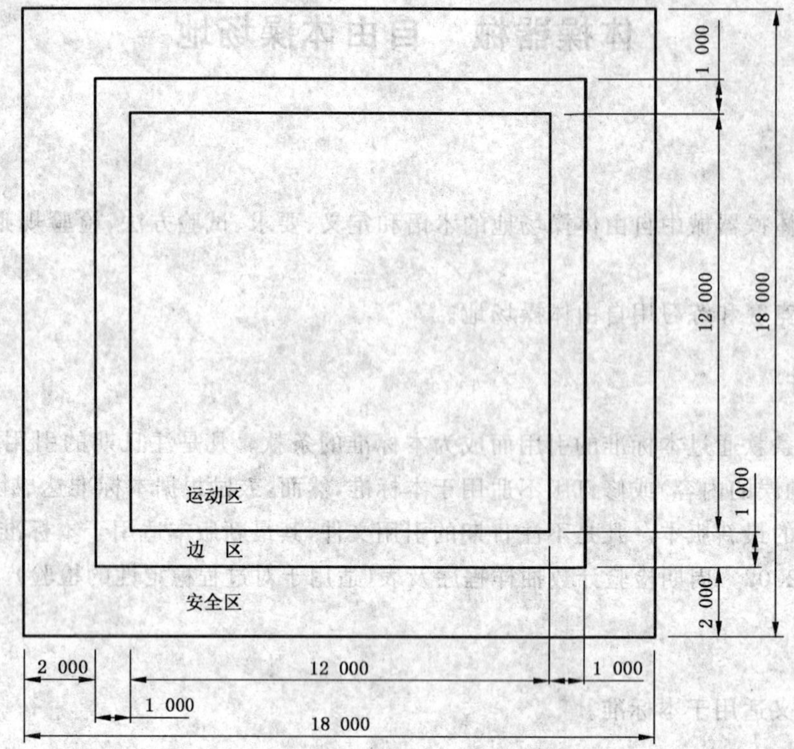

图 1 平面图及外形尺寸

单位为毫米

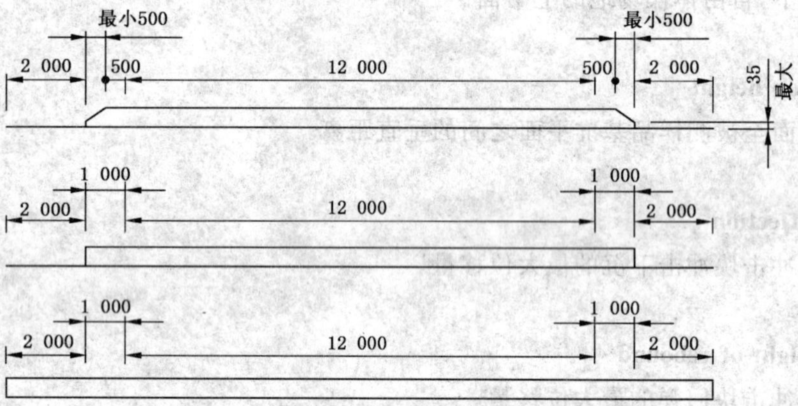

图 2 三种可选的横断面形式及其尺寸

表 1 尺寸要求

项 目	尺寸要求
运动区	(12 000 mm±30 mm)×(12 000 mm±30 mm)
边区宽度	≥1 000 mm
运动区周边有规则线时线宽	50 mm±5 mm
有斜坡边区的水平面宽	≥500 mm
有斜坡边区的斜坡宽	≥500 mm
有斜坡边区的最外侧高	≤35 mm
有斜坡的边区斜度	≤25%

4.2 外观

4.2.1 上表面应清洁、平整，无撕裂及明显皱折。

4.2.2 同种颜色应无明显色差。

4.2.3 运动区与边区应用反差大的颜色区分，也可用属于运动区的规则线区分。

4.3 结构与材料

4.3.1 由多块单元组成的场地，单元之间应无间隙，整体应有拉紧措施以保证单元之间不产生相对位移。

4.3.2 单元上表面之间连接接缝的粘扣应粘接严密，不应离缝或翘边。

4.3.3 边区及安全区组合可为图 2 所示的三种形式之一。

4.3.4 运动区在使用中不应产生干扰运动的噪声。

4.3.5 运动区的表面覆盖层应为适宜运动员翻腾及着落的材料。

4.3.6 运动区与边区应采用相同的材料。

4.4 冲击性能

抗冲击性能应符合表 2 的规定。

表 2 冲击性能

陷入深度/mm	回弹高度/mm	最大作用力/N
$69.5\leqslant x\leqslant 75$	$245\leqslant x\leqslant 335$	$\leqslant 4\ 500$

5 试验方法

5.1 尺寸测量

用钢卷尺测量。

5.2 外观检验

在明亮的自然光线下目测。

5.3 结构与材料检验

用感官检测。

5.4 冲击性能测试

5.4.1 环境条件

相对湿度 50%±10%，温度 21 ℃±3 ℃。被测样品应在此环境条件下至少放置 24 h 后测试。

5.4.2 冲击测试机

能够使一个有确定质量和几何形状的冲击块在给定的高度自由垂直下落而冲击被测样品。

冲击块自由垂直下落的同时，由传感器探测和记录仪打印记录冲击块冲击被测样品过程的加速度与时间、位移与时间的变化关系。

本机应有足够的刚性以避免因振动而影响记录的准确性，并保证只有冲击块的冲击面冲击被测样品。

5.4.3 冲击块

质量为 20 kg±0.2 kg，冲击面为直径 100 mm±5 mm 的平面，平面边缘应避免尖角。

冲击块配置加速计，加速计与冲击块的垂直轴线平行固定，最大固定偏差±5°。

5.4.4 记录装置

5.4.4.1 加速度-时间：包含传感器在内的加速度-时间的记录装置具备峰值加速度真值的±5%的精度，能在 2 Hz～1 000 Hz 频率范围内测量 200 倍重力加速度的冲击加速度且精度为±5%，其最小取样频率为 5 000 Hz；

5.4.4.2 位移-时间：位移传感器沿冲击轴线监视冲击块的位移量并输出线性比例信号，通过记录装置

STANDARDS PRESS OF CHINA

记录位移-时间关系，由此确定陷入深度及回弹高度。

5.4.5 冲击检验程序

将被测样品置于平整坚实的水泥地面或金属平面上。

冲击测试机的冲击块对准样品上某一预设冲击点。冲击块下落高度为 800 mm。

每次冲击时间间隔不低于 120 s。每次冲击完成后，冲击块应立即离开被测样品。

每个冲击点上冲击 10 次，共冲击 90 次。

冲击点预设分布见图 3，冲击点距被测样品边缘 250 mm。

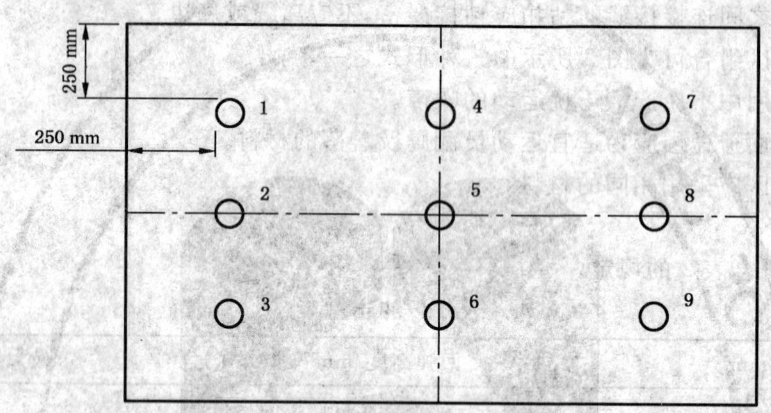

图 3 冲击点分布

5.4.6 平均值计算

每个冲击点的最大作用力、陷入深度及回弹高度的算术平均值以后 8 次冲击数据计算，总算术平均值以每个冲击点的算术平均值计算。

5.4.7 被测样品平面尺寸

不小于 2 000 mm×1 200 mm。

6 检验规则

6.1 交收检验

6.1.1 交收检验为全数检验。交收检验应全部合格。

6.1.2 交收检验项目、要求及检验方法应符合表 3 的规定。

表 3 交收检验

项 目	要 求	检验方法
外形与尺寸	4.1	5.1
外观	4.2	5.2
结构与材料	4.3	5.3

6.2 型式检验

6.2.1 型式检验每 18 个月进行一次。发生下列任一情况，也应进行型式检验：

a) 设计、工艺、材料变动，可能影响产品质量时；

b) 停产 6 个月又重新生产时；

c) 质量明显不稳定时；

d) 国家有关质量监督部门提出检验时。

6.2.2 型式检验样本应在交收检验合格批中随机抽取。

6.2.3 型式检验抽样，按 GB/T 2829 判别水平Ⅱ的一次抽样方案进行。

6.2.4 型式检验项目、要求、试验方法、不合格质量水平(RQL)、样本量及判定数组应符合表 4 规定。

表 4 型式检验

项 目	要 求	试验方法	RQL	样本量及判定数组 n[Ac,Re]
耐冲击性能	4.4	5.4	65	2(0,1)

7 标志、包装、运输、贮存

7.1 标志

产品或包装上应有产品名称、制造商名称、地址、执行标准号、商标、出厂日期,并附有合格证和使用说明书。

7.2 包装

应根据不同情况选择保护产品的适宜的包装材料和包装方法。

7.3 运输

途中不应雨淋、日晒、受潮,搬运时不应污染、划伤。

7.4 贮存

贮存环境应通风干燥,远离火源,避免露天存放。

ICS 29.140.30
K 71

中华人民共和国国家标准

GB/T 23126—2008

低压钠灯 性能要求

Low pressure sodium lamps—Performance requirement

(IEC 60192:2001,MOD)

2008-12-30 发布 2009-09-01 实施

中华人民共和国国家质量监督检验检疫总局
中国国家标准化管理委员会 发布

前　言

本标准修改采用 IEC 60192:2001《低压钠灯　性能要求》(英文版)。

本标准根据 IEC 60192:2001 重新起草。为了更适合我国国情，本标准在采用 IEC 60192:2001 时进行了修改。本标准与 IEC 60192:2001 的主要差异如下：

——增加了同轴度的要求；

——增加了光通量的要求；

——增加了光通维持率的要求；

——对平均寿命做了修改；

——增加了检验要求

本标准的附录 A、附录 B、附录 D、附录 E 为规范性附录，附录 C 为资料性附录。

本标准由中国轻工业联合会提出。

本标准由全国照明电器标准化技术委员会(SAC/TC 224)归口。

本标准起草单位：佛山市华全电气照明有限公司、扬州市星火太阳能照明有限公司、北京电光源研究所。

本标准主要起草人：柯柏权、区志杨、宋文彬、赵秀荣、江珊、段彦芳。

本标准首次发布。

低压钠灯　性能要求

1　范围

本标准规定了普通照明用低压钠灯的性能要求。

对于本标准给出的要求，可参阅相关灯的“参数表”。本标准包括这些灯的参数。对于属于本标准范围的其他灯，相关参数由灯的制造商或经销商提供。

本标准的各项要求只涉及型式试验。

注：本标准的各项要求和允许公差均与制造商提交的型式试验样品所进行的试验相符合。原则上这种型式试验样品应由具备制造商产品的典型特征的一组样品组成，并应尽可能地接近产品的中心值。

可以预计，采用本标准给出的公差并依照型式试验样品制作的产品会符合大多数产品的标准。但是，由于产品范围的广大，有时难免会出现超过规定公差值的产品。关于抽样方法和按照特性进行检验的指导性说明，参见IEC 60410。

2　规范性引用文件

下列文件中的条款通过本标准的引用而成为本标准的条款。凡是注日期的引用文件，其随后所有的修改单(不包括勘误的内容)或修订版均不适用于本标准，然而，鼓励根据本标准达成协议的各方研究是否可使用这些文件的最新版本。凡是不注日期的引用文件，其最新版本适用于本标准。

GB/T 1406.1　灯头的型式和尺寸　第1部分：螺口式灯头(GB/T 1406.1—2008，IEC 60061-1：2005，Lamp caps and holders together with gauges for the control of interchangeability and safety Part 1：Lamp caps，MOD)

GB/T 1406.5　灯头的型式和尺寸　第5部分：卡口式灯头(GB/T 1406.5—2008，IEC 60061-1：2005，Lamp caps and holders together with gauges for the control of interchangeability and safety Part 1：Lamp caps，MOD)

GB/T 2828.1　计数抽样检验程序　第1部分：按接收质量限(AQL)检索的逐批检验抽样计划(GB/T 2828.1—2003，ISO 2859-1：1999，IDT)

GB/T 2829　周期检验计数抽样程序及表(适用于对过程稳定性的检验)

GB/T 2900.65　电工术语　照明(GB/T 2900.65—2004，IEC 60050(845)：1987，MOD)

GB/T 15042　灯用附件　放电灯(管形荧光灯除外)用镇流器　性能要求(GB/T 15042—2008，IEC 60923：2006，IDT)

GB 19652　放电灯(荧光灯除外)　安全要求(GB 19652—2005，IEC 62035：2003，IDT)

3　术语和定义

GB/T 2900.65 确立的以及下列术语和定义适用于本标准。

3.1

低压钠灯　low pressure sodium(vapour)lamp

其钠蒸气在0.1 Pa～1.5 Pa的局部压力下工作时引起辐射而产生发光的放电灯。

〔IEV-845-07-24〕

3.2

标称值　nominal value

标志或识别某一类灯用的近似量值。

3.3

额定值 rated value

表示处于特定工作条件下灯的特性的量值。这种量值和工作条件由本标准规定,或由制造商或经销商确定。

3.4

灯的标志:E 型 lamp designation:type E

一种实用的代码,用来标示某一类型具有改进光效的低压钠灯。

注:由于这种灯可以采用具有稍微不同的功率的镇流器工作,所以用标称功率来标示这种灯就不能满足要求。经过挑选的灯的标志由字母 E 和一大致与其额定功率相同的数字组成。灯的标志中的数字要不同于额定功率的数字,以便避免与那种用其标称功率作为标志的现行灯泡发生混淆。

3.5

启动电压 lamp starting voltage

能使灯启动的有效值电压。

3.6

初始读数 initial readings

在灯老炼之前测得的灯的启动特性以及在灯老炼 100 h 后测得的灯的光电特性。

3.7

基准镇流器 reference ballast

设计用来在标准化的条件下试验镇流器,挑选基准灯和测试常规生产的灯时提供比较标准的特种电感式镇流器。这种镇流器的基本特征是镇流器在处于其额定频率时具有相对不受电流、温度和磁性环境的变化的影响的稳定电压/电流比。相关镇流器的标准对此均有所论述。

3.8

基准镇流器的校准电流 calibration current of a reference ballast

作为校准和检验镇流器的基准的电流值。

3.9

同轴度 concentricity

灯头轴线与玻壳轴线间的夹角。

3.10

光通维持率 lumen maintenance

灯在其寿命中一给定时间的光通量与其初始光通量之比,此期间灯在规定的条件下燃点。

3.11

平均寿命 average life

灯的光通维持率达到本标准要求并能继续燃点至 50% 的灯达到单只灯寿命时的累计时间。

3.12

型式试验 type test

为检验某一给定的产品是否符合相关标准的要求而对型式试验样品进行的一项或一系列试验。

3.13

型式试验样品 type test sample

为进行型式试验由制造商或经销商提供的由一个以上的类似产品组成的样品。

4 产品分类

4.1 分类

低压钠灯分为:单端低压钠灯(带 U 形电弧管)和 E 型单端低压钠灯。

4.2 规格系列

灯的规格包括 18 W,35 W,55 W,90 W,135 W,180 W,E26,E36,E66,E91,E131。

4.3 型号

灯的型号应符合 QB 2274 的规定。

4.3.1 型号表示规则

灯的型号由两部分组成:型号的第一部分表示灯的代号;第二部分表示灯的功率或者灯的标志。

4.3.2 型号示例

35 W 单端低压钠灯型号示例见图 1。

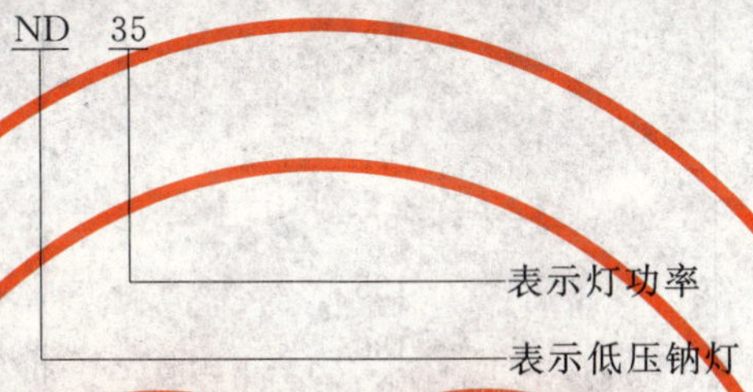

图 1 低压钠灯型号示例

5 灯的要求

5.1 概述

宣称符合本标准的灯应符合 GB 19652 的要求。

灯的设计应能使灯在正常的使用中性能可靠。通常,满足下述条款的要求就能达到这一点。

所给定的要求适用于 95%的产品。

5.2 尺寸

灯的尺寸应符合相关灯的参数表所规定的值。

5.3 灯头

成品灯上的灯头应符合 GB/T 1406.1 和 GB/T 1406.5 的要求。

5.4 启动特性

灯应能在相关灯的参数表所规定的启动时间内启动,并保持燃点状态至少 1 min。

应在灯老炼之前采用附录 A 给出的测量方法进行试验。

5.5 电特性

灯两端的电压的初始读数和灯所消耗的功率的初始读数不应超过相关灯的参数表所规定的最大值,这些值采用附录 B 给出的方法进行测量。

5.6 光特性

灯的光通量的初始读数应不小于额定值的 90%,所采用的测量方法在附录 B 中给出。

5.7 灯具设计参数

关于灯具的设计参数,参见附录 C。

6 标志、包装、运输和储存

见附录 D;检验方法见 GB 19625。

7 检验规则

见附录 E。

8 参数表

8.1 参数表编号的一般方法

第一组数字表示本标准的编号:"GB/T 23126"。

STANDARDS PRESS OF CHINA

第二组数字表示参数表的编号。

第三组数字表示参数表各页的版本号。在参数表有一页以上的情况下，各页可能有不同的版本号。而参数表的编号仍然相同。

8.2 参数表的清单

8.2.1 灯的参数表清单

灯的尺寸的位置由参数表 GB/T 23126-01 中的轮廓图给出。

参数表编号	标称功率 W	灯头
GB/T 23126-110	18	BY22d
GB/T 23126-120	35	BY22d
GB/T 23126-130	55	BY22d
GB/T 23126-140	90	BY22d
GB/T 23126-150	135	BY22d
GB/T 23126-160	180	BY22d
	灯的标志 E型	
GB/T 23126-220	E26	BY22d
GB/T 23126-230	E36	BY22d
GB/T 23126-240	E66	BY22d
GB/T 23126-250	E91	BY22d
GB/T 23126-260	E131	BY22d

8.2.2 灯的最大外形尺寸参数表的清单

参数表编号	标称功率 W	灯的标志 E型
GB/T 23126-1000	18	—
GB/T 23126-1000	35	E26
GB/T 23126-1000	55	E36
GB/T 23126-2000	90	E66
GB/T 23126-2000	135	E91
GB/T 23126-2000	180	E131

灯的尺寸的位置

附图只给出了应当检验的尺寸，并应和相关灯的参数表一起使用。

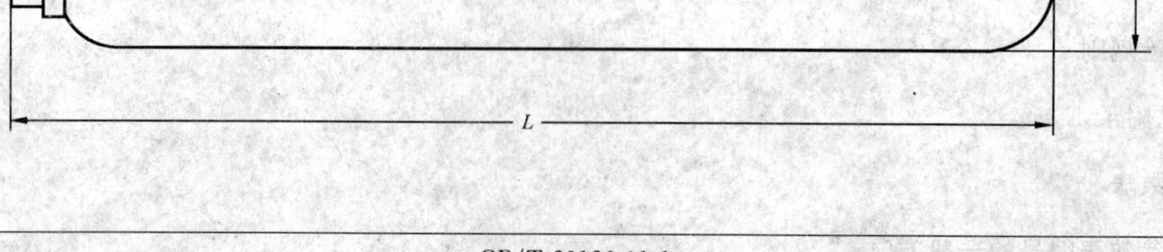

GB/T 23126-01-1

低压钠灯参数表

标称功率	灯头	灯的国际编码
18 W	BY22d	LS-18-BY22d-54/216

尺寸		同轴度
L(最大值) mm	*D*(最大值) mm	(°)
216	54	3

启动特性		
		最大值
启动电压(有效值)	V	280
启动时间	s	10

电特性			
		额定值	最大值
功率	W	18	21
灯端电压(有效值)	V	57	67
电流	A	0.35	—
光特性和寿命参数			
		额定值	
光通量	lm	1 800	
2 000 h 光通维持率	%	待定	
平均寿命	h	待定	

基准镇流器特性				
频率 Hz	额定电压 V	校准电流 A	电压/电流比 Ω	功率因数
50/60	300	0.35	829±0.5%	0.060±0.005

镇流器设计参数	
灯的标称功率 W	最小开路电压(有效值)[a] V
18	300

[a] 此参数以早期参数表中使用过的格式加以表示，并以具有正弦开路电压的镇流器为基准。具有可替换启动特性的其他类型的镇流器供一般使用，其适合于本标准的参数正在制定之中。

GB/T 23126-110-1

低压钠灯参数表

标称功率	灯头	灯的国际编码
35 W	BY22d	LS-35-BY22d-54/311

尺寸		同轴度
L(最大值) mm	D(最大值) mm	(°)
311	54	3

启动特性		
		最大值
启动电压(有效值)	V	390
启动时间	s	10

电特性			
		额定值	最大值
功率	W	37	42
灯端电压(有效值)	V	70	80
电流	A	0.60	—
光特性和寿命参数			
		额定值	
光通量	lm	4 600	
2 000 h 光通维持率	%	待定	
平均寿命	h	待定	

基准镇流器特性				
频率 Hz	额定电压 V	校准电流 A	电压/电流比 Ω	功率因数
50/60	480	0.60	775±0.5%	0.060±0.005

镇流器设计参数	
灯的标称功率 W	最小开路电压(有效值) V
35	390

GB/T 23126-120-1

低压钠灯参数表

标称功率	灯头	灯的国际编码
55 W	BY22d	LS-55-BY22d-54/425

尺寸		同轴度
L(最大值) mm	D(最大值) mm	(°)
425	54	3

启动特性		
		最大值
启动电压(有效值)	V	410
启动时间	s	10

电特性			
		额定值	最大值
功率	W	56	62
灯端电压(有效值)	V	109	120
电流	A	0.59	—

光特性和寿命参数		
		额定值
光通量	lm	8 100
2 000 h 光通维持率	%	待定
平均寿命	h	待定

基准镇流器特性				
频率 Hz	额定电压 V	校准电流 A	电压/电流比 Ω	功率因数
50/60	480	0.60	775±0.5%	0.060±0.005

镇流器设计参数	
灯的标称功率 W	最小开路电压(有效值) V
55	410

GB/T 23126-130-1

STANDARDS PRESS OF CHINA

低压钠灯参数表

标称功率	灯头	灯的国际编码
90 W	BY22d	LS-90-BY22d-68/528

尺寸		同轴度
L(最大值) mm	*D*(最大值) mm	(°)
528	68	3

启动特性		
		最大值
启动电压(有效值)	V	420
启动时间	s	10

电特性			
		额定值	最大值
功率	W	91	104
灯端电压(有效值)	V	112	125
电流	A	0.94	—
光特性和寿命参数			
		额定值	
光通量	lm	13 500	
2 000 h 光通维持率	%	待定	
平均寿命	h	待定	

基准镇流器特性				
频率 Hz	额定电压 V	校准电流 A	电压/电流比 Ω	功率因数
50/60	480	0.90	500±0.5%	0.060±0.005

镇流器设计参数	
灯的标称功率 W	最小开路电压(有效值) V
90	420

GB/T 23126-140-1

低压钠灯参数表

标称功率	灯头	灯的国际编码
135 W	BY22d	LS-135-BY22d-68/775

尺寸		同轴度
L(最大值) mm	D(最大值) mm	(°)
775	68	3

启动特性		
		最大值
启动电压(有效值)	V	540
启动时间	s	10

电特性			
		额定值	最大值
功率	W	135	153
灯端电压(有效值)	V	164	185
电流	A	0.95	—

光特性和寿命参数		
		额定值
光通量	lm	22 500
2 000 h 光通维持率	%	待定
平均寿命	h	待定

基准镇流器特性				
频率 Hz	额定电压 V	校准电流 A	电压/电流比 Ω	功率因数
50/60	650	0.92	655±0.5%	0.060±0.005

镇流器设计参数	
灯的标称功率 W	最小开路电压(有效值) V
135	540

GB/T 23126-150-1

低压钠灯参数表

标称功率	灯头	灯的国际编码
180 W	BY22d	LS-180-BY22d-68/1120

尺寸		同轴度
L(最大值) mm	D(最大值) mm	(°)
1 120	68	3

启动特性		
		最大值
启动电压(有效值)	V	600
启动时间	s	10

电特性			
		额定值	最大值
功率	W	185	210
灯端电压(有效值)	V	240	270
电流	A	0.91	—

光特性和寿命参数		
		额定值
光通量	lm	32 000
2 000 h 光通维持率	%	待定
平均寿命	h	待定

基准镇流器特性				
频率 Hz	额定电压 V	校准电流 A	电压/电流比 Ω	功率因数
50/60	650	0.92	655±0.5%	0.060±0.005

镇流器设计参数	
灯的标称功率 W	最小开路电压(有效值) V
180	600

GB/T 23126-160-1

低压钠灯参数表

标称功率	灯头	灯的国际编码
E26	BY22d	LSE-E26-BY22d-54/311

尺寸		同轴度
L(最大值) mm	D(最大值) mm	(°)
311	54	3

启动特性		
		最大值
启动电压(有效值)	V	390
启动时间	s	10

电特性			
		额定值	最大值
功率	W	27	32
灯端电压(有效值)	V	69	82
电流	A	0.45	—

光特性和寿命参数		
		额定值
光通量	lm	3 500
2 000 h 光通维持率	%	待定
平均寿命	h	待定

基准镇流器特性				
频率 Hz	额定电压 V	校准电流 A	电压/电流比 Ω	功率因数
50/60	480	0.45	1 055±0.5%	0.060±0.005

镇流器设计参数	
灯的标称功率 W	最小开路电压(有效值)[a] V
27	390

[a] 此参数以早期参数表中使用过的格式加以表示，并以具有正弦开路电压的镇流器为基准。具有可替换启动特性的其他类型的镇流器供一般使用，其适用本标准的参数正在制定之中。

GB/T 23126-220-1

低压钠灯参数表

标称功率	灯头	灯的国际编码
E36	BY22d	LSE-E36-BY22d-54/425

尺寸		同轴度
L(最大值) mm	*D*(最大值) mm	(°)
425	54	3

启动特性		
		最大值
启动电压(有效值)	V	410
启动时间	s	10

电特性			
		额定值	最大值
功率	W	35	40
灯端电压(有效值)	V	120	135
电流	A	0.35	—
光特性和寿命参数			
		额定值	
光通量	lm	5 750	
2 000 h 光通维持率	%	待定	
平均寿命	h	待定	

基准镇流器特性				
频率 Hz	额定电压 V	校准电流 A	电压/电流比 Ω	功率因数
50/60	480	0.35	1 315±0.5%	0.060±0.005

镇流器设计参数	
灯的标称功率 W	最小开路电压(有效值)[a] V
35	410

[a] 此参数以早期参数表中使用过的格式加以表示,并以具有正弦开路电压的镇流器为基准。具有可替换启动特性的其他类型的镇流器供一般使用,其适用本标准的参数正在制定之中。

GB/T 23126-230-1

低压钠灯参数表

标称功率	灯头	灯的国际编码
E66	BY22d	

尺寸		同轴度
L(最大值) mm	D(最大值) mm	(°)
528	68	3

启动特性		
		最大值
启动电压(有效值)	V	420
启动时间	s	10

电特性			
		额定值	最大值
功率	W	65	72
灯端电压(有效值)	V	123	138
电流	A	0.62	—
光特性和寿命参数			
		额定值	
光通量	lm	10 700	
2 000 h 光通维持率	%	待定	
平均寿命	h	待定	

基准镇流器特性				
频率 Hz	额定电压 V	校准电流 A	电压/电流比 Ω	功率因数
50/60	480	0.62	750±0.5%	0.060±0.005

镇流器设计参数	
灯的标称功率 W	最小开路电压(有效值)[a] V
65	420

[a] 此参数以早期参数表中使用过的格式加以表示,并以具有正弦开路电压的镇流器为基准。具有可替换启动特性的其他类型的镇流器供一般使用,其适用本标准的参数正在制定之中。

GB/T 23126-240-1

低压钠灯参数表

标称功率	灯头	灯的国际编码
E91	BY22d	LSE-E91-BY22d-68/775

尺寸		同轴度
L(最大值) mm	D(最大值) mm	(°)
775	68	3

启动特性		
		最大值
启动电压(有效值)	V	540
启动时间	s	10

电特性			
		额定值	最大值
功率	W	90	100
灯端电压(有效值)	V	173	191
电流	A	0.62	—
光特性和寿命参数			
		额定值	
光通量	lm	17 000	
2 000 h 光通维持率	%	待定	
平均寿命	h	待定	

基准镇流器特性				
频率 Hz	额定电压 V	校准电流 A	电压/电流比 Ω	功率因数
50/60	650	0.62	1 015±0.5%	0.060±0.005

镇流器设计参数	
灯的标称功率 W	最小开路电压(有效值)[a] V
90	540

[a] 此参数以早期参数表中使用过的格式加以表示,并以具有正弦开路电压的镇流器为基准。具有可替换启动特性的其他类型的镇流器供一般使用,其适用本标准的参数正在制定之中。

GB/T 23126-250-1

低压钠灯参数表

标称功率	灯头	灯的国际编码
E131	BY22d	LSE-E131-BY22d-68/1120

尺寸		同轴度
L(最大值) mm	*D*(最大值) mm	(°)
1 120	68	3

启动特性		
		最大值
启动电压(有效值)	V	600
启动时间	s	10

电特性			
		额定值	最大值
功率	W	127	143
灯端电压(有效值)	V	250	280
电流	A	0.62	—

光特性和寿命参数		
		额定值
光通量	lm	25 000
2 000 h 光通维持率	%	待定
平均寿命	h	待定

基准镇流器特性				
频率 Hz	额定电压 V	校准电流 A	电压/电流比 Ω	功率因数
50/60	650	0.62	940±0.5%	0.060±0.005

镇流器设计参数	
灯的标称功率 W	最小开路电压(有效值)[a] V
127	600

[a] 此参数以早期参数表中使用过的格式加以表示,并以具有正弦开路电压的镇流器为基准。具有可替换启动特性的其他类型的镇流器供一般使用,其适用本标准的参数正在制定之中。

GB/T 23126-260-1

STANDARDS PRESS OF CHINA

低压钠灯最大外形尺寸

单位为毫米

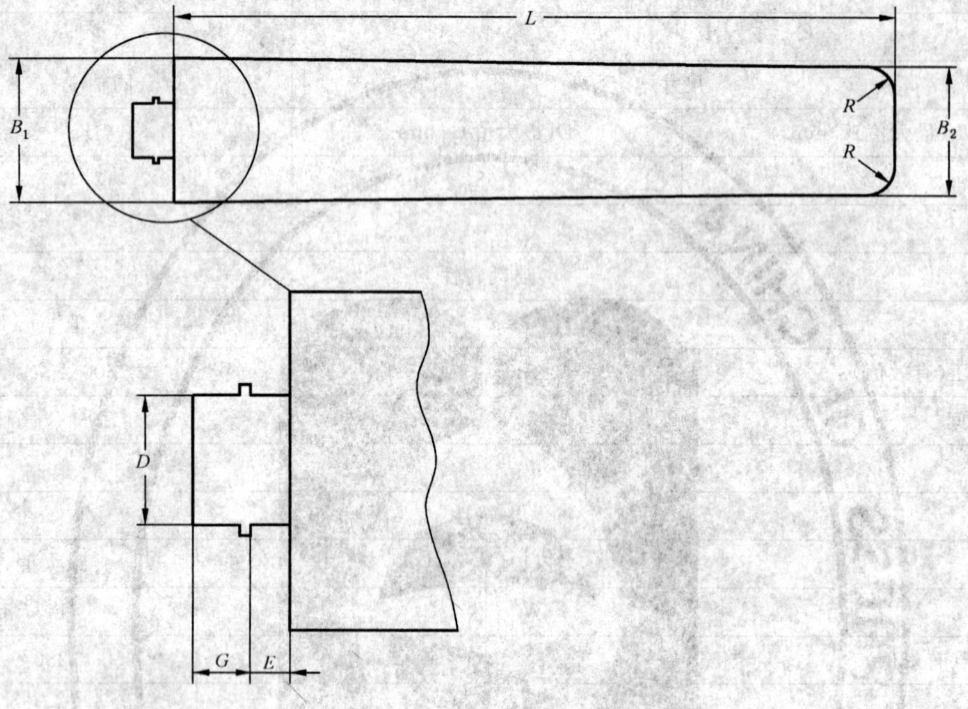

灯		L	B_1	B_2	R	E	D	G
功率	标志							
18 W	—	200.5	58	54	10	6.7	22.3	10.2
35 W	E26	295.5	58	54	10	6.7	22.3	10.2
55 W	E36	409.5	58	54	10	6.7	22.3	10.2

GB/T 23126-1000-1

低压钠灯最大外形尺寸

单位为毫米

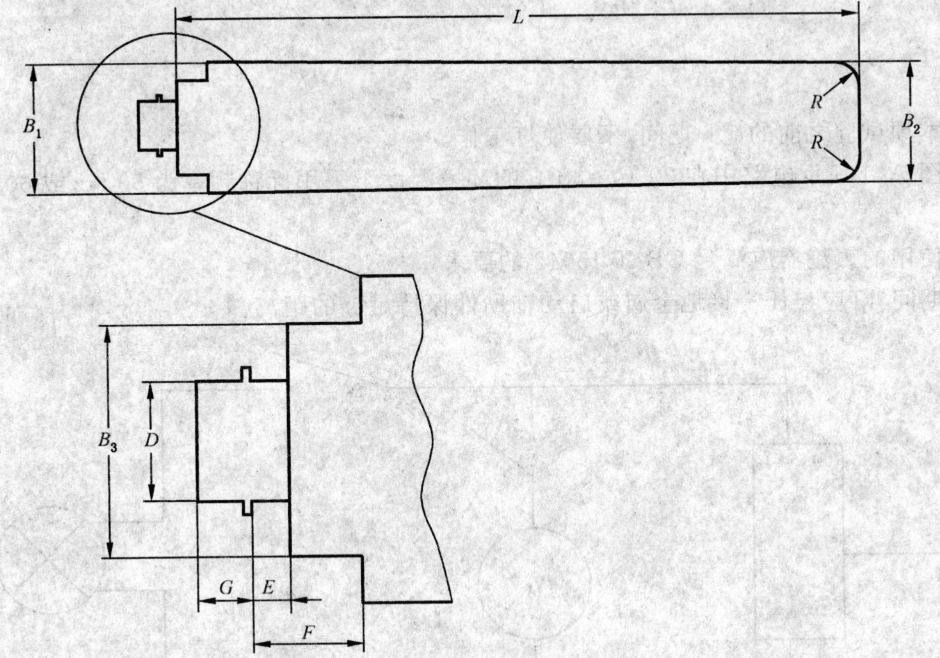

灯		L	B_1	B_2	B_3	R	E	F	D	G
功率	标志									
90 W	E66	512.5	72	38	50	10	6.7	27	22.3	10.2
135 W	E91	759.5	72	38	50	10	6.7	27	22.3	10.2
180 W	E131	1 104.5	72	38	50	10	6.7	27	22.3	10.2

GB/T 23126-2000-1

附 录 A
（规范性附录）
启动特性的测试方法

A.1 概述

在进行本项试验之前的 5 h 期间，不要使灯工作。

灯应在图 A.1 所示电路中在 20 ℃～30 ℃的环境温度下采用标称频率为 50 Hz 或 60 Hz 的适宜电源进行试验。

试验所使用的镇流器应满足 GB/T 15042 的要求。

在试验期间，灯应与任一接地金属或启动辅助件保持足够的距离。

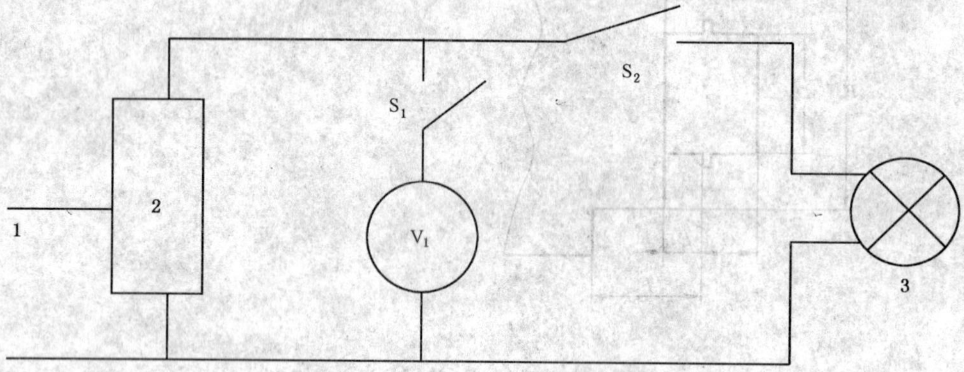

图 A.1 启动试验用电路图

A.2 测量

将开关 S_1 闭合，开关 S_2 断开，把用电压表 V_1 测得的电压调节至相关灯的参数表所给定的启动电压，然后将开关 S_2 闭合。

在此试验完成之后，应先将开关 S_1 断开再关灯。

附　录　B
（规范性附录）
灯的光电特性的测量方法

B.1　概述

应使灯在图 B.1 所示电路中在 20 ℃～30 ℃的环境温度下使用标称频率为 50 Hz 或 60 Hz 的适宜电源进行试验。

测量时所使用的镇流器应是基准镇流器，这种镇流器要具有相关灯的参数表所规定的电压/电流比和功率因数，并符合 GB/T 15042 所给出的基准镇流器的一般要求。

在记录初始读数之前，应使灯使用符合 GB/T 15042 要求的镇流器，并在其额定电压和频率下老炼 100 h。老炼期间电源电压的变化应不超过±10%，频率的变化应不超过±1 Hz。

注：选择容许公差能够避免必须使用稳定的电压而使用通常的线路电源。

灯应处在±5°范围内的水平位置工作。

图 B.1　灯的电特性的测量电路

B.2　电源

电源的电压和频率应等于基准镇流器的额定电压和频率，波动范围为±0.5%。

电源电压的波形应是正弦波形。总谐波含量不应超过基波的 3%。总谐波含量被定义为各个谐波分量的有效值之和，基波为 100%。

注：此要求意味着电源应具有足够的功率，并且与镇流器的阻抗相比电源电路应具有足够低的阻抗，应注意，这一点适用于测量期间发生的所有情况。

在灯的稳定工作期间，电源电压和频率应稳定在±0.5%的范围之内，在进行测量时，此波动范围降至±0.2%。

B.3　仪器

测量仪器应是准确有效值型的，基本上没有波形误差，并具备与本标准要求相适应的精度。

与灯的两端连接的仪器的电压测量电路中的电流不应超过的额定电流的 3%。

与灯串联连接的仪器应具有足够低的阻抗，以使仪器产生的电压降不超过灯的额定电压的 2%。

B.4　测量

在测量灯的电压时，功率表电压测量电路应是断开的；如果需要的话，应将功率表电流测量电路短路。

STANDARDS PRESS OF CHINA

在测量灯的功率时，应将灯、电压表电路断开，如果需要的话，应使电流表短路。在该电路是连接在电流测量电路的灯的一侧时，不对功率表所消耗的功率进行补偿。

在测量光通量时，灯电压表电路和带功率表的电压测量电路应是断开的，如果需要的话，应将电流表和功率表电流测量电路短路。

注：上述关于对带功率表的电压测量电路的损耗不作补偿的说明是依据实际观察作出的，观察结果表明，在相同的电源电压条件下，大多数情况是，由于并联连接带功率表的电压电路，使灯的功率损耗减少，而上述损耗近似地对此作了补偿。

如有疑问，可通过采用与灯并联连接的其他负载的值重复进行测量来求出补偿误差。

通过增加与灯并联连接的电阻和记录每次用功率表测得的功率读数就可做到这一点。这样，对所得到的结果实施外推法便可确定在不带任何负载时的实际功率。

在记录灯的任何读数之前应使灯工作至其电特性处于稳定状态。

附 录 C
（资料性附录）
灯具设计参数

C.1 灯的最大外形尺寸

灯的最大外形尺寸由 8.2.2 给出，用于指导灯具的设计。对于符合本标准的灯的机械插入性能，应以这种灯的最大外形尺寸为基础在灯具中留出一自由空间。

附　录　D
（规范性附录）
标志、包装、运输和储存

D.1　在灯上应标有下列清晰且持久的标志：

a）　来源标志。可以是商标，制造商标志或销售商的名称等；

b）　灯的型号或功率及灯的有关光电特性；

c）　制造日期（年，季或月）。

注：灯上的标志用目视法进行检验。

D.2　每只灯应分装在包装盒内，盒内或盒面上应有使用说明，盒面上应注明：

a）　制造商名称及商标；

b）　灯的名称及型号。

D.3　每只分装的灯应集装入包装箱内，箱内应附有合格证，箱面应注明：

a）　制造商名称和商标；

b）　灯的名称及型号；

c）　灯头型号；

d）　灯的数量；

e）　产品标准号；

f）　按 GB/T 191 的有关规定标注“小心轻放”，“怕潮”等图样。

D.4　灯的包装应具有良好的防潮减震性能。

D.5　灯在运输时，应防止挤压，雨雪淋袭和强烈的振动。

D.6　灯应贮存在相对湿度不超过 85％的干燥通风且没有腐蚀性气体的室内。

附　录　E
（规范性附录）
检验规则

为了检验灯是否符合本标准的规定，应由制造商对灯进行交收试验和例行试验。

E.1　交收试验

E.1.1　交收试验的灯是从合格的提交批中均匀抽取，检验要求按 GB/T 2828.1 的规定进行，其检验项目、检查水平及合格质量水平应符合表 E.1 的规定。

表 E.1　交收试验要求

序号	检验项目	技术要求	试验方法	检查水平 IL	合格质量水平 AQL	抽样方法
1	灯的尺寸	各灯技术参数表	5.2	S-2	6.5	一次抽样
	灯头尺寸		5.3			
2	灯电压		5.4 5.5	S-1	10	二次抽样
	启动电压					
	启动时间					
3	光通量[a]		5.6			
4	标志的正确度和清晰度	6	6	S-2	2.5	一次抽样

[a] 样本数不少于三只。

E.2　例行试验

E.2.1　例行试验应每年进行一次，当灯的结构、工艺过程或材料变更影响灯的性能时，或当灯生产中断三个月以上而又恢复生产时，亦应进行例行试验。

E.2.2　例行试验的产品应按 GB/T 2829 的要求，从交收试验合格的灯中均匀的抽取，例行试验前，所有样本单位应按交收试验项目进行 100%的检查。若发现不合格品，则以合格品换取，同时应分析原因，记入例行试验的报告中，但不作为例行检验报告结果的鉴定依据。

E.2.3　例行试验的项目及判别水平应符合表 E.2 的规定。

表 E.2　例行试验的要求

序号	检查项目	技术要求	试验方法	判别水平 DL	样本大小 n	不合格质量水平 RQL	抽样方案
1	灯电压	各灯技术参数表	5.4 5.5	Ⅱ	6	50	一次抽样
	启动电压						
	启动时间						
	光通量		5.6				
2	光通维持率		5.6	Ⅰ	4	50	
	平均寿命			每个规格不少于 3 个，按照定义判别			

E.2.4　例行试验若不合格，则认为该批灯不合格，此时应分析原因，提出处理办法和采取有效措施后，方可恢复生产与验收。

STANDARDS PRESS OF CHINA

参考文献

GB/T 21656—2008 灯的国际编码系统(ILCOS)(IEC 61231:1999,IDT)

IEC 60410:1973 计数检查抽样方案和程序

ICS 97.180
Y 69

中华人民共和国国家标准

GB/T 23127—2008/IEC 61770:2006

与水源连接的电器 避免虹吸和软管组件失效

Electric appliances connected to the water mains—Avoidance of backsiphonage and failure of hose-sets

(IEC 61770:2006(Ed 1.2),IDT)

2008-12-30 发布　　2009-09-01 实施

中华人民共和国国家质量监督检验检疫总局
中国国家标准化管理委员会　发布

前 言

本标准等同采用 IEC 61770:2006《与水源连接的电器—避免虹吸和软管组件失效》(第 1.2 版)。

为便于使用,本标准对 IEC 61770:2006 作了下列编辑性修改:

——数字中的“,”改为“.”;

——本标准中,有对应国家标准的,引用国家标准;暂无对应国家标准的,则引用国际标准。

本标准附录 A 为规范性附录。

本标准由中国轻工业联合会提出。

本标准由全国家用电器标准化技术委员会(SAC/TC 46)归口。

本标准主要起草单位:中国家用电器研究院、国家家用电器质量监督检验中心、美的集团有限公司。

本标准主要起草人:鲁建国、朱焰、梁鸿鹄、许振刚、孙鹏。

IEC 前言

1) IEC(国际电工委员会)是由所有国家的电工委员会(IEC 国家委员会)组成的世界范围内的标准化组织。IEC 的宗旨就是促进各国在电气和电子标准化领域的全面合作。鉴于以上的目的并考虑到其他活动的需要,IEC 还出版国际标准、技术规范、技术报告、公共可用规范(PAS)、导则(以下统称为 IEC 出版物)。整个制定工作由技术委员会来完成。任何对此技术问题感兴趣的 IEC 国家委员会都可以参加制定工作。与国际电工委员会有联系的国际、政府及非政府组织也可以参加这项工作。IEC 根据其与 ISO 达成的协议,与 ISO 在工作上紧密合作。
2) 因为每个技术委员会都有来自于各个对有关技术问题感兴趣的 IEC 国家委员会的代表,所以 IEC 对有关技术问题的正式决议或协议都尽可能的表达了国际性的一致意见。
3) IEC 出版物以推荐性的方式供国际上使用,并在此意义上被各国家委员会接受。在为了确保 IEC 出版物技术内容的准确性而做出任何合理的努力时,IEC 对其出版物被使用的方式以及任何最终用户(读者)的误解不负有任何责任。
4) 为了促进国际上的统一,IEC 希望各国委员会在本国情况允许的范围内采用 IEC 出版物的内容作为他们国家或地区的出版物。IEC 出版物与相应的国家或地区的出版物有差异的,应尽可能在后者中明确地指出。
5) IEC 规定了表示其认可的无标志程序,但并不表示对某一设备声称符合某一 IEC 出版物承担责任。
6) 所有的使用者应确保持有该出版物的最新版本。
7) IEC 或其管理者、雇员、服务人员或代理(包括独立专家、IEC 技术委员会和 IEC 国家委员会的成员)不应对使用或依靠本 IEC 出版物或其他 IEC 出版物造成的任何直接的或间接的人身伤害、财产损失或其他任何性质的伤害,以及源于本出版物之外的成本(包括法律费用)和支出承担责任。
8) 应注意在本出版物中列出的规范性引用文件。对于正确使用本出版物来讲,使用规范性引用文件是不可缺少的。
9) 本 IEC 出版物中的某些内容有可能涉及一些专利权问题,对此应引起注意。IEC 组织不负责识别任一或所有该类专利权问题。

本标准由 IEC 第 61 技术委员会“家用和类似用途电器的安全”制定。

IEC 61770 是基于以下文件:

FDIS	表 决 报 告
61/1480/FDIS	61/1519/RVD
61/2490/FDIS	61/2570/RVD
61/2983/FDIS	61/2999/RVD

本标准版本号为 1.2。

空白处的竖线为增补件 1 和增补件 2 修改部分。

附录 A 作为本标准的主体部分。

注:标准中使用下述字体:

——标准要求,roman 正体;

——*试验规范,roman 斜体;*

——注解，小号 roman 正体。

正文中的**黑体字**在第三章中定义，当定义中有形容词时，该形容词和所修饰的名词也应用黑体字。

技术委员会决定本出版物的内容和其增补件将保持不变，直到修改结果在 IEC 网站(http://webstore.iec.ch)上明确规定相关日期。届时本部分将被：

- 重新确认；
- 撤销；
- 由修订版本代替，或者
- 被修订。

与水源连接的电器
避免虹吸和软管组件失效

1 范围

本标准规定了家用和类似用途电器应有防虹吸功能，防止非饮用水流入水源。对将此类器具连接至水压不超过 1 MPa 供水水源的软管组件进行了规定。

本标准适用于安装在家庭、商店、饭店、洗衣店及公共场所的家用和类似用途电器。

本标准不适用于以下器具：

——用于干式清洁的器具；

——以医学为目的的器具；

——用于工业目的的器具；

——集成于供水系统的水加热器；

——集成于供水系统的水冷却器。

注 1：连接到水源的装置可以是暂时的或永久使用的。

注 2：当主水源做为依据时，供水箱或类似系统也属于供水水源。

注 3：国家还规定必须防止由于水接触安全装置上游不合适的材料而引起的饮用水被污染。

2 规范性引用文件

下列文件中的条款通过本标准的引用而成为本标准的条款。凡是注日期的引用文件，其随后所有的修改单(不包括勘误的内容)或修订版均不适用于本标准。然而，鼓励根据本标准达成协议的各方研究是否可使用这些文件的最新版本。凡是不注日期的引用文件，其最新版本适用于本标准。

IEC 60730-2-8：1992　家用和类似用途电自动控制器　电动水阀的特殊要求(包括机械要求)

3 术语和定义

下列术语和定义适用于本标准。

3.1

饮用水　potable water

在一个闭环系统中流动，位于防逆流装置之前，直接从饮用水水源获得的水。

3.2

非饮用水　non-potable water

从闭环系统中流出，流过防逆流装置之后的水。

3.3

防逆流装置　backflow prevention device

防止非饮用水逆流而污染饮用水的装置。

注：例如空气间隙与管道断流器。

3.4

空气间隙　airgap

从进水口或进水管末端到临界水位线之间畅通的无障碍的距离。

注：畅通的无障碍的空间是指即使在真空条件下，空气也不会受到器具结构限制而流入进水管的那部分空间。

3.5

管道断流器　pipe interrupter

当水从其内部流过时,空气也可以流入的装置,该装置不包含可移动部件或弹性部件。

3.6

动态防逆流装置　dynamic backflow preventer

使用运动部件来防止虹吸的防逆流装置。

3.7

溢流口　overflow

当正常的出水口被堵塞时,过量的水从器具中流出的装置。

3.8

最高水位　maximum water level

当器具在故障情况下运转,非饮用水在器具中的任何部分可达到的最高位置。

3.9

临界水位　critical water level

进水口关闭 2 s 后,非饮用水从最高水位降到的位置。

3.10

软管组件　hose-set

由易弯曲的软管和接头组成的部件。

注 1:软管组件是指位于防逆流装置上游,与器具和水源连接的部件。

注 2:接头可以拆除,包括使用及不使用工具。

3.11

可拆卸部件　detachable part

不借助工具就能取下的部件。

4　一般要求

4.1　器具在每一个进水阀下游方向应装有防逆流装置。

对于装有软水器的器具,软水器应安装在器具空气间隙或管道断流器之前,软水器上游还应装有动态防逆流装置。

带有加入洗涤、漂洗、软化剂或类似功能的分配器,不应固定在防逆流装置的上游。

器具内部位于防逆流装置上游的饮用水管道不应进入非饮用水。

通过视检确定其是否合格。

注:在有水压的系统中:"上游"表示水从其他位置流进的方向,"下游"表示水流出的方向。

4.2　防逆流装置需与器具配合使用或安装于器具中,从而使得:

——即使是故意改变,它们的功能特性不能被改变;

——只能使用工具才能拆除;

——如果被遗漏,则器具不能运转或明显不完整。

通过视检和相关的试验确定其是否合格。

4.3　连接器具与水源的软管组件应足够坚固,并应避免溢水危险。

器具需经受第 9 章的试验。

4.4 器具连接水的金属部分，因腐蚀可能造成器具不符合本标准要求的，应有足够的防腐蚀、脱锌、氧化、锈蚀功能。

通过视检确定其是否合格。

注：对铜的防锈蚀能力可以根据 GB/T 10119《黄铜耐脱锌腐蚀性能的测定》试验确定。

5 试验的一般条件

5.1 正常工作应符合以下规定：

——器具位于一个水平支撑物上；

——按安装说明将器具连接到水源；

——供水装置具有一个不超过 1 MPa 的静态水压，并且动态水压应不低于 0.6 MPa；

——器具由额定电压供电；

——器具在没有加装负载，并且没有添加洗涤、漂洗剂或相似介质的条件下试验，门和盖子应关闭。

注：本标准所提到的水压不等同于大气压。

5.2 在故障条件下，器具与水平面成 2°，并处于最不利的位置。除正常工作条件以外，在合理情况下，每次对器具施加如下一个非正常工作条件：

——堵塞添加洗涤、漂洗、软化剂或类似介质的分配器与器具的其他部件之间的连接部分，除非连接部分的截面积超过 10 cm^2，并且在其长度范围内最小边长不小于 10 mm。

注 1：如果分配器连接部分的截面积会因用户使用而变化，则不用堵塞，例如将洗涤剂分配器打开。

——堵塞溢流口，如果符合以下情况：

- 圆形截面积不超过 5 cm^2；
- 非圆形截面最小尺寸小于 3 mm，并且其面积不超过 5 cm^2；

——器具正常运行时，位于防逆流装置上游的所有可以同时打开的电磁阀保持开通；

——所有的电机与供水水源断开，堵塞正常工作的排水口。

注 2：故障状态与任何必然发生的故障状态可以同时出现。

5.3 除非另有规定，按规定的程序进行试验，并且：

——对于装有管道断流器和动态防逆流装置器具，必须在同 1 个样品上进行所有试验；

——对于软管组件，必须在 3 个试样上进行试验。如果 1 个试样不合格，则在另外 3 个试样上进行，所有试样都应承受住重复试验。

9.1.9～9.1.11 的每一项试验都要在 3 个新的试样上进行。

5.4 除非不可行，对空气间隙、管道断流器和动态防逆流装置进行的试验均在器具内部进行。

5.5 若器具有多个进水口，并且在一个程序中允许多个进水口同时进水，在确定其临界水位时，应依次将一个进水口关闭，其他进水口打开的条件下进行试验。

5.6 除非另有规定，试验在环境温度(20±5)℃的条件下进行。

6 空气间隙

6.1 空气间隙应具有以下结构：水可以从空气部件自由流过，并且空气间隙下游的水不能被吸入供水管道。

通过视检和 6.2、6.3 的试验确定其是否合格。附录 A 试验可以代替 6.3 试验。

6.2 器具在故障情况下运行，直到达到最高水位。

进水管的出水口不能与非饮用水直接连接。

6.3 器具在故障情况下运行，直到达到临界水位。

空气间隙长度至少为器具内部供水管道直径的两倍，其最小值为 20 mm。在进水管的出水口和任何方向的其他部件之间，应有 20 mm 空间。

注：关于水薄膜厚度和水滴的尺寸正在考虑之中。

7 管道断流器

7.1 管道断流器应具有以下结构：进气口保持打开并且与大气相通。在正常工作中，从进气口可能泄漏的水应流入器具中，并且不足以降低 7.3 和 7.4 所规定的垂直尺寸。

管道断流器应防止易于发生的堵塞或由人员操作对试验结果造成的影响。

进气管的截面积不应小于进水管的截面积，每个进气管长度不应小于 3 mm。应沿空气流动的方向以正确的角度测量。

通过视检和 7.2～7.4 所提及的方法进行测试。若器具由于结构原因使得 7.3、7.4 所提及的方法无法进行，则按附录 A 进行试验。

7.2 对于独立的管道断流器，将有近似内径的玻璃管或其他材料的透明管与管道断流器垂直连接，并且最短长度为 500 mm。管道末端浸入水中，浸入深度至少为 25 mm，详见图 1。

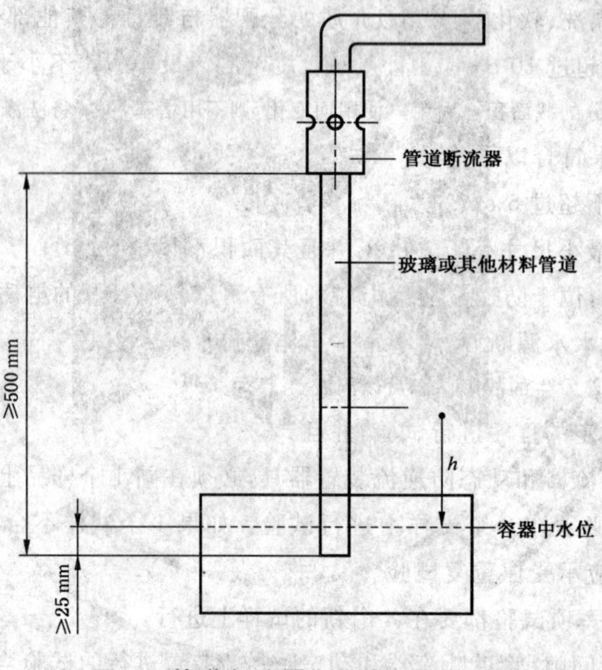

图 1 管道断流器"h"型位置排列

真空泵与管道断流器连接，负压为(65±15)kPa，保持至少 5 s 以上。测量管道中水位与容器中水位的距离 h。

对于管道断流器安装于电磁阀下游的器具执行本试验时，应将真空泵与器具进水口直接连接，且管道长度尽可能小。

注 1：如果进水软管不能使用工具拆除，真空泵与管道的人口直接连接。

注 2：与真空泵连接的截面积应足够，使空气流动不受限制。

7.3 器具在故障条件下运行，直到达到最高水位。

测量最高水位与管道断流器进气口最低边缘之间的垂直距离。此值至少等于 h，详见图 2。

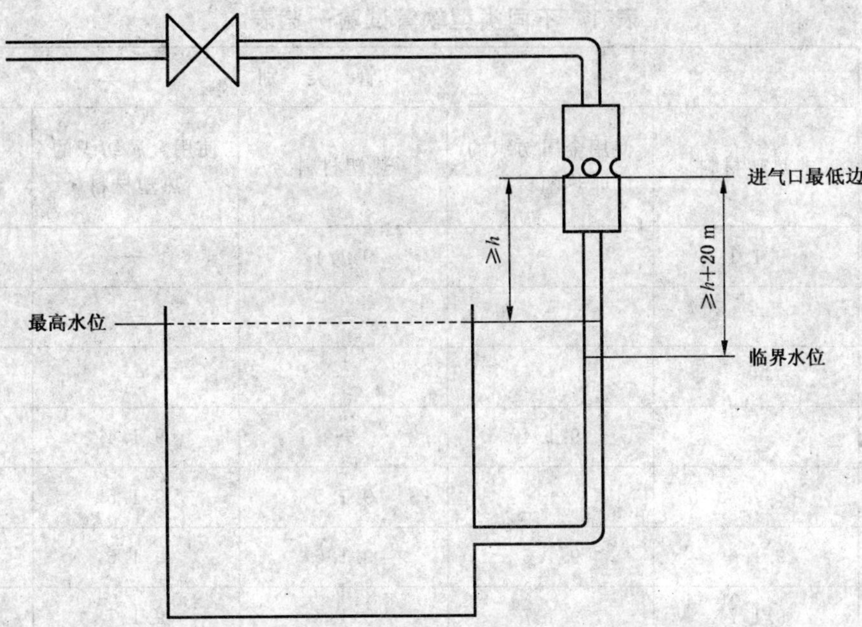

图 2　最高水位与临界水位相对位置

7.4　本试验在 7.3 试验后立即进行，进水口关闭。测量临界水位与管道断流器进气口的最低边缘之间的距离。此距离至少为(h+20)mm。

管道断流器和动态防逆流装置下游的水软化机连接的管道中的临界水位也应检查。

注：如果由于不透明部分或软管造成管道临界水位无法检查，此部件或软管由具有相同形状和内径的透明部件或软管代替。

8　动态防逆流装置

8.1　动态防逆流装置应具有以下结构：运动部件及其支撑或导轨的磨损或损坏，或可拆卸部件的拆除都不应造成虹吸。在一定条件下或正常工作中，运动部件每次有水通过装置时动作，任何一次失效可致使器具无法工作或使用者易于观察到。

通过视检与 8.2 中描述，依据附录 A 对动态防逆流装置在以下条件下进行试验：

——运动部件位于最不利位置，每次一个不利位置；

——将可拆卸部件拆除；

——对运动部件及其支撑或导轨造成类似危险，每次一个故障状态。

每次只需满足以上一个条件。

8.2　此装置运行 5 000 个周期。每个周期包括水流过装置 3 s，无水流过装置 3 s。供水水压为 0.2 MPa，温度为：

——冷水供水的动态防逆流装置：(15±5)℃；

——热水供水的动态防逆流装置：(65±5)℃；

——进水水温无标识的动态防逆流装置：(65±5)℃。

上述试验进行 10 次，每次试验间隔 48 h。在每次试验前，对动态防逆流装置进行检查，确保水流过时可以工作。

9　软管组件

9.1　软管组件应能承受正常使用中的压力。

器具依据表 1 中所述 9.1.1～9.1.9 对不同类型软管进行相关试验，依据 9.1.10 和 9.1.11 对接头进行试验。

表 1 不同类型软管试验一览表

试验	软管类别				
	非热塑材料	使用金属纺织的非热塑材料	热塑材料	使用金属纺织的热塑材料	柔韧金属
弯折	9.1.1	—	9.1.1	—	—
扭折	—	—	—	—	9.1.2
弯曲	—	—	—	—	9.1.3
碾压	—	9.1.4	—	9.1.4	—
低温	—	—	9.1.5	9.1.5	—
老化	9.1.6	9.1.6	9.1.6	9.1.6	—
脉冲	9.1.7	9.1.7	9.1.7	9.1.7	9.1.7
耐压	9.1.8	9.1.8	9.1.8	9.1.8	9.1.8
臭氧	9.1.9	9.1.9	—	—	—

在 9.1.1～9.1.8 试验中，软管不应泄漏，爆裂，或从接头上滑落。

注 1：变形不影响软管组件功能，则可以忽略。

注 2：长度小于 1 m 的柔韧金属软管组件不进行 9.1.2～9.1.3 的试验。

注 3：对于防止水涌出的软管组件和包在柔韧管内部的软管，只对软管进行 9.1.6～9.1.8 的试验。

注 4：只要软管由于另一个电磁阀动作而不承受压力，则电磁阀下游的软管不进行 9.1.6～9.1.8 的试验。

9.1.1 按下述要求进行弯折试验。

软管从中间位置在两个平行板之间折叠 180°，两个平行板之间的距离为软管直径的两倍，如图 3 所示。在 5 s 以后将板拆除。

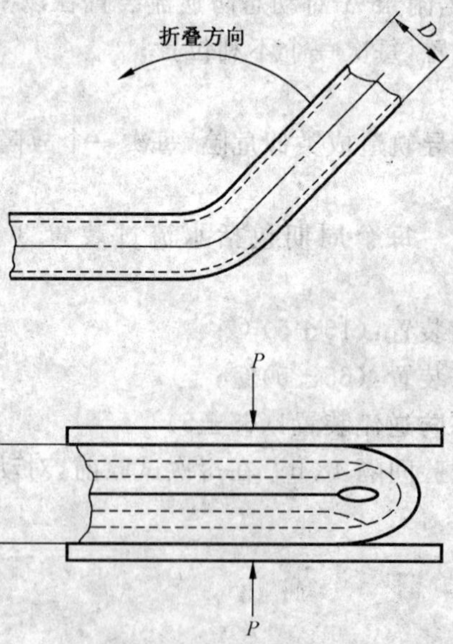

图 3 弯折试验

试验进行 10 次，中间间隔 1 min，并且软管不受力。每次从同一个方向弯折软管。

9.1.2 按下述要求进行扭折试验。

软管的一个接头固定在图 7 所示的摇摆臂上。将质量为 2 kg 的重物固定在另一个接头，软管组件自由悬挂。摇摆臂移动角度为 180°，频率为(10±2)次/min，共进行 500 次。

注：一次扭折指一次移动 180°。

9.1.3 按下述要求进行弯曲试验。

软管从中间位置在两个平行板之间折叠 180°，如图 8 所示。将 30 N 的力施加到上压板上。

两个平行板之间的距离不超过 200 mm 加上两倍的软管外径。

9.1.4 按下述要求进行碾压试验。

软管从中间位置在两个平行板之间折叠 180°。将 100 N 的力施加到压板上，保持 5 s。

试验进行 10 次，每次试验间在软管伸直状态保持 1 min 的间隔。每次软管向相同的方向折叠。

注：试验装置见图 3。

9.1.5 按下述要求进行低温试验。

软管绕成直径为(300±10)mm 圆盘，放置在一个温度为(−15±2)℃冰柜中 16 h，试验后在 6 s 内将软管完全缠绕到一个温度相同的圆柱上，圆柱的直径为软管外径的 3 倍，然后将软管伸直。

9.1.6 按下述要求进行老化试验。

将软管绕成直径为(300±10)mm 圆盘，软管中装水，并保持 1.2 MPa 的水压。水温为：

——标识最大温度为 25 ℃的软管组件(50±5)℃；

——标识最大温度为 70 ℃的软管组件(70±5)℃；

——标识最大温度为 90 ℃的软管组件 90^{+5}_{0} ℃。

软管组件放置在柜子中，设置温度与水温相同，保持 168 h。将软管组件从柜子中取出，并降到室温。

9.1.7 按下述要求进行脉冲试验。

将软管组件与供水系统连接，水在系统内部循环，软管承受脉冲水压，如图 4 所示。水温为：

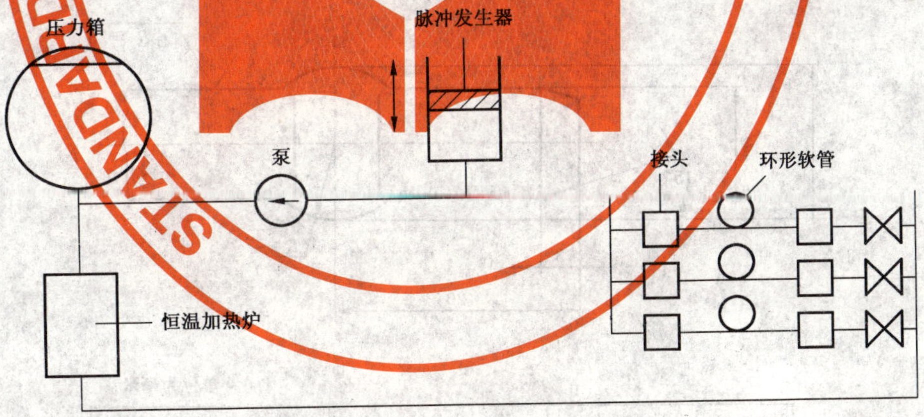

图 4 软管组件脉冲试验装置

——标识最大温度为 25 ℃的软管组件(20±5)℃；

——标识最大温度为 70 ℃的软管组件(70±5)℃；

——标识最大温度为 90 ℃的软管组件 90^{+5}_{0} ℃。

水压为 1.5 MPa，动态水压为正弦曲线，振幅为 0.5 MPa，频率为 30 次/min，试验进行 25 000 次。

9.1.8 按下述要求进行耐压试验。

将软管组件充满水，水温为：

——最大温度 25 ℃的软管组件(20±5)℃；

——最大温度 70 ℃的软管组件(70±5)℃；

——最大温度 90 ℃的软管组件 90^{+5}_{0} ℃。

将软管组件连接到压力装置上，其静水压力以 100 kPa/s 均衡速率上升到 3.15 MPa 保持 1 min。

9.1.9 按下述要求进行臭氧试验。

软管试样，每根长约 10 cm，并且配有接头，放置在温度(30±5)℃柜子中 96 h。柜子中的臭氧浓度为 0.5×10^{-6}。3 个试样暴露的面积(cm^2)与柜子的容积(cm^3)比例不超过 0.1。

试验后，使用 6 倍的放大镜观察，试样不应出现可视裂缝。

注：如果软管因安装接头造成变形不可见，如由盖子挡住，则接头由图 6 所示装置代替，并将其塞入软管。

9.1.10 按下述要求进行接头螺帽强度试验。

试验前，由热塑性材料构成的接头螺母在温度(23±2)℃、相对湿度(45～55)%的环境中放置72 h。将接头和其密封垫旋紧到图 5 所示的装置上，以 15 N·m 扭矩旋转 4 个完整螺纹。

注：垫圈用来限制接合程度。

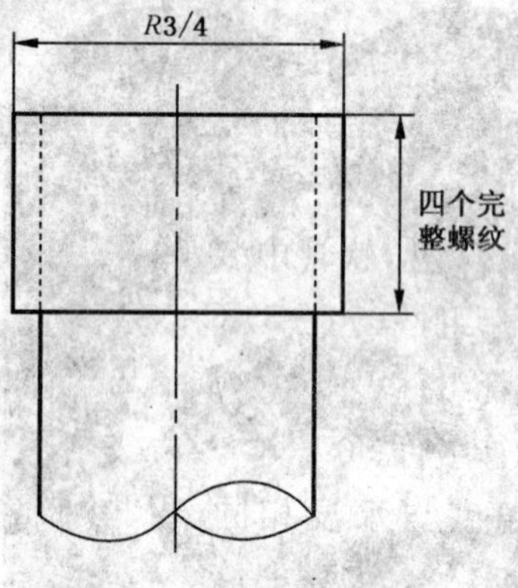

图 5 连接螺母试验装置

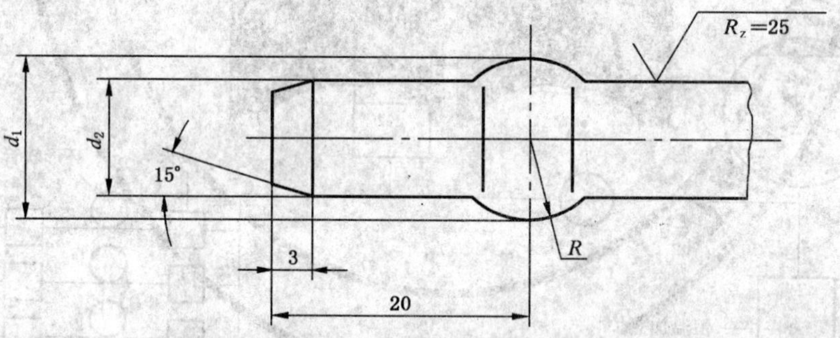

单位为毫米

直径	d_1	d_2
10	12.5±0.1	10
12.5	15.5±0.1	13

图 6 软管组件臭氧(测试)装置

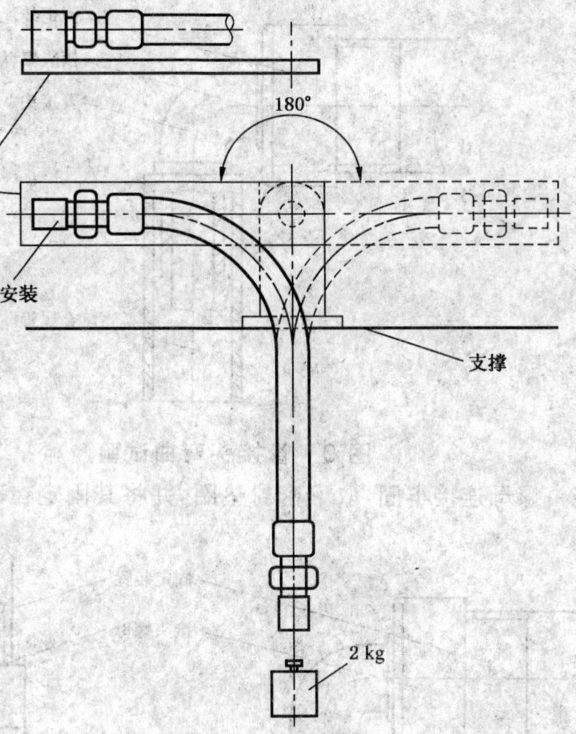

图 7 扭折试验装置

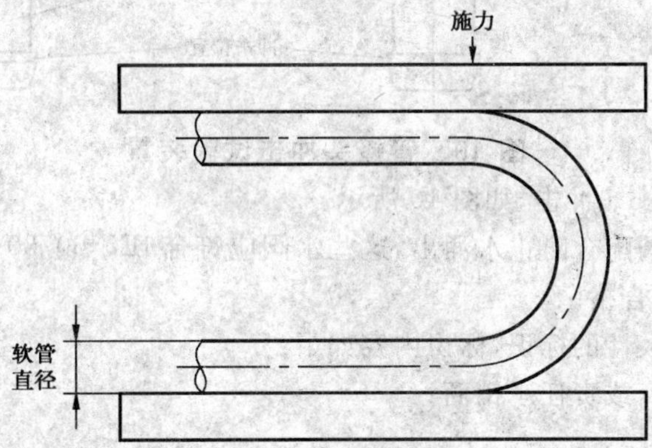

图 8 弯曲试验装置

装置放置于 90^{+5}_{0} ℃的柜子中 96 h 后降到室温。

松开螺母的扭矩不应小于 4 N·m。

在此装置上进行 2 次试验。

螺母不应开裂，将软管从装置上移开时，螺母应没有可视的裂缝，并且可继续使用。

9.1.11 管接头的连接强度依据 9.1.11.1～9.1.11.2 测量。

试验前，由热塑性材料构成的管接头在(23±2)℃、相对湿度(45～55)%的环境中放置 72 h。

试验后，管接头应无损坏，无可视裂缝，并且可继续使用。

9.1.11.1 接头螺母应与管接头连接牢固，取下密封垫圈，并将其固定在图 9 所示的装置上。

将壁厚至少为 2 mm，并且内径比管接头外径大 0.2 mm 的金属管套入带接头的管子上，如图 9 所示。

将力施加在金属管上，在 2 s 内使管接头产生 10 N·m 的扭力，此力保持 30 s。

对于角形管接头，两次试验施加在两个不同的样块上。一次试验移动力沿角的方向施加，并且另外一次试验在相反的方向施力。

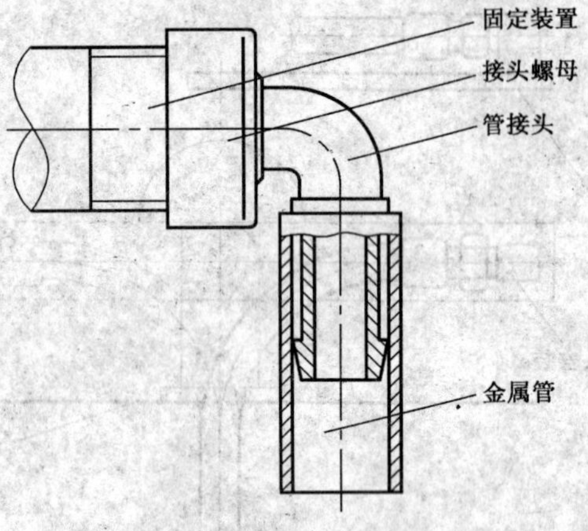

图9　管接头弯曲试验

9.1.11.2　管接头与接头螺母连接牢固，取下密封垫圈，并将其固定在图10所示的装置上。

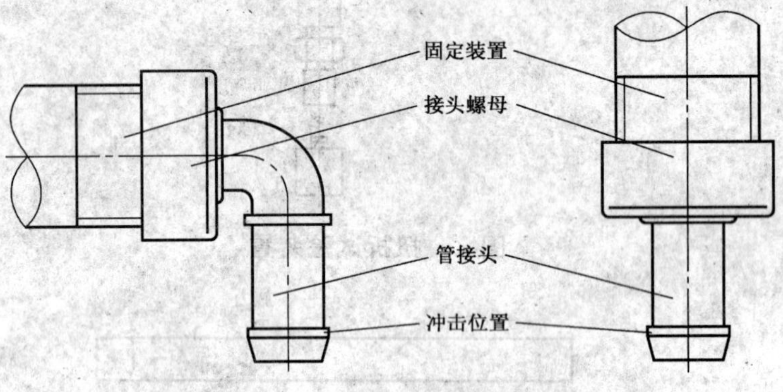

图10　管接头冲击试验装置

对管接头的末端施加1.6 J冲击，如图10所示。

9.2　如果软管组件与进水阀配合防止水涌出，这些水阀应符合IEC 60730-2-8要求。

通过视检确定器具是否合格。

9.3　软管组件应有以下永久性的标识，标识内容如下：

——名称、商标或制造商或责任承销商；

——型号或相关类型；

——制造日期；

——额定压力；

——对于只适用于冷水供水的软管组件，应以具有蓝色边缘或条形色带的标识标注最大25 ℃；

——对于可适用于热水供水的软管组件，应以具有红色边缘或条形色带的标识标注最大70 ℃或者最大90 ℃。

通过视检，并用一片浸有水的布擦拭铭牌15 s，然后再用浸有汽油的布擦拭铭牌15 s。

试验后，铭牌应清晰，不应脱落，并且应无卷边。

附　录　A
（规范性附录）
虹吸试验

在进水阀和防逆流装置之间的管道和软管为干燥状态，将内径不小于进水软管的透明导管替换软管组件，然后连接到器具上，导管的另一端使用尽可能短的管道连接到真空泵。

器具使用独立供水，达到临界水位，试验中一直保持水位不变。

施加负压(65±15)kPa，持续5 s，此压力尽可能靠近器具一端测量。电磁阀单独供电，保持在打开状态。

如果器具有多个软管组件，依次对每个进水口进行试验。

水不进入透明导管。

注：与真空泵连接的截面积应足够通畅，对空气流通没有阻碍。

STANDARDS PRESS OF CHINA

ICS 97.040.50
Y 68

中华人民共和国国家标准

GB/T 23128—2008

电 磁 灶

Induction cooker

2008-12-30 发布　　2009-09-01 实施

中华人民共和国国家质量监督检验检疫总局
中国国家标准化管理委员会　发布

前　言

本标准附录A为规范性附录，附录B、附录C、附录D为资料性附录。

本标准由中国轻工业联合会提出。

本标准由全国家用电器标准化技术委员会(SAC/TC 46)归口。

本标准起草单位：中国家用电器研究院、美的集团有限公司、浙江苏泊尔家电制造有限公司、九阳股份有限公司、佛山市富士宝电器科技有限公司、博西华电器(江苏)有限公司、尚朋堂(无锡)电器有限公司、东莞市前锋电子有限公司、佛山市爱庭电器有限公司、珠海格力电器股份有限公司、佛山万家乐电器有限公司、杭州老板电器股份有限公司。

本标准主要起草人：马德军、陈石军、黄理水、苏涛、李宗军、罗顺镜、黄国庆、杜明汉、李荣明、秦满祺、王红兵、余少言、阮华平。

电　磁　灶

1　范围

本标准规定了家用和类似用途电磁灶的范围、术语和定义、分类与命名、技术要求、试验方法、检验规则、标志、包装、运输、储存等。

本标准适用于家用和类似用途的电磁灶。

对于气、电组合型家用和类似用途器具的电磁加热部分应符合本标准。

本标准不适用于工业用电磁灶。

凹面灶的要求正在考虑之中。

2　规范性引用文件

下列文件中的条款通过本标准的引用而成为本标准的条款。凡是注日期的引用文件，其随后所有的修改单(不包括勘误的内容)或修订版均不适用于本标准，然而，鼓励根据本标准达成协议的各方研究是否可使用这些文件的最新版本。凡是不注日期的引用文件，其最新版本适用于本标准。

GB/T 1019　家用和类似用途电器包装通则

GB 2423.1　电工电子产品环境试验　第2部分：试验方法　试验A：低温(GB 2423.1—2001，idt IEC 60068-2-1：1990)

GB 2423.2　电工电子产品环境试验　第2部分：试验方法　试验B：高温(GB 2423.2—2001，idt IEC 60068-2-2：1974)

GB 2423.3　电工电子产品环境试验　第2部分：试验方法　试验Cab：恒定湿热试验(GB 2423.3—2006，IEC 60068-2-78：2001，IDT)

GB 2423.7　电工电子产品环境试验　第2部分：试验方法　试验Ec和导则：倾跌与翻倒(主要用于设备型样品)(GB 2423.7—1995，idt IEC 60068-2-31：1982)

GB 2423.17　电工电子产品环境试验　第2部分：试验方法　试验Ka：盐雾(GB 2423.17—2008，IEC 60068-2-11：1981，IDT)

GB/T 4214.1　声学　家用电器及类似用途器具噪声测试方法　第1部分：通用要求(GB/T 4214.1—2000，eqv IEC 60704-1：1997)

GB 4706.1　家用和类似用途电器的安全　第1部分：通用要求(GB 4706.1—2005，IEC 60335-1：2004，IDT)

GB 4706.22　家用和类似用途电器的安全　驻立式电灶、灶台、烤箱及类似用途器具的特殊要求(GB 4706.22—2002，IEC 60335-2-6：1997，IDT)

GB 4706.29　家用和类似用途电器的安全　便携式电磁灶的特殊要求

GB/T 4798.2—2008　电工电子产品应用环境条件　第2部分：运输(IEC 60721-3-2：1997，MOD)

GB 9684　不锈钢食具容器卫生标准

GB 11333　铝制食具容器卫生标准

GB 11678　食品容器内壁聚四氟乙烯涂料卫生标准

3　术语和定义

下列术语和定义适用于本标准。

STANDARDS PRESS OF CHINA

3.1

加热单元　heating unit

指电磁灶台面上，可放置器皿的具有独立烹饪加热功能的部分。

3.2

平底标准锅　standard pan

规定的测试用锅，采用附录B所示的试验容器。

3.3

正常工作状态　standard condition for testing

在6.1规定条件下，电磁灶加热部位的正中位置放置附录B所示的标准锅，在锅中注入锅的容积约70%的水，水的温度为20 ℃±5 ℃，功率旋钮或火力调节置于最大位置。

注：凹灶可采用随机提供的配锅或说明书推荐的配锅。

3.4

配锅　fitting pan

随电磁灶整机一起提供给客户的锅具。

配锅应符合附录D的要求。

3.5

小物件　small armor plate

厚度为2.0 mm、直径为60 mm的Q235A(A3)钢板。

3.6

大物件　big armor plate

厚度为2.0 mm、直径为100 mm的低碳钢钢板。

3.7

灶面板　hob surface

能放置锅具且与锅具底部相接触的器具部分。

3.8

电磁灶待机状态　induction cooker standby mode

电磁灶连接到供电电源上且处于等待状态，不产生加热磁场，使用者可以使用直接或间接的信号，将其转换到“工作/加热”状态。

4　分类与命名

4.1　产品分类

——按加热单元的数量分：单灶头、双灶头、多灶头；

——按电源性质分：直流电磁灶、单相交流电磁灶、三相交流电磁灶；

——按结构分：便携式、驻立式。

4.2　型号命名方式

□ □ □ □

- 第4位□——生产单位改进设计代号：用字母或数字组成
- 第3位□——规格代号：用两位阿拉伯数字表示，以100 W为单位，确定电磁灶功率等级。若是多加热单元，则标出额定最大功率
- 第2位□——加热单元数量代号：单灶头不用符号；双灶头用英文大写字母“S”表示；多灶头用英文大写字母“D”表示
- 第1位□——产品名称代号：用英文大写字母“C”表示

举例：CS18A　含义：双灶头 1 800 W 电磁灶

5　技术要求

5.1　外观要求

5.1.1　整机外观：应光洁，无划痕、刮伤等；紧固件不松动，底座胶脚不应脱落且无明显晃动，操作面板粘贴牢固，不起翘，粘贴位置端正。

5.1.2　灶面板部分：无裂纹和明显崩边、针孔、条纹，丝印清晰，色泽一致，灶面板与上盖的粘接紧固，无锐利边缘。

5.1.3　塑料件部分：外露表面应光洁、色泽均匀，无严重变形、缩水等现象。

5.2　对高低温、高湿环境的适应性

5.2.1　耐高温性能

按照 6.4.1 规定的方法进行试验，试验后在室温条件下电磁灶应能正常工作。

5.2.2　湿热环境储存

按照 6.4.2 规定的方法进行试验，试验后在室温条件下电磁灶应能正常工作。

5.2.3　耐低温性能

按照 6.4.3 规定的方法进行试验，试验后在室温条件下电磁灶应能正常工作。

5.3　倾跌性能

按照 6.5 规定的方法进行试验，电磁灶应无损坏，且仍能正常工作。

5.4　自动关机性能

5.4.1　电磁灶应具有辨别不放置锅具或放置不适合锅具的能力。

按照 6.6.1 规定的方法进行试验，电磁灶应在 2 min 内自动关机或转为待机状态。

5.4.2　器具在长时间未进行操作的情况下应具有自动保护能力。

按照 6.6.2 规定的方法进行试验，在未进行其他操作的情况下，电磁灶应在 2 h 内自动关机或转为待机状态。

5.4.3　具有定时功能的电磁灶，其定时时间应准确。

按照 6.6.3 规定的方法进行试验，电磁灶应在其定时时间±3%的偏差范围内自动关机。

5.5　最大输入功率

电磁灶按照 6.7 规定的方法进行试验，加热单元最大输入功率实测值与其额定功率相比，其偏差不应大于表 1 的要求。

对于多个加热单元的电磁灶，如果可以单独工作，则其每个加热单元也均应符合以上要求。

表 1　最大输入功率偏差

负　偏　差	正　偏　差
－10%或－40 W(两者中取绝对值较大者)	＋5%或 60 W(两者中取较大者)

5.6　功率调节范围

电磁灶应具有一定的功率调节范围。

功率调节范围的上限为其最大输入功率，功率范围的下限应为其最小挡对应的输入功率。

按照 6.8 规定的方法进行试验，电磁灶的功率范围的下限应不大于最大输入功率的 30%。

对于多个加热单元的电磁灶，如果可以单独工作，则其每个加热单元也均应符合以上要求。

5.7　热效率

电磁灶额定输入功率小于或等于 1 200 W，其热效率不得低于 82%；

电磁灶额定输入功率大于 1 200 W，其热效率不得低于 84%。

对于多个加热单元的电磁灶，不考虑同时工作的热效率。但其每个加热单元均应符合以上要求。

按照6.9规定的方法进行试验。

注：凹灶的有关要求正在考虑之中。

5.8 大小件物品加热性能

5.8.1 小物件不加热特性

按照6.10.1规定的方法进行试验，小物件的表面温度 T 应小于50 ℃。

5.8.2 大物件启动特性

按照6.10.2规定的方法进行试验，电磁灶应能正常启动加热。

5.8.3 大小物件切换特性

按照6.10.3规定的方法进行试验，当叠加于小物件之上的大物件移开后，电磁灶应能在10 s内关闭加热功能。

注：凹灶的有关要求正在考虑之中。

5.9 噪声

按照6.11规定的方法进行试验，电磁灶的噪声限值应符合表2的要求。

表2

额定总功率 P/W	噪声限值[A计权声功率级/dB(A)]	
	单眼灶	两眼以上电磁灶
$P \leqslant 2\,000$	≤62	≤64
$2\,000 < P \leqslant 3\,500$	≤66	≤68
$3\,500 < P \leqslant 6\,000$	≤68	≤70
$P > 6\,000$	≤70	≤72

5.10 连续工作时间

电磁灶应能在持续加热状态下工作，连续工作时间不少于1.5 h。

按照6.12规定的方法进行试验。

5.11 卸载性能

电磁灶不能因锅具快速离开或移动而损坏。

按照6.13规定的方法进行试验，试验后电磁灶应能正常工作。

5.12 温度控制及控制精度要求

5.12.1 电磁灶的工作应使其加热过程中的最高油温不超过240 ℃。

通过视检其标称控制温度判断。

5.12.2 对于带有控温功能的电磁灶，按照6.14规定的方法进行试验。

各标称控温点的实测温度值(包括最大值和最小值)均应在标称值±20 ℃范围内。

5.13 待机状态功率

电磁灶的待机状态功率值应不大于5 W。按照6.15规定的方法试验。

5.14 耐候性能

按照6.16规定的方法进行试验，试验后电磁灶中的电镀件和油漆件的主要表面不得出现明显的气泡、脱落及锈蚀。

6 试验方法

6.1 试验条件

无强制空气对流的条件下：

环境温度：20 ℃±5 ℃；

相对湿度：45%～75%；

大气压力:86 kPa～106 kPa;

交流电源:频率 50 Hz±1 Hz,总谐波失真≤3%,电压:单相 220 V±1%;三相 380 V±1%;

直流电源:额定电压±1%。

6.2 试验用仪器、仪表和设备

试验用仪器、仪表和设备的规格或准确度要求见表 3。

表 3 仪器、仪表和设备的规格或准确度

名　称	规格或准确度
电工仪表	0.5 级(出厂检验用不低于 1.0 级)
温度测量仪表	±0.5 ℃
电能表	能够在最小 20 mW·h 的水平上测量能耗
计时器	走时精度不低于±2 s/d
设备	准确度应满足试验条件要求
标准锅	应选用完全覆盖加热区域最小规格的标准锅(标准锅底部直径大于线盘有效直径)

6.3 外观检查

在 40 W 日光灯的光线良好情况下,将待检物置于 45 cm 处目视检查。

6.4 高低温、高湿环境适应性试验

6.4.1 耐高温性能试验

将电磁灶放在 55 ℃±2 ℃试验箱中,按 GB 2423.2 规定的程序,使其在不通电的状态下,储存16 h。然后在室温条件下恢复 1 h。

6.4.2 耐湿热性能试验

将电磁灶置于 40 ℃±2 ℃,相对湿度为 90%～95%的湿热箱中,按照 GB 2423.3 的规定,使其在不通电状态下保持 48 h,然后在室温条件下恢复 24 h。

6.4.3 耐低温性能试验

将电磁灶置于－25 ℃±2 ℃的恒温箱中,按照 GB 2423.1 规定,使其在不通电的状态下,储存 2 h。然后在室温条件下恢复 2 h。

6.5 倾跌性能试验

将电磁灶置于水平台面上,以电磁灶任意一边为轴,将另一边提起 30°(与水平夹角),然后放开,倾跌三次,然后提起另一长边,倾跌三次,试验按 GB 2423.7 规定的程序进行。

6.6 自动关机性能试验

6.6.1 在电磁灶加热单元中心不放置锅具或放置不适合加热的锅具,接通电源使其进入工作状态,或将加热中的锅具移开。

6.6.2 将电磁灶接通电源正常工作,将其设置在未启动定时功能或自动功能的正常工作状态。

6.6.3 将电磁灶设置在启动定时功能状态,正常工作;定时自动关机时间应符合 5.4.3 的要求。

6.7 最大输入功率试验

在正常工作状态条件下,将标准锅盖上盖子,置于电磁灶待测试加热单元中心后开机,并将功率调节到最大挡位,测量从启动至水沸腾 15 min 消耗的电能及所用时间;计算出整个过程的平均功率,此功率即为最大输入功率。

试验过程中如果水量不够,可补充沸腾的热水。

注:对于凹灶,本试验可采用随机提供的配锅或说明书推荐的配锅代替标准锅。对于其他类型电磁灶,如果有配锅,不需对配锅进行试验,但企业应对所配锅具的功率或功率范围进行明示。

6.8 功率调节范围试验

按 6.7 的试验条件,将电磁灶的功率调节到最小挡,测量从启动开始 15 min 内的平均输入功率,作为输入功率范围下限。测出的最大、最小输入功率即为该器具功率调节范围；应符合 5.6 的要求。多加热单元电磁灶的功率调节范围均应符合 5.6 的要求。

6.9 热效率试验

在正常工作状态下，参照附录 B 选择可以覆盖加热区域的最小规格标准锅（标准锅底部直径大于线圈盘有效直径），测量加盖标准锅的质量 M_2；将相应标准锅置于冷态被测电磁灶加热单元中心，将锅内装入表 4 规定质量的水 M_1，水温为 15 ℃±1 ℃，加盖，温度计从锅盖孔中放入锅内中心位置，水银部分浸入水中距离锅底 10 mm，读出温度计读数 t_1，启动电磁灶并迅速调节到最大额定功率挡，当水的温升接近 75 K 时，关闭电磁灶，同时记录消耗的电能 W，并读取 1 min 内的最高温度读数 t_2，温升 K 在 75 K±1 K 范围内为有效，并根据式(1)计算出电磁灶热效率。

以初次测试记录的电能 E 为依据，再重复上述测试过程两次，计算测量三次热效率的平均值作为该产品的热效率值。器具有多个加热单元时，按照加热单元逐个进行试验。

表 4 标准锅添加水的质量

标准锅代号	底部有效直径 B/mm	内口径 A/mm	高度 H /mm	添加水质量 M_1/kg
B1	120	140	73	0.80
B2	180	200	94	2.00
B3	200	220	110	2.80
B4	260	280	105	4.50

根据式(1)计算电磁灶热效率：

$$\eta=(C_1M_1+C_2M_2)\times K\times 100\% \ /\ (3.6\times 10^6\times E) \quad \cdots\cdots\cdots\cdots\cdots\cdots (1)$$

式中：

η——热效率，%；

C_1——水的比热（按 4.18 计算），单位为千焦耳每千克开[kJ/(kg·K)]；

M_1——水的质量，单位为千克(kg)；

C_2——锅身和锅盖的比热（按 0.46 计算），单位为千焦耳每千克开[kJ/(kg·K)]；

M_2——锅身和锅盖的总质量，单位为千克(kg)；

E——消耗的电能，单位为千瓦小时(kW·h)；

K——温升，单位为开(K)($K=t_2-t_1$)。

注：凹灶的有关要求正在考虑之中。

6.10 大小物件加热性能试验

6.10.1 小物件不加热特性检测

电磁灶在 6.1 要求的试验条件下充分放置，然后将小物件置于电磁灶加热单元中心，接通电源，分别在 0.85 倍和 1.15 倍额定电压下启动电磁灶，工作至稳定。

6.10.2 大物件启动特性试验

将大物件置于电磁灶加热单元中心，接通电源，分别在 0.85 倍和 1.15 倍额定电压下启动电磁灶。

6.10.3 大小物件切换特性试验

将小物件放置在加热单元中心再将大物件叠加于小物件之上，接通电源，分别在 0.85 倍和 1.15 倍额定电压下启动电磁灶，待功率稳定后缓慢将大物件移开。

注：凹灶的有关要求正在考虑之中。

6.11 噪声试验

电磁灶的噪声测试按 GB/T 4214.1 规定的方法试验。在电磁灶加热单元中心放置标准锅，标准锅内加入 70%的室温水，不加锅盖，电磁灶用最大功率加热。在保持水温 70 ℃以下，记录器具产生的最大噪声；多个加热单元电磁灶应在所有单元同时工作条件下测试。

6.12 连续工作时间试验

在标准锅中放入其容积一半的植物油，有定温功能的电磁灶，调节功率或定温功能，使油温保持在200 ℃±20 ℃，连续工作；应符合5.10要求。

不能使油温达到200 ℃的器具，以最大加热功率进行试验，使油温保持在所能达到的最高温度，连续工作；应符合5.10要求。

注：凹灶可采用随机提供的配锅或说明书推荐的配锅。

6.13 卸载性能试验

将电磁灶水平放置，把已放入适量水的标准锅置于加热单元中心，将电磁灶功率调至最大，并设定在连续工作的状态；试验进行以下操作：

a) 抬锅：让器具以最大加热功率进行加热，将标准锅向上抬起，每次抬高标准锅距离灶面中心不少于10 cm，持续时间不小于6 s；然后将标准锅放下，电磁灶应重新启动，加热功率达到设定功率，为一个操作循环；

b) 移锅：待功率稳定后缓慢的将标准锅移开加热单元中心，尽量将标准锅在功率基本变化不大的情况下移到加热单元的一侧，然后迅速把标准锅移开加热单元。当器具关闭加热功能后重新放回标准锅，重新启动加热功能并达到原功率为一个操作循环。

按照以上方法进行试验，抬锅试验、移锅试验各进行1 500次。

注：凹灶可采用随机提供的配锅或说明书推荐的配锅。

6.14 温度控制及控制精度试验

将电磁灶水平放置，检测每个标称控温点。各标称控温点的检测顺序，应从低温值向高温值逐挡进行。

a) 对于标称控温点小于100 ℃的各挡位，在标准锅内加入70%的水，加盖。将标准锅放在加热单元的中心位置，从室温开始逐挡连续检测；

b) 对于标称控温点大于等于100 ℃的各挡位，在标准锅内加入50%的植物油，不加盖。将标准锅放在加热单元的中心位置，从室温开始逐挡连续测量；

c) 测量仪表测量点的位置为底部中心上方10 mm处。

启动电磁灶，并调至所测控温点，待温度相对平稳后，记录20 min内温度变化的最大值和最小值。

注：凹灶可采用随机提供的配锅或说明书推荐的配锅。

6.15 待机状态功率试验

被测样品以额定电压供电，处于功耗最大的待机状态；且功率计读数稳定（大约90 min）时，开始测试；记录测量所用时间和耗电量。

平均功率按式(2)计算：

$$P=\frac{E}{t} \qquad \cdots\cdots(2)$$

式中：

P——平均功率，单位为瓦(W)，精确到0.1 W；

E——测量的耗电量，单位为瓦小时(W·h)；

t——测量的持续时间，单位为小时(h)。

注：以上试验方法是仲裁的试验方法，也可采用附录C的试验方法。

6.16 耐候性能试验

电镀件按照GB 2423.17盐雾试验的方法进行试验；

油漆件按照GB 2423.3湿热试验的方法进行试验。

7 检验规则

电磁灶的检验分为出厂检验和型式检验。

7.1 出厂检验

即在生产过程的末端对器具进行100%的检验。

出厂检验的项目至少应包括标志、泄漏电流、电气强度、接地电阻(适用时)。

出厂检验的方法可参照产品对应的安全标准(GB 4706.1、GB 4706.22或GB 4706.29),结合生产状况以及强制性产品认证的相关规则由企业自行规定。

出厂检验的结果应全部合格。

7.2 型式检验

7.2.1 当出现下列条件之一时,应进行型式检验:

a) 新产品投产前;

b) 老产品转移生产场地时;

c) 正式生产后,如设计、材料、工艺、结构有较大的改变可能影响器具合格性时;

d) 正常批量生产时(每年一次);

e) 器具停产达到半年后恢复生产时;

f) 国家质量监督机构提出进行型式检验要求时。

7.2.2 型式检验的项目应包括:GB 4706.1、GB 4706.22或GB 4706.29、第5章及8.1规定的适用项目。

除新产品外,型式检验的样品应从出厂检验合格的产品中抽取,抽取数量由企业自行决定。

8 标志、包装、运输、储存

8.1 标志

产品标志应符合GB 4706.22(或GB 4706.29)的规定。

包装标志应符合GB/T 1019的规定并说明:

a) 小心轻放、怕湿、向上、堆码极限;

b) 出厂日期;

c) 质量,kg;

d) 长×宽×高,cm;

e) 外壳色标;

f) 产品的各项分级指标按照相关规定进行明示。

8.2 包装

电磁灶包装应符合GB/T 1019的要求。对经出厂检验合格的产品做好整洁工作后,连同合格证、说明书、附件等进行包装。

制造厂应按产地至销售地区在运输中可能经受的环境条件(参见GB/T 4798.2—2008表A.1)确定试验条件和方法,或按合同要求进行试验。

8.3 运输

包装完整的电磁灶,可用正常的海陆空交通工具运输。运输过程中应避免雨雪直接淋袭。

8.4 储存

包装的电磁灶应储存在环境温度为−10 ℃~40 ℃,相对湿度不大于80%,周围无酸碱性或其他有害气体的仓库中。

附　录　A
（规范性附录）
主要性能的分级要求

A.1　热效率

电磁灶的热效率分为1、2、3、4、5五个等级，见表A.1。

表A.1　效率等级指标

热效率等级	热效率/%
1	90
2	88
3	86
4(>1 200 W)	84
5(≤1 200 W)	82

A.2　温度控制精度

电磁灶的温度控制精度分为A、B、C三个等级，见表A.2。

表A.2

温度控制精度	A级	B级	C级
	≤±10 ℃	≤±15 ℃	≤±20 ℃

STANDARDS PRESS OF CHINA

附　录　B
（资料性附录）
平底标准锅及锅盖尺寸

平底标准锅

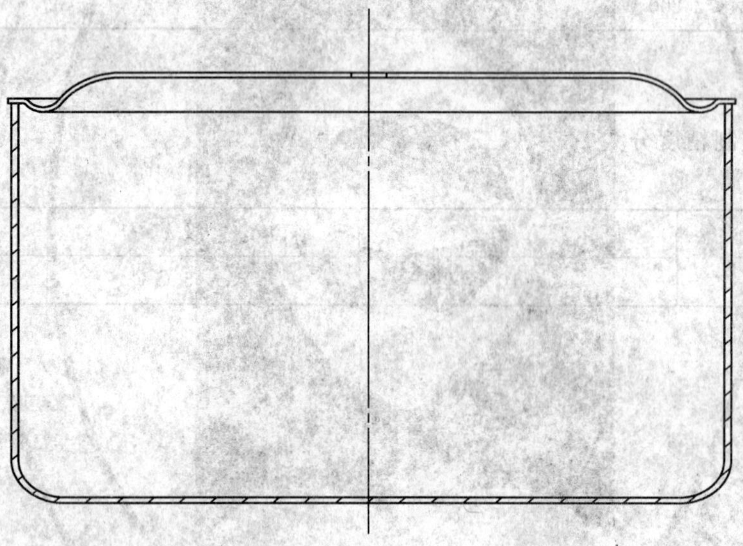

代号	口径	底部直径	锅身高度	厚度
B1	ϕ140	ϕ120	73	1.5
B2	ϕ200	ϕ180	94	1.5
B3	ϕ220	ϕ200	110	1.5
B4	ϕ280	ϕ260	105	2.0

平底标准锅锅盖

单位为毫米

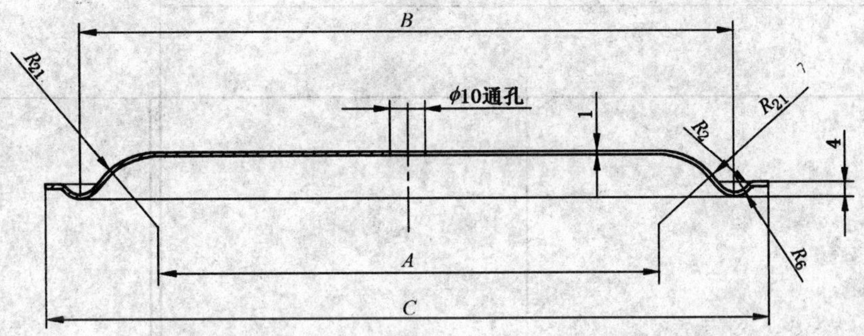

1——材料厚度：1 mm；材质为 ST12；
2——锅盖表面要光洁，并作砂光防锈表面处理。

代号	A	B	C	t
B1	φ82	φ126	φ146	1.0
B2	φ142	φ186	φ206	1.0
B2	φ162	φ206	φ226	1.0
B3	φ222	φ266	φ286	1.0

平底标准锅锅身

单位为毫米

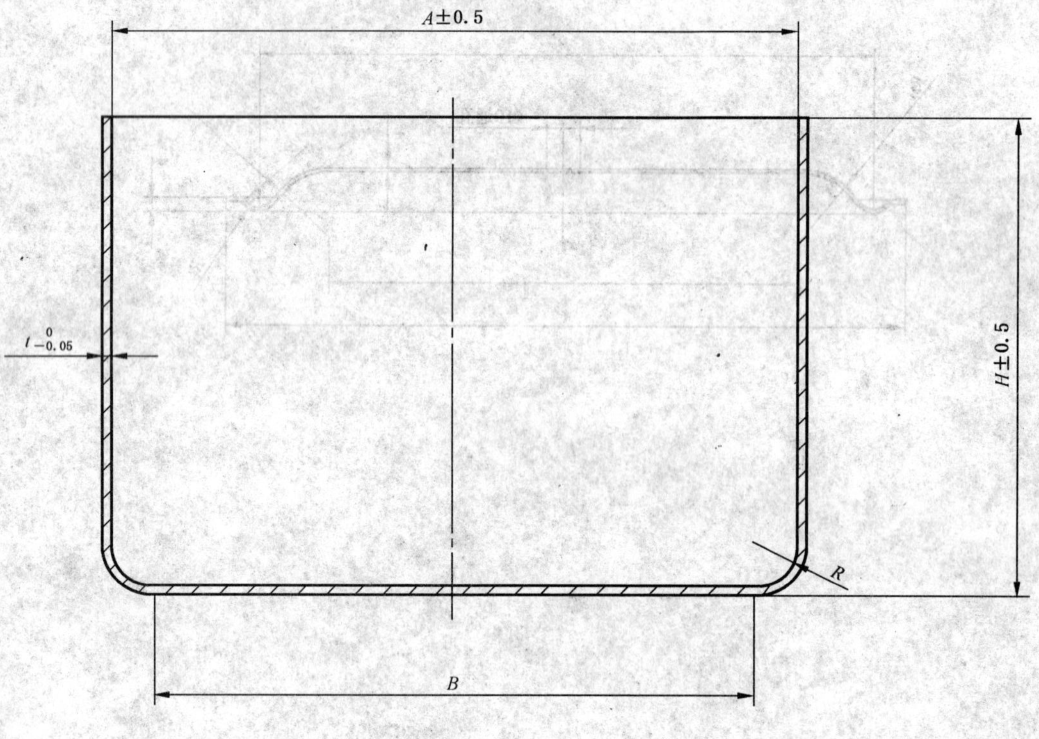

1——材料厚度"t"见附表;材质为 ST12;

2——底部不能向外凸,底部最大凹度:0.4%倍有效直径;

3——锅具表面要光洁,并作砂光防锈表面处理。

代号	A	B	H	t
B1	ϕ140	ϕ120	73	1.5
B2	ϕ200	ϕ180	94	1.5
B3	ϕ220	ϕ200	110	1.5
B4	ϕ280	ϕ260	105	2.0

附 录 C
（资料性附录）
电磁灶待机功率测试方法——功率计法

C.1 试验条件

环境温度：20 ℃±2 ℃；

相对湿度：45%～75%；

大气压力：86 kPa～106 kPa；

电源电压为：220 V±1%，频率为 50 Hz±1 Hz。

C.2 测量仪器

稳压电源总谐波失真≤3%。

功率计为有功功率计，分辨率为 0.1 W。

C.3 试验方法

a) 被测样品以额定电压供电，处于功耗最大的待机状态；记录功率计读数稳定时的值；

b) 被测样品存在手动调节的待机状态，则应在功耗最大的待机状态下进行测试。自动循环待机状态，测量时间要长并保证获得包括各种待机状态的平均值。

STANDARDS PRESS OF CHINA

附 录 D
（资料性附录）
配锅的要求

D.1 对配锅的要求

D.1.1 锅口要求

锅体厚度在 0.4 mm 以下的，口部应卷边。

D.1.2 手柄载荷强度

对把手施加如表 D.1 所示的力，锅体把手及连接体等不应出现裂纹、破损、变形、松脱和漏气等现象。

表 D.1 把手载荷试验值

器具类型	施加作用力方向	施加作用力
多把手	与中心轴线平行向上	$0.5\,W_1+1.5\,W_2$
单把手（含水壶类）	与中心轴线平行向下	$W_1+2\,W_2$
注：W_1——与器具质量相当的力； W_2——与满水容量的质量相当的力。		

D.1.3 稳定性

平底配锅的底面应具有稳定形状，器具倾斜 15°，应不翻倒。

注：凹灶配锅参见说明书。

D.1.4 复合底牢固性

如配锅底部采用复合方式的，则要求底部复合牢固，不开裂。

D.1.5 卫生要求

配锅与食物接触部分应符合 GB 11333、GB 9684 和 GB 11678 的规定。

D.2 配锅试验方法

D.2.1 厚度

千分尺等检验。

D.2.2 手柄载荷强度

将配锅底部固定，如果有两处以上支撑点，在其手柄中心部位加作用力；如果有一处支撑点，在其手柄的 1/2 处施加与表 D.1 所示相同的作用力，测试操作本体，应符合 D.1.2 的要求。

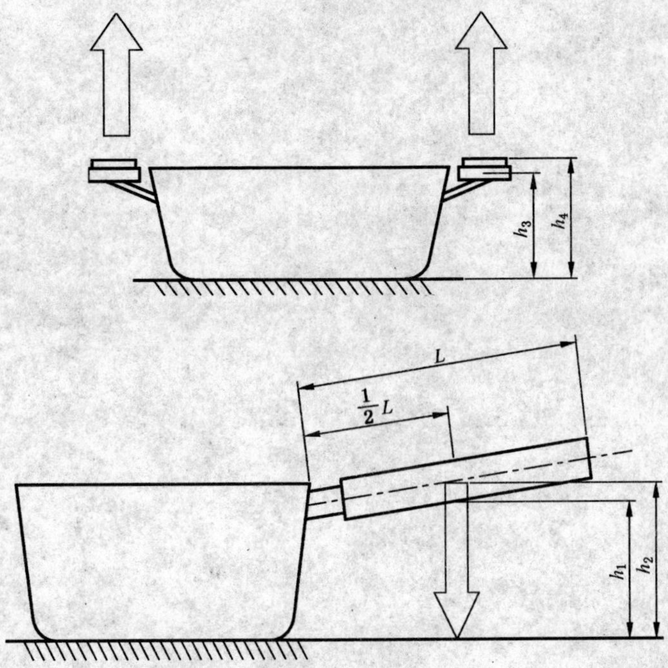

图 D.1

D.2.3 稳定性

将平底配锅放置在水平台面上，应无明显的摇晃。压手柄使平底配锅倾斜 15°，然后松手，平底配锅应满足 D.1.3 的要求。

D.2.4 复合底牢固性

把试样放入温度在 300 ℃±25 ℃的加热炉内恒温 5 min；

取出试样浸入室温的水冷却；

观察复合底部有无开裂现象，重复 20 次。

D.2.5 卫生要求

不锈钢配锅按 GB 9684 的试验方法进行。

不粘锅配锅按 GB 11678 的试验方法进行。

ICS 97.040.50
Y 68

中华人民共和国国家标准

GB/T 23129—2008/IEC 60661:2006

家用咖啡机性能测试方法

Methods for measuring the performance of electric household coffee maker

(IEC 60661:2006,IDT)

2008-12-30 发布　　2009-09-01 实施

中华人民共和国国家质量监督检验检疫总局
中国国家标准化管理委员会　发布

前 言

本标准等同采用 IEC 60661:2006《家用咖啡机性能测试方法》。

本标准与 IEC 60661:2006 的区别为:删除 IEC 标准中与本标准无关的一些注释。

本标准由中国轻工业联合会提出。

本标准由全国家用电器标准化技术委员会(SAC/TC 46)归口。

本标准起草单位:中国家用电器研究院、广东新宝电器股份有限公司、广东亿龙电器股份有限公司、翱泰温控器(深圳)有限公司。

本标准主要起草人:杜鑫、苏涛、杨彬、谢瑞利、张帆。

本标准首次发布。

家用咖啡机性能测试方法

1 范围

本标准规定了家用和类似用途咖啡机的性能测试方法。

本标准适用于家用和类似用途的咖啡机，但不适用于专门设计用于商业或工业用途的器具。

本标准的目的是说明和定义用户感兴趣的咖啡机的主要性能特性，描述测量这些特性的标准方法。

本标准未涉及到产品的安全要求和性能要求。

由于时间和测试材料、成分的差异以及实验操作员主观判断的影响，当考虑精确度和可重复性时，利用标准所描述的测试方法在大致相同的时间段内，在同一实验室，由同一操作员使用相同的器具进行试验会比在不同实验室对某一台器具进行试验具有更高的可靠性。

注 1：类似用途是指在除家用外的前提下，器具在正常的室内以类似的方式使用，例如：办公室内。

注 2：本标准的测量方法用于测试以下特定用途的咖啡机：咖啡过滤器，过滤式咖啡机，压力咖啡机。此标准同样适用于检测带有其他功能的咖啡机。

2 规范性引用文件

下列文件中的条款通过本标准的引用而成为本标准的条款。凡是注日期的引用文件，其随后所有的修改单(不包括勘误的内容)或修订版均不适用于本标准，然而，鼓励根据本标准达成协议的各方研究是否可使用这些文件的最新版本。凡是不注日期的引用文件，其最新版本适用于本标准。

GB/T 6682—2008 分析试验室用水规格和试验方法(ISO 3696:1987,MOD)

ISO/DIS 3310-1 测试滤网—要求和测试—第一部分(滤网金属丝)

ISO 3972 感官分析—方法论—味觉的灵敏度的测试方法

ISO 4121 感官分析—方法论—用量化的方法评估食品

IEC 60584-2 热电偶—第 2 部分—公差

3 术语和定义

下列术语和定义适用于本标准。

3.1

咖啡机 coffee maker

制作咖啡的器具。

3.2

过滤式咖啡机 coffee percolator

带有一个液体容器和一个盛放研磨咖啡粉的滤网或篮子的咖啡机，在一个连续的过程中热水经过一个上升管道再向下流过研磨过咖啡粉后流入容器。

3.3

滴漏式咖啡机 filter coffee maker

带有一个独立的水容器的咖啡机，研磨好的咖啡粉和过滤器都安装在咖啡容器的上方，热水通过装有研磨好咖啡粉的过滤器流入咖啡容器。

3.4

压力式咖啡机 espresso coffee maker

将水加热，然后通过蒸汽压力或泵迫使水通过研磨咖啡粉和滤网来制作咖啡的咖啡机。

4 研磨等级

为达到咖啡机测试性能目的及效果，以下详细说明咖啡研磨等级：

粗糙：有超过50%的研磨的咖啡颗粒尺寸大于0.71 mm。

中等：有超过50%的研磨的咖啡颗粒尺寸大于0.355 mm，但小于0.71 mm。

精细：有超过50%的研磨的咖啡颗粒尺寸小于0.355 mm。

测试筛网：

筛网的尺寸/mm
0.71
0.355

注：网孔尺寸符合ISO/DIS 3310-1的要求。

5 测量项目及性能评估

——整体尺寸（第7章）
——质量（第8章）
——软线的长度（第9章）
——运行要素（第10章）
——容量（第11章）
——咖啡机的维护和易损部件的更换（第12章）
——清洗（第13章）
——使用说明（第14章）
——用最大冷水量制作的咖啡量（第15章）
——用最小冷水量制作的咖啡量（第16章）
——制作最大量咖啡的时间（第17章）
——制作最小量咖啡的时间（第18章）
——咖啡温度（第19章）
——测量研磨咖啡粉的最大量（第20章）
——残留水（第21章）
——咖啡的倒出（正确处理）（第22章）
——咖啡的品质（第23章）
——压力咖啡机的附加测试（第24章）
——除垢测试（第25章）
——能量消耗（第26章）
——蒸汽发泡牛奶功能和蒸汽加热功能（第27章）

6 试验的一般条件

除非另有规定，否则应在以下规定的条件下进行测量：

——室温：20 ℃±5 ℃；
——冷水温度：15 ℃±2 ℃；
——输入功率：额定输入功率±1%；
——频率：±1%；

——测试环境：基本的自然空气对流；

——在测试过程中室温应保持恒定，其偏差应在±2 ℃；

——器具的放置：放在一个涂有哑光黑漆的木质支撑面上，器具距离所有的外边缘至少 50 mm，距离边壁至少 300 mm。

7 整体尺寸

器具的整体尺寸：长度、高度、宽度或直径，包括所有的控制件、手柄、控制钮或其他的突出部位、所有软线的护套和器具所提供的引线连接器的尺寸都要被测量并记录，用 mm 表示，对于压力咖啡机不考虑过滤器盒和蒸汽套管的尺寸。

8 质量

测量并记录器具带有软线空载时的质量，用 kg 表示，精确到 0.05 kg。

测量的器具质量应包括器具及其使用中所提供的全部附件。

9 软线的长度

测量软线从器具的入口到插头的长度，包括所有的护套，用 m 表示，精确到 0.05 m。

带有储线装置的器具应记录。

10 运行要素

检查所有操作元件的安装、可触及性和标记，包括这些元件操作和控制的方法。

检查相关设备和可靠性以及所有运行原理的标志，包括操作方法和控制方法。

视检的结果应记录。

11 容量

测量并记录储水箱或容器的最大额定容量。

记录储水箱或容器的标尺。

记录装满研磨咖啡粉的最大位置。

12 咖啡机的维护和易损部件的更换

可以由使用者按照产品说明进行维护和更换易损部件，维护和更换部件的过程应检查并记录。

13 清洗

在第 15 章～第 20 章测试以后，通过视检判定器具清洗的难点和被水或咖啡弄脏的元件，一般需要考虑以下方面(重要程度依次递减)：

——可拆卸部分(需要时间和拆卸难点)；

——易触及的过滤器手柄；

——被水和咖啡渣弄脏的可拆卸的水箱或容器盘；

——耐洗碗机测试的部件(如：壶口、过滤漏斗、容器、水箱等)；

——在产品说明中提出了指定的特殊清洗要求或清洗方法。

所有视检的结果应记录。

对于压力式咖啡机，要按第 24 章规定的测试方法进行 5 个工作周期后进行评估。

14 使用说明

器具的使用说明上应包括以下内容：

——可用洗碗机清洗的部件清单；

——关于残留水的沉积应说明能在器具内保留的时间；

——一杯过滤型咖啡和一杯浓缩型咖啡的水的含量；

注：在说明书上应说明杯的容量：对于过滤式咖啡机为 0.125 L；对于压力式咖啡机 0.035 L。

——特别说明制作咖啡的最小量；

——除垢的方法和周期。

15 用最大冷水量制作的咖啡量

依照器具的铭牌、标志或制造商提供的类似说明中提供的最大标识量向水箱容器注入冷水。如果没有这些说明，应注满整个容器。

记录冷水的最大量，单位用 L 表示，精确到 0.05 L。

根据使用说明书添加研磨咖啡粉，如果使用说明书内没有说明，按每 1 L 水配 50 g 研磨咖啡粉的比例配制。

滤纸的尺寸、位置和填料均遵照使用说明书的要求。

注：对于压力式咖啡机不适用。

使用中等研磨的咖啡粉，除非使用说明书有特别规定。

咖啡机在制作最大量咖啡的模式下运行，直至：

——对于滴漏式咖啡机，从容器内流出的连续两滴咖啡的时间间隔约为 2 s；

——对于带有强度控制过滤器的咖啡机，从容器内流出的连续两滴咖啡的间隙时间大约为 2 s；

——对于带有其他过滤器的咖啡机，器具断电 8 min 后重新启动，从容器内流出的连续两滴咖啡的间隙时间大约为 2 s；

——当制作时间结束后看不到咖啡滴落时，则在排净热水管口的水后放置器具 1 min。

测量制作咖啡的量，用 L 表示，精确到 0.05 L。

制作咖啡过程中流失的水量应记录。

16 用最小冷水量制作的咖啡量

在第 15 章的条件下进行进一步的试验，根据说明使用最小量的水和对应量的研磨咖啡粉进行。如果没有相关说明，则加 0.3 L 水进行试验。

应当说明咖啡机在上述状况下是否正常运行，测量制作咖啡的量，用 L 表示，精确到 0.01 L。

注：压力咖啡机不适用。

17 制作最大量咖啡的时间

第 15 章试验的全过程运行时间应用 min 和 s 测量并记录，精确度为 10 s，比较所有产品说明中的此项条款并记录。

注：压力咖啡机不适用。

18 制作最小量咖啡的时间

第 16 章试验的全过程运行时间应用 min 和 s 测量并记录，精确到 10 s。

注：压力咖啡机不适用。

19 咖啡温度

第 15 章测试完成时应用水密性热电偶线或类似装置在制作的咖啡的几何中心处测量咖啡的温度。

对于带有保温功能的咖啡机，在加热后迅速倒出一半的咖啡量。

对于过滤型咖啡机，应倒掉过滤器内的剩余咖啡，如果提供盖子的话应将盖子盖上。

将咖啡容器再次放置在保温装置上，保温 30 min 和 60 min 后测量液体咖啡的温度，测量三点的温度，用℃来表示，并记录相应的时间。

带有温度调节的保温装置咖啡机在保温 60 min 期间测量并记录咖啡中心的温度和平均温度，用℃来表示。

注：如果测试压力式咖啡机，参照第 24 章。

20 测量研磨咖啡粉的最大量

按照使用说明书的要求尽可能加最大量的研磨咖啡粉，重复第 15 章的测试。

确定盛放研磨咖啡粉的容器（过滤器）是否能容纳最大量的咖啡粉、是否会溢出、滤纸是否会穿孔。

注：压力式咖啡机不适用。

21 残留水

待器具冷却到室温后，检查咖啡机内是否保留有残留水，残留水量用 mL 表示，并圆整到最接近的整数。

22 咖啡的倒出（正确处理）

用最大冷水量制作咖啡，在此条件基础上将咖啡倒入杯中，观察测试过程并记录。

如果可能，在盖上盖子和不盖盖子的情况下分别进行试验，除非制造商指定了其他的方式。

用正常的方式将咖啡从咖啡机或收集容器倒入杯子中，如果器具和其周围环境留有污迹，应将其记录。

23 咖啡的品质

23.1 咖啡的制作温度

咖啡的制作温度是品尝咖啡味道的依据之一。

在第 15 章测试过程中，测量距咖啡过滤器底部 20 mm 处的咖啡中心温度，当此温度达到稳定状态时记录。

注 1：压力式咖啡机不适用。

注 2：此咖啡的制作温度不能低于 88 ℃，且不能超过 96 ℃。

23.2 咖啡的味道

用于试验目的的咖啡应选择占有主要市场的高品质咖啡。也可以选择使用研磨成粉末的咖啡。应记录咖啡的类型。

根据第 15 章的条件，制作咖啡所使用的水质应符合 GB/T 6682—2008 中第 3 等级要求的中等硬度的水。不能含有氯和其他的异味。

在完成制作咖啡操作之后，要用勺子充分搅拌咖啡容器中的咖啡让咖啡的味道均匀，然后将咖啡倒进杯子里，每一杯装 0.125 L 咖啡，并将此杯子进行编码。

当杯中的咖啡的温度冷却到 55 ℃±5 ℃的时候品尝。

咖啡味道描述按 ISO 4121 进行，咖啡味道让 10 个无专业知识的人员或者 5 个有专业知识的人员进行品尝；专业的品尝者的资格要符合 ISO 3972 的要求。

按以下方式分别记录每一个人和各自杯中咖啡的味道。

特征：

——非常浓（苦味）；

——一般味道(酸);

——没有味道。

评估等级按如下:

——没味道;

——有一点;

——淡味;

——较浓;

——非常浓。

记录平均的评估等级。

咖啡里面不能有溶解的其他物质或者味道,例如:有塑料味、金属味等,这些明显的味道都应记录。

24 压力咖啡机的附加测试

24.1 根据制造商提供的使用说明准备咖啡粉,如果使用说明中无详细说明,则按照每杯 7 g 研磨咖啡粉的比例准备。

使用说明应说明:

对于此测试应使用和记录在国内正常使用的具有代表性的压力型咖啡机。

对于一个有代表性的压力式咖啡机的操作应国内的使用习惯。

瓷杯的容量应在 0.070 L～0.100 L,厚度应在 5 mm～7 mm。

24.2 制作好的新鲜咖啡的温度,应在杯子内的中心处测量。

对于容积是 0.035 L 的杯子,在第一次和第二次使用的时候,杯子要按使用说明书中的要求进行预热,应记录测量的温度平均值。

24.3 如果是同时装两杯咖啡,须注意两个杯子装的咖啡量应平均。试验应重复至少 10 次,记录差异并用 mL 表示。

24.4 咖啡味道测试按 23.2 的要求进行,另外对咖啡沫的视觉评估按以下衡量等级进行评估:

5 级:咖啡沫完全覆盖咖啡;

4 级:咖啡沫完全覆盖咖啡但咖啡沫上有小孔;

3 级:咖啡沫部分覆盖咖啡;

2 级:咖啡表面有稀少的咖啡沫;

1 级:咖啡表面无咖啡沫。

压力式咖啡机煮一杯咖啡量应与其最大杯容量相一致。

25 除垢测试

器具在放上过滤器和一般的咖啡容器但不放咖啡粉的条件下进行试验,当水充分经过过滤器后排掉。

器具在 1.15 倍额定功率下运行。

测试时使用普通硬度大约为 3.0 mmol/L 的清水。

根据第 15 章的要求加最大容量的冷水,放好咖啡杯,打开开关和内置收集装置,运行至过滤器的水排干后再继续通电 15 min,然后关掉电源冷却 15 min。

按上述方法连续运行 500 个循环,再以最小量的冷水按同样的方法运行 500 个循环。

进行此测试时,需按制造商提供的说明的除垢方式进行;若没有说明,在工作时间增加了 20%后进行除垢。需标明记录说明书中是否详细说明了有关除垢的信息和怎样选用除垢剂以及除垢完后除垢剂的处理。

如果说明书中没有关于除垢的信息或者信息量不充足，家用器具的除垢剂可根据除垢剂供应商的说明，选用商业中经常用的除垢剂。

除垢测试后，重复第17章测试，记录制作咖啡时间的改变。

记录如下：

——制作时间与第17章制作时间的对比；

——这个测试是否影响咖啡机的特征和功能；

——制造商说明书中是否详细说明了除垢的信息，包括怎样选用除垢剂和除垢后除垢剂的处理；

——操作的简易程度。

26 能量消耗

26.1 咖啡机

测量第15章测试期间的能量消耗和第19章测试期间保温30 min后的能量消耗。

能量消耗表明了制作0.125 L咖啡所消耗的能量，用Wh表示，精确到0.1 Wh。

应注明是否存在其他消耗能量装置，例如：定时器和备用功能。

带有保温壶的器具仅测量在第15章试验期间的能耗。

所测的能量精确到±1.5 %。

26.2 压力式咖啡机

测量第24章的试验期间能量的消耗。

按以下两个步骤进行测试：

第一步测量：器具应从室温开始(包括升温时间)，在制作一杯咖啡或者制作多杯咖啡(如果同时可以制作多杯咖啡)的过程中测量能量消耗。

第二步测量：首次测量后，立即进行第二步测量，在制作一杯咖啡或者制作多杯咖啡(如果同时可以制作多杯咖啡)的过程中测量能量消耗。

在制作第一杯咖啡或者其他任意一杯(0.035 L)的能量消耗应用Wh，精确到0.1 Wh。

另外应记录工作1 h的待机能耗。

测量的能量精确到±1.5 %。

27 蒸汽发泡牛奶功能和蒸汽加热功能

该测试过程被认为是可重复性试验。

27.1 蒸汽发泡牛奶功能

将一个厚度大约为2 mm，内直径为80 mm±2 mm，高度为75 mm±2 mm的玻璃容器，放在器具蒸汽管正中心的下方。

蒸汽管口到容器内部底面的距离10 mm±1 mm。

玻璃容器加入0.1 L±0.001 L的水，该水位作为水位标记1；再向容器中加入0.05 L±0.001 L的水，该水位作为水位标记2，再在该基础上加入0.05 L±0.001 L的水，该水位作为水位标记3(以上作为水位标记，如图1)；支撑面应使用隔热材料(如图2)。

注：改变不同的蒸汽管喷嘴也许会产生不同的水位标记1、2、3的位置。

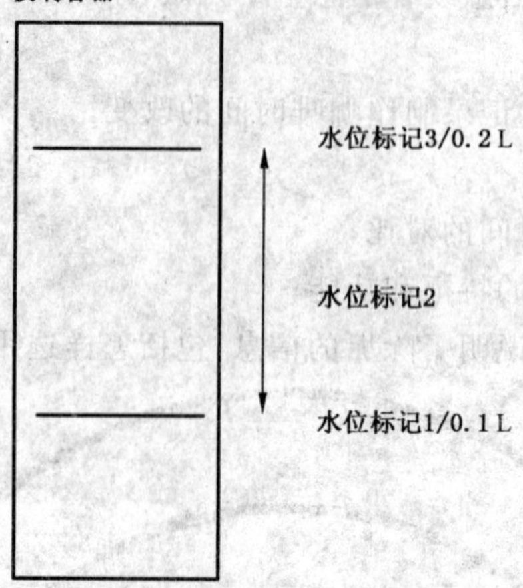

图 1　水位标记 1、2、3 的标注

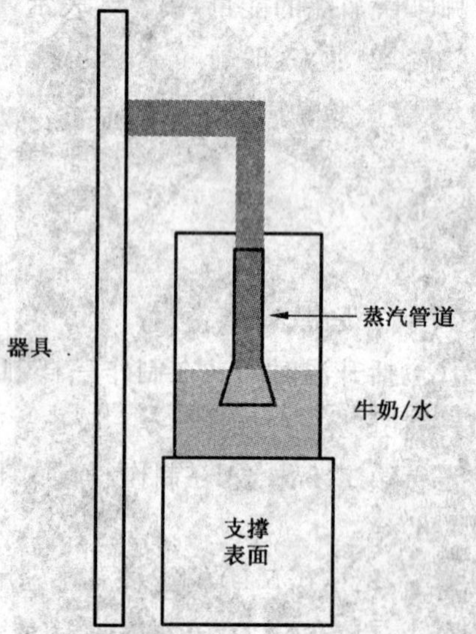

图 2　蒸汽功能试验装配

将玻璃容器中的水倒掉并擦干。

按照商标、标示或制造商提供的类似说明向水箱内加入制定的最大量的冷水。若没有这些说明，则加冷水至最大容量。

为确保蒸汽阀内无残留水，试验之前应将其最少工作 3 次，每次持续 5 s。

玻璃容器内加入 0.1 L±0.001 L 的纯牛奶，其脂肪含量大约为 3.5%，温度为 8 ℃±1 ℃。

使用 IEC 60584-2 规定的 1 级的水密型热电偶，精度为±1.5 K，直径为 0.25 mm。靠近蒸汽管约 5 mm 处放置，探温头深入水位 2 的标记处下 10 mm 的位置。

用精度至少为 0.1 g 的天平测量并记录玻璃容器和牛奶的总质量 M_{L1}。

M_{L1} 精确到 g 表示。

然后将玻璃容器按照在进行标记程序时所描述的相同的方式放置(如图 2)。

将器具的控制器调节至制造商指定位置进行操作。若没有相关说明，则将蒸汽功能设置在能产生最大蒸汽量的方式进行工作。

在蒸汽模式下操作器具，一直工作至牛奶发泡到水位标记 3 的位置。

记录发泡到水位 3 时的时间，用 t_F 表示；

上升时间 t_F 用 s 表示，精确到实测时间的下一整秒数。

用温度记录仪器(精度为±3 K)记录发泡到水位标记 3 时的温度 T。

在发泡过程结束后,立即记录牛奶泡沫分解的时间,用 t_{L2} 表示。

t_{L2}时间为牛奶泡沫自然分解变回液态,泡沫量回落到水位标记 2 的位置的时间。

分解时间 t_{L2}用 s 表示,精确到实测时间的下一整秒数。

分解时间 t_{L2}应在当回到玻璃容器中发泡试验程序之前同样的位置时测量。

注:本条试验是为了通过泡沫的大小和稳定性来评估发泡的过程的发泡量和牛奶发泡的稳定性。

用精度至少为 0.1 g 的天平测量并记录发泡后玻璃容器和牛奶的质量 M_{L3}。

M_{L3}精确到 g 表示。

注:特别注意应该收集试验后任何滴落的牛奶,牛奶的质量的测量,包括蒸汽模式中的水,应在蒸汽管道不再有滴落后再进行测量。

记录发泡牛奶的吸水量,用 M_W 表示。

吸水量用式(1)计算:

$$M_W = M_{L3} - M_{L1} \quad \cdots\cdots(1)$$

计算结果为测试发泡牛奶的吸水量 M_W,用每 0.1 L 的克数表示,精确到 0.1 g。

27.2 蒸汽加热功能

按 27.1 的要求向玻璃容器中加入 0.2 L±0.001 L 温度 T_W 为 15 ℃±1 ℃的水。

用精度至少为 0.1 g 的天平测量玻璃容器和冷水的总质量并记录,用 M_{L4}表示。

M_{L4}的单位用 g 表示。

然后,将玻璃容器按照在进行标记程序时所描述的相同的方式放置。

为确保蒸汽阀内无残留水,在玻璃容器就位之前,应将蒸汽模式最少工作 3 次,每次持续 5 s。

使用 IEC 60584-2 规定的 1 级的水密型热电偶,精度为±1.5 K,直径为 0.25 mm。靠近蒸汽管约 5 mm 处放置,探温头深入水位 2 的标记处下 20 mm 的位置。

按照 27.1 描述的试验方法,使器具在蒸汽模式下工作 120 s。

用温度记录仪器(精度为±3 K)记录加热水的温度 T_{120}时的水温。

记录温升值 ΔT。

ΔT 用式(2)计算:

$$\Delta T = T_{120} - T_W \quad \cdots\cdots(2)$$

试验的结果是加热水温升 ΔT,用 K 表示,精确到 1 K。

用精度至少为 0.1 g 的天平测量玻璃容器和加热的水的质量,包括蒸发功能中吸收的水,用 M_{L5} 表示。

M_{L5}用 g 表示。

注:特别注意应该收集试验后任何滴落的水,水的质量的测量,包括蒸汽模式中的水,应在蒸汽管道不再有滴落后再进行测量。

测量并记录对水加热后的蒸汽(水)吸收量 M_{ST}。

对水加热后的蒸汽(水)吸收量用式(3)计算:

$$M_{ST} = M_{L5} - M_{L4} \quad \cdots\cdots(3)$$

计算结果为对水加热后的蒸汽(水)吸收量 M_{ST},用每 0.2 L 水的克数表示,精确到 0.1 g。

注:若厂家没有描述蒸汽功能,可不进行此试验。

ICS 97.040.30
Y 61

中华人民共和国国家标准

GB/T 23130—2008

房间空调器用热交换器

Heat-exchanger for room air conditioners

2008-12-30 发布

2009-09-01 实施

中华人民共和国国家质量监督检验检疫总局
中国国家标准化管理委员会 发布

前言

本标准的附录A、附录B、附录C为资料性附录。

本标准由中国轻工业联合会提出。

本标准由全国家用电器标准化技术委员会(SAC/TC 46)归口。

本标准起草单位:中国家用电器研究院、美的集团有限公司、珠海格力电器股份有限公司、海尔集团公司、广东志高空调有限公司、广州松下空调器有限公司、苏州三星电子有限公司。

本标准主要起草人:马德军、杨超、刘本健、张桃、王友宁、刘阳、林晓艺、胡自强、蔡宁。

房间空调器用热交换器

1 范围

本标准规定了房间空调器用热交换器的术语和定义、型式与基本参数、技术要求、试验方法、检验规则、标志、包装、运输和贮存。

本标准适用于GB/T 7725《房间空气调节器》中规定的各种型式空气调节器上使用的整体管束式热交换器(以下简称热交换器)。

2 规范性引用文件

下列文件中的条款通过本标准的引用而成为本标准的条款。凡是注日期的引用文件,其随后所有的修改单(不包括勘误的内容)或修订版均不适用于本标准。然而,鼓励根据本标准达成协议的各方研究是否可使用这些文件的最新版本。凡是不注日期的引用文件,其最新版本适用于本标准。

GB/T 191 包装储运图示标志(GB/T 191—2008,ISO 780:1997,MOD)

GB/T 2828.1 计数抽样检验程序 第1部分:按接收质量限(AQL)检索的逐批检验抽样计划(GB/T 2828.1—2003,ISO 2859-1:1999,IDT)

GB/T 2829 周期检验计数抽样程序及表(适用于对过程稳定性的检验)

GB/T 7725 房间空气调节器(GB/T 7725—2004, ISO 5151:1994,NEQ)

JG/T 21—1999 空气冷却器与空气加热器性能试验方法

3 术语和定义

下列术语和定义适用于本标准。

3.1

冷凝器 condenser

使制冷系统高压制冷剂气体在管内逐步冷凝或液化的一种翅片管式热交换器。

3.2

蒸发器 evaporator

使制冷系统高压制冷剂气体在管内逐步冷凝或液化的一种翅片管式热交换器。

3.3

分配器 distributor

装在节流装置与蒸发器进口之间,用以保证制冷剂液体均匀分配到蒸发器各支路的部件。

3.4

冷凝器换热量 condenser exchanging capacity

冷凝器在规定的额定工况下运行时,单位时间内管内制冷剂与管外空气的换热量,单位为瓦(W)。

3.5

蒸发器换热量 evaporator exchanging capacity

蒸发器在规定的额定工况下运行时,单位时间内管内制冷剂与管外空气的换热量,单位为瓦(W)。

3.6

热交换器风阻 exchanger air resistance

热交换器在规定的额定工况下运行时,空气流过热交换器的压力损失,单位为帕斯卡(Pa)。

3.7

热交换器制冷剂侧流阻　pressure drop of refrigerant side

热交换器在规定的额定工况下运行时，制冷剂流过热交换器的压力损失，单位为千帕(kPa)。

3.8

外表面换热面积　total heat transfer area of airside

热交换器空气侧的总换热面积，单位为平方米(m^2)。

3.9

热交换器迎风面积　face area of heat exchanger

热交换器有效换热长度与热交换器高度之乘积，单位为平方米(m^2)。

3.10

热交换器迎面风速　frontal airside velocity

热交换器入口空气体积流量(按干空气质量流量相等原则，可与出口空气体积流量进行换算)与热交换器迎风面积之比，单位为米每秒(m/s)。

4　分类

产品的结构型式为整体翅片管束式。

4.1　按照产品形状分类：

a)　"L"形；

b)　"U"形；

c)　直板形；

d)　多折形。

4.2　按翅片型式分类：

a)　平片换热器；

b)　波纹片换热器；

c)　开窗片换热器；

d)　其他片型换热器。

4.3　按翅片种类分类：

a)　亲水铝箔换热器；

b)　普通铝箔换热器。

5　技术要求

5.1　一般要求

5.1.1　热交换器应符合本标准要求，并按照经规定程序批准的图样和技术文件制造。

5.1.2　热交换器所用的材料应符合相关标准的规定。与制冷剂接触的材料应充分验证其适用性能后才可使用。

5.1.3　热交换器所用的黑色金属制件表面应进行适当的防锈蚀处理。

5.2　外观要求

5.2.1　热交换器翅片应整齐、平直，无卷边、裂纹，端部钣金件无松动。

5.2.2　翅片表面无油污、水分及严重的灰尘、杂物，无腐蚀、无氧化斑点。

5.2.3　热交换器不应出现严重的翅片重叠、翅片烧伤及翅片松动。

5.2.4　用普通铝箔翅片的热交换器表面发生颜色变化的累计面积不超过整个换热器面积的20%。

5.2.5　热交换器外表面不应有飞边毛刺；热交换器内表面飞边毛刺分布面积不应超过整个热交换器迎风面积的20%。

5.2.6 热交换器铜管折弯处不应有明显变形、划痕、暗裂、开裂等缺陷，压扁率不应大于20%；铜管折弯后壁厚减薄不应超过光管总壁厚(或内螺纹管平均壁厚)的30%。

5.2.7 热交换器露铜管部位的宽度不应超过5 mm，每处所露铜管数不应超过2根(边板处露铜管不受铜管根数限制)；整个热交换器露铜管处数不得超过2处。

5.2.8 热交换器端部弯头处焊口的搭接深度应大于3.5 mm，其焊接后的钎料填料深度应大于3.0 mm，不应有裂纹，钎料表面形成的麻点深度应小于0.5 mm，焊口表面不应出现熔融或铜管过烧等现象。

5.2.9 热交换器表面不应有明显的异味。

5.3 尺寸要求

5.3.1 热交换器迎风面两条对角线长度之差按用户图纸要求，图纸由供需双方确认。

5.3.2 热交换器沿传热管长度方向的直线度按用户图纸要求，图纸由供需双方确认。

5.3.3 热交换器在任意100个片距长度上的平均片距按用户图纸要求，图纸由供需双方确认。

5.4 性能要求

5.4.1 亲水性能

按6.4.1方法试验时，使用亲水铝箔的热交换器片距间不应有明显的水桥。

注：允许开窗片冲缝位的夹角部位有部分挂水。

5.4.2 耐压性能

5.4.2.1 基本耐压性能

按6.4.2.1方法试验时，热交换器不应产生明显变形或泄漏。

5.4.2.2 极限耐压性能

按6.4.2.2方法试验时，应无破裂、泄漏(允许存在不导致泄漏的明显变形)。

5.4.3 气密性能

按6.4.3方法试验时，年漏率不大于2 g。

5.4.4 管内残余水分含量

按6.4.4方法试验时，平均管内表面积残余水分含量不得超过40 mg/m^2。

5.4.5 管内残余杂质含量

按6.4.5方法试验时，平均每平方米管内表面积残余杂质含量应满足以下要求：

a) 固体杂质不得超过20 mg/m^2；

b) 有机油分杂质不得超过40 mg/m^2。

5.4.6 热交换器换热面积

按6.4.6方法进行测量并计算，实际换热面积不应小于标称换热面积的98%。

6 试验方法

6.1 测量仪表精度要求应符合表1及下述规定：

a) 温度测量仪表的最小分度值不应超过仪表准确度的2倍；

表1 仪器仪表的精度

类 别	精 度
空气干球温度、空气湿球温度	±0.1 ℃
制冷剂温度	±0.2 ℃
其他温度	±0.5 ℃
气压测量仪表	气压读数的±0.1%
制冷剂压力测量仪表	测定绝对压力值的±0.5%
制冷剂流量、空气流量测量仪表	测定值的±1%

b) 湿球温度的测量应保证足够的湿润条件，流过湿球温度计处的气流速度应接近 5 m/s，读取数据时，湿球应达到蒸发平衡；

c) 测量制冷剂温度的测量仪表应直接插入制冷剂中或插入充满液体的套管中，套管再插入管道中。

6.2 热交换器换热量的试验装置详见附录 B(也可采用其他的测量装置)。

6.3 热交换器换热量的试验工况可参考附录 C 的规定。

6.4 试验方法

6.4.1 亲水性能试验

使亲水铝箔翅片与地面垂直摆放热交换器，当确认喷雾器喷出的水为雾状后，往热交换器正面不同部位喷水，当热交换器与地面接触部位有水流出时停止喷水，静止 30 s，观察热交换器翅片上残留水的状态。

6.4.2 耐压性能试验

6.4.2.1 基本耐压性能试验

热交换器管束内充入水并使水压缓慢升至试验压力，保持试验压力 5 min，观察状态。

基本试验压力如下：

——R22、R407C、R134a 用热交换器为 4.9 MPa(表压，下同)；

——R410A 用热交换器为 6.5 MPa。

6.4.2.2 极限耐压性能试验

基本耐压试验符合后，再缓慢加压至极限试验压力 13.0 MPa，保压 1 min，观察状态。

6.4.3 气密性能试验

用卤素检漏仪进行气密性检测的，热交换器内充入制冷剂的试验压力如下：

——R22、R134a 用热交换器为 0.8 MPa～1.0 MPa(表压，下同)；

——R407C 用热交换器为 0.8 MPa～1.1 MPa；

——R410A 用热交换器为 1.2 MPa～1.6 MPa。

用其他方法进行气密性检测的，其检测精度不应低于此。

6.4.4 管内残余水分含量试验

热交换器管束进、出口接入收集水分装置如图 1 所示，冷槽内注入液氮(或干冰加酒精)，将产品放入干燥箱内，干燥箱内温度调至(105±5)℃，抽真空使管内压力不大于 13.3 Pa(绝对压力)，持续 2 h，测量收集到的水分质量为产品残余水分含量。

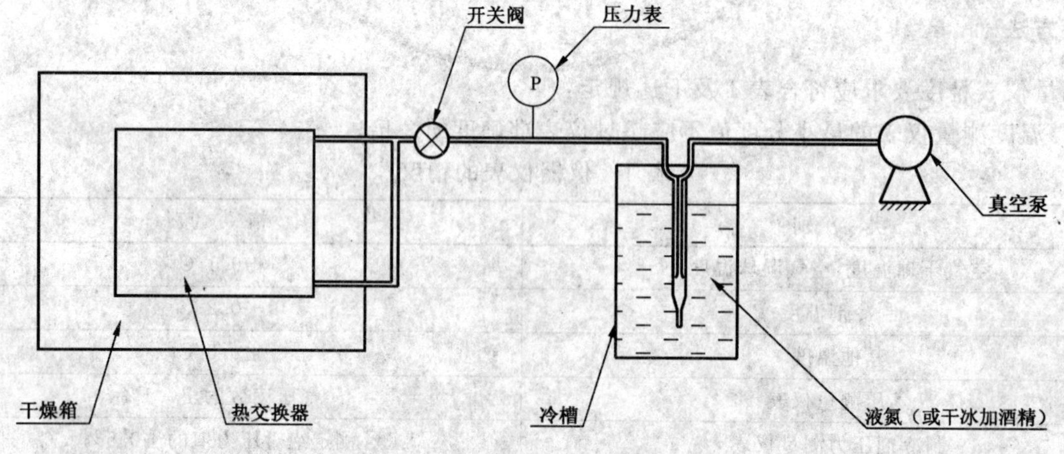

图 1 收集水分装置示意图

6.4.5 管内残余杂质含量试验

6.4.5.1 固体杂质含量试验

热交换器管束内用环保清洗剂进行浸泡和清洗，清洗剂体积应大于热交换器容积的 1/3。清洗液导出后用 5 μ 滤纸过滤，滤纸在过滤前后分别在(105±5)℃的干燥箱内干燥并测量质量，两次测量质量之差为产品残余杂质含量。

6.4.5.2 油分杂质含量试验

将接收的清洗液蒸至近干(剩余 2 mL 左右的溶液)，放入(105±5)℃的干燥箱内干燥 30 min，冷却后称重。反复烘干，直至恒重。同时做空白试验，计算有机油分杂质含量。

6.4.6 热交换器换热面积

热交换器换热面积按照经过验证的公式或由供需双方共同确认的公式进行计算得出。

7 检验规则

7.1 热交换器产品的检验分为出厂检验、抽样检验和型式检验。

7.2 出厂检验

每件产品均应做出厂检验，检验项目、技术要求和试验方法按表 2 的规定。

表 2 检验项目

序号	项 目	出厂检验	抽样检验	型式检验	技术要求	试验方法
1	外观检查	△	△	△	5.2	视检
2	尺寸检查	△	△	△	5.3	测量
3	标志	△	△	△	8.1	视检
4	包装	△	△	△	8.2	视检
5	亲水性能	—	△	△	5.4.1	6.4.1
6	耐压性能	—	△	△	5.4.2	6.4.2
7	气密性能	—	△	△	5.4.3	6.4.3
8	管内残余水分含量	—	△	△	5.4.4	6.4.4
9	管内残余杂质含量	—	△	△	5.4.5	6.4.5
10	热交换器换热面积	—	—	△	5.4.6	6.4.6
注：“△”表示需执行项目，“—”表示不需执行项目。						

7.3 抽样检验

抽样检验项目按照表 2 的规定，抽样方案由制造厂质量检验部门按照 GB/T 2828.1 的要求自行确定。

7.4 型式检验

7.4.1 热交换器产品在下列情况之一时，应进行型式检验。

a) 试制的新产品；

b) 间隔一年以上再生产时；

c) 连续生产中的产品，每年至少进行一次；

d) 当产品在设计、工艺和材料等方面有重大改变时；

e) 出厂检验结果与上次型式检验有较大差异时。

7.4.2 型式检验的内容包括表 2 所列各项，抽样可按 GB/T 2829 标准进行、采用判别水平 Ⅰ 的一次抽样方案，其样本大小、不合格质量水平按标准有关规定进行。

8 标志、包装、运输和贮存

8.1 标志

8.1.1 热交换器上应有工厂代号或商标标志。

8.1.2 热交换器包装上应标示产品名称、型号、制造厂名、生产日期或批号。

8.1.3 热交换器包装上应有明显的“防潮”、“小心轻放”及“向上”字样和符合 GB/T 191 的规定。

8.2 包装

8.2.1 包装应采取可靠的防震、防移动措施。多台产品同箱时应有防相互磕碰等措施。

8.2.2 包装箱可用木板和纤维板制造，也可用金属或多层纸箱以及其他材料制成。

8.2.3 热交换器进行包装之前应采取足够的防尘、防潮、防水处理措施。

8.2.4 热交换器需要较长时间贮存的，应对进出管口进行适当的密封处理。

8.3 运输

8.3.1 运输时应堆放牢固，应避免颠震、跌落、踩踏。

8.3.2 严禁同化学性物质及潮湿性材料装在同一个车厢、船仓、集装箱内运输。

8.3.3 热交换器在运输和中转时应防雨、防雪和浸湿。

8.4 贮存

产品应贮存在无腐蚀性气体，且通风良好、干燥、清洁的库房中。

附 录 A
（资料性附录）
热交换器型号编制方法

A.1 产品型号及含义

热交换器的型号由大写汉语拼音字母和阿拉伯数字组成，具体表示方法为：

```
□ □ □ □ □
│ │ │ │ └── 设计序列号
│ │ │ └──── 外表面换热面积：用阿拉伯数字表示，
│ │ │        保留两位有效数字。单位：m²
│ │ └────── 翅片种类：亲水铝箔用“Q”表示
│ │                    普通铝箔用“F”表示
│ └──────── 型式代号：平片用“P”表示
│                      波纹片用“B”表示
│                      开窗片用“K”表示
│                      其他片型用“Q”表示
└────────── 产品名称代号：冷凝器用“L”表示
                          蒸发器用“Z”表示
```

A.2 型号示例

示例 1：ZKQ7.4

表示产品外表面换热面积为 7.4 m^2，使用开窗片，亲水铝箔的翅片管式蒸发器。

示例 2：LPF9.8

表示产品外表面换热面积为 9.8 m^2，使用平片，普通铝箔的翅片管式冷凝器。

STANDARDS PRESS OF CHINA

附 录 B
（资料性附录）
热交换器换热量和风阻的测试方法

B.1 试验装置

试验装置由空气侧和制冷剂侧的控制和测量装置组成。

B.1.1 空气侧的测量装置

B.1.1.1 空气侧进行空气流量、干湿球温度及空气压力的测量。当采用图 B.1 所示的各种型式的测量装置时，空气的流通过程如下：

a) 空气经一个或几个收缩开孔进入进风室，需要时通过均流板，然后进入热交换器试件。在采用取样管时，则不必收缩进风室的横截面面积；
b) 离开热交换器试件后，空气进入混合室(需要时可以设混合器和均流板)；
c) 空气离开混合室后，通过一个或几个收缩开孔进入接收室，在采用取样管时，则不必收缩混合室的横截面面积；
d) 当需要时，通过另外一组均流板后，空气进入流量测量喷嘴，然后进入排风室；
e) 最后，空气从排风室流出。

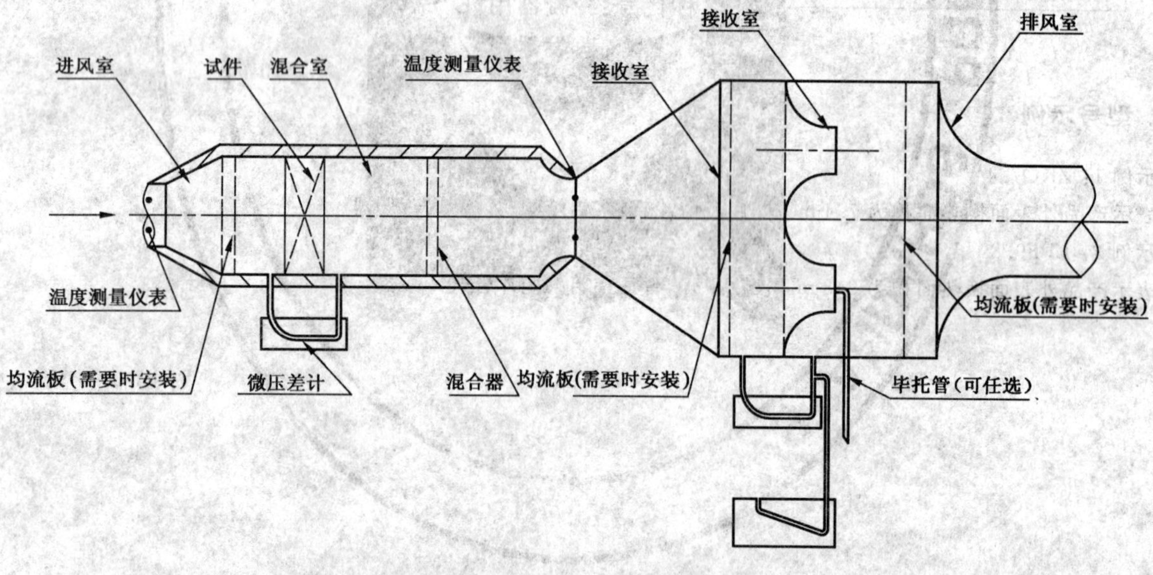

图 B.1 空气流量和温度测量装置

B.1.1.2 进风室、混合室和接收室必须进行密封和隔热。

隔热后空气热损失不允许超过空气侧换热量的 2%，当损失小于 1%时，其换热量可不进行修正。进入热交换器试件表面的风速和温度应均匀。试件前后风洞断面上最大风速与最小风速之差不得超过最小风速的 20%，断面内各点空气温度相差不大于 0.3 ℃。

B.1.1.3 空气流量可用流量喷嘴进行测量，应符合 JG/T 21—1999 附录 A 的要求。

B.1.1.4 进入和流出热交换器试件的空气干、湿球温度采用空气取样装置进行测量。取样装置的设置不得引起空气温度和风速有明显的变化。

B.1.1.5 为了确定热交换器的风阻，应分别在风洞四个侧壁上开设静压接口。静压接口应在试件的上风侧和下风侧开设，距试件至少 0.3 m，各静压接口单个读数相差不大于 5%，在进行蒸发器制冷量测试时，底部静压接口应封住，以防止冷凝水进入静压接口影响测量结果。风洞底部应设置合适的带存水弯的排水管，以排除风洞底部的凝结水。

B.1.2 制冷剂侧测量装置

B.1.2.1 制冷剂侧压力的测压接口应设置在管路中以下各处：

a) 热交换器入口管接头的上游 5 倍～10 倍管内径距离处；

b) 热交换器出口管接头的下游 5 倍～10 倍管内径距离处；

c) 膨胀阀前 6 倍～15 倍管内径距离处，同时距其上游管接头至少 10 倍的管内径距离。

B.1.2.2 制冷剂侧温度的测点应设置在管路中以下各处：

a) 热交换器的入口处；

b) 热交换器的出口处；

c) 膨胀阀前，且流量计后。

B.1.2.3 制冷剂流量的测量推荐采用液体流量计测量。

B.1.2.4 测量制冷剂含油率的采样接口应在系统膨胀阀前靠近流量计的管路处。

B.2 试验方法和要求

B.2.1 应同时测量热交换器的空气侧换热量和制冷剂侧换热量，两者相差不得超过±5%，热交换器的换热量取其算术平均值。

B.2.2 试验时将空气侧和制冷剂侧的控制参数调到设定值，开始测量前各测量参数的单个读数与设定值或平均读数相差不得大于表 C.2 给定的值。

B.2.3 在达到稳定工况后至少保持 10 min 方可开始试验，试验延续不得少于 30 min，在此期间至少要连续记录 4 组数据，且时间间隔要接近相等，取所有读数的平均值为该次试验的测定值。

B.3 换热量的计算

B.3.1 空气侧换热量的计算

B.3.1.1 蒸发器空气侧换热量：

蒸发器空气侧换热量按式(B.1)计算。

$$Q_{ea} = q_{am}[(h_1 - h_2) - c_{pw} \cdot t_{s2} \cdot (W_1 - W_2)] \qquad \text{(B.1)}$$

式中：

Q_{ea}——蒸发器空气侧的换热量，单位为千瓦(kW)；

q_{am}——通过蒸发器的空气质量流量，单位为千克每秒(kg/s)；

h_1——入口空气的焓值，单位为千焦每千克(kJ/kg)；

h_2——出口空气的焓值，单位为千焦每千克(kJ/kg)；

c_{pw}——水的比热，单位为千焦每千克·开尔文(kJ/kg·K)；

t_{s2}——出口空气的湿球温度，单位为摄氏度(℃)；

W_1——入口空气的含湿量；

W_2——出口空气的含湿量。

B.3.1.2 冷凝器空气侧换热量：

冷凝器空气侧换热量按式(B.2)计算。

$$Q_{ca} = q_{am} \cdot (c_{pa} + c_{pv} \cdot W_1) \cdot (t_2 - t_1) \qquad \text{(B.2)}$$

式中：

Q_{ca}——冷凝器空气侧的换热量，单位为千瓦(kW)；

q_{am}——通过冷凝器的空气质量流量，单位为千克每秒(kg/s)；

c_{pa}——干空气的定压比热，单位为千焦每千克·开尔文(kJ/kg·K)；

c_{pv}——水蒸气的定压比热，单位为千焦每千克·开尔文(kJ/kg·K)；

W_1——入口空气的含湿量；

t_1——入口空气的干球温度，单位为摄氏度(℃)；

t_2——出口空气的干球温度，单位为摄氏度(℃)。

注：$c_{pa}=1.004\,83$ kJ/kg·K，$c_{pv}=1.846\,38$ kJ/kg·K。

B.3.2 制冷剂侧换热量

制冷剂侧换热量按式(B.3)计算。

$$Q_r = q_{rm} \cdot | h_{r2} - h_{r1} | \quad \cdots\cdots (B.3)$$

式中：

Q_r——制冷剂侧的换热量，单位为千瓦(kW)；

q_{rm}——通过换热器的制冷剂质量流量，单位为千克每秒(kg/s)；

h_{r1}——入口制冷剂的焓值，单位为千焦每千克(kJ/kg)；

h_{r2}——出口制冷剂的焓值，单位为千焦每千克(kJ/kg)。

B.3.3 热交换器换热量

蒸发器的换热量按式(B.4)计算。

$$Q_e = (Q_{ea} + Q_r)/2 \quad \cdots\cdots (B.4)$$

冷凝器的换热量按式(B.5)计算。

$$Q_c = (Q_{ca} + Q_r)/2 \quad \cdots\cdots (B.5)$$

附 录 C
（资料性附录）
热交换器换热量的试验工况

热交换器换热量的试验可参考表 C.1 中的工况进行。

表 C.1 额定工况

类别		项目		单位	数值
冷凝器	空气侧	迎面风速		m/s	1.5
		入口温度	干球	℃	35.0
			湿球		24.0
	制冷剂侧	入口过热蒸气温度			90.0
		入口压力对应的冷凝温度			54.4
		过冷却液出口温度			46.1
蒸发器	空气侧	迎面风速		m/s	1.3
		入口温度	干球	℃	27.0
			湿球		19.0
	制冷剂侧	膨胀阀前过冷却液温度			46.1
		出口压力对应的蒸发温度			5.0
		过热蒸气出口温度			10.0

试验工况各参数的读数允差应符合表 C.2 的规定。

表 C.2 稳定工况各参数的读数允差

项目	单位	蒸发器	冷凝器
入口空气干球温度	℃	±0.3	±0.5
入口空气湿球温度	℃	±0.2	—
空气流速	%	±1	±1
入口制冷剂温度	℃	—	±1
出口制冷剂温度	℃	±1	—
冷凝压力	kPa	—	±20
蒸发压力	kPa	±10	—
膨胀阀前过冷度	℃	±1	—
制冷剂流量	%	±2	±2

STANDARDS PRESS OF CHINA

ICS 13.120
Y 62

中华人民共和国国家标准

GB/T 23131—2008

电 子 坐 便 器

Electronical toilets

2008-12-30 发布　　　　2009-09-01 实施

中华人民共和国国家质量监督检验检疫总局
中国国家标准化管理委员会　发布

前 言

本标准附录A为规范性附录、附录B为资料性附录。

本标准由中国轻工业联合会提出。

本标准由全国家用电器标准化技术委员会(SAC/TC 46)归口。

本标准主要起草单位:中国家用电器研究院、国家家用电器质量监督检验中心、洁利来(福建)感应设备有限公司。

本标准主要起草人:鲁建国、赵维波、王仁、朱焰、孙鹏。

电子坐便器

1 范围

本标准规定了电子坐便器的术语和定义、产品分类、技术要求、试验方法、检验规则、标志、包装、运输和贮存。

本标准适用于在家庭、商店、学校等场所，由非专业人员使用的电驱动坐便器。

本标准不适用于模制式、包装式、冷冻式以及真空式坐便器，也不适用于与电子坐便器配合使用的冲水水箱部分。

2 规范性引用文件

下列文件中的条款通过本标准的引用而成为本标准的条款。凡是注日期的引用文件，其随后所有的修改单(不包括勘误的内容)或修订版均不适用于本标准，然而，鼓励根据本标准达成协议的各方研究是否可使用这些文件的最新版本。凡是不注日期的引用文件，其最新版本适用于本标准。

GB/T 191 包装储运图示标志(GB/T 191—2008，ISO 780:1997，MOD)

GB/T 1019—2008 家用和类似用途电器包装通则

GB/T 2423.17 电工电子产品环境试验 第2部分：试验方法 试验Ka：盐雾(GB/T 2423.17—2008，IEC 60068-2-11:1981，IDT)

GB/T 2828.1 计数抽样检验程序 第1部分：按接收质量限(AQL)检索的逐批检验抽样计划(GB/T 2828.1—2003，ISO 2859-1:1999，IDT)

GB/T 2829 周期检验计数抽样程序及表(适用于对过程稳定性的检验)

GB 4706.1 家用和类似用途电器的安全 第1部分：通用要求(GB 4706.1—2005，IEC 60335-1:2001，IDT)

GB 4706.53 家用和类似用途电器的安全 坐便器的特殊要求(GB 4706.53—2008，IEC 60335-2-84:2005，IDT)

GB/T 4798.1 电工电子产品应用环境条件 第1部分：贮存(GB/T 4798.1—2005，IEC 60721-3-1:1997，MOD)

GB/T 4798.2 电工电子产品应用环境条件 第2部分：运输(GB/T 4798.2—2008，IEC 60721-3-2:1997，MOD)

GB 5296.2 消费品使用说明 家用和类似用途电器的使用说明

QB/T 3901 家用电器产品型号命名通则

JB/T 7499 涂附磨具 耐水砂纸

SB/T 10309 黄豆酱

3 术语和定义

下列术语和定义适用于本标准。

3.1

电子坐便器 electronical toilets

指安装在陶瓷或塑料等坐便基座上的由电子电路控制的包括用于清洗人体臀部等冲洗装置在内的器具。该器具至少具有人体臀部和女性下体的温水冲洗功能，可相应增加臀部干燥、坐垫加温以及环境除臭等辅助功能。

STANDARDS PRESS OF CHINA

3.2

贮热式电子坐便器　electronical toilets for storage water heaters

带有加温水箱，依靠电热元件加温和保温水箱内冲洗用水的器具。

3.3

快热式电子坐便器　electronical toilets for instantaneous water heaters

无加温水箱，由大功率电热元件直接加温冲洗水流等的器具。

3.4

模拟负载　analogue load

指模拟人体臀部的可安装涂抹模拟人体排泄物的负载。

3.5

清洁性能　cleaning performance

指电子坐便器的冲洗装置清洁模拟人体排泄物的能力。

3.6

最高水温　highest temperature of water

指器具喷嘴喷出的冲洗水流不高于安全标准规定(45 ℃)的限值。

4　产品分类

4.1　型式

4.1.1　按辅助功能划分：

a)　带有人体干燥功能的，以汉语拼音字母 G 表示；

b)　带有坐垫加温功能的，以汉语拼音字母 W 表示；

c)　带有环境除臭功能的，以汉语拼音字母 C 表示；

d)　带有上述功能以外的其他功能，以汉语拼音字母 Q 表示。

4.1.2　按加热方式划分：

a)　贮热式，不表示；

b)　快热式，以汉语拼音字母 K 表示。

4.2　规格

电子坐便器的规格在型号中以器具的最大输入功率值表示。

4.3　型号命名

电子坐便器的型号及其含义：

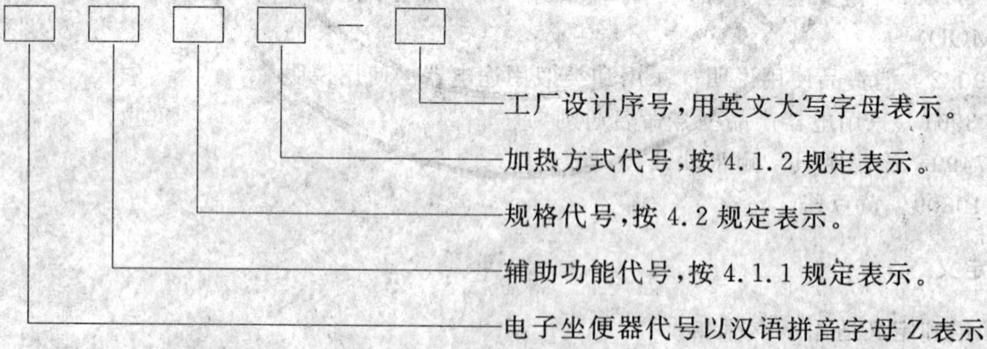

举例：

(1)　ZGWC680-D　表示带有人体干燥、坐垫加温以及环境除臭功能的贮热式电子坐便器，最大输入功率为 6 80 W，设计序号为 D。

(2)　ZGW1200K-A　表示带有人体干燥、坐垫加温功能的快热式电子坐便器，最大输入功率为 1 200 W，设计序号为 A。

5 技术要求

5.1 使用环境条件

a) 环境温度为(0～40)℃；

b) 环境空气的相对湿度在 95 %以下(温度为 25 ℃时)；

c) 适用水压为(0.07～0.60)MPa。

5.2 使用电源、试运转

5.2.1 电子坐便器使用的电源为单相交流，额定电压为 220 V，额定频率为 50 Hz(特殊要求除外)。

5.2.2 器具按照产品使用说明书的要求操作，器具应能起动运转，并能完成产品使用说明书所述功能(关于这些功能的技术要求，如在本标准未有规定，可执行相应的国家标准、行业标准或备案的企业产品标准)。

5.3 清洁率

电子坐便器的清洁率应不小于 95%。

5.4 整机耗电量

5.4.1 贮热式冲洗装置每个工作周期的耗电量应不大于 0.100 kWh。

5.4.2 快热式冲洗装置每个工作周期的耗电量应不大于 0.120 kWh。

注 1：辅助功能不进行耗电量试验。

5.4.3 整机最大功率偏差应不大于±5%。

5.5 冲洗装置水压和流量特性

供水压力为(0.18±0.02)MPa 时，喷嘴喷水流量应不大于 1.2 L/min。

5.6 喷嘴动作时间特性

喷嘴伸出时间应不大于 8 s，其收回时间应不大于 10 s。

5.7 整机寿命

试验负载采用模拟负载，在加载试验期间，与模拟负载接触的坐垫的铰链和表面以及壳体的结合部位均不允许出现开裂现象；坐垫内的电热元件和铰链内的电气连接均不允许损坏；以器具运行 5 min 为一个工作周期(或按制造商规定的程序时间)，整机工作次数应不少于 5 000 次。试验后，器具不允许有功能性的降低，器具的各部件均能正常工作。

5.8 结构

5.8.1 电子坐便器由机体、坐盖、保温坐垫和控制开关、供水组件和加温水箱(适用于贮热式)、冲洗装置、干燥装置、除臭装置、操作面板、控制电路以及各种保护装置等组成。

5.8.2 器具中的紧固件及其他零部件应符合相关的国家标准的规定，其易损件应便于更换。

5.8.3 器具与人体接触的表面应光滑，正常使用时，不应刮伤人体皮肤。

5.8.4 器具在正常工作状态下，当人体臀部压在坐垫上后，冲洗温水不应喷到机体外面。

5.8.5 器具在正常工作状态下，应防止各种热源烫伤人体皮肤。

5.8.6 供水组件和加温水箱不允许渗漏。

5.9 材料

5.9.1 钢铁件(不锈钢除外)表面应进行防锈蚀处理，如采用电镀、涂漆等有效的防锈蚀处理。

5.9.2 电镀件表面光滑细致、色泽均匀，不得有明显剥落、露底、花斑、擦伤和划伤等缺陷。

5.9.3 塑料件表面应光滑、色泽均匀，不得有裂缝、气泡、缩孔、斑痕、擦伤和划伤等缺陷。

5.9.4 涂漆件或涂塑件的涂饰表面必须光滑细致，色泽均匀，漆膜牢固，不得有明显皱纹、流痕、针孔、气泡等明显缺陷。

6 试验方法

6.1 试验条件

6.1.1 除对试验环境条件另作具体规定的试验外，型式试验应在环境温度为(20±5)℃，其相对湿度为(60～70)%，无外界气流，无强烈阳光和其他热辐射作用的室内进行。

6.1.2 试验电源为单相交流正弦波，电压及频率波动范围不得超过额定值的±1%。

6.1.3 被测试电子坐便器应按照使用说明书的相关规定进行试验。

6.1.4 电子坐便器的水源水温(15±2)℃。

6.1.5 电子坐便器的水源压力(0.18±0.02)MPa。

6.2 试验用仪器仪表

6.2.1 用于型式检验的电工仪表的准确度等级为0.5级，用于出厂检验的准确度等级不低于1.0级。

6.2.2 测量时间用的仪表的准确度等级不低于0.5%。

6.2.3 测量温度用的仪表的准确度等级应在0.5 ℃以内。

6.2.4 水量计以升(L)计，精确至0.01 L。

6.2.5 压力计以帕(Pa)计，精确至0.02 MPa。

6.2.6 测量模拟人体排泄物质量的衡器的准确度等级不低于Ⅲ级。

6.3 清洁性能试验

器具按照附录A的规定进行清洁性能试验，清洁率应符合5.3的规定。

6.4 耗电量计算

器具在正常工作状态下，选择高温和人体后部的强力冲洗挡位，冲洗喷嘴喷水5 min的耗电量应符合5.4的规定。

耗电量按式(1)计算：

$$E = E_1 + E_c \qquad (1)$$

式中：

E——耗电量，kWh；

E_1——耗电量实测值，kWh；

如果电子坐便器进水口温度不能满足15 ℃，应该进行冷水能量修正：

$E_c = [Q \times (t_c - 15)]/860$；

E_c——冷水能量修正值，kWh；

t_c——电子坐便器进水口试验用水的实测温度值，℃。

共进行3次试验取3次的算数平均值作为该器具的耗电量。

注：对于贮热式器具，每次试验前应预热，将冲洗水流加热到最高水温。

6.5 冲洗装置水压和流量特性试验

器具在正常工作状态下，选择人体前/后部强力冲洗挡位进行冲洗装置流量特性试验并符合5.5的规定。

6.6 喷嘴动作时间特性试验

器具在正常工作状态下，选择人体后部强力冲洗挡位进行喷嘴动作时间(包括喷嘴自冲洗时间)特性试验并符合5.6的规定。

6.7 整机寿命试验

器具在正常工作状态下，选择高温和人体后部强力冲洗挡位，用模拟负载(见附录B)，以喷嘴喷水5 min(或按制造商规定的程序时间)为一个工作周期。试验中向保温坐垫施加900 N的力，模拟负载进行上下运动时，运行速度为0.05 m/s。每两个工作周期之间停歇不超过10 min，试验后，整机寿命应符合5.7的规定。

6.8 结构及材料检查

通过视检电子坐便器的结构及材料，确定是否符合 5.8～5.9 的规定，必要时通过手工测试。

6.9 电镀件盐雾试验

电镀件按 GB/T 2423.17 规定的 24 h 盐雾试验后，应符合 5.9 的规定。

7 检验规则

7.1 检验要求

电子坐便器应根据本标准进行测试，并经过检测合格后，方能批量投产。

7.2 检验说明

每台电子坐便器必须经过生产厂的质量检验部门检验合格后方能出厂，并应附有质量检验合格证、使用说明书和保修单。

7.3 检验分类

电子坐便器的检验分为出厂检验和型式试验。

7.4 出厂检验

7.4.1 每批产品均需进行出厂检验，检验合格后方可出厂。

7.4.2 每个产品应进行 5.8、5.9 和 8.1 的检验，检验合格后方可出厂，每批次需进行 5.4 和 5.5 的检验。

7.4.3 电子坐便器出厂检验和型式试验的抽样按 GB/T 2828.1 规定的检查批量、抽样方案、检查水平及合格质量水平，具体由生产厂和订货方共同商量。

7.4.4 订货要求

订货方在必要时可根据实际情况提出抽检要求。

7.4.5 检验样品处理

经出厂检验后，凡合格的样品可作为合格产品交付订货方，经型式试验的样品，一律不能作为合格产品交付订货方。

7.5 型式检验

7.5.1 凡属于下列情况之一时，应进行型式检验。

a) 试制新产品时；

b) 设计、工艺或使用的材料有重大改变时；

c) 停产 1 年以上，恢复再生产时；

d) 连续生产的产品，定期抽查每年至少 1 次。

7.5.2 进行本标准和 GB 4706.53 所有检测项目的试验为型式试验。

7.5.3 型式检验时如有 1 项不合格，则加倍抽样，如果检验后仍然不合格，则判定该批次产品为不合格。

7.5.4 型式试验的周期由生产厂自行确定，必须符合本条款的规定，型式试验的样品应从出厂检验合格的产品中随机抽取。

7.5.5 若型式试验合格，则本周期生产的该代表组的产品经验收检查合格的批作为合格的产品可以入库或出厂，若入库超过两年再出厂，则必须重新进行交收检验。

7.5.6 本次型式检验结束前，供货方质量检验部门或订货方可参照上次型式检验结果验收产品，但必须以本次型式检验结果为准。

7.5.7 根据订货方的要求，供货方应提供一年内完整的型式试验报告。

8 标志、包装、运输和贮存

8.1 标志和说明书

8.1.1 电子坐便器的标志应符合 GB 4706.1 和 GB 4706.53 中相应条款要求。

STANDARDS PRESS OF CHINA

8.1.2 电子坐便器使用说明书的编写应符合 GB 5296.2 的要求及 GB 4706.1 和 GB 4706.53 中相应条款要求。

8.1.3 包装箱标志

电子坐便器包装箱标志应符合 GB/T 191 和 GB /T 1019—2008 中相关要求。

8.2 包装

8.2.1 每台电子坐便器的包装应按照 GB/T 1019—2008 中规定的流通条件 2 的防潮包装、防震包装进行包装箱设计。

8.2.2 每台电子坐便器的包装箱内应附有产品合格证、使用说明书、保修卡，放在箱内明显部位。

8.2.3 产品的包装箱应经受 GB/T 1019—2008 相关要求，按流通条件 2 进行试验。

8.3 运输

产品在运输过程中，严禁雨淋，受潮和剧烈碰撞。

具体产品运输环境条件可由制造厂按产地至销售地区在运输过程中可能经受的环境条件，参照 GB/T 4798.2 规定的标准而定。

8.4 贮存

包装好的电子坐便器应贮存在常温，通风干燥，无腐蚀性气体的仓库内。

具体仓库的贮存条件应按贮存厂商所在地区气候环境而定，可参照 GB/T 4798.1 规定的标准而定。

附 录 A
（规范性附录）
清洁性能试验方法

A.1 试验条件

按 6.1 规定试验条件进行试验。

A.2 试验用标准物质

A.2.1 耐水砂纸

耐水砂纸规格：

尺寸：100 mm×20 mm；

粒度：P1500（指每平方厘米的面积里砂粒数量是 1 500 粒）。

A.2.2 模拟人体排泄物

使用符合 SB/T 10309 要求的黄豆酱作为模拟人体排泄物。黄豆酱感官指标应符合表 A.1 的要求，理化指标应符合表 A.2 要求。

表 A.1 黄豆酱感官指标

项 目	指 标
色 泽	红褐色或棕褐色，鲜艳，有光泽
香 气	有酱香和酯香，无不良气味
滋 味	味鲜醇厚，咸甜适口，无酸、苦、涩、焦糊及其他异味
体 态	黏度适度，无杂质

表 A.2 黄豆酱理化指标

项 目	指 标
水分/%(m/m)	≤60.00
氨基态以氮计/%(m/m)	≥0.60（以干基计为 1.50%）

将保质期内的黄豆酱放入冷藏箱内，低温保存备用。

模拟人体排泄物规格：

质量：采用塑料袋无菌真空包装；

配料：以黄豆、小麦粉为原料的酿造黄豆酱。

A.3 模拟负载

模拟负载即模拟人体臀部的负载，它的总体质量为 900 N，其结构形式详见附录 B。

A.4 试验步骤

A.4.1 试验前的准备

A.4.1.1 耐水砂纸浸水的标识

在 100 mm×20 mm 对角线找出中心点。

A.4.1.2 耐水砂纸的浸水

每次试验前，用经过剪裁的耐水砂纸放入装有水温为(20±2)℃的玻璃容器中充分浸水 10 min，然后从容器中捞出且除去表面水珠。

A.4.1.3 涂抹模拟人体排泄物

称量 10 g 模拟人体排泄物，将其均匀的涂抹到浸过水的耐水砂上。

A.4.1.4 人体排泄物的称重

将涂有 10 g 模拟人体排泄物且浸过水的耐水砂纸用电子天平称重，其质量的实测值记录为 W_0。然后将其固定在模拟负载的安装位置上，具体安装方法详见附录 B。

A.4.1.5 人体排泄物的安装和调整

涂有模拟人体排泄物的耐水砂纸的中心点应尽量对准喷射水流的水头，试验前应确定其中心位置，具体方法是：将模拟负载落下，它的防水的橡胶垫圈与电子坐便器的坐垫紧密接触。

按下电子坐便器控制面板的人体后部强力冲洗按钮，再按下运行按钮，喷嘴喷出的水流喷到模拟负载的透明窗上，用此种方法确定涂有模拟人体排泄物的中心位置。如有偏差，可按上述方法重新进行调整，直到找到最佳喷水位置。

A.4.2 试验过程

按 A.4.1.5 的安装要求将模拟负载落在电子坐便器的坐垫上，分别按下电子坐便器控制面板的高温挡按钮和人体后部的强力冲洗按钮，再按下运行按钮使器具运转 5 min(可按制造商规定的程序)，喷嘴喷出的水流冲洗耐水砂纸上的模拟人体排泄物，其最高水温不应超过 45 ℃。

器具停机后，升起模拟负载，将带有残留的模拟人体排泄物的耐水砂纸再次称其质量，将其质量的实测值记录为 W_1。

按上述试验方法测试 3 次，试验时间间隔以每次将冲洗水流加热到最高水温为准，取 3 次试验算术平均值。

A.5 清洁率计算

清洁率按式(A.1)计算：

$$C = \frac{(W_0 - W_1)}{10} \qquad \cdots\cdots\cdots\cdots (A.1)$$

式中：

C——清洁率，%；

W_0——带有 10 g 模拟人体排泄物的耐水砂纸质量，单位为克(g)；

W_1——带有残留的模拟人体排泄物的耐水砂纸质量，单位为克(g)。

附　录　B
（资料性附录）
模拟负载

模拟负载由若干金属负载块组成。与电子坐便器坐垫接触的负载块装有防水橡胶垫圈，其内圈尺寸应与坐垫内圈尺寸应相同。在该负载块的中间装有一块有机玻璃透明窗，用以观察喷嘴喷出的水流状况。其他负载块均为“U”形，可拼接而成。

耐水砂纸安装在2根定位条中间，并且可前后移动，用以调整到最佳喷水位置。

当模拟负载在坐垫上进行上下运动时，它的四根导向杆用来定位，具体结构详见下图：

图 B.1　模拟负载试验装置结构图

STANDARDS PRESS OF CHINA

ICS 97.170
Y 64

中华人民共和国国家标准

GB/T 23132—2008

电动剃须刀

Electric shaver

2008-12-30 发布　　2009-09-01 实施

中华人民共和国国家质量监督检验检疫总局
中国国家标准化管理委员会　发布

前　言

本标准由中国轻工业联合会提出。

本标准由全国家用电器标准化技术委员会(SAC/TC 46)归口。

本标准主要起草单位:广州电器科学研究院、松下电工·万宝电器(广州)有限公司、飞利浦(中国)投资有限公司、超人集团有限公司、飞科集团有限公司、博朗(上海)有限公司、海宁新艺机电有限公司、广州威凯检测技术研究所。

本标准主要起草人:黄文秀、别正业、陈子良、金天鸿、董升、周海平、倪振国、林磊。

电 动 剃 须 刀

1 范围

本标准规定了电动剃须刀产品的分类、技术要求、试验方法、检验规则及标志、包装、运输、贮存等。

本标准适用于利用电能驱动的用于剃须的交流式、直流式、充电式、干电池式电动剃须刀。

2 规范性引用文件

下列文件中的条款通过本标准的引用而成为本标准的条款。凡是标注日期的引用文件，其随后所有的修改单(不包括勘误的内容)或修改版均不适用于本标准，然而，鼓励根据本标准达成协议的各方研究是否可使用这些文件的最新版本。凡是不标注日期的引用文件，其最新版本适用于本标准。

GB/T 1019 家用和类似用途电器包装通则

GB/T 2828.1 计数抽样检验程序 第1部分:按接收质量限(AQL)检索的逐批检验抽样计划

GB/T 2829 周期检验计数抽样程序及表(适用于对过程稳定性的检验)

GB 4208 外壳防护等级(IP代码)

GB 4706.1—2005 家用和类似用途电器的安全 第1部分:通用要求

GB 4706.9—2008 家用和类似用途电器的安全 电动剃须刀、电推剪及类似器具的特殊要求

GB 5296.2 消费品使用说明 家用和类似用途电器的使用说明

QB/T 2532 家用电动剃须刀性能测试方法

IEC 60704-2-8 声学 家用电器及类似用途器具噪声测试方法 电动剃须刀的特殊要求

3 术语和定义

下列术语和定义适用于本标准。

3.1

电动剃须刀 electric shaver

利用电能驱动的用于剃须的器具。

3.2

交流式剃须刀 mains shaver

直接由市电电源供电的剃须刀。

3.3

充电式剃须刀 rechargeable shaver

由剃须刀内置的充电电池供电的剃须刀。

3.4

干电池式剃须刀 dry battery shaver

由干电池供电的剃须刀。

3.5

旋转式剃须刀 rotary shaver

刀片以旋转方式运动的剃须刀。

3.6

往复式剃须刀 vibratory shaver

刀片以往复方式运动的剃须刀。

3.7

可洗剃须刀　washable shaver

剃须刀的手持部分可以在水龙头下进行清洗。

3.8

湿式剃须刀　wet shaver

剃须刀的手持部分可以在洗澡或淋浴中使用。

3.9

剃须头　shaving head

由刀网和刀片组成的一个剃须组件。

3.10

修剪器　trimmer

剃须刀内置辅件,用于修剪面部特殊毛发,如唇上胡须、腮部胡须。

4　分类

4.1　按供电方式分为:

a）　干电池式剃须刀,用 G 表示;

b）　充电式剃须刀,用 C 表示;

c）　交流式剃须刀,用 J 表示;

d）　直流式剃须刀,用 Z 表示。

4.2　按动刀刃运动方式分为:

a）　旋转式剃须刀,用 X 表示;

b）　往复式剃须刀,用 W 表示。

5　技术要求

5.1　使用环境

5.1.1　一般室内或类似室内环境,其周围无爆炸危险介质,无腐蚀金属、破坏绝缘的气体和导电尘埃存在。

5.1.2　环境温度为 0 ℃～－40 ℃。

5.2　安全要求

电动剃须刀的安全要求应符合 GB 4706.1—2005 和 GB 4706.9—2008 的规定。

5.3　启动性能

电动剃须刀在 0.9 倍的额定电压下应能顺利启动。

5.4　额定转速或往复次数

旋转式剃须刀的额定转速应不低于 1 500 r/min,往复式剃须刀的额定往复次数应不低于 5 000 r/min。

5.5　刀网的温升

按 6.5 规定的方法进行试验,剃须刀刀网的温升应不大于 30 K。剃须刀刀网接触皮肤时,应无灼痛感。

5.6　刀网和刀片的硬度

电动剃须刀刀网和刀片的硬度应符合表 1 的规定。

表 1 刀网和刀片的硬度

刀刃种类	硬度值/HV	
	碳钢	不锈钢、电铸合金
剃须头刀网	≥543	≥400
剃须头刀片	≥664	≥400
修剪器刀片	≥664	≥400 (注：女士用修剪器≥200)

5.7 刀网粗糙度

刀网外表面粗糙度应不大于 $Ra0.40$。

5.8 锋利度

按 6.8 规定的方法进行试验，将 QB/T 2532 规定的人造毛发送入时，应能剪断、无轧停现象，其卷曲根数率应小于 30%。

卷曲根数率=(卷曲总根数/剪切总根数)×100%

5.9 噪声

5.9.1 电动剃须刀工作时刀网和刀片应均匀贴合摩擦，声音和谐，不得有冲击和不规则杂音。

5.9.2 按 6.9.2 规定的方法进行试验，电动剃须刀的噪声声功率级应不大于 75 dB。

5.10 连接电源用插脚

5.10.1 按 6.10.1 规定的方法进行试验，插脚推出后，插脚的前端承受 60 N 的力时不缩进。

5.10.2 按 6.10.2 规定的方法进行试验，插脚经 2 000 次推出和缩进后，应不产生异常并完全导通，而且还能满足 5.10.1 的要求。

5.11 无故障工作时间

电动剃须刀按 6.11 规定的方法进行试验，其累计无故障工作时间应不低于 60 h。

5.12 每次充满电后的工作时间

5.12.1 充电式剃须刀每次充电后的工作时间，按 6.12.1 的方法进行试验，累计工作时间应不小于 25 min。

5.12.2 干电池式剃须刀每次更换干电池后的工作时间，按 6.12.2 的方法进行试验，累计工作时间应不小于 60 min。

5.13 外观要求

5.13.1 塑料和胶木零件表面应无明显缺陷，无尖锐毛刺。

5.13.2 除剃须头外，需要腐蚀防护的金属应具有防腐蚀性能，如有镀层，必须光滑细密，不得有斑点(但允许有不明显的水渍和污点)、麻点、针孔、气泡、脱壳和露底等现象。

5.13.3 涂层不应有起层、剥落、开裂等现象。

5.14 电动剃须刀应配有用以保护刀网的保护盖或类似保护结构。

6 试验方法

6.1 试验条件

6.1.1 除另有规定外，试验应在一般室内环境条件下进行。

6.1.2 试验用的电工测量仪表，型式试验时，其精度应不低于 0.5 级，出厂检验时其精度应不低于 1.0 级。

6.1.3 测试用直流稳压电源其额定电流应不小于 1 A，稳压精度应不小于±2%。

6.1.4 被测样品应在产品说明书规定的使用状态下进行试验。

6.1.5 试验电源应与产品所规定的电源相一致。当产品具有两种或两种以上电源时，应选择较不利的一种作为试验电源。

6.1.6 在试验前和试验期间，刀刃部需滴上几滴轻油润滑。

6.2 安全试验

安全试验应按 GB 4706.1—2005 和 GB 4706.9—2008 规定的方法进行。

6.3 启动性能试验

按 5.3 规定的电压对电动剃须刀启动三次，每次启动都应在电动机完全停止后进行。

6.4 额定转速或往复次数测定

对电动剃须刀施以额定电压，达到稳定状态后，用闪光测速仪或数字测速仪连续测三次，取平均值。

6.5 刀网温升的测定

给剃须刀施加 1.06 倍的额定电压，正常运转 10 min 后，测量刀网表面的最高温升。

6.6 刀网和刀片的硬度测定

刀网和刀片硬度用维氏硬度计测定，刀网和刀片的测定部位为靠近刃口部位任意取 3 点。上刀片和下刀片的测定部位为空挡靠齿部位任意取 3 点，并计算 3 点的平均值。

6.7 刀网粗糙度测定

电动剃须刀的刀网表面粗糙度，应采用粗糙度测定仪进行测定或采用粗糙样板对照。

6.8 锋利度试验

给剃须刀施以额定电压，用 10 根直径为 0.05 mm～0.10 mm 的一束人造毛发，手持距离毛束尖部 4 mm～6 mm 的部位，按图 1 要求，在各测试点依次插入毛束进行切断试验。数出卷曲的根数，并按 5.8 的公式计算。

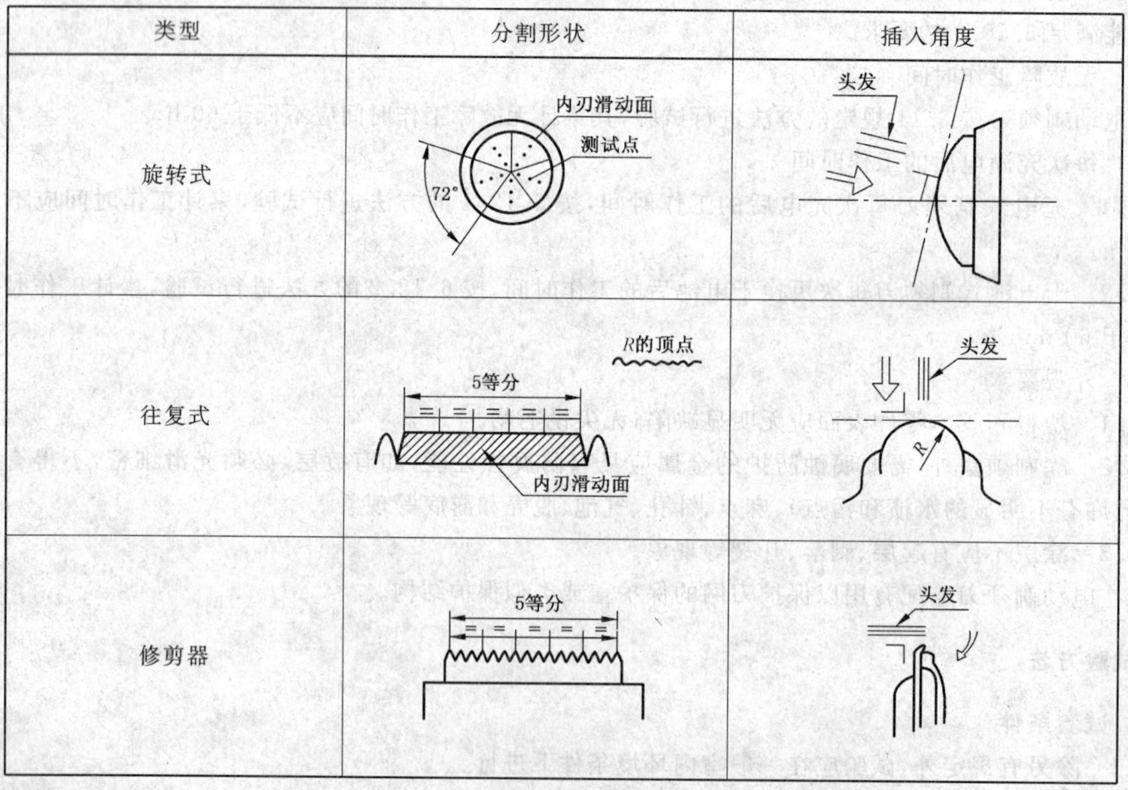

图 1 锋利度试验的示意图

6.9 噪声测定

6.9.1 利用试验人员的听觉与触觉进行判断。

6.9.2 测试方法应按照 IEC 60704-2-8 中的规定，但选用 1 m 的半球面测量表面半径。

6.10　**连接电源用插脚试验**

6.10.1　在连接电源用插脚完全推出的状态下，按图 2 所示，对两插脚前端的轴线方向施加 60 N 的力，时间为 2 s。

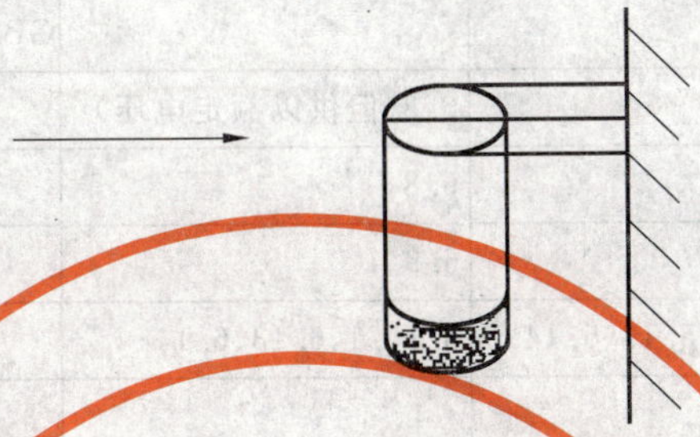

图 2　连接电源用插脚施力的示意图

6.10.2　连接电源用插脚以(10～20)次/min 的频率进行推出和缩进试验(推出一次加缩进一次合称为一次)。

6.11　**无故障工作时间的测定**

对于交流式电动剃须刀，施以额定电压，以工作 5 min，停止 5 min 的周期循环进行试验。

对于充电式电动剃须刀，以额定频率、额定电压，按规定的充电时间进行充电，充电结束后，以工作 5 min，停止 5 min 的周期进行试验。

对于干电池式剃须刀，按要求装上相应的干电池，以工作 5 min，停止 5 min 的周期进行试验。

注：每天用轻油给刀网润滑。

剃须刀累计运转时间达到 60 h 前，不应有故障。

6.12　**每次充满电后工作时间的确定**

注：试验时，修剪器不工作。

6.12.1　**充电式剃须刀每次充电后工作时间的确定**

将电池完全充电和放电后，再将电池按使用说明书要求完全充电。剃须刀每次工作 5 min，间隔 24 h。当剃须刀空转到停止工作时，试验结束。累积工作时间应不小于 25 min。

6.12.2　**干电池式剃须刀每次更换干电池后工作时间的确定**

按使用说明书要求给剃须刀装上新干电池。剃须刀每次工作 5 min，间隔 24 h。当剃须刀空转且单个干电池电压降到约 1.2 V 时，试验结束。累积工作时间应不小于 60 min。

6.13　**外观检查**

采用手感、目测进行判别。

6.14　**结构检查**

通过目测进行检查。

7　检验规则

7.1　剃须刀应根据本标准及 GB 4706.1—2005 和 GB 4706.9—2008 进行检测，经正式鉴定合格后，方能批量生产。

7.2　经制造商出厂检验合格后产品才能出厂，并附有使用说明书。

7.3　剃须刀的检验分为出厂检验和型式试验。

7.4　出厂检验

7.4.1　产品出厂检验的必检项目

产品出厂检验的必检项目、要求和方法见表 2。

STANDARDS PRESS OF CHINA

表 2 出厂检验的必检项目

序号	试验项目	本标准所属章、条		GB 4706 所属章、条	缺陷分类	
		技术要求	试验方法		致命	轻
1	冷态电气强度试验			GB 4706.1—2005 的附录 A	√	
2	启动性能试验	5.3	6.3(但供以额定电压)			√
3	锋利度检查	5.8	6.8			√
4	噪声检查	5.9.1	6.9.1			√
5	外观与结构检查	5.10.1、5.13、5.14	6.10.1、6.13、6.14			√
6	产品标志	8.1.1				√
7	产品包装	8.3				√

7.4.2 产品出厂检验的抽检项目

制造商还应进行逐批抽样检验，抽检的项目、要求和方法见表 3。产品出厂检验抽样应按 GB/T 2828.1 进行。抽检批量、抽样方案、检查水平及合格质量水平，由制造商和订货方协商确定。

表 3 出厂检验的抽检项目

序号	试验项目	本标准所属章、条		GB 4706.9—2008 所属章、条	缺陷分类	
		技术要求	试验方法		致命	轻
1	出厂检验的所有必检项目	见表 2				
2	额定转速或往复次数	5.4	6.4			√
3	噪声	5.9.2	6.9.2			√
4	连接电源用插脚	5.10	6.10			√
5	每次充满电后工作时间	5.12	6.12			√
6	泄漏电流和电气强度			第 16 章	√	

7.4.3 出厂检验中有缺陷项的不合格品，经返修、返工后应重新提交复检，复检合格后，才能出厂。

7.5 型式试验

7.5.1 有下列情况之一时，必须进行型式试验。

a) 新产品试制定型鉴定；

b) 正常生产每年进行一次；

c) 长期停产后，恢复生产时；

d) 当设计、工艺、关键元器件、原材料有重大变化，可能影响到产品性能时；

e) 抽样样品结果与上次型式试验结果有较大差异时；

f) 国家质量监督机构提出进行型式试验的要求时。

7.5.2 型式试验的项目应为 GB 4706.1—2005、GB 4706.9—2008 及本标准中所规定的所有项目。

7.5.3 型式试验抽样应按 GB/T 2829 进行。型式试验的样本应在出厂检验合格的产品中抽取，可根据性能(本标准)与安全(GB 4706.1—2005 和 GB 4706.9—2008)分组进行，但每一组不能少于 3 个。试验中如有任一个试样的任一项不合格，则加倍抽取样本对不合格项进行复检，复检后如仍有不合格，则型式试验不能通过，并停止出厂检验。待分析原因，提出处理方案，并再次提交型式试验合格后，才能恢复正常生产。

7.5.4 经型式试验的产品，不应作正品出厂。

8 标志与说明、包装、运输、贮存

8.1 标志

8.1.1 每个剃须刀应有铭牌或耐久性标志，其上应清晰标出 GB 4706.9—2008 中 7.1 的内容。对于由充电电池供电的器具，还应标有 GB 4706.1—2005 附录 B 中 7.1 的内容。

8.1.2 剃须刀的单个包装硬盒上应标有符合 GB 5296.2 要求的内容。

8.2 使用说明书

每个剃须刀应有使用说明书，使用说明书应符合 GB 5296.2 及 GB 4706.1—2005 和 GB 4706.9—2008 的相关要求。

8.3 包装

剃须刀产品包装应符合 GB/T 1019 的要求。

8.4 运输

运输过程中，严禁雨淋、受潮和剧烈碰撞。

8.5 贮存

剃须刀产品应贮存在通风、干燥的环境中，箱体应距地面 150 mm 以上，周围应无腐蚀性化学物品。

附　录　A
（资料性附录）
产品型号命名方法

本附录A提供了电动剃须刀的型号命名方法。

注：本附录内容由企业自行选择。

电动剃须刀的型号命名方法如下：

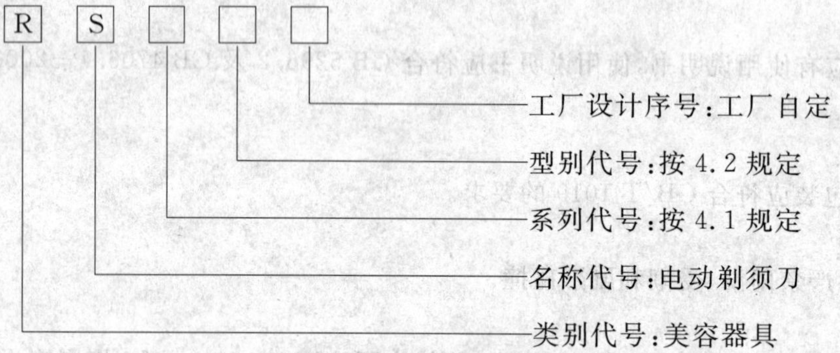

ICS 97.040.30
Y 61

GB

中华人民共和国国家标准

GB/T 23133—2008

家用电冰箱蒸发器

Evaporator of household refrigerating appliance

2008-12-30 发布　　　　2009-09-01 实施

中华人民共和国国家质量监督检验检疫总局
中国国家标准化管理委员会　发布

前言

本标准的附录A为规范性附录。

本标准由中国轻工业联合会提出。

本标准由全国家用电器标准化技术委员会(SAC/TC 46)归口。

本标准起草单位:中国家用电器研究院、常州市常蒸蒸发器有限公司、美的集团有限公司、海尔集团公司、上海索伊电器有限公司。

本标准主要起草人:邴旭卫、杨超、汪益平、张华伟、张奎、蔡其文、胡志强。

家用电冰箱蒸发器

1 范围

本标准规定了家用和类似用途电冰箱(以下简称电冰箱)蒸发器的术语和定义,分类和命名,技术要求,试验方法,检验规则及标志、包装、运输和贮存。

本标准适用于板式、管板式、翅片式及丝管式家用电冰箱蒸发器。也可以用于家用冷冻箱、饮水机、酒柜、制冰机等的蒸发器(以下简称蒸发器)。

2 规范性引用文件

下列文件中的条款通过本标准的引用而成为本标准的条款。凡是注日期的引用文件,其随后所有的修改单(不包括勘误的内容)或修订版均不适用于本标准,然而,鼓励根据本标准达成协议的各方研究是否可使用这些文件的最新版本。凡是不注明日期的引用文件,其最新版本适用于本标准。

GB/T 191　包装储运图示标志(GB/T 191—2008,ISO 780:1997,MOD)

GB/T 222　钢的成品化学成分允许偏差

GB/T 223　钢铁及合金化学分析方法

GB/T 699—1999　优质碳素结构钢

GB/T 1527—2006　铜及铜合金拉制管

GB/T 1531—1994　铜及铜合金毛细管

GB/T 1731　漆膜柔韧性测定法

GB/T 1732　漆膜耐冲击测定法

GB/T 1771　色漆和清漆　耐中性盐雾性能的测定(GB/T 1771—2007,ISO 7253:1996,IDT)

GB/T 2828.1　计数抽样检验程序　第1部分:按接收质量限(AQL)检索的逐批检验抽样计划(GB/T 2828.1—2003,ISO 2859-1:1999,IDT)

GB/T 2829　周期检验计数抽样程序及表(适用于对过程稳定性的检验)

GB/T 3880.1—2006　一般工业用铝及铝合金板、带材　第1部分:一般要求

GB/T 4437.1—2000　铝及铝合金热挤压管　第一部分:无缝圆管

GB/T 5121(所有部分)　铜及铜合金化学分析方法

GB/T 6739　色漆和清漆　铅笔法测定漆膜硬度(GB/T 6739—2006,ISO 15184:1998,IDT)

GB/T 6987　铝及铝合金化学分析方法

GB/T 9286　色漆和清漆　漆膜的划格试验(GB/T 9286—1998,eqv ISO 2409:1992)

GB/T 13452.2　色漆和清漆　漆膜厚度的测定(GB/T 13452.2—2008,ISO 2808:2007,IDT)

GB/T 13793—2008　直缝电焊钢管

HG/T 2006　热固性粉末涂料

3 术语和定义

3.1

蒸发器　evaporator

用于家用电冰箱,通过向边儿吸收热量的换热器。

3.2

板式蒸发器　plate evaporator

金属板与金属板复合，板间形成通道的板状蒸发器，其主要形式为印刷、铝-铝复合、轧制、吹胀工艺制成的板式蒸发器。

3.3

管板式蒸发器　tube plate evaporator

金属管与金属板结合工艺制成的蒸发器。其主要形成为铝管、铝板粘贴或铆合的管板式蒸发器。

3.4

翅片式蒸发器　finned tube evaporator

金属管穿套翅片工艺制成的蒸发器。

3.5

丝管式蒸发器　wire tube evaporator

金属管与低碳钢丝结合用电阻焊等工艺制成的蒸发器。

3.6

管路　pipe-line

制冷剂流过的通道。

3.7

管路图形　figure of pipe-line

蒸发器中制冷剂流通的全部通道所构成的图形。

3.8

基准点　datum mark

板式蒸发器设计、加工和测量时的基准。

3.9

镶嵌毛细管　insert capillary

毛细管从连接管中插入板式蒸发器内部，将其镶嵌在板的管路进口处的加工方式。

3.10

管板贴接　tube plate glued

管板贴接式蒸发器是用不干胶铝箔胶带将金属管贴紧在金属板上，最后靠发泡挤紧的加工方式。

3.11

管板粘接　tube plate adhesion joint

管板粘接式蒸发器是在粘接机上用热熔胶将金属管粘接在金属板上的加工方式。

3.12

管板铆接　tube plate riveted joint

管板铆接式蒸发器是金属管铆合在金属板上的加工方式。

4　分类和命名

4.1　蒸发器的型式分类

4.1.1　蒸发器按结构型式分为：

a）　板式蒸发器；

b）　管板式蒸发器；

c）　翅片式蒸发器；

d）　丝管式蒸发器。

4.1.1.1　板式蒸发器的型式分为：

a) ZBS——双面管路板式蒸发器；

b) ZBD——单面管路板式蒸发器；

c) ZBB——部分单面管路板式蒸发器。

4.1.1.2 管板式蒸发器的型式分为：

a) ZGM——管、板铆接式蒸发器；

b) ZGN——管、板粘接式蒸发器；

c) ZGT——管、板贴接式蒸发器。

4.1.1.3 翅片式蒸发器的型式为：

ZCP——穿套翅片式蒸发器。

4.1.1.4 丝管式蒸发器的型式为：

ZSG——管、低碳钢丝点焊式蒸发器。

4.2 产品规格

蒸发器的规格指特定加工状态下的管道内容积标称值(cm^3)，其规格用阿拉伯数字表示。

4.3 蒸发器的型号及含义

家用电冰箱蒸发器型号命名如下：

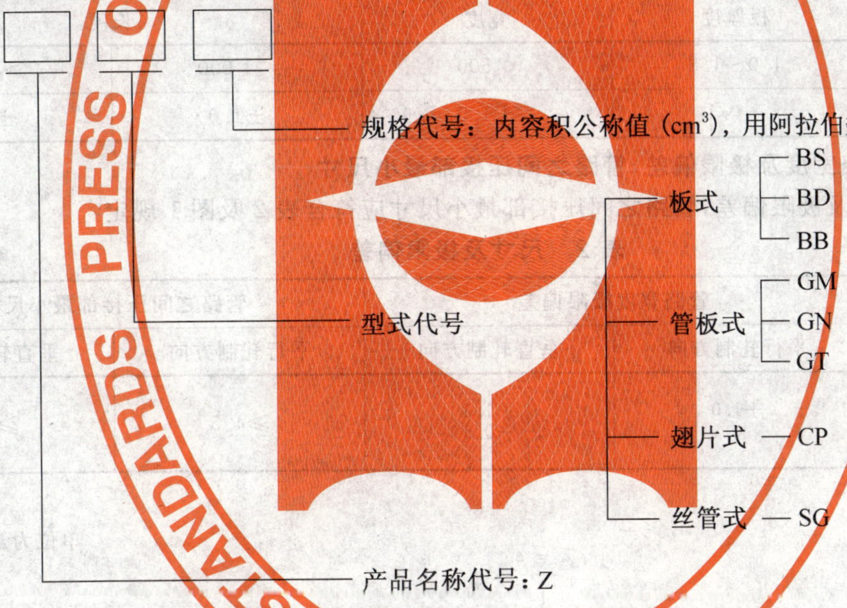

示例：内容积 165 cm^3 的双面管路板式蒸发器，型号为 ZBS165。

5 技术要求

5.1 材料

5.1.1 蒸发器铝板材料

应符合 GB/T 3880.1—2006 中规定的 L1～L4 的牌号铝板。

5.1.2 蒸发器铝管材料

应符合 GB/T 4437.1—2000 中 1060、1050A 牌号工业铝管。

5.1.3 蒸发器铜管材料

应符合 GB/T 1527—2006 中 T2、TP2 牌号铜管。

5.1.4 蒸发器铜毛细管材料

应符合 GB/T 1531—1994 中规定的 T2、TP2 牌号高级毛细管铜管。

5.1.5 蒸发器用钢管

丝管式蒸发器用双层卷焊钢管材料应采用供需双方协议的牌号。用直缝电焊钢管，应符合GB/T 13793—2008中规定的08牌号钢管，经供需双方协议也可采用其他牌号的钢管。

5.1.6 蒸发器用钢丝

应符合GB/T 699—1999中规定的08F、10牌号的钢丝，经供需双方协议也可采用其他牌号的钢丝。

5.1.7 静电喷涂的塑粉材料

塑粉颜色按图纸规定或色板，塑粉材料应符合HG/T 2006的规定。

5.1.8 蒸发器用其他材料

应符合相应的国家标准或行业标准的规定。

5.2 尺寸及形位极限偏差

5.2.1 板式蒸发器尺寸及形位极限偏差

5.2.1.1 板式蒸发器外形尺寸及极限偏差

蒸发器外形尺寸及极限偏差应符合表1规定：

表1 尺寸及极限偏差

单位为毫米

项目	板厚度	宽度	长度	
外形尺寸	1.0～1.8	≤500	≤1 000	>1 000
极限偏差	±0.1	±1.0	±1.0	±1.5

5.2.1.2 蒸发器管路宽度及极限偏差，管路之间压接部最小尺寸

蒸发器管路宽度及极限偏差，管路之间压接部最小尺寸应符合表2及图1规定：

表2 尺寸及极限偏差

单位为毫米

管路宽度	管路宽度极限偏差		管路之间压接部最小尺寸	
	平行轧制方向	垂直轧制方向	平行轧制方向	垂直轧制方向
7～12	$^{+1.0}_{0}$	$^{+1.5}_{-0.5}$	≥4.5	≥9.0

单位为毫米

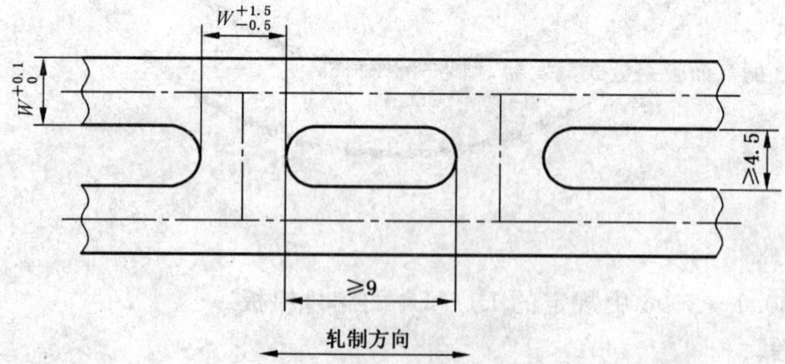

图1 尺寸及极限偏差

5.2.1.3 板式蒸发器管路图形尺寸及形位极限偏差

蒸发器管路图形尺寸及形位极限偏差应符合表3及图2规定。

表 3 尺寸及极限偏差

管路图形尺寸及技术要求	形位偏差代号	形位极限偏差/mm
管路图形长度(L_1、L_2)	a_1	$0.015L_1$
	a_2	$0.015L_2$
管路图形宽度(B)	—	$^{+2.0}_{0}$
垂直轧制方向管路相对 X-X'基准线的垂直度	b_1、b_2	$\leqslant 0.047B_1$
	b_3	$\leqslant 0.047B_2$
管路在轧制方向上的直线度	C	$\leqslant 0.004L$

单位为毫米

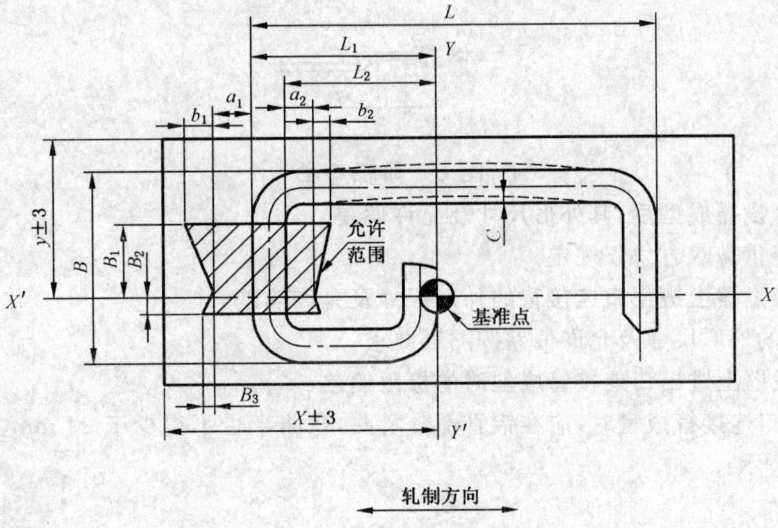

图 2 尺寸及极限偏差

5.2.1.4 板式蒸发器冲孔、切口等距管路边缘尺寸

冲孔、切口等距管路边缘尺寸不得小于 5 mm。

5.2.1.5 板式蒸发器管路截面尺寸

板式蒸发器管路截面尺寸设计时参照附录 A，为了保证管路内容积，实际管路高度可以调整，不限定极限偏差，但在单面吹胀管路平面一面允许凸起高度不应超过 0.5 mm。

5.2.1.6 板式蒸发器弯曲成型的产品，对管路图形的极限偏差

5.2.1.6.1 在圆弧形弯曲区的极限偏差

在圆弧形弯曲区及附近 5 mm 内，在考虑管路图形极限偏差条件下，不得有横向管路，如图 3 所示。

单位为毫米

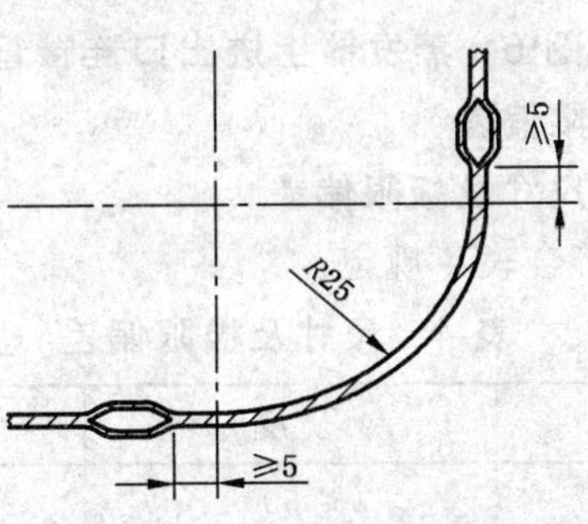

图 3 圆弧形弯曲

5.2.1.6.2 直角弯曲(**R**=1)后的极限偏差

直角弯(*R*=1)后,距弯曲处7 mm,在考虑管路图形极限偏差条件下,不得有管路,如图4所示。

单位为毫米

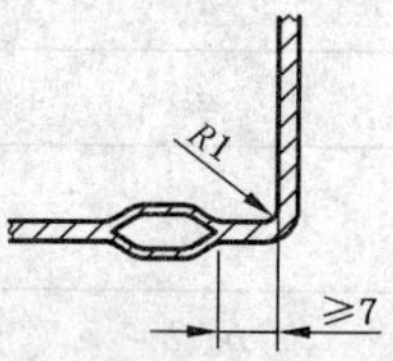

图4 直角弯曲

5.2.1.6.3 阶梯弯后的极限偏差

阶梯弯后,距过渡区7 mm内,在考虑管路图形极限偏差条件下,不得有管路,如图5所示。

单位为毫米

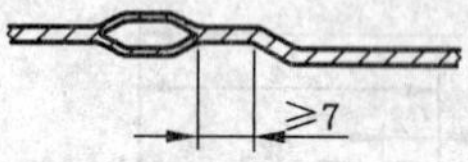

图5 阶梯弯曲

5.2.1.6.4 板式蒸发器成型后,其外形尺寸及允许偏差

按图纸要求,经供需双方协议规定。

5.2.1.6.5 板式蒸发器上进出口连接管的外形尺寸及允许偏差

进出口连接管的外形尺寸及允许偏差按图纸要求。

5.2.1.7 板式蒸发器上进出口连接管成型时的极限偏差

蒸发器上进出口连接管成型时,应在铝管部分弯曲,弯曲半径不得少于20 mm,弯曲处距板边不小于30 mm,如图6所示。

单位为毫米

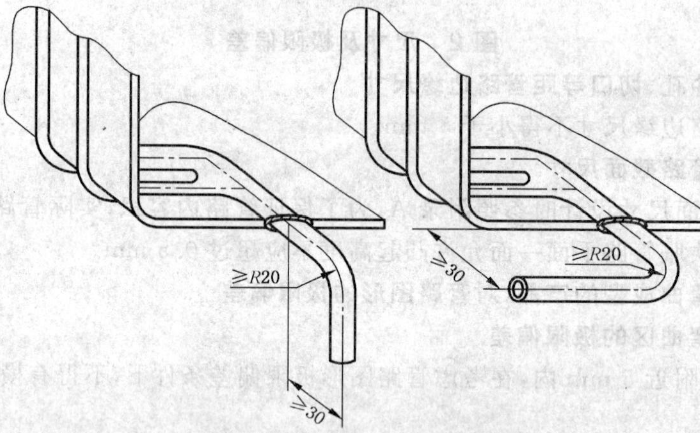

图6 蒸发器上进出口连接管

5.2.2 管板式蒸发器尺寸及形位极限偏差

5.2.2.1 粘接式蒸发器粘接板外形尺寸及极限偏差

粘接板外形尺寸及极限偏差应符合表4规定。

表4 尺寸及极限偏差

单位为毫米

项目	板厚度	宽度	长度	
外形尺寸	0.5～0.6	≤500	≤1 000	1 000～2 800
极限偏差	±0.1	±1.0	±1.0	±1.5

5.2.2.2　蒸发器盘管外形尺寸及极限偏差

盘管外形尺寸及极限偏差按表 5 及图 7 规定。

表 5　尺寸及极限偏差

单位为毫米

外形尺寸及极限偏差	弯曲半径 R	中心距 b	长度 L	宽度 B
外形尺寸	≥15	≥50	$2Rn$[1)]	A[2)]
极限偏差	±3	±3	±10	±6

注 1：n 表示盘管弯头数。

注 2：A 值为 $b+2R$。

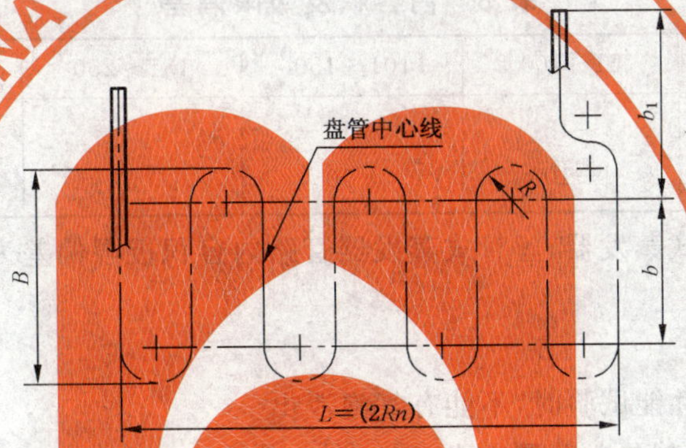

图 7　盘管外形

STANDARDS PRESS OF CHINA

5.2.2.3　蒸发器盘管截面形状、尺寸及极限偏差

5.2.2.3.1　盘管截面形状、尺寸及极限偏差

盘管截面形状、尺寸及极限偏差按表 6 规定。

表 6　盘管截面形状、尺寸及极限偏差

单位为毫米

截面形状	截面尺寸			允许偏差	
	直径 D	壁厚 S	管高 H	外径 D 允许偏差	管高 H 允许偏差
	6～10	0.75～1.5	—	±0.5	—
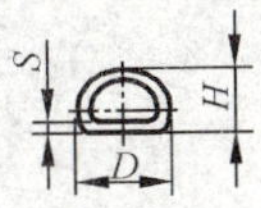	7～10	0.75～1.5	5.5～7	±0.5	±0.5
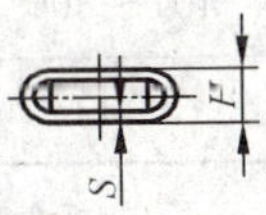	当 D 确定	0.75～1.5	5～7		±0.3

5.2.2.3.2　其他盘管截面形状、尺寸及极限偏差

其他截面形状、尺寸及极限偏差根据用户图纸要求。

5.2.2.4　管板铆接式蒸发器盘管与板之间间隙量

盘管与板之间间隙量按表 7 规定。

表 7 间隙量及极限偏差

单位为毫米

间隙总长度	间隙量
≤0.1×管与板应接触的总长度	≤0.2

5.2.2.5 管板式蒸发器其他尺寸

按用户图纸要求，图纸由供需双方确认。

5.2.3 翅片式蒸发器尺寸及极限偏差按用户图纸要求，图纸由供需双方确认。

5.2.4 丝管式蒸发器尺寸及极限偏差按用户图纸要求，图纸由供需双方确认。

5.3 管路内容积及极限偏差

5.3.1 板式蒸发器管路内容积及极限偏差应符合表 8 规定。

表 8 内容积及极限偏差

内容积/cm^3	≤50	51～100	101～150	151～250	251～400	401～800
极限偏差/%	±15	+15 −10	+12 −10	±10	±8	±6

5.3.2 管板式蒸发器、翅片式蒸发器、丝管式蒸发器管路内容积极限偏差为±8%。

5.4 密封性能

5.4.1 蒸发器水中气密性能

按 6.5.1 进行水中气密性能试验时，不能有气泡泄出。

5.4.2 蒸发器任何部位制冷剂年泄漏量

按 6.5.2 进行检漏时，任何部位制冷剂年泄漏量不大于 0.5 g。

5.4.3 镶嵌毛细管蒸发器回泄量

按 6.5.3 进行回泄检漏时，回泄量不大于 50 cm^3/min。

5.5 管路内残留杂质量

管路内残留杂质量按 6.6 进行测试，按管路内表面积计算，应符合表 9 规定。

表 9 残留杂质量

项目	型式	残留杂质量/(mg/m^2)	单个杂质/mg
管路中残留杂质量	板式	≤60	≤2
	管板式	≤30	≤2
	丝管式	≤50	≤2
	翅片式	≤50	≤2

5.6 管路内残留水量

应按 6.7 进行测试，符合表 10 规定。

表 10 残留水量

管路内容积/cm^3	≤100	101～200	201～400	401～800
残留水量/mg	≤10	≤20	≤25	≤30

5.7 管路内残留油分量

管路内残留油分量按 6.8 进行测试，按管路内表面积计算，管路内残留油分量不大于 7 mg/m^2。

5.8 管路变形压力

板式蒸发器管路变形压力符合表 11 规定，在 6.9 试验条件下，任何一处管路高度变化不大于 0.8 mm，并且表面不允许出现裂纹。

表 11 板式蒸发器变形压力

变形压力/MPa 蒸发板厚度/mm	管路宽度/mm				
	8	9	10	11	12
1.1	≥1.20	≥0.90	≥0.70	—	—
1.2	≥1.35	≥1.10	≥0.90	—	—
1.4	≥1.55	≥1.45	≥1.25	≥1.00	≥0.80
1.5	≥1.80	≥1.60	≥1.40	≥1.20	≥1.00

5.9 管路破坏试验压力

蒸发器管路破坏试验压力不小于 3.0 MPa，在 6.10 试验条件下，不允许出现管路渗水、开裂、穿通等破坏现象。

5.10 毛细管流量

镶嵌毛细管蒸发器按 6.11 方法测试，其毛细管流量允许偏差为规定值的±5%。

5.11 表面涂层性能

5.11.1 静电喷涂处理表面性能

5.11.1.1 涂层厚度

按 6.12.1 测试，厚度不小于 0.02 mm。

5.11.1.2 涂层抗冲击

按 6.12.2 测试，在大于或等于 50 cm 高度冲击下无开裂、剥落现象。

5.11.1.3 涂层柔韧性

按 6.12.3 测试，无网纹、裂纹及剥落等现象。

5.11.1.4 涂层硬度

按 6.12.4 测试，其硬度不低于 2H。

5.11.1.5 涂层附着力

按 6.12.5 测试，其附着力不小于 2 级。

5.11.1.6 涂层必须选用无毒、无异味涂料。

5.11.1.7 丝管式蒸发器耐盐雾性能。

按 6.12.6 测试，耐盐雾时间由供需双方商定。

5.11.2 其他表面涂层性能由供需双方另行协议确定。

5.12 表面经氧化或其他处理表面性能

表面经氧化或其他处理时，其膜层厚度由双方商定，膜厚相应耐腐蚀性能应符合 6.13。

5.13 外观质量

5.13.1 未经表面处理的蒸发器铝板外观质量

5.13.1.1 表面无裂纹、裂边、腐蚀、穿通、气孔、扩散斑点及压焊处开焊现象。

5.13.1.2 表面允许有轻微划痕，松树枝状花纹和乳液痕等缺陷，划痕深度规定：管路部分不大于 0.05 mm，非管路部分不大于 0.1 mm。

5.13.1.3 表面缺陷允许用 400 号砂纸进行检验性修磨，修磨深度不得超过厚度允许负偏差。

5.13.1.4 蒸发器管路表面无气泡，每平方米非管路部分气泡总面积不超过 50 mm^2，其中单个气泡面积不超过 5 mm^2，气泡边与管路边沿距离不小于 5 mm。

5.13.2 未经表面处理的蒸发器其铝管外观质量

5.13.2.1 管的内外表面无裂纹、气泡、起皮、外来夹杂物、腐蚀斑点、粗糙拉道、分层、折叠、内表面无擦伤和斑疤。

5.13.2.2 外表面允许有斑疤、压坑、擦伤、石墨油印等个别小缺陷，其缺陷深度不得超过壁厚负偏差。

5.13.3 未经表面处理的丝管式蒸发器外观质量

钢丝排列要均匀一致，钢丝与盘管间点焊，在两侧第一排盘管上不允许有漏焊、虚焊和烧伤，其他部位的不合格数不应超过焊点总数的5‰，且不允许在盘管同一直线或同一根钢丝上，焊点钢丝压扁的现象不允许超过焊点总数的5‰，点焊后两端不得露出钢管的最外端。

5.13.4 未经表面处理的蒸发器采用其他材料外观质量

未经表面处理的其他材料，其外观质量应符合相应材料标准的规定。

5.13.5 焊接外观质量

焊接表面应光滑或呈均匀鱼鳞纹，不允许有气孔、夹杂和严重氧化，焊接凹坑的深度不超过2 mm。

5.13.6 经表面静电喷涂处理的蒸发器外观质量

5.13.6.1 丝管式蒸发器表面平整光滑、钢管钢丝排列整齐均匀，不允许有漏丝、断丝、交叉丝。

5.13.6.2 蒸发器表面涂层色泽一致，厚度均匀，不允许有漏涂、流痕、涂层剥落、明显杂斑和严重皱纹等缺陷。

5.13.7 表面经氧化或其他方式处理的蒸发器外观质量

5.13.7.1 表面应均匀一致，无涂层剥落、明显杂斑、划痕。

5.13.7.2 经阳极氧化处理，表面均匀一致，无碱渍，保护层剥落，明显划痕或电流击伤。不允许氧化膜有分散性黑色腐蚀斑点或暗色条纹。

5.14 粘接牢固性

粘接式蒸发器的牢固性试验，按6.14规定进行，在管的任一端加上垂直于轴向的拉力29.4 N(3 kgf)，无粘接膜剥离。也可按供需双方商定的其他要求试验。

5.15 点焊牢固性

管材与钢丝焊接点按6.15牢固性拉力试验，应牢固、无漏焊、脱焊等缺陷。

6 试验方法

6.1 材料

6.1.1 铝板、铝管化学成分分析方法

按GB/T 6987规定进行。

6.1.2 铜管、铜毛细管化学成分分析方法

按GB/T 5121规定进行。

6.1.3 单层钢管、双层钢管、钢丝化学成分分析方法

按GB/T 223规定进行，取样按GB/T 222规定。

6.1.4 其他材料化学成分分析方法

按相应标准规定进行。

6.2 尺寸测量方法

6.2.1 板的厚度测量方法

用分度值不低于0.01 mm的量具测量，测量位置为四个外角，距板材两头边沿100 mm处，距离测量边10 mm处。

6.2.2 管的外径，管路高度测量方法

用分度值不低于0.02 mm的游标卡尺测量。

6.2.3 管板式蒸发器管与板之间的间隙用分度值不低于0.05 mm的塞规测量。

6.2.4 外形尺寸、其他尺寸测量方法

用分度值为1 mm钢直尺、钢卷尺和分度值为0.02 mm的游标卡尺测量。

6.3 蒸发器表面质量及外观

表面质量及外观采用目测并以常规量具检查。

6.4 管路内容积测定方法

6.4.1 设备

a) 蒸发器质量不超过 2 kg 时，采用分度值为 0.5 g 的架盘天平，超过 2 kg 时采用分度值不大于 2 g 的架盘天平。

b) 水槽。

6.4.2 测定步骤

a) 将蒸发器管路口用胶塞或其他材料封严，不能进水。

b) 将蒸发器放在天平上称重，记下蒸发器的质量 M_K。

c) 将蒸发器完全浸入水槽中，并悬挂在天平上，称出蒸发器在水中的质量 M_S。

6.4.3 计算

内容积按式(1)进行计算：

$$V = \frac{1}{\rho_S}(0.63M_K - M_S + 0.26M_t) \qquad \cdots\cdots(1)$$

式中：

V——内容积，单位为立方厘米(cm^3)；

M_K——空气中蒸发器质量，单位为克(g)；

M_S——水中蒸发器质量，单位为克(g)；

M_t——铜铝连接管中铜管部分理论计算质量，单位为克(g)；

ρ_S——水的密度，1 g/cm^3。

6.5 密封性能试验方法

6.5.1 水中气密性试验

水中气密性试验是在管内充进一定压力的压缩空气或氮气，然后将蒸发器浸入 20 ℃～35 ℃水中 1 min，用肉眼观察有无气泡漏出。密封性能试验压力，见表 12。

STANDARDS PRESS OF CHINA

表 12 密封性能试验压力

项　　目	密封性能试验压力/MPa	备　　注
盘管截面全部圆管	1.8	
部分盘管截面 D 形管或异形管	1.3	盘管加工成截面异形管
板式蒸发器	1.0	板式蒸发器厚度≥1.5
	0.8	板式蒸发器 1.2≤厚度<1.5
	0.7	板式蒸发器 1.1≤厚度<1.2
	0.6	板式蒸发器，管路单面吹胀
	0.7	镶嵌毛细管板式蒸发器

6.5.2 蒸发器年泄漏量试验

蒸发器管路内充入制冷剂，放置在正压室内，环境温度 16 ℃～32 ℃，检漏仪调节到年漏量 0.5 g，对蒸发器任何部位进行检漏，观察检漏仪显示结果。

6.5.3 镶嵌毛细管蒸发器的回泄试验

如图 8(a)所示，从试样连接管管口中通入 0.3 MPa 压力的氮气，用堵头塞住另一端，浸入水中，从连接管管口收集排出的氮气，时间 1 min，通过量筒的刻度读出回泄量。

试样如图 8(b)所示。

单位为毫米

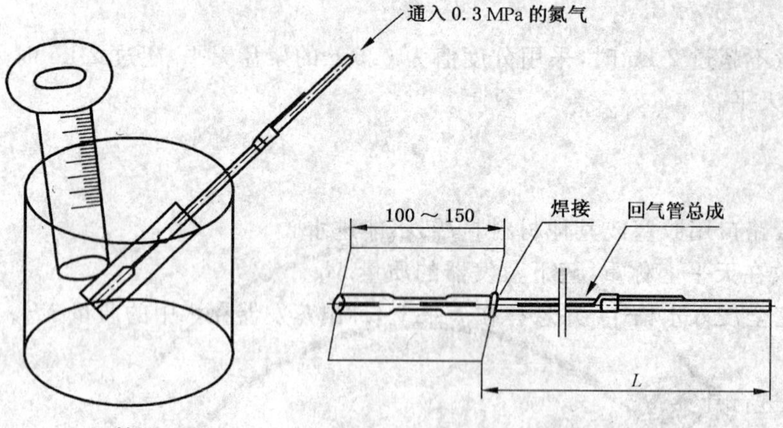

a）检测　　　　b）试样

图 8　回泄试验

6.6　管路杂质含量测定方法

6.6.1　试剂

正庚烷。

6.6.2　仪器、设备

a）精度为 0.1 mg 的分析天平；

b）调速振荡器；

c）氮气瓶，减压阀；

d）恒温水浴锅；

e）电热恒温干燥箱。

6.6.3　测定步骤

a）用精度为 0.1 mg 天平精确测量一个干燥并洁净的烧杯净重 M_1；

b）用注射器从蒸发器的进口注入正庚烷，注入量为蒸发器内容积的(50±5)%。加胶塞塞好全部管口，选蒸发器长度方向为振荡方向并固定在调速振荡器上，采用频率(1～2)Hz，振幅为(20～40)mm 方式振荡 10 min，然后翻过面来继续振荡 10 min；

c）将蒸发器的出口放于称重后的烧杯中，并用 0.1 MPa 压力的氮气将正庚烷全部从蒸发器管路中排到烧杯内；

d）将烧杯在水浴锅内加热，使正庚烷逐步蒸干，即将蒸干时再把烧杯放入温度为 105 ℃的电热恒温干燥箱内烘烤 10 min，接着取出烧杯放入干燥器冷却至室温。最后，用精度为 0.1 mg 天平精确测量蒸干后的烧杯重量 M_2。

6.6.4　计算

残留杂质量按式(2)进行计算：

$$M = M_2 - M_1 \qquad (2)$$

式中：

M——残留杂质量，单位为毫克(mg)；

M_2——蒸干后烧杯质量，单位为毫克(mg)；

M_1——烧杯质量，单位为毫克(mg)。

6.7　管内残留水量测定方法

6.7.1　试剂

a）无水乙醇；

b) 无水过氯酸镁。

6.7.2 仪器、设备(见图9)

a) 真空泵;

b) 真空测试仪;

c) 试管;

d) 电热恒温干燥箱。

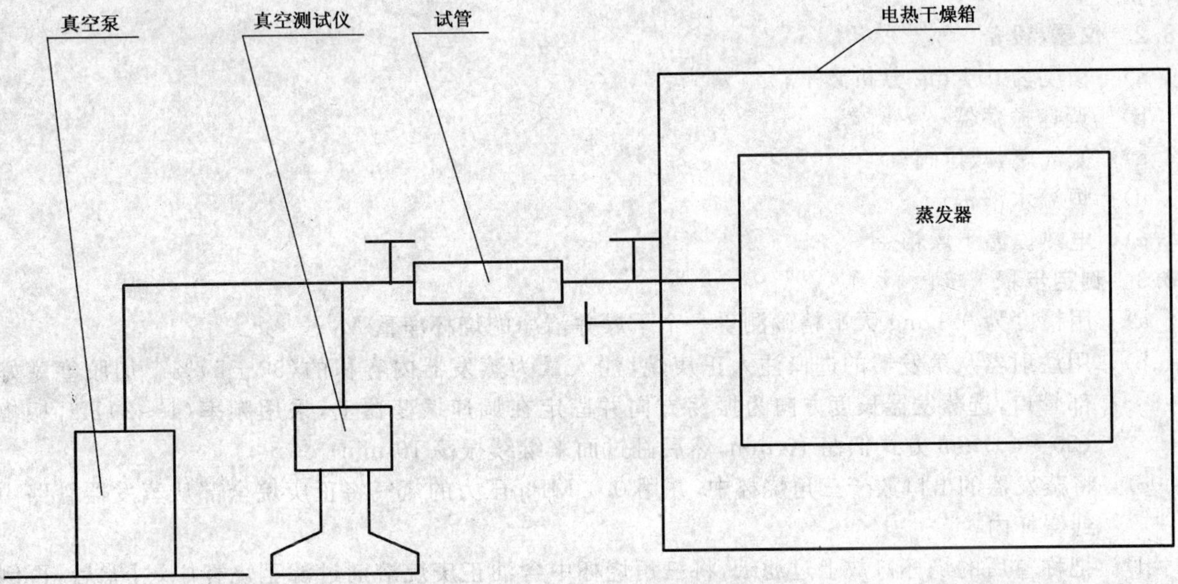

图9 管内残留水量测定装置

6.7.3 试验前准备

6.7.3.1 用水洗净试管,并用无水乙醇洗去管中的水,将试管放入105 ℃的电热恒温干燥箱内烘1 h,取出后加入无水过氯酸镁,立即用胶塞塞好两端,放入电热恒温干燥箱内保存,使用前取出试管,连同胶塞一起用精度为0.1 mg天平称重,并记下质量 M_1。

6.7.3.2 测试系统管路应保证在无水状态,如管路不能保证无水,必须如下处理,首先将干燥箱内测试管路距管端100 mm处用夹子夹紧,管路另一端连接真空泵,将烘箱升温至120 ℃,并对管路抽真空,真空度达到133 Pa以下,并保持30 min,然后将与真空泵连接管路夹子夹好,停止抽真空,此时测试管路系统已达到无水真空状态。

6.7.4 测定步骤

6.7.4.1 将蒸发器放入电热恒温干燥箱内,并将各测试管路相连接,把试管与测定管路连接起来。

6.7.4.2 将电热恒温干燥箱升温至120 ℃,并恒温15 min后打开距蒸发器100 mm处的胶管夹子和试管处的胶管夹子,开动真空泵抽真空,用真空测试仪检查真空度,使真空度达到133 Pa以下,继续开机抽真空2 h。

6.7.4.3 在抽真空过程中,经常检查真空度,如发现管路漏气,试验即作废,应重新取蒸发器重做。

6.7.4.4 在抽真空达2 h,拧紧电热恒温干燥箱内及试管前的夹子后,再把试管从管路上拆下,并用原胶塞把两端塞好。

6.7.4.5 用精度为0.1 mg天平称量试管质量 M_2。

6.7.4.6 计算

残留水量按式(3)进行计算:

$$M = M_2 - M_1 \qquad (3)$$

式中：

M——残留水量，单位为毫克(mg)；

M_2——装有无水过氯酸镁试管质量，单位为毫克(mg)；

M_1——装有吸水过氯酸镁试管质量，单位为毫克(mg)。

6.8 管内残留油份量测定方法

6.8.1 试剂

正庚烷。

6.8.2 仪器、设备

a) 精度为0.1 mg分析天平；

b) 调速振荡器；

c) 氮气瓶，减压阀；

d) 恒温水浴锅；

e) 电热恒温干燥箱。

6.8.3 测定步骤

a) 用精度为0.1 mg天平精确测量一个干燥并洁净的烧杯净重M_1；

b) 用注射器从蒸发器的进口注入正庚烷，注入量为蒸发器内容积的(50±5)%。加胶塞塞好全部管口，选蒸发器长度方向为振荡方向并固定在调速振荡器上，采用频率(1～2)Hz，振幅为(20～40)mm方式振荡10 min，然后翻过面来继续振荡10 min；

c) 将蒸发器的出口放于三角烧杯中，并用0.1 MPa压力的氮气将正庚烷全部从蒸发器管路中排到烧杯内；

d) 把称重后的烧杯口放上过滤纸，将三角烧杯中含油正庚烷溶剂过滤至烧杯中，过滤后，再倒入少量正庚烷，振荡三角烧杯，将振荡后的溶剂全部过滤至烧杯中；

e) 取下滤纸，将烧杯在恒温水浴锅内加热，使正庚烷逐步蒸干，即将蒸干时再把烧杯放入温度为105 ℃的电热恒温干燥箱内烘烤10 min，接着取出烧杯放入干燥器冷却至室温。最后，用精度为0.1 mg天平精确测量蒸干后的烧杯质量M_2。

6.8.4 计算

计算公式为式(4)：

$$M = M_2 - M_1 \qquad \cdots\cdots(4)$$

式中：

M——残留油份量，单位为毫克(mg)；

M_2——蒸干后烧杯质量，单位为毫克(mg)；

M_1——烧杯质量，单位为毫克(mg)。

6.9 管路变形试验方法

在蒸发器管路内充进符合表12规定压力的压缩空气或氮气，保持5 min，用百分表测量管路高度的变化，并用肉眼观察管路表面有无裂纹。

6.10 管路耐破坏试验方法

用水泵以每秒增加(0.06～0.1)MPa的速率增加水压力，在蒸发器管路内加水压至3.0 MPa，保持5 min，用肉眼观察有无管路渗水、开裂、穿通等破坏现象。

6.11 毛细管流量测定方法(直接读数法)

6.11.1 设备、仪器(见图10)

a) 氮气瓶；

b) 减压阀；

c) 0.4级精度压力表；

d) 温度计；

e) 2.5 级精度玻璃转子流量计。

6.11.2 测定步聚

在环境温度 20 ℃～25 ℃时按图 10 将所有仪器，设备用管路连通，然后将氮气瓶瓶阀打开，利用减压将进口侧压力调至 1.0 MPa，直接从流量计上读出毛细管的流量。

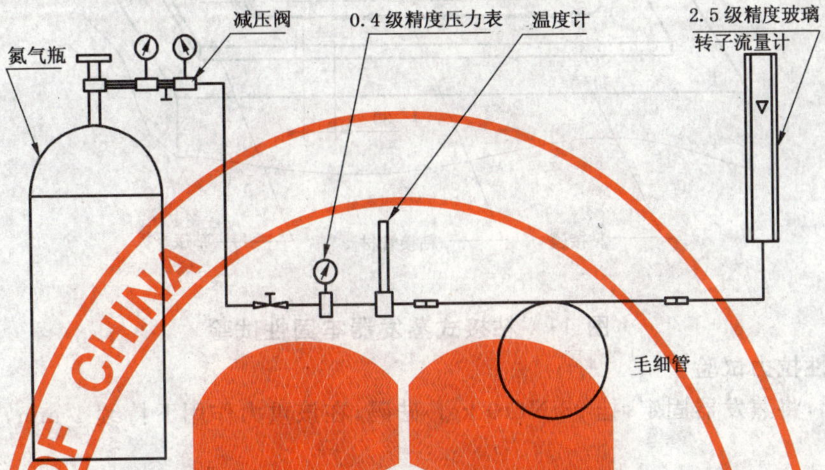

图 10 毛细管流量测定装置

6.12 表面静电喷塑涂层性能试验方法

6.12.1 涂层厚度的测定

按 GB/T 13452.2 规定的杠杆千分尺法进行。

6.12.2 涂层耐冲击的测定

按 GB/T 1732 规定的方法进行。

6.12.3 涂层柔韧性的测定

按 GB/T 1731 在外径为 15 mm 套管上进行。

6.12.4 涂层硬度的测定

按 GB/T 6739 规定的方法进行，但试样应是蒸发器板裁下的平整喷塑板。

6.12.5 涂层附着力的测定

在室温条件下，按 GB/T 9286 规定的方法进行。

6.12.6 丝管式蒸发器涂层耐盐雾性能的测定

按 GB/T 1771 规定的方法进行。

6.13 表面阳极氧化膜耐酸蚀性试验方法

在试样板上点 3 滴酸蚀液[盐酸(相对密度)5 mL＋重铬酸钾 3 g＋蒸馏水 75 mL]，观察液滴变为绿色的时间，应符合表 13 规定。所用试剂均为分析纯。

表 13 阳极氧化膜耐酸蚀性试验

试验方法	材料状态	在不同试验温度下的试验时间/min					备注(相当于氧化膜厚度)
		11～13 ℃	14～17 ℃	18～21 ℃	22～26 ℃	27～32 ℃	
酸蚀法	裸铝	11	8	6	5	4	(5～8)μm
	材料	30	25	20	17	14	10 μm 以上

6.14 粘接牢固性试验方法

粘接式蒸发器牢固性试验如图 11 所示，将粘接式蒸发器放在测试台上，按图加力方向和部位试验。

单位为毫米

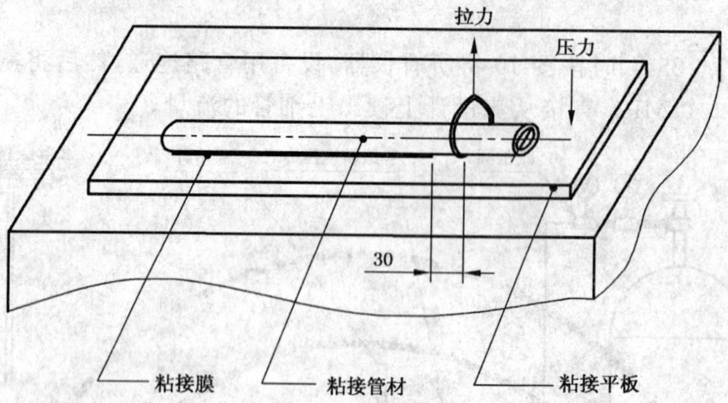

图 11 粘接式蒸发器牢固性试验

6.15 点焊牢固性拉力试验

如图 12 所示，将蒸发器固定，挂 98 N(10 kgf)砝码，在该重力作用下持续 1 min，卸去砝码，焊点无脱焊现象。

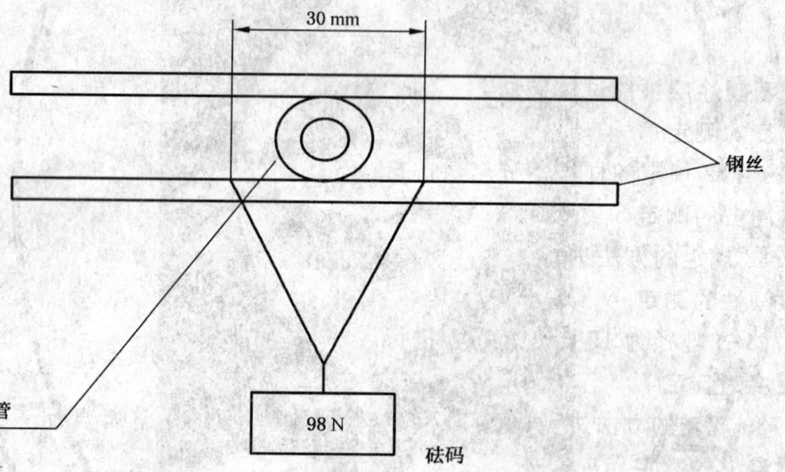

图 12 点焊牢固性拉力试验

6.16 涂料质量安检

涂层应检查无毒性，由涂料粉末生产厂提供法定质量检验机构出具的有效检验报告，符合5.11.1.6要求。

7 检验规则

7.1 检验批

每天生产的同一型号规格加工状态的产品为一个检验批。

7.2 蒸发器的检验分类

蒸发器的检验分为出厂检验和型式检验两种。

7.3 出厂检验

7.3.1 产品质量合格证或标记

每批蒸发器须经企业质量检验部门出厂检验合格，并附有产品质量合格证或标记后方可出厂。

7.3.2 出厂检验的抽样方案

采用 GB/T 2828.1 中的一次抽样方案，其检验项目、不合格分类、检查水平、接受质量限(AQL)水平应符合表 14 规定。

表 14 检查方案

序号	检验项目	本标准所属章、条		不合格分类	出厂检验		型式检验	
		技术要求	试验方法		检查水平	AQL	判别水平	RQL
1	外形尺寸	5.2.1.1 5.2.1.6 5.2.2.1 5.2.2.2 5.2.2.3 5.2.2.4 5.2.3 5.2.4	6.2	C	Ⅱ	6.5	Ⅱ二次抽样	50
2	管路宽度及管截面	5.2.1.2 5.2.1.5	6.2	C	Ⅱ	6.5	Ⅱ二次抽样	50
3	板式蒸发器管路图形尺寸	5.2.1.3	6.2	C	Ⅱ	6.5	Ⅱ二次抽样	50
4	冲孔、切口尺寸	5.2.1.4	6.2	C	Ⅱ	6.5	Ⅱ二次抽样	50
5	进出口连接外形尺寸	5.2.1.6.5	6.2	C	Ⅱ	6.5	Ⅱ二次抽样	50
6	内容积	5.3	6.4	C	S—1	4.0	Ⅱ二次抽样	50
7	密封性能	5.4.1 5.4.2	6.5.1 6.5.2	B	Ⅱ	1.5	Ⅱ二次抽样	30
8	镶嵌毛细管,蒸发器回泄漏密封性能	5.4.3	6.5.3	B	S—1	1.5	Ⅱ二次抽样	30
9	残留杂质	5.5	6.6	B	S—1	1.5	Ⅱ二次抽样	30
10	残留水分	5.6	6.7	B	S—1	1.5	Ⅱ二次抽样	30
11	残留油分	5.7	6.8	B	S—1	1.5	Ⅱ二次抽样	30
12	破坏压力	5.9	6.10	C	S—1	4.0	Ⅱ二次抽样	50
13	镶嵌毛细管蒸发器毛细管流量	5.10	6.11	C	Ⅱ	4.0	Ⅱ二次抽样	50
14	涂层厚度	5.11.1.1	6.12.1	C	S—1	6.5	Ⅱ二次抽样	50
15	外 观	5.13	6.3	C	Ⅱ	6.5	Ⅱ二次抽样	50
16	材料化学成份	5.1	6.1	C	—	—	Ⅱ二次抽样	50
17	板式蒸发器变形压力	5.8	6.9	C	—	—	Ⅱ二次抽样	50
18	静电喷涂料层抗冲击	5.11.1.2	6.12.2	C	—	—	Ⅱ二次抽样	50
19	静电喷涂层柔韧性	5.11.1.3	6.12.3	C	—	—	Ⅱ二次抽样	
20	静电喷涂层硬度及耐磨性	5.11.1.4	6.12.4	C	—	—	Ⅱ二次抽样	50
21	静电喷涂层附着力	5.11.1.5	6.12.5	C	—	—	Ⅱ二次抽样	50
22	丝管式蒸发器涂层耐盐雾性能	5.11.1.7	6.12.6	C	—	—	Ⅱ二次抽样	50
23	阳极氧化膜层耐酸蚀性	5.12	6.13	C	—	—	Ⅱ二次抽样	50

表 14（续）

序号	检验项目	本标准所属章、条		不合格分类	出厂检验		型式检验	
		技术要求	试验方法		检查水平	AQL	判别水平	RQL
24	粘接牢固性	5.14	6.14	C	—	—	Ⅱ二次抽样	50
25	点焊牢固性	5.15	6.15	C	—	—	Ⅱ二次抽样	50
注：B为重缺陷，C为轻缺陷。								

7.3.3 出厂检验项目

应包括与该蒸发器型式、规格、加工状态有关的表14中序号为1～15的各项检查项目。其中序号为1、2、3、4、5、7、13、15各项检查项目水平使用一般检查水平Ⅱ，序号为6、8、9、10、11、12、14各项检查水平使用特殊检查水平S—1。对于重不合格产品，合格质量水平AQL值为1.5，对于轻不合格产品，合格质量水平AQL分别为4.0和6.5，见表14规定。

7.3.4 其他抽样方案

根据供需双方协议，可以采用符合GB/T 2828.1的其他检查水平和接收质量限水平，也可以对尺寸、外观、密封性能采用全数检测。

7.4 型式检验

7.4.1 型式检验的条件

蒸发器投产前，以及在设计、工艺材料等有重大改变以至可能明显影响产品质量和性能时，或停产半年以上再恢复生产时，应按本标准要求进行型式检验。定型后连续生产的产品应每年进行一次型式检验。

7.4.2 型式检验的项目

应包括本标准规定的全部检验项目。

7.4.3 型式检验的抽样方案

采用GB/T 2829中的二次抽样方案，检验项目的判别具体抽样为：

RQL＝30　第一抽样6件，合格判定数为0，不合格判定数为2
　　　　　第二抽样6件，合格判定数为1，不合格判定数为2

RQL＝50　第一抽样6件，合格判定数为1，不合格判定数为3
　　　　　第二抽样6件，合格判定数为4，不合格判定数为5

8 标志、包装、运输、贮存

8.1 标志

蒸发器产品上应有工厂代号或商标标志。

8.1.1 包装箱内应有装箱单，其中注明：

a) 生产厂名称；
b) 产品名称、型式代号及标记；
c) 批号；
d) 数量；
e) 生产厂检验部门合格印记；
f) 验收日期。

8.1.2 每个包装箱上应有醒目的运输箱牌（或标签），其上注明：

a) 厂名、厂址；
b) 产品名称、型式代号及标记；
c) 标准编号；

d) 收货单位名称;

e) 批号;

f) 数量;

g) 发站;

h) 制造日期。

8.1.3 箱上应有明显的"防潮","小心轻放"及"向上"字样和符合 GB/T 191 的图示标记。

8.1.4 出口产品标识按合同约定。

8.2 包装

8.2.1 包装箱应有足够强度,不能因箱体破损使产品受到损坏。

8.2.2 包装箱可用木板和纤维板制造,也可用金属或多层纸箱、钙塑箱以及其他材料制成。

8.2.3 包装箱的尺寸、规格应能满足产品尺寸的要求,保证产品在箱内无窜动或挤折。

8.2.4 各种包装箱应规整、不歪斜,清洁干燥。

8.2.5 长形包装箱加强带的带距除能满足包装箱的坚固性要求外,底带的大小应能满足吊车和叉车运输的要求。

8.2.6 木制包装箱连接时,钉子的位置应呈迈步形排列,钉帽要打靠,钉尖要盘倒,不准有露钉。

8.2.7 多层纸箱、钙塑箱连接牢固。纸质衬纸或瓦楞纸、衬纸及纸箱水溶性 pH 值呈中性或弱酸性。

8.2.8 木箱包装时,均应在包装箱内铺一层中性或弱酸性防潮纸或其他防潮材料和两层中性或弱酸性浸油纸。产品装入箱时,产品之间必须用塑料气垫膜或瓦楞纸等其他材料充分隔离。装箱后,四边的包装材料应向上折叠好,上面再盖一层至二层浸油纸,方可加盖并用钉子或铁腰子封箱。

8.2.9 蒸发器在包装前必须用橡胶塞或其他方式将蒸发器管口密封,防止杂质、水分进入管内,并且充入 0.2 MPa 的干燥氮气。

8.2.10 蒸发器木包装箱出口,必须接受熏蒸处理。

8.3 运输

8.3.1 蒸发器可采用火车、汽车、轮船、飞机等交通工具运输。

8.3.2 装运产品的火车车厢、轮船船仓、汽车车厢应清洁、干燥、无污染物。

8.3.3 严禁产品同化学活性物质及潮湿性材料装在同一个车厢、船仓、集装箱内运输。蒸发器运输和中转时必须防雨、防雪和浸湿。

8.4 贮存

8.4.1 产品应贮存在清洁、防潮、无毒、无腐蚀气体的库房内。

STANDARDS PRESS OF CHINA

附　录　A
（规范性附录）
管路的截面尺寸

板式蒸发器管路截面积应按表 A.1 规定进行优选。

表 A.1　板式蒸发器管路截面积优选值

名称	截面尺寸	板厚 t/mm	管路高 h/mm	管路宽 W/mm	平台宽 W'/mm	截面积 S/mm^2	理论截面周长 L/mm
双面吹胀六边形截面	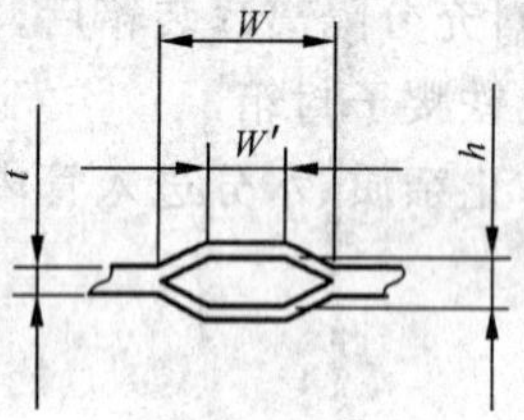	1.2	2.6	8	2	13.7	18.0
				9	3	16.3	20.0
				10	4	18.9	22.0
			2.8	8	2	14.7	18.2
				9	3	17.5	20.2
				10	4	20.3	22.2
			3.0	9	3	18.8	20.3
				10	4	21.8	22.3
				11	5	24.8	24.3
		1.5	3.0	9	3	18.8	20.3
				10	4	21.8	22.3
				11	5	24.8	24.3
			3.2	9	2.5	19.2	20.4
				10	3.5	22.4	22.4
				11	4.5	25.6	24.4
			3.4	10	3	23	22.5
				11	4	26.4	24.5
				12	5	29.8	26.5
双面吹胀椭圆形截面	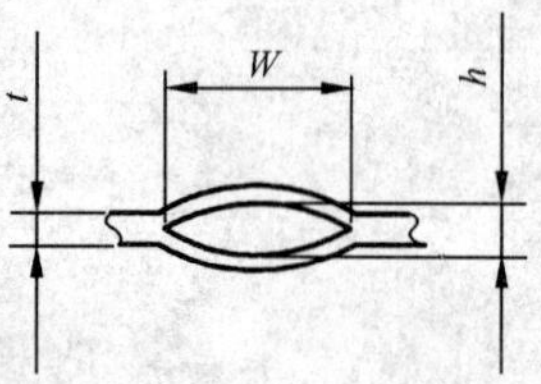	1.2	2.6	7	—	13.3	16.2
			2.8	7	—	14.4	16.4
			3.0	7	—	15.5	16.6
				8	—	17.4	18.4
		1.5	3.0	7	—	15.5	16.6
				8	—	17.4	18.4
			3.2	8	—	18.6	18.6
				9	—	20.7	20.4
			3.4	8	—	19.9	18.8
				9	—	22.1	20.6

表 A.1（续）

名称	截面尺寸	板厚 t/mm	管路高 h/mm	管路宽 W/mm	平台宽 W'/mm	截面积 S/mm^2	理论截面周长 L/mm
单面吹胀弓形截面	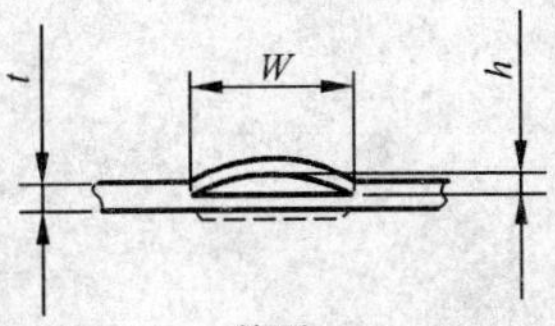 单面	1.2	1.3	8	—	7.5	17.6
				9	—	8.4	19.5
				10	—	9.2	21.4
			1.4	8	—	8.1	17.6
				9	—	9.0	19.5
				10	—	9.9	21.5
			1.5	9	—	9.7	19.6
				10	—	10.7	21.6
				11	—	11.7	23.5
		1.5	1.5	9	—	9.7	19.6
				10	—	10.7	21.6
				11	—	11.7	23.5
			1.6	9	—	10.4	19.7
				10	—	11.4	21.6
				11	—	12.5	23.6
			1.7	10	—	12.2	21.7
				11	—	13.3	23.7
				12	—	14.4	25.6
部分单面吹胀弓形截面	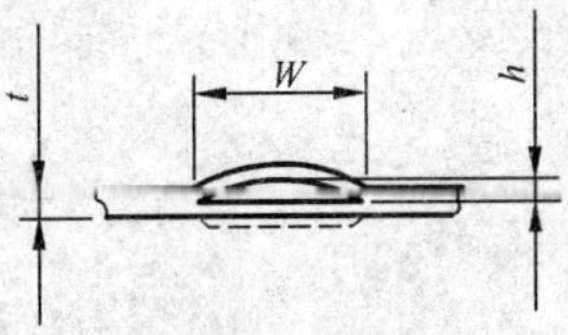 部分单面	1.2	1.1	8	—	6.3	17.4
				9	—	7.0	19.3
			1.2	8	—	6.9	17.4
				9	—	7.7	19.4
		1.5	1.2	9	—	7.7	19.4
				10	—	8.5	21.4
			1.3	9	—	8.4	19.5
				10	—	9.2	21.4
			1.4	10	—	9.9	21.5
				11	—	10.9	23.4

ICS 97.040.30
Y 61

GB

中华人民共和国国家标准

GB/T 23134—2008

STANDARDS PRESS OF CHINA

家用电冰箱冷凝器

Condenser of household refrigerating appliance

2008-12-30 发布　　　　2009-09-01 实施

中华人民共和国国家质量监督检验检疫总局
中国国家标准化管理委员会　发布

前　言

本标准由中国轻工业联合会提出。

本标准由全国家用电器标准化技术委员会(SAC/TC 46)归口。

本标准起草单位:中国家用电器研究院、常州常蒸蒸发器有限公司、海尔集团公司、上海索伊电器有限公司。

本标准主要起草人:杨超、汪益平、王东宁、蔡其文、蔡宁。

家用电冰箱冷凝器

1 范围

本标准规定了家用和类似用途电冰箱(以下简称电冰箱)冷凝器的术语和定义、分类和命名、技术要求、试验方法、检验规则、标志、包装、运输、贮存。

本标准适用于电冰箱冷凝器;也用于冷冻箱、饮水机、酒柜以及制冰机等的冷凝器(以下简称冷凝器)。

2 规范性引用文件

下列文件中的条款通过本标准的引用而成为本标准的条款。凡是注日期的引用文件,其随后所有的修改单(不包括勘误的内容)或修订版均不适用于本标准,然而,鼓励根据本标准达成协议的各方研究是否可使用这些文件的最新版本。不注明日期的引用文件,其最新版本适用于本标准。

GB/T 191 包装储运图示标志(GB/T 191—2008,ISO 780:1997,MOD)

GB/T 222 钢的成品化学成分允许偏差

GB/T 223 钢铁及合金化学分析方法

GB/T 228 金属材料室温拉伸试验方法(GB/T 228—2002,eqv ISO 6892:1998)

GB/T 342 冷拉圆钢丝、方钢丝、六角钢丝尺寸、外形、重量及允许偏差(GB/T 342—1997,neq EN 10218-2:1994)

GB/T 699 优质碳素结构钢

GB/T 708 冷轧钢板和钢带的尺寸、外形、重量及允许偏差(GB/T 708—2006,ISO 16162:2000,NEQ)

GB/T 1527 铜及铜合金拉制管

GB/T 1727 漆膜一般制备法

GB/T 1731 漆膜柔韧性测定法

GB/T 1771 色漆和清漆 耐中性盐雾性能的测定(GB/T 1771—2007,ISO 7253:1996,IDT)

GB/T 2828.1 计数抽样检验程序 第1部分:按接收质量限(AQL)检索的逐批检验抽样计划(GB/T 2828.1—2003,ISO 2859-1:1999,IDT)

GB/T 2829 周期检验计数抽样程序及表(适用于对过程稳定性的检验)

GB/T 3880.1 一般工业用铝及铝合金板、带材 第1部分:一般要求

GB/T 4956 磁性基体上非磁性覆盖层 覆盖层厚度测量 磁性法(GB/T 4956—2003,ISO 2178:1982,IDT)

GB/T 5121(所有部分) 铜及铜合金 化学分析方法

GB/T 5270 金属基体上的金属覆盖层 电沉积层和化学沉积层 附着强度试验方法评述(GB/T 5270—2005,ISO 2819:1980,IDT)

GB/T 6739 色漆和清漆 铅笔法测定漆膜硬度(GB/T 6739—2006,ISO 15184:1998,IDT)

GB/T 6987(所有部分) 铝及铝合金 化学分析方法

GB/T 9286 色漆和清漆 漆膜的划格试验(GB/T 9286—1998,eqv ISO 2409:1992)

GB/T 11258 双层卷焊钢管

GB/T 13237 优质碳素结构钢冷轧薄钢板和钢带

GB/T 13452.2 色漆和清漆 漆膜厚度的测定(GB/T 13452.2—2008,ISO 2808:2007,IDT)

GB/T 13793 直缝电焊钢管

HG/T 2006　热固性粉末涂料
HG/T 2005　电冰箱用磁漆

3　术语和定义

3.1

冷凝器　condenser

通过散发热量，使冲入其中一定压力的制冷剂气体液化的一种换热器。

3.2

丝管式冷凝器　wire tube condenser

金属管与钢丝结合电阻焊等工艺制成的冷凝器。

3.3

管板式冷凝器　tube plate condenser

金属管与金属板结合电阻焊等工艺制成的冷凝器。

3.4

盘管冷凝器　coil condenser

金属管采用弯曲等工艺方式加工制成的冷凝器。

3.5

翅片冷凝器　finned tube condenser

金属管穿套翅片工艺制成的冷凝器。

3.6

管路　pipe-line

制冷剂流过的通道。

3.7

管路图形　figure of pine-line

冷凝器中制冷剂流过的全部通道所构成的图形。

4　分类和型号命名

4.1　冷凝器的型式及代号：

LSG——管、钢丝点焊式冷凝器(简称丝管式冷凝器)；
LGB——金属管与金属板采用铆接工艺方式加工的冷凝器(简称管板式冷凝器)；
LPG——金属管采用弯曲等工艺方式加工的冷凝器(简称盘管冷凝器)；
LCP——金属管穿套翅片工艺制成的冷凝器(简称翅片冷凝器)。

4.2　规格

冷凝器的规格指特定加工状态下的管道内容积(单位为立方厘米，cm^3)其规格用阿拉伯数字表示。

4.3　型号及含义

型号及其含义如下所示(见图 1)：

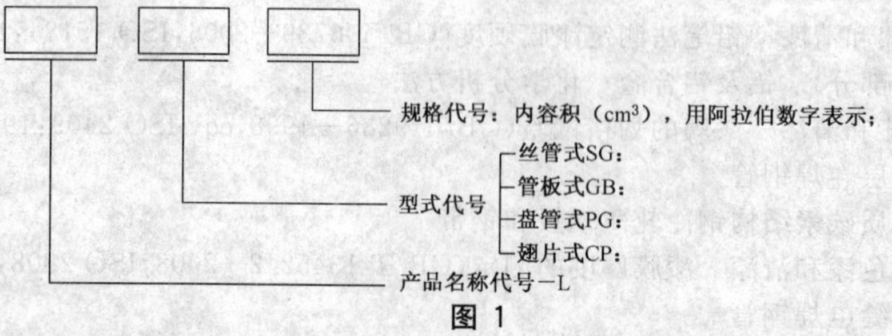

图 1

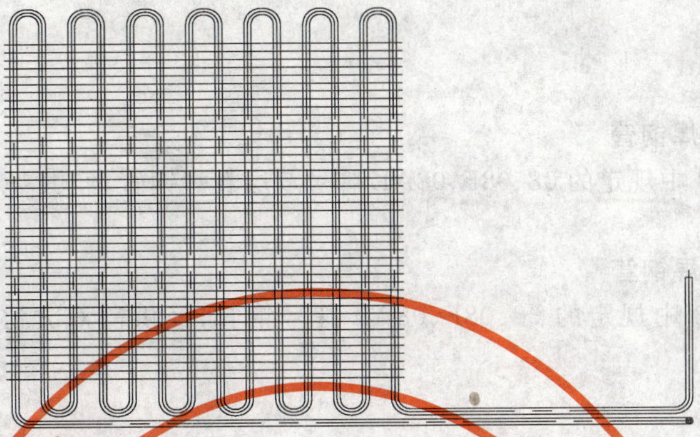

（SG）

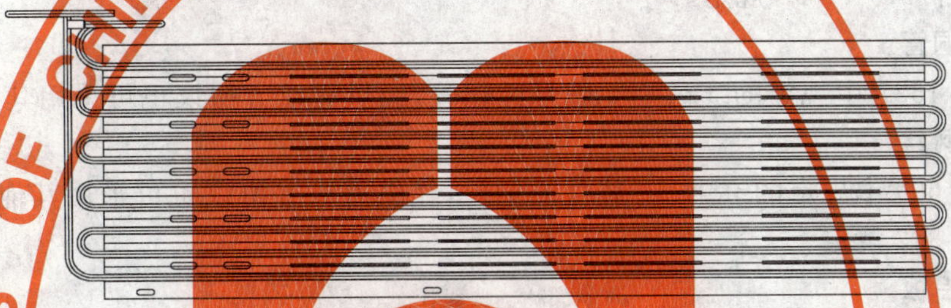

（GB）

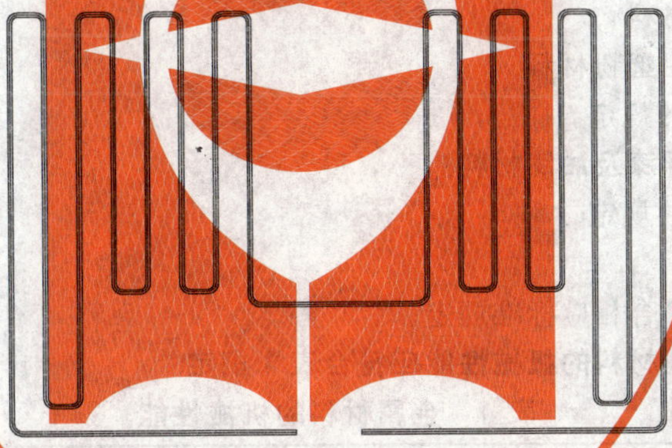

（PG）

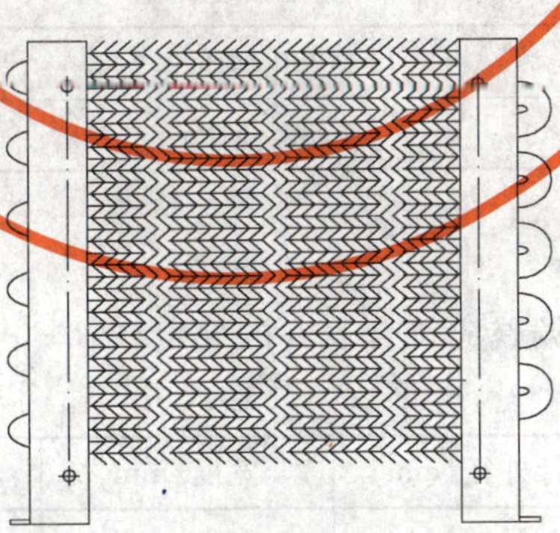

（CP）

图 1（续）

例：

内容积 40 cm^3 的丝管式冷凝器：LSG40；

内容积 165 cm^3 的管板铆接式冷凝器：LGB165；

内容积 185 cm^3 的翅片式冷凝器：LCP185。

STANDARDS PRESS OF CHINA

5 技术要求

5.1 材料

5.1.1 冷凝器用双层卷焊钢管

应符合 GB/T 11258 中规定的08、08F、08AL 牌号双层卷焊钢管，经供需双方协议也可采用其他牌号的钢管。

5.1.2 冷凝器用直缝电焊钢管

应符合 GB/T 13793 中规定的08、08F、08AL 牌号钢管，经供需双方协议也可采用其他牌号的钢管。

5.1.3 冷凝器用钢板

应符合 GB/T 13237 中规定的08、08F、08AL 牌号钢板，经供需双方协议也可采用其他牌号的钢板，允许偏差应符合 GB/T 708 规定。

5.1.4 冷凝器用铜管

应符合 GB/T 1527 中规定的 T2、TP2 牌号纯铜管，经供需双方协议也可采用其他牌号的铜管。

5.1.5 冷凝器用钢丝

应符合 GB/T 699 中规定的08F、10 牌号的钢丝，经供需双方协议也可采用其他牌号的钢丝，尺寸偏差应符合 GB/T 342 规定。

5.1.6 冷凝器用铝板

应符合 GB/T 3880.1 中规定的铝及铝合金轧制板材。

5.1.7 冷凝器的表面涂层材料

5.1.7.1 冷凝器静电喷涂用塑粉材料

应符合 HG/T 2006 中的规定。

5.1.7.2 冷凝器用阴极电泳漆及油漆材料

应符合 HG/T 2005 中的规定。

5.1.8 冷凝器用其他材料

由双方协议确认，但应符合相应标准规定。

5.2 翅片式冷凝器采用金属材料的机械性能应符合表1规定

表1 金属材料的机械性能

材料	抗拉强度	50 mm 伸长率
铜管	≥220 MPa	≥40%
铝板	≥73.5 MPa	≥15%

5.3 尺寸及允许偏差

5.3.1 冷凝器外形尺寸及允许偏差

丝管式冷凝器外形尺寸及允许偏差应符合表2的规定。

表2 外形尺寸

外形尺寸及允许偏差	管外径/mm	宽度/mm	长度/mm	
外形尺寸	4～8	≤1 000	≤1 000	1 001～2 800
允许偏差	±0.3	±2.0	±2.0	±3

5.3.2 冷凝器盘管弯曲 *R* 处截面尺寸允许偏差

冷凝器盘管弯曲 R 处应平整一致，内孔变形后，截面积不得小于原面积的75%。

5.3.3 其他冷凝器尺寸

按用户图纸要求，或由供需双方确认。

5.4 密封性能

5.4.1 冷凝器气密性性能

按 6.5.1 进行气密性能试验时，不应有气泡泄出。

5.4.2 冷凝器制冷剂年泄漏量

按 6.5.2 进行测试，任何部位制冷剂年泄漏量不大于 0.5 g。

5.5 管路内杂质含量

管路内杂质含量按 6.6 进行测试，按管路内表面积计算，应符合表 3 规定。

表 3 杂质含量和单个杂质质量

型　　式	杂质含量/(mg/m²)	单个杂质质量/mg
丝管式	≤50	≤2
管板式、盘管式	≤30	≤2
翅片式	≤30	≤2
其他	≤30	≤2

5.6 管路内水分含量

管路内水分含量按 6.7 进行测试，按管路内表面积计算水分含量不大于 30 mg/m^2。

5.7 管路内油分含量

管路内油分含量按 6.8 进行测试，按管路内表面积计算，管路内油分含量不大于 7 mg/m^2。

5.8 点焊牢固性

管材与钢丝焊接点按 6.10 牢固性拉力试验，应牢固、无漏焊、脱焊等缺陷。

5.9 表面涂层性能

5.9.1 静电喷塑、电泳漆处理表面涂层性能

5.9.1.1 涂层厚度

涂层厚度符合表 4 要求。

表 4 涂层厚度

冷凝器型式	涂层名称	厚度/μm	备注
丝管式	阴极电泳漆	18～28	具体厚度按供需双方确认要求
	静电喷涂	50～350	
管板式	阴极电泳漆	18～28	

5.9.1.2 涂层附着力

按 6.9.1.5 测试，其附着力应不低于 2 级标准。

5.9.1.3 涂层柔韧性

按 6.9.1.6 测试，应无网纹、裂纹及剥落现象。

5.9.1.4 涂层硬度

按 6.9.1.4 测试，硬度不低于 2H。

5.9.1.5 涂层附着强度 180°弯曲试验性能

按 6.9.1.3 测试，涂层无开裂、剥落现象。

5.9.1.6 涂层盐雾试验

按 6.9.1.7 规定测试 48 h，无红色锈迹、斑点等缺陷。

盘管式用镀锌管，涂层盐雾试验要求由供需双方确认。

5.9.2 其他表面涂层性能

由供需双方另行协议确定。

5.10 外观质量

5.10.1 未经处理的冷凝器外观质量

5.10.1.1 冷凝器钢丝、管道排列外观质量

冷凝器表面平整、光滑、钢管钢丝排列整齐均匀，不允许有漏丝、断丝、交叉丝。

钢丝分布均匀相互间的平行度目测均匀一致，两端相齐，且无尖头、歪斜现象。

5.10.1.2 未经表面处理的钢管外观质量

钢管表面应清洁光亮，不允许有裂纹、结疤、分层(双层管除外)、搭焊缺陷存在。允许有不大于壁厚负偏差的划道、刮伤、焊缝错位、烧伤、薄的氧化铁皮以及打磨与清除外毛刺的痕迹存在。

5.10.1.3 未经表面处理的钢丝外观质量

钢丝表面应光滑，不得有裂纹、斑疤、折叠、氧化铁皮和锈及深度超过 0.02 mm 的局部擦伤，允许存在个别深度不超过尺寸允许偏差之半的凹陷。

5.10.1.4 未经表面处理的钢板表面质量

钢板应光亮，除允许有其深度或高度不大于钢带、板厚度允许偏差之半的个别凹面、凸块、结疤、纵向划伤或划痕外，不得有其他缺陷。

5.10.1.5 未经表面处理的铜管外观质量

铜管表面清洁、光亮，无焊接毛刺和油污，不得有砂眼、裂纹及影响使用性能的机械损伤，允许擦伤深度不大于 0.1 mm。

5.10.2 未经表面处理冷凝器采用其他材料外观

应符合相应材料标准的规定。

5.10.3 经表面处理的冷凝器外观质量

5.10.3.1 经表面喷塑处理的冷凝器外观质量

喷塑表面应均匀一致，不允许有漏喷、涂层剥落、明显杂斑和严重皱纹。

5.10.3.2 经表面阴极电泳漆处理的冷凝器外观质量

表面漆膜均匀，色泽一致，不应有漏漆、挂漆、气泡等缺陷。

5.10.4 其他方法处理的冷凝器外观质量

表面应均匀一致，不允许由涂层剥落、明显杂斑、划痕。

5.10.5 冷凝器焊接表面质量

冷凝器焊接后平面应平整，符合图纸要求。管材与钢丝焊点应牢固，无漏焊、脱焊等缺陷。钢丝与盘管间点焊，在两侧第一排盘管上不允许有漏焊、虚焊和烧伤。其他部位的不合格数不应超过焊点总数的 5‰，且不允许在盘管同一直线或同一根钢丝上，焊点钢丝压扁的现象不允许超过焊点总数的 5‰，点焊后两端不得露出钢管的最外端。

6 试验方法

6.1 材料

6.1.1 材料化学成分分析方法

6.1.1.1 单层钢管、双层钢管、金属板、钢丝化学成分

按 GB/T 223、GB/T 6987 规定进行，取样按 GB/T 222 规定。

6.1.1.2 铜管化学成分

按 GB/T 5121 规定进行。

6.1.1.3 其他材料化学成分分析

按相应标准规定进行。

6.2 金属材料室温拉伸试验方法

按 GB/T 228 规定进行。

6.3 尺寸测量方法

6.3.1 板的厚度测量方法

用分度值不低于 0.01 mm 的量具测量，测量位置为四个外角，距板材两头边沿 100 mm 处，距离测量边 10 mm 处。

6.3.2 管的外径、管路高度测量方法

用分度值不低于 0.02 mm 的量具测量，测量点不少于 2 处。

6.3.3 钢丝的外径测量方法

用分度值不低于 0.02 mm 的量具测量，测量点不少于 2 处。

6.3.4 外形尺寸、其他尺寸测量方法

用分度值为 1 mm 直尺和分度值为 0.02 mm 的游标卡尺测量。

6.4 冷凝器外观质量

采用目测法检查。

6.5 密封性能

6.5.1 冷凝器气密性检查

气密性试验是在管内充进 1.8 MPa 纯度不低于 99.5%的干燥氮气，然后将冷凝器浸入 20 ℃～35 ℃水中 1 min，应无气泡泄出。

6.5.2 冷凝器年泄漏量试验

冷凝器管路内充入适量制冷剂，放置在正压室内，环境温度 16 ℃～32 ℃，检漏仪调节到年漏量 0.5 g，对冷凝器任何部位进行检漏，观察检漏仪显示结果。

6.6 管路杂质含量测定方法

6.6.1 试剂

正庚烷。

6.6.2 仪器、设备

a) 精度为 0.1 mg 的分析天平；

b) 调速振荡器；

c) 氮气瓶，减压阀；

d) 恒温水浴锅；

e) 电热恒温干燥箱。

6.6.3 测定步骤

a) 用精度为 0.1 mg 天平精确测量一个干燥并洁净的烧杯净重 M_1。

b) 用注射器从冷凝器的进口注入正庚烷，注入量为冷凝器内容积的(50±5)%。加胶塞塞好全部管口，选冷凝器长度方向为振荡方向并固定在调速振荡器上，采用频率(1～2)Hz，振幅为(20～40)mm 方式振荡 10 min，然后翻过面来继续振荡 10 min。

c) 将冷凝器的出口放于称重后的烧杯中，并用 0.1 MP 压力的氮气将正庚烷全部从冷凝器管路中排到烧杯内。

d) 将烧杯在水浴锅内加热，使正庚烷逐步蒸干，即将蒸干时再把烧杯放入温度为 105 ℃的电热恒温干燥箱内烘烤 10 min，接着取出烧杯放入干燥器冷却至室温。最后，用精度为 0.1 mg 天平精确测量蒸干后的烧杯质量 M_2。

6.6.4 计算

残留杂质量按式(1)进行计算：

$$M = M_2 - M_1 \quad \cdots\cdots (1)$$

式中：

M——残留杂质量，单位为毫克(mg)；

M_2——蒸干后烧杯质量，单位为毫克(mg)；

M_1——烧杯质量，单位为毫克(mg)。

6.7 管内残留水量测定方法

6.7.1 试剂

a) 无水乙醇；

b) 无水过氯酸镁。

6.7.2 仪器、设备(见图2)

a) 真空泵；

b) 真空测试仪；

c) 试管；

d) 电热恒温干燥箱。

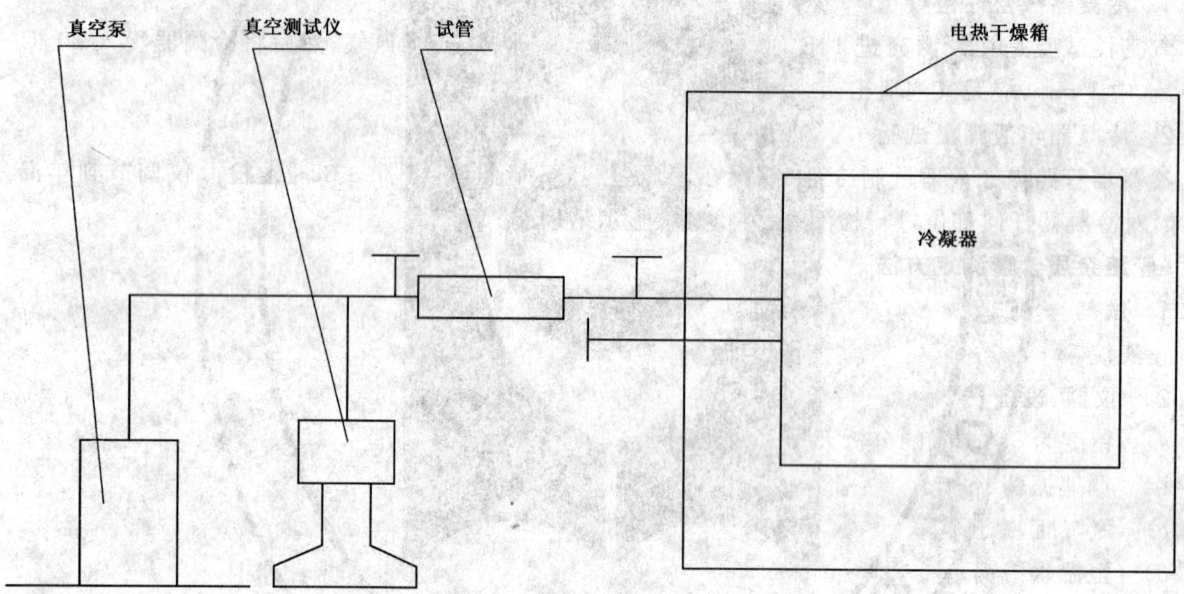

图2 试验装置示意图

6.7.3 试验前准备

6.7.3.1 用水洗净试管，并用无水乙醇洗去管中的水，将试管放入105 ℃的电热恒温干燥箱内烘1 h，取出后加入无水过氯酸镁，立即用胶塞塞好两端，放入电热恒温干燥箱内保存，使用前取出试管，连同胶塞一起用精度为0.1 mg天平称重，并记下质量M_1。

6.7.3.2 测试系统管路应保证在无水状态，如管路不能保证无水，必须如下处理，首先将干燥箱内测试管路距管端100 mm处用夹子夹紧，管路另一端连接真空泵，将烘箱升温至120 ℃，并对管路抽真空，真空度达到133 Pa以下，并保持30 min，然后将与真空泵连接管路夹子夹好，停止抽真空，此时测试管路系统已达到无水真空状态。

6.7.4 测定步骤

6.7.4.1 将冷凝器放入电热恒温干燥箱内，并将各测试管路相连接，把试管与测定管路连接起来。

6.7.4.2 将电热恒温干燥箱升温至120 ℃，并恒温15 min后打开距冷凝器100 mm处的胶管夹子和试管处的胶管夹子，开动真空泵抽真空，用真空测试仪检查真空度，使真空度达到133 Pa以下，继续开机抽真空 2 h。

6.7.4.3 在抽真空过程中，经常检查真空度，如发现管路漏气，试验即作废，应重新取冷凝器重做。

6.7.4.4 在抽真空达 2 h，拧紧电热恒温干燥箱内及试管前的夹子后，再把试管从管路上折下，并用原胶塞把两端塞好。

6.7.4.5 用精度为 0.1 mg 天平称量试管质量 M_2。

6.7.4.6 计算

残留水量按式(2)进行计算：

$$M = M_2 - M_1 \qquad \cdots\cdots(2)$$

式中：

M——残留水量，单位为毫克(mg)；

M_2——装有无水过氯酸镁试管质量，单位为毫克(mg)；

M_1——装有吸水过氯酸镁试管质量，单位为毫克(mg)。

6.8 管内残留油分量测定方法

6.8.1 试剂

正庚烷。

6.8.2 仪器、设备

a) 精度为 0.1 mg 分析天平。

b) 调速振荡器。

c) 氮气瓶，减压阀。

d) 恒温水浴锅。

e) 电热恒温干燥箱。

6.8.3 测定步骤

a) 用精度为 0.1 mg 天平精确测量一个干燥并洁净的烧杯净重 M_1。

b) 用注射器从冷凝器的进口注入正庚烷，注入量为冷凝器内容积的(50±5)%。加胶塞塞好全部管口，选冷凝器长度方向为振荡方向并固定在调速振荡器上，采用频率(1～2)Hz，振幅为(20～40)mm 方式振荡 10 min，然后翻过面来继续振荡 10 min。

c) 将冷凝器的出口放于三角烧杯中，并用 0.1 MPa 压力的氮气将正庚烷全部从冷凝器管路中排到烧杯内。

d) 把称重后的烧杯口放上过滤纸，将三角烧杯中含油正庚烷溶剂过滤至烧杯中，过滤后，再倒入少量正庚烷，振荡三角烧杯，将振荡后的溶剂全部过滤至烧杯中。

e) 取下滤纸，将烧杯在恒温水浴锅内加热，使正庚烷逐步蒸干，即将蒸干时再把烧杯放入温度为 105 ℃的电热恒温干燥箱内烘烤 10 min，接着取出烧杯放入干燥器冷却至室温。最后，用精度为 0.1 mg 天平精确测量蒸干后的烧杯质量 M_2。

6.8.4 计算

计算公式为式(3)：

$$M = M_2 - M_1 \qquad \cdots\cdots(3)$$

式中：

M——残留油分量，单位为毫克(mg)；

M_2——蒸干后烧杯质量，单位为毫克(mg)；

M_1——烧杯质量，单位为毫克(mg)。

6.9 表面涂层性能试验方法

6.9.1 表面静电喷塑、阴极电泳漆涂层性能试验方法

6.9.1.1 试验样板的制备

6.9.1.1.1 试验样板的选材及表面处理

选用250 mm×150 mm×(0.2 mm～0.3 mm)的钢板，经除锈、除油后进行磷化工艺处理(随产品按工艺流程一并加工制作)。本样板用作盐雾、附着力试验用试板，其余试验用马口铁板。

6.9.1.1.2 漆膜制备

将处理好的样板随产品工艺流程加工制作、固化后，室温内放置24 h后，按有关规定进行性能试验。漆膜制备按GB/T 1727规定。

6.9.1.2 涂层厚度的测定

按GB/T 13452.2规定的杠杆千分尺法进行。或按GB/T 4956规定的磁性金属基体上非磁性覆盖层厚度测量磁性方法进行。

6.9.1.3 涂层附着强度180°弯曲试验方法

按GB/T 5270弯曲试验规定的方法进行。通常用手和钳子进行，将试样先向一边，然后向另一边尽可能急骤的弯曲，直到试样断裂。检查断裂处，涂层应无开裂或剥落。

6.9.1.4 涂层硬度的测定

按GB/T 6739规定的方法进行。

6.9.1.5 涂层附着力

按GB/T 9286划格法规定的方法进行。

6.9.1.6 涂层柔韧性的测定

按GB/T 1731中外径为15 mm的套管上进行，但试样应是从样板中裁下的25 mm×120 mm平整喷塑板或阴极电泳漆板。

6.9.1.7 涂层耐盐雾试验

按GB/T 1771规定。

6.10 点焊牢固性拉力试验

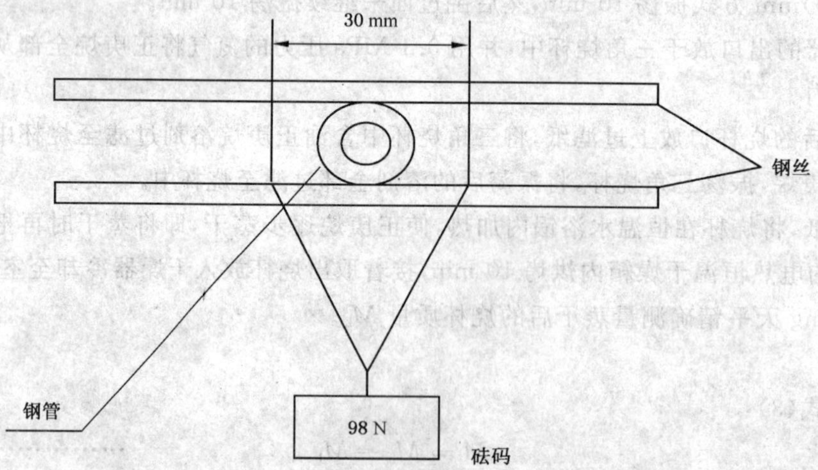

图3 点焊牢固性拉力试验

如图所示，将冷凝器固定，挂98 N(10 kgf)砝码，在该重力作用下持续1 min，卸去砝码，焊点无脱焊现象。

7 检验规则

7.1 检验批

每天生产的同一型号、同一规格、同一加工状态的产品为一个检验批。

7.2 冷凝器的检验分类

冷凝器的检验分为出厂检验和型式检验两种。

7.3 出厂检验

7.3.1 产品质量合格证或标记

冷凝器须经企业质量检验部门出厂检验合格，并附有产品质量合格证或标记后方可出厂。

7.3.2 出厂检验的抽样方案

采用 GB/T 2828.1 中的一次抽样方案，其检验项目、不合格分类、检查水平、接受质量限水平应符合表 5 规定。

7.3.3 出厂检验项目

应包括冷凝器型式、规格、加工状态有关的表 5 中序号为 1～9 各检查项目。表 5 中 1、2、3、4、8 各项检查使用一般检查水平，序号为 5、6、7、9 各项检查使用特殊检查水平 S-1。对于 B 类不合格产品，合格质量水平 AQL 为 1.5，对于 C 类不合格产品，合格质量水平 AQL 分别为 4.0 和 6.5，见表 5 规定。

表 5 出厂检验和型式检验

序号	检验项目	本标准所属章条		不合格分类	出厂检验（逐批检查）		型式检验（周期检查）	
		技术要求	试验方法		检查水平	AQL	判别水平	RQL
1	外观	5.10	6.4	C	Ⅱ	6.5	Ⅱ 二次抽样	50
2	产品机械性能	5.2	6.2	C	Ⅱ	6.5	Ⅱ 二次抽样	50
3	外形尺寸	5.3	6.3	C	Ⅱ	6.5	Ⅱ 二次抽样	50
4	密封性能	5.4	6.5	B	Ⅱ	1.5	Ⅱ 二次抽样	30
5	杂质含量	5.5	6.6	B	S-1	1.5	Ⅱ 二次抽样	30
6	水分含量	5.6	6.7	B	S-1	1.5	Ⅱ 二次抽样	30
7	油分含量	5.7	6.8	B	S-1	1.5	Ⅱ 二次抽样	30
8	点焊牢固性	5.8	6.10	C	Ⅱ	6.5	Ⅱ 二次抽样	50
9	涂层厚度	5.9.1.1	6.9.1.1 6.9.1.2	C	S-1	6.5	Ⅱ 二次抽样	50
10	静电喷塑、电泳漆涂层附着力	5.9.1.2	6.9.1.5	C	—	—	Ⅱ 二次抽样	50
11	静电喷涂、电泳漆、涂层的柔韧性	5.9.1.3	6.9.1.6	C	—	—	Ⅱ 二次抽样	50
12	静电喷漆、电泳漆涂层硬度	5.9.1.4	6.9.1.4	C	—	—	Ⅱ 二次抽样	50
13	静电喷涂、电泳漆、涂层的附着强度	5.9.1.5	6.9.1.3	C	—	—	Ⅱ 二次抽样	50

STANDARDS PRESS OF CHINA

表 5（续）

序号	检验项目	本标准所属章条		不合格分类	出厂检验（逐批检查）		型式检验（周期检查）	
		技术要求	试验方法		检查水平	AQL	判别水平	RQL
14	静电喷塑、电泳漆涂层中性盐雾试验	5.9.1.6	6.9.1.7	C	—	—	Ⅱ 二次抽样	50
15	材料化学成份	5.1	6.1	C	—	—	Ⅱ二次抽样	50
注：B 为重缺陷，C 为轻缺陷。								

7.3.4 **其他抽样方案**

根据供需双方协议，可以采用符合 GB/T 2828.1 的其他检查水平和接受质量限水平，也可以对尺寸、外观、密封性能采用全数检测。

7.4 **型式检验**

7.4.1 **型式检验的条件**

每种冷凝器投产前，以及在设计、工艺材料等有重大改变以至可能明显影响产品质量和性能时，或停产半年以上再恢复生产时，应按本标准要求进行型式检验。定型后连续生产的产品应每年进行型式检验一次。

7.4.2 **型式检验的项目**

应包括本标准规定的全部检验项目。

7.4.3 **型式检验的抽样方案**

采用 GB/T 2829 中的二次抽样方案，检验项目的判别具体抽样为：

RQL＝30　第一抽样 6 件，合格判定数为 0，不合格判定数为 2
　　　　　第二抽样 6 件，合格判定数为 1，不合格判定数为 2
RQL＝50　第一抽样 6 件，合格判定数为 1，不合格判定数为 3
　　　　　第二抽样 6 件，合格判定数为 4，不合格判定数为 5

8 标志、包装、运输、贮存

8.1 **标志**

冷凝器产品上应有工厂代号或商标标志。

8.1.1 包装箱内应有装箱单，其中注明：

a) 生产厂名称；
b) 产品名称、型式代号及标记；
c) 批号；
d) 数量；
e) 生产厂检验部门合格印记；
f) 验收日期。

8.1.2 每个包装箱上应有醒目的运输箱牌（或标签），其上注明：

a) 厂名、厂址；
b) 产品名称、型式代号及标记；
c) 标准编号；
d) 收货单位名称；

e) 批号；

f) 数量；

g) 发站；

h) 制造日期。

8.1.3 箱上应有明显的“防潮”，“小心轻放”及“向上”字样和符合 GB/T 191 的图示标记。

8.1.4 出口产品标识按合同约定。

8.2 包装

8.2.1 包装箱应有足够强度，不能因箱体破损使产品受到损坏。

8.2.2 包装箱可用木板和纤维板制造，也可用金属或多层纸箱、钙塑箱以及其他材料制成。

8.2.3 包装箱的尺寸、规格应能满足产品尺寸的要求，保证产品在箱内无窜动或挤折。

8.2.4 各种包装箱应规整、不歪斜，清洁干燥。

8.2.5 长形包装箱加强带的带距除能满足包装箱的坚固性要求外，底带的大小应能满足吊车和叉车运输的要求。

8.2.6 木制包装箱连接时，钉子的位置应呈迈步形排列，钉帽要打靠，钉尖要盘倒，不准有露钉。

8.2.7 多层纸箱、钙塑箱连接牢固。纸质衬纸或瓦楞纸、衬纸及纸箱水溶性 pH 值呈中性或弱酸性。

8.2.8 木箱包装时，均应在包装箱内铺一层中性或弱酸性防潮纸或其他防潮材料和两层中性或弱酸性浸油纸。产品装入箱时，产品之间必须用塑料气垫膜或瓦楞纸等其他材料充分隔离。装箱后，四边的包装材料应向上折叠好，上面再盖一层至二层浸油纸，方可加盖并用钉子和钢带封箱。

8.2.9 冷凝器在包装前必须用橡胶塞或其他方式将冷凝器管口密封，防止杂质、水分进入管内，并且充入 0.2 MPa 的纯度不低于 99.5%的干燥氮气。

8.2.10 冷凝器木包装箱出口，必须接受熏蒸处理。

8.3 运输

8.3.1 装运产品的环境应清洁、干燥、无污染物，运输过程中应防止剧烈振动。

8.3.2 严禁产品同化学活性物质及潮湿性材料装在同一封闭环境内运输。冷凝器运输和中转时必须防雨、防雪和浸湿。

8.4 贮存

8.4.1 产品应贮存在清洁、防潮、无毒、无腐蚀气体的库房内。

ICS 97.040.30
Y 61

中华人民共和国国家标准

GB/T 23135—2008

电冰箱分子筛过滤器

Drier filter used in refrigerators

2008-12-30 发布 2009-09-01 实施

中华人民共和国国家质量监督检验检疫总局
中国国家标准化管理委员会 发布

前　言

本标准附录A为规范性附录。

本标准由中国轻工业联合会提出。

本标准由全国家用电器标准化技术委员会(SAC/TC 46)归口。

本标准起草单位:中国家用电器研究院、成都润龙电器有限公司、海尔集团公司。

本标准主要起草人:杨超、黄英利、蔡宁、高超、胡志强。

电冰箱分子筛过滤器

1 范围

本标准规定了家用电冰箱(柜)用分子筛过滤器的术语定义、产品分类、技术要求、试验方法、检验规则、标志、包装、运输和贮存。

本标准适用于以 R134a 或 R600a 制冷剂制冷的电冰箱、冷冻箱、饮水机、酒柜、制冰机(以下简称制冷系统)用的分子筛过滤器。本标准所指的分子筛过滤器包括普通型分子筛过滤器和带焊接管的分子筛过滤器。

2 规范性引用文件

下列文件中的条款通过本标准的引用而成为本标准的条款。凡是注日期的引用文件,其随后所有的修改单(不包括勘误的内容)或修订版均不适用于本标准,然而,鼓励根据本标准达成协议的各方研究是否可使用这些文件的最新版本。凡是不注明日期的引用文件,其最新版本适用于本标准。

GB/T 1527 铜及铜合金拉制管

GB/T 2828.1 计数抽样检验程序 第1部分:按接收质量限(AQL)检索的逐批检验抽样计划(GB/T 2828.1—2003,ISO 2859-1:1999,IDT)

GB/T 2829 周期检验计数抽样程序及表(适用于对过程稳定性的检验)

GB/T 6286 分子筛堆积密度测定方法

GB/T 6287—1986 分子筛静态水吸附测定方法

GB/T 6288 粒状分子筛粒度测定方法

GB/T 10504 3A 分子筛

3 术语和定义

下列术语和定义适用于本标准。

3.1

分子筛过滤器 drier filter

由铜管、分子筛和两个过滤装置组成并安装在制冷系统中吸附水分和滤除杂质的部件。

3.2

分子筛(专指制冷用) molecular sieve

是一种人工合成的,具有微孔型立方晶体孔穴结构,能吸附制冷系统中的残余水分,并能使制冷剂正常通过的人工合成化合物。

3.3

过滤碗 baffle

能固定在铜管内壁具有过滤作用的碗状金属孔板。

3.4

过滤网组合件 filtering assemblies

由过滤网布及金属固定支架组成的具有过滤作用的组合体。

3.5

预吸附率 pre-adsorption rate

分子筛在投入工作吸附前存在预先吸附水分的现象,表示为被吸附的水分质量对于原干燥分子筛的质量的比值。

3.6

静态水吸附率　adsorption capacity

在规定的温度和时间内，分子筛的最大吸附水分的质量与分子筛质量的比值。

3.7

形状和粒度　shape and granularity

分子筛外观状态和粒径尺寸。

3.8

堆积密度　stacking density

在一定容积内，分子筛的装入质量。

3.9

抗压碎强度　anti-crush strength

分子筛颗粒破碎的抗压值。

3.10

吸附速率　adsorption velocity

分子筛在规定时间内吸附的水分质量对于原干燥分子筛质量的比值。

3.11

磨耗率　attrition rate

分子筛经摩擦碰撞试验后变成粉块状的百分率。

3.12

分子筛填充量　molecular sieve fill-in gram

分子筛装入铜管内的实际质量。

3.13

粉尘量　dust quantity

经相关试验后，残留在滤纸上可见的杂质质量总和。

3.14

杂质直径　impurity diameter

经试验后，残留在滤纸上可见的单粒最大杂质尺寸。

3.15

滤网布与网圈架结合强度　mechanical strength of screen and screen holder

滤网布与网圈架之间能承受的相互不发生分离的最小结合力。

3.16

网圈架与铜管体结合强度　mechanical strength of screen holder and copper tube

固定滤网布的网圈架与铜管管体内壁之间能承受的相互不发生移动的最小结合力。

3.17

过滤碗与铜管体结合强度　mechanical strength of baffle and copper tube

过滤碗与铜管管体内壁之间能承受的相互不发生移动的最小结合力。

3.18

耐压性　compression resistance

部件内部能承受的额定压力(气压或液压)。

3.19

气密性　air tightness

部件内部承受额定压力(气压或液压)而不发生泄漏的能力。

3.20

内部洁净度　cleanliness

为满足 R134a 制冷剂正常工作,对制冷管路系统内部的矿物油、石蜡、氯离子等残留物的含量做出限定的要求。

3.21

管体内外表面质量　in/external surface quality of tube

铜管管体经过加工、清洗后应满足的表面质量要求。

3.22

兼容性　miscibility

分子筛与匹配的制冷剂经相关试验后,分子筛满足正常工作的能力。

4　分类

4.1　品种规格

4.1.1　本产品按进口端的孔数分为单进孔和双进孔两种,如图 1 所示。

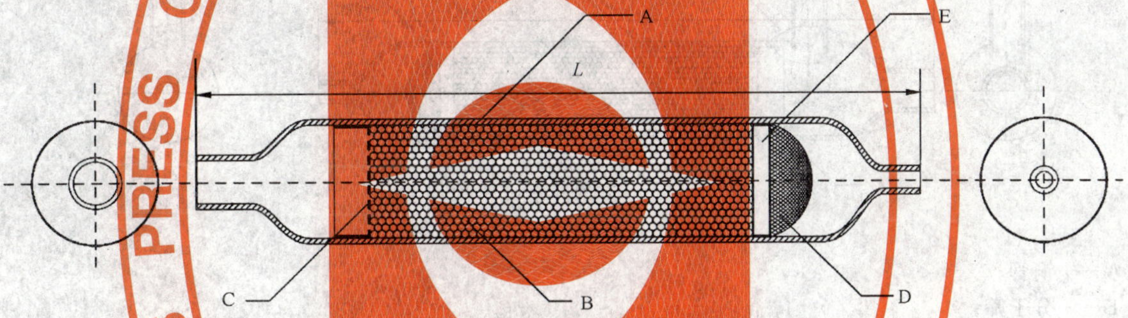

单进孔结构

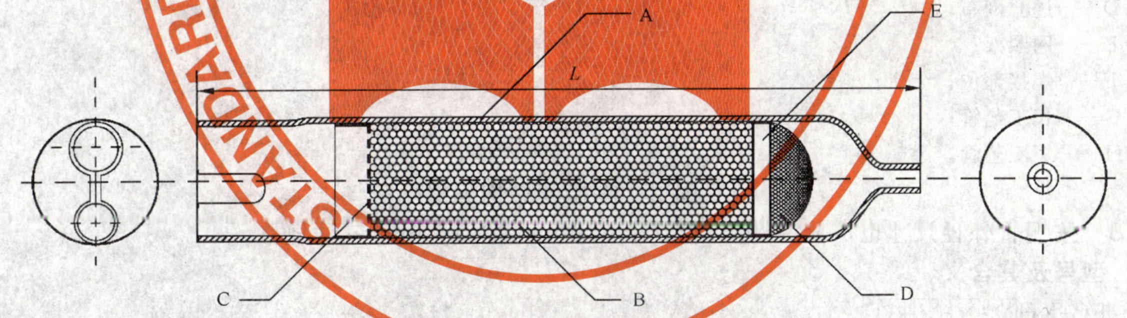

双进孔结构

A——铜管;
B——分子筛;
C——过滤碗;
D——过滤网布;
E——网圈架。

图 1　进口结构型式

4.1.2　本产品按照外观形状分为:普通型(不带焊接管)和带焊接管型两种,带焊接管型分子筛过滤器型式,如图 2 所示。

STANDARDS PRESS OF CHINA

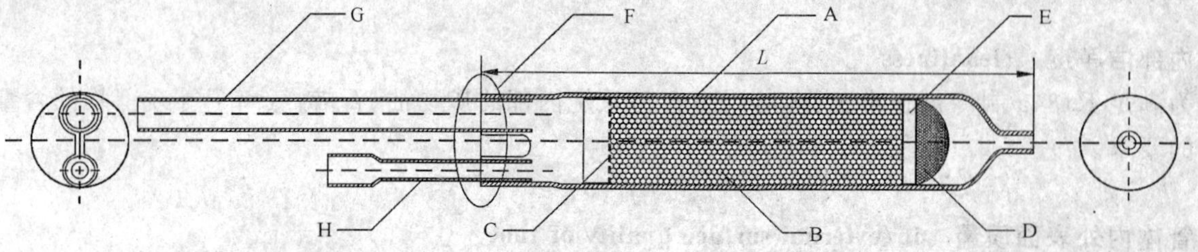

焊双管型

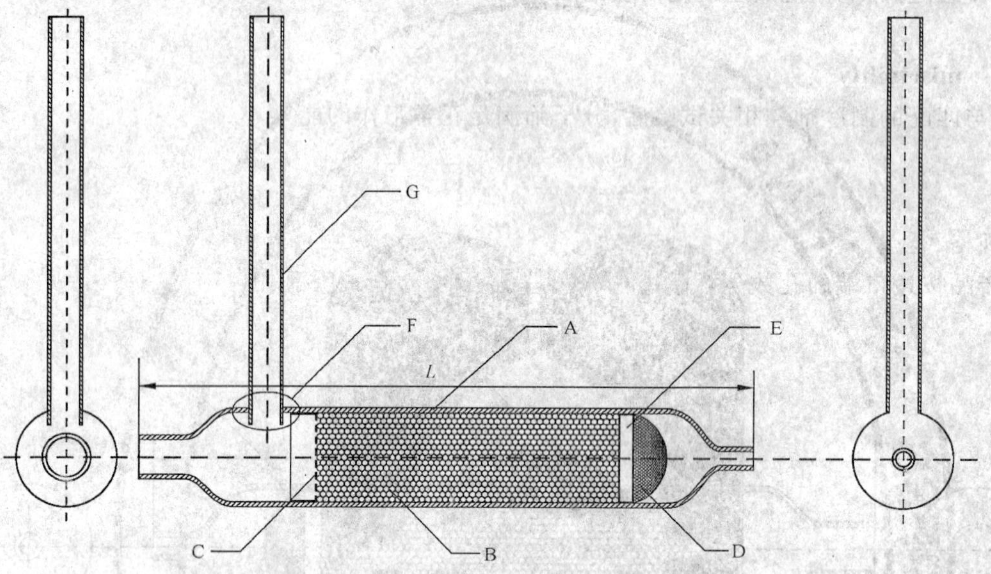

侧面焊管型

A——铜管；
B——分子筛；
C——过滤碗；
D——过滤网布；
E——网圈架；
F——焊接部位；
G——长工艺管；
H——短工艺管。

图 2 焊接管结构型式

4.1.3 按铜管外径尺寸也可分为：ϕ16 mm、ϕ18.9 mm 和 ϕ25 mm 三种规格。

4.2 型号及其含义

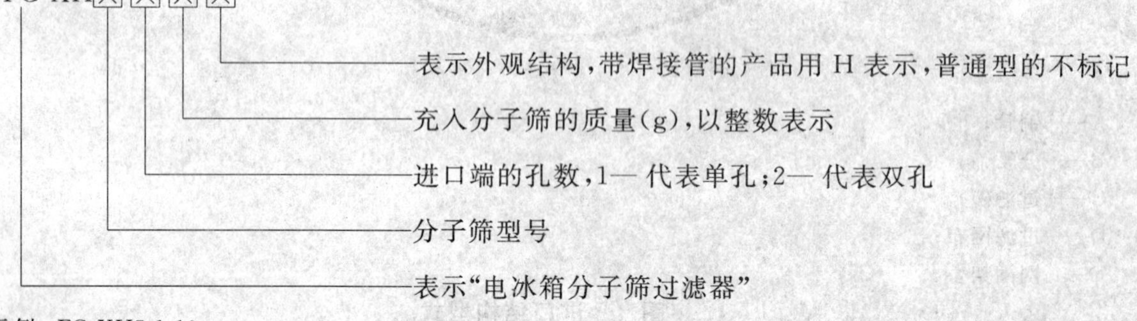

示例：FG-XH5-1-10；

表示产品为 XH-5 分子筛 10 g 单孔产品；

FG-XH9-2-8-H；

表示产品为 XH-9 分子筛 8 g 双孔带焊接管产品。

5 技术要求

5.1 分子筛过滤器所使用的材料及其成分应按表1要求：

表1 分子筛过滤器材料及其成分要求

材料项目	规格及要求
铜管	应采用高密度的T2或TP2挤压管，铜管壁厚应为≥0.5 mm(也可按用户要求)，铜管外径根据产品结构可选用ϕ16 mm、ϕ18.9 mm或ϕ25 mm规格，技术要求应满足GB/T 1527要求
分子筛	XH-9可用于使用R134a和R600a为制冷剂的系统
	XH-5可用于使用R600a为制冷剂的系统
过滤碗	可采用H65黄铜或铁件镀铜(根据图纸要求)，孔径为ϕ1.0 mm。孔数在25～50个之间
过滤网组合件	网圈架采用H65黄铜或铁件镀铜(根据图纸要求)，过滤网布采用≥150目的规格，网布材质可采用黄铜、磷青铜或不锈钢

5.2 产品外观

5.2.1 经抽真空铝箔袋包装的产品不应有漏气现象，如为铁桶包装，则应满足约定的技术要求。

5.2.2 产品外观应清洁光亮、无锈蚀、无裂纹、无明显毛刺，但允许有轻微加工拉痕。

5.2.3 带焊接管的产品，焊接部位应光亮清洁，允许有轻微的红色焊迹，不允许有严重的黑色氧化皮。

5.3 产品尺寸及偏差

5.3.1 应能满足图纸及相关的技术要求。

5.3.2 如图纸中未注公差要求，则孔径按名义尺寸$^{+0.1}_{0}$ mm，长度按名义尺寸±2 mm的公差标准执行。

5.4 预吸附率

按6.5方法测试，分子筛预吸附率应≤1.5%。

5.5 静态水吸附率

按6.6测试，XH-5分子筛应≥200 mg/g；XH-9分子筛应≥170 mg/g。

5.6 吸附速率

按6.7方法测试，分子筛经150 min后吸附速率应在10%～20%范围内。

5.7 粉尘量

按6.8方法测试，分子筛粉尘量应≤0.5 mg/g。

5.8 磨耗率

按6.9测试，分子筛磨耗率应≤0.1%。

5.9 形状与粒度

按6.10测试，球形ϕ1.6 mm～ϕ2.5 mm分子筛的质量应大于等于总质量的99%。

5.10 堆积密度

按6.11测试，分子筛堆积密度为0.8 kg/L～0.9 kg/L。

5.11 抗压碎强度

按6.12测试，分子筛抗压碎强度≥53.4 N (50粒平均值)。

5.12 气密性和耐压

按6.13方法测试，分子筛过滤器在2.5 MPa压力下不泄漏；在8.0 MPa压力下经1 min不破裂。

5.13 网圈架与滤网管体间结合强度

按6.14方法测试，网圈架与过滤网在20 N拉力下不脱开；出口端过滤网组合件与管体的结合强度应能承受30 N拉力；进口端滤网与管体的结合强度应能承受30 N拉力。

5.14 管体内外表面质量

5.14.1 管材质量和尺寸偏差应符合 GB/T 1527 的技术要求。

5.14.2 按 6.11 方法试验不得出现蓝绿色锈斑。

5.15 分子筛充填量

按 6.16 方法测试，分子筛充填量正偏差为名义质量的 5%，负偏差为 0。

5.16 通过过滤器杂质直径要求

按 6.17 方法测试，普通型产品在滤纸中心 10 mm 直径的圆面积内残留杂质直径≤0.2 mm。带焊接管的产品在滤纸中心 10 mm 直径的圆面积内残留杂质直径≤0.2 mm，片状杂质厚度≤0.01 mm，对角线长≤0.5 mm。

5.17 结构要求

按图纸要求执行，过滤网组合件方向根据图纸要求也可反向装配。

5.18 内部洁净度

内部洁净度应符合表 2 要求。

表 2　内部洁净度要求

物质名称	含量要求/(mg/m^2)
矿物油	≤4
石蜡	≤0.2
氯离子	≤3

5.19 兼容性

与匹配的制冷剂浸渍试验后，经重新活化，分子筛仍能满足静态水吸附、抗压碎强度的要求。

6 试验方法

6.1 试验环境条件

a) 温度 25 ℃±2 ℃；

b) 相对湿度 50%±10%。

6.2 铜管材料化学成分测试

按 GB/T 1527 进行测试，应满足 5.1 要求。

6.3 产品外观检查

在光线较好的地方目测，应满足 5.2 要求。

6.4 产品尺寸偏差测量

使用精度不低于 0.02 mm 的游标卡尺测试产品长度；用精度不低于 0.01 mm 的千分尺测试产品外径及铜管壁厚尺寸；用专用塞规对分子筛过滤器的孔径尺寸进行测试，应满足图纸及技术要求。

6.5 预吸附率试验

6.5.1 用切管器将过滤器中间割开，迅速将颗粒全部倒入称量瓶内，加盖称量得出净质量（精确到 0.001 g）。

6.5.2 将称量后的分子筛颗粒全部倒入瓷坩埚，进行活化处理（活化处理按 GB/T 6287—1986 中 3.2～3.6 的规定）（精确到 0.001 g）。

6.5.3 预吸附率用式(1)方法计算：

$$a = \frac{m_1 - m_2}{m_2} \times 100\%\text{（精确到 0.01\%）} \qquad \cdots\cdots(1)$$

式中：

a——预吸附率，%；

m_1——活化前分子筛质量，单位为克(g)；

m_2——活化后分子筛质量，单位为克(g)。

6.6 静态水吸附率试验

按 GB/T 6287—1986 测试，应满足 5.5 要求。

6.7 吸附速率试验

6.7.1 取分子筛 15 g 进行活化处理(参照 6.5.2)(精确到 0.001 g)。

6.7.2 将样品倒入培养皿中，置于恒温恒湿箱内，调温至 32 ℃±2 ℃，相对湿度 50%±10%，使样品增重，并计时。

6.7.3 取 150 min 时的质量(精确到 0.001 g)。

6.7.4 吸附速率按式(2)进行计算：

$$b=\frac{m_{150}-m_0}{m_0}\times 100\%（精确到 0.1\%） \quad \cdots\cdots(2)$$

式中：

b——吸附速率，%；

m_{150}——150 min 时分子筛质量，单位为克(g)；

m_0——吸附前分子筛质量，单位为克(g)。

6.8 粉尘量试验

6.8.1 取试样，出口端封堵，向进口端注入体积约为干燥过滤器内容积四分之三容量的三氯甲烷(化学纯)，堵住进口端，作 30 mm 振幅上下摇动 10 次，将三氯甲烷洗液由出口端排入已经干燥称重的分析滤纸上过滤(冲洗重复三次)。都一并注入同一滤纸过滤。滤纸预先经 40 ℃±2 ℃，干燥 15 min 称重(精确到 0.001 g)，滤去三氯甲烷，待干燥后再放入干燥箱内以 40 ℃±2 ℃，干燥 15 min 后称重(精确到 0.001 g)，称重后，带有粉尘的滤纸不得弃去，待作 6.17 试验。

6.8.2 粉尘量按式(3)进行计算：

$$c=\frac{m_2-m_1}{m} \quad \cdots\cdots(3)$$

式中：

c——粉尘量，单位为毫克每克(mg/g)；

m——充入的分子筛质量，单位为克(g)；

m_1——过滤前干燥后使用的分析滤纸质量，单位为毫克(mg)；

m_2——过滤后干燥的分析滤纸质量，单位为毫克(mg)。

6.9 磨耗率

按 GB/T 10504 测试，应满足 5.8 要求。

6.10 形状与粒度

按 GB/T 6288 测试，应满足 5.9 要求。

6.11 堆积密度的测试

按 GB/T 6286 测试，应满足 5.10 要求。

6.12 抗压碎强度

按 GB/T 10504 测试，应满足 5.11 要求。

6.13 气密性和耐压

将 6.8 试验后的干燥过滤器，接入气压机或液压机，送入 2.5 MPa 的压力，应无泄漏现象和变形，再增至 8.0 MPa 压力，保持 1 min 试样不得破裂。

6.14 网圈架与滤网、管体间的结合强度试验

6.14.1 在出口端前部将管体割开，用钳夹住滤网，用弹簧秤钩拉钳柄，当拉力≥20 N 时网和网圈不得

脱开;用弹簧秤拉网圈,当拉力≥30 N时,网圈在管体内不得移动。

6.14.2 在进口端滤网前将管体割开,用弹簧秤钩拉过滤碗,当拉力≥30 N时滤网在管体内不得移动。

6.15 铜管内外表面耐潮湿试验

试样放入温度50 ℃±2 ℃,相对湿度为98%的恒温恒湿箱中,保持240 h,取出观察,不得出现蓝绿色锈斑。

6.16 充填量

将试样中间割开,将分子筛倒入瓷坩埚中,进行活化处理(参照6.5.2)后称重得充填量(精确到0.1 g)。

6.17 通过过滤器的杂质直径测试

经6.8.1试验后,用装有0.1 mm测微计的20倍显微镜,观察中心直径10 mm的圆面积内,应满足5.16要求。

6.18 结构要求

按相关要求测试,应能满足技术图纸要求。

6.19 内部洁净度

按附录A方法测试,矿物油、石蜡、氯离子应能满足5.18内部洁净度的要求。

6.20 兼容性

将分子筛装在存有R134a制冷剂的密封钢瓶中,在80 ℃±2 ℃温度中30 d试验后经550 ℃,1 h活化后,应符合5.19的要求。

7 检验规则

分子筛过滤器的检验,分出厂检验和型式试验两种。

7.1 出厂检验

7.1.1 凡是出厂的分子筛过滤器必须进行出厂检验,合格后方可出厂。

7.1.2 出厂检验按GB/T 2828.1中采用正常检查一次抽样方案,不合格分类、检验水平、AQL值(见表3)。

表3 出厂检验

序号	技术要求	项目	试验方法	不合格分类			逐批检查		备注
				A	B	C	检验水平	AQL	
1	5.2	外观	6.3			√	S-2	10	
2	5.3	尺寸偏差	6.4		√		S-1	4.0	
3	5.4	预吸附率	6.5	√			S-1	4.0	
4	5.5	静态水吸附率	6.6	√			S-1	2.5	
5	5.7	粉尘量	6.8	√			S-1	4.0	
6	5.11	抗压碎强度	6.12	√			S-1	4.0	
7	5.12	气密性与耐压	6.13	√			S-1	4.0	
8	5.13	网圈架与滤网管体间的机械强度	6.14	√			S-1	4.0	
9	5.15	分子筛填充量	6.16	√			S-1	4.0	
10	5.16	杂质直径	6.17		√		S-1	4.0	
11	5.18	洁净度	6.19	√			S-1	2.5	
注:矿物油、石蜡、氯离子三项测试样品,另用铜管空壳10支。									

7.2 型式试验

型式试验包括全项目的测试。

7.2.1 有下列情况之一者进行型式试验。

a) 正式生产后，产品在质量稳定的情况下，每年抽一个品种进行一次型式试验；

b) 主要材料或生产工艺有重大变化时；

c) 新设计的产品和停产一年后继续生产的产品。

7.2.2 型式试验按 GB/T 2829 中采用判别水平Ⅱ的一次抽样方案，不合格分类、判别水平、RQL 值按表 4，样本大小≥10。

表 4 型式试验

序号	技术要求	项目	试验方法	不合格分类			周期检验		备注
				A	B	C	判别水平	RQL	
1	5.1	金属材料化学成份	6.2		√		Ⅱ	65	
2	5.2	外观	6.3			√	Ⅱ	80	
3	5.3	尺寸偏差	6.4		√		Ⅱ	50	
4	5.4	预吸附率	6.5	√			Ⅱ	40	
5	5.5	静态水吸附率	6.6	√			Ⅱ	50	
6	5.6	吸附速率	6.7	√			Ⅱ	65	
7	5.7	粉尘量	6.8	√			Ⅱ	50	
8	5.8	磨耗率	6.9		√		Ⅱ	65	
9	5.9	形状与粒度	6.10			√	Ⅱ	65	
10	5.10	堆积密度	6.11		√		Ⅱ	65	
11	5.11	抗压碎强度	6.12	√			Ⅱ	65	
12	5.12	气密性与耐压	6.13	√			Ⅱ	65	
13	5.13	网圈架与滤网管体间的机械强度	6.14	√			Ⅱ	65	
14	5.14	管体内外表面质量	6.15			√	Ⅱ	80	
15	5.15	分子筛填充量	6.16	√			Ⅱ	50	
16	5.16	杂质直径	6.17		√		Ⅱ	50	
17	5.17	结构	6.18			√	Ⅱ	80	
18	5.18	洁净度	6.19	√			Ⅱ	50	
19	5.19	兼容性	6.20	√			Ⅱ	80	
20	5.20	有害物质限制	6.21	√			Ⅱ	80	
注：样本大小≥10。									

8 标志、包装、运输、贮存

8.1 标志

每一个分子筛过滤器管体表面应有零件型号、生产日期及厂家代码的喷码标记。

8.2 包装

8.2.1 成品必须采用单支铝箔抽真空包装(可不戴堵帽)或采用密闭的铁桶包装。在一年内不破坏原包装状态下,保证达到技术要求。

8.2.2　外包装表面应明显地标记出产品名称、产品型号、分子筛型号、分子筛质量、数量、出厂日期、净重、毛重、制造厂和“防潮”“防摔”等标识,或按用户要求执行。

8.3　运输

运输过程中应避免抛扔、重压,并应防止雨淋受潮。

8.4　贮存

贮藏地点应干燥、通风,相对湿度≤80%,并无腐蚀性物质。

附 录 A
（规范性附录）
R134a 系统分子筛过滤器内部洁净度测试规范

A.1 范围

本标准规定了 R134a 系统用分子筛过滤器内部洁净度的技术要求、试验方法。

本标准适用于 R134a 系统用分子筛过滤器、储液器及其他连接管件。

A.2 定义

洁净度：指 R134a 系统用管路件内部所含的矿物油、石蜡、氯离子的含量。

矿物油：指溶于正己烷、不溶于乙醇并与系统中酯类油及 R134a 不相溶的所有物质量的总和。

石蜡：指在低温 −38 ℃以下，在无水乙醇试验中析出的所有沉淀物质量的总和。

氯离子：产品内表面含有的氯元素。

A.3 技术要求

技术要求见表 A.1。

表 A.1 技术要求

序 号	物质名称	技术要求/(mg/m^2)
1	矿物油含量	≤4
2	石蜡	≤0.2
3	氯离子	≤3

A.4 试验方法

A.4.1 矿物油含量测试方法

测试时采用“称重法”测定矿物油的含量，同时可采用气相色谱法测定。

A.4.1.1 称重法操作方法

A.4.1.1.1 正己烷的蒸馏：

a) 将蒸馏装置(2 000 mL 的三进口烧瓶、冷却管、支撑架等)清洗干净并组装好；

b) 将正己烷 500 mL～1 000 mL 装入蒸馏烧瓶内用电热套调温至 80 ℃～85 ℃进行蒸馏，蒸汽出口温度保证 68 ℃(注意：每次开始收集的 50 mL 左右正己烷需重新倒入烧瓶进行蒸馏)；

c) 待残液为 100 mL 时，再加入 1 000 mL 重复操作，在蒸馏即将完毕时，若蒸汽出口温度发生陡升，立即停止收集，并将残液倒入瓶中。

A.4.1.1.2 样品浸泡

将待测试样件装入大口瓶中(待测样件内外表面积应≥0.15 m^2，例如 ϕ16 mm×100 mm 规格的产品，数量约为 15 支，ϕ18.9 mm×100 mm 规格的产品，数量约为 10 支)，然后加入按 4.1.1.1 已蒸馏过的正己烷，正己烷的加入量应控制在能将被测样件完全浸泡为止，并记下正己烷的体积 v_1，静置 2 h。

A.4.1.1.3 在此期间将三支 50 mL 的烧杯洗净后在 120 ℃的烘箱内干燥 1 h～2 h，取出在干燥皿冷却 1 h 后分别称重(m)三次(三次秤重应在 5 min 之内完成)，三次称重偏差应<0.2 mg。

A.4.1.1.4 将已浸泡过的被测样件的正己烷倒出，并量好正己烷的体积 v_2，此刻计算出正己烷的回收率 $d=v_2/v_1\times100\%$。

A.4.1.1.5 用漏斗与滤纸过滤浸泡后的正己烷溶液中的不溶性固体杂质。

A.4.1.1.6 将过滤后的正己烷倒入蒸馏烧瓶重新蒸馏回收。

A.4.1.1.7 待蒸馏烧瓶内的正己烷溶液加热挥发至 10 mL～20 mL 时将其转移至已称重的 50 mL 烧杯内，并用已经过蒸馏的正己烷清洗蒸馏烧瓶 2 次～3 次，并将清洗液全部移至已称重的 50 mL 烧杯中，同时将烧杯在电炉上加热挥发至 10 mL 左右。

A.4.1.1.8 把经蒸馏后剩有 10 mL 正己烷的烧杯与另外两支作空白试验的烧杯一同放入烘箱内，保持温度在 100 ℃～102 ℃时间烘干 30 min，取出放在干燥皿内冷却 1 h 分别称重(m_1)三次。

A.4.1.2 **计算**

矿物油含量按式(A.1)计算。

$$c_k = [(m_1 - m - \Delta m)/d]/a \qquad \cdots\cdots\cdots\cdots (A.1)$$

式中：

c_k——矿物油含量，单位为毫克每平方米(mg/m^2)；

m_1——装洗液的 50 mL 烧杯蒸馏烘干后的质量，单位为毫克(mg)；

m——装洗液之前 50 mL 烧杯的质量，单位为毫克(mg)；

Δm——空白试验的两只烧杯的平均增质量，单位为毫克(mg)；

d——回收率，%；

a——内外表面积，单位为平方米(m^2)。

A.4.2 **石蜡含量测试方法**

测试时采用低温析出对比法，作为试验数值的对比，也可采用气相色谱法。

A.4.2.1 石蜡标样的配制：

准确称取 10 mg 工业级石蜡，放入 50 mL 的容量瓶内用乙醚定溶为 50 mL，此时溶液中的石蜡浓度为 0.2 mg/mL。

使用 1 mL 的注射器从上述溶液中抽取 5 个样本，分别注入 5 支试管中：其中 1 号样本为 1.0 mL、2 号样本为 0.75 mL、3 号样本为 0.5 mL、4 号样本为 0.4 mL、5 号样本为 0.3 mL，记录每支试管的标液量。在水浴中加热挥发出试管中的乙醚后，然后在每支试管中注入 1 mL 的无水乙醇(必要时可加热)振荡使石蜡完全溶解。

将上述 5 支含石蜡的试管放入冷冻箱在－38 ℃～－40 ℃冷冻 16 h 后取出迅速用白纱布擦去试管表面霜雾并及时观察乙醇溶液中絮状沉淀。(如果试管外壁的霜太厚可把试管插入无水乙醇中迅速取出观察)反复冷冻观察，直到能记住不同的石蜡浓度具有的絮状沉淀为止。

五支标管的石蜡标样含量见表 A.2。

表 A.2 石蜡含量

1 号标管溶液 1.0 mL	0.2 mg
2 号标管溶液 0.75 mL	0.15 mg
3 号标管溶液 0.5 mL	0.10 mg
4 号标管溶液 0.4 mL	0.08 mg
5 号标管溶液 0.3 mL	0.06 mg

A.4.2.2 石蜡含量的测试

将先前测试过矿物油的 50 mL 烧杯用 2 mL～3 mL 乙醚分二次洗涤(可适当加热)，并把洗液收集在试管内，将试管用水浴加热挥发掉乙醚后，另用注射器注入 1 mL 的无水乙醇并充分溶解，待溶解后将试管放入冷冻箱中在－38 ℃～－40 ℃冷冻 16 h 后取出，擦去试管外表的白霜及时观察，并与石蜡液絮状沉淀的标样进行目测对比，以确定试管内石蜡的含量。

A.4.2.3 计算

石蜡含量按式(A.2)计算。

$$c_1 = m_1/d/b \quad \cdots\cdots(A.2)$$

式中：

c_1——石蜡含量，单位为毫克每平方米(mg/m^2)；

m_1——目测比较的石蜡质量，单位为毫克(mg)；

d——回收率，%；

b——内表面积，单位为平方米(m^2)。

A.4.3 氯离子含量的测试方法

A.4.3.1 标样配制

A.4.3.1.1 取50 g～100 g氯化钠(分析纯)在恒温箱内150 ℃下加热1.5 h后取出，放置在干燥皿中冷却至室温。

A.4.3.1.2 取氯化钠(已干燥)配制每升含1 mg氯离子的标准溶液500 mL。

A.4.3.2 氯离子含量测试

A.4.3.2.1 取过滤器铜管(去除分子筛，保留过滤碗和过滤网组合件)10支，用20 mL～30 mL(应准确计量)二次蒸馏水或去离子水清洗过滤内表面。并收集清洗液在50 mL烧杯内。

A.4.3.2.2 把参比电极和氯电极用二次蒸馏水在搅拌状态下清洗1 min后，用滤纸吸干电极上残留的水滴。

A.4.3.2.3 打开氯度计电源待5 min后把“功能开关”调至MV挡，调节“温度补偿”至溶液温度(通常可调至室温)。

A.4.3.2.4 取30 mL蒸馏水于50 mL烧杯中，放入干净的搅拌子，把两支电极插入溶液，打开电磁搅拌器，调节搅拌速度为中速，待仪器显示值稳定后读取显示值，并记录(例如：－242)。

A.4.3.2.5 用另一支50 mL烧杯取30 mL、1 mg CL^-/L标液，按4.3.2.4的操作，并读取和记录显示值(例：－225)。

A.4.3.2.6 取出电极和搅拌子，用二次蒸馏水清洗2次～3次，并用滤纸擦干。取清洗过过滤器铜管的去离子水按4.3.2.4的操作读取并记录显示值(例如：－238)。

A.4.3.3 样品浓度计算：

$$(242-238)/(242-225)=0.24\ mg/L\text{(以上假设数据)}$$

A.4.3.3.1 测试完毕后，取出参比电极和氯电极，并用二次蒸馏水重复清洗两次电极和搅拌子，擦干后备用。

A.4.3.3.2 过滤器铜管内表面氯离子含量计算。

10支过滤器内表面积约为0.047 m^2(以$\phi 16\times0.5\times100$产品为假设)，假如我们用30 mL二次蒸馏水清洗过滤器，则：过滤器铜管内表面氯离子含量(mg/m^2)≈$0.24\times30/1\,000/0.047=0.153\,19$($mg/m^2$)。

ICS 97.080
Y 62

中华人民共和国国家标准

GB/T 23136—2008

家用和类似用途地板抛光机性能测试方法

Floor polishers for household and similar use—Methods for measuring the performance

2008-12-30 发布　　2009-09-01 实施

中华人民共和国国家质量监督检验检疫总局
中国国家标准化管理委员会　发布

前　言

本标准中的附录 A 和附录 B 为规范性附录。

本标准由中国轻工业联合会提出。

本标准由全国家用电器标准化技术委员会(SAC/TC 46)归口。

本标准起草单位:中国家用电器研究院、国家家用电器质量监督检验中心。

本标准主要起草人:鲁建国、朱焰、许振刚、孙鹏。

本标准为首次发布。

家用和类似用途
地板抛光机性能测试方法

1 范围

本标准规定了家用和类似用途地板抛光机的术语和定义、性能试验项目和试验方法。

本标准适用于在家庭和类似场合使用，由电力驱动的地板抛光机、地板打蜡机、吸尘式地板抛光机和湿式地板抛光机。

2 规范性引用文件

下列文件中的条款通过本标准的引用而成为本标准的条款。凡是注日期的引用文件，其随后所有的修改单(不包括勘误的内容)或修订版均不适用于本标准，然而，鼓励根据本标准达成协议的各方研究是否可使用这些文件的最新版本。凡是不注日期的引用文件，其最新版本适用于本标准。

GB/T 4214.1—2000 声学 家用电器及类似用途器具噪声测试方法 第1部分：通用要求(eqv IEC 60704-1:1997)

GB/T 20291—2006 家用真空吸尘器性能测试方法(IEC 60312:2004,IDT)

3 术语和定义

下列术语和定义适用于本标准。

3.1

地板抛光机 electric floor polisher

由电动机带动刷子对地板进行上蜡或抛光的器具，包括吸尘式地板抛光机和湿式地板抛光机等。

3.2

往复运行 double stroke

在检测平面上两条平行线之间，一个向前和一个向后运动。

3.3

向前运行 forward stroke

双运行的向前运动。

[GB/T 20291—2006]

3.4

返回运行 return stroke

双运行的返回运动。

[GB/T 20291—2006]

3.5

运行距离 stroke length

在两平行线间一次运行的垂直距离。

3.6

运行模式 stroke pattern

抛光机对抛光表面的处理模式。

3.7

平行模式　parallel pattern

向前运行和返回运行一致的运行模式。

[GB/T 20291—2006]

3.8

轨迹宽度　track width

抛光机在涂了标准试验蜡的抛光表面运行的可视轨迹，抛光机与该表面完全接触。

3.9

运行宽度　stroke width

除非在其他状态下，抛光机运行宽度最小为 50 mm。

3.10

运行速度　stroke speed

在一个运行周期内器具的有效速度。

3.11

运行周期　treatment cycle

在规定的范围打蜡或者进行抛光操作，抛光机设置成往复运行、运行模式和运行速度，直到全部区域都处理完。

3.12

往复运行设置　double stroke set

符合往复运行的次数。

3.13

运行时间　treatment time

说明书中规定的抛光运行时间。

3.14

运行频率　treatment rate

运行面积大小和此次运行时间的比值。

3.15

地板抛光能力　floor polishing ability

在一次运行之后地板表面的光泽度。

3.16

正常负载　normal load

器具以每分钟 15 个往复运行的速率的简单连续运动在长度为 1 m 抛光的金属板上运行。

注：依据附录 A 中 A.2.1 和 A.2.4，在正常负载条件下测量，应注意环境中空气温度应保持一个常数，使负载不受到影响。

4　试验项目

抛光机的性能有以下规定的试验项目：

a）　地板表面抛光性能；

b）　运行参数测量；

c）　运行阻力；

d）　冲洗力；

e) 家具下面抛光性能；

f) 器具使用寿命；

g) 冲击试验；

h) 噪声。

5 试验方法

5.1 一般要求

5.1.1 环境条件

测试环境应符合以下规定：

——温度：(20±2)℃

——相对湿度：(60～70)%

——大气压力：(86～106)kPa

5.1.2 试验地板

试验应在无静电地板上进行。

5.1.3 电压和频率

试验在额定电压和额定频率下进行，试验电压及频率波动应在±1%额定值范围内。

5.1.4 抛光机测量前预运行时间

全项试验：试验前抛光机预运行 2 h。

单项试验：试验前抛光机预运行 30 min，除非有其他状态出现。

5.2 地板表面抛光

试验确定抛光机在地板表面进行抛光，测量其抛光性能。

5.2.1 试验地板

依据附录 A 中 A.2.1 的要求，试验在试验地板上进行。

5.2.2 标准试验地板覆盖面

试验地板使用附录 A 中 A.1.1 规定的覆盖面。

5.2.3 运行长度和轨迹宽度

运行长度为 0.6 m，或者由制造商推荐的运行长度，并且沿平行于两条中心线间的垂直线固定前置刷子(见图 1)。

为确定轨迹宽度，抛光机在打蜡表面向前运行，近似等于运行长度，在五个不同的点测量所得平均值，作为轨迹宽度。当抛光机向前运行时，样机由引导带引导，或者由其他装置引导。

STANDARDS PRESS OF CHINA

单位为毫米

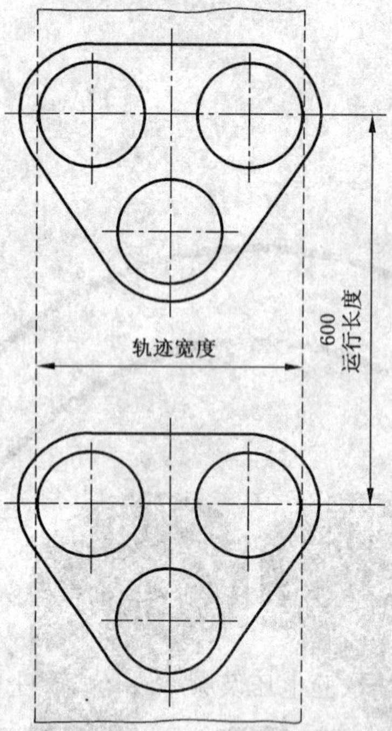

图 1 运行长度和轨迹宽度

5.2.4 试验面积和试验带面积

用于测量抛光光泽度的运行长度和轨迹宽度的表面矩形，试验可在类似的试验条件下运行，试验应符合图 2 要求。

试验带被试验环境覆盖，并有足够大的余量。

单位为毫米

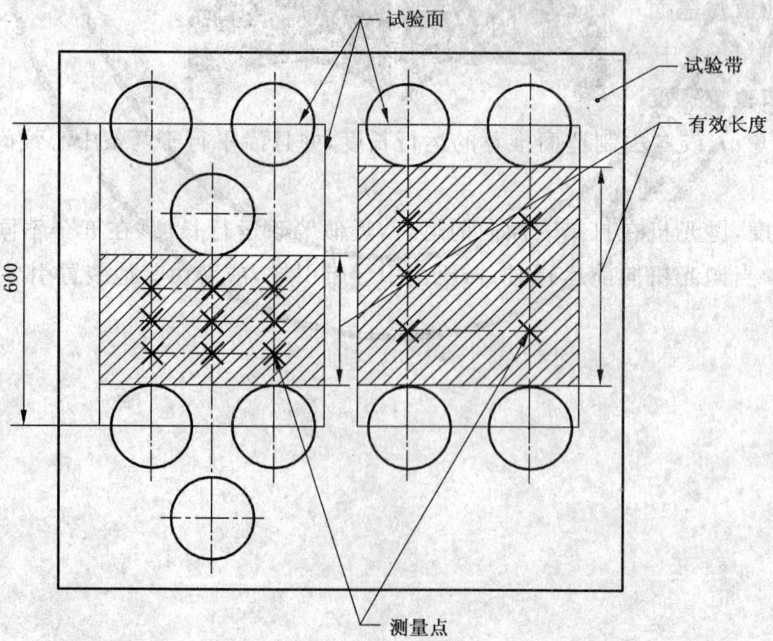

图 2 试验面积和测量点

5.2.5 地板抛光机和试验带的预处理

试验带应符合试验地板要求，对试验带依据附录A中A.1.2进行擦洗和干燥。

5.2.6 试验蜡

使用由制造商规定的试验蜡，如果制造商对试验蜡没有规定，使用附录A中A.1.3规定的标准试验蜡。

5.2.7 打蜡和抛光

如果制造商给出了打蜡和抛光的说明，包含对蜡成分的规定、运行及运行速度和打蜡及抛光项目的说明，这些说明应该在报告中注明，并对以下相关试验进行调整。

5.2.7.1 试验程序

a) 蜡的浓度和试验用质量

蜡应涂在全部的试验带上，浓度为：30 g/m^2。准确计算每个单元蜡的总量和蜡的浓度。

b) 运行及运行速度

往复进行打蜡和抛光操作(手动)，抛光速度为：0.125 m/s。尽量保持连续动作，刷子与地板表面完全接触，并且在表面上没有额外的压力。

记录运行速度节拍，或使用类似装置记录。

当抛光机向前和返回运行时，由引导带或其他类似装置引导。

c) 打蜡程序

打蜡程序由以下三步组成：

1) 第1次打蜡

在试验带上尽量使用试验蜡总质量的三分之一，人工或者由抛光机自动装置进行称量。

为处理蜡在试验带上造成沉积的问题，需使用抹刀或相似装置，需确认此抹刀由金属制造并且不吸蜡。

蜡准备好5 min后，用抛光机装进行蜡刷。使用两个抛光刷在确定的试验环境中打蜡，在平行模式下往复运行。

在此次处理中，蜡晾干30 min。

2) 第2次打蜡

重复1)中步骤。

3) 第3次打蜡

除重复1)中步骤外，试验带晾干1 h。

d) 打蜡刷的预处理

依据图3运行一个完整打蜡程序对刷子进行处理。

注：不需要使用新的油毯对打蜡刷进行预处理。由试验室决定是否有需要对油毯进行更新。

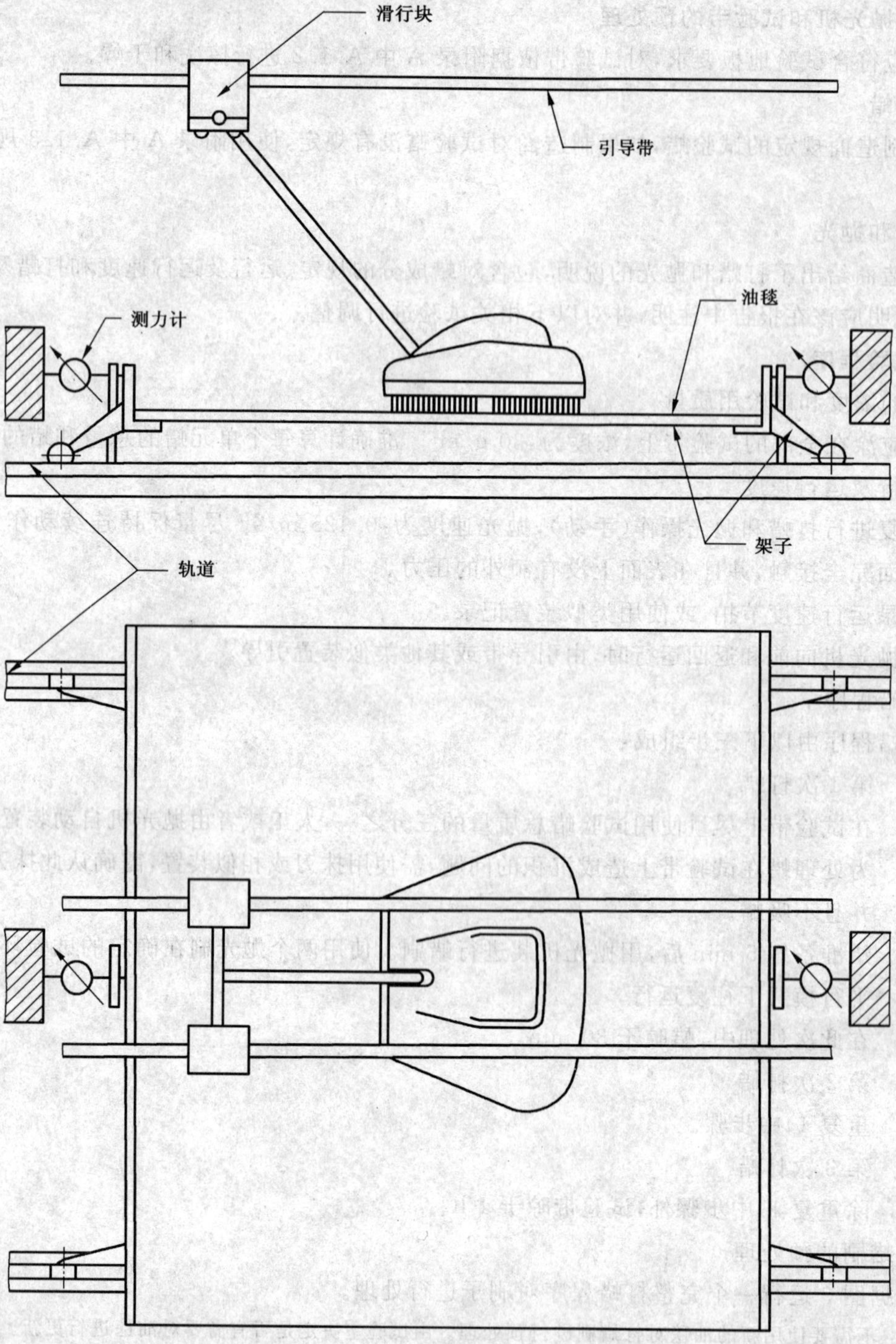

图 3 地板抛光机运行阻力测量设备

e) 打蜡测量

当打蜡刷预处理后，在一个新的试验带上运行另一个完整的打蜡程序，并且在抛光同时进行光泽度测量。

f) 抛光程序

1) 基础抛光

抛光机装好相配的抛光刷，将抛光机置于规定的试验环境中，抛光设置为往复运行，在平行模式下进行六次往复运行。

2) 高级抛光

如果带刷子的抛光机适用于高级抛光(羊毛刷或类似的),则使用高级抛光运行。

抛光机装好刷子,然后按1)中步骤运行,每个往复运行设置包括两个往复运行。

5.2.7.2 地板抛光性能测试

在全部的面积上取点测量光泽度,包括抛光机在进行向前运行没有覆盖的位置(见图1)。

测量点沿刷子中心划线,两点间的距离分成四部分。通常在每条中心线设置3点,并且3、6、9、12分别对应于1、2、3、4号刷。图2中明示出抛光机2、3号刷的测量点。

光泽度测量依据附录A中A.2.2的要求,由光度仪测量。

光度仪从开始点沿抛光机运行方向使用光感元件测量。

进行3次试验,并且每次试验应使用新的油毯。

如果抛光包含基础抛光和高级抛光,光泽度在两次基础抛光和高级抛光之后进行测量。

在这种情况下,在基础抛光和高级抛光之间有30 min的间隔。

5.3 运行宽度、处理时间和处理频率

5.3.1 运行宽度

除非另有规定,运行宽度为轨迹宽度减去50 mm(例如,交叠25 mm)。

如果按5.2.3规定的轨迹宽度,在运行中留有未抛光表面,例如,带有两个刷子的地板抛光机叠加增加,未留下未抛光表面。在计算抛光宽度的时候,报告中应注明使用的叠加方式。

5.3.2 处理时间

对已经给予叠加面积A往复运行设置,每次运行设置应明确,并记录运行次数n,运行模式,运行速度和叠加。

用式(1)计算处理时间:

$$t=\frac{2An}{Bv}+\frac{A}{Sv} \quad \cdots\cdots(1)$$

式中:

t——处理时间,单位为秒(s);

n——每次设置运行次数;

A——处理面积,单位为平方米(m^2);

B——运行宽度,单位为米(m);

v——运行速度,单位为米每秒(m/s);

S——运行长度,单位为米(m)。

注:全部处理程序按5.2规定操作进行,设置往复运行,并且由全部程序计算处理时间,对于不同操作的处理时间t,则进行加和。

5.3.3 处理频率

用式(2)计算处理频率:

$$f=\frac{A}{t}=\frac{v}{(2n/B)+(1/S)} \quad \cdots\cdots(2)$$

式中:

f——处理频率,单位为平方米每秒(m^2/s);

t——处理时间,单位为秒(s);

n——每次设置运行次数;

A——处理面积,单位为平方米(m^2);

B——运行宽度,单位为米(m);

v——运行速度,单位为米每秒(m/s);

S——运行长度,单位为米(m)。

注:对比两个刷子和三个刷子的抛光机:

当抛光面积依据5.3.1规定,有两个刷子叠加面积超过50 %,通常抛光面积主要部分重叠,由设置包含的$2n$次的往复运行,n是对于打蜡和抛光设置往复运行(由5.2规定)。

带有三个刷子的抛光机,抛光面的主要部分没有重叠面积,由5.2规定,n为设置往复运行。

虽然,如果光泽度由最大部分的未重叠抛光面和重叠面(此面积较小部分相比较大面积小一个数量级),带有两个刷子或三个刷子的抛光机进行等效处理($n=6$),要求处理部分应该能处理往复运行中一半的数量,此由5.2规定。抛光机为双刷抛光,包括以下部分:

a) 光泽度;

b) 处理时间和处理频率。

往复运行由数量的一半确定,此由5.2规定。

5.4 抛光机运行阻力测试

试验确定抛光机在正常条件下,在标准地板上向前和返回的运行阻力。

5.4.1 试验设备

试验设备依据附录A中A.2.3的规定,详见图3说明。

5.4.2 运行阻力

按附录A中A.1.1的要求准备试验带,试验蜡处理依据5.2.7.1中a)的要求进行,将地板抛光机固定在试验设备架上。

为进行基础抛光而装有刷子的抛光机,在与试验带完全接触的情况下,向前和返回抛光运行,运行速度为0.125 m/s。

用式(3)计算运行阻力:

$$F = Q + H \qquad \cdots\cdots\cdots\cdots (3)$$

式中:

F——运行阻力,单位为牛顿(N);

Q——摩擦力的最大值,单位为牛顿(N);

H——架子与轨道之间的摩擦力,单位为牛顿(N)。

注:此试验适用于自推式抛光机。

5.5 冲洗力

试验确定冲洗力,例如,在一个标准地板向前和返回运行造成抛光机边缘背离的力。

5.5.1 试验设备

进行此试验用设备,由5.4.1规定,抛光机运行方向与试验装置改变90°角的除外(见图4)。

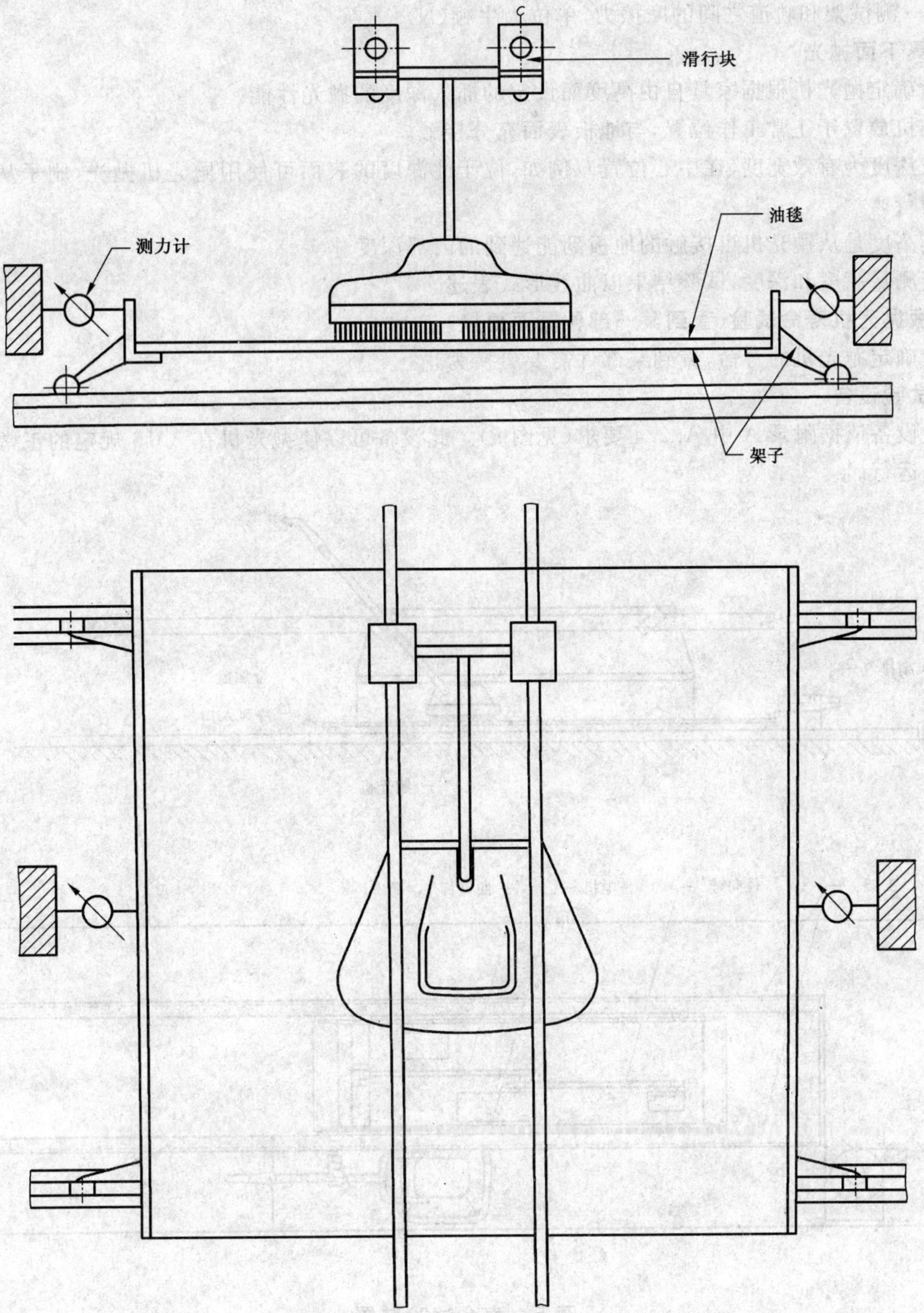

图4　抛光机冲洗力测量设备

5.5.2　冲洗力试验

根据5.4.2准备试验带，并对试验蜡进行处理，然后根据本章节进行试验。

用式(4)计算冲洗力：

$$G = Q + H \quad \cdots\cdots(4)$$

式中：

G——冲洗力，单位为牛顿(N)；

Q——摩擦力的最大值，单位为牛顿(N)；

H——测试架和轨道之间的摩擦力,单位为牛顿(N)。

5.6 家具下面抛光

试验确定抛光机根据家具自由高度而设定的插入深度的抛光性能。

抛光机放置于正常工作位置,与地板表面充分接触。

插入深度为有效宽度(在中心位置),例如,位于此深度的表面可使用抛光机抛光,刷子从最高点向前表面运行。

家具高度是从抛光机可接触的地板到能达到的内部深度。

改变测量高度和深度,试验结果以曲线形式表述。

5.7 地板抛光机寿命试验(直到某一部件需要更换)

试验确定抛光机的寿命,直到某部件需要更换为止。

5.7.1 试验设备

试验设备依据附录 A 中 A.2.4 要求(见图 5)。此设备可以使抛光机在 3.16 规定的正常负载下向前或返回运行。

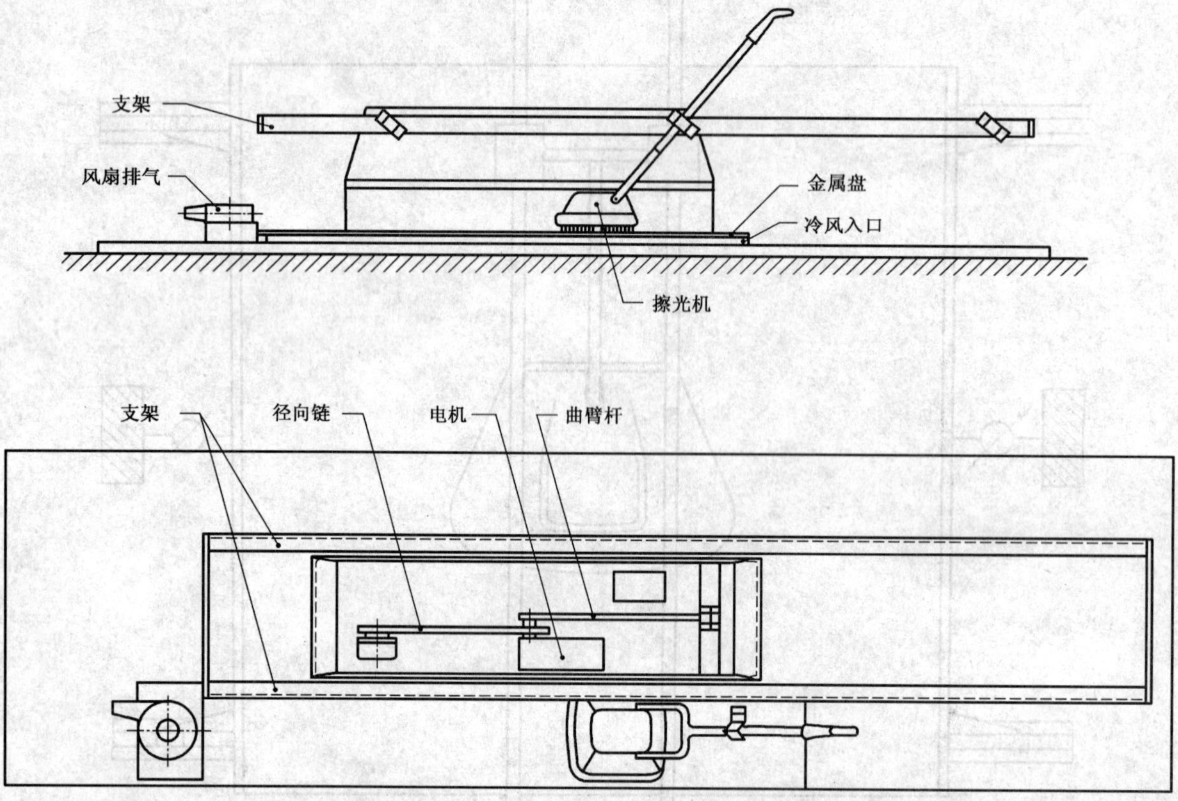

图 5 寿命试验装置

5.7.2 寿命试验

a) 总述

抛光机安装在试验设备上,以 14 min 为一周期,进行 30 s 开和 30 s 关的间歇运行,这些时间同时适用于抛光机和试验设备。

此试验进行直到通常的故障发生,例如:一个明示功能的故障,且此问题需要由更换部件才能解决(例如刷子或者传送带)。

用 5 台样机进行试验,每台寿命试验值以小时计数。

b) 碳刷的使用寿命

如果抛光机电机为串激电机，碳刷长度在规定的适当的时间间隔进行测量。

时间选用使其 100 % 磨损的最长时间间隔。

有效长度为碳刷长度减去 5 mm(见图 6)。

用 5 台样机进行寿命试验，每台正常运行时间以小时计。

注：碳刷长度每次测量需要注意不要因为移动或插入碳刷对试验结果造成影响。要求第 1 次和第 2 次测量在期望寿命近似 50 %和 75 %时进行。此时间可由制造商明示。否则此测量依据最优推断进行。

如果在此试验中，抛光机出现故障，需更换部件(例如传送带)，电机仍旧是完整的，部件需要更换并且试验仍可以继续，碳刷寿命试验可由上述试验确定。

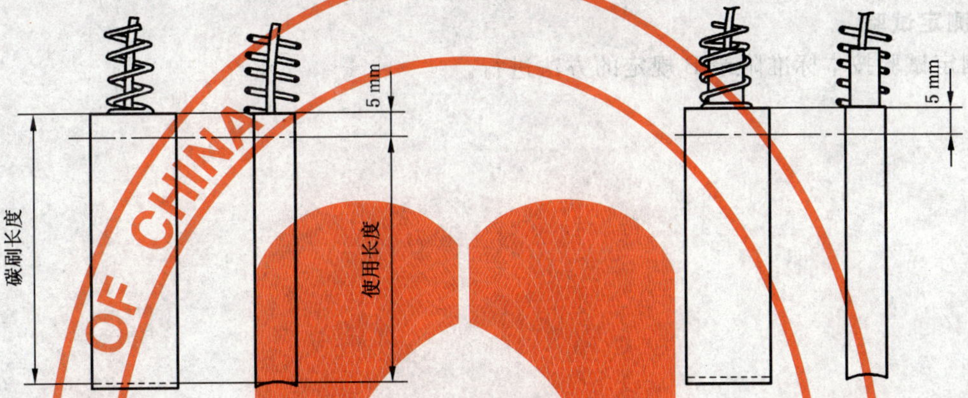

图 6　碳刷

5.8　冲击试验

本试验是确定地板抛光机在通过门槛或撞击门柱情况下抵抗压力的能力。

5.8.1　试验设备

试验在平的硬地板按照运行的距离(2±0.1)m 并且准备下列试验障碍：

——由 6 层层压板或同等硬木制成门槛，截面积尺寸按照 GB/T 20291—2006 图 20a)要求，在与试验表面中心线成直角处与地板抛光机开始位置有 1 m 的距离[见 GB/T 20291—2006 图 20b)]；

——门槛用钢板制成，尺寸按 GB/T 20291—2006 图 20b)，放置在中心线任一边与地板抛光机的开始位置有 2 m 的距离。

注：木地板可由弹性橡胶传送带覆盖为地板抛光机重新回到启动位置。

地板抛光机前进运动需将力施加在管的手柄上，以高于试验表面(800±50)mm 位置沿中心线运行，在距开始位置 $0.8^{+0.1}_{0}$ m 处地板抛光机以 $1^{0}_{-0.1}$ m/s 的速度运行。

为保持地板抛光机在试验中接近中心线，建议使用适当的、低摩擦的导向系统间隙 20^{0}_{-5} mm，间隙在地板抛光机的任意一边或一可调整边距的同步运行小车。

5.8.2　试验循环

每个试验循环包括依次的 22 次前进，具体如下：

——10 次翻越门槛；

——1 次撞击左(或右)门柱；

——10 次翻越门槛；

——1 次撞击左(或右)门柱。

5.8.3　试验程序

试验前，地板抛光机处于正常工作状态。

翻越门槛时，地板抛光机允许在运行距离结束时缓慢停止，在离初始位置 1.5 m 远处停止施加在手柄上的力并使用泡沫橡胶吸收能量。

STANDARDS PRESS OF CHINA

在撞击门柱时，施加在手柄上的力应保持试验速度直到撞到门柱。

每次运行以后，地板抛光机重新回到初始位置避免其轮子或滑杆承受负载，每次运行之间，要求停歇至少 5 s。

注 1：对于结合传送带将地板抛光机返回到启始位置的自动设备的具体详细情况见 GB/T 20291—2006 附录 A.11。

试验过程中，地板抛光机以 15 min 开、15 min 关间歇运行，不必同试验周期同步进行。

每 50 个循环以后，应检验地板抛光机损坏和其他相应功能。

注 2：建议运行 500 个周期。

5.9 噪声测定试验

噪声测定试验按本标准附录 B 规定的方法进行。

附 录 A
（规范性附录）
实验室要求

A.1 试验材料

A.1.1 试验板覆盖涂层的类型和质量

覆盖涂层的类型使用黑色油毯和其他通常使用的材料。

A.1.1.1 黑色油毯

油毯符合以下质量要求：

a) 软木油毯除外；

b) 表面未经过处理，例如：未经过塑料，蜡或类似材料处理；

c) 厚度 2.5 mm；

d) 衬底为黄麻织物。

A.1.2 准备试验带

试验带在试验板上展开（见 A.2.1），此试验带尽可能光滑。

试验带不使用胶水粘接，其可在地板上静止，如果有必要，使用机械方法固定。

对试验带进行洗涤，从而去除灰尘同时保留油脂，使用棉碎屑铺满，并使用“生物分解型”十二烷基苯磺酸钠 5 g/L 溶液。

洗涤后，试验带晾干至少 12 h。

A.1.3 试验蜡

标准蜡，可溶液型，由以下成分构成：

OP 蜡	30 g
石蜡 52 ℃～54 ℃	200 g
地蜡 B(熔点 72 ℃～74 ℃；酸度 0；皂化值 0)	10 g
防臭白色添加剂(沸点 150 ℃～190 ℃)	1 760 g

A.1.4 适用于吸尘式抛光机所使用标准粉尘

GB/T 20291—2006 中 2.9.1 用于去尘和吸尘能力试验的灰尘。

A.2 试验用设备

A.2.1 试验板

由试验带覆盖的试验板由木板制成，从而其温度可以与环境温度保持均衡，并且保持其稳定性。

A.2.2 光度计

依据 ASTM D523 和 ASTM D1455，光度计应有 60°几何角。此范围中的 0 选定为机械 0（灯关闭状态）；此范围的最大值 100，依据黑色玻璃反射率采样得出。

A.2.3 运行阻力试验装置

此装置装有带轮子的运送装置，并且相对于引导带具有较小的摩擦力。此运送装置与两个测力计相连，当抛光机向前和返回运行时，测力计可以读出摩擦力值。

测力计具有两个指示器，一个测量正常值，一个测量最大值。从而可以在最大范围内读出测力计锁定的值。

当抛光机向前和返回运行时，样机由引导带上距地表 0.8 m 的滑行块固定在转动轴上（见图 3 和图 4）。

A.2.4 寿命试验装置

此试验装置可使抛光机向前和返回运行(见图5)。它包含支架,地板抛光机可与支架连接,并且通过径向链与支架一起进行向前和返回运行。

支架可根据3.16进行调整,试验板为金属板。

金属板由板内部流通气流冷却至环境温度。此气流由图5中所示风扇产生。

附　录　B
（规范性附录）
地板抛光机噪声试验方法

B.1　范围

适用于各种类型地板抛光机的噪声测定。

B.2　试验依据

地板抛光机噪声测量按 GB/T 4214.1 相关规定进行。

B.3　试验条件

B.3.1　噪声测试环境为半消声室。

B.3.2　在测试场地面的几何中心处铺以试验地板，将地板抛光机放置于试验地板上，位于测试场地面的几何中心处。

B.3.3　使地板抛光机在额定工作状态下，正常工作 1 h 后开始进行噪声测试。直接蒸发式、离心式地板抛光机调至最高风速挡位进行测试，其他类型地板抛光机调至最大加湿状态进行测试。

B.4　试验方法

B.4.1　测定量

测试量为 A 计权声功率级，以分贝(dB)为单位(基准量 1 pW)。

B.4.2　传声器的布置

B.4.2.1　如果地板抛光机的每一边长都不超过 0.7 m，则测量表面为半球面，带有 10 个测点。半球面测量表面的半径 r 采用 1.5 m。见 GB/T 4214.1—2000 图 4。

B.4.2.2　如果地板抛光机的某一边长超过 0.7 m，测量表面是带有 9 个测点的矩形六面体。测量距离采用 1 m。见 GB/T 4214.1—2000 图 1。

B.4.3　声压级和声功率级的计算

如果测量的噪声过小，则背景噪声级对测量产生的影响应按照 GB/T 4214.1 进行修正。对 A 计权声压级，其各测点所测的声压级的平均值按式(B.1)计算：

$$L_p = 10\lg\left(\frac{1}{N}\sum_{i=1}^{N}10^{0.1L_{pi}}\right) \qquad \cdots\cdots(B.1)$$

式中：

L_p——各测点的平均声压级，单位为分贝(dB)；

L_{pi}——第 i 个测点测得的声压级，单位为分贝(dB)；

N——测点数。

被测地板抛光机的声功率级的平均值按照式(B.2)计算：

$$L_w = L_p + 10\lg\frac{A}{A_0} \qquad \cdots\cdots(B.2)$$

式中：

L_p——各测点的平均声压级，单位为分贝(dB)；

L_w——被测地板抛光机的声功率级，单位为分贝(dB)；

A——测量表面面积，单位为平方米(m^2)；

A_0——基准面面积，取 $A_0 = 1\ m^2$，单位为平方米(m^2)。

STANDARDS PRESS OF CHINA

参 考 文 献

ASTM D523 Standard test method for specular gloss
ASTM D1455 Standard test method for 60° specular gloss of emulsion floor polish
IEC 60369 家用和类似用途电器地板抛光机性能测试方法
GB/T 2900.29 电工术语 家用和类似用途电器

ICS 97.100.99
Y 63

中华人民共和国国家标准

GB/T 23137—2008

家用和类似用途热泵热水器

Heat pump water heater for household and similar application

2008-12-30 发布 2009-09-01 实施

中华人民共和国国家质量监督检验检疫总局
中国国家标准化管理委员会 发布

前　言

本标准与 GB 4706.11《家用和类似用途电器的安全　快热式热水器的特殊要求》、GB 4706.12《家用和类似用途电器的安全　储水式热水器的特殊要求》以及 GB 4706.32《家用和类似用途电器的安全　热泵、空调器和除湿机的特殊要求》一并使用。本标准附录 A 非等效采用 JRA 4050—2007《家用热泵热水器》。

本标准的附录 A 为资料性附录。

本标准由中国轻工业联合会提出。

本标准由全国家用电器标准化技术委员会(SAC/TC 46)归口。

本标准主要起草单位：中国家用电器研究院、美的集团有限公司、广东长菱空调冷气机制造有限公司、江苏天舒电器有限公司、西安庆安制冷设备股份有限公司、海尔集团公司、广东同益电器有限公司。

本标准参加起草单位：珠海格力电器股份有限公司、北京同方洁净技术有限公司、佛山市质量计量监督检测中心、上海三菱电机、上菱空调机电器有限公司、东莞市新时代新能源科技有限公司、大金空调(上海)有限公司、默洛尼卫生洁具(中国)有限公司、杭州锦江百浪新能源有限公司、浙江正理电子电气有限公司、上海日立电器有限公司、广东五星太阳能有限公司、沃姆制冷设备(上海)有限公司、浙江爱邦热能科技有限公司、广州德能热源设备有限公司。

本标准主要起草人：马德军、陈建民、蔡宁、黄国强、赖梓源、胡正南、王玉军、孙民、唐壁奎、童杏生、谷东照、柳飞、宋世果、黄慧珍、岳峻岷、谢坤、史剑春、季兵、诸吉良、黄道德、乐红胜、文峰、张金喜、胡立飞、马永德、胡志强。

本标准首次发布。

家用和类似用途热泵热水器

1 范围

本标准规定了家用和类似用途热泵热水器(以下简称热泵热水器)的术语和定义、产品分类、技术要求、试验方法、检验规则、标志、包装、运输、贮存等。

本标准适用于电动机驱动,采用蒸汽压缩制冷循环,以空气或水作为热源,以提供热水为目的的家用和类似用途的热泵热水器。其他热源或用途的热泵热水器可参照使用。

本标准不适用于工业用热泵热水器。

2 规范性引用文件

下列文件中的条款通过本标准的引用而成为本标准的条款。凡是注明日期的引用文件,其随后所有的修改单(不包括勘误的内容)或修订版均不适用于本标准。然而,鼓励根据本标准达成协议的各方研究是否使用这些文件的最新版本。凡是不注日期的引用文件,其最新版本适用于本标准。

GB/T 191 包装储运图示标志(GB/T 191—2008,ISO 780:1997,MOD)

GB/T 1019 家用电器包装通则

GB/T 1766 色漆和清漆 涂层老化的评级方法

GB/T 2423.3 电工电子产品环境试验 第2部分:试验方法试验Cab:恒定湿热试验(GB/T 2423.3—2006,IEC 60068-2-78:2001,IDT)

GB/T 2423.17 电工电子产品环境试验 第2部分:试验方法 试验Ka:盐雾(GB/T 2423.17—2008,IEC 60068-2-11:1981,IDT)

GB/T 2624.1 用安装在圆形截面管道中的差压装置测量满管流体流量 第1部分:一般原理和要求(GB/T 2624.1—2006,ISO 5167-1:2003,IDT)

GB/T 2624.2 用安装在圆形截面管道中的差压装置测量满管流体流量 第2部分:孔板(GB/T 2624.2—2006,ISO 5167-2:2003,IDT)

GB/T 2624.3 用安装在圆形截面管道中的差压装置测量满管流体流量 第3部分:喷嘴和文丘里喷嘴(GB/T 2624.3—2006,ISO 5167-3:2003,IDT)

GB/T 2624.4 用安装在圆形截面管道中的差压装置测量满管流体流量 第4部分:文丘里管(GB/T 2624.4—2006,ISO 5167-4:2003,IDT)

GB/T 2828.1 计数抽样检验程序 第1部分:按接收质量限(AQL)检索的逐批检验抽样计划(GB/T 2828.1—2003,ISO 2859-1:1999,IDT)

GB/T 2829 周期检验计数抽样程序及表(适用于对过程稳定性的检验)

GB/T 3785 声级计的电,声性能及测试方法

GB 4706.1 家用和类似用途电器的安全 第一部分:通用要求(GB 4706.1—2005,IEC 60335-1:2004,IDT)

GB 4706.11 家用和类似用途电器的安全 快热式热水器的特殊要求(GB 4706.11—2004,IEC 60335-2-35:2002,IDT)

GB 4706.12 家用和类似用途电器的安全 储水式热水器的特殊要求(GB 4706.12—2006,IEC 60335-2-21:1997,MOD)

GB 4706.32 家用和类似用途电器的安全 热泵、空调器和除湿机的特殊要求(GB 4706.32—2004,IEC 60335-2-40:1995,IDT)

GB/T 4798.1 电工电子产品应用环境条件 第1部分：贮存(GB/T 4798.1—2005,IEC 60721-3-1:1997,MOD)

GB/T 4798.2 电工电子产品应用环境条件 第2部分：运输(GB/T 4798.2—2008,IEC 60721-3-2:1997,MOD)

GB/T 4857.7 包装 运输包装件基本试验 第7部分：正弦定频振动试验方法(GB/T 4857.7—2005,ISO 2247:2000,MOD)

GB/T 4857.10 包装 运输包装件基本试验 第10部分：正弦变频振动试验方法(GB/T 4857.10—2005,ISO 8318:2000,MOD)

GB 5296.2 消费品使用说明 家用和类似用途电器的使用说明

GB/T 7725 房间空气调节器(GB/T 7725—2004,ISO 5151:1994,NEQ)

GB/T 9286 色漆和清漆 漆膜的划格试验(GB/T 9286—1998,eqv ISO 2409:1992)

GB/T 14522 机械工业产品用塑料、涂料、橡胶材料人工气候加速试验方法

JB/T 10359 空调器室外机用塑料环境技术要求

JRA 4050—2007 家用热泵热水器

3 术语和定义

3.1

热泵热水器 heat pump water heater

一种利用电机驱动的蒸汽压缩循环，将空气或水中的热量转移到被加热的水中来制取生活热水的设备。

3.2

空气源热泵热水器 air-source heat pump water heater

以环境空气为热源的热泵热水器。

3.3

水源热泵热水器 water-source heat pump water heater

以水(包括从水井、湖泊、海或河流中抽取的水或在地下盘管中循环流动的水，以及其他用途的可用水)为热源的热泵热水器。

3.4

一次加热式热泵热水器 instantaneous heat pump water heater

初始冷水流过热泵热水器内部的热交换器一次就达到用户设定温度的热泵热水器。

3.5

循环加热式热泵热水器 circulating heat pump water heater

初始冷水多次流过热泵热水器内的换热器逐渐达到设定温度的热泵热水器。

3.6

静态加热式热泵热水器 static heat pump water heater

通过换热器与水直接或间接接触，被加热水侧以自然对流形式使水温逐渐达到设定温度的热泵热水器。

3.7

辅助热源热泵热水器 auxiliary heat source heat pump water heater

含辅助热源，且辅助热源既可与热泵同时使用，又可以单独使用进行制热的热泵热水器。

3.8

整体式热泵热水器 packaged heat pump water heater

压缩机、蒸发器、冷凝器以及水箱等主要零部件在同一箱体内的热泵热水器。

3.9

分体式热泵热水器 split type pump water heater

压缩机、蒸发器、冷凝器以及水箱等主要零部件不在同一箱体内的热泵热水器。

3.10

水环式水源热泵热水器 water-loop heat pump water heater

使用在共用管路循环流动的水为热源的热泵热水器。

3.11

地下水式水源热泵热水器 ground-water heat pump water heater

使用从水井、湖泊或河流中抽取的水为热源的热泵热水器。

3.12

地下环路式水源热泵热水器 ground-loop heat pump water heater

使用在地下盘管中循环流动的水为热源的热泵热水器。

3.13

进水温度(T_1) entering water temperature

热泵热水器开始加热前在系统进水口处测得的水的温度,单位为摄氏度(℃)。

3.14

出水温度(T_2) leaving water temperature

a) 对一次加热式热泵热水器,指在加热稳定时在系统出水口处测得的水的温度;

b) 对循环加热式热泵热水器和静态加热式热泵热水器,指在加热完成后在水箱中测得的水的平均温度,单位为摄氏度(℃)。

3.15

热泵制热量(Q) heat pump heating capacity

热泵在名义工况和规定条件下运行时,每单位时间提供给被加热水的热量,单位为瓦(W)。

3.16

热泵制热消耗功率(P) heat pump heating power input

热泵在名义工况和规定条件下运行时所输入的总功率,单位为瓦(W)。

3.17

性能系数(COP) coefficient of performance

热泵在名义工况和规定条件下运行时,热泵制热量和热泵制热消耗功率之比,其值用 W/W 表示。

3.18

热水输出率(μ) hot-water output rate

额定条件下的实际热水器输出量同额定容量的比率。

3.19

制热水能力(U) heating water capacity

在名义工况和规定条件下热泵运行时,单位时间内把规定温度低温水加热到规定温度高温水的提供能力,单位为升每小时(L/h)。

3.20

辅助热源输入功率 additional heating rated input

相同工况下,辅助热源工作时的输入功率与断开辅助热源时的输入功率之差,单位为瓦(W)。

3.21 其他术语

a) 水侧最高使用压力 max pressure of water-side

由热水储存单元提供的热水压力的最高值,单位为兆帕(MPa)。

b) 储水箱容量 capacity of water storage tank

可以储存热水的储水箱的最大容量,单位为升(L)。

c) 承压式储水箱 pressure-resistant water storage tank

箱体密闭,不与大气相通,并能承受一定压力的储水箱。

d） 开启式储水箱　free-surface water storage tank

水箱与大气相通，通过液位控制装置控制其水面的储水箱。

e） 储水箱内胆　cavity of water storage tank

在储水箱内部与水直接接触的盛装容器。

f） 额定水压　rated pressure of water

是指制造厂为热泵热水器规定的水压，单位为兆帕(MPa)。

4　产品分类

4.1　型式

4.1.1　按热源方式分类

a）空气源热泵热水器；

b）水源热泵热水器。

4.1.2　按使用电源型式分类

a）单相电源型式(220 V,50 Hz)；

b）三相电源型式(380 V,50 Hz)。

4.1.3　按制热方式分类

a）一次加热式热泵热水器；

b）循环加热式热泵热水器；

c）静态加热式热泵热水器。

4.1.4　按结构型式分类

a）整体式热泵热水器；

b）分体式热泵热水器。

4.2　优选值

4.2.1　热泵热水器储水箱额定容量的推荐优选值为：

80 L,100 L,150 L,200 L,300 L,400 L,500 L,600 L。

4.2.2　热泵热水器额定制热水能力的推荐优选值为：

70 L/h,100 L/h,150 L/h,170 L/h,200 L/h,250 L/h,300 L/h,350 L/h,400 L/h,450 L/h,500 L/h。

4.3　型号命名

4.3.1　产品型号及含义如下：

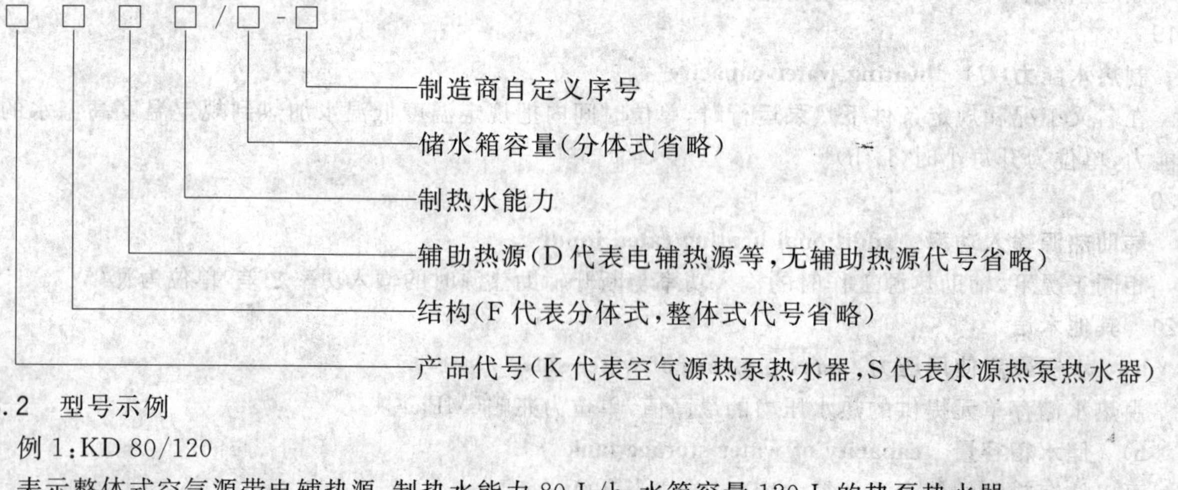

4.3.2　型号示例

例1：KD 80/120

表示整体式空气源带电辅热源，制热水能力80 L/h，水箱容量120 L的热泵热水器。

4.4　基本参数

热泵热水器的试验工况见表1、表2规定。

表 1　空气源热泵热水器的试验工况

项　　目	水　　侧		空　气　侧	
	进水温度/℃	出水温度/℃	干球温度/℃	湿球温度/℃
名义工况	15	55	20	15
最大运行工况	29	55	43	26
自动除霜工况	9	55	2	1
最小运行工况	9	55	7	6
低温运行工况	9	55	−7	−8
变工况运行工况	6～36	55	−7～43	—

注 1：水侧温度误差为±0.5 ℃；

注 2：空气侧干球温度误差为±1 ℃，湿球温度误差为±0.5 ℃；

注 3：如果使用 CO_2 工质，试验工况见附录 A。

表 2　水源热泵热水器的试验工况

项　　目	水　　侧		热　源　侧		
			进水/出水温度/℃		
	进水温度/℃	出水温度/℃	水环式	地下水式	地下环路式
名义工况	15	55	20/—	15/—	10/—
最大运行工况	29	55	30/—	25/—	25/—
最小运行工况	9	55	15/—	10/—	10/—
低温运行工况	9	55	20/—	15/—	10/—
变工况运行工况	6～36	55	15～30/—	10～25/—	5～25/—

注 1：水侧温度误差为±0.5 ℃；

注 2：采用名义制热量及进出口 5 ℃温差确定的水流量。

5　技术要求

5.1　一般要求

5.1.1　热泵热水器热泵部分应符合 GB 4706.32 的要求，热水部分应符合 GB 4706.11 或 GB 4706.12 的要求，并按经规定程序批准的图样和技术文件（或按用户和制造厂的协议）制造。

5.1.2　在进水水质符合国家要求的前提下，所有热源水侧的管路、换热设备应具有抗腐蚀的能力，使用过程中热泵热水器不应污染所使用的水源。

5.1.3　热泵热水器的电磁兼容性应符合国家有关规定和相应标准要求。

5.1.4　热泵热水器运行过程中，压缩机排气温度不应超过压缩机厂的规定。

5.1.5　以 CO_2 为制冷剂的热泵热水器，技术要求和试验方法参考附录 A。

5.2　结构要求

5.2.1　热泵热水器的紧固件及其他元件应符合国家标准，其易损件应便于更换。

5.2.2　热泵热水器的进出水管如直接安装于分供水系统时，进出水管应符合国家标准的要求。

5.2.3　热泵热水器主机各零部件的安装应牢固、可靠，压缩机应具有防振动措施。热泵热水器运转时无异常声响，管路与零部件间不应有相互摩擦和碰撞。热泵热水器的电磁换向阀等零件动作应灵敏、可靠。

5.2.4　热泵热水器中的辅助电加热元件应可靠固定或单独放置，以防止在正常运输和维修时被损坏。辅助电加热元件的管材应具有足够的防腐性能，其防腐性能不应低于型号为 0Cr18Ni9 的不锈钢。

STANDARDS PRESS OF CHINA

5.2.5 热泵热水器应具有防止冻结的措施。

5.3 耐候性要求

按6.14试验后，热泵热水器应有良好的耐候性能：

a) 电镀件和紧固件应进行防锈蚀处理，其表面应光滑细密、色泽均匀、不应有明显的斑点、针孔、气泡、镀层脱落等缺陷；

b) 涂装件涂层牢固、外观良好，表面不应有明显的气泡、流痕、漏涂、底漆外露及不应有的皱纹和其他损伤，涂层脱落不大于2级。室外机部分涂层按6.14.4试验后，其涂层的光泽失光率小于50%，表面无明显的粉化和裂纹，色差变化不大于2级；

c) 塑料件表面应平整光洁、色泽均匀、耐老化；不得有裂痕、气泡和明显缩孔、变形等缺陷。室外机用工程塑料耐久性应符合JB/T 10359的规定。

5.4 气密性和承压要求

5.4.1 制冷系统气密性要求

热泵热水器热泵系统各部分应密封，按6.2.1的方法试验，热泵热水器热泵系统各部分不应有制冷剂泄漏现象。

5.4.2 水系统承压要求

按6.2.2的方法试验时，热泵热水器水侧各部位应无异常变形和水泄漏。

承压式储水箱的额定压力应不小于0.8 MPa。按6.2.2的方法试验时，承压式储水箱各部位及接头处不应有异常变形和泄漏现象。

5.4.3 水箱强度要求

按6.2.3的方法试验后，水箱无明显的变形，焊接、接口密封处无渗漏现象。

5.5 热泵热水器名义工况性能要求

5.5.1 热泵制热量

按6.3方法试验时，实测热泵制热量不应小于热泵制热量标称值的95%。

5.5.2 制热水能力

按6.3方法试验时，实测制热水能力不能小于制热水能力标称值的95%。

5.5.3 热泵制热消耗功率

按6.4方法试验时，实测热泵制热消耗功率不应大于名义热泵制热消耗功率的110%。

5.5.4 性能系数(*COP*)

按6.3计算性能系数。热泵热水器在名义工况时的实测性能系数(*COP*)应不低于表3规定的数值，并不应低于制造厂明示值的90%。

表3 热泵热水器名义工况时的性能系数(*COP*)限定值

热源型式 / 制热方式	空气源式	水源式		
		水环式	地下水式	地下环路式
一次加热式、循环加热式	3.70	4.20	4.00	3.80
静态加热式	3.40	3.70	3.50	3.20

5.6 热泵热水器考核工况性能要求

热泵热水器在表1或表2规定的温度条件下应能正常工作，表中所注温度偏差为试验时应遵守的条件。

5.6.1 最大运行

按6.5方法试验时，在整个试验过程中，热泵热水器各部件不应损坏，热泵热水器应能正常运行。

5.6.2 自动除霜

空气源热泵热水器应具备自动除霜功能。

按 6.6 的方法试验时，应符合以下要求：

——安全保护元器件不应动作并导致热泵热水器停止运行；

——除霜功能正常，除霜彻底，化霜水应能正常排放；

——除霜所需的时间总和不应超过运行周期时间的 20%；

——除霜过程中，不应导致水路各部件冻结。

5.6.3 最小运行

按 6.7 的方法试验时，安全保护元器件不应动作并导致热泵热水器停止运行。

按 6.3.3 方法计算此试验工况下的性能系数（*COP*）值，应不低于企业的最小运行工况下性能系数（*COP*）明示值。

5.6.4 低温运行

按 6.8 的方法试验时，安全保护元器件不应动作并导致热泵热水器停止运行。

5.6.5 变工况性能

按 6.9 方法进行试验并绘制性能曲线图或表。

5.7 热水储存性能

热泵热水器的热水储存性能按以下内容所述：

5.7.1 保温性能

保温性能按 6.10 方法进行试验时，放置 24 h 后热水的温度必须符合表 4 所述内容。

5.7.2 使用性能

使用性能按 6.10 的方法进行试验时，热水输出率不应低于表 4 规定。

5.7.3 储水箱容量

储水箱容量按 6.10 中的方法进行试验时，实测值不得小于标称值的 92%。

表 4 热水储存性能

项目		储水箱容量/L		
		≤100	100～300	≥300
制热性能	出水温度 T_2/℃	55		
保温性能	放置 24 h 后水温/℃	T_2-10	T_2-8	T_2-6
使用性能	热水输出率 μ/%	75	75	75

5.8 噪声

a) 热泵热水器主机和水箱在使用时不应有异常噪声和振动；

b) 按 6.11 方法试验时，热泵热水器在半消声室测试噪声，其噪声测试值（声压级）应符合表 5 规定；

表 5 空气源热泵热水器噪声限定值（声压级）

制热水能力（L/h）	整体式/dB(A)	分体式/dB(A)	
		室内侧	室外侧
≤100	60	32	55
>100～200	60	32	55
>200～350	60	32	60
>350～500	65	32	60
>500	65	32	65

注 1：水源热泵热水器的噪声限值正在考虑之中。

注 2：热泵热水器在全消声室测试的噪声值须注明“在全消声室测试”等字样，其限定值在上述限定值基础上增加 2 dB(A)。

c) 制造厂对热泵热水器噪声的明示(铭牌、说明书、广告等)值的上偏差为+3 dB(A),按6.11方法试验时,其噪声的实测值不应大于明示值的上限值(明示值+上偏差)和表5的限定值。

5.9 包装要求

按6.12试验后,包装箱、泡沫及其他防护附件应没有影响防护功能的变形,包装状态下的热泵热水器,应符合GB/T 1019的有关规定。

5.10 运输要求

按6.13规定的方法试验后,热泵热水器不应损坏、紧固件不得松动,制冷剂泄漏、噪声应符合5.4.1和5.8的规定。

5.11 辅助电加热装置制热消耗功率

按6.15方法试验时,辅助电加热装置的实测制热消耗功率要求如下:额定消耗功率不大于200 W的,其允差为±10%;200 W以上的,其允差为−10%～+5%或20 W(选大者)。

6 试验方法

6.1 试验的一般条件

6.1.1 温度条件

空气源热泵热水器的试验工况按表1的规定;水源热泵热水器的试验工况按表2的规定。选用相应的工况进行试验。

6.1.2 电源条件

热泵热水器试验时,器具应以额定电压供电,或以额定电压范围平均值±1%供电,频率为额定频率±1%。

6.1.3 试验仪器及仪表

6.1.3.1 试验用仪器仪表应经法定部门检定合格,并在有效期内。

6.1.3.2 测量仪表精度按表6的规定。

表6 测量仪表精度

仪表分类	名称	精度或准确度
温度测量仪表	玻璃水银温度计、热电偶、电阻温度计、温差计	制冷剂(液、气)温度:±0.1 ℃ 水温及水温温差:±0.1 ℃ 其他温度:±0.2 ℃
压力测量仪表	弹簧管式压力表、压力传感器、U形管压力计、水银柱大气压力计	压力或压差读数的±1%
流量测量仪表	流量节流装置、液体流量计、流量计量容器	测量流量的±2%
电气仪表	功率表(含指示式、积算式)、电流表、电压表、功率因素表、频率表、互感器	功率表:指示式0.5级,积算式1级;电流表、电压表、功率因素表、频率表:0.5级;互感器:0.2级
功率测量仪表	转矩测速仪、天平式测功仪、标准电动机和其他测功仪表	测定轴功率的±1.5%
转速测量仪表	转速计数器、转速表、闪光测频仪等	测定转速的±1%
时间测量仪表	秒表	测定经过时间的±0.1%
质量测量仪表	各类台秤、磅秤	测定质量的±0.2%

6.1.3.3 测量规定

测量仪表的安装和使用按如下规定：

a) 温度测量规定

温度计套管采用薄壁钢管或不锈钢薄壁管，垂直插入流体，管径较小时可逆流向斜插或用测温管，插入深度为二分之一管道直径。套管内注入冷冻机油，读数时不应拔出温度计。

如可能，在用于测量冷水、冷却水和制冷剂进、出口温差时，应在每次读数之后，交换进、出口温度计进行测量，以提高测量准确度。

环境温度的测量为距离换热器外表面 0.5 m，高度为换热器中心位置处四个方向测量温度的平均值。

b) 压力测量规定

用水银大气压计测量大气压时，读数应作温度修正，或向当地气象部门询问大气压值。

U 型压差计的玻璃管内径不小于 6 mm。

c) 流量测量规定

流量节流装置的设计、制造、安装和计算应按照 GB/T 2624.1～GB/T 2624.4 的规定。

流量节流装置的压差读数应不小于 250 mm 液柱高度。

d) 电器测量规定

功率表测量值应在满量程的三分之一以上。用“两功率表法”或“三功率表法”测量三相交流电动机功率时，指示的电流和电压值应不低于功率表额定电压和电流的 60%。

热泵热水器的空气干、湿球温度按 GB/T 7725 规定的机组空气干、湿球温度的测量方法测量。

6.1.4 试验的一般要求

6.1.4.1 被测热泵热水器应按照制造厂的安装规定，使用所提供或推荐使用的附件、工具进行安装。

6.1.4.2 除按规定的方式进行试验所需要的装置和仪器的连接外，对热泵热水器不应进行更改和调整。

6.1.4.3 必要时，热泵热水器可按制造厂的规定抽真空和充注制冷剂。

6.1.4.4 空气源热泵热水器的空气侧试验空间应足够，使试验中主机的气流场不能改变。试验时器具周围的空气速度应尽可能低，以免影响机组的性能。

6.1.4.5 对于循环加热式热泵热水器和静态加热式热泵热水器，水箱应选用制造商允许范围内的容量最大的水箱。

6.1.4.6 在性能试验时，热泵热水器应断开辅助热源。

6.1.4.7 热泵热水器进行名义制热工况试验时，试验工况各参数的读数允差应符合表 7 规定。

表 7 热泵制热量试验的读数允差

参数			读数的平均值对额定工况的偏差	各读数对额定工况的最大偏差
空气侧温度	℃	干球	±1.0	±1.0
		湿球	±0.5	±0.5
水温		进水温度	±0.3	±0.3
		出水温度		
电压	%		±1.0	±2.0
液体体积流量			±2.0	±5.0
压力				

6.1.4.8 热泵热水器进行性能试验时(除热泵制热量试验工况外)，试验工况各参数的读数允差应符合表 8 的规定。

表 8 性能试验的读数允差

单位为摄氏度

试验工况	测量参数		读数与规定值的最大允许偏差
自动除霜工况(除霜动作时)	空气温度		±6.0
	水温	进水温度	±3.0
		出水温度	±1.0
其他试验	空气温度		±1.0
	水温		±0.6

6.2 热泵热水器气密性和承压试验

6.2.1 制冷系统气密性试验

热泵热水器在正常的制冷剂充注量下,不通电置于环境温度为 16 ℃～35 ℃的正压室内,用灵敏度为 1×10^{-6} Pa·m^3/s 的检漏仪进行检验。

6.2.2 水系统承压试验

应使用液体做水箱压力试验,试验压力如下:

对于承压式储水箱的热泵热水器,试验压力为水箱额定压力的 2 倍;

对于开启式储水箱的热泵热水器,试验压力为 0.15 MPa。

6.2.3 储水箱强度试验

首先,对未进行其他试验的承压式储水箱,进行额定压力下的检漏,不应泄漏。

以常规的方法或类似支撑容器组件,将上述储水箱连接到脉冲压力试验仪器上,并调节施压仪器的试验参数:

脉动压力:容器内注入环境温度的水(硅青铜容器除外);排空容器内的空气,按额定压力值的 15%～(100±5)%之间的数值交替加压;

频率:每分钟 25～45 次;

循环次数:1×10^5 次。

注:每加压 10 000 次结束时,将压力至少维持在 1.05 倍的额定压力 10 min,目测容器无明显变形,再进行下面的循环试验。

6.3 热泵制热量

6.3.1 试验一般条件

6.3.1.1 出水温度的测定应遵循以下原则:

a) 对于水箱水的温度取值,要求平均水温达到 55 ℃±0.5 ℃;

b) 在水泵进水口测量温度,在水温波动≤0.5 K 前提下,取显示的最大温度为搅拌后的平均出水温度 T_2。

6.3.1.2 循环试验条件

a) 环境温度为 20 ℃±5 ℃;

b) 循环时环境风速不大于 0.5 m/s;

c) 循环水泵的流量按每分钟标称流量不小于 1/2 水箱有效容量,循环水泵进水口放于水箱底部,循环 3 min。循环水泵应采用非金属壳体结构;

d) 取热水配管使用单程长为 1.5 m～2 m 的耐热性合成树脂管或者橡胶管,不作保温。

6.3.2 热泵制热量试验方法

6.3.2.1 一次加热式热泵热水器

在规定的环境温度条件下,给热泵热水器进水 15 ℃±0.5 ℃,在热泵热水器出水口加装温度计及水流量控制装置,当出水温度满足条件 55 ℃±0.5 ℃,且热泵热水器处于稳定状态运行 30 min,测试并记录热泵热水器的进水温度 T_1(℃)、出水温度 T_2(℃)、水流量 G(L/h)、热泵制热消耗功率 P(W),每

5 min 读值一次，连续记录七次，并按 6.3.3 计算热泵制热量。

6.3.2.2 循环加热式热泵热水器

在规定的环境温度条件下，将水箱内注满 15 ℃±0.5 ℃的水，将水加热至 55 ℃±0.5 ℃，记录进水温度 T_1(℃)、出水温度 T_2(℃)、被加热水体积 V(L)、加热时间 H(h)、耗电量 E(kWh)，并按 6.3.3 计算热泵制热量。

6.3.2.3 静态加热式热泵热水器

按说明书要求连接好热泵热水器，在规定的环境温度条件下，将水箱内注满 15 ℃±0.5 ℃的水，将水加热至 55 ℃±0.5 ℃，记录进水温度 T_1(℃)、出水温度 T_2(℃)、被加热水体积 V(L)、加热时间 H(h)、耗电量 E(kWh)，并按 6.3.3 计算热泵制热量。

注：进行热泵制热量试验时，所测得的耗电量 E(kWh)应符合 5.5.3 的规定。

6.3.3 制热水能力、热泵制热量和性能系数的计算方法

6.3.3.1 制热水能力计算

6.3.3.1.1 一次加热式热泵热水器按照式(1)进行计算：

$$U = G \qquad \cdots\cdots(1)$$

式中：

U——制热水能力，单位为升每小时(L/h)；

G——水流量，单位为升每小时(L/h)。

6.3.3.1.2 循环加热式热泵热水器、静态加热式热泵热水器按照式(2)进行计算：

$$U = V/H \qquad \cdots\cdots(2)$$

式中：

V——被加热水体积，单位为升(L)；

H——加热时间，单位为小时(h)。

6.3.3.2 热泵制热量计算

热泵制热量按照式(3)进行计算：

$$Q = 1.163 \times U \times (T_2 - T_1)/1\,000 \qquad \cdots\cdots(3)$$

式中：

Q——热泵制热量，单位为千瓦(kW)；

T_2——出水温度，单位为摄氏度(℃)；

T_1——进水温度，单位为摄氏度(℃)。

6.3.3.3 性能系数

性能系数按照式(4)进行计算：

$$COP = Q/P \qquad \cdots\cdots(4)$$

式中：

COP——性能系数，单位为瓦/瓦(W/W)；

P——热泵制热消耗功率，单位为千瓦(kW)。

6.4 热泵制热消耗功率

在热泵制热量测试的同时，测定热泵制热消耗功率。对于循环加热式热泵热水器和静态加热式热泵热水器，热泵制热消耗功率为耗电量与加热时间的比值。

注：热泵制热消耗总功率应为辅助电加热不工作时测得；对需要水泵才能正常运行的热水器，应将水泵实际消耗功率加入。

6.5 最大运行

6.5.1 一次加热式热泵热水器

在额定频率下，将试验电压分别调整为额定电压的 90%和 110%，在表 1 或表 2 规定的最大运行工

况下，使热泵热水器开始运行，达到稳定后，连续运行 30 min，然后停机 3 min(此间电压上升不应超过 3%)，再启动运行 30 min。

6.5.2 循环加热式热泵热水器和静态加热式热泵热水器

在额定频率下，将试验电压分别调整为额定电压的 90%和 110%，在表 1 或表 2 规定的最大运行工况下，使热泵热水器开始运行，直到出水温度达到设定值后停机(此间电压上升不应超过 3%)，此时按照等同于制热水能力的流量放水，同时注入等流量的 29 ℃冷水，直至热泵再次启动，此时停止放水和注水，使热泵热水器继续运行至设定温度后停机。

6.6 自动除霜

6.6.1 一次加热式热泵热水器

在额定电压和频率下，按表 1 规定的自动除霜工况，将热泵热水器出水温度设定为 55 ℃，连续运行，待首次除霜周期结束后，再将出水温度调至最低设定值，继续运行 3 h(从出水温度达到设定值并稳定后开始计时)。

6.6.2 循环加热式热泵热水器和静态加热式热泵热水器

在额定电压和频率下，按表 1 规定的自动除霜工况，先将出水温度设定为 55 ℃，运行至出水温度达到设定温度，并至少出现 1 次除霜周期为止(若未出现除霜，则按额定制热水能力放水，并注入等流量 9 ℃冷水，直到热泵再次启动，停止放水和注水。重复以上操作，直到首次除霜结束且出水温度达到设定值为止)。然后将出水温度设定为最低值，按上述方法进行排水和注水，至热泵再次启动，开始计时，使热泵连续运行 3 h(其间按上述方法重复排水和注水)。

注：自身不带循环水泵的器具将其水流量调节到额定流量，不同类型的器具分别按照下列条款进行试验：

a) 有标配水箱的热泵热水器：如果标配水箱有容量范围选择，应选择容量最大的水箱进行试验。

b) 无标配水箱的热泵热水器，连接外配水箱(要求此外配水箱与热水制热量试验中水箱的容积相同)。

6.7 最小运行

6.7.1 一次加热式最小运行试验

在表 1 或表 2 规定的最小运行工况下，使热泵热水器运行至工况稳定后再运行 4 h。

6.7.2 循环加热式最小运行试验

连接热泵热水器自身标配水箱或外配水箱(要求此外配水箱与热水制热量试验中水箱的容积相同)，在表 1 或表 2 规定的最小运行工况下，开机运行至热泵热水器达到最高设定温度后停机。

6.7.3 静态加热式最小运行试验

连接热泵热水器标配水箱(最大容积水箱)，在表 1 或表 2 规定的最小运行工况下，开机运行至热泵热水器具达到最高设定温度后停机。

6.8 低温热水运行

6.8.1 一次加热式低温运行试验

在表 1 或表 2 规定的低温运行工况下，使热泵热水器运行至工况稳定后再运行 4 h。

6.8.2 循环加热式低温运行试验

连接热泵热水器标配水箱或外配水箱(要求此外配水箱与热水制热量试验中水箱的容积相同)，在表 1 或表 2 规定的低温运行工况下，开机运行至热泵热水器达到设定温度后停机。

6.8.3 静态加热式低温运行试验

连接热泵热水器标配水箱(最大容积水箱)，在表 1 或表 2 规定的低温运行工况下，开机运行至热泵热水器达到设定条件后停机。

6.9 变工况试验

在表 1 或表 2 某一条件改变时，其他条件按名义工况时的流量和温度条件进行试验，测定其制热量以及对应的消耗功率。该试验应包括表 1 或表 2 中相应的工况温度条件点。将试验结果绘制成曲线图或表格，每条曲线或表格应不少于四个测量点的值。

6.10 热水储存性能

6.10.1 试验条件

a) 环境温度为 20 ℃±2 ℃；

b) 进水温度为 15 ℃±5 ℃；

c) 将热泵热水器温度控制器调整到出水温度为 55 ℃±0.5 ℃；

d) 测定时的实验室风速不超过 0.5 m/s；

e) 对可外配水箱的产品，应分别配所有水箱规格进行测试。

6.10.2 储水箱热水储存性能

a) 保温性能试验方法

将热泵热水器水箱加满后，使热泵热水器正常工作至温控器断开，切断电源和水源，保持自然状态放置 24 h。然后按 6.3.1.2 方法对水箱进行搅拌循环，所测得温度应符合表 4 规定。

b) 使用性能试验方法

将热泵热水器水箱加满后，使热泵热水器正常工作至温控器断开，切断电源。

通过安装在出水口的阀门控制放水流量如下：

按 5%的额定容量/min，但最小不小于 5 L/min。

从开始放水 15 s 后记录进水和出水温度，在放水期间每间隔 5 s 记录一次，连续放水至出水温度低于设定出水温度 10 ℃为止，此时停止放水，计算平均放水温度和放出水的质量，并按照式(5)计算热水输出率：

$$\mu=\left(\frac{m_p}{\rho}\times\frac{T_p-T_1}{40}\Big/C_R\right)\times 100\% \qquad (5)$$

式中：

μ——热水输出率；

m_p——放出水的质量，单位为千克(kg)；

T_p——平均放水温度，单位为摄氏度(℃)；

ρ——在平均放水温度下水的密度，单位为千克每升(kg/L)；

C_R——水箱的额定容量，单位为升(L)。

为保持进水水流的稳定，减少水流对检测结果的影响，注意进水阀门应通过≥20 cm 长度的同直径管道与水箱进水口连接。

c) 储水箱容量试验

通过测量完全注满水的水箱的质量，减去无水水箱的质量，并将结果除以所测量温度下水的密度，以 L 为单位，精确到 0.1 L。

测量数值应符合 5.7.3 的要求

注：有排污口的水箱，放水时将水从排污口全部放出；无排污口的水箱，放水时可从出水口将水尽量放出。

6.11 噪声试验

6.11.1 测定场所

测定场所应为反射平面上的消声室或半消声室，被测试热泵热水器的噪声与本底噪声之差应为 10 dB(A)以上。

6.11.2 测量仪器

测试仪器应使用 GB/T 3785 中规定的Ⅰ型或Ⅰ型以上的声级计，以及精度相当的其他测试仪器。

6.11.3 安装条件

热泵热水器按有关技术条件进行安装，并且室外机部分和水箱均应安放在 5 mm 厚的橡胶垫(邵氏硬度为 45)上。

STANDARDS PRESS OF CHINA

a) 对于整体式机组，将热泵热水器安置在测试场所内；

b) 对于分体式机组，将热泵热水器的水箱和室外机部分分别安置在两个相邻的测试场所内，热泵热水器室外机部分不带循环水泵的机组，另配置的循环水泵应安置在测试场所外。

6.11.4 运行条件

在额定电压、额定频率下运行，热源侧运行工况应接近名义制热工况，允许偏差±5 ℃；使用侧热水温度应达到55 ℃，允许偏差－5 ℃。

6.11.5 测定位置

其测点高度为机组高度加1 m的总高度的1/2处。

a) 水平出风

距主机非出风口三面各1 m远处，规定高度处，噪声最大的一个测点。

b) 上出风

距主机四面各1 m远处，规定高度处，噪声最大的四个测点，计算平均声压值。

6.11.6 测量方法

测量的传声器应正对被测机方向。声级计应采用“慢”时间计权特性测量，当声级计指针摆动不大于±3 dB时，取观测时最大与最小声压级的平均值，超过±3 dB时应采用合适的噪声仪器系统进行检测。

6.11.7 声压级的计算

测量表面平均声压级$\overline{L_P}$按式(6)计算：

$$\overline{L_P} = 10\lg(1/N)\left(\sum_{i=1}^{N} 10^{0.1L_{Pi}}\right) \qquad (6)$$

式中：

$\overline{L_P}$——测量表面平均A计权或倍频程声压级，单位为分贝[dB(A)]；

L_{Pi}——i点A计权或倍频程声压级，单位为分贝[dB(A)]；

N——测点总数。

6.12 包装试验

热泵热水器的包装应按GB/T 1019要求的防潮包装、流通条件的防振包装进行设计，并按流通条件1进行振动试验和对包装件进行跌落试验。

6.13 运输试验

包装好的热泵热水器应按GB/T 4798.2进行运输试验，制造厂应按产地至销售地区在运输中可能经受的环境条件(见GB/T 4798.2)确定试验条件和方法，或按合同要求进行试验。

包装好的热泵热水器应做振动试验，推荐按GB/T 4857.7进行正弦定频振动试验，按GB/T 4857.10进行正弦变频试验，根据运输环境或按合同要求，确定试验条件进行试验。

6.14 耐候性试验

6.14.1 盐雾试验

按GB/T 2423.17进行盐雾试验。试验持续时间为48 h。试验前，试件表面清洗除油，试验后，用清水冲掉残留在表面上的盐分，检查试件腐蚀情况，其结果符合5.3规定。

6.14.2 湿热试验

按GB/T 2423.3进行试件湿热试验，试验持续时间为96 h，取箱体顶面或侧面平整表面100 mm×100 mm试样(也可取同批产品的试样)，试验前对试样表面进行清洗除油，试验后进行外观质量检查，其结果应符合5.3规定。

6.14.3 涂层脱落(涂层附着力)试验

按GB/T 9286进行试件涂层性能试验，热泵热水器放置16 h后，在箱体外表面任取长100 mm×宽100 mm的面积或同批产品的试样用划格法进行试验，涂层切割表面的脱落表现应不大于2级。

6.14.4 热泵热水器室外机工程塑料件的耐候性能，生产厂根据热泵热水器销售地气候和使用条件进行试验，试验结果应符合 5.3 规定。

a) 涂层材料按 GB/T 14522 要求进行 500 h 的紫外灯老化试验，并按 GB/T 1766 要求进行判断。

b) 塑料材料按 JB/T 10359 要求进行试验和判断。

6.15 辅助电热装置制热消耗功率的试验

a) 热泵热水器在最小运行工况（表 1）下运行，装有辅助电热装置的热泵热水器以 6.7 方法进行试验，待热泵制热量试验稳定后，测定辅助电热装置的输入功率。

b) 当在 a)工况下进行试验而电热装置不动作时，将热泵热水器设定（或按生产厂规定）在电热装置工作状态，运行稳定后，测试电热装置的输入功率。

7 检验规则

热泵热水器检验一般分为出厂检验、产品抽检和型式检验。

7.1 出厂检验

7.1.1 凡提出交货的热泵热水器，均应按相应的成品检验管理规定进行出厂检验。出厂检验的试验项目、试验要求和试验方法见表 9 的规定。每台机组须经生产线检验合格后方能出厂，并附有质量检验合格证、安装使用说明书、保修单、装箱清单等文件及附件。

7.1.2 经出厂检验后，凡合格的产品可作为合格品（正品）交付；经检验发现的不合格品不允许混入合格批中，应经过适当的返工，使其恢复到合格状态后，可以作为合格品交付；经返工仍然不能恢复合格状态的产品一律不得作为合格品处理。

7.1.3 出厂检验项目中的安全项目均属致命缺陷性质，只要出现一台项不合格，则判该批产品不合格。

7.2 产品抽检

产品抽检项目、试验要求和试验方法见表 9。抽样按 GB/T 2828.1 进行，逐批检验的抽检项目、批量、抽样方案、检查水平及合格质量水平等可由制造厂质量检验部门自行决定。经抽查检验合格后，凡合格的产品可作为合格品交订货方。

表 9 型式试验、出厂检验和抽检的试验项目、要求和试验方法

序号	试验项目	本标准		不合格分类			致命缺陷	出厂检验	产品抽检
		技术要求	试验方法	A	B	C			
1	一般检查	5.1.1	视检			√		◆	
2	包装检查	8.2	视检			√		◆	
3	标志	8.1	视检				√	◆	
4	附件	8.2.3	视检	√				◆	
5	电气强度	GB 4706.32	GB 4706.32				√	◆	
6	泄漏电流	GB 4706.32	GB 4706.32				√	◆	▲
7	接地电阻	GB 4706.32	GB 4706.32				√	◆	
8	运转试验	等效 5.5、5.6	自定	√				◆	
9	制冷系统气密性	5.4.1	6.2.1					◆	
10	水系统承压试验	5.4.2	6.2.2	√					
11	水箱强度试验	5.4.3	6.2.3						
12	耐候性能	5.3	6.14			√			
13	结构要求	5.2	视检			√		◆	

表 9（续）

序号	试验项目	本标准		不合格分类			致命缺陷	出厂检验	产品抽检
		技术要求	试验方法	A	B	C			
14	热泵制热量	5.5.1	6.3	√					
15	制热水能力	5.5.2	6.3	√					
16	热泵制热消耗功率	5.5.3	6.4		√				▲
17	性能系数	5.5.4	6.3	√					
18	辅助电加热装置试验	5.11	6.15		√				
19	保温性能	5.7.1	6.10	√					▲
20	使用性能	5.7.2	6.10	√					▲
21	储水箱容量	5.7.3	6.10	√					
22	最大运行	5.6.1	6.5		√				
23	自动除霜	5.6.2	6.6		√				
24	最小运行	5.6.3	6.7		√				
25	低温运行	5.6.4	6.8		√				
26	噪声	5.8	6.11		√				▲
27	包装	5.9	6.12		√				
28	运输	5.10	6.13		√				
29	电磁兼容要求	5.1.3	5.1.3				√		

注：◆为出厂检验应作项目，▲为产品抽检应作项目。

7.3 型式检验

7.3.1 热泵热水器在下列情况之一时，应进行型式检验：

a) 试制的新产品；

b) 间隔一年以上再生产时；

c) 连续生产中的产品，每年不少于一次；

d) 当产品在设计，工艺和材料等有重大改变时；

e) 出厂检验结果与上次型式检验有较大差异时；

f) 国家质量监督机构提出进行型式检验的要求时。

7.3.2 型式检验应包括表 9 所列各项中规定的全部试验项目。

7.3.3 型式检验抽样应按 GB 2829 进行，采用判别水平 Ⅰ 的一次抽样方案，其样本大小，不合格质量水平见表 10。

表 10 型式试验抽样方案

判别水平	抽样方案	样本大小	不合格质量水平					
			A类 RQL=40		B类 RQL=80		C类 RQL=120	
			Ac	Re	Ac	Re	Ac	Re
Ⅰ	一次	$N=2$	0	1	1	2	2	3

7.3.4 型式检验的安全项目全属致命缺陷，安全项目判定要 100% 合格。若出现一台项不合格，则判定该周期产品不合格。

7.3.5 型式检验的样本应从合格的成品中随机抽取,型式检验的样品一律不能作为合格品交付订货方。

8 标志、包装、运输和储存

8.1 标志

8.1.1 每台热泵热水器上应有耐久性铭牌固定在明显部位。铭牌应清晰标出下述各项,并应标出GB 4706.11、GB 4706.12、GB 4706.32 和 GB 5296.2 要求的有关内容。

a) 产品名称和型号;

b) 制造厂名称;

c) 主要技术参数(制热水能力、性能系数、热泵制热量、噪声、额定电流、额定电压、额定频率、热泵制热消耗功率、制冷剂名称及注入量、质量、整体式水箱容积、辅助电加热功率等);

d) 产品出厂编号;

e) 制造日期。

注:产品出厂编号、制造日期允许在热泵热水器明显部位进行耐久性标示。热泵制热量、可选配水箱容积可在说明书标出。

8.1.2 热泵热水器上应设有标明工作情况的标志,如控制开关和旋钮等旋动方向的标志,在适当位置附上电路图。

8.1.3 分体式热泵热水器储水箱上应有耐久性铭牌固定在明显部位。铭牌应清晰标出下述各项:

a) 产品名称和型号;

b) 额定容量,单位为升(L);

c) 额定压力,单位为兆帕(MPa);

d) 制造厂名称和生产场所地址。

8.1.4 热泵热水器应有注册商标标志。

8.1.5 包装标志,包装箱应用不褪色的颜料清晰地标出:

a) 产品名称、规格型号和商标;

b) 质量(毛质量、净质量);

c) 外形尺寸:深×宽×高,mm;

d) 制造厂名称;

e) 色别标志;

f) 注意事项及标记"易碎物品"、"向上"、"怕雨"、"堆码层数极限"等字样或符号,应符合GB/T 191 的有关规定。

8.2 包装

8.2.1 热泵热水器包装前应进行清洁和干燥处理。

8.2.2 热泵热水器的包装应能承受运输试验。

8.2.3 包装箱内应附有下述文件及附件:

8.2.3.1 产品合格证明,其内容应包括:

a) 产品名称和型号;

b) 产品出厂编号;

c) 检查结论;

d) 检验印章;

e) 检验日期。

8.2.3.2 使用说明书应按 GB 5296.2 要求进行编写,其主要内容应包括:

a) 产品名称、型号(规格);

b) 产品概述(用途、特点、使用环境及主要使用性能指标和额定参数等)；

c) 接地说明；

d) 安装和使用要求，维护和保养注意事项；

e) 产品附件名称、数量、规格；

f) 常见故障及处理方法一览表，售后服务事项和生产者责任；

g) 制造厂名和地址。

注1：上述内容亦可单独编写成册；

注2：热泵热水器最小运行工况下的性能系数(*COP*)应在b)产品概述中标明。

8.2.3.3 装箱清单。

8.2.3.4 装箱清单要求的附件。

8.2.4 随机文件应防潮密封，并放置在箱内适当位置处。

8.3 运输和储存

8.3.1 热泵热水器在运输和储存过程中，应防止剧烈振动、碰撞、倾倒、雨雪淋袭及化学物品侵蚀。

8.3.2 产品的存储环境条件应按GB 4798.1标准有关规定，产品应储存在干燥通风，周围应无腐蚀性及有害气体的仓库中。

8.3.3 产品包装经拆装后仍须继续储存时应重新包装。

附 录 A
（资料性附录）
以 CO_2 为制冷剂的热泵热水器

A.1 范围

本附录适用于以 CO_2 为制冷剂、带有储水桶和遥控器并由电动压缩机驱动的以空气为热源的家用热泵热水器(以下简称 CO_2 机)，主要提供家庭入浴、盥洗等所需热水。

本附录对 CO_2 机的基本参数及设备安全作出规定。

A.2 定义

本附录所用主要术语定义如下：

A.2.1 压力容器

1) 筒体内径超过 150 mm 且内容积超过 0.025 m^3 的容器(储液器、液体分离器、分油器、壳管式换热器等)；

2) 内容积超过 0.025 m^3 且厚度超过 150 mm 的叠片式、板式以及压焊式换热器或其他类似的换热器。

A.2.2 接管

制冷设备中各部件相互进行连接的管子。

A.2.3 阀

控制制冷剂流量、压力的装置(如：截止阀、单向阀、电磁阀、膨胀阀、压力调整阀)。

A.2.4 安全装置

当压缩机排出压力达到规定压力时，能够直接通过传感压力而使压缩机停止运转的高压保护装置以及能自动将超过规定压力的过剩压力释放的压力释放装置(如：安全阀)。

A.2.5 高压部

制冷设备中承受压缩机作用产生的排出压力部分。但是下者除外：

1) 内置有高压部的封闭式压缩机上承受低压部压力的部分；

2) 自动膨胀阀。但是，膨胀阀次级侧上承受高压部压力的则作为高压部。

A.2.6 低压部

制冷设备中除高压部以外的部分。双级压缩的装置有中间压力的部分可以计入低压部，也可以另行设定。

A.2.7 设计压力

在热泵的设计上，对其制冷设备的各部分压力的强度或厚度起决定作用的压力。

A.2.8 循环泵

向热泵提供进水的泵。

A.3 基本参数

热泵加热能力试验　热泵加热能力试验应按表 A.1 中规定的名义加热工况、夏季加热工况、冬季高温加热工况予以试验。用于寒冷地区规格的机组还需根据表 A.2 中的寒冷地区冬季高温加热工况增加试验。

表 A.1 性能工况

	利用侧		热源侧	
	进出水		进口空气温度	
	进水温度/℃	出热水温度/℃	干球温度/℃	湿球温度/℃
名义加热工况	17±1.0	65±2.0	16±1.0	12±0.5
夏季加热工况	24±1.0	65±2.0	25±1.0	21±0.5
冬季高温加热条件	9±1.0	冬季高温加热温度±2.0	7±1.0	6±0.5
除霜工况	5±2.0	—	2±1.0	1±0.5
过载工况	29±2.0	—	43±1.0	26±0.5

注1：除霜工况表示进入除霜运转前的温度条件。

注2：表 A.1 中的公差为试验中的温度变动允许偏差。

表 A.2 温度条件(寒冷地区规格)

	利用侧		热源侧	
	进出水		进口空气温度	
	进水温度/℃	出热水温度/℃	干球温度/℃	湿球温度/℃
寒冷地区冬季高温加热工况	5±1.0	寒冷地区冬季高温加热温度±2.0	−7±1.0	−8±0.5
寒冷地区低温运转工况	5±2.0	—	−20±1.0	—

注1：表 A.2 中的公差为试验中的温度变动允许偏差。

注2：冰点以下的湿球温度可以通过相对湿度计或者露点温度计进行测定。

A.4 设计压力的设定

A.4.1 应将制冷设备的高压部分及低压部分别进行设计压力设定。

A.4.2 构成制冷设备的各部件的设计压力应大于等于组成各部件的制冷零件的设计压力。

A.4.3 高压部的设计压力值应取通常运转或停止状态中该制冷剂气体的最高压力。

A.4.4 低压部的设计压力值应取通常运转状态中该制冷剂气体的最高压力。或在最高可能环境温度(38℃以上)的停止状态下的冷媒气体压力中的最大值。此外，承受二级压缩中间压力部分的设计压力值也按此原则。

A.5 制冷设备的材料

A.5.1 材料

用于制冷设备的金属材料应使用符合要求的相关材料(以下简称标准材料)。

a) 标准材料不得在规定的许用拉伸应力值对应的温度范围之外使用；

b) 应根据制冷设备的压力、温度等使用条件，在确认能充分耐用且在妥善范围内使用的原则选择材料。

A.5.2 使用限制

用于制冷设备的金属材料应符合如下规定：

a) 材料不得因制冷剂、润滑油或者它们的混合物而发生老化；

b) 不应使用镁含量超过2%的铝合金；

c) 长期接触水的零部件不应使用纯度小于99.7%的铝，但经耐腐蚀处理的可以使用；

d) 焊接结构不得使用超过0.35%碳含量的碳钢钢材或者低合金钢材材料。

A.6 制冷设备各部分的强度

制冷设备各部分的强度作如下规定。

A.6.1 压力容器的强度应符合如下要求之一：

a) 根据GB 150设计并符合该标准；

b) 应符合设计强度要求，其确认压力应为设计压力的5倍以上。但下述压力容器的确认压力可为设计压力的3倍以上：

1) 筒体内径为150 mm以下、内容积超过0.025 m^3 的容器以及壳管式换热器；

2) 内容积超过0.025 m^3 的叠片式、板式以及压焊式换热器或其他类似的换热器。

A.6.2 压缩机、阀的强度应符合设计强度确认要求。其确认压力应为设计压力的3倍以上。隔膜、波纹管等挠性部件的确认压力可为设计压力的1.5倍以上。

A.6.3 压力容器以外的容器、换热器的强度应符合设计强度确认要求。其确认压力应为设计压力的3倍以上。但对于设计压力在3.3 MPa以下、外径在10 mm以下的铜管且管的公称厚度为0.4 mm以上的传热管可以省略设计强度确认。传热管以外的部分应符合GB 150的要求。

A.6.4 管道的强度应符合如下要求之一：

a) 根据GB 150设计并符合该标准；

b) 符合设计强度的确认要求。其确认压力应为设计压力的3倍以上。挠性管的确认压力可为设计压力的1.5倍以上。

A.6.5 设计强度的确认

对设计强度的确认规定如下：

a) 被确认品与通过该设计所制造的产品在形状、尺寸、厚度、材质及制造方法方面应完全相同；

b) 被确认品应在常温下充满液体，将空气完全排除后，渐渐加压到确认压力为止，且须将确认压力保持1 min以上；

c) 被确认品不得有破坏或泄漏。但是，当置于筒体或者管内部的外径为26 mm以下的管在设计压力2倍以上的外压下发生管的变形时，不视为强度试验失败；

d) 实施过确认的被确认品不得再提供使用。

A.7 安全装置

A.7.1 高压保护装置

a) 高压保护装置的安装

在受传感可测出压缩机排气压力的位置处安装高压保护装置。

b) 高压保护装置的工作压力的设定

高压保护装置工作压力必须低于制冷设备的设计压力。

c) 高压保护装置的型式

高压保护装置应为手动复位式。但结构上如运转或停机时其压力也不会上升到设计压力以上，则可以采用自动复位式。

d) 高压保护装置的省略

按照下列基准，可以省略高压保护装置的安装：

2台以上的压缩机的排气管为共用的情况下，可以共用高压保护装置；

当冷剂充入量为9 kg以下、以额定电压和额定频率的电源运转，强制性地使得循环泵停止时，如果可维持设计压力1.5倍以下的压力，则可以省略高压保护装置的安装。此时，根据以下条件之一，在可维持设计压力的1.5倍以下的压力时也可以省略高压保护装置的安装：

——温度、电流、过载继电器等保护装置工作时；

——压缩机具有内置安全阀的。

A.7.2 压力释放装置

A.7.2.1 压力释放装置的安装：

a) 制冷设备的高压部的压力容器中，壳管式换热器以及储液器上应配置安全阀。

b) 满足下列条件的容器可视为一个容器系统，可省略其中一处的压力释放装置。

1) 容器间有连接管而无截止阀，且连接管内径须大于要省略的压力释放装置口径的；

2) 留存的压力释放装置的口径应比按7.2.3规定的公式得出的口径要大。

c) 不具备壳管式换热器或者储液器这些压力容器的冷冻设备的高压部上，至少必须安装一个压力释放装置。但冷剂充入量为4.5 kg以下的制冷设备上可以省略压力释放装置。

A.7.2.2 压力释放装置的动作压力的设定

安全阀的动作压力应低于容器的设计压力，但应在略高于容器的工作压力时开始释放，并在设定压力的1.15倍以下释放出来。

A.7.2.3 壳管式换热器以及储液器上的安全阀的口径按式(A.1)进行计算

$$d_3 = C_3\sqrt{D \cdot L} \qquad \cdots\cdots\cdots\cdots (A.1)$$

式中：

d_3——安全阀的最小口径，单位为毫米(mm)；

D——壳管式换热器或储液器的外径，单位为米(m)；

L——壳管式换热器或储液器的长度，单位为米(m)；

C_3——常数，受制冷剂气体的高压部及低压部影响，由下式所求得的值。

$$C_3 = 359\sqrt{\frac{1}{P \cdot r \cdot \sqrt{M}}}$$

P——许用压力，单位为兆帕(MPa)；

r——制冷剂气体的许用压力上的蒸发潜热，单位为千焦每千克(kJ/kg)；

M——分子量。

注：2个以上的容器相连接的情况下，其共用的安全阀的口径通过代入上式的$D \cdot L$的总计值进行计算。

A.7.2.4 配置在不具有壳管式换热器、储液器的制冷设备上的安全阀的口径至少在5 mm以上。

A.8 制冷设备各部分的耐压、气密性能

制冷设备各部件须根据表A.3规定，通过A.9规定的耐压试验和气密试验。

表A.3 制冷设备各部件的压力试验

	耐压试验或强度试验	气密试验
压力容器	○	○
压缩机	○	○
容器、换热器	—	○
管道、阀	—	○
组装完成的冷媒设备	—	○

注1：如通过对组装完成的制冷设备进行气密试验以兼作各个部件的气密试验，则各个部件的气密试验可以省略。

注2：试验记录保存7年。

A.9 压力试验

A.9.1 耐压试验

耐压试验应对该产品的所有整体组件或其部件进行。

a) 试验压力应为该产品的设计压力的1.5倍以上。

b) 将被试验品充满常温的液体，待空气完全排除后，逐渐加压到试验压力为止，并须将试验压力保持1 min以上。

c) 确认试验品上无破坏、泄漏或者异常变形。

d) 以气体进行耐压试验时，应采用空气或者惰性气体，并采取防护措施以确保在安全的条件下进行试验。以气体进行耐压试验并合格的被试验品可视为已取得气密试验合格。

A.9.2 强度试验

如该产品的制造工厂在产品制造方面的质量管理是充分并适宜的，可以制造出质量稳定的产品，则可以从工序中任意抽取样品以下列条件进行强度试验。

a) 被试验品应从同一制造工厂的同一制造批次并以形状、尺寸、厚度、材料以及制造方法所生产的产品中抽取。与强度无关的变更或对强度无影响附件的有无均视为完全相同批次的产品。

b) 检查频率可选择每3个月抽取1个以上的方法，或者选择以以下基数中抽取1个以上的方法。

压力容器	1 000个
压缩机	3 000个

c) 试验压力应为设计压力的3倍以上的压力。

d) 试验时将被试验品充满常温的液体，待空气完全排除后，逐渐加压到试验压力为止，并须将试验压力保持1 min以上。应采取防护措施以确保在安全的条件下进行试验。

e) 被试验品不得有破坏或者泄漏。但是，当置于筒体或者管内部的外径为26 mm以下的管在设计压力的2倍以上的外压下发生管的变形时，不视为强度试验失败。

f) 已取得强度试验合格的批次的产品可以省略耐压试验。

g) 实施过试验的被试验品不得再进入任何型式应用。

A.9.3 气密试验

气密试验应对该产品的所有组件以及组装完成的制冷设备进行。

a) 试验压力应为该产品的设计压力以上。

b) 试验时，对被试验品中的空气或者惰性气体逐渐加压，在保持试验压力之后，放到水中或在外部涂敷发泡液，不得有泡沫发生。或者通过漏气检测器确认有无泄漏情况。

c) 在管道公称直径未满20 mm的制冷设备上，该设备相关的压缩机、压力容器、盘管换热器等分别实施气密试验并合格的情况下，其管道部以及连接部的气密试验应该是在该制冷剂检查温度下的压力，在外部涂敷发泡液，不得有泡沫发生。或者通过漏气检测器确认有无泄漏情况。

A.10 铭牌

A.10.1 压缩机上的铭牌

压缩机应具有标明下列内容的铭牌：

a) 制造商名称；

b) 制造年月；

c) 制冷剂名称；

d) 设计压力（高压侧，低压侧）。

注1：设计压力也可表示为D.P；

注2：高压侧也可表示为H；

注3：低压侧也可表示为L。

A.10.2 压力容器铭牌

压力容器应具有标明下列内容的铭牌：

a) 制造商名称；

b) 生产编号；

c) 制冷剂名称；

d) 设计压力。

A.10.3 高压保护装置铭牌

高压保护装置应具有标明下列内容的铭牌：

a) 制造商名称；

b) 生产编号；

c) 工作压力。

A.10.4 安全阀铭牌

安全阀应具有标明下列内容的铭牌：

a) 制造商名称；

b) 制造年月；

c) 设定压力。

参 考 文 献

GB 150　钢制压力容器

ICS 29.140.01
K 70

中华人民共和国国家标准

GB/T 23138—2008

霓虹灯电极

Cathode for neon lamps

2008-12-30 发布　　2009-09-01 实施

中华人民共和国国家质量监督检验检疫总局
中国国家标准化管理委员会　发布

前言

本标准由中国轻工业联合会提出。

本标准由全国照明电器标准化技术委员会(SAC/TC 224)归口。

本标准起草单位:北京电光源研究所。

本标准主要起草人:赵秀荣、江姗、段彦芳。

霓 虹 灯 电 极

1 范围

本标准规定了霓虹灯电极的术语和定义、分类、技术要求、试验方法、检验规则、标志、包装、运输和贮存等。

本标准适用于霓虹灯灯管用电极。

2 规范性引用文件

下列文件中的条款通过本标准的引用而成为本标准的条款。凡是注日期的引用文件，其随后所有的修改单(不包括勘误的内容)或修订版均不适用于本标准，然而，鼓励根据本标准达成协议的各方研究是否可使用这些文件的最新版本。凡是不注日期的引用文件，其最新版本适用于本标准。

GB/T 191 包装储运图示标志(GB/T 191—2008,ISO 780:1997,MOD)

GB/T 2828.1 计数抽样检验程序 第1部分:按接收质量限(AQL)检索的逐批检验抽样计划(GB/T 2828.1—2003,ISO 2859-1:1999,IDT)

GB/T 2829 周期检验计数抽样程序及表(适用于对过程稳定性的检验)

3 术语和定义

下列术语和定义适用于本标准。

3.1

电极头 cathode terminal

使用镍、纯铁、镀镍铁、铜、无氧铜、铝等适用金属，通过冲压拉伸、卷制等加工方法制成锥形空心、柱形空心(筒形)或其他形状的可发射电子的制品，内壁也可涂敷有电子粉。

3.2

霓虹灯电极 cathode for neon lamps

由电极头、封接和支撑导丝、隔热绝缘材料、电极玻管、金属引线，通过装架、烧结密封等工序，制作的霓虹灯电子发射部件。

4 分类及参数

4.1 按照加工方法分类如下：

——冲压拉伸电极；

——卷制电极。

4.2 按照材料分类如下：

——纯镍电极；

——铸铝电极；

——纯铁电极；

——镍铁电极；

——涂敷电子粉电极。

4.3 外形尺寸及电参数

外形结构及尺寸见图1、图2和表1。

STANDARDS PRESS OF CHINA

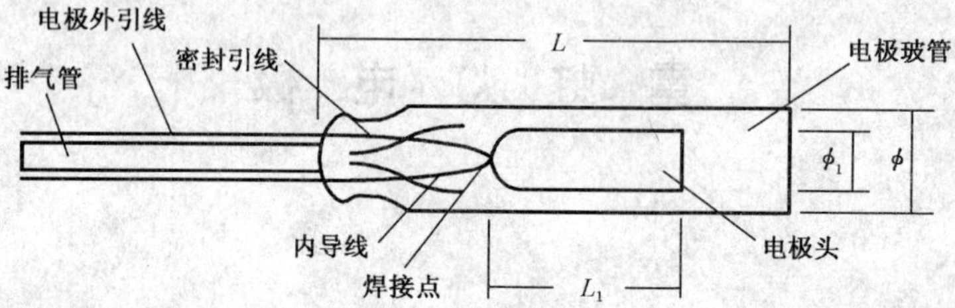

图 1 带排气管电极

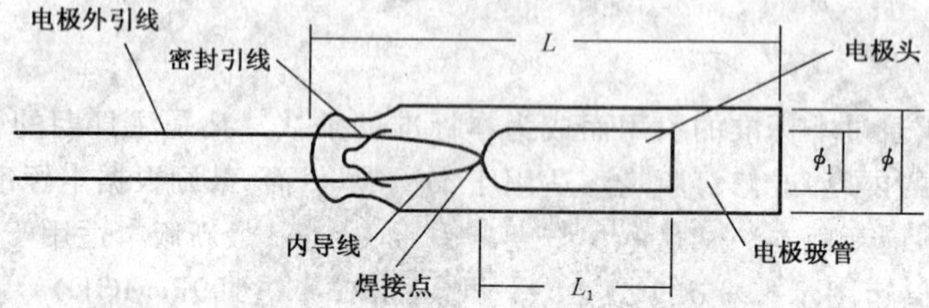

图 2 无排气管电极

表 1 霓虹灯电极尺寸及电参数

序号	电极头尺寸/mm		电极玻管尺寸/mm		额定电流[a]/mA
	标称直径 ϕ_1	标称长度 L_1[a]	标称直径 ϕ	标称长度 L[a]（±2.0）	
1	3.5±0.3	5.0±0.5	6.0±0.2	17.0	15
				22.0	
2	5.0±0.3	6.0±0.5	8.0±0.2	22.0	15
3	5.0±0.3	10.0±0.5	8.0±0.2	28.0	25
				32.0	
4	5.0±0.3	15.0±0.5	9.0±0.3	40.0	25
				60.0	
5	5.0±0.3	10.0±0.5	9.0±0.3	30.0	25
6	6.0±0.3	10.0±0.5	10.0±0.3	30.0	25
7	6.0±0.3	13.0±0.5	10.0±0.3	33.0	30
				38.0	
8	6.0±0.3	18.0±1.0	10.0±0.3	40.0	30
				45.0	
				60.0	
9	8.0±0.3	18.0±1.0	12.0±0.3	45.0	30
				40.0	
10	8.0±0.3	18.0±1.0	13.0±0.3	40.0	30
				50.0	

表 1（续）

序号	电极头尺寸/mm		电极玻管尺寸/mm		额定电流[a]/mA
	标称直径 ϕ_1	标称长度 L_1[a]	标称直径 ϕ	标称长度 L[a]（±2.0）	
11	8.0±0.3	28.0±2.0	12.0±0.3	60.0	45
				75.0	
12	8.0±0.3	28.0±2.0	13.0±0.3	60.0	45
				90.0	
13	9.5±0.5	31.0±2.0	15.0±0.3	70.0	60
				90.0	
14	12.5±0.5	31.0±2.0	18.0±0.5	105.0	90
15	12.5±0.5	31.0±2.0	20.0±0.5	70.0	90
16	12.5±0.5	41.0±2.0	20.0±0.5	100.0	90
17	16.0±0.5	41.0±2.0	23.0±0.5	100.0	120

[a] 参考值。

5 技术要求

5.1 外观

5.1.1 电极玻管应透明，无裂口、裂纹等明显缺陷，开口端边缘光滑。

5.1.2 电极玻管与电极密封引线烧结处应无气泡，无气线，引线颜色应均匀。如为杜美丝，正常颜色为橙红色或金黄色；如为钨，正常颜色为金黄色。

5.1.3 电极头应清洁，无污染物，颜色均匀，无锈斑点，若有涂敷物则涂敷物不脱落。

5.1.4 电极中的绝缘材料应采用表面光滑平整隔热和绝缘性能良好的陶瓷、天然云母等材料。

5.2 装配尺寸

电极头直径和电极玻管直径应符合表 1 的规定。外引线嵌入电极玻管端内应不小于 1 mm。

5.3 气密性

密封引线与电极玻管的膨胀系数应匹配，不漏气。

5.4 应力

电极玻管应力，实有光程差应≤145 nm。

5.5 耐温度冲击

电极密封引线与电极玻管应封接牢固，具有良好的耐温度冲击性能。

5.6 一致性

同一规格的两只电极在轰击除气时应温升一致。

5.7 阴极位降

初始阴极位降应低于 150 V（包括阳极位降）；在灯工作 10 000 h 之后，阴极位降（包括阳极位降）应不超过初始阴极位降的 20%。

6 试验方法

6.1 外观及标志检查

外观（见 5.1）及电极包装盒上的标志用目视法进行检验。

6.2 尺寸检查

尺寸(见5.2)用投影仪、游标尺及相同精度的测量工具进行测量。

6.3 气密性试验

气密性(见5.3)将电极抽真空达到−1 Pa,放置48 h之后用真空检漏仪检验。

6.4 应力检查

应力(见5.4)用偏振应力检测仪测定应力。将被测样品置于偏振仪样品室,旋转样品的水平角度,测量样品的实有光程差,实有光程差≤145 nm为合格。

6.5 耐温度冲击试验

耐温度冲击(见5.5)先将电极放在−30 ℃±2 ℃低温箱内保持30 min,然后在室温25 ℃±2 ℃环境下保持15 min,随后放入70 ℃±2 ℃高温箱保持30 min,3次循环后,用橡皮塞密封端口再浸入115 ℃的变压器油中30 min内应无气泡溢出。

6.6 一致性试验

一致性(见5.6)采用将电极封入灯内并排气,在进行轰击除气时查看电极头热态颜色有无差异的方法进行检验。

6.7 阴极位降试验(包括阳极位降)

阴极位降(见5.7)采用外径与电极玻管直径相匹配的霓虹灯玻璃管将电极封入标准试验灯管内,电极间距分别为1 m和2 m并排气,充入压力为1.2 kPa的氖气,控制电极额定工作电流,测试线路见图3。测量其两端电压降,通过式(1)计算出阴极位降U。

$$U = 2 \times U_{1m} - U_{2m} \quad \cdots\cdots (1)$$

式中:

U——阴极位降;

U_{1m}——1 m长试验灯管电压降;

U_{2m}——2 m长试验灯管电压降。

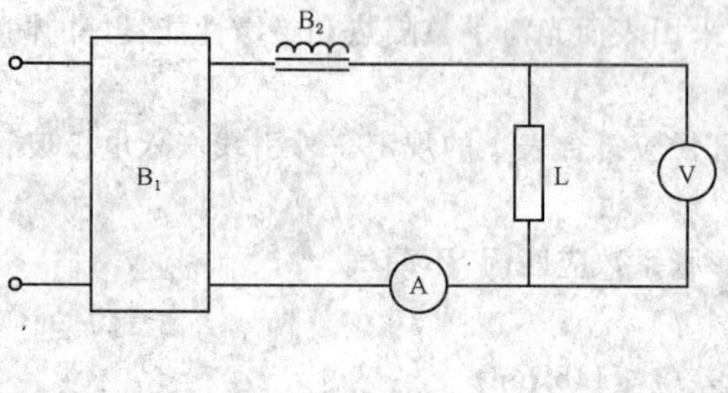

B_1——升压变压器;

B_2——标准限流器;

L——标准试验灯管;

Ⓐ——0.5级有效值毫安表;

Ⓥ——0.5级有效值高压电压表。

图3 测试线路

7 检验规则

为了检验电极是否符合本标准的规定,应由制造商对电极进行出厂检验和例行检验。

7.1 出厂检验

出厂检验的电极是从提交批中均匀抽取,检验要求按GB/T 2828.1的规定进行,其检验项目、检查水平及合格质量水平应符合表2的规定。

表 2 出厂检验要求

序号	检验项目	技术要求	试验方法	检查水平	抽样方案	接收质量限 AQL	样本数 n	合格判定数 Ac Re
1	外观	5.1	6.1	S-3	二次抽样	6.5	5 5	0 2 1 2
2	装配尺寸	5.2	6.2					
3	气密性	5.3	6.3		二次抽样	10	5 5	0 3 3 4
4	应力	5.4	6.4					
5	耐温度冲击	5.5	6.5					
6	一致性	5.6	6.6					
7	阴极位降	5.7	6.7					

7.2 例行检验

7.2.1 例行检验应每年进行一次，当电极的结构、工艺过程或材料变更影响电极的性能时，或当电极生产中断 3 个月以上而又恢复生产时，亦应进行例行检验。

7.2.2 例行检验的样本应从出厂检验合格品中抽取，按 GB/T 2829 规定执行。

7.2.3 例行检验的项目及判别水平应符合表 3 的规定。

表 3 例行检验的要求

序号	检查项目	技术要求	试验方法	判别水平 DL	抽样方案	不合格质量水平 RQL	样本数 n	合格判定数 Ac Re
1	气密性	5.3	6.3	Ⅱ	一次抽样	50	6	1 2
2	应力	5.4	6.4					
3	耐温度冲击	5.5	6.5					
4	一致性	5.6	6.6					
5	阴极位降	5.7	6.7					

7.2.4 例行检验若不合格，则认为该批电极不合格，此时应分析原因，提出处理办法和采取有效措施后，方可恢复生产与验收。

8 标志、包装、运输和贮存

8.1 标志

在电极包装盒和包装箱上应标有下列标志：

a) 电极的尺寸及电参数；

b) 制造日期(年、季或月)；

c) 制造商名称、地址及商标；

d) 电极的分类名称；

e) 产品标准号；

f) 有关标志应符合 GB/T 191 的规定。

8.2 包装

电极的包装应具有良好的防潮、防尘和减震性能。包装盒、包装箱内应附有产品说明书及合格证。

8.3 运输

运输过程中应防止挤压、雨雪淋袭，搬运过程中不应剧烈碰撞。

8.4 贮存

电极应贮存在相对湿度不超过85 %的干燥通风且没有腐蚀性气体的室内。贮存期为一年，到期应按表3进行例行检验，合格后方可出厂。

ICS 29.140.30
K 71

中华人民共和国国家标准

GB/T 23139—2008

脉冲氙灯

Pulsed xenon lamp

2008-12-30 发布

2009-09-01 实施

中华人民共和国国家质量监督检验检疫总局
中国国家标准化管理委员会
发布

前　言

本标准的附录 A 是规范性附录。

本标准由中国轻工业联合会提出。

本标准由全国照明电器标准化技术委员会(SAC/TC 224)归口。

本标准起草单位:中国科学院上海光学精密机械研究所、北京电光源研究所。

本标准主要起草人:李海兵、林文正、赵秀荣。

脉 冲 氙 灯

1 范围

本标准规定了脉冲氙灯的术语和定义、分类与命名、技术要求、试验方法、检验规则、标志、包装、运输及贮存。

本标准用于直管形脉冲氙灯(以下简称氙灯)。

2 规范性引用文件

下列文件中的条款通过本标准的引用而成为本标准的条款。凡是注日期的引用文件,其随后所有的修改单(不包括勘误的内容)或修订版均不适用于本标准,然而,鼓励根据本标准达成协议的各方研究是否可使用这些文件的最新版本。凡是不注日期的引用文件,其最新版本适用于本标准。

GB/T 191 包装储运图示标志(GB/T 191—2008,ISO 780:1997,MOD)

GB/T 2828.1 计数抽样检验程序 第1部分:按接收质量限(AQL)检索的逐批检验抽样计划(GB/T 2828.1—2003,ISO 2859-1:1999,IDT)

GB/T 2829—2002 周期检验计数抽样程序及表(适用于对过程稳定性的检验)

GB/T 2900.65—2004 电工术语 照明(IEC 60050-845:1987,MOD)

QB 2274 电光源产品的分类和型号命名方法

3 术语和定义

下列术语和定义适用于本标准。

3.1

峰值电流 peak current

I_m

脉冲氙灯放电时,瞬时电流的最大值。

3.2

输入能量 input energy

E

脉冲氙灯正常工作时,由储能电容器 C 输入到灯的能量,在可以忽略放电回路的损耗时,输入能量为 $E=\frac{1}{2}CU_C^2$。单位为 J。此处 U_C 为储能电容 C 上所充电压值。

3.3

着火电压 minimum starting voltage

U_f

在规定的触发电压和触发功率下,脉冲氙灯正常工作的最小阳极电压。单位为 V。

3.4

重复频率 repetition frequency

f

脉冲氙灯在单位时间内的闪光次数。

3.5

最大平均功率 maximum average power

$\bar{P}_m$

STANDARDS PRESS OF CHINA

脉冲氙灯正常工作时，输入能量与重复频率乘积的最大值，依灯的冷却方式不同而不同。单位为W。

3.6

电阻系数　impedance parameter

K_0

表征脉冲氙灯阻抗特性的一个参量，它与灯的尺寸、结构和充气压有关。在类稳放电阶段，它等于氙灯两端瞬时电压与峰值电流平方根之比。单位为$\Omega \cdot A^{1/2}$。

3.7

辐射效率 η　radiation efficiency

脉冲氙灯在一定工作条件下的辐射总能量与输入能量之比。

3.8

极限负载能量　limited input energy

E_{lim}

脉冲氙灯在一次放电中就出现超负荷现象(例如灯管出现环形超负载条纹，或管壁物质的大量蒸发后造成管壁发白，或电极大量溅射)的最小输入能量。单位为J。

3.9

爆炸能量常数　explosion energy constant

K_{ex}

脉冲氙灯的极限输入能量与放电电流脉宽平方根之比。单位为$W \cdot \mu s^{1/2}$。

3.10

爆炸系数　explosion fraction

f_x

脉冲氙灯一次放电的输入能量与极限负载能量之比。

3.11

寿命　life time

m

脉冲氙灯在额定工作条件下能有效工作的闪光次数的总和。

3.12

相对光谱能量分布　relative spectral distribution of a radiant

S_λ

脉冲氙灯在不同辐射波长光谱能量的相对强度分布。

3.13

自闪电压　self-flash voltage

U_{st}

脉冲氙灯在无外触发电压时，自行放电闪光的最小阳极电压。单位为V。

3.14

功率密度　power density

P_S

脉冲氙灯灯管单位内表面面积实际的平均负载功率。单位为W/cm^2。

4　分类与命名

4.1　型号命名

氙灯的型号命名应符合QB 2274规定，具体如下：

□ □-□ □

表示氙灯的灯管材料[普通石英(P)、滤紫外石英(L)]

表示氙灯的电弧长度(mm)

表示氙灯的内径(mm)

XMZ,表示氙灯的类型,X 表示氙灯,M 表示脉冲,Z 表示直管

示例:XMZ6-100L 表示内径为 6 mm,弧长为 100 mm,滤紫外石英管的直管形脉冲氙灯。

4.2 分类

氙灯的型式及几何尺寸见图 1 和图 2 及表 1 和表 2。

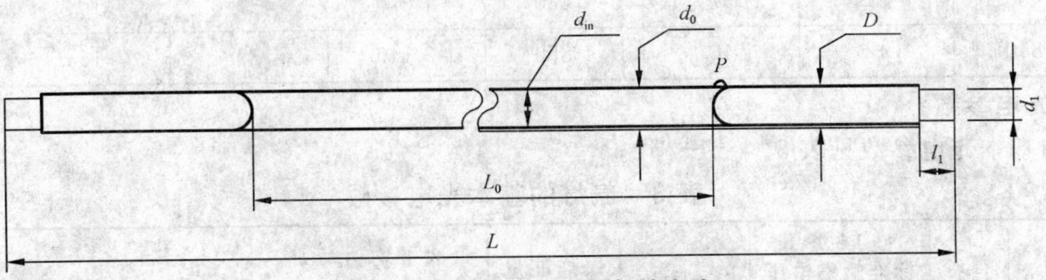

图 1 引出端为硬引出的氙灯

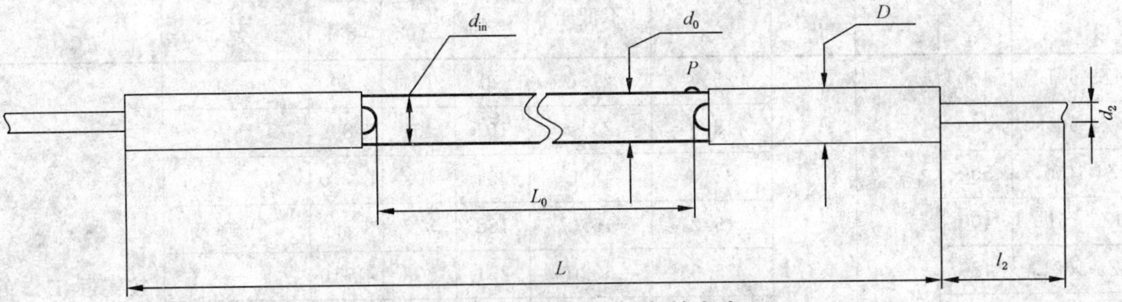

图 2 引出端为软引出的氙灯

注:排气管残端的高度 $P \leqslant 0.5$ mm;图 1 中的灯头直径 D 一般≤氙灯的外径。

表 1 引出端为硬引出的氙灯的尺寸

单位为毫米

氙灯型号	主要尺寸					
	内径 d_{in}	外径 d_o	电弧长 L_0	全长 L	灯脚尺寸	
					直径 d_1	长度 l_1
XMZ4-50L	4	6	50	108	3.5	5
XMZ4-100L	4	6	100	230	3.5	7.5
XMZ5-75L	5	7	75	177	4.7	10
XMZ5-100L	5	7	100	176	4	7.5
XMZ6-90L	6	8	90	240	5	10
XMZ6-100L	6	8	100	235	5	7.5
XMZ6-125L	6	8	125	270	5	10
XMZ6-150L	6	8	150	290	5	10
XMZ7-130L	7	9	130	264	6	7.5
XMZ7-150L	7	9	150	290	6	7.5
XMZ8-120P	8	10	120	245	6	7.5

表 2　引出端为软引出的氙灯的尺寸

单位为毫米

氙灯型号	主要尺寸						
	内径 d_{in}	外径 d_o	电弧长 L_0	全长 L	灯头外径 D	软引出线尺寸	
						直径 d_2	长度 l_2
XMZ3-60L	3	5	60	126	4	2.3	≥100
XMZ15-380L	15	20	380	590	22	8	≥200
XMZ17-500L	17	22	500	700	22	8	
XMZ17-1 270L	17	22	1 270	1 510	22	8	
XMZ31-1 430L	31	37	1 430	1 670	37	10	
XMZ42-1 850L	42	48	1 850	2 140	37	15	

4.3　基本光电参数

氙灯的基本光电参数见表 3。

表 3　氙灯的基本光电参数

氙灯型号	着火电压 U_f/V	标准触发电压		电阻系数 K_0[a]/($\Omega\cdot A^{1/2}$)	爆炸能量常数 K_{ex}/($W\cdot\mu s^{1/2}$)(不低于)	最大平均功率 $\overline{P}_m$/W			灯头耐压[b]/kV	冷却方式
		幅值/kV	脉宽/μs			自然冷却	强迫空冷	液体冷却		
XMZ3-60L	400	不小于15	不小于1.6	25.6	21.6	90	181	1 700	—	按实际工作的 P_s 区分：$P_s\leqslant 16$ 时为自然冷却；$16<P_s<32$ 时为强迫空冷；$32<P_s\leqslant 300$ 时为液体冷却。冷却水流量随使用功率而异，一般不小于 4 L/min。
XMZ4-50L	360			16.0	24.0	101	201	1 890	—	
XMZ4-100L	500			32.0	48.0	201	402	3 770	—	
XMZ5-75L	400			19.2	45.0	188	377	3 530	—	
XMZ5-100L	480			25.6	60.0	251	503	4 710	—	
XMZ6-90L	400			19.2	64.8	271	543	5 090	—	
XMZ6-100L	450			21.3	72.0	302	603	5 660	—	
XMZ6-125L	680			26.7	90.0	377	754	7 070	—	
XMZ6-150L	650			32.0	108	452	905	8 480	—	
XMZ7-130L	550			23.8	109	457	915	8 580	—	
XMZ7-150L	600			27.4	126	528	1 060	9 900	—	
XMZ8-120P	550			19.2	115	483	965	9 050	—	
XMZ15-380L	—			32.4	684	—	—	—	50	
XMZ17-500L	—			37.6	1 020	—	—	—	50	
XMZ17-1 270L	—			95.6	2 590	—	—	—	50	
XMZ31-1 430L	—			59.0	3 520	—	—	—	55	
XMZ42-1 850L	—			56.4	9 320	—	—	—	60	

注：工作电压一般高于着火电压约 150 V，而低于自闪电压。在外触发方式条件下，一般不大于 2 500 V。

[a] 表内 K_0 为氙灯内充气压为 6×10^4 Pa 时的计算值，K_0 作为参考值，不考核。

[b] 表示每只灯头在额定耐压下漏电流应≤1 μA。

5 技术要求

5.1 氙灯应按经规定程序批准的产品图样和技术文件制造，并符合本标准的规定。

5.2 氙灯的尺寸应符合图1、图2和表1、表2的规定。

5.3 氙灯的基本光电参数应符合表3的规定。

5.4 氙灯灯管的表面内外应洁净、平滑、不沾污、无影响辐射的缺陷。

5.5 氙灯灯管和灯头、灯脚应处在同一轴线上，两端灯头、灯脚和灯管同轴度不应有明显的偏离。

5.6 氙灯灯管的灯脚焊接应牢固，无影响使用的缺陷。

5.7 氙灯灯头与灯管的固定应牢固，且在工作过程中直到寿终均不应松动。

5.8 氙灯不应有影响正常使用的装配上的缺陷。

5.9 氙灯正常工作时，当 f_x=0.2 时其额定寿命为 1×10^6 次。个别寿命不低于额定寿命的50%。

5.10 氙灯应具有良好的耐振性，经振动试验后，不应有松动、脱焊和断裂现象及影响灯正常工作的缺陷。

5.11 氙灯灯头、灯脚的底金属经潮湿试验后，防锈层不应有剥落和锈蚀现象。

6 试验方法

6.1 氙灯的主要尺寸(4.2)应用通用量具或标准量规进行检验。

6.2 氙灯的光电参数(4.3)按附录A进行试验。

6.3 氙灯的灯管质量(5.4)、灯管和灯脚的焊接质量(5.6)、灯头与灯管的装配质量(5.7,5.8)以及氙灯的标志(8.1)均用外观法检验。

6.4 氙灯的灯头与灯管的同轴度偏差试验(5.5)，可将氙灯放在平面上，来回滚动外观其灯头的同轴性。

6.5 氙灯的寿命试验(5.9)应在正常工作条件下进行。

6.6 氙灯的耐振性试验(5.10)，可将氙灯固定于振动台上，在工作频率为20 Hz，振幅为1 mm(单振幅)的正弦定频振动条件下，在与氙灯轴线平行和垂直两个方向上振动10 min后，先用外观检验，再通电检验氙灯能否正常工作。

6.7 氙灯的潮湿试验(5.11)是将氙灯放入温度为40 ℃±2 ℃，相对湿度为(93±2)%的潮湿箱内48 h后，用外观法检验。

7 检验规则

7.1 交收试验

7.1.1 交收试验抽样采用GB/T 2828.1的一次正常检查抽样方案的规定进行。

7.1.2 交收试验抽样检查顺序及检查水平(Ⅰ L)和合格质量水平AQL值应按表4中的规定进行。

表4 交收试验项目及合格判定条件

组号	类别	序号	试验项目	章条		检查水平 Ⅰ L	AQL
				技术要求	试验方法		
Ⅰ	C	1	氙灯的主要尺寸和灯脚尺寸	4.2	6.1	Ⅰ	6.5
		2	灯头、灯脚和灯管的同轴性	5.5	6.4		
		3	灯脚和灯管焊接质量	5.6	6.3		
		4	氙灯的装配质量	5.8	6.3		
		5	氙灯的标志质量	8.1	6.3		

STANDARDS PRESS OF CHINA

表 4（续）

组号	类别	序号	试验项目	章条		检查水平 IL	AQL
				技术要求	试验方法		
		6 7 8 9 10	氙灯的基本光电参数	4.3	6.2	Ⅰ	4
			灯管的表面质量	5.4	6.3		
			灯头与灯管的固定牢固度	5.7	6.3		

交收试验不合格时该批氙灯应进行100%重检，剔除不合格品后可再次提交试验，但必须使用加严检查并附有该产品报废数量及原因的简要说明。若再提交批仍不合格，则不得再次提交验收，此时应分析原因提出改进措施和处理该批产品的办法。

7.2 例行试验

7.2.1 例行试验必须在交收试验合格的批中随机抽取。

7.2.2 例行试验每年进行一次，但在更改工艺、原料或停产6个月以上而又恢复生产时亦需进行。

7.2.3 例行试验前应对样品按交收试验项目（包装除外）进行全权检查，若发现不合格品时应以合格品换取，同时分析不合格原因，记入试验报告，但不做例行试验结果的鉴定依据。

7.2.4 例行试验抽样检查采用GB/T 2829的二次抽样方案。

7.2.5 例行试验项目见表5

表 5 例行试验项目及合格判定条件

组号	类别	序号	试验项目	章条		JL	RQL	判定数组
				技术要求	试验方法			
Ⅰ	C	1	氙灯寿命	5.9	6.5	Ⅲ	80	0 2
		2	灯头寿终牢固度	5.7	6.3			1 2
Ⅱ	B	3	氙灯的耐振性能	5.10	6.6	Ⅲ	80	0 2
		4	氙灯的潮湿试验	5.11	6.7			1 2

7.2.6 若例行试验合格，经交收试验合格的批，作为合格品可出厂或入库，若入库超过一年再出厂，则必须重新进行交收试验。

7.2.7 若例行试验不合格，产品停止交收，并将已验收而未出厂的产品停止出厂，已出厂的产品，双方协商解决。此时应分析原因提出处理办法，并在生产中采取措施直到新的例行试验合格才能恢复交收。

8 标志、包装、运输、贮存

8.1 标志

8.1.1 每只灯的外壳应有清晰牢固的标志，应标明：

——型号规格；

——商标。

8.1.2 氙灯的包装盒上应有清晰牢固的标志，应标明：

——产品名称；

——型号规格；
——标准编号；
——商标；
——制造单位名称、地址；
——制造日期；
——贮存有效期。

8.1.3 氙灯的外包装上应有明显牢固的标志，应标为：
——收发货单位名称和地址；
——产品名称；
——型号规格；
——标准编号；
——净重、毛重；
——外形尺寸；
——制造单位名称、地址；
——制造日期、贮存有效期；
——符合 GB/T 191 规定的“向上”、“小心轻放”、“怕湿”等标志。

8.2 包装

8.2.1 检验合格的氙灯应单只包装于防震的专用纸盒内，并附有产品合格证及使用说明书。

8.2.2 外包装用瓦楞纸箱，应具有良好的防震、防潮性能。

8.3 运输

产品运输过程中应防止雨雪淋袭和强烈的震动。

8.4 贮存

氙灯应贮存在 5 ℃～35 ℃，相对湿度不超过 70％的干燥、通风的室内，空气中不应含有腐蚀性气体，氙灯库存期不超过 2 年。

附　录　A
（规范性附录）
脉冲氙灯基本光电参数的测试方法

A.1　峰值电流

A.1.1　测试条件

室温 15 ℃～35 ℃，相对湿度不大于 85%，且无腐蚀性气体环境中。

A.1.2　测试电路

峰值电流的测试电路见图 A.1。

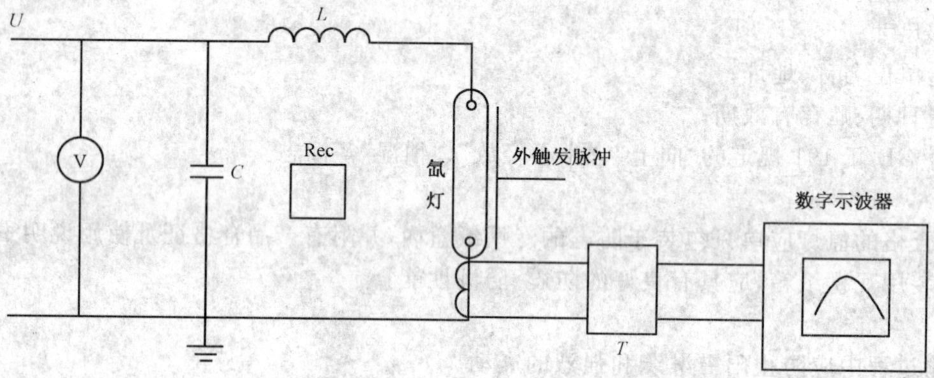

C——储能电容；
U——充电电压；
L——调波电感；
T——电流传感器；
Ⓥ——电压表（仪表精度 1 级）；
Rec——闪光记数器。

图 A.1　峰值电流测试电路图

A.1.3　测试步骤

A.1.3.1　电容充电至额定电压 U_C。

A.1.3.2　输入外触发脉冲使氙灯放电。

A.1.3.3　读取数字示波器的电流波形，其峰值点电流即为放电的峰值电流。

A.2　着火电压的测量

A.2.1　测试条件

同 A.1.1。

A.2.2　测试电路图

同 A.1.2。

A.2.3　测试步骤

A.2.3.1　按照被测脉冲氙灯的形状、大小确定不同的触发电压和功率（也可以统一规定为峰值电压 15 kV，脉宽 1.6 μs）。

A.2.3.2　输入触发脉冲并逐步增加充电电压至脉冲氙灯能正常闪光。

A.2.3.3　记录开始稳定闪光时的电容充电电压值，此电压的最小值就是氙灯的着火电压。

A.3 最大平均功率的测量

A.3.1 测试条件

同 A.1.1。

A.3.2 测试电路图

同 A.1.2。

A.3.3 测试步骤

A.3.3.1 根据氙灯的尺寸和冷却条件从表 3 查到该灯在指定冷却条件下的 $\bar{P}_m$ 值，按式(A.1)和试验电容器耐压最大值 V' 计算测试时采用的工作频率 $f=1.2f'$。

$$\text{其中：} f' = \frac{2\bar{P}_m}{C(U')^2} \qquad \cdots\cdots(A.1)$$

A.3.3.2 根据额定工作脉宽 T 和式(A.2)选取适当的 L、C 值。

$$T = 2.5\sqrt{LC} \qquad \cdots\cdots(A.2)$$

式中：

T——氙灯放电电流 1/3 峰高的脉宽。

A.3.3.3 以 f 代入式(A.3)计算灯达到 $\bar{P}_m$ 时对应的充电电压 U_{m1} 值。

$$U_{m1} = \sqrt{\frac{2\bar{P}_m}{Cf}} \qquad \cdots\cdots(A.3)$$

A.3.3.4 从氙灯的着火电压开始，按 $\Delta U=50$ V 的差距逐步升高充电电压至 U_{m1} 或稍高，而灯又能正常工作为止。

A.3.3.5 根据此时实际最高充电电压 U_m 和式(A.4)计算氙灯实际达到的 $\bar{P}_m$ 值。

$$\bar{P}_m = \frac{1}{2}CU_m^2 \times f \qquad \cdots\cdots(A.4)$$

A.4 电阻系数的测量

A.4.1 测试条件

同 A.1.1。

A.4.2 测试电路

电阻系数的测试电路见图 A.2。

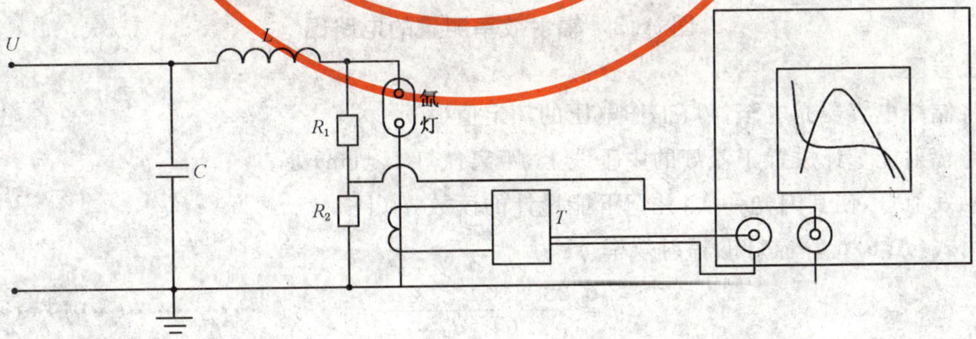

R_1、R_2——分压电阻；

T——电流传感器；

Os——数字示波器。

图 A.2 电阻系数的测试电路图

STANDARDS PRESS OF CHINA

A.4.3 测试步骤

A.4.3.1 由放电脉冲宽度 $T(\mu s)$和 C 按式(A.2),选定 L 并使氙灯工作于临界阻尼状态。

A.4.3.2 在氙灯的额定工作电压下开始充放电。

A.4.3.3 以示波器记录氙灯的电压和电流波形,记下氙灯电流的峰值 I_m 和对应点的灯压降 U_{m2}。

A.4.3.4 按式(A.5)计算氙灯的电阻系数。

$$K_0 = \frac{U_{m2}}{I_m^{\frac{1}{2}}} \quad \cdots\cdots(A.5)$$

式中:

K_0——电阻系数,单位为欧姆二分之一次方安培($\Omega \cdot A^{1/2}$);

U_{m2}——峰值电流对应的氙灯电压,单位为伏(V);

I_m——氙灯的峰值电流,单位为安(A)。

A.5 辐射效率的测量

A.5.1 测试条件

同 A.1.1,并在黑暗环境下进行。

A.5.2 测试电路及装置

氙灯辐射效率测量的电路及装置见图 A.3。

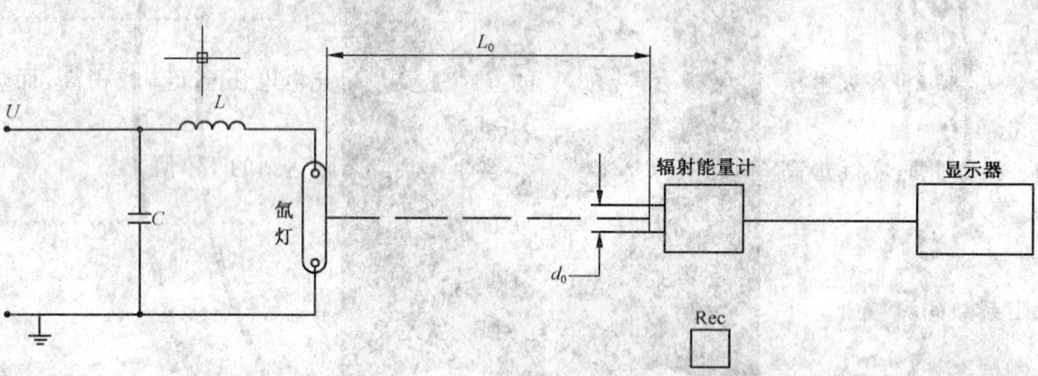

测试装置——辐射能量计;

Rec——氙灯的闪光次数记录仪;

L_0——能量计探头到氙灯的距离;

d_0——能量计探头的口径。

图 A.3 辐射效率测量的电路图

A.5.3 测试步骤

A.5.3.1 将储能电容器充电至氙灯工作电压的额定值(V)。

A.5.3.2 将辐射能量计放置于氙灯的中垂线上,距离氙灯 L_0(cm)处。

A.5.3.3 触发氙灯,使其闪光一次,并记下能量计的读数 d_e(J)。

A.5.3.4 由式(A.6)计算氙灯的辐射效率 η

$$\eta = \frac{28.8 \times L_0{}^2 \times d_e}{CU^2 d_0{}^2} \quad \cdots\cdots(A.6)$$

式中:

L_0——氙灯到能量计的距离,单位为厘米(cm);

d_0——能量计探头的内径,单位为厘米(cm);

d_e——能量计显示的值,单位为焦耳(J)。

A.6 极限负载能量

A.6.1 测试条件

同 A.1.1。

A.6.2 测试电路

同 A.1.2。

A.6.3 测试步骤

A.6.3.1 根据氙灯的尺寸和放电脉宽 T 及式(A.7)计算氙灯的爆炸能量预期值 E'_x。

$$E'_x = 12 \times l \times d \times \sqrt{T} \qquad \cdots\cdots\cdots\cdots\cdots\cdots\cdots\cdots\cdots\cdots (A.7)$$

式中：

l——氙灯的极距；

d——氙灯的内径；

T——电流峰高 1/3 处的脉宽。

A.6.3.2 按式(A.2)选取 L、C 值使放电脉宽接近技术要求。

A.6.3.3 取爆炸系数为 0.5 并按式(A.8)计算充电电压值 U。

$$U = \sqrt{\frac{E'_x}{C}} \qquad \cdots\cdots\cdots\cdots\cdots\cdots\cdots\cdots\cdots\cdots (A.8)$$

A.6.3.4 在充电电压为 U 的条件下，每隔 10 min 放电使氙灯闪光一次，并记录每次的辐射能量 d_e。

A.6.3.5 在氙灯出现超负载条纹或辐射效率下降到初始值的 70%时停止试验。

A.6.3.6 记下此时总的闪光次数 m。

A.6.3.7 按式(A.9)计算氙灯的实际爆炸系数 f_x。

$$m = (f_x)^{-8.58} \qquad \cdots\cdots\cdots\cdots\cdots\cdots\cdots\cdots\cdots\cdots (A.9)$$

A.6.3.8 按式(A.10)计算脉冲氙灯实际达到的极限负载能量 E_{lim}。

$$E_{lim} = \frac{CU^2}{2f_x} \qquad \cdots\cdots\cdots\cdots\cdots\cdots\cdots\cdots\cdots\cdots (A.10)$$

A.7 爆炸能量常数测量

A.7.1 测试条件

同 A.5.1。

A.7.2 测试电路

同 A.5.2。

A.7.3 测试步骤

A.7.3.1 先按 A.6.3 的步骤测出 E_{lim}。

A.7.3.2 根据放电脉宽 T 按式(A.11)计算 K_{ex} 值

$$K_{ex} = \frac{E_{lim}}{\sqrt{T}} \qquad \cdots\cdots\cdots\cdots\cdots\cdots\cdots\cdots\cdots\cdots (A.11)$$

A.8 相对光谱能量分布测量

A.8.1 测试条件

同 A.1.1。

A.8.2 测试装置：瞬态光谱能量辐射仪

测试电路如图 A.4。

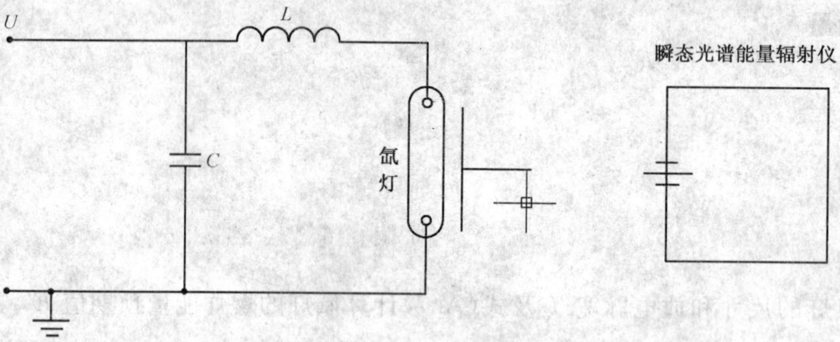

图 A.4 相对光谱能量分布测量电路

A.8.3 测试步骤

A.8.3.1 使储能电容充电至额定值并触发氙灯放电。

A.8.3.2 以瞬态光谱能量辐射仪采集氙灯的辐射谱 S'_{Xe}。

A.8.3.3 用已标定过相对光谱分布为 S_W 的钨带灯取代氙灯，以光谱能量辐射仪记录下其光谱 S'_W。

A.8.3.4 按式(A.12)处理光谱数据，可以得到氙灯的相对光谱 S_{Xe}：

$$S_{Xe} = S'_{Xe} \times \frac{S_W}{S'_W} \qquad \cdots\cdots(A.12)$$

A.9 自闪电压的测量

A.9.1 测试条件

同 A.1.1，但储能电容应有足够的耐压能力。

A.9.2 测试电路

同 A.1.2。

A.9.3 测试步骤

A.9.3.1 不输入触发脉冲，由氙灯的着火电压开始逐步升高储能电容的充电电压。

A.9.3.2 在升高电压 U 至某值时，氙灯自行放电闪光。

A.9.3.3 记下此时的充电电压值，此值即为氙灯的自闪电压。

A.10 寿命的测量

A.10.1 测试条件

同 A.1.1。

A.10.2 测试电路及装置

同 A.5.2。

A.10.3 测试步骤

A.10.3.1 按产品工作条件标称值，选定储能电容 C 和工作电压 U，由脉宽 T 和式(A.2)，选取电感 L。

A.10.3.2 在上述工作条件下开始充放电，记录下初始的辐射量 d_{e0}。

A.10.3.3 使氙灯不断充放电，记录下氙灯的闪光次数，并监视氙灯的辐射效率变化情况。

A.10.3.4 在氙灯出现超负载条纹或辐射效率下降至初始值的 70%（或 $\frac{d_e}{d_{e_0}} \leqslant 70\%$）时，停止试验，记录下总的闪光次数。这个总次数就是氙灯的工作寿命。

A.11 灯头耐压的测量

A.11.1 测试条件

室温 15 ℃～35 ℃，相对湿度不大于 50%，且无腐蚀性气体环境中。

A.11.2　测试电路

氙灯灯头耐压的测试电路见图 A.5。

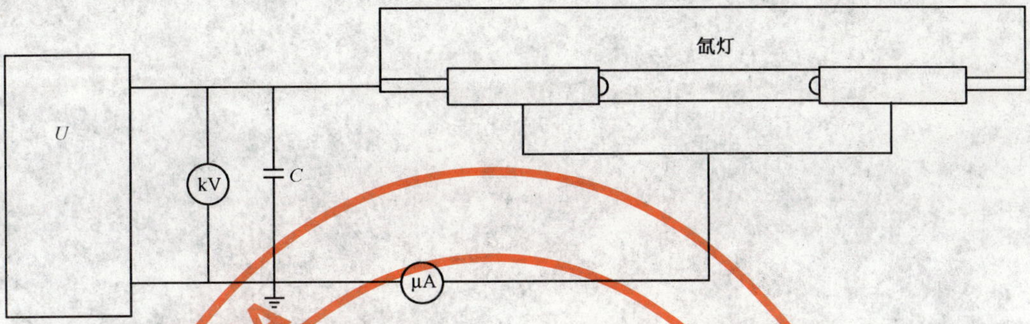

U——0 kV～65 kV 直流可调电源；

ⓚⓥ——不准确度小于 1%的直流高压表；

ⓤⒶ——不准确度小于 0.5%的直流微安表；

C——0.1 μ/70 kV 电容。

图 A.5　灯头耐压测试电路

A.11.3　测试步骤

A.11.3.1　按图 A.5 将氙灯两头引出线连在一起且联到高压电源的高压输出端上，同时将 2 灯头外壳连在一起并通过微安表接地。

A.11.3.2　从 0 开始升高电压至额定值并停留 1 min，灯头应不出现电击穿现象。

A.11.3.3　读取微安表的示数即为两个灯头漏电流之和。

STANDARDS PRESS OF CHINA

ICS 29.140.30
K 71

中华人民共和国国家标准

GB/T 23141—2008

光化学、光老化长弧氙灯

Long-arc xenon lamps for photo-chemistry and photo-aging

2008-12-30 发布　　2009-09-01 实施

中华人民共和国国家质量监督检验检疫总局
中国国家标准化管理委员会　发布

前　言

本标准附录 A 为规范性附录。

本标准由中国轻工业联合会提出。

本标准由全国照明电器标准化技术委员会(SAC/TC 224)归口。

本标准起草单位：常州玉宇电光器件有限公司、北京电光源研究所。

本标准主要起草人：徐琴玉、蒋永平、赵秀荣。

光化学、光老化长弧氙灯

1 范围

本标准规定了长弧氙灯(以下简称为灯)的型号、主要尺寸、技术要求、试验方法、检验规则、标志、包装、运输及储存。

该系列灯光辐射的能量分布与日光极为相近,为此常被用作日光模拟光源,在光化学、光老化领域得到广泛应用。

2 规范性引用文件

下列文件中的条款通过本标准的引用而成为本标准的条款。凡是注日期的引用文件,其随后所有的修改单(不包括勘误的内容)或修订版均不适用于本标准,然而,鼓励根据本标准达成协议的各方研究是否可使用这些文件的最新版本。凡是不注日期的引用文件,其最新版本适用于本标准。

GB/T 191 包装储运图示标志(GB/T 191—2008,ISO 780:1997,MOD)

GB/T 2423.6 电工电子产品环境试验 第2部分:试验方法 试验Eb和导则:碰撞(GB/T 2423.6—1995,idt IEC 60068-2-29:1987)

GB/T 2423.8 电工电子产品环境试验 第2部分:试验方法 试验Ed:自由跌落(GB/T 2423.8—1995,idt IEC 60068-2-32:1990)

GB/T 2423.10 电工电子产品环境试验 第2部分:试验方法 试验Fc:振动(正弦)(GB/T 2423.10—2008,IEC 60068-2-6:1995,IDT)

GB/T 2829 周期检验计数抽样程序及表(适用于对过程稳定性的检验)

GB/T 2900.65 电工术语 照明(GB/T 2900.65—2004,IEC 60050(845):1987,MOD)

GB/T 13434 放电灯(荧光灯除外)特性测试方法

GB/T 15042 灯用附件 放电灯(管形荧光灯除外)用镇流器 性能要求(GB/T 15042—2008,IEC 60923:2005,IDT)

GB/T 18661 金属卤化物灯(钪钠系列)

GB 19510.10 灯的控制装置 第10部分:放电灯(荧光灯除外)用镇流器的特殊要求(GB 19510.10—2008,IEC 61347-2-9:2006,IDT)

QB 2274 电光源产品分类和型号命名方法

3 术语和定义

GB/T 2900.65 和 GB/T 18661 确定的及下列术语和定义适用于本标准。

3.1

初始光通量 initial luminous flux

灯经10 h老化后所测得的光通量。

3.2

极限值 limiting value

灯在规定的条件下工作时,其性能参数应达到的最低值。

3.3

寿命 life

灯的寿命是指其光通量下降至初始光通量极限值的70%时的燃点的时间。

3.4

平均寿命　average life

即为全部被测灯的算术平均值。个别灯的寿命不应低于平均寿命的50%，当灯燃点至规定平均寿命150%，应认为寿命试验完毕。

4　分类和型号命名

4.1　分类

4.1.1　按不同的工作形式可分为交流型和直流型

4.1.2　按不同的工作环境可分为风冷型和水冷型

4.2　灯的型号命名

灯的型号命名应符合QB 2274的要求。

4.2.1　灯的型号由4个部分组成；第1部分表示灯的代号(XC：表示长弧氙灯)，第2部分表示灯的功率，第3部分表示冷却方式(S：表示水冷型；F表示风冷型)；第4部分表示工作形式(Z表示直流；J表示交流)其后出现斜线“/”其下方标注数字(2、3........)表示该规格的设计顺序号，与第3部分用点“.”隔开。

4.2.2　型号示例

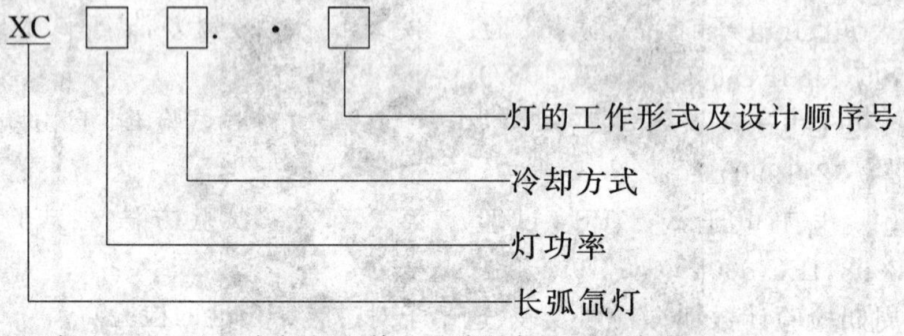

例：XC1 500 F·J/2表示1 500 W风冷交流型(第二设计顺序号)长弧氙灯。

5　技术要求

5.1　灯的型式和主要尺寸应符合图1～图4及表1要求：

单位为毫米

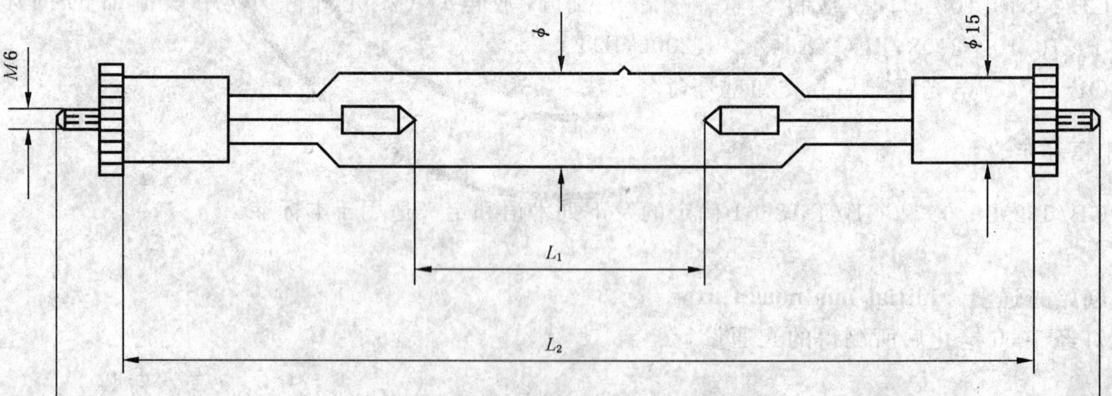

图 1

单位为毫米

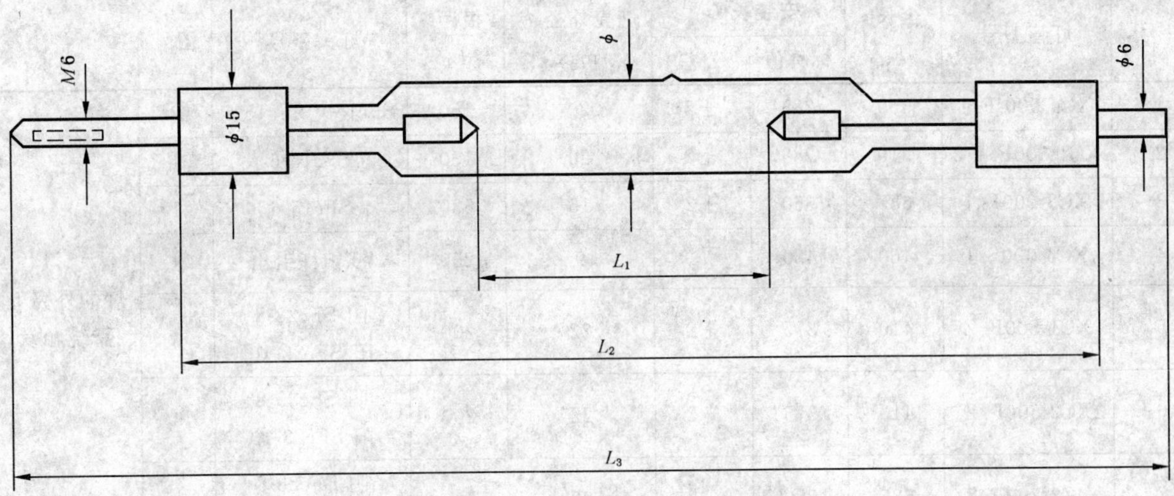

图 2

单位为毫米

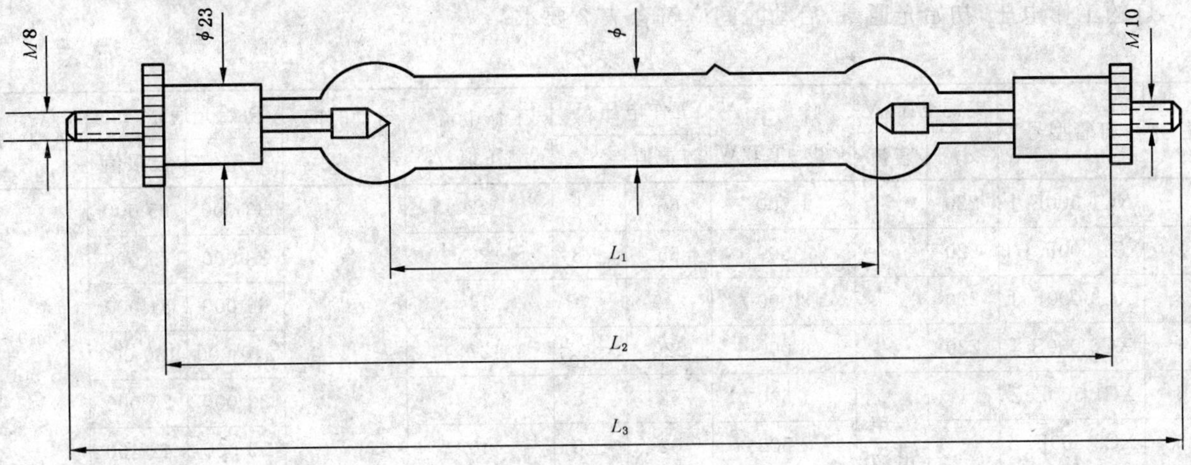

图 3

单位为毫米

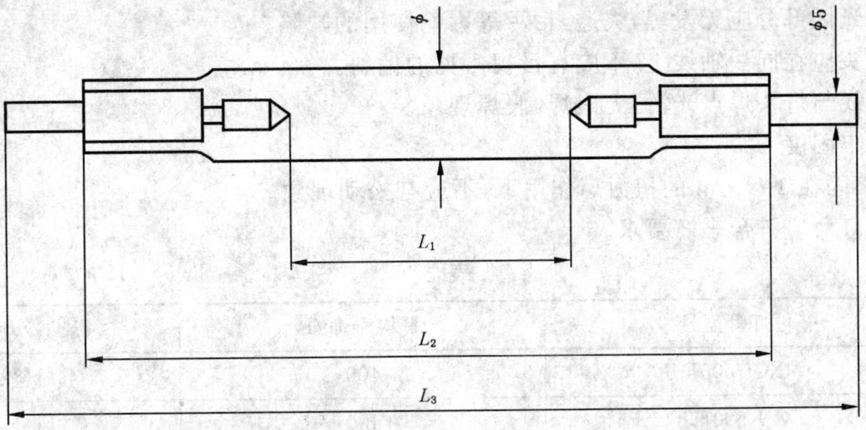

图 4

表 1

单位为毫米

序号	灯管型号	全长[a] L_3	安装长 L_2		灯壳外径 ϕ[b] max	极距[c] L_1	灯头型号[d]	图号	备注
			标称值	公差					
1	XC1 500 F. J	350	288	±2	20	150	SFc15-6 SFa15-6	2	灯的外壳上均需绕触发丝
2	XC1 500F. J/2	310	288	±2	20	150	SFc15-6	1	
3	XC3 000F. J	685	660	±2	15	530	SFc15-6	1	
4	XC6 000S. J	460	420	$^{+3}_{-2}$	9	250	ϕ5 钼杆引出	4	
5	XC1 500F. Z	410	375	±2	22	200	阴 SFc23-8 阳 SFc23-10	3	
6	XC2 500F. Z	410	375	±2	22	200	阴 SFc23-8 阳 SFc23-10	3	
7	XC3 300F. Z	585	550	±2	22	360	阴 SFc23-8 阳 SFc23-10	3	
[a]、[b]、[c]、[d]为参考项，不作考核。									

5.2　灯的光电参数

灯的工作电压，初始光通量，启动时间应符合表 2 要求。

表 2

序号	灯管型号	电源电压/V		灯功率[a]（额定值）/W	工作电压/V		工作电流[b]（额定值）/A	启动时间/min	初始光通量/lm		色温[c]/K
		交流	直流		额定值	公差			额定值	极限值	
1	XC1 500F. J	220		1 500	65	±8	22		33 000	25 000	
2	XC1 500F. J/2	220		1 500	65	±8	22		33 000	25 000	
3	XC3 000F. J	220		3 000	215	$^{+5}_{-10}$	14		66 000	51 000	
4	XC6 000S. J	220		6 000	220	$^{+0}_{-10}$	27	3	210 000	180 000	4 500～5 500
5	XC1 500F. Z			1 500	52	±8	29		33 000	25 000	
6	XC2 500F. Z		专用电源	2 500	62	±8	40		55 000	42 400	
7	XC3 300F. Z			3 300	100	±10	33		72 600	55 900	
[a]、[b]、[c]为参考值，不作考核。											

5.3　灯的外观质量

5.3.1　灯的发光区部分应无发黑，失透，粘污等影响使用的缺陷。

5.3.2　灯与灯头应在同一轴线上，不应有目视可见的偏斜。

5.3.3　灯引出线与灯头焊点光滑，无虚焊，假焊现象。

5.4　灯头粘结牢固度

灯头粘接牢固在 1 N·m 的扭力矩作用下，不应有松动现象。

5.5　灯的平均寿命应符合表 3 要求。

表 3

序号	灯管型号	平均寿命/h	冷却条件
1	XC1 500F. J	400	风冷：4 m/s
2	XC1 500F. J/2	400	风冷：4 m/s

表 3 (续)

序号	灯管型号	平均寿命/h	冷却条件
3	XC3 000F.J	500	风冷:5 m/s
4	XC6 000S.J	300	水冷:水流量 6 L/min～10 L/min
5	XC1 000F.Z	800	风冷:4 m/s
6	XC2 500F.Z	800	风冷:6 m/s
7	XC3 300F.Z	800	风冷:6 m/s

5.6 灯的振动试验

经振动后,内部结构、焊点不应有松动、脱落及损坏,并能正常燃点。

5.7 灯的碰撞试验

经碰撞后,内部结构、焊点不应有松动、脱落及损坏,并能正常燃点。

5.8 灯的跌落试验

经跌落后,内部结构、焊点不应有松动、脱落及损坏,并能正常燃点。

6 试验方法

6.1 试验条件

6.1.1 灯应与其相匹配基准镇流器(交流灯)见附录 A 或专用直流源(直流灯)上使用。

6.1.2 通风量或水流量应满足灯在额定电流下工作时,灯头温度不超过 180 ℃。

6.1.3 交流灯所使用的电源隔离变压器或调压器,至少具有 5 倍于正常额定负载的容量。直流灯所用的直流电源至少具有 2 倍于额定负载的容量。

6.2 灯的型式及主要尺寸(5.1)的检验

用通用或专用的量具进行测量。

6.3 灯的光电参数(5.2)的检验

灯的工作电压,启动时间,初始光通量均按 GB/T 13434 所规定的进行。

6.4 灯的外观(5.3)的检验

用目视法或标样对比法检验。

6.5 灯头粘结牢固度(5.4)的检验

应用能保证扭力矩从零开始均衡地增加的机械装置进行检验。

6.6 灯的平均寿命(5.5)的试验

在规定的试验条件下进行,每昼夜关闭 2 次,每次关闭时间不少于 30 min,关闭时间不计入寿命内。

6.7 灯的振动(5.6)的试验

在包装待运的条件下,按 GB/T 2423.10 规定进行,试验前样品的外观应符合 5.3 的要求,样品用刚性连接固定在振动台上,试验为定频试验,频率为 50 Hz,振幅 1 mm(单振幅),持续时间为在两个互相垂直的轴线上各振动 10 min。

6.8 灯的碰撞(5.7)试验

在包装待运的情况下,按 GB/T 2423.6 规定进行,采用试验 Eb 峰值加速度 100 m/s^2,持续时间 16 ms,按包装运输方向碰撞 1 000±10 次。

6.9 灯的跌落(5.8)试验

在包装待运的情况下,按 GB/T 2423.8 规定进行,采用试验 Ed 方法,跌落高度为 250 mm,跌落 2 次。

STANDARDS PRESS OF CHINA

7 检验规则

7.1 灯应由生产厂质量部门按标准进行检验，合格后签发合格证，方可出厂。

7.2 检验分类

灯的检验分为出厂检验和例行试验。

7.3 出厂检验

7.3.1 出厂检验项目见表4

表4 出厂检验

序号	检验项目	技术要求	试验方法
1	安装长度	5.1	6.2
2	工作电压	5.2	6.3
3	启动时间	5.2	6.3
4	外观质量	5.3	6.4

7.3.2 灯的出厂检验应按出厂检验项目进行全检，剔除不合格品。

7.4 例行检验

7.4.1 例行检验应按 GB/T 2829 要求，从出厂检验合格的灯中随机抽取，例行检验前，所有样品应按出厂试验的项目进行100%的检验，若有不合格品，则以合格品替换。

7.4.2 例行检验的项目及判别水平应符合表5规定

表5 例行检验

<table>
<tr><th rowspan="2">序号</th><th rowspan="2">检验项目</th><th rowspan="2">技术要求</th><th rowspan="2">试验方法</th><th rowspan="2">抽样方案</th><th rowspan="2">判别水平</th><th rowspan="2">RQL</th><th rowspan="2">n</th><th colspan="2">判别数组</th></tr>
<tr><th>Ac</th><th>Re</th></tr>
<tr><td>1</td><td>初始光通量</td><td>5.2</td><td>6.3</td><td rowspan="5">按
GB/T 2829
二次抽样
方案</td><td rowspan="5">Ⅱ</td><td rowspan="5">65</td><td rowspan="5">3</td><td rowspan="5">0

1</td><td rowspan="5">2

2</td></tr>
<tr><td>2</td><td>灯头粘结牢固度</td><td>5.4</td><td>6.5</td></tr>
<tr><td>3</td><td>振动试验</td><td>5.6</td><td>6.7</td></tr>
<tr><td>4</td><td>碰撞试验</td><td>5.7</td><td>6.8</td></tr>
<tr><td>5</td><td>跌落试验</td><td>5.8</td><td>6.9</td></tr>
<tr><td>6</td><td>平均寿命</td><td>5.5</td><td>6.6</td><td colspan="6">每个规格不少于3只，按照定义判别</td></tr>
</table>

7.4.3 例行试验每年不少于一次，并在下列情况之一应进行例行试验：

a) 新产品试制定型鉴定时；

b) 正式投产后在结构、材料、工艺有较大改变时；

c) 停产一年以上再恢复生产时。

8 标志、包装、运输、储存

8.1 标志

8.1.1 每只灯的外壳上应有清晰的以下标志：

a) 灯的规格、型号；

b) 制造厂商标。

8.1.2 灯的包装盒上应有清晰的以下标志：

a) 灯的名称、规格；

b) 标准编号；

c） 制造厂名称及地址。

8.1.3 灯的外包装箱上应有清晰的以下标志：

a） 产品的名称，型号；

b） 标准编号；

c） 制造厂名称，地址及包装日期；

d） 符合 GB/T 191 规定的“向上”“小心轻放”“怕湿”“防震”等标志。

8.2 包装

8.2.1 检验合格的灯应单只装于防震的专用纸盒内，并附有产品合格证及说明书。

8.2.2 灯的外包装箱，应具有良好的防震，防潮的性能。

8.3 运输

产品运输过程中应防止雨雪淋袭和强烈的振动、碰撞、冲击。

8.4 储存

灯应储存在 5 ℃～35 ℃、相对湿度不超过 85％的干燥通风室内，空气中不应有腐蚀性气体。

附 录 A
（规范性附录）
基准镇流器基本参数

A.1 基准镇流器要求

A.1.1 基准镇流器的特性参数应符合表A.1的规定

表 A.1 基准镇流器参数

序号	灯管型号	电源电压/ V	频率/ Hz	校准电流/ A	电压/电流/ Ω	功率因素 ($\cos\phi$)
1	XC1 500F.J	220	50	22	9.8	0.065±0.005
2	XC1 500F.J/2	220	50	22	9.8	0.065±0.005

A.1.2 基准镇流器的其他要求应符合GB/T 15042和GB/T 19510.10中的规定。

ICS 29.140.99
K 74

GB

中华人民共和国国家标准

GB/T 23142—2008

高压钠灯用预置功率控制器

Preset power controller for high pressure sodium lamps—Performance requirements

2008-12-30 发布　　2009-09-01 实施

中华人民共和国国家质量监督检验检疫总局
中国国家标准化管理委员会　发布

前　言

本标准的附录 A、附录 B 为规范性附录。

本标准由中国轻工业联合会提出。

本标准由全国照明电器标准化技术委员会(SAC/TC 224)归口。

本标准起草单位：佛山市华全电气照明有限公司、上海亚明灯泡厂有限公司、宁波艾克斯体电器有限公司、锐高照明电子(上海)有限公司、芜湖市富达技术有限公司。

本标准起草人：区志杨、柯柏权、徐小良、周惠龙、陈崚、朱庆中。

高压钠灯用预置功率控制器

1 范围

本标准规定了高压钠灯用预置功率控制器的定义、标志、试验和要求。

本标准适用于不更换高压钠灯来改变灯功率的使用 50 Hz 或 60 Hz 、1 000 V 以下交流电源的高压钠灯用预置功率电感式镇流器的控制器(以下简称:控制器)。

本标准应与 GB 19510.1 和 GB/T 19510.12 一起使用,本标准的控制器适用的高压钠灯应符合 GB/T 13259 的要求,预置功率电感式镇流器应符合 QB/T 2941—2008 的要求。

2 规范性引用文件

下列文件中的条款通过本标准的引用而成为本标准的条款。凡是注日期的引用文件,其随后所有的修改单(不包括勘误的内容)或修订版均不适用于本标准,然而,鼓励根据本标准达成协议的各方研究是否可使用这些文件的最新版本。凡是不注日期的引用文件,其最新版本适用于本标准。

GB 7000.1—2007 灯具 第 1 部分:一般要求与试验 (IEC 60598-1:2003,IDT)

GB/T 13259 高压钠灯(GB/T 13259—2005,IEC 60662:2002,NEQ)

GB/T 15042—2008 灯用附件 放电灯(管形荧光灯除外)用镇流器 性能要求(IEC 60923:2006,IDT)

GB/T 18595 一般照明用设备电磁兼容抗扰度要求(GB/T 18595—2001,idt IEC 61547:1995)

GB 19510.1 灯的控制装置 第 1 部分:一般要求和安全要求 (GB 19510.1—2008,IEC 61347-1:2007,IDT)

GB 19510.12 灯的控制装置 第 12 部分:与灯具联用的杂类电子线路的特殊要求(GB 19510.12—2005,IEC 61347-2-11:2001,IDT)

QB/T 2941—2008 高压钠灯用预置功率电感镇流器

IEC 60410 计数检查抽样方案和程序(Sampling plans and procedures for inspection by attributes)

3 术语和定义

QB/T 2941—2008 所确定的以及下列术语和定义适用于本标准。

3.1

预置功率控制器 Preset power controller

预置功率控制器是为预置功率镇流器转换输出灯功率的控制装置。控制装置可以是预置时间控制或非预置时间控制。

4 标志

控制器标志应符合 GB 19510.12 的要求以及下列要求。

4.1 一个或多个的预置功率和对应功率的连接线路标识。

4.2 最大控制负载电流或最大控制负载灯功率和控制的最高电压。

4.3 预置时间控制装置应标识预置时间,包括各种模式及各自置换的时间。若控制装置是可调整预置时间的,应标识调整时间的对应位置和方法,也可以在制造商的产品说明书中加以说明。

4.4 预置时间误差范围。若制造商未作预置时间误差范围,则最大偏差为 5 min。

4.5 非预置时间控制装置应标识控制信号的额定电压、频率、电流或控制功率等相关的控制信息，包括各类通信控制的必要信息。

4.6 制造商可采用下述信息作为非强制性标志：

能使控制器在规定电压范围内良好地工作的环境温度极限值。

5 关于试验的一般说明

5.1 本标准规定的试验均为型式试验。

注：本标准所述要求和公差均是根据对制造商为此目的提供的型式试验样品进行试验而制定的。这种型式试验样品原则上应具有制造商产品的典型特性，并应尽可能接近该产品中心点值。关于本标准给出的公差，可以预计大部分产品只要按照试验样品去生产，将符合本标准。然而由于产品的离散性，所以不可避免有时会出现超出规定的公差范围的控制器。

关于计数检查抽样方案和程序，见 IEC 60410。

5.2 各项试验应按照条款的顺序进行，但另有规定时除外。

5.3 通常，要对每一种类型的控制器进行所有的试验。在涉及同一范围类似的控制器的情况下，应对该范围中每一最大功率的控制器或从制造商所认可的范围中抽取有代表性的控制器进行所有的试验。

6 要求

6.1 试验的一般要求

6.1.1 试验样品要求

控制装置是预置时间控制的试验样品，要求：

——两只常规样品按 6.2、6.3、6.4 和 6.5 进行试验；

——两只特制样品按 6.6 进行试验。"特制"是指所有预置时间均为 60 s。

控制装置是非预置时间控制的试验样品，要求：

——两只常规样品，并进行所有的试验。

6.1.2 试验用高压钠灯应符合 GB/T 13259 的要求。

6.1.3 试验用镇流器应符合 QB/T 2941 的要求。

6.1.4 试验应在附录 A 所规定的条件下进行。

6.1.5 本标准规定的控制器均应符合 GB/T 18595 的要求。

6.2 安全要求

控制器的安全要求应符合 GB 19510.12 的要求。

同时，并应考虑线路工作过程中可能发生最不利的异常状态，如：预置功率线路中灯出现寿终效应等。控制器应按最不利的异常状态进行试验，试验条件、方法及合格要求按附录 B 要求。

6.3 正常工作试验

6.3.1 在额定频率的条件下，施加 0.9 倍和 1.1 倍的额定电压，分别与适配的最小功率和最大功率的点灯系统连接，使其启动和稳定工作，并能按预置时间进行功率置换。

6.3.2 在同一个点灯系统条件下，在连接控制器与没有连接控制器的情况下，输出额定功率时稳定的灯工作电流值变化小于 0.5 %。

6.4 控制器的预置时间

在额定电压、频率，预置时间控制器与适配的最大功率点灯系统以正常线路连接，分别在能够产生 t_c 温度值的环境温度和最低环境温度的条件下(未规定最低环境温度的采用＋10 ℃)，每次的各种预置模式的预置时间在制造商标称的时间误差范围内，但最大偏差应不大于 5 min。

除试验样品外，其余线路部件在常温下工作进行试验。

非预置时间控制器不需要进行该试验。

6.5 控制器置换速度

在90%的额定电压和额定频率，控制器与适配的最小功率和最大功率的点灯系统以正常线路连接，分别在能够产生 t_c 温度值的环境温度和最低环境温度的条件下(未规定最低环境温度的采用+10 ℃)，各分别进行3次的全预置模式动作，每次的各种预置模式中灯不能有熄灭现象。

未标称最小输出功率时以100 W的高压钠灯进行最小功率试验。

除试验样品外，其余线路部件在常温下工作进行试验。

6.6 控制器耐久性试验

6.6.1 试验样品数量

试验样品数量为两只控制器。

6.6.2 试验条件

试验应在额定电源频率和 $1.06U_n$ 条件下进行。

控制器应按照其标志的要求在能够产生 t_c 温度值的环境温度条件下带灯工作，除试验样品外，其余部件在常温下进行试验。

预置时间控制器：

将两只按6.1.1要求的特制控制器分别与适配的最大功率点灯系统以正常工作方式连接。

在灯工作稳定后，以各60 s的时间周期，进行额定功率与预置功率之间循环置换动作模式控制。如样品未预置灯启动并稳定工作后再循环置换动作的时间时，可采用短接法让灯在试验前稳定工作。

非预置时间控制器：

将两只控制器分别与适配的最大功率点灯系统以正常工作方式连接，控制器时间控制端外接循环时间控制装置，在灯工作稳定后，以各60 s的时间周期，进行额定功率与预置功率之间循环置换动作模式控制。

试验过程中，试验线路的电源电压在24 h内应关闭一次，时间为30 min。

试验过程中，若镇流器或灯出现失效应及时更换，直到试验结束。

6.6.3 试验

控制器在上述条件下连续工作360 h(15 d)，然后使其接受6.3试验。

6.6.4 合格条件

如果所有的控制器在通过6.6.3所述的耐久性试验之后仍能达到6.3试验要求，且满足6.1规定的介电强度和绝缘要求，则控制器符合要求。

如果有一只控制器在试验中失效，应再用另外两只控制器进行试验，并且应全部试验合格。

STANDARDS PRESS OF CHINA

附 录 A
（规范性附录）
试验一般要求

按照 GB/T 15042—2008 附录 C 的要求。

附 录 B
（规范性附录）
对预置功率镇流器控制器的异常状态试验补充要求

B.1 引言

由于预置功率电感镇流器在线路工作中除符合 GB 19510.12—2005 第 14 章要求外，还要进行预置功率线路中出现最不利的异常状态进行补充性的异常试验。

B.2 范围

本附录适用于高压钠灯用预置功率电感镇流器控制器。

B.3 最不利的异常状态定义

预置功率线路中灯出现寿终效应的异常状态。

B.4 试验要求

按 GB 7000.1—2007 附录 C 的试验条件和要求使用额定灯功率进行试验。

ICS 97.040.20
Y 68

中华人民共和国国家标准

GB/T 23143—2008

家用烹饪、烧烤及类似用途的驻立式电器性能测试方法

Household stationary appliances for cooking, grilling and similar use—Methods for measuring performance

2008-12-30 发布　　　　2009-09-01 实施

中华人民共和国国家质量监督检验检疫总局
中国国家标准化管理委员会　发布

前　言

本标准参考了 IEC 61817:2000《家用烹饪、烧烤及类似用途的便携式电器性能测试方法》制定的。

本标准的附录 A、附录 B 为规范性附录。

本标准由中国轻工业联合会提出。

本标准由全国家用电器标准化技术委员会(SAC/TC 46)归口。

本标准起草单位:慈溪中家电器科技服务有限公司、佛山市质量计量监督检测中心、中国家用电器研究院。

本标准主要起草人:张亚晨、李旭辉、叶孙孟、吴蒙。

家用烹饪、烧烤及类似用途的驻立式电器性能测试方法

1 范围

本标准规定了家用烹饪、烧烤及类似用途的驻立式电器的性能测试方法。

本标准适用于家用烹饪、烧烤及类似用途的驻立式电器。

本标准定义了用户感兴趣的此类器具的主要性能特性，并规定了测试方法。

本标准不涉及产品的安全要求和性能要求。

由于时间和测试材料、成分的差异以及实验操作员主观判断的影响，当考虑精确度和可重复性时，利用标准所描述的测试方法在大致相同的时间段内，在同一实验室，由同一操作员使用相同的器具进行试验会比在不同实验室对某一台器具进行试验具有更高的可靠性。

本标准不适用于家用的微波炉、电灶、灶台、炉和烤架，也不适用于专门为商用和工业用而设计的器具。

2 规范性引用文件

下列文件中的条款通过本标准的引用而成为本标准的条款。凡是注日期的引用文件，其随后所有的修改单(不包括勘误的内容)或修订版均不适用于本标准，然而，鼓励根据本标准达成协议的各方研究是否可使用这些文件的最新版本。凡是不注日期的引用文件，其最新版本适用于本标准。

GB/T 11186(所有部分)涂膜颜色的测量方法[eqv ISO 7724(所有部分)]

GB/T 20147—2006　CIE 标准色度观测者(CIE 10527:1991,IDT)

ISO/CIE 10526:1999　CIE 标准比色光源

CIE 15.2:1986　比色试验

3 术语和定义

下列术语和定义适用于本标准。

3.1

烧烤/接触烧烤　grilling/contact grilling

通过热辐射的方式烹饪或烤制食物。

注1：在接触烧烤的情况下，食物的一面或两面都与加热盘直接接触。

注2：在户外进行的烧烤/接触烧烤称为烧烤(barbecuing)。

注3：烤架/接触烤架具有焙烤、石烤和烘烤功能。

3.2

烘烤　roasting

通过干燥热空气对流加热、热辐射或强制热空气方式烹饪或烤制肉类食物。

3.3

焙烤　toasting

通过热辐射的方式烤制面粉类食物。

3.4

烘焙　baking

通过干燥热空气对流加热、热辐射或强制热空气方式烹饪或烤制食物(典型的是面粉类食物例如蛋

糕和面包)。

注:有时食物会膨胀变硬,导致其质量/重量变化。

3.5

慢煮　simmering

将食物浸入液体中,首先煮沸,然后降温,使液体保持在沸点以下,液体有细微的流动。

注:慢煮通常用在长时间的烹饪过程中。

3.6

蒸　steaming

通过沸水产生的蒸汽烹饪食物。

3.7

浅层煎炸　shallow frying

使用少许烹饪介质,如动物油或植物油,通过热传导的方式烹饪或烤制食物。

3.8

烘制　gratinee

通过烤制完成食物的预处理,这些食物通常覆盖有面包屑或奶酪。

3.9

干燥　dehydrating

通过去除水分使食物易于保存。

注:通过干燥,食物的重量会有相当程度的减少。

3.10

煮沸　boiling

将食物放入沸腾的水溶液中烹饪,或将食物或液体加热到沸腾并保持沸腾直至完成烹饪。

3.11

溶化　melting

通过缓慢加热使固体食物,通常指脂肪、糖或巧克力,溶解为液体。

3.12

灶　hob

含有一个或多个烹饪区域的器具或器具的一部分。

3.13

烹饪区域　cooking zone

灶的一部分,安装在灶表面供平底锅放置加热的区域。

3.14

炉盘　hotplate

附属于灶表面的部分,它形成了一个烹饪区域。

3.15

铸铁炉盘　solid hotplate

带有完整的加热单元和封闭表面的炉盘,其表面通常用铸铁制成。

3.16

管状炉盘　tubular hotplate

表面配有带有管状护套的水平加热单元的固定平面的炉盘。

3.17

玻璃陶瓷灶　glass ceramic hob

加热单元置于玻璃陶瓷表面之下的灶。

3.18

感应烹饪区域　induction cooking zone

通过涡流方式加热平底锅的烹饪区域。

注 1：涡流通过线圈产生的电磁场在平底锅底部产生。

注 2：灶表面可能由玻璃陶瓷制成。

3.19

烤架　grill

通过热辐射方式加热食物的器具的一部分。

3.20

烤箱　oven

通过辐射、自然对流、强制空气循环或组合以上加热方式加热食物的器具或一个独立的烹饪区域。

3.21

强制空气循环烤箱　oven with forced air circulation

通过循环空气向食物传送热量的烤箱。

注：强制空气循环烤箱可能也具备对流烤炉的功能，因此，也要配备相应的备用装置和加热单元。

3.22

带有催化涂层的烤箱　oven with catalytic lining

通过分解特殊涂层上的沉淀物完成清洁功能的烤箱。

3.23

架子　shelf

用来支撑食物/容器，允许空气和热辐射自由流通的栅格。

3.24

烘烤板　baking sheet

金属、玻璃或其他材料的固体板。

4　测量项目

4.1　尺寸和质量

下列测量需要进行：

——整体尺寸(见 6.1)；

——软线的长度(见 6.2)；

——器具的质量(见 6.3)。

——烤炉、烘烤板和烧烤格栅/架子的尺寸(见 6.4,6.5,6.6)。

4.2　功能

下列试验需要进行：

——烧烤/接触烧烤(见 7.1)；

——烘烤(见 7.2)；

——焙烤(见 7.3)；

——烘焙(见 7.4)；

——热量分布(见 7.5)；

——慢煮(见 7.6)；

——蒸(见 7.7)；

——浅层煎炸(见 7.8)；

——烘制(见 7.9)；

——干燥(见7.10);
——煮沸(见7.11);
——溶化(见7.12)。

4.3 其他特性

——清洗(见8.1);
——使用说明(见8.2)。

5 测量的总条件

除非另有规定,否则应在以下规定的条件下进行测量:

5.1 通则

所用到的装置、配件以及配料的数量应由制造商推荐。如果没有制造商的推荐,使用规定数量。首先挑选指定的配料以保证结果的一致性和可重复性。

除非另外说明,器具按照制造商提供的说明工作。

5.2 试验房间

试验在良好通风的房间进行,房间环境温度为20 ℃±5 ℃。

5.3 环境温度

除非另有规定,环境温度和所有用具和配料的温度均应保持在20 ℃±5 ℃。

5.4 电压

试验电压为器具额定电压±1%。

如果器具规定了额定电压范围,则按该器具使用时的供电电压标称值进行试验。

5.5 仪器

包括热电偶在内的温度测量仪器应满足如下要求:

温度范围为0 ℃~100 ℃的仪器,其精度为0.5 ℃;温度范围为100 ℃~300 ℃的仪器,其精度为2 ℃。

能量测量仪器精度应为1%。

5.6 器具的位置

器具放置于距墙壁至少30 cm远的暗黑色木架上。

5.7 预热

器具初始温度与室温相同。但是,如果规定需要预热,则要按照使用说明对器具进行预热。如果没有说明,应在温度控制器首次断开后开始进行预热。

5.8 控制器的设定

控制器设定为试验规定温度。但是,如果由于控制器结构的原因不能达到此温度,则选择与规定温度最接近的温度设置。

5.9 设备

当需要混合配料时,可以使用食物搅拌器。该器具在额定电压下工作。

6 尺寸和质量

6.1 整体尺寸

器具的所有尺寸(高度、宽度和深度,如有门应关闭,包括所有的旋钮、手柄等)均应测量,并用mm表示。

6.2 软线的长度

应测量软线进入器具的入口处与电源插头入口处之间的长度,包括所有的软线护套,用m表示,误差为±0.05 m。

6.3　**器具的质量**

器具的质量在带有连接好的软线和插头的情况下测量，用 kg 表示，误差为±1 kg。

6.4　**烤炉的内部尺寸**

烤炉内部的高度、宽度和深度按图 1 所示进行测量，用 mm 表示。

用以上 3 个值进行计算得出有效容积，用 L 表示。

1——灯泡；
2——恒温器；
3——烤架加热器；
4——烤箱加热器；
d——上、下内表面或加热器间的可用高度；
e——支架和加热器之间的可用宽度；
f——关闭状态的门的内表面和后表面内侧之间的可用深度。

注：带有强制空气循环的烤箱，测量任何保护格，空气管道或器具后部的逆电流器之间的距离作为深度。

图 1　烤箱的内部参数

6.5 烘烤板的尺寸

对烘烤板的有效面积进行测量。如果烘烤板不平，则在架子表面上方 5 mm 处进行测量。

计算得出表面积，用 cm^2 表示，误差为 $\pm 10\ cm^2$。

6.6 烧烤格栅/架子的尺寸

对烧烤格栅/架子的有效宽度和深度进行测量。

计算得出表面积，用 cm^2 表示，误差为 $\pm 10\ cm^2$。

7 功能测试

7.1 烧烤/接触烧烤

本试验的目的是确定烹饪和烘烤肉的均匀程度。

注：本试验仅适合做比较试验。

7.1.1 配料

2.5 kg 碎肉，脂肪含量为 10%～20%。

这些肉足够做 20 个汉堡。

7.1.2 程序

用环形模具将碎肉制成重 125 g，直径 75 mm 的汉堡。将汉堡压缩至高度约为 35 mm。

将这些汉堡均匀的放在烧烤格栅上，两汉堡之间以及汉堡与格栅边缘之间的距离约为 15 mm。

按使用说明中的最大设定值将烤架预热。如果没有说明，将烤架预热 5 min。对于接触烤架，需连同密封盘(如适用)一起预热。

将烤架和烤盘置于烧烤元件下方使用说明中指定的位置。如果没有说明，则将烤架置于烧烤元件下方距汉堡顶端约 50 mm～75 mm 处。除非使用说明中另有规定，门要处于开启位置。对于其他烤架，要遵照制造商的说明操作。如果没有说明，则将食物直接置于烹饪表面上或附带的烹饪容器里，或接触烤盘附近(如适用)。

将汉堡按使用说明进行烧烤。如果没有说明，一面烤 12 min～15 min 后，翻转汉堡，另一面烤 10 min～15 min。

7.1.3 评估

将烤架从烤炉中取出，用测温探针对 5 个汉堡的中心进行温度测量。这 5 个汉堡分别处于烤架四角及中心位置。计算得到中心温度最大值和最小值之差。测量过程在 2 min 中内完成。

每个汉堡的焦黄度按如下方式评估：

重度烤焦——A

轻度烤焦——B

中等偏深——C

中等偏浅——D

浅　　色——E

7.2 烘烤

本试验的目的是评价大块物体的烹饪均匀度。

7.2.1 烘烤一块规则形状的食物——肉块

进行试验的器具应使用完全满足以下规格的长方形容器。

——长宽比例为 2∶1～2.5∶1；

——深度：75 mm±15 mm；

——所装食物的顶面积：$225\ cm^2 \pm 40\ cm^2$；

——所装食物的高度：45 mm±3 mm。

所装食物的质量通常为 900 g。如果不满足以上要求，质量可以作适当调整。

7.2.1.1 **配料**

115 g鸡蛋，将蛋青与蛋黄搅拌均匀；

800 g碎的精牛肉(脂肪含量不超过20%)；

2 g食盐；

透明膜，以盖住所装物体的上表面。

7.2.1.2 **程序**

将鸡蛋、盐和牛肉搅拌在一起。将混合物小心的封装入容器内，避免产生气泡。用另一容器将混合物的表面压平。盖上透明膜，放入冰箱内，在5 ℃±2 ℃的条件下放置24 h。

将冷藏的混合物放入容器中。器具通常配有烘烤容器，如果没有配备，则放入对进行试验的器具来说大小合适的容器中。

按照制造商提供的对这类食物烹饪的说明进行烹饪。如果没有此种说明，则对于强制空气循环烤炉，将温度设定为165 ℃±10 ℃，对于自然对流烤炉，温度设定为190 ℃±10 ℃。

当认为烹饪结束时，将食物从器具中取出。5 min后，将食物从容器中取出，并垂直将其切为5等份。

注：猪肉的最终温度应为85 ℃，牛肉的最终温度应为74 ℃。

7.2.1.3 **评估**

作如下记录：

——烹饪时间；

——控制器设定；

——烹饪结果，包括对于过度烹饪/烹饪区域，干焦区域的主观评价。

焦黄度按如下方式评估：

重度烤焦——A

轻度烤焦——B

中等偏深——C

中等偏浅——D

浅　　色——E

7.2.2 **烘烤一块不规则形状的食物——鸡肉**

本试验的目的是评价家禽的烘烤和烹饪均匀度。

7.2.2.1 **配料**

一只重量为1.5 kg±0.25 kg，除去内脏，已洗净并干燥过的新鲜肉鸡。

7.2.2.2 **程序**

将鸡放入冰箱内，在5 ℃±2 ℃的条件下放置24 h。将鸡从冰箱中取出，放入器具配有的烘烤容器中。如果没有配备，则放入对进行试验的器具来说大小合适的容器中。将准备烘烤的容器放入器具，按照制造商提供的对这类食物烹饪的说明进行操作。如果没有此种说明，则对于强制空气循环烤炉，将温度设定为165 ℃±10 ℃，对于自然对流烤炉，温度设定为190 ℃±10 ℃。当认为烹饪结束时，关闭加热功能。5 min后将食物从器具中取出。记录5个位置的温度。记录的位置见图2。

对于带有电动旋转烤架的器具按制造商的说明操作。

注：通常，当鸡胸肉的温度为77 ℃±2 ℃，褐色肉的温度为83 ℃±2 ℃时，可以认为烹饪结束。

7.2.2.3 **评估**

作如下记录：

——5个位置的温度(见图2)；

——食物的最低温度；

——烹饪时间；

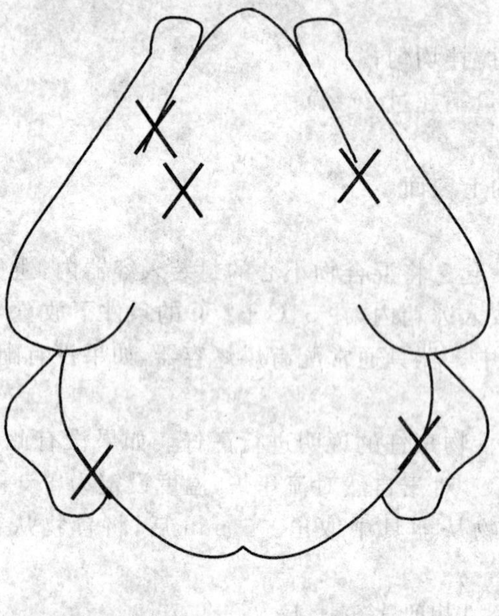

图 2 温度记录装置的位置

——控制器设定；

——烹饪结果，包括对于过度烹饪区域，干/焦区域的主观评价；

——外皮的颜色和脆度。

焦黄度按如下方式评估：

重度烤焦——A

轻度烤焦——B

中等偏深——C

中等偏浅——D

浅　色——E

7.3 焙烤

此试验的目的是确定烤架的有效区域。

7.3.1 程序

采用由工厂制造的普遍适用于烘制的白面包进行试验，要注意确保准备足够多的面包片，并且这些面包是同一批生产的产品。

用于试验的去掉外皮的面包片的厚度要一致，均为 12 mm ±1 mm。烤架格栅要完全被面包覆盖。

注：有可能要减少一些面包片以适应烤架格栅。

根据使用说明将烤架调到最高设置进行预热。如果没有说明，则预热 5 min。

格栅烤架和烤架盘放在烤架发热元件下部，对应使用说明中所推荐的位置。如果没有说明，则格栅烤架放置于适于烧烤的最高位置，除非在使用说明中有指定的要求，否则门置于敞开的位置。

当一部分面包产生变色但未烤糊时将烤架格栅移开。如果面包片变小，则移动面包片使其边缘与烤架格栅边缘对齐。

7.3.2 评估

采用附录 B 中的色度表确定在 8～14 号色度内面包产生变色的区域，这是以 cm^2 为单位来计算的有效烧烤区域，并用烧烤格栅表面积的百分比来表示。

7.4 烘焙

该试验的目的是为依据烤箱的结构和使用说明来评价其热分布。

7.4.1 小面包

该试验的目的是为评价烤箱内部的热分布。

7.4.1.1 配料

500 g 白面粉，不含添加剂。

200 g 蔗麻糖(最大晶体粒尺寸为 0.3 mm)。

200 g 具有 80%脂肪含量的烘焙人造黄油或咸黄油。

2 个鸡蛋(每个鸡蛋含蛋壳的质量在 55 g～60 g 之间)。

3 g 盐。

注：对于最大容积为 15 L 的烤箱，上述数量减半。

7.4.1.2 程序

将面粉、蓖麻糖和盐混合，涂上人造黄油，打碎鸡蛋并将之加入到面粉混合物中，轻轻搅拌上述食物的混合物直至面团变得平滑。从混和用的碗中取出面团并将之做成一个面包的形状。将它封起来并在一台温度设置为 5 ℃±2 ℃的冰箱中存放至少 8 h。在做进一步的处理之前要将面包从冰箱中取出至少 1 h。

用图 3 所示的压面机的压制口将面包挤成带状。将带状面团切成适合烤箱提供的烤盘的尺寸或是制造商推荐的尺寸。将制成带状的面包用如图 4 所示的方法放置以使其与烤箱门平行。

注 1：如果食物的混合物不能搅拌在一起或不易挤压成带，则可以加入水。

注 2：烤盘上应稍微涂上一些润滑油脂。

单位为毫米

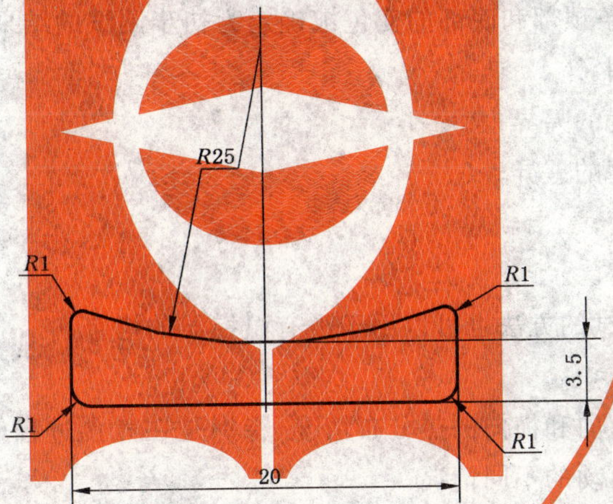

STANDARDS PRESS OF CHINA

图 3 挤压面团的管口形状

单位为毫米

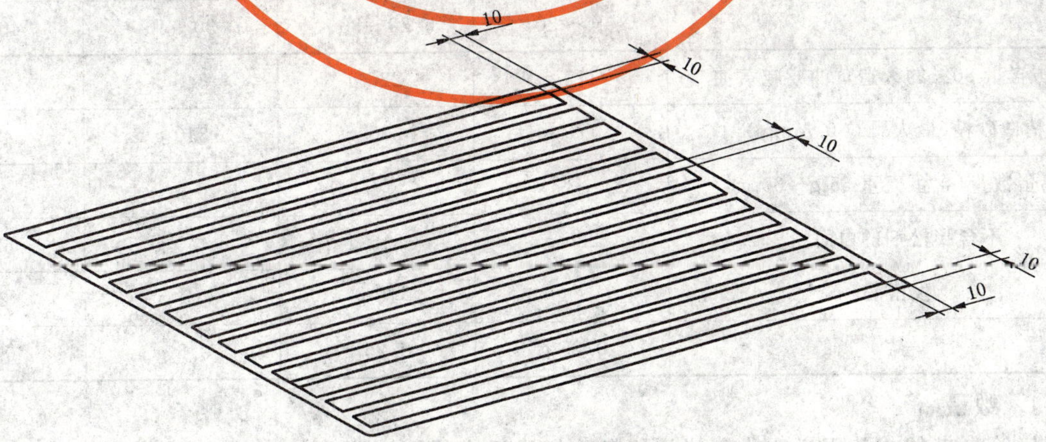

图 4 在烘焙板上剥离馅饼的位置

7.4.1.3 **初步测量**

初步测量是用来确定达到制定变色程度的烘焙时间的。

将控制器设置在说明书中介绍的用于此类混合物的设置状态。如果没有给出说明，则将强制空气对流的烤箱温度设置为 175 ℃，将自然空气对流的烤箱温度设置为 200 ℃。当首次达到恒温状态断电时，将烤盘按照使用说明放入烤箱。如果没有给出说明，则烤盘应放置在尽可能靠近烤箱中央的位置。待面包条变成金棕色时将烤盘从烤箱中取出。记录下烘焙时间。

将烤盘放在栅格上以降低其温度。顶端的变色程度用附录 A 中介绍的颜色辨别工具来测量。这一辨别工具从纵向上忽略每条面包条两端各 20 mm 的部分。测量颜色时按顺序每 50 mm 测量一次。平均的变色值用总变色值除以数量来计算得出。

当顶端变色与 43%±5%的映射值 R_y 相关联时，烤箱的烘焙时间是令人满意的。

7.4.1.4 **热分布测试**

在面包条已经按照规定的时间被烘焙之后，进行本测试程序。

在面包条热着的时候把它们从烤盘上揭下来，但仍放在原处而不拿开。

如果说明书中指出可以同时烘焙一定数量的烤盘，可以增加一个使用的最大数量的烤盘来进行的试验，如果需要的话，可以增加烘焙时间。

7.4.1.5 **评估**

经过 1 h 的烘焙，面包条顶部和底部的变色被确定为初步测试的结果。

以下是计算结果和说明。

——顶部最大变色程度的差异；

——底部最大变色程度的差异；

——顶部平均变色程度；

——底部平均变色程度。

只要应用合理，这个测试的方法也可以用于没有温控器的烤箱。

7.4.2 **小蛋糕**

这个试验是为了评估纵向和横向的热分布情况，特别是在煮食过程中热度上升的混合物。它表明围绕一个复杂负载的空气运动的不同情况。

表 1 成分

成　分	制成小蛋糕的数量			
	10～20	20～30	30～40	40～50
脂肪含量 80%的人造黄油或咸黄油	170 g	225 g	340 g	450 g
精白砂糖(最大颗粒 0.3 mm)	170 g	225 g	340 g	450 g
鸡蛋数量(含蛋壳重 55 g～60 g)	3	4	6	8
不含膨松剂的白面粉	225 g	310 g	450 g	625 g
发酵粉	7 g	10 g	15 g	20 g
盐	0.25 g	0.25 g	0.5 g	0.5 g

7.4.2.1 **数量**

用烤箱自带的或使用说明中建议的烤盘。如果没有使用说明，应用测量过尺寸的烤盘。

蛋糕沿烤盘放置的数量应和烤盘的尺寸(长 7 cm，宽 5 cm)相吻合。蛋糕放置的数量取整数。

遵循关于同时使用烤盘的数量的说明。

7.4.2.2 程序

在食物搅拌器中将人造黄油和糖搅拌在一起，直到其混合均匀且其颜色呈灰白色。搅拌鸡蛋。缓慢的将筛选的面粉、烘焙粉和盐拌入混合物中。

在纸盒中称重 28 g 混合物，并将其均匀地放在烘烤板上。

注 1：纸盒的直径为 45 mm，其高度为 28 mm。其纸盒是由合乎标准的(39 g/m^2)，涂有油脂的漂白纸制成。

按照使用说明中的指示操作烘焙蛋糕，特别要指出的是烤架放置的位置和烤箱需要预热。如果使用说明中推荐预热，则在第一次达到恒温断电后将蛋糕放入烤箱中。如果没有给出指示说明，那么烤架被放置在烤箱的中心位置。此时将烤箱预热，如处于强迫空气环流状态，其温度为 160 ℃，如处于自然对流状态，其温度为 185 ℃。

注 2：可能有必要完成初步的测试来测定烘烤的时间并且其时间不应超过 25 min。

7.4.2.3 评估

冷却后，移走纸盒，判别蛋糕产生变色并且其隆起处是均匀的。

附录 B 中的色度表用来估测变色程度。

将两个色度编号分别用来识别每个蛋糕顶部变色程度的最大值和最小值。他们被标记在表示蛋糕在烤盘上的位置和色度编号相对位置的图上。

顶部平均变色程度的计算是通过色度编号的总和除以两倍蛋糕的数量并且取整数值。

用下表说明蛋糕顶部变色程度最大值和最小值的区别不同。

表 2 16 块蛋糕的表面褐变的示例表格

12 10	12 10	12 10	12 12
10 8	8 8	8 8	8 10
10 8	8 8	8 8	8 10
10 8	8 8	8 8	8 10
平均变色程度:294/32=9.18～9 最大变色差值:12−8=4			

分配给每个蛋糕底部一个单独的色度编号并标记在图上。

底部平均变色程度的计算是通过色度编号的总和除以蛋糕的数量。

表明蛋糕底部最大变色程度差异。

沿蛋糕中心切下蛋糕，并测量其高度，表明膨胀程度均匀。

注：蛋糕的最佳高度在 28 mm～41 mm。

7.5 热分布

该实验的目的是为确定当持续用油煎炸时烹调区域是否能够稳定的维持一个中高温度和均匀热分布。

注：此测试只适用于对比测试。

通过在煎锅中煎炸一组煎饼评价其热分布，详见图 5。

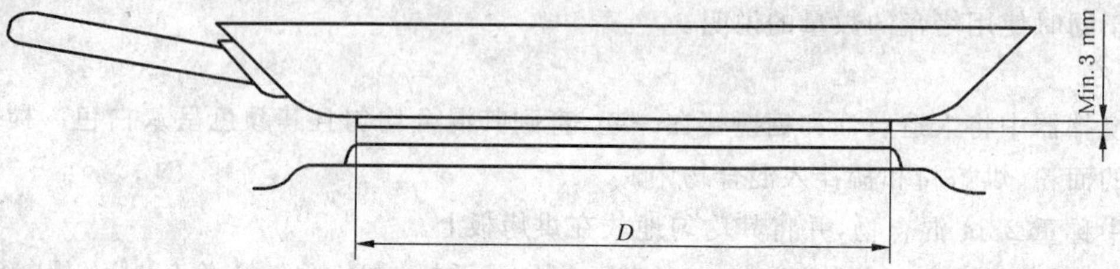

煎盘的规格：

煎盘应为铝制或不锈钢制成，不锈钢煎盘应附带有铝制的底层，至少 3 mm 厚。

煎盘内表面应附着一层 PTFE 不粘层。

底平面的直径 D 不能小于加热板或烹饪区域的直径且不能超过加热板或烹饪区域直径 20 mm。

盘体底部的凹度不能超过 0.003 D 且不能产生凸起。

对感应炉灶的烹饪区域，盘体底部表面应有一薄层磁性低碳钢，用于吸收感应炉灶的磁能。

图 5　煎盘

7.5.1　煎饼的烹饪方法

表 3 中给出了不同直径的烹调区域对应的配料数量和大致的烹调时间。

表 3　成分和烹饪时间

成　　分	烹饪区域的直径/mm		
	145	180	210/220
不含膨松剂的白面粉	140 g	140 g	140 g
含脂肪 3%～4%的鲜牛奶	270 g	270 g	400 g
鸡蛋(不含蛋壳)	110 g	110 g	160 g
盐	3 g	3 g	4 g
每个薄饼的面糊量	45 mL	55 mL	85 mL
第一面的烹饪时间	40 s～60 s	50 s～70 s	60 s～80 s

7.5.2　程序

将牛奶和鸡蛋在一起搅拌，筛取面粉和盐并加入到牛奶和鸡蛋的混合物中。

在烘烤煎饼之前将奶油面糊在室温下放置 1 h。

在煎锅中涂上大致 5 g 的植物油，给锅加热直到锅底中心的温度达到 230 ℃±5 ℃，将适量的奶油面糊倒入锅中。

用油来煎炸煎饼直到其上表面出现气泡并且面糊凝固成形(表 3 中给出了所需的大致时间)。翻转煎饼并将另一面煎至金棕色，保持煎锅和烹调区域之间的相对位置不变，煎出 8 个煎饼。

注 1：为达到所需的温度，应进行一个初步试验来确定控制设置。

注 2：只在烹制第一个煎饼时在锅中涂抹油脂。

注 3：接触探针可以用来测量锅的温度。

7.5.3　评估

用附录 B 的色度表评估每个煎饼油炸面的均匀变色程度。

测定每个象限的变色程度。每个煎饼最亮和最暗的色度不同。

测量每个煎饼的变色程度，并计算四次测量的平均值。规定平均值的最大差异。

7.6　慢煮

本试验的目的是要验证在指定时间内保持在低于沸点的某一温度的能力以及分以下两个阶段进行缓慢烹饪食物的能力：

a)　根据 7.11，食物达到沸点；

b)　温度稍微降低并保持在 92 ℃±7 ℃。

7.6.1 配料

——水，用量根据表4；

——100 g去皮生马铃薯，切成2.5 cm^3；

——100 g生肉，切成2.5 cm^3；

——增稠剂：无增长剂的面粉，每50 g面粉加1 L饮用水。

7.6.2 程序

分出液体总量的10%，放在一旁备用。

将水、肉、马铃薯放入平底锅内(见图6)。盖上平底锅的盖子并将其放在烹饪区域中心。

将温度控制调至最大。使配料迅速升至沸点，按照7.11.1搅拌混合物。

当混合物升至沸点后，将放在一旁的备用液体与面粉混合搅拌，制作成面团。移开盖子，加入面团，一直搅拌。盖上盖子，加热至沸点。按照制造商的说明慢煮。如果没有说明，调节控制器使液体温度为92 ℃±7 ℃。一直保持以上温度慢煮2 h。将平底锅从加热源移开。

注1：温度参考The Experimental Study of Foods(见参考文献)。

注2：7.11.1中提到的搅拌器连有一个热电偶。

烹饪区域的直径/mm	炖锅的参数/mm		
	a	b	c
≤145	145	140	3
>145 ≤180	180	140	≥3 ≤5
>180 ≤220	220	120	≥3 ≤5

炖锅由含碳量0.08%的低碳钢制成，圆柱锅体上不带有金属手柄或突出物。炖锅底部平面应至少和烹饪区域同等大小。炖锅底面最大凹度不能超过0.006a，其中a为炖锅底部实际使用平面的直径。

注：炖锅底部不能有凸起。

图6 钢质炖锅

7.6.3 评估

作如下记录：

——第一次达到沸点的时间；

——沉淀物烧焦的程度；

——平底锅底被沉淀物覆盖面积的百分比。

7.7 蒸

在考虑中。

7.8　浅层煎炸

这个试验的目的是确定统一的烹饪和肉类的变色程度。

7.8.1　配料

2.5 kg 切碎的牛肉，脂肪含量在 10%～20%之间。

数量足够做 20 个牛肉汉堡。

把切碎的牛肉夹进汉堡中，每个汉堡质量 125 g，直径 75 mm。压缩汉堡使其高度大约在 25 mm。每一个汉堡的中心插入一个热电偶。初始温度应为 5 ℃±2 ℃。

7.8.2　程序

最少添加 3 mm 的植物油到平底锅，详见图 5，按照制造商的使用说明根据需要进行预热。如果没有说明，用最大挡加热 3 min。

在平底锅的中心放一个汉堡，把其他汉堡均匀的放在平底锅里并且保持汉堡和汉堡之间的距离大约为 15 mm，按照使用说明中的建议烹调汉堡，如果没有说明，把一面加热 8 min，翻面再把另一面加热 4 min，在开始烹调之后换低挡加热 3 min。

7.8.3　评估

记录汉堡的温度。4 个选自平底锅的外边，一个选自平底锅的中心，测量维持 2 min。

规定最高中心温度与最低中心温度的差异。

对每个汉堡按如下标准评估并记录：

重度烤焦——A

轻度烤焦——B

中等偏深——C

中等偏浅——D

浅　　色——E

7.9　烘制

本试验的目的是评估一个厚度均匀的较大的圆形食物的烹饪和变色程度的均一性。

7.9.1　容器

使用一个材料最大厚度为 6 mm 并且符合下列 3 个维度要求的圆形硼硅玻璃容器。

高度：50 mm±10 mm；

容器的外径：230 mm±10 mm；

食物负载的初始高度：15 mm±2 mm。

7.9.2　配料

750 g 去皮土豆，煮熟；

100 g 磨碎的奶酪；

50 g 鸡蛋，将蛋白与蛋黄混合；

200 g 牛奶与奶油混合物，脂肪含量为 15%～20%；

5 g 食盐。

7.9.3　程序

在煮土豆之前，先用一个厨房用切片机把它们切成大约 4 mm 厚的片。把大约一半煮熟的土豆片放入容器中并将一半磨碎的奶酪覆盖其上。加入剩余的土豆片并将剩余的磨碎的奶酪覆盖其上。将鸡蛋打碎，用食物搅拌器将之与奶油牛奶混合物和盐搅拌在一起并将混合物倒在土豆上。

将烤盘放在使用说明中规定的最高位置上，预热烧烤盘中的烧烤。如果没有给出说明，则预热 5 min。如果烤盘可直接接触烤架，则预热 5 min。

依照使用说明中指定的位置将栅格烤盘和烤盘放在烧烤器具的下部。如果没有给出说明，则放置栅格烤盘使烘制物应低于烧烤器具约 75 mm。如果在使用说明中没有其他的规定，则门应处于打开状态。其他的烧烤物按照制造商的说明来处理。如果没有说明，直接将食物放在烹饪器具表面或放在提供的烹制器皿里，如果需要的话，可以接触烧烤盘。

烘制按照使用说明中推荐的指示使用。如果没有使用指示，烘制的大约时间为 3 min～5 min，万一接触到，25 min～30 min，直到中等偏深 C 标准。

7.9.4 评估

变色的评估如下：

重度烤焦——A

轻度烤焦——B

中等偏深——C

中等偏浅——D

浅　　色——E

7.10 干燥

本试验的范围是去除食物中的水分。

7.10.1 配料

——500 g 去皮生胡萝卜，切成直径约 2.5 cm^2，厚 1 cm 的片；

——根据表 4，每个盘装相应量的水。

7.10.2 程序

将准备好的胡萝卜浸入冷水放置 24 h 后，将水倒掉。用吸水纸将多余的水分吸掉。将烘烤板或烤架的有效区域按以下所示分成 4 份：

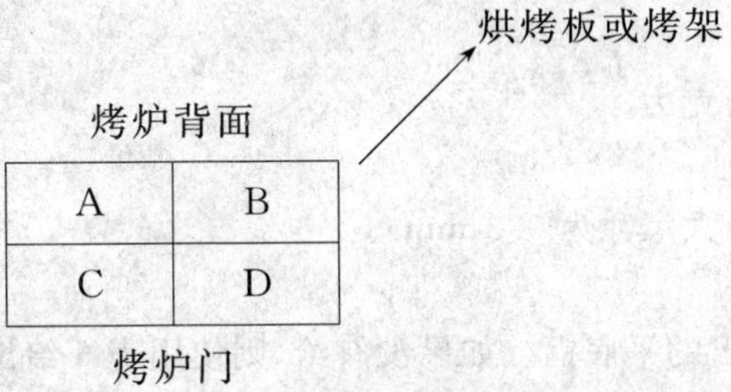

将胡萝卜片平铺满在烘烤板或烤架上。在每个区域随机选取 3 片胡萝卜片，干燥后对它们进行称重。记下每组的最初质量。将胡萝卜片重新放在烘烤板或烤架上的原始位置。

按照制造商的说明进行干燥。如果没有说明，将烘烤板或烤架放入烤炉中心，在 80 ℃下干燥 24 h。从烤炉中取出盘子，并立即记录下 4 组各 3 片胡萝卜片的最终质量。

注：对于多级干燥，应按照制造商的说明操作或对每一级进行以上程序的操作。同时对所有层进行干燥。

7.10.3 评估

作如下记录：

——一致性；

——4 组胡萝卜片每组的脱水百分比：

$$\text{脱水百分比}=\frac{(\text{胡萝卜初始质量})-(\text{胡萝卜最终质量})}{\text{胡萝卜初始质量}}\times 100\%$$

——总脱水量：

$$\frac{A\%+B\%+C\%+D\%}{4}=\text{总脱水量}$$

7.11 煮沸

这项测试的目的是为了评估从烹饪区域到煎盘中水的热量转移。

注意：此次测试只适用于对比测试。

7.11.1 程序

将能够覆盖烹饪区域的钢制煎盘用于测试，其详细说明见图6。

注1：为了防止底部变形，用于加热水的煎盘的底部需要粘有硅胶。

注2：商业用盘应具备等同于实际使用中所需的热量和机械性能。

煎盘中倒入充足的饮用水，见表4。水的温度为15 ℃±1 ℃ 。该煎盘覆盖有一个盖子，其盖子是用于定位烹饪区的中心。

注3：对于非圆型烹饪区域，煎盘也可使用适当的形状。

表4 炖锅中的水量

烹饪区域的直径/mm	水量/L
≤145	1
>145 且≤180	1.5
>180 且≤220	2

当控制器设定在最大值时，烹饪区域被加热。测试期间的水需要不断地搅拌，通过非金属搅拌器作为辅助工具。水温上升超过75 K所需时间，是由相应的能源消费量估量的。将煎盘翻转90°后，实验需要再次测试。

确定两个结果的平均值。

以min、s表示时间，Wh表示能耗。

7.12 溶化

本试验的目的是通过缓慢加热将食物融化而不烧焦。

7.12.1 配料

——500 g块状无糖巧克力；

——50 g块状无盐黄油；

——50 g砂糖(颗粒最大尺寸为0.3 mm)。

7.12.2 程序

使用制造商说明中给出的平底锅。如果没有给，则使用表6给出的锅。

加入巧克力，然后加入黄油，撒上糖。将平底锅置于烹饪区域中央。将温度控制器调至最大或按照制造商的说明操作。先搅拌1 min，然后停止搅拌，静置直至所有配料完全融化。将平底锅从加热源移开。

7.12.3 评估

作如下记录：

——完全融化的时间；

——平底锅底被沉淀的烧焦物覆盖的面积占总面积的百分比。

注意混合物硬度的任何不利变化。

8 其他特性

8.1 清洁

8.1.1 程序

随着试验的进行，应尽可能使用制造商推荐的清洗方法清除变质的和烧焦的食物残渣。

考虑以下方面，通过视检检查清洁设备的难度水平(按重要性降序排列)：

——拆除(记录时间)；

——边缘锋利度；

——食物残渣区域；

——可以清洗的单一零件数目；

——各部件是否可以用清洗机清洁；

——易于用手清洗，有水或没有水，使用洗涤剂或不使用洗涤剂(记录时间)；

——制造商提供的特别清洗器；

——运行过程中零件的退色。

8.1.2 评估

记录以下内容：

——遵照制造商的指示说明，必须清洗的零件数目；

——零件是否为不能使用清洗机；

——退色和手动清洁的时间；

——清洗的简便性。

使用下述分类：

——非常好，满意；

——满意；

——不满意。

8.2 使用说明

正在考虑中。

附 录 A
（规范性附录）
颜色测量装置

颜色测量装置与 GB/T 11186 和 CIE 15.2 一致，并有下述说明：

——测量几何学：散射，垂直偏离 8°；

——测量孔径：直径 20 mm，旁边有一片石英玻璃；

——校验标准：白色，依据 GB/T 11186；

——标准光源：D 65，依据 ISO/CIE 10526；

——标准观察角度：10°，依据 GB/T 20147—2006；

——赋值：反射值 R_y。

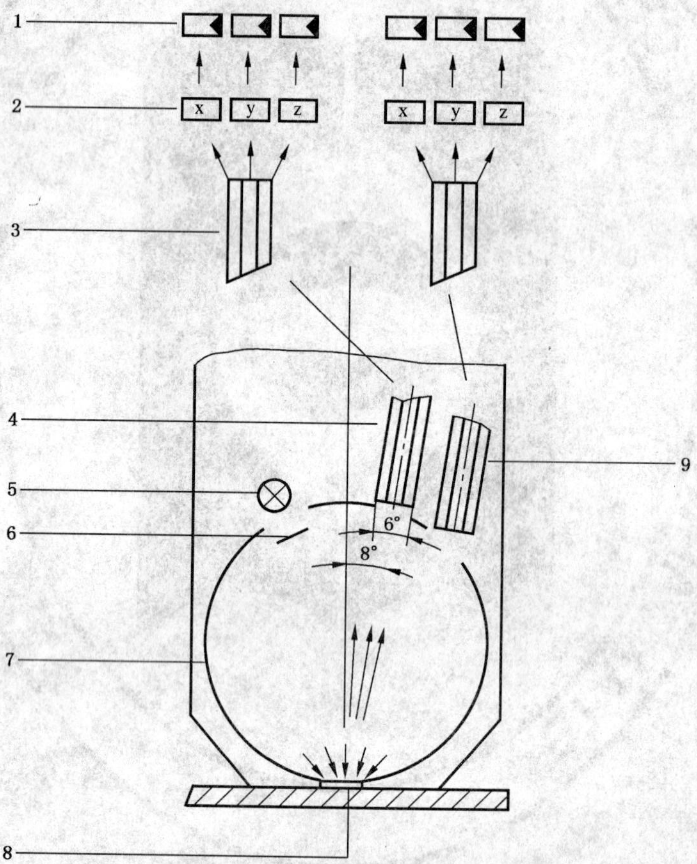

1——感光器；

2——滤光器；

3——光波传导体；

4——测量通道；

5——氙灯；

6——快门；

7——累计球（光度计的圆球）；

8——测量孔径下的样本；

9——参照通道。

图 A.1 颜色测量装置

附 录 B
（规范性附录）
色度图表

此附录指定各种颜色混合后的色度数值依照其相干红外能量和对应的蒙赛尔符号。

色度值	颜色	相干红外能量数值			蒙赛尔符号
		X 相干红外能量	Y 相干红外能量	Y	
4	对于颜色图表，确认背面内侧的分离面	0.363	0.380	78.7	5Y 9/4
6		0.396	0.40	59.1	2.5 8/6
8		0.412	0.396	43.1	10YR 7/6
10		0.46	0.41	30.1	7.5YR 6/8
12		0.442	0.392	19.8	7.5YR 5/6
14		0.465	0.387	12.0	5YR 4/6
16		0.42	0.37	12.0	5YR 4/4
18		0.31	0.316	3.1	N2

注 1：以印刷规格提供色度图表。

注 2：对于电子版本，此色度图表应和 IEC 分开编排。

ICS 85-010
Y 30

中华人民共和国国家标准

GB/T 23144—2008

纸和纸板　静态弯曲挺度的测定 通用原理

Paper and board—Determination of bending stiffness by static methods—General principle

(ISO 5628:1990,MOD)

STANDARDS PRESS OF CHINA

2008-12-30 发布　　2009-09-01 实施

中华人民共和国国家质量监督检验检疫总局
中国国家标准化管理委员会　发布

前　言

本标准修改采用 ISO 5628:1990(E)《纸和纸板　静态弯曲挺度的测定　通用原理》。

本标准与 ISO 5628:1990(E)相比，主要差异如下：

——将规范性引用文件中国际标准修改为已被采用的国家标准 GB/T 450　纸和纸板　试样的采取及试样纵横向、正反面的测定（GB/T 450—2008,ISO 186:2002,MOD）；

——将规范性引用文件中国际标准修改为已被采用的国家标准 GB/T 10739　纸、纸板和纸浆试样处理和试验的标准大气条件(GB/T 10739—2002,ISO 187:1990,EQV)。

本标准由中国轻工业联合会提出。

本标准由全国造纸工业标准化技术委员会归口。

本标准起草单位：四川长江造纸仪器有限责任公司、中国制浆造纸研究院、国家纸张质量监督检验中心、中国造纸协会标准化专业委员会。

本标准主要起草人：殷报春。

纸和纸板　静态弯曲挺度的测定
通　用　原　理

1　范围

本标准规定了各种纸和纸板的静态弯曲挺度测定方法所应遵循的通用原理。

本标准适用于各种纸和纸板的静态弯曲挺度测定。

2　规范性引用文件

下列文件中的条款通过本标准的引用而成为本标准的条款。凡是注日期的引用文件，其随后所有的修改单(不包括勘误的内容)或修订版均不适用于本标准，然而，鼓励根据本标准达成协议的各方研究是否可使用这些文件的最新版本。凡是不注日期的引用文件，其最新版本适用于本标准。

GB/T 450　纸和纸板　试样的采取及试样纵横向、正反面的测定(GB/T 450—2008，ISO 186：2002，MOD)

GB/T 451.3　纸和纸板厚度的测定(GB/T 451.3—2002，ISO 534：1988，IDT)

GB/T 10739　纸、纸板和纸浆试样处理和试验的标准大气条件(GB/T 10739—2002，ISO 187：1990，EQV)

3　术语和定义、代号

下列术语和定义、代号适用于本标准。

3.1

弯曲挺度　bending stiffness

R

在弹性限度内，纸或纸板弯曲时单位宽度的阻力弯矩。数学定义为：

$$\frac{EI}{b}$$

式中：

E——弹性模量，即杨氏模量；

I——横截面对中性轴的惯性矩；

b——横截面的宽度。

注：需要注意的是，在多层结构情况下，这一定义尚不够准确，但对于本标准的应用而言，这一定义足以满足测定要求。

4　原理

材料的弯曲挺度同材料相应方向的弹性模量(E)与其惯性矩(I)的乘积成正比。实际上，弯曲挺度更容易通过测定垂直作用于试样表面的单位宽度的力与该力引起的线性变形的比值得到。常用的有三种不同的加荷方法，图1至图3是这些方法的图解。两点加荷法适用于定量较低的材料，三点和四点加荷法则被推荐用于定量较高的材料。

对于极易弯曲的纸，应将试样平面直立进行试验。

4.1　两点加荷

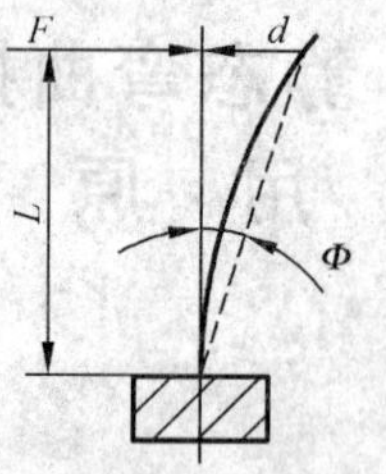

通过移动弯曲测头向试样施加作用力。

L——试验长度(弯曲长度),即试样夹顶端与弯曲测头间的距离;

F——通过弯曲测头施加到试样上的弯曲力;

d——试样挠度,即弯曲测头的位移;

Φ——弯曲角,$\Phi=\arctan(d/L)$。

图 1　两点加荷法原理示意图

4.2　三点加荷

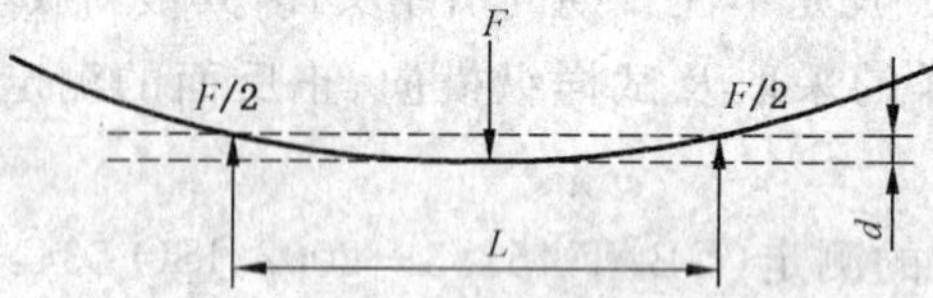

通过两支撑点与位于其中间的弯曲测头的相对移动施加作用力。

L——两支撑点间的距离;

F——测头测得的垂直作用于试样的弯曲力;

d——两支撑点中间的试样挠度。

图 2　三点加荷法原理示意图

4.3　四点加荷

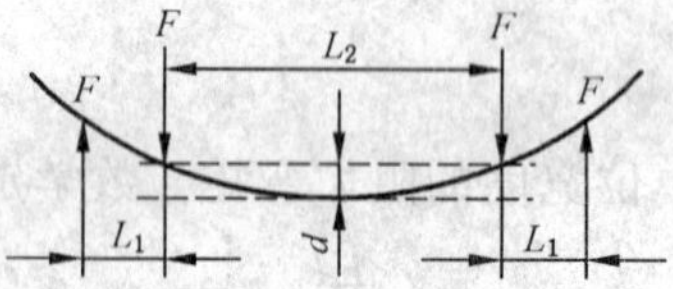

通过外侧的一对支撑点相对于内侧的一对支撑点移动施加作用力。

L_1——每一外侧支撑点与其邻近的一个内侧支撑点间的距离;

L_2——两个内侧支撑点间的距离;

F——每一支撑点处未弯曲试样法线方向的力(对多数仪器,测得的力为 2F);

d——位于内侧支撑点中间的试样挠度,通过两内侧支撑点与试样接触点的连线进行测定。

图 3　四点加荷法原理示意图

5　仪器

符合本标准的任何仪器都应满足以下规定。

注:仪器可由专门设计的弯曲挺度测定装置构成,也可由适合与抗张试验仪或压缩试验仪配合使用的辅助机构或支撑架构成。

推荐使用可以连续记录作用力-挠度曲线的仪器。

在某些两点加荷的仪器中,测定的是弯曲角而不是试样挠度,或者使用恒定的弯曲角。

在某些两点加荷的仪器中,测定的是弯曲力矩($M=FL$),而不是弯曲力(F)。

5.1 弯曲力的测定

弯曲力的测定应准确至读数值的±2%。

5.2 挠度的测定

挠度的测定应准确至±2%,并应排除施力装置变形的影响。

若挠度指示装置与施力装置分离,则挠度指示装置给试样的附加弯曲力应不超过总弯曲力的1%。

5.3 试验长度的测定

试验长度 L、L_1 和 L_2 应准确至±1%或更高,因为这一尺寸在结果计算中表现为三次方。

5.4 弯曲力的施加速度

弯曲力的施加速度(加荷速度)在试验过程中的变化应不超过其最大值的25%。

5.5 试样夹

使用两点加荷法时,试样夹应在试样全宽度上垂直于试样长度的方向牢固夹紧试样,但不应过度压缩试样。

5.6 试样支撑物和测头

支撑物和测头最好在试样全宽上给出有效的线接触,并应垂直于试样。与试样接触的表面应呈圆形,其半径略小于试验过程中试样的最小曲率半径。使用这种支撑物,其接触面的曲率半径应使试样在试验过程中的长度变化不超过其未弯曲时长度的1%。

注:有些仪器的弯曲测头不与试样的全宽相接触。

6 仪器使用的限制条件

挺度测定应在材料的加荷-伸长曲线为线性关系的限制条件下进行。在提供作用力-挠度关系曲线的仪器中,可用曲线的初始斜率作为结果计算时的 F/d 项。无论是设定力值下的挠度测定还是设定挠度下的力值测定,都应注意不能超出线性限度。以下限度值是根据线性关系存在于0.2%应变以内的假说进行计算的。最大允许挠度 d_a 的极限值直接与这个极限应变值成正比例,因此对已知不同值的材料易于进行调整。

a) 两点加荷

$$d_a = \frac{1.3L^2}{t};\Phi_a = \frac{76L}{t} \qquad (1)$$

b) 三点加荷

$$d_a = \frac{0.33L^2}{t} \qquad (2)$$

c) 四点加荷

$$d_a = \frac{0.5L^2}{t} \qquad (3)$$

式中:

d_a——最大允许挠度,单位为毫米(mm);

L——试验长度,单位为毫米(mm);

t——试样厚度,单位为微米(μm);

Φ_a——最大允许弯曲角,单位为度(°)。

在两点和三点加荷情况下,还应考虑以下两项限制条件,即:

a) 计算结果时使用的纯弯曲理论,假设试样上所有点的挠度对该点到中性轴距离的一阶导数为零。严格讲这是不确切的,为确保误差小于5%,应采用以下约束条件:

1) 两点加荷:d_a 不大于0.132 L;Φ_a 不大于7.5°

2) 三点加荷:d_a 不大于0.067 L

b) 试样剪切的影响可使纯弯曲理论失效。对于两点和三点加荷法,为使这一影响带来的误差保持在 5%以下，弯曲长度应至少为试样厚度 t 的 40 倍。

在具体的试验方法标准中，应包括对挠度极限值、弯曲速度和试样尺寸的进一步规定。

7 取样

按 GB/T 450 规定采取试样。

8 温湿处理

按 GB/T 10739 规定对试样进行温湿处理。

9 试样制备

9.1 在与试样温湿处理相同的标准大气条件下制备试样。

9.2 按第 6 章规定，从选定的样品中随机抽取样品制备试样。试样的试验区域应无皱折、可见的裂口或水印，试样应不包括距纸页或卷筒边缘 15 mm 以内的任何部分。如果试验需要包括水印，应在试验报告中注明。

9.3 一次切取一张试样。试样边缘应平直、平行，切口应整齐并无损伤。试样上应加标记，以指示试验方向和试验表面(见 10.5)。

9.4 在试样制备和以后的拿取过程中，应格外小心，避免损伤试样。当尺寸 L 为纵向时，测定的是纵向挺度。每一方向应至少裁切 10 个试样。

10 试验方法

10.1 概述

使用的试验方法在一定程度上取决于试验仪器的设计，以及在试验中是否获得力和挠度的连续记录。试验应在与试样温湿处理相同的标准大气条件下进行。

用符合 GB/T 451.3 规定的仪器测定试样厚度。

应确保试验结果不受试样卷曲的影响，尤其当试样卷曲的轴线在拟测定挺度的方向时，更是如此。

注：当仪器的调整不足以补偿试样的卷曲，而又没有适用的平直试样时，有时仍然需要以降低准确度为代价获得挺度试验结果。在这种情况下，最好在试样裁切和温湿处理之前，将卷曲纸页的外面靠在一平滑的边缘上，轻轻拉直试样。这样的操作将导致挺度值降低，如果已进行这一步骤，应在试验报告中说明。

10.2 两点加荷

选择最适宜的试验长度(弯曲长度)，并相应调节仪器。

夹好试样并调节仪器，使弯曲测头恰好与试样接触。此时应没有弯曲力。

10.3 三点加荷

选择最适宜的试验长度，并相应调节仪器。

将试样放置在支撑点上，调节仪器，使固定的测头恰好与试样接触。此时应没有弯曲力。

10.4 四点加荷

选择最适宜的试验长度，并相应调节仪器。支撑点通常安排为使 $2L_1$ 与 L_2 大致相等。

试样放在下面的一对支撑点上，尽可能调节上面(里面)的一对支撑点使之恰好与试样接触。此时应没有弯曲力。

10.5 所有方法

如果仪器具有连续记录力和挠度的装置，则应进行试验直至明显偏离这两个参数间的线性关系。如果没有适用的记录装置，则应进行试验直至获得所需力或挠度值，并记录最终的力和挠度。

以材料的每一面作为弯曲的外表面，分别进行 5 次试验，并分别记录试验结果。如果各面的平均值间具有明显差别，则应分别报告每一面的平均值及变异系数。

校核试验结果，确保不超过第6章规定的极限挠度、试验长度和弹性限度。

实际上，挠度的值应为试样在其自重下产生的挠度与试验中产生的挠度之和。计算试验结果时，应采用试验中产生的挠度。

通常情况下，应使用在样品的两个基本方向(纵向或横向)上裁切的试样进行试验。

11 试验结果的表示

11.1 力-挠度曲线

如果试验中记录了力-挠度曲线，测定直线部分的斜率，并由此根据需要确定 F/d、F/Φ 或 M/Φ。

11.2 两点加荷

11.2.1 如果已测定试样挠度 d，弯曲挺度应按式(4)计算：

$$S=\frac{FL^3}{3db} \qquad (4)$$

式中：

S——弯曲挺度，单位为毫牛顿米(mN·m)；

F——弯曲力，单位为牛(N)；

L——试验长度(弯曲长度)，单位为毫米(mm)；

b——试验宽度，单位为毫米(mm)；

d——试样挠度，单位为毫米(mm)。

11.2.2 如果试样弯曲角 Φ 恒定并已知或已测定，弯曲挺度应按式(5)计算：

$$S=\frac{19.1FL^2}{\Phi b} \qquad (5)$$

式中：

Φ——弯曲角，单位为度(°)。

注：对于测定试样夹的弯曲力矩(M)的仪器，力 F 应由式(6)计算：

$$F=\frac{M}{L} \qquad (6)$$

注意给出合适的单位。

11.3 三点加荷

弯曲挺度应按式(7)计算：

$$S=\frac{FL^3}{48db} \qquad (7)$$

11.4 四点加荷

弯曲挺度应按式(8)计算：

$$S=\frac{FL_1L_2^2}{8db} \qquad (8)$$

式中：

L_1——外支撑点与其邻近的内支撑点之间的距离，单位为毫米(mm)；

L_2——内支撑点之间的距离，单位为毫米(mm)。

注：应确保代入本公式的力值 F 符合4.3的定义。对于很多仪器，F 为指示力值的一半。

11.5 试验结果的单位

试验结果应以微牛顿米(μN·m)、毫牛顿米(mN·m)、牛顿米(N·m)或千牛顿米(kN·m)中合适的单位表示。

12 精确度

鉴于试验的精确度随仪器类型和被样种类的不同而有差异，在此不能给出此项试验精确度的通用说明。

13 试验报告

试验报告应包括以下项目：

a） 本国家标准编号；

b） 试验的日期和地点；

c） 所用方法的原理（即两点、三点或四点加荷法）；对商用仪器，报告仪器制造厂名及型号；

d） 所用温湿处理条件；

e） 所用试验长度 L 和试样宽度；

f） 试验得到的挠度，对应于每一基本方向的数值应分别报告；

g） 符合第 6 章规定的最大允许挠度；

h） 每一试验方向弯曲挺度的平均值；

i） 试验结果的变异系数；

j） 对规定试验方法的任何偏离。

ICS 29.140.30
K 71

中华人民共和国国家标准

GB/T 23145—2008

短弧投光金属卤化物灯

Short arc projector metal halide lamps

STANDARDS PRESS OF CHINA

2008-12-30 发布　　2009-09-01 实施

中华人民共和国国家质量监督检验检疫总局
中国国家标准化管理委员会　发布

前　言

本标准的附录A为规范性附录。

本标准由中国轻工业联合会提出。

本标准由全国照明电器标准化技术委员会(SAC/TC 224)归口。

本标准起草单位:常州玉宇电光器件有限公司、杭州时代照明电器有限公司。

本标准主要起草人:徐琴玉、蒋永平、蔡建龙。

短弧投光金属卤化物灯

1 范围

本标准规定了短弧投光金属卤化物灯(以下简称灯)的型号、主要尺寸、技术要求、试验方法、检验规则、标志、包装、运输及贮存。

该灯与相应的灯具配套后主要用于舞台、影视拍摄与放映、投光照明等领域。

2 规范性引用文件

下列文件中的条款通过本标准的引用而成为本标准的条款。凡是注日期的引用文件,其随后所有的修改单(不包括勘误的内容)或修订版均不适用于本标准,然而,鼓励根据本标准达成协议的各方研究是否可使用这些文件的最新版本。凡是不注日期的引用文件,其最新版本适用于本标准。

GB/T 191 包装储运图示标志(GB/T 191—2008,ISO 780:1997,MOD)

GB/T 2423.6 电工电子产品环境试验 第2部分:试验方法 试验Eb和导则:碰撞(GB/T 2423.6—1995,idt IEC 60068-2-29:1987)

GB/T 2423.8 电工电子产品环境试验 第2部分:试验方法 试验Ed:自由跌落(GB/T 2423.8—1995,idt IEC 60068-2-32:1990)

GB/T 2423.10 电工电子产品环境试验 第2部分:试验方法 试验Fc:振动(正弦)(GB/T 2423.10—2008,IEC 60068-2-6:1995,IDT)

GB/T 2829 周期检查计数抽样程序及表(适用于对过程稳定性的检验)

GB/T 2900.65 电工术语 照明(GB/T 2900.65—2004,IEC 60050(845):1987,MOD)

GB/T 13434 放电灯(荧光灯除外)特性测试方法

GB/T 15042 灯用附件 放电灯(管形荧光灯除外)用镇流器 性能要求(GB/T 15042—2005,IEC 60923:2001,IDT)

GB/T 18661 金属卤化物灯(钪钠系列)

GB 19510.10 灯的控制装置 第10部分:放电灯(荧光灯除外)用镇流器的特殊要求(GB 19510.10—2004,IEC 61347-2-9:2003,IDT)

3 术语和定义

GB/T 2900.65和GB/T 18661确定的及下列术语和定义适用于本标准。

3.1

初始光通量 initial luminous flux

灯燃点至10 h时所测得的光通量值。

3.2

启动电压 starting voltage

使灯正常启动并稳定燃点的最低电源电压有效值。

3.3

启动时间 starting time

灯在额定电源电压下,从启动至达到稳定工作状态时所需时间。

3.4

再启动时间 restarting time

在额定电源电压下正常燃点的灯，从断开电源电压后立即接通电源到灯再启动的时间。

3.5

寿命 life

灯的寿命是指灯的光通量下降至初始光通量极限值的70%时所点燃的时间。

3.6

平均寿命 average life

即为全部被测灯的算术平均值。个别灯的寿命不得低于规定平均寿命的50%。当灯燃点至规定的平均寿命150%应认为寿命试验完毕。

4 分类和型号命名

4.1 分类

该系列灯按外形结构型式可分为：双端(双灯头)、单端(单灯头)、单端双石英。

4.2 灯的型号命名

4.2.1 其由4个部分组成：第1部分表示灯的代号(JLD：表示短弧投光金属卤化物灯)；第2部分表示灯功率；第3部分表示灯的引出方式(S：表示双端，D：表示单端)；第4部分表示灯的外形结构型式(S：表示双石英，无标字母表示非双石英)。当相邻部分同为字母时用圆点"·"分开。若在第3部分或第4部分字母后出现斜线"/"其下方标注数字(2,3,…)表示该规格的设计顺序号。

4.2.2 型号示例

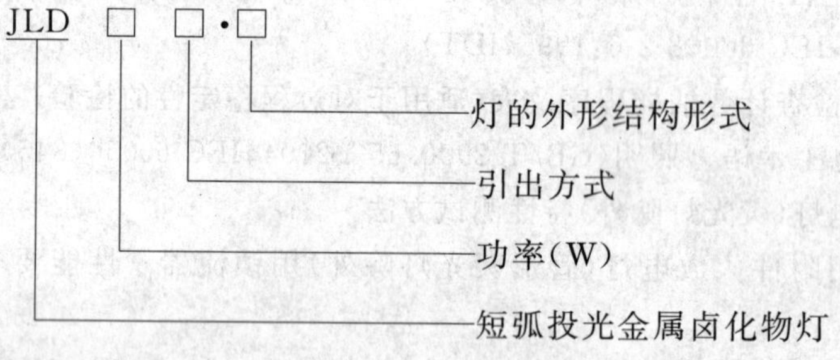

例：JLD575S·S/2表示575 W双端引出，双石英封接，第二设计顺序号的短弧投光金属卤化物灯。

5 技术要求

5.1 灯的主要尺寸及型式应符合图1～图6及表1要求。

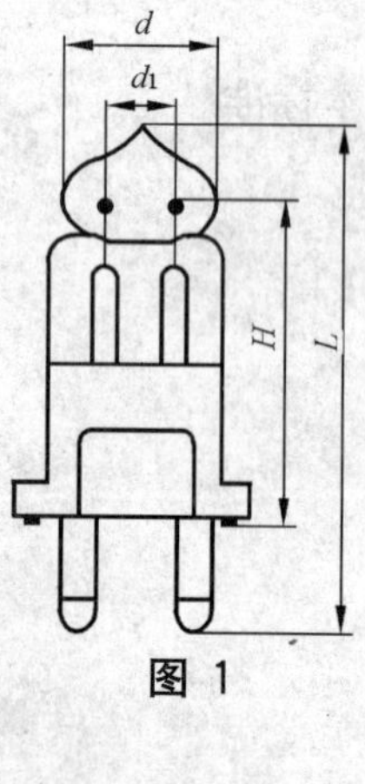

图 1

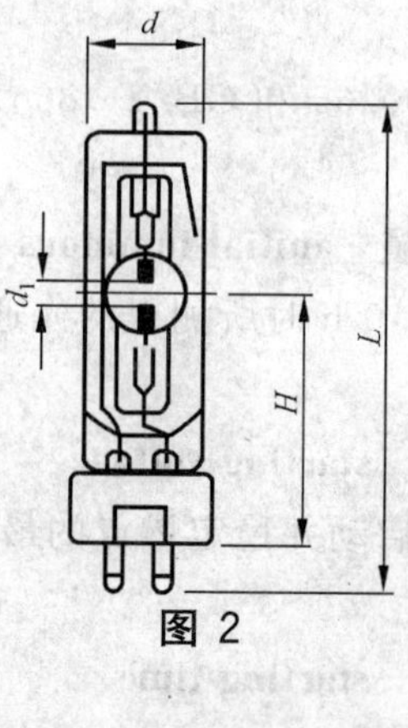

图 2

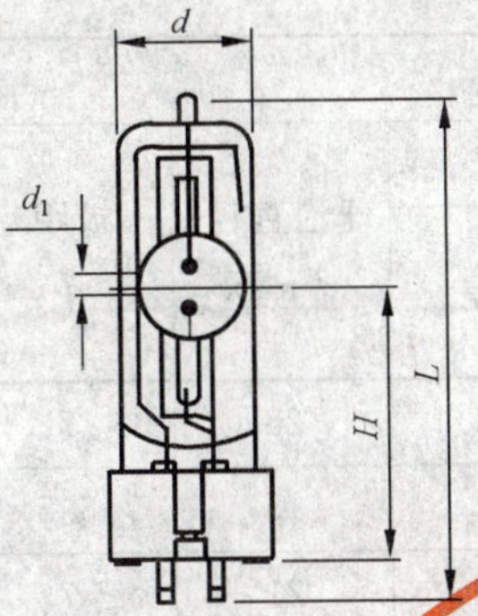

图 3

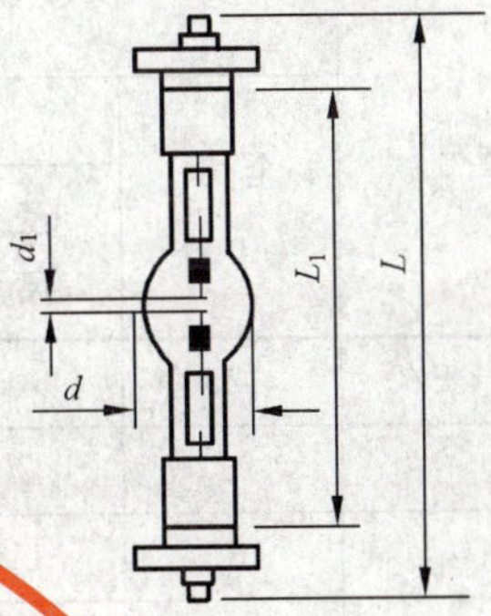

图 4

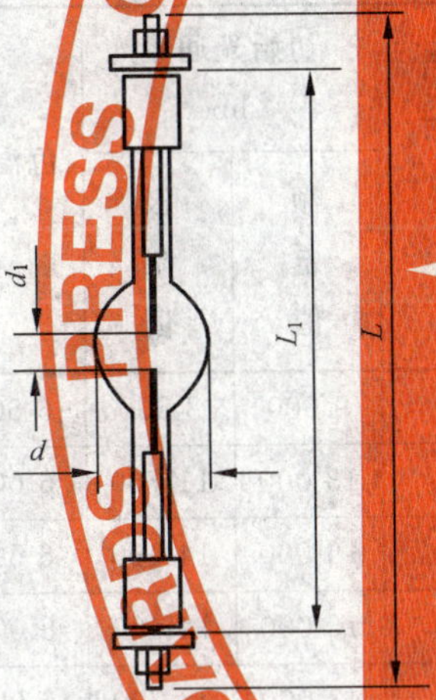

图 5

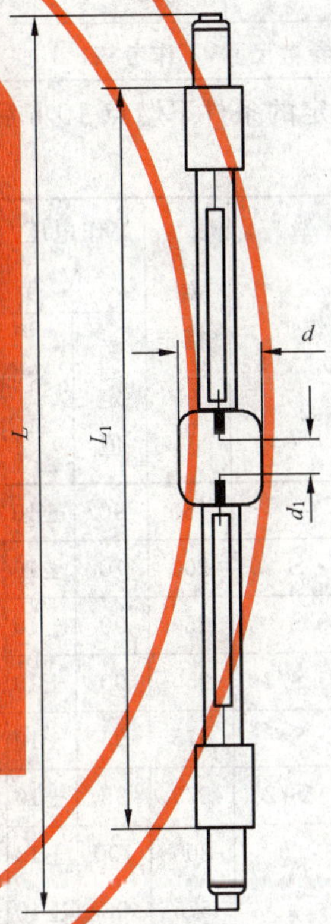

图 6

STANDARDS PRESS OF CHINA

表 1 灯的主要尺寸和型式

单位为毫米

序号	灯的型号	主要尺寸								灯头型号	图号
		全长[a] L max	安装长 L_1		光中心高度 H		球泡直径[b] d max	极距[c] d_1			
			基本尺寸	公差	基本尺寸	公差					
1	JLD150D	46			30	±1	12	5		GY9.5	1
2	JLD200D·S	108			55	±1	22	5		GY9.5	2
3	JLD250D·S	108			55	±1	22	5		GY9.5	2
4	JLD250D·S/2	108			55	±1	22	5		GY9.5	2
5	JLD575D·S	125			65	±1	28	7		GX9.5	3

表 1（续）

单位为毫米

序号	灯的型号	主要尺寸							灯头型号	图号
		全长[a] L max	安装长 L_1		光中心高度 H		球泡直径[b] d max	极距[c] d_1		
			基本尺寸	公差	基本尺寸	公差				
6	JLD575D・S/2	125			65	±1	28	7	GX9.5	3
7	JLD300S	92	70	±1			15	5.5	SFc10-4	4
8	JLD575S	135	115	±1			21	7	SFc10-4	4
9	JLD575S/2	135	115	±1			21	7	SFc10-4	4
10	JLD1200S	220	180	±1			27	10	SFc15-6	5
11	JLD2500S	355	290	±1			31.5	14	SFa21-12	6
[a]、[b]、[c] 为参考尺寸，不作考核。										

5.2 灯在规定的条件下燃点 10 h 后，在额定的电源电压下其光电参数应符合表 2 规定。

表 2 灯的光电参数

序号	灯的型号	灯功率[a]（额定值）/W	工作电压/V		工作电流[b]/A	启动电压/V ≤	启动时间/min ≤	再启动时间/min ≤	初始光通量 lm		色温[c]/K	显色指数	燃点位置
			额定值	公差					额定值	极限值			
1	JLD150D	150	90	±10	1.8	200	3	6	9 500	8 550	6 500	70	任意
2	JLD200D・S	200	70	±10	3.3	200	3	6	13 000	11 700	6 000	80	任意
3	JLD250D・S	250	90	±10	3	200	3	6	16 000	14 400	6 500	75	任意
4	JLD250D・S/2	250	90	±10	3	200	3	6	16 000	14 400	8 000	65	任意
5	JLD575D・S	575	95	±10	7	200	3	6	43 000	38 700	6 000	75	任意
6	JLD575D・S/2	575	95	±10	7	200	3	6	45 000	40 500	7 200	80	任意
7	JLD300S	300	100	±10	3.6	200	3	6	22 000	19 800	6 500	85	任意
8	JLD575S	575	95	±10	7	200	3	6	45 000	40 500	5 500	85	任意
9	JLD575S/2	575	95	±10	7	200	3	6	45 000	40 500	6 800	85	任意
10	JLD1200S	1200	100	±10	13.8	200	3	6	110 000	99 000	5 500	85	任意
11	JLD2500S	2500	115	±10	25.6	200	3	6	240 000	216 000	5 500	85	任意
[a]、[b]、[c] 为参考值，不作考核。													

5.3 灯的外观质量

5.3.1 灯的泡壳应无失透、发黑、粘污等影响使用的缺陷。

5.3.2 灯管与灯头应在同一轴线上，不应有目视可见的明显偏斜。

5.3.3 灯头与灯引出线的焊点应光滑，无虚焊，无影响插入（旋入）相应灯座的缺陷。

5.4 灯头粘结牢固度

灯头粘结牢固在 1 N・m 的扭力矩作用下，不应有松动现象。

5.5 灯在规定的条件下燃点，灯的平均寿命应符合表 3 要求。

表3 灯的平均寿命

序号	灯的型号	平均寿命/h
1	JLD150D	350
2	JLD200D·S	800
3	JLD250D·S	800
4	JLD250D·S/2	800
5	JLD575D·S	450
6	JLD575D·S/2	450
7	JLD300S	450
8	JLD575S	450
9	JLD575S/2	450
10	JLD1200S	350
11	JLD2500S	250

5.6 灯应具有良好的耐振性能,经振动试验后,内部结构,焊点不应有松动、脱落及损坏并能正常燃点。

5.7 灯经碰撞试验后,内部结构,焊点不应有松动、脱落及损坏并能正常燃点。

5.8 灯经跌落试验后,内部结构,焊点不应有松动、脱落及损坏并能正常燃点。

6 试验方法

6.1 试验条件

6.1.1 除另有规定外,所有的试验都应在15 ℃～30 ℃、相对湿度小于75%、气压在0.86 kPa～1.06 kPa的环境下进行。

6.1.2 电源隔离变压器或调压器应至少具有5倍于正常额定负载的容量,电源电压的波动应为±0.5%。

6.1.3 灯应与其相匹配的基准镇流器上试验(见附录A)。

6.2 灯的主要尺寸及型式(5.1)的检验

用通用或专用的量具进行测量。

6.3 灯的光电参数(5.2)的检验

灯的工作电压、启动电压、启动时间、再启动时间、初始光通量及显色指数的检验均按GB/T 13434所规定的方法进行。

6.4 灯的外观质量(5.3)的检验

用外观法及相应规格标准灯座或灯头量规检验。

6.5 灯头的粘结牢固度(5.4)的检验

应用能保证扭力矩从零开始均衡地增加的机械装置进行试验。

6.6 灯的平均寿命(5.5)的检验

在额定的电压下进行,试验时电源电压波动应不超过±2%,按每次开3.5 h,关0.5 h要求进行试验,电源关闭的时间不计入燃点寿命内。

6.7 灯的振动(5.6)试验

在包装待运的条件下,按GB/T 2423.10规定进行,试验前样品的外观检验应符合5.2要求。样品用刚性连接固定在振动台上,试验为定频试验,频率为50 Hz,振幅为1 mm(单振幅),持继时间为在两个互相垂直的轴线上各振动 10 min。

6.8 灯的碰撞(5.7)试验

在包装待运的情况下,按 GB/T 2423.6 规定进行,采用试验 Eb 峰值加速度 100 m/s^2,持续时间 16 ms,按包装运输的方向碰撞 1 000±10 次。

6.9 灯的跌落(5.8)试验

在包装待运的情况下,按 GB/T 2423.8 采用试验 Ed 方法进行,跌落高度为 250 mm 跌落两次。

7 检验规则

7.1 灯应由生产厂质量检验部门按本标准进行检验,合格后签发合格证方可出厂。

7.2 检验分类

灯的检验分为出厂检验和例行检验。

7.3 出厂检验

7.3.1 出厂检验项目见表 4。

表 4 出厂检验

序号	检验项目	技术要求	试验方法
1	安装长度	5.1	6.2
2	光中心高度	5.1	6.2
3	工作电压	5.2	6.3
4	启动电压	5.2	6.3
5	外观质量	5.3	6.4

7.3.2 灯的出厂检验应按出厂检验项目进行全检,剔除不合格品。

7.4 例行检验

7.4.1 例行试验应按 GB/T 2829 要求,从出厂检验合格的灯中随机抽取,例行检验前,所有样品应按出厂试验的项目进行 100% 的检验,若有不合格品,则以合格品替换。

7.4.2 例行检验的项目及判别水平应符合表 5 规定。

表 5 例行检验的项目及判别水平

序号	检验项目	技术要求	试验方法	抽样方案	判别水平	RQL	n	判别数组	
								Ac	Re
1	启动时间	5.2	6.3	按 GB/T 2829 二次抽样方案	Ⅱ	65	3	0 1	2 2
2	再启动时间	5.2	6.3						
3	初始光通量	5.2	6.3						
4	显色指数	5.2	6.3						
5	灯头粘结牢固度	5.4	6.5						
6	振动试验	5.6	6.7						
7	碰撞试验	5.7	6.8						
8	跌落试验	5.8	6.9						
9	平均寿命	5.5	6.6	每个规格不少于 3 只,按照定义判别					

7.4.3 例行试验每年不少于一次,并在下列情况之一应进行例行试验:

a） 新产品试制定型鉴定时；

b） 正式投产后在结构、材料、工艺有较大改变时；

c） 停产一年以上再恢复生产时。

8 标志、包装、运输和贮存

8.1 标志

8.1.1 每只灯的外壳上应有清晰的以下标志：

a） 灯的规格，型号；

b） 制造厂商标。

8.1.2 灯的包装盒上应有清晰的以下标志：

a） 灯的名称，规格；

b） 标准编号；

c） 制造厂名称及地址。

8.1.3 灯的外包装箱上应有清晰的以下标志：

a） 产品的名称、型号；

b） 标准编号；

c） 制造厂名称、地址及包装日期；

d） 符合 GB/T 191 规定的“向上”、“小心轻放”、“怕湿”、“防振”等标志。

8.2 包装

8.2.1 检验合格的灯应单只装于防振的专用纸盒内，并附有产品合格证及说明书。

8.2.2 灯的外包装箱应具有良好的防振、防潮的性能。

8.3 运输

产品运输过程中应防止雨雪淋袭和强烈的振动、碰撞和冲击。

8.4 贮存

灯应贮存在 5 ℃～35 ℃、相对湿度不超过 85％的干燥通风室内，空气中不应含有腐蚀性气体。

STANDARDS PRESS OF CHINA

附 录 A
（规范性附录）
基准镇流器基本参数

A.1 基准镇流器要求

A.1.1 基准镇流器的特性参数应符合表 A.1 的规定。

表 A.1 基准镇流器参数

序号	灯的型号	电源电压/V	频率/Hz	校准电流/A	电压/电流/Ω	功率因素 (cosϕ)
1	JLD150D	220	50	1.8	97	0.065±0.005
2	JLD200D·S	220	50	3.3	64	0.065±0.005
3	JLD250D·S	220	50	3	60	0.065±0.005
4	JLD250D·S/2	220	50	3	60	0.065±0.005
5	JLD575D·S	220	50	7	25	0.065±0.005
6	JLD575D·S/2	220	50	7	25	0.065±0.005
7	JLD300S	220	50	3.6	46	0.065±0.005
8	JLD575S	220	50	7	25	0.065±0.005
9	JLD575S/2	220	50	7	25	0.065±0.005
10	JLD1200S	220	50	13.8	12	0.065±0.005
11	JLD2500S	220	50	25.6	5.8	0.065±0.005

A.1.2 基准镇流器的其他要求应符合 GB/T 15042 和 GB/T 19510.10 的规定。

ICS 97.200.20
Y 58

中华人民共和国国家标准

GB/T 23146—2008

十二平均律的频率与音分的计算

Calculation of frequency of twelve-tone equal temperament and cent

2008-12-30 发布　　2009-09-01 实施

中华人民共和国国家质量监督检验检疫总局
中国国家标准化管理委员会　发布

前　言

本标准的附录 A 为规范性附录。

本标准由中国轻工业联合会提出。

本标准由全国乐器标准化技术委员会归口。

本标准由宁波森隆乐器股份有限公司、北京乐器研究所、全国乐器标准化中心、上海超拨钢琴有限公司起草。

本标准主要起草人：罗建峰、张振启、王伟、孙朝平、高和。

十二平均律的频率与音分的计算

1　范围

本标准规定了十二平均律的频率与音分计算及换算的方法。

本标准可用于乐器设计、制造及乐器调律。

2　规范性引用文件

下列文件中的条款通过本标准的引用而成为本标准的条款。凡是注日期的引用文件，其随后所有的修改单（不包括勘误的内容）或修订版均不适用于本标准，然而，鼓励根据本标准达成协议的各方研究是否可使用这些文件的最新版本。凡是不注日期的引用文件，其最新版本适用于本标准。

GB/T 3451　标准调音频率

3　要求

3.1　十二平均律是将一个八度音程即 2 倍频率之间等分为 12 个音级，每两个相邻音级的频率比为：$\sqrt[12]{2}$，（约等于 1.059 463）；每两个相邻音级相差 100 音分。

3.2　以小字一组 a 为标准音，应符合 GB/T 3451 规定的要求。

3.3　十二平均律音列顺序见表 1。

表 1　十二平均律音列顺序表

大字 2 组		大字 1 组		大字组		小字组		小字 1 组		小字 2 组		小字 3 组		小字 4 组		小字 5 组	
顺序号	音名	顺序号	音名	顺序号	音名	顺序号	音名	顺序号	音名	顺序号	音名	顺序号	音名	顺序号	音名	顺序号	音名
—	—	4	C_1	16	C	28	c	40	c^1	52	c^2	64	c^3	76	c^4	88	c^5
—	—	5	$^{\#}C_1$	17	$^{\#}C$	29	$^{\#}c$	41	$^{\#}c^1$	53	$^{\#}c^2$	65	$^{\#}c^3$	77	$^{\#}c^4$	—	—
—	—	6	D_1	18	D	30	d	42	d^1	54	d^2	66	d^3	78	d^4	—	—
—	—	7	$^{\#}D_1$	19	$^{\#}D$	31	$^{\#}d$	43	$^{\#}d^1$	55	$^{\#}d^2$	67	$^{\#}d^3$	79	$^{\#}d^4$	—	—
—	—	8	E_1	20	E	32	e	44	e^1	56	e^2	68	e^3	80	e^4	—	—
—	—	9	F_1	21	F	33	f	45	f^1	57	f^2	69	f^3	81	f^4	—	—
—	—	10	$^{\#}F_1$	22	$^{\#}F$	34	$^{\#}f$	46	$^{\#}f^1$	58	$^{\#}f^2$	70	$^{\#}f^3$	82	$^{\#}f^4$	—	—
—	—	11	G_1	23	G	35	g	47	g^1	59	g^2	71	g^3	83	g^4	—	—
—	—	12	$^{\#}G_1$	24	$^{\#}G$	36	$^{\#}g$	48	$^{\#}g^1$	60	$^{\#}g^2$	72	$^{\#}g^3$	84	$^{\#}g^4$	—	—
1	A_2	13	A_1	25	A	37	a	49	a^1	61	a^2	73	a^3	85	a^4	—	—
2	$^{\#}A_2$	14	$^{\#}A_1$	26	$^{\#}A$	38	$^{\#}a$	50	$^{\#}a^1$	62	$^{\#}a^2$	74	$^{\#}a^3$	86	$^{\#}a^4$	—	—
3	B_2	15	B_1	27	B	39	b	51	b^1	63	b^2	75	b^3	87	b^4	—	—

3.4　音列中各音名与对应频率的换算

3.4.1　由音名演算对应的频率，见式（1）

$$f_n = 27.5 \times 2^{\frac{n-1}{12}} \quad \cdots\cdots(1)$$

式中：

n——音在音列中的位置。整数位为各音名对应顺序号，小数位为音分值。其小数位第一位为音分值的十位，小数第二位为音分值的个位，小数第三位四舍五入；

f_n——音列中 n 的频率值。

注：若当音列中的音名在 A_2 音的下方时，其顺序号 n 从 0 开始顺序取负数，如 $^{\#}G_2$ 的顺序号 $n=0$、G_2 的顺序号 $n=-1$、$^{\#}F_2$ 的顺序号 $n=-2$、F_2 的顺序号 $n=-3$……。

示例：计算 $^{\#}g^2$ 音的频率值。

将 $^{\#}g^2$ 的顺序号 $n=60$ 代入式(1)中 $f_n=27.5\times2^{\frac{60-1}{12}}\approx830.6094$

得：$^{\#}g^2$ 音的频率值约为 830.61 Hz。

3.4.2 由频率演算对应的音名，见式(2)

$$n=12\times\log\frac{f_n}{27.5}/\log2+1 \qquad \cdots\cdots(2)$$

注：由于式中计算结果用于音名的顺序号，所以这里计算得到的数值应将小数位四舍五入取整数。

示例：查找频率为 123.47 Hz 的音名。

将频率值代入式中：$n=12\times\log\frac{123.47}{27.5}/\log2+1=25.999884+1\approx27$

根据计算结果可在表 1 中按顺序号查找对应的音名为大字组 B。

3.5 频率与音分的换算

3.5.1 由音分换算频率

3.5.1.1 与音名相差音分数的频率

计算方法：先将音名顺序号与所相差的音分值加减组合得出 n 值后，使用式(1)计算。

示例 1：计算比 $^{\#}c^1$ 低 32 音分的频率值。

查表 1 得 $^{\#}c^1$ 的顺序号为 41，将其与相差音分数 −0.32 加减组合后：$n=41-0.32=40.68$

将 $n=40.68$ 代入式(1)中：

$f_n=27.5\times2^{\frac{40.68-1}{12}}=27.5\times2^{\frac{39.68}{12}}\approx272.1063$

得出：比 $^{\#}c^1$ 低 32 音分的频率值约为 272.11 Hz。

示例 2：计算比 $^{\#}c^1$ 高 32 音分的频率值。

查表 1 得 $^{\#}c^1$ 的顺序号为 41，将其与相差音分数 0.32 加减组合后：$n=41+0.32=41.32$

将 $n=41.32$ 代入式(1)中：

$f_n=27.5\times2^{\frac{41.32-1}{12}}=27.5\times2^{\frac{40.32}{12}}\approx282.3537$

得出：比 $^{\#}c^1$ 高 32 音分的频率值约为 282.35 Hz。

3.5.1.2 与频率相差音分数的频率

计算方法：先使用式(2)计算出该频率在音列中的位置，即 n 值，再与相差的音分数相加减，然后使用式(1)计算。

示例 1：计算比频率 $f_n=443$ Hz 高 12 音分的频率值。

将 $f_n=443$ 代入式(2)中：

$n=12\times\log\frac{443}{27.5}/\log2+1=49.1176$，用 49.117 6 加上比 443 Hz 高 12 音分的值，则：

$n=49.1176+0.12=49.2376$

再将 $n=49.2376$ 代入式(1)计算：$f_n=27.5\times2^{\frac{49.2376-1}{12}}=446.0803$

得出：比 $f_n=443$ Hz 高 12 音分的频率值为 446.08 Hz。

示例 2：计算比频率 $f_n=443$ Hz 低 12 音分的频率值。

将 $f_n=443$ 代入式(2)中：

$n=12\times\log\frac{443}{27.5}/\log2+1=49.1176$，用 49.117 6 加上比 443 Hz 低 12 音分的值，则：

$n=49.1176-0.12=48.9976$

再将 $n=48.9976$ 代入式(1)计算：$f_n=27.5\times2^{\frac{48.9976-1}{12}}=439.93901$

得出：比 $f_n=443$ Hz 高 12 音分的频率值为 439.94 Hz。

3.5.2　由频率换算音分

两频率之间相差的音分数

计算方法：先使用式(2)分别计算出两个频率在音列中的位置 n 值，再将两个 n 值相加减后乘以100并保留到整数位。

示例：计算频率 447 Hz 与 442 Hz 之间相差的音分数。

先将 447 和 442 分别代入式(2)中：

$$n_1=12\times\log\frac{447}{27.5}/\log2+1=49.273\,255$$

$$n_2=12\times\log\frac{442}{27.5}/\log2+1=49.078\,513$$

然后 $(n_1-n_2)\times100=(49.273\,255-49.078\,513)\times100=19.474\,2$

得出：频率 447 Hz 与 442 Hz 之间相差 19 音分。

注：在音列中任意两频率之间相差的音分值都可用上述方法计算。

附 录 A
（规范性附录）
十二平均律的频率与音分对照表

A.1 十二平均律的频率与音分对照表（大字一组），见表 A.1。

表 A.1 十二平均律的频率与音分对照表（大字一组）

音分	C_1	#C_1	D_1	#D_1	E_1	F_1	#F_1	G_1	#G_1	A_1	#A_1	B_1	—
0	32.703	34.648	36.708	38.891	41.203	43.654	46.249	48.999	51.913	55.000	58.270	61.735	—
1	32.722	34.668	36.729	38.913	41.227	43.679	46.276	49.028	51.943	55.032	58.304	61.771	−100
2	32.741	34.688	36.751	38.936	41.251	43.704	46.303	49.056	51.973	55.064	58.338	61.807	−99
3	32.760	34.708	36.772	38.958	41.275	43.729	46.330	49.084	52.003	55.095	58.372	61.842	−98
4	32.779	34.728	36.793	38.981	41.299	43.755	46.356	49.113	52.033	55.127	58.405	61.878	−97
5	32.798	34.748	36.814	39.003	41.323	43.780	46.383	49.141	52.063	55.159	58.439	61.914	−96
6	32.817	34.768	36.836	39.026	41.346	43.805	46.410	49.170	52.093	55.191	58.473	61.950	−95
7	32.836	34.788	36.857	39.048	41.370	43.830	46.437	49.198	52.123	55.223	58.507	61.986	−94
8	32.855	34.808	36.878	39.071	41.394	43.856	46.464	49.226	52.154	55.255	58.540	62.021	−93
9	32.874	34.828	36.899	39.094	41.418	43.881	46.490	49.255	52.184	55.287	58.574	62.057	−92
10	32.893	34.849	36.921	39.116	41.442	43.906	46.517	49.283	52.214	55.319	58.608	62.093	−91
11	32.912	34.869	36.942	39.139	41.466	43.932	46.544	49.312	52.244	55.351	58.642	62.129	−90
12	32.931	34.889	36.963	39.161	41.490	43.957	46.571	49.340	52.274	55.383	58.676	62.165	−89
13	32.950	34.909	36.985	39.184	41.514	43.983	46.598	49.369	52.304	55.415	58.710	62.201	−88
14	32.969	34.929	37.006	39.207	41.538	44.008	46.625	49.397	52.335	55.447	58.744	62.237	−87
15	32.988	34.949	37.028	39.229	41.562	44.033	46.652	49.426	52.365	55.479	58.778	62.273	−86
16	33.007	34.970	37.049	39.252	41.586	44.059	46.679	49.454	52.395	55.511	58.811	62.309	−85
17	33.026	34.990	37.070	39.275	41.610	44.084	46.706	49.483	52.425	55.543	58.845	62.345	−84
18	33.045	35.010	37.092	39.297	41.634	44.110	46.733	49.512	52.456	55.575	58.879	62.381	−83
19	33.064	35.030	37.113	39.320	41.658	44.135	46.760	49.540	52.486	55.607	58.914	62.417	−82
20	33.083	35.050	37.135	39.343	41.682	44.161	46.787	49.569	52.516	55.639	58.948	62.453	−81
21	33.102	35.071	37.156	39.365	41.706	44.186	46.814	49.597	52.547	55.671	58.982	62.489	−80
22	33.121	35.091	37.178	39.388	41.730	44.212	46.841	49.626	52.577	55.703	59.016	62.525	−79
23	33.141	35.111	37.199	39.411	41.754	44.237	46.868	49.655	52.607	55.736	59.050	62.561	−78
24	33.160	35.131	37.221	39.434	41.779	44.263	46.895	49.683	52.638	55.768	59.084	62.597	−77
25	33.179	35.152	37.242	39.457	41.803	44.288	46.922	49.712	52.668	55.800	59.118	62.633	−76
26	33.198	35.172	37.264	39.479	41.827	44.314	46.949	49.741	52.699	55.832	59.152	62.670	−75
27	33.217	35.192	37.285	39.502	41.851	44.340	46.976	49.770	52.729	55.864	59.186	62.706	−74
28	33.236	35.213	37.307	39.525	41.875	44.365	47.003	49.798	52.760	55.897	59.221	62.742	−73
29	33.256	35.233	37.328	39.548	41.899	44.391	47.031	49.827	52.790	55.929	59.255	62.778	−72
30	33.275	35.253	37.350	39.571	41.924	44.417	47.058	49.856	52.821	55.961	59.289	62.815	−71
31	33.294	35.274	37.371	39.594	41.948	44.442	47.085	49.885	52.851	55.994	59.323	62.851	−70
32	33.313	35.294	37.393	39.616	41.972	44.468	47.112	49.914	52.882	56.026	59.358	62.887	−69
33	33.333	35.315	37.415	39.639	41.996	44.494	47.139	49.942	52.912	56.058	59.392	62.923	−68
34	33.352	35.335	37.436	39.662	42.021	44.519	47.167	49.971	52.943	56.091	59.426	62.960	−67
35	33.371	35.355	37.458	39.685	42.045	44.545	47.194	50.000	52.973	56.123	59.461	62.996	−66
36	33.390	35.376	37.479	39.708	42.069	44.571	47.221	50.029	53.004	56.156	59.495	63.033	−65
37	33.410	35.396	37.501	39.731	42.094	44.597	47.248	50.058	53.035	56.188	59.529	63.069	−64
38	33.429	35.417	37.523	39.754	42.118	44.622	47.276	50.087	53.065	56.221	59.564	63.105	−63
39	33.448	35.437	37.544	39.777	42.142	44.648	47.303	50.116	53.096	56.253	59.598	63.142	−62
40	33.468	35.458	37.566	39.800	42.167	44.674	47.330	50.145	53.126	56.286	59.632	63.178	−61
41	33.487	35.478	37.588	39.823	42.191	44.700	47.358	50.174	53.157	56.318	59.667	63.215	−60
42	33.506	35.499	37.610	39.846	42.215	44.726	47.385	50.203	53.188	56.351	59.701	63.251	−59
43	33.526	35.519	37.631	39.869	42.240	44.751	47.412	50.232	53.219	56.383	59.736	63.288	−58
44	33.545	35.540	37.653	39.892	42.264	44.777	47.440	50.261	53.249	56.416	59.770	63.325	−57
45	33.564	35.560	37.675	39.915	42.288	44.803	47.467	50.290	53.280	56.448	59.805	63.361	−56
46	33.584	35.581	37.697	39.938	42.313	44.829	47.495	50.319	53.311	56.481	59.840	63.398	−55
47	33.603	35.601	37.718	39.961	42.337	44.855	47.522	50.348	53.342	56.514	59.874	63.434	−54
48	33.623	35.622	37.740	39.984	42.362	44.881	47.550	50.377	53.373	56.546	59.909	63.471	−53
49	33.642	35.642	37.762	40.007	42.386	44.907	47.577	50.406	53.403	56.579	59.943	63.508	−52
50	33.661	35.663	37.784	40.030	42.411	44.933	47.605	50.435	53.434	56.612	59.978	63.544	−51
—	#C_1	D_1	#D_1	E_1	F_1	#F_1	G_1	#G_1	A_1	#A_1	B_1	C	音分

表 A.1（续）

音分	C_1	$\#C_1$	D_1	$\#D_1$	E_1	F_1	$\#F_1$	G_1	$\#G_1$	A_1	$\#A_1$	B_1	—
51	33.681	35.684	37.806	40.054	42.435	44.959	47.632	50.464	53.465	56.644	60.013	63.581	−49
52	33.700	35.704	37.827	40.077	42.460	44.985	47.660	50.494	53.496	56.677	60.047	63.618	−48
53	33.720	35.725	37.849	40.100	42.484	45.011	47.687	50.523	53.527	56.710	60.082	63.655	−47
54	33.739	35.746	37.871	40.123	42.509	45.037	47.715	50.552	53.558	56.743	60.117	63.691	−46
55	33.759	35.766	37.893	40.146	42.533	45.063	47.742	50.581	53.589	56.775	60.151	63.728	−45
56	33.778	35.787	37.915	40.169	42.558	45.089	47.770	50.610	53.620	56.808	60.186	63.765	−44
57	33.798	35.808	37.937	40.193	42.583	45.115	47.797	50.640	53.651	56.841	60.221	63.802	−43
58	33.817	35.828	37.959	40.216	42.607	45.141	47.825	50.669	53.682	56.874	60.256	63.839	−42
59	33.837	35.849	37.981	40.239	42.632	45.167	47.853	50.698	53.713	56.907	60.291	63.876	−41
60	33.856	35.870	38.003	40.262	42.656	45.193	47.880	50.727	53.744	56.940	60.325	63.913	−40
61	33.876	35.890	38.025	40.286	42.681	45.219	47.908	50.757	53.775	56.972	60.360	63.949	−39
62	33.896	35.911	38.047	40.309	42.706	45.245	47.936	50.786	53.806	57.005	60.395	63.986	−38
63	33.915	35.932	38.069	40.332	42.730	45.271	47.963	50.815	53.837	57.038	60.430	64.023	−37
64	33.935	35.953	38.091	40.355	42.755	45.298	47.991	50.845	53.868	57.071	60.465	64.060	−36
65	33.954	35.973	38.113	40.379	42.780	45.324	48.019	50.874	53.899	57.104	60.500	64.097	−35
66	33.974	35.994	38.135	40.402	42.805	45.350	48.047	50.904	53.930	57.137	60.535	64.134	−34
67	33.994	36.015	38.157	40.425	42.829	45.376	48.074	50.933	53.962	57.170	60.570	64.171	−33
68	34.013	36.036	38.179	40.449	42.854	45.402	48.102	50.962	53.993	57.203	60.605	64.209	−32
69	34.033	36.057	38.201	40.472	42.879	45.429	48.130	50.992	54.024	57.236	60.640	64.246	−31
70	34.053	36.077	38.223	40.496	42.904	45.455	48.158	51.021	54.055	57.269	60.675	64.283	−30
71	34.072	36.098	38.245	40.519	42.928	45.481	48.185	51.051	54.086	57.303	60.710	64.320	−29
72	34.092	36.119	38.267	40.542	42.953	45.507	48.213	51.080	54.118	57.336	60.745	64.357	−28
73	34.112	36.140	38.289	40.566	42.978	45.534	48.241	51.110	54.149	57.369	60.780	64.394	−27
74	34.131	36.161	38.311	40.589	43.003	45.560	48.269	51.139	54.180	57.402	60.815	64.431	−26
75	34.151	36.182	38.333	40.613	43.028	45.586	48.297	51.169	54.211	57.435	60.850	64.469	−25
76	34.171	36.203	38.355	40.636	43.053	45.613	48.325	51.198	54.243	57.468	60.885	64.506	−24
77	34.191	36.224	38.378	40.660	43.077	45.639	48.353	51.228	54.274	57.501	60.921	64.543	−23
78	34.210	36.245	38.400	40.683	43.102	45.665	48.381	51.258	54.305	57.535	60.956	64.580	−22
79	34.230	36.266	38.422	40.707	43.127	45.692	48.409	51.287	54.337	57.568	60.991	64.618	−21
80	34.250	36.286	38.444	40.730	43.152	45.718	48.437	51.317	54.368	57.601	61.026	64.655	−20
81	34.270	36.307	38.466	40.754	43.177	45.744	48.465	51.346	54.400	57.634	61.062	64.692	−19
82	34.289	36.328	38.489	40.777	43.202	45.771	48.493	51.376	54.431	57.668	61.097	64.730	−18
83	34.309	36.349	38.511	40.801	43.227	45.797	48.521	51.406	54.463	57.701	61.132	64.767	−17
84	34.329	36.370	38.533	40.824	43.252	45.824	48.549	51.436	54.494	57.734	61.167	64.805	−16
85	34.349	36.391	38.555	40.848	43.277	45.850	48.577	51.465	54.526	57.768	61.203	64.842	−15
86	34.369	36.412	38.578	40.872	43.302	45.877	48.605	51.495	54.557	57.801	61.238	64.880	−14
87	34.389	36.433	38.600	40.895	43.327	45.903	48.633	51.525	54.589	57.835	61.274	64.917	−13
88	34.408	36.455	38.622	40.919	43.352	45.930	48.661	51.554	54.620	57.868	61.309	64.955	−12
89	34.428	36.476	38.645	40.942	43.377	45.956	48.689	51.584	54.652	57.901	61.344	64.992	−11
90	34.448	36.497	38.667	40.966	43.402	45.983	48.717	51.614	54.683	57.935	61.380	65.030	−10
91	34.468	36.518	38.689	40.990	43.427	46.009	48.745	51.644	54.715	57.968	61.415	65.067	−9
92	34.488	36.539	38.712	41.013	43.452	46.036	48.774	51.674	54.746	58.002	61.451	65.105	−8
93	34.508	36.560	38.734	41.037	43.477	46.063	48.802	51.704	54.778	58.035	61.486	65.142	−7
94	34.528	36.581	38.756	41.061	43.502	46.089	48.830	51.733	54.810	58.069	61.522	65.180	−6
95	34.548	36.602	38.779	41.085	43.528	46.116	48.858	51.763	54.841	58.102	61.557	65.218	−5
96	34.568	36.623	38.801	41.108	43.553	46.143	48.886	51.793	54.873	58.136	61.593	65.255	−4
97	34.588	36.645	38.824	41.132	43.578	46.169	48.915	51.823	54.905	58.170	61.629	65.293	−3
98	34.608	36.666	38.846	41.156	43.603	46.196	48.943	51.853	54.936	58.203	61.664	65.331	−2
99	34.628	36.687	38.868	41.180	43.628	46.223	48.971	51.883	54.968	58.237	61.700	65.369	−1
100	34.648	36.708	38.891	41.203	43.654	46.249	48.999	51.913	55.000	58.270	61.735	65.406	0
—	$\#C_1$	D_1	$\#D_1$	E_1	F_1	$\#F_1$	G_1	$\#G_1$	A_1	$\#A_1$	B_1	C	音分

A.2 十二平均律的频率与音分对照表(大字组),见表A.2。

表A.2 十二平均律的频率与音分对照表(大字组)

音分	C	#C	D	#D	E	F	#F	G	#G	A	#A	B	—
0	65.406	69.296	73.416	77.782	82.407	87.307	92.499	97.999	103.83	110.00	116.54	123.47	−100
1	65.444	69.336	73.459	77.827	82.455	87.358	92.552	98.055	103.89	110.06	116.61	123.54	−99
2	65.482	69.376	73.501	77.872	82.502	87.408	92.606	98.112	103.95	110.13	116.68	123.61	−98
3	65.520	69.416	73.544	77.917	82.550	87.458	92.659	98.169	104.01	110.19	116.74	123.69	−97
4	65.558	69.456	73.586	77.962	82.598	87.509	92.713	98.226	104.07	110.25	116.81	123.76	−96
5	65.596	69.496	73.629	78.007	82.645	87.560	92.766	98.282	104.13	110.32	116.88	123.83	−95
6	65.633	69.536	73.671	78.052	82.693	87.610	92.820	98.339	104.19	110.38	116.95	123.90	−94
7	65.671	69.576	73.714	78.097	82.741	87.661	92.873	98.396	104.25	110.45	117.01	123.97	−93
8	65.709	69.617	73.756	78.142	82.789	87.711	92.927	98.453	104.31	110.51	117.08	124.04	−92
9	65.747	69.657	73.799	78.187	82.836	87.762	92.981	98.510	104.37	110.57	117.15	124.11	−91
10	65.785	69.697	73.841	78.232	82.884	87.813	93.034	98.567	104.43	110.64	117.22	124.19	−90
11	65.823	69.737	73.884	78.278	82.932	87.864	93.088	98.624	104.49	110.70	117.28	124.26	−89
12	65.861	69.778	73.927	78.323	82.980	87.914	93.142	98.680	104.55	110.77	117.35	124.33	−88
13	65.899	69.818	73.970	78.368	83.028	87.965	93.196	98.738	104.61	110.83	117.42	124.40	−87
14	65.937	69.858	74.012	78.413	83.076	88.016	93.250	98.795	104.67	110.89	117.49	124.47	−86
15	65.976	69.899	74.055	78.459	83.124	88.067	93.304	98.852	104.73	110.96	117.56	124.55	−85
16	66.014	69.939	74.098	78.504	83.172	88.118	93.357	98.909	104.79	111.02	117.62	124.62	−84
17	66.052	69.979	74.141	78.549	83.220	88.169	93.411	98.966	104.85	111.09	117.69	124.69	−83
18	66.090	70.020	74.183	78.595	83.268	88.220	93.465	99.023	104.91	111.15	117.76	124.76	−82
19	66.128	70.060	74.226	78.640	83.316	88.271	93.519	99.080	104.97	111.21	117.83	124.83	−81
20	66.166	70.101	74.269	78.686	83.364	88.322	93.573	99.138	105.03	111.28	117.90	124.91	−80
21	66.205	70.141	74.312	78.731	83.413	88.373	93.627	99.195	105.09	111.34	117.96	124.98	−79
22	66.243	70.182	74.355	78.776	83.461	88.424	93.682	99.252	105.15	111.41	118.03	125.05	−78
23	66.281	70.222	74.398	78.822	83.509	88.475	93.736	99.309	105.22	111.47	118.10	125.12	−77
24	66.319	70.263	74.441	78.868	83.557	88.526	93.790	99.367	105.28	111.54	118.17	125.19	−76
25	66.358	70.304	74.484	78.913	83.606	88.577	93.844	99.424	105.34	111.60	118.24	125.27	−75
26	66.396	70.344	74.527	78.959	83.654	88.628	93.898	99.482	105.40	111.66	118.30	125.34	−74
27	66.434	70.385	74.570	79.004	83.702	88.679	93.953	99.539	105.46	111.73	118.37	125.41	−73
28	66.473	70.426	74.613	79.050	83.751	88.731	94.007	99.597	105.52	111.79	118.44	125.48	−72
29	66.511	70.466	74.656	79.096	83.799	88.782	94.061	99.654	105.58	111.86	118.51	125.56	−71
30	66.550	70.507	74.699	79.141	83.847	88.833	94.115	99.712	105.64	111.92	118.58	125.63	−70
31	66.588	70.548	74.743	79.187	83.896	88.884	94.170	99.769	105.70	111.99	118.65	125.70	−69
32	66.627	70.588	74.786	79.233	83.944	88.936	94.224	99.827	105.76	112.05	118.72	125.77	−68
33	66.665	70.629	74.829	79.279	83.993	88.987	94.279	99.885	105.82	112.12	118.78	125.85	−67
34	66.704	70.670	74.872	79.324	84.041	89.039	94.333	99.942	105.89	112.18	118.85	125.92	−66
35	66.742	70.711	74.916	79.370	84.090	89.090	94.388	100.00	105.95	112.25	118.92	125.99	−65
36	66.781	70.752	74.959	79.416	84.138	89.142	94.442	100.06	106.01	112.31	118.99	126.07	−64
37	66.819	70.793	75.002	79.462	84.187	89.193	94.497	100.12	106.07	112.38	119.06	126.14	−63
38	66.858	70.833	75.045	79.508	84.236	89.245	94.551	100.17	106.13	112.44	119.13	126.21	−62
39	66.897	70.874	75.089	79.554	84.284	89.296	94.606	100.23	106.19	112.51	119.20	126.28	−61
40	66.935	70.915	75.132	79.600	84.333	89.348	94.661	100.29	106.25	112.57	119.27	126.36	−60
41	66.974	70.956	75.176	79.646	84.382	89.399	94.715	100.35	106.31	112.64	119.33	126.43	−59
42	67.013	70.997	75.219	79.692	84.431	89.451	94.770	100.41	106.38	112.70	119.40	126.50	−58
43	67.051	71.038	75.263	79.738	84.479	89.503	94.825	100.46	106.44	112.77	119.47	126.58	−57
44	67.090	71.079	75.306	79.784	84.528	89.554	94.880	100.52	106.50	112.83	119.54	126.65	−56
45	67.129	71.120	75.350	79.830	84.577	89.606	94.934	100.58	106.56	112.90	119.61	126.72	−55
46	67.168	71.162	75.393	79.876	84.626	89.658	94.989	100.64	106.62	112.96	119.68	126.80	−54
47	67.206	71.203	75.437	79.922	84.675	89.710	95.044	100.70	106.68	113.03	119.75	126.87	−53
48	67.245	71.244	75.480	79.968	84.724	89.762	95.099	100.75	106.75	113.09	119.82	126.94	−52
49	67.284	71.285	75.524	80.015	84.773	89.813	95.154	100.81	106.81	113.16	119.89	127.02	−51
50	67.323	71.326	75.567	80.061	84.822	89.865	95.209	100.87	106.87	113.22	119.96	127.09	−50
—	#C	D	#D	E	F	#F	G	#G	A	#A	B	c	音分

表 A.2（续）

音分	C	♯C	D	♯D	E	F	♯F	G	♯G	A	♯A	B	—
51	67.362	71.367	75.611	80.107	84.871	89.917	95.264	100.93	106.93	113.29	120.03	127.16	−49
52	67.401	71.409	75.655	80.153	84.920	89.969	95.319	100.99	106.99	113.35	120.09	127.24	−48
53	67.440	71.450	75.699	80.200	84.969	90.021	95.374	101.05	107.05	113.42	120.16	127.31	−47
54	67.479	71.491	75.742	80.246	85.018	90.073	95.429	101.10	107.12	113.49	120.23	127.38	−46
55	67.518	71.532	75.786	80.292	85.067	90.125	95.484	101.16	107.18	113.55	120.30	127.46	−45
56	67.557	71.574	75.830	80.339	85.116	90.177	95.540	101.22	107.24	113.62	120.37	127.53	−44
57	67.596	71.615	75.874	80.385	85.165	90.229	95.595	101.28	107.30	113.68	120.44	127.60	−43
58	67.635	71.657	75.917	80.432	85.214	90.282	95.650	101.34	107.36	113.75	120.51	127.68	−42
59	67.674	71.698	75.961	80.478	85.264	90.334	95.705	101.40	107.43	113.81	120.58	127.75	−41
60	67.713	71.739	76.005	80.525	85.313	90.386	95.761	101.45	107.49	113.88	120.65	127.83	−40
61	67.752	71.781	76.049	80.571	85.362	90.438	95.816	101.51	107.55	113.94	120.72	127.90	−39
62	67.791	71.822	76.093	80.618	85.412	90.490	95.871	101.57	107.61	114.01	120.79	127.97	−38
63	67.830	71.864	76.137	80.664	85.461	90.543	95.927	101.63	107.67	114.08	120.86	128.05	−37
64	67.870	71.905	76.181	80.711	85.510	90.595	95.982	101.69	107.74	114.14	120.93	128.12	−36
65	67.909	71.947	76.225	80.758	85.560	90.647	96.038	101.75	107.80	114.21	121.00	128.19	−35
66	67.948	71.988	76.269	80.804	85.609	90.700	96.093	101.81	107.86	114.27	121.07	128.27	−34
67	67.987	72.030	76.313	80.851	85.659	90.752	96.149	101.87	107.92	114.34	121.14	128.34	−33
68	68.027	72.072	76.357	80.898	85.708	90.805	96.204	101.92	107.99	114.41	121.21	128.42	−32
69	68.066	72.113	76.401	80.944	85.758	90.857	96.260	101.98	108.05	114.47	121.28	128.49	−31
70	68.105	72.155	76.446	80.991	85.807	90.910	96.315	102.04	108.11	114.54	121.35	128.57	−30
71	68.145	72.197	76.490	81.038	85.857	90.962	96.371	102.10	108.17	114.61	121.42	128.64	−29
72	68.184	72.238	76.534	81.085	85.906	91.015	96.427	102.16	108.24	114.67	121.49	128.71	−28
73	68.223	72.280	76.578	81.132	85.956	91.067	96.482	102.22	108.30	114.74	121.56	128.79	−27
74	68.263	72.322	76.622	81.179	86.006	91.120	96.538	102.28	108.36	114.80	121.63	128.86	−26
75	68.302	72.364	76.667	81.225	86.055	91.172	96.594	102.34	108.42	114.87	121.70	128.94	−25
76	68.342	72.405	76.711	81.272	86.105	91.225	96.650	102.40	108.49	114.94	121.77	129.01	−24
77	68.381	72.447	76.755	81.319	86.155	91.278	96.706	102.46	108.55	115.00	121.84	129.09	−23
78	68.421	72.489	76.800	81.366	86.205	91.331	96.761	102.52	108.61	115.07	121.91	129.16	−22
79	68.460	72.531	76.844	81.413	86.254	91.383	96.817	102.57	108.67	115.14	121.98	129.24	−21
80	68.500	72.573	76.888	81.460	86.304	91.436	96.873	102.63	108.74	115.20	122.05	129.31	−20
81	68.539	72.615	76.933	81.507	86.354	91.489	96.929	102.69	108.80	115.27	122.12	129.38	−19
82	68.579	72.657	76.977	81.555	86.404	91.542	96.985	102.75	108.86	115.34	122.19	129.46	−18
83	68.619	72.699	77.022	81.602	86.454	91.595	97.041	102.81	108.93	115.40	122.26	129.53	−17
84	68.658	72.741	77.066	81.649	86.504	91.648	97.097	102.87	108.99	115.47	122.33	129.61	−16
85	68.698	72.783	77.111	81.696	86.554	91.701	97.153	102.93	109.05	115.54	122.41	129.68	−15
86	68.738	72.825	77.155	81.743	86.604	91.754	97.210	102.99	109.11	115.60	122.48	129.76	−14
87	68.777	72.867	77.200	81.790	86.654	91.807	97.266	103.05	109.18	115.67	122.55	129.83	−13
88	68.817	72.909	77.244	81.838	86.704	91.860	97.322	103.11	109.24	115.74	122.62	129.91	−12
89	68.857	72.951	77.289	81.885	86.754	91.913	97.378	103.17	109.30	115.80	122.69	129.98	−11
90	68.897	72.993	77.334	81.932	86.804	91.966	97.434	103.23	109.37	115.87	122.76	130.06	−10
91	68.936	73.036	77.378	81.980	86.854	92.019	97.491	103.29	109.43	115.94	122.83	130.13	−9
92	68.976	73.078	77.423	82.027	86.905	92.072	97.547	103.35	109.49	116.00	122.90	130.21	−8
93	69.016	73.120	77.468	82.074	86.955	92.125	97.603	103.41	109.56	116.07	122.97	130.28	−7
94	69.056	73.162	77.513	82.122	87.005	92.179	97.660	103.47	109.62	116.14	123.04	130.36	−6
95	69.096	73.204	77.557	82.169	87.055	92.232	97.716	103.53	109.68	116.20	123.11	130.44	−5
96	69.136	73.247	77.602	82.217	87.106	92.285	97.773	103.59	109.75	116.27	123.19	130.51	−4
97	69.176	73.289	77.647	82.264	87.156	92.338	97.829	103.65	109.81	116.34	123.26	130.59	−3
98	69.216	73.331	77.692	82.312	87.206	92.392	97.886	103.71	109.87	116.41	123.33	130.66	−2
99	69.256	73.374	77.737	82.359	87.257	92.445	97.942	103.77	109.94	116.47	123.40	130.74	−1
100	69.296	73.416	77.782	82.407	87.307	92.499	97.999	103.83	110.00	116.54	123.47	130.81	0
—	♯C	D	♯D	E	F	♯F	G	♯G	A	♯A	B	c	音分

A.3 十二平均律的频率与音分对照表(小字组),见表 A.3。

表 A.3 十二平均律的频率与音分对照表(小字组)

音分	c	#c	d	#d	e	f	#f	g	#g	a	#a	b	—
0	130.81	138.59	146.83	155.56	164.81	174.61	185.00	196.00	207.65	220.00	233.08	246.94	−100
1	130.89	138.67	146.92	155.65	164.91	174.72	185.10	196.11	207.77	220.13	233.22	247.08	−99
2	130.96	138.75	147.00	155.74	165.00	174.82	185.21	196.22	207.89	220.25	233.35	247.23	−98
3	131.04	138.83	147.09	155.83	165.10	174.92	185.32	196.34	208.01	220.38	233.49	247.37	−97
4	131.12	138.91	147.17	155.92	165.20	175.02	185.43	196.45	208.13	220.51	233.62	247.51	−96
5	131.19	138.99	147.26	156.01	165.29	175.12	185.53	196.56	208.25	220.64	233.76	247.66	−95
6	131.27	139.07	147.34	156.10	165.39	175.22	185.64	196.68	208.37	220.76	233.89	247.80	−94
7	131.34	139.15	147.43	156.19	165.48	175.32	185.75	196.79	208.49	220.89	234.03	247.94	−93
8	131.42	139.23	147.51	156.28	165.58	175.42	185.85	196.91	208.61	221.02	234.16	248.09	−92
9	131.49	139.31	147.60	156.37	165.67	175.52	185.96	197.02	208.73	221.15	234.30	248.23	−91
10	131.57	139.39	147.68	156.46	165.77	175.63	186.07	197.13	208.86	221.27	234.43	248.37	−90
11	131.65	139.47	147.77	156.56	165.86	175.73	186.18	197.25	208.98	221.40	234.57	248.52	−89
12	131.72	139.56	147.85	156.65	165.96	175.83	186.28	197.36	209.10	221.53	234.70	248.66	−88
13	131.80	139.64	147.94	156.74	166.06	175.93	186.39	197.48	209.22	221.66	234.84	248.80	−87
14	131.87	139.72	148.02	156.83	166.15	176.03	186.50	197.59	209.34	221.79	234.97	248.95	−86
15	131.95	139.80	148.11	156.92	166.25	176.13	186.61	197.70	209.46	221.91	235.11	249.09	−85
16	132.03	139.88	148.20	157.01	166.34	176.24	186.71	197.82	209.58	222.04	235.25	249.23	−84
17	132.10	139.96	148.28	157.10	166.44	176.34	186.82	197.93	209.70	222.17	235.38	249.38	−83
18	132.18	140.04	148.37	157.19	166.54	176.44	186.93	198.05	209.82	222.30	235.52	249.52	−82
19	132.26	140.12	148.45	157.28	166.63	176.54	187.04	198.16	209.94	222.43	235.65	249.67	−81
20	132.33	140.20	148.54	157.37	166.73	176.64	187.15	198.28	210.07	222.56	235.79	249.81	−80
21	132.41	140.28	148.62	157.46	166.83	176.75	187.25	198.39	210.19	222.68	235.93	249.96	−79
22	132.49	140.36	148.71	157.55	166.92	176.85	187.36	198.50	210.31	222.81	236.06	250.10	−78
23	132.56	140.44	148.80	157.64	167.02	176.95	187.47	198.62	210.43	222.94	236.20	250.24	−77
24	132.64	140.53	148.88	157.74	167.11	177.05	187.58	198.73	210.55	223.07	236.34	250.39	−76
25	132.72	140.61	148.97	157.83	167.21	177.15	187.69	198.85	210.67	223.20	236.47	250.53	−75
26	132.79	140.69	149.05	157.92	167.31	177.26	187.80	198.96	210.79	223.33	236.61	250.68	−74
27	132.87	140.77	149.14	158.01	167.40	177.36	187.91	199.08	210.92	223.46	236.75	250.82	−73
28	132.95	140.85	149.23	158.10	167.50	177.46	188.01	199.19	211.04	223.59	236.88	250.97	−72
29	133.02	140.93	149.31	158.19	167.60	177.56	188.12	199.31	211.16	223.72	237.02	251.11	−71
30	133.10	141.01	149.40	158.28	167.69	177.67	188.23	199.42	211.28	223.85	237.16	251.26	−70
31	133.18	141.10	149.49	158.37	167.79	177.77	188.34	199.54	211.40	223.97	237.29	251.40	−69
32	133.25	141.18	149.57	158.47	167.89	177.87	188.45	199.65	211.53	224.10	237.43	251.55	−68
33	133.33	141.26	149.66	158.56	167.99	177.97	188.56	199.77	211.65	224.23	237.57	251.69	−67
34	133.41	141.34	149.74	158.65	168.08	178.08	188.67	199.88	211.77	224.36	237.70	251.84	−66
35	133.48	141.42	149.83	158.74	168.18	178.18	188.78	200.00	211.89	224.49	237.84	251.98	−65
36	133.56	141.50	149.92	158.83	168.28	178.28	188.88	200.12	212.02	224.62	237.98	252.13	−64
37	133.64	141.59	150.00	158.92	168.37	178.39	188.99	200.23	212.14	224.75	238.12	252.28	−63
38	133.72	141.67	150.09	159.02	168.47	178.49	189.10	200.35	212.26	224.88	238.25	252.42	−62
39	133.79	141.75	150.18	159.11	168.57	178.59	189.21	200.46	212.38	225.01	238.39	252.57	−61
40	133.87	141.83	150.26	159.20	168.67	178.70	189.32	200.58	212.51	225.14	238.53	252.71	−60
41	133.95	141.91	150.35	159.29	168.76	178.80	189.43	200.69	212.63	225.27	238.67	252.86	−59
42	134.03	141.99	150.44	159.38	168.86	178.90	189.54	200.81	212.75	225.40	238.81	253.01	−58
43	134.10	142.08	150.53	159.48	168.96	179.01	189.65	200.93	212.87	225.53	238.94	253.15	−57
44	134.18	142.16	150.61	159.57	169.06	179.11	189.76	201.04	213.00	225.66	239.08	253.30	−56
45	134.26	142.24	150.70	159.66	169.15	179.21	189.87	201.16	213.12	225.79	239.22	253.44	−55
46	134.34	142.32	150.79	159.75	169.25	179.32	189.98	201.28	213.24	225.92	239.36	253.59	−54
47	134.41	142.41	150.87	159.84	169.35	179.42	190.09	201.39	213.37	226.05	239.50	253.74	−53
48	134.49	142.49	150.96	159.94	169.45	179.52	190.20	201.51	213.49	226.19	239.63	253.88	−52
49	134.57	142.57	151.05	160.03	169.55	179.63	190.31	201.62	213.61	226.32	239.77	254.03	−51
50	134.65	142.65	151.13	160.12	169.64	179.73	190.42	201.74	213.74	226.45	239.91	254.18	−50
—	#c	d	#d	e	f	#f	g	#g	a	#a	b	c1	音分

表 A.3（续）

音分	c	♯c	d	♯d	e	f	♯f	g	♯g	a	♯a	b	—
51	134.72	142.73	151.22	160.21	169.74	179.83	190.53	201.86	213.86	226.58	240.05	254.32	−49
52	134.80	142.82	151.31	160.31	169.84	179.94	190.64	201.97	213.98	226.71	240.19	254.47	−48
53	134.88	142.90	151.40	160.40	169.94	180.04	190.75	202.09	214.11	226.84	240.33	254.62	−47
54	134.96	142.98	151.48	160.49	170.04	180.15	190.86	202.21	214.23	226.97	240.47	254.77	−46
55	135.04	143.06	151.57	160.58	170.13	180.25	190.97	202.32	214.36	227.10	240.61	254.91	−45
56	135.11	143.15	151.66	160.68	170.23	180.35	191.08	202.44	214.48	227.23	240.74	255.06	−44
57	135.19	143.23	151.75	160.77	170.33	180.46	191.19	202.56	214.60	227.36	240.88	255.21	−43
58	135.27	143.31	151.83	160.86	170.43	180.56	191.30	202.68	214.73	227.50	241.02	255.35	−42
59	135.35	143.40	151.92	160.96	170.53	180.67	191.41	202.79	214.85	227.63	241.16	255.50	−41
60	135.43	143.48	152.01	161.05	170.63	180.77	191.52	202.91	214.98	227.76	241.30	255.65	−40
61	135.50	143.56	152.10	161.14	170.72	180.88	191.63	203.03	215.10	227.89	241.44	255.80	−39
62	135.58	143.64	152.19	161.24	170.82	180.98	191.74	203.14	215.22	228.02	241.58	255.95	−38
63	135.66	143.73	152.27	161.33	170.92	181.09	191.85	203.26	215.35	228.15	241.72	256.09	−37
64	135.74	143.81	152.36	161.42	171.02	181.19	191.96	203.38	215.47	228.29	241.86	256.24	−36
65	135.82	143.89	152.45	161.52	171.12	181.29	192.08	203.50	215.60	228.42	242.00	256.39	−35
66	135.90	143.98	152.54	161.61	171.22	181.40	192.19	203.61	215.72	228.55	242.14	256.54	−34
67	135.97	144.06	152.63	161.70	171.32	181.50	192.30	203.73	215.85	228.68	242.28	256.69	−33
68	136.05	144.14	152.71	161.80	171.42	181.61	192.41	203.85	215.97	228.81	242.42	256.83	−32
69	136.13	144.23	152.80	161.89	171.52	181.71	192.52	203.97	216.10	228.95	242.56	256.98	−31
70	136.21	144.31	152.89	161.98	171.61	181.82	192.63	204.09	216.22	229.08	242.70	257.13	−30
71	136.29	144.39	152.98	162.08	171.71	181.92	192.74	204.20	216.35	229.21	242.84	257.28	−29
72	136.37	144.48	153.07	162.17	171.81	182.03	192.85	204.32	216.47	229.34	242.98	257.43	−28
73	136.45	144.56	153.16	162.26	171.91	182.13	192.96	204.44	216.60	229.47	243.12	257.58	−27
74	136.53	144.64	153.24	162.36	172.01	182.24	193.08	204.56	216.72	229.61	243.26	257.73	−26
75	136.60	144.73	153.33	162.45	172.11	182.34	193.19	204.68	216.85	229.74	243.40	257.87	−25
76	136.68	144.81	153.42	162.54	172.21	182.45	193.30	204.79	216.97	229.87	243.54	258.02	−24
77	136.76	144.89	153.51	162.64	172.31	182.56	193.41	204.91	217.10	230.01	243.68	258.17	−23
78	136.84	144.98	153.60	162.73	172.41	182.66	193.52	205.03	217.22	230.14	243.82	258.32	−22
79	136.92	145.06	153.69	162.83	172.51	182.77	193.63	205.15	217.35	230.27	243.96	258.47	−21
80	137.00	145.15	153.78	162.92	172.61	182.87	193.75	205.27	217.47	230.40	244.11	258.62	−20
81	137.08	145.23	153.87	163.01	172.71	182.98	193.86	205.39	217.60	230.54	244.25	258.77	−19
82	137.16	145.31	153.95	163.11	172.81	183.08	193.97	205.50	217.72	230.67	244.39	258.92	−18
83	137.24	145.40	154.04	163.20	172.91	183.19	194.08	205.62	217.85	230.80	244.53	259.07	−17
84	137.32	145.48	154.13	163.30	173.01	183.30	194.19	205.74	217.98	230.94	244.67	259.22	−16
85	137.40	145.57	154.22	163.39	173.11	183.40	194.31	205.86	218.10	231.07	244.81	259.37	−15
86	137.48	145.65	154.31	163.49	173.21	183.51	194.42	205.98	218.23	231.20	244.95	259.52	−14
87	137.55	145.73	154.40	163.58	173.31	183.61	194.53	206.10	218.35	231.34	245.09	259.67	−13
88	137.63	145.82	154.49	163.68	173.41	183.72	194.64	206.22	218.48	231.47	245.24	259.82	−12
89	137.71	145.90	154.58	163.77	173.51	183.83	194.76	206.34	218.61	231.61	245.38	259.97	−11
90	137.79	145.99	154.67	163.86	173.61	183.93	194.87	206.46	218.73	231.74	245.52	260.12	−10
91	137.87	146.07	154.76	163.96	173.71	184.04	194.98	206.58	218.86	231.87	245.66	260.27	−9
92	137.95	146.16	154.85	164.05	173.81	184.14	195.09	206.70	218.99	232.01	245.80	260.42	−8
93	138.03	146.24	154.94	164.15	173.91	184.25	195.21	206.81	219.11	232.14	245.95	260.57	−7
94	138.11	146.32	155.03	164.24	174.01	184.36	195.32	206.93	219.24	232.28	246.09	260.72	−6
95	138.19	146.41	155.11	164.34	174.11	184.46	195.43	207.05	219.37	232.41	246.23	260.87	−5
96	138.27	146.49	155.20	164.43	174.21	184.57	195.55	207.17	219.49	232.54	246.37	261.02	−4
97	138.35	146.58	155.29	164.53	174.31	184.68	195.66	207.29	219.62	232.68	246.51	261.17	−3
98	138.43	146.66	155.38	164.62	174.41	184.78	195.77	207.41	219.75	232.81	246.66	261.32	−2
99	138.51	146.75	155.47	164.72	174.51	184.89	195.88	207.53	219.87	232.95	246.80	261.47	−1
100	138.59	146.83	155.56	164.81	174.61	185.00	196.00	207.65	220.00	233.08	246.94	261.63	0
—	♯c	d	♯d	e	f	♯f	g	♯g	a	♯a	b	c¹	音分

A.4 十二平均律的频率与音分对照表(小字一组),见表 A.4。

表 A.4 十二平均律的频率与音分对照表(小字一组)

音分	c^1	♯c^1	d^1	♯d^2	e^1	f^1	♯f^1	g^1	♯g^1	a^1	♯a^1	b^1	—
0	261.63	277.18	293.66	311.13	329.63	349.23	369.99	392.00	415.30	440.00	466.16	493.88	−100
1	261.78	277.34	293.83	311.31	329.82	349.43	370.21	392.22	415.54	440.25	466.43	494.17	−99
2	261.93	277.50	294.00	311.49	330.01	349.63	370.42	392.45	415.78	440.51	466.70	494.45	−98
3	262.08	277.66	294.17	311.67	330.20	349.83	370.64	392.68	416.02	440.76	466.97	494.74	−97
4	262.23	277.82	294.34	311.85	330.39	350.04	370.85	392.90	416.27	441.02	467.24	495.03	−96
5	262.38	277.98	294.51	312.03	330.58	350.24	371.06	393.13	416.51	441.27	467.51	495.31	−95
6	262.53	278.14	294.68	312.21	330.77	350.44	371.28	393.36	416.75	441.53	467.78	495.60	−94
7	262.69	278.31	294.85	312.39	330.96	350.64	371.49	393.58	416.99	441.78	468.05	495.88	−93
8	262.84	278.47	295.02	312.57	331.15	350.85	371.71	393.81	417.23	442.04	468.32	496.17	−92
9	262.99	278.63	295.20	312.75	331.35	351.05	371.92	394.04	417.47	442.29	468.59	496.46	−91
10	263.14	278.79	295.37	312.93	331.54	351.25	372.14	394.27	417.71	442.55	468.86	496.74	−90
11	263.29	278.95	295.54	313.11	331.73	351.45	372.35	394.49	417.95	442.80	469.14	497.03	−89
12	263.45	279.11	295.71	313.29	331.92	351.66	372.57	394.72	418.19	443.06	469.41	497.32	−88
13	263.60	279.27	295.88	313.47	332.11	351.86	372.78	394.95	418.43	443.32	469.68	497.61	−87
14	263.75	279.43	296.05	313.65	332.30	352.06	373.00	395.18	418.68	443.57	469.95	497.89	−86
15	263.90	279.59	296.22	313.83	332.50	352.27	373.21	395.41	418.92	443.83	470.22	498.18	−85
16	264.05	279.76	296.39	314.02	332.69	352.47	373.43	395.64	419.16	444.09	470.49	498.47	−84
17	264.21	279.92	296.56	314.20	332.88	352.67	373.65	395.86	419.40	444.34	470.76	498.76	−83
18	264.36	280.08	296.73	314.38	333.07	352.88	373.86	396.09	419.65	444.60	471.04	499.05	−82
19	264.51	280.24	296.91	314.56	333.27	353.08	374.08	396.32	419.89	444.86	471.31	499.33	−81
20	264.67	280.40	297.08	314.74	333.46	353.29	374.29	396.55	420.13	445.11	471.58	499.62	−80
21	264.82	280.57	297.25	314.92	333.65	353.49	374.51	396.78	420.37	445.37	471.85	499.91	−79
22	264.97	280.73	297.42	315.11	333.84	353.69	374.73	397.01	420.62	445.63	472.13	500.20	−78
23	265.12	280.89	297.59	315.29	334.04	353.90	374.94	397.24	420.86	445.88	472.40	500.49	−77
24	265.28	281.05	297.76	315.47	334.23	354.10	375.16	397.47	421.10	446.14	472.67	500.78	−76
25	265.43	281.21	297.94	315.65	334.42	354.31	375.38	397.70	421.35	446.40	472.94	501.07	−75
26	265.58	281.38	298.11	315.83	334.62	354.51	375.59	397.93	421.59	446.66	473.22	501.36	−74
27	265.74	281.54	298.28	316.02	334.81	354.72	375.81	398.16	421.83	446.92	473.49	501.65	−73
28	265.89	281.70	298.45	316.20	335.00	354.92	376.03	398.39	422.08	447.17	473.76	501.94	−72
29	266.04	281.86	298.63	316.38	335.20	355.13	376.24	398.62	422.32	447.43	474.04	502.23	−71
30	266.20	282.03	298.80	316.57	335.39	355.33	376.46	398.85	422.56	447.69	474.31	502.52	−70
31	266.35	282.19	298.97	316.75	335.58	355.54	376.68	399.08	422.81	447.95	474.59	502.81	−69
32	266.51	282.35	299.14	316.93	335.78	355.74	376.90	399.31	423.05	448.21	474.86	503.10	−68
33	266.66	282.52	299.32	317.11	335.97	355.95	377.11	399.54	423.30	448.47	475.13	503.39	−67
34	266.81	282.68	299.49	317.30	336.17	356.15	377.33	399.77	423.54	448.73	475.41	503.68	−66
35	266.97	282.84	299.66	317.48	336.36	356.36	377.55	400.00	423.79	448.99	475.68	503.97	−65
36	267.12	283.01	299.84	317.66	336.55	356.57	377.77	400.23	424.03	449.25	475.96	504.26	−64
37	267.28	283.17	300.01	317.85	336.75	356.77	377.99	400.46	424.28	449.50	476.23	504.55	−63
38	267.43	283.33	300.18	318.03	336.94	356.98	378.21	400.69	424.52	449.76	476.51	504.84	−62
39	267.59	283.50	300.36	318.22	337.14	357.18	378.42	400.93	424.77	450.02	476.78	505.14	−61
40	267.74	283.66	300.53	318.40	337.33	357.39	378.64	401.16	425.01	450.28	477.06	505.43	−60
41	267.90	283.83	300.70	318.58	337.53	357.60	378.86	401.39	425.26	450.54	477.34	505.72	−59
42	268.05	283.99	300.88	318.77	337.72	357.80	379.08	401.62	425.50	450.81	477.61	506.01	−58
43	268.21	284.15	301.05	318.95	337.92	358.01	379.30	401.85	425.75	451.07	477.89	506.30	−57
44	268.36	284.32	301.22	319.14	338.11	358.22	379.52	402.09	426.00	451.33	478.16	506.60	−56
45	268.52	284.48	301.40	319.32	338.31	358.42	379.74	402.32	426.24	451.59	478.44	506.89	−55
46	268.67	284.65	301.57	319.50	338.50	358.63	379.96	402.55	426.49	451.85	478.72	507.18	−54
47	268.83	284.81	301.75	319.69	338.70	358.84	380.18	402.78	426.73	452.11	478.99	507.48	−53
48	268.98	284.98	301.92	319.87	338.89	359.05	380.40	403.02	426.98	452.37	479.27	507.77	−52
49	269.14	285.14	302.10	320.06	339.09	359.25	380.62	403.25	427.23	452.63	479.55	508.06	−51
50	269.29	285.30	302.27	320.24	339.29	359.46	380.84	403.48	427.47	452.89	479.82	508.36	−50
—	♯c^1	d^1	♯d^1	e^1	f^1	♯f^1	g^1	♯g^1	a^1	♯a^1	b^1	c^2	音分

表 A.4（续）

音分	c^1	♯c^1	d^1	♯d^2	e^1	f^1	♯f^1	g^1	♯g^1	a^1	♯a^1	b^1	—
51	269.45	285.47	302.44	320.43	339.48	359.67	381.06	403.71	427.72	453.15	480.10	508.65	−49
52	269.60	285.63	302.62	320.61	339.68	359.88	381.28	403.95	427.97	453.42	480.38	508.94	−48
53	269.76	285.80	302.79	320.80	339.87	360.08	381.50	404.18	428.22	453.68	480.66	509.24	−47
54	269.91	285.96	302.97	320.98	340.07	360.29	381.72	404.42	428.46	453.94	480.93	509.53	−46
55	270.07	286.13	303.14	321.17	340.27	360.50	381.94	404.65	428.71	454.20	481.21	509.83	−45
56	270.23	286.30	303.32	321.36	340.46	360.71	382.16	404.88	428.96	454.47	481.49	510.12	−44
57	270.38	286.46	303.49	321.54	340.66	360.92	382.38	405.12	429.21	454.73	481.77	510.41	−43
58	270.54	286.63	303.67	321.73	340.86	361.13	382.60	405.35	429.45	454.99	482.05	510.71	−42
59	270.70	286.79	303.85	321.91	341.05	361.33	382.82	405.58	429.70	455.25	482.32	511.00	−41
60	270.85	286.96	304.02	322.10	341.25	361.54	383.04	405.82	429.95	455.52	482.60	511.30	−40
61	271.01	287.12	304.20	322.28	341.45	361.75	383.26	406.05	430.20	455.78	482.88	511.60	−39
62	271.16	287.29	304.37	322.47	341.65	361.96	383.49	406.29	430.45	456.04	483.16	511.89	−38
63	271.32	287.46	304.55	322.66	341.84	362.17	383.71	406.52	430.70	456.31	483.44	512.19	−37
64	271.48	287.62	304.72	322.84	342.04	362.38	383.93	406.76	430.94	456.57	483.72	512.48	−36
65	271.64	287.79	304.90	323.03	342.24	362.59	384.15	406.99	431.19	456.83	484.00	512.78	−35
66	271.79	287.95	305.08	323.22	342.44	362.80	384.37	407.23	431.44	457.10	484.28	513.08	−34
67	271.95	288.12	305.25	323.40	342.63	363.01	384.59	407.46	431.69	457.36	484.56	513.37	−33
68	272.11	288.29	305.43	323.59	342.83	363.22	384.82	407.70	431.94	457.63	484.84	513.67	−32
69	272.26	288.45	305.61	323.78	343.03	363.43	385.04	407.93	432.19	457.89	485.12	513.97	−31
70	272.42	288.62	305.78	323.96	343.23	363.64	385.26	408.17	432.44	458.16	485.40	514.26	−30
71	272.58	288.79	305.96	324.15	343.43	363.85	385.48	408.41	432.69	458.42	485.68	514.56	−29
72	272.74	288.95	306.14	324.34	343.63	364.06	385.71	408.64	432.94	458.68	485.96	514.86	−28
73	272.89	289.12	306.31	324.53	343.82	364.27	385.93	408.88	433.19	458.95	486.24	515.15	−27
74	273.05	289.29	306.49	324.71	344.02	364.48	386.15	409.11	433.44	459.22	486.52	515.45	−26
75	273.21	289.45	306.67	324.90	344.22	364.69	386.38	409.35	433.69	459.48	486.80	515.75	−25
76	273.37	289.62	306.84	325.09	344.42	364.90	386.60	409.59	433.94	459.75	487.08	516.05	−24
77	273.52	289.79	307.02	325.28	344.62	365.11	386.82	409.82	434.19	460.01	487.37	516.35	−23
78	273.68	289.96	307.20	325.47	344.82	365.32	387.05	410.06	434.44	460.28	487.65	516.64	−22
79	273.84	290.12	307.38	325.65	345.02	365.53	387.27	410.30	434.70	460.54	487.93	516.94	−21
80	274.00	290.29	307.55	325.84	345.22	365.74	387.49	410.53	434.95	460.81	488.21	517.24	−20
81	274.16	290.46	307.73	326.03	345.42	365.96	387.72	410.77	435.20	461.08	488.49	517.54	−19
82	274.32	290.63	307.91	326.22	345.62	366.17	387.94	411.01	435.45	461.34	488.77	517.84	−18
83	274.47	290.80	308.09	326.41	345.82	366.38	388.17	411.25	435.70	461.61	489.06	518.14	−17
84	274.63	290.96	308.26	326.60	346.02	366.59	388.39	411.48	435.95	461.88	489.34	518.44	−16
85	274.79	291.13	308.44	326.78	346.22	366.80	388.61	411.72	436.20	462.14	489.62	518.74	−15
86	274.95	291.30	308.62	326.97	346.42	367.01	388.84	411.96	436.46	462.41	489.91	519.04	−14
87	275.11	291.47	308.80	327.16	346.62	367.23	389.06	412.20	436.71	462.68	490.19	519.34	−13
88	275.27	291.64	308.98	327.35	346.82	367.44	389.29	412.44	436.96	462.94	490.47	519.64	−12
89	275.43	291.80	309.16	327.54	347.02	367.65	389.51	412.67	437.21	463.21	490.76	519.94	−11
90	275.59	291.97	309.34	327.73	347.22	367.86	389.74	412.91	437.47	463.48	491.04	520.24	−10
91	275.75	292.14	309.51	327.92	347.42	368.08	389.96	413.15	437.72	463.75	491.32	520.54	−9
92	275.90	292.31	309.69	328.11	347.62	368.29	390.19	413.39	437.97	464.01	491.61	520.84	−8
93	276.06	292.48	309.87	328.30	347.82	368.50	390.41	413.63	438.22	464.28	491.89	521.14	−7
94	276.22	292.65	310.05	328.49	348.02	368.71	390.64	413.87	438.48	464.55	492.17	521.44	−6
95	276.38	292.82	310.23	328.68	348.22	368.93	390.86	414.11	438.73	464.82	492.46	521.74	−5
96	276.54	292.99	310.41	328.87	348.42	369.14	391.09	414.35	438.98	465.09	492.74	522.04	−4
97	276.70	293.16	310.59	329.06	348.62	369.35	391.32	414.59	439.24	465.36	493.03	522.35	−3
98	276.86	293.33	310.77	329.25	348.83	369.57	391.54	414.83	439.49	465.63	493.31	522.65	−2
99	277.02	293.50	310.95	329.44	349.03	369.78	391.77	415.06	439.75	465.89	493.60	522.95	−1
100	277.18	293.66	311.13	329.63	349.23	369.99	392.00	415.30	440.00	466.16	493.88	523.25	0
—	♯c^1	d^1	♯d^1	e^1	f^1	♯f^1	g^1	♯g^1	a^1	♯a^1	b^1	c^2	音分

A.5 十二平均律的频率与音分对照表(小字二组),见表 A.5。

表 A.5 十二平均律的频率与音分对照表(小字二组)

音分	c^2	♯c^2	d^2	♯d^2	e^2	f^2	♯f^2	g^2	♯g^2	a^2	♯a^2	b^2	—
0	523.25	554.37	587.33	622.25	659.26	698.46	739.99	783.99	830.61	880.00	932.33	987.77	−100
1	523.55	554.69	587.67	622.61	659.64	698.86	740.42	784.44	831.09	880.51	932.87	988.34	−99
2	523.86	555.01	588.01	622.97	660.02	699.26	740.84	784.90	831.57	881.02	933.41	988.91	−98
3	524.16	555.33	588.35	623.33	660.40	699.67	741.27	785.35	832.05	881.53	933.94	989.48	−97
4	524.46	555.65	588.69	623.69	660.78	700.07	741.70	785.80	832.53	882.04	934.48	990.05	−96
5	524.76	555.97	589.03	624.05	661.16	700.48	742.13	786.26	833.01	882.55	935.02	990.62	−95
6	525.07	556.29	589.37	624.41	661.54	700.88	742.56	786.71	833.49	883.06	935.56	991.20	−94
7	525.37	556.61	589.71	624.78	661.93	701.29	742.99	787.17	833.97	883.57	936.10	991.77	−93
8	525.67	556.93	590.05	625.14	662.31	701.69	743.42	787.62	834.46	884.08	936.65	992.34	−92
9	525.98	557.25	590.39	625.50	662.69	702.10	743.85	788.08	834.94	884.59	937.19	992.91	−91
10	526.28	557.58	590.73	625.86	663.07	702.50	744.28	788.53	835.42	885.10	937.73	993.49	−90
11	526.59	557.90	591.07	626.22	663.46	702.91	744.71	788.99	835.90	885.61	938.27	994.06	−89
12	526.89	558.22	591.41	626.58	663.84	703.31	745.14	789.44	836.39	886.12	938.81	994.64	−88
13	527.20	558.54	591.76	626.94	664.22	703.72	745.57	789.90	836.87	886.63	939.35	995.21	−87
14	527.50	558.87	592.10	627.31	664.61	704.13	746.00	790.36	837.35	887.15	939.90	995.79	−86
15	527.80	559.19	592.44	627.67	664.99	704.53	746.43	790.81	837.84	887.66	940.44	996.36	−85
16	528.11	559.51	592.78	628.03	665.38	704.94	746.86	791.27	838.32	888.17	940.98	996.94	−84
17	528.41	559.84	593.13	628.39	665.76	705.35	747.29	791.73	838.81	888.68	941.53	997.51	−83
18	528.72	560.16	593.47	628.76	666.15	705.76	747.72	792.18	839.29	889.20	942.07	998.09	−82
19	529.03	560.48	593.81	629.12	666.53	706.16	748.15	792.64	839.78	889.71	942.62	998.67	−81
20	529.33	560.81	594.15	629.48	666.92	706.57	748.59	793.10	840.26	890.23	943.16	999.24	−80
21	529.64	561.13	594.50	629.85	667.30	706.98	749.02	793.56	840.75	890.74	943.71	999.82	−79
22	529.94	561.45	594.84	630.21	667.69	707.39	749.45	794.02	841.23	891.25	944.25	1 000.4	−78
23	530.25	561.78	595.18	630.58	668.07	707.80	749.89	794.48	841.72	891.77	944.80	1 001.0	−77
24	530.56	562.10	595.53	630.94	668.46	708.21	750.32	794.93	842.20	892.28	945.34	1 001.6	−76
25	530.86	562.43	595.87	631.30	668.84	708.62	750.75	795.39	842.69	892.80	945.89	1 002.1	−75
26	531.17	562.75	596.22	631.67	669.23	709.03	751.19	795.85	843.18	893.32	946.44	1 002.7	−74
27	531.48	563.08	596.56	632.03	669.62	709.43	751.62	796.31	843.66	893.83	946.98	1 003.3	−73
28	531.78	563.40	596.91	632.40	670.00	709.84	752.05	796.77	844.15	894.35	947.53	1 003.9	−72
29	532.09	563.73	597.25	632.77	670.39	710.25	752.49	797.23	844.64	894.87	948.08	1 004.5	−71
30	532.40	564.06	597.60	633.13	670.78	710.67	752.92	797.69	845.13	895.38	948.62	1 005.0	−70
31	532.71	564.38	597.94	633.50	671.17	711.08	753.36	798.16	845.62	895.90	949.17	1 005.6	−69
32	533.01	564.71	598.29	633.86	671.55	711.49	753.79	798.62	846.11	896.42	949.72	1 006.2	−68
33	533.32	565.03	598.63	634.23	671.94	711.90	754.23	799.08	846.59	896.94	950.27	1 006.8	−67
34	533.63	565.36	598.98	634.60	672.33	712.31	754.67	799.54	847.08	897.45	950.82	1 007.4	−66
35	533.94	565.69	599.32	634.96	672.72	712.72	755.10	800.00	847.57	897.97	951.37	1 007.9	−65
36	534.25	566.01	599.67	635.33	673.11	713.13	755.54	800.46	848.06	898.49	951.92	1 008.5	−64
37	534.55	566.34	600.02	635.70	673.50	713.54	755.97	800.93	848.55	899.01	952.47	1 009.1	−63
38	534.86	566.67	600.36	636.06	673.89	713.96	756.41	801.39	849.04	899.53	953.02	1 009.7	−62
39	535.17	567.00	600.71	636.43	674.27	714.37	756.85	801.85	849.53	900.05	953.57	1 010.3	−61
40	535.48	567.32	601.06	636.80	674.66	714.78	757.29	802.32	850.02	900.57	954.12	1 010.9	−60
41	535.79	567.65	601.40	637.17	675.05	715.20	757.72	802.78	850.52	901.09	954.67	1 011.4	−59
42	536.10	567.98	601.75	637.53	675.44	715.61	758.16	803.24	851.01	901.61	955.22	1 012.0	−58
43	536.41	568.31	602.10	637.90	675.83	716.02	758.60	803.71	851.50	902.13	955.77	1 012.6	−57
44	536.72	568.64	602.45	638.27	676.23	716.44	759.04	804.17	851.99	902.65	956.33	1 013.2	−56
45	537.03	568.96	602.80	638.64	676.62	716.85	759.48	804.64	852.48	903.17	956.88	1 013.8	−55
46	537.34	569.29	603.14	639.01	677.01	717.26	759.91	805.10	852.98	903.70	957.43	1 014.4	−54
47	537.65	569.62	603.49	639.38	677.40	717.68	760.35	805.57	853.47	904.22	957.99	1 015.0	−53
48	537.96	569.95	603.84	639.75	677.79	718.09	760.79	806.03	853.96	904.74	958.54	1 015.5	−52
49	538.27	570.28	604.19	640.12	678.18	718.51	761.23	806.50	854.45	905.26	959.09	1 016.1	−51
50	538.58	570.61	604.54	640.49	678.57	718.92	761.67	806.96	854.95	905.79	959.65	1 016.7	−50
—	♯c^2	d^2	♯d^2	e^2	f^2	♯f^2	g^2	♯g^2	a^2	♯a^2	b^2	c^3	音分

表 A.5（续）

音分	c^2	#c^2	d^2	#d^2	e^2	f^2	#f^2	g^2	#g^2	a^2	#a^2	b^2	—
51	538.89	570.94	604.89	640.86	678.96	719.34	762.11	807.43	855.44	906.31	960.20	1 017.3	−49
52	539.21	571.27	605.24	641.23	679.36	719.75	762.55	807.90	855.94	906.83	960.76	1 017.9	−48
53	539.52	571.60	605.59	641.60	679.75	720.17	762.99	808.36	856.43	907.36	961.31	1 018.5	−47
54	539.83	571.93	605.94	641.97	680.14	720.59	763.43	808.83	856.93	907.88	961.87	1 019.1	−46
55	540.14	572.26	606.29	642.34	680.54	721.00	763.88	809.30	857.42	908.41	962.42	1 019.7	−45
56	540.45	572.59	606.64	642.71	680.93	721.42	764.32	809.77	857.92	908.93	962.98	1 020.2	−44
57	540.77	572.92	606.99	643.08	681.32	721.84	764.76	810.23	858.41	909.46	963.53	1 020.8	−43
58	541.08	573.25	607.34	643.45	681.72	722.25	765.20	810.70	858.91	909.98	964.09	1 021.4	−42
59	541.39	573.58	607.69	643.83	682.11	722.67	765.64	811.17	859.40	910.51	964.65	1 022.0	−41
60	541.70	573.91	608.04	644.20	682.50	723.09	766.08	811.64	859.90	911.03	965.21	1 022.6	−40
61	542.02	574.25	608.39	644.57	682.90	723.51	766.53	812.11	860.40	911.56	965.76	1 023.2	−39
62	542.33	574.58	608.74	644.94	683.29	723.92	766.97	812.58	860.89	912.09	966.32	1 023.8	−38
63	542.64	574.91	609.10	645.31	683.69	724.34	767.41	813.05	861.39	912.61	966.88	1 024.4	−37
64	542.96	575.24	609.45	645.69	684.08	724.76	767.86	813.52	861.89	913.14	967.44	1 025.0	−36
65	543.27	575.57	609.80	646.06	684.48	725.18	768.30	813.99	862.39	913.67	968.00	1 025.6	−35
66	543.58	575.91	610.15	646.43	684.87	725.60	768.74	814.46	862.89	914.20	968.56	1 026.2	−34
67	543.90	576.24	610.51	646.81	685.27	726.02	769.19	814.93	863.38	914.72	969.12	1 026.7	−33
68	544.21	576.57	610.86	647.18	685.66	726.44	769.63	815.40	863.88	915.25	969.68	1 027.3	−32
69	544.53	576.91	611.21	647.56	686.06	726.86	770.08	815.87	864.38	915.78	970.24	1 027.9	−31
70	544.84	577.24	611.56	647.93	686.46	727.28	770.52	816.34	864.88	916.31	970.80	1 028.5	−30
71	545.16	577.57	611.92	648.30	686.85	727.70	770.97	816.81	865.38	916.84	971.36	1 029.1	−29
72	545.47	577.91	612.27	648.68	687.25	728.12	771.41	817.28	865.88	917.37	971.92	1 029.7	−28
73	545.79	578.24	612.62	649.05	687.65	728.54	771.86	817.76	866.38	917.90	972.48	1 030.3	−27
74	546.10	578.57	612.98	649.43	688.05	728.96	772.30	818.23	866.88	918.43	973.04	1 030.9	−26
75	546.42	578.91	613.33	649.80	688.44	729.38	772.75	818.70	867.38	918.96	973.61	1 031.5	−25
76	546.73	579.24	613.69	650.18	688.84	729.80	773.20	819.17	867.88	919.49	974.17	1 032.1	−24
77	547.05	579.58	614.04	650.55	689.24	730.22	773.64	819.65	868.39	920.02	974.73	1 032.7	−23
78	547.37	579.91	614.40	650.93	689.64	730.64	774.09	820.12	868.89	920.55	975.29	1 033.3	−22
79	547.68	580.25	614.75	651.31	690.04	731.07	774.54	820.59	869.39	921.09	975.86	1 033.9	−21
80	548.00	580.58	615.11	651.68	690.43	731.49	774.99	821.07	869.89	921.62	976.42	1 034.5	−20
81	548.31	580.92	615.46	652.06	690.83	731.91	775.43	821.54	870.39	922.15	976.99	1 035.1	−19
82	548.63	581.25	615.82	652.44	691.23	732.33	775.88	822.02	870.90	922.68	977.55	1 035.7	−18
83	548.95	581.59	616.17	652.81	691.63	732.76	776.33	822.49	871.40	923.22	978.11	1 036.3	−17
84	549.27	581.93	616.53	653.19	692.03	733.18	776.78	822.97	871.90	923.75	978.68	1 036.9	−16
85	549.58	582.26	616.89	653.57	692.43	733.61	777.23	823.44	872.41	924.28	979.25	1 037.5	−15
86	549.90	582.60	617.24	653.95	692.83	734.03	777.68	823.92	872.91	924.82	979.81	1 038.1	−14
87	550.22	582.94	617.60	654.32	693.23	734.45	778.13	824.40	873.42	925.35	980.38	1 038.7	−13
88	550.54	583.27	617.96	654.70	693.63	734.88	778.58	824.87	873.92	925.89	980.94	1 039.3	−12
89	550.85	583.61	618.31	655.08	694.03	735.30	779.03	825.35	874.43	926.42	981.51	1 039.9	−11
90	551.17	583.95	618.67	655.46	694.43	735.73	779.48	825.83	874.93	926.96	982.08	1 040.5	−10
91	551.49	584.28	619.03	655.84	694.83	736.15	779.93	826.30	875.44	927.49	982.64	1 041.1	−9
92	551.81	584.62	619.39	656.22	695.24	736.58	780.38	826.78	875.94	928.03	983.21	1 041.7	−8
93	552.13	584.96	619.74	656.59	695.64	737.00	780.83	827.26	876.45	928.57	983.78	1 042.3	−7
94	552.45	585.30	620.10	656.97	696.04	737.43	781.28	827.74	876.96	929.10	984.35	1 042.9	−6
95	552.77	585.64	620.46	657.35	696.44	737.85	781.73	828.21	877.46	929.64	984.92	1 043.5	−5
96	553.09	585.97	620.82	657.73	696.84	738.28	782.18	828.69	877.97	930.18	985.49	1 044.1	−4
97	553.41	586.31	621.18	658.11	697.25	738.71	782.63	829.17	878.48	930.71	986.06	1 044.7	−3
98	553.73	586.65	621.54	658.49	697.65	739.13	783.09	829.65	878.98	931.25	986.63	1 045.3	−2
99	554.05	586.99	621.89	658.87	698.05	739.56	783.54	830.13	879.49	931.79	987.20	1 045.9	−1
100	554.37	587.33	622.25	659.26	698.46	739.99	783.99	830.61	880.00	932.33	987.77	1 046.5	0
—	#c^2	d^2	#d^2	e^2	f^2	#f^2	g^2	#g^2	a^2	#a^2	b^2	c^3	音分

STANDARDS PRESS OF CHINA

A.6 十二平均律的频率与音分对照表(小字三组),见表 A.6。

表 A.6 十二平均律的频率与音分对照表(小字三组)

音分	c^3	♯c^3	d^3	♯d^3	e^3	f^3	♯f^3	g^3	♯g^3	a^3	♯a^3	b^3	—
0	1 046.5	1 108.7	1 174.7	1 244.5	1 318.5	1 396.9	1 480.0	1 568.0	1 661.2	1 760.0	1 864.7	1 975.5	−100
1	1 047.1	1 109.4	1 175.3	1 245.2	1 319.3	1 397.7	1 480.8	1 568.9	1 662.2	1 761.0	1 865.7	1 976.7	−99
2	1 047.7	1 110.0	1 176.0	1 245.9	1 320.0	1 398.5	1 481.7	1 569.8	1 663.1	1 762.0	1 866.8	1 977.8	−98
3	1 048.3	1 110.7	1 176.7	1 246.7	1 320.8	1 399.3	1 482.5	1 570.7	1 664.1	1 763.1	1 867.9	1 979.0	−97
4	1 048.9	1 111.3	1 177.4	1 247.4	1 321.6	1 400.1	1 483.4	1 571.6	1 665.1	1 764.1	1 869.0	1 980.1	−96
5	1 049.5	1 111.9	1 178.1	1 248.1	1 322.3	1 401.0	1 484.3	1 572.5	1 666.0	1 765.1	1 870.0	1 981.2	−95
6	1 050.1	1 112.6	1 178.7	1 248.8	1 323.1	1 401.8	1 485.1	1 573.4	1 667.0	1 766.1	1 871.1	1 982.4	−94
7	1 050.7	1 113.2	1 179.4	1 249.6	1 323.9	1 402.6	1 486.0	1 574.3	1 667.9	1 767.1	1 872.2	1 983.5	−93
8	1 051.3	1 113.9	1 180.1	1 250.3	1 324.6	1 403.4	1 486.8	1 575.2	1 668.9	1 768.2	1 873.3	1 984.7	−92
9	1 052.0	1 114.5	1 180.8	1 251.0	1 325.4	1 404.2	1 487.7	1 576.2	1 669.9	1 769.2	1 874.4	1 985.8	−91
10	1 052.6	1 115.2	1 181.5	1 251.7	1 326.1	1 405.0	1 488.6	1 577.1	1 670.8	1 770.2	1 875.5	1 987.0	−90
11	1 053.2	1 115.8	1 182.1	1 252.4	1 326.9	1 405.8	1 489.4	1 578.0	1 671.8	1 771.2	1 876.5	1 988.1	−89
12	1 053.8	1 116.4	1 182.8	1 253.2	1 327.7	1 406.6	1 490.3	1 578.9	1 672.8	1 772.2	1 877.6	1 989.3	−88
13	1 054.4	1 117.1	1 183.5	1 253.9	1 328.4	1 407.4	1 491.1	1 579.8	1 673.7	1 773.3	1 878.7	1 990.4	−87
14	1 055.0	1 117.7	1 184.2	1 254.6	1 329.2	1 408.3	1 492.0	1 580.7	1 674.7	1 774.3	1 879.8	1 991.6	−86
15	1 055.6	1 118.4	1 184.9	1 255.3	1 330.0	1 409.1	1 492.9	1 581.6	1 675.7	1 775.3	1 880.9	1 992.7	−85
16	1 056.2	1 119.0	1 185.6	1 256.1	1 330.8	1 409.9	1 493.7	1 582.5	1 676.6	1 776.3	1 882.0	1 993.9	−84
17	1 056.8	1 119.7	1 186.3	1 256.8	1 331.5	1 410.7	1 494.6	1 583.5	1 677.6	1 777.4	1 883.1	1 995.0	−83
18	1 057.4	1 120.3	1 186.9	1 257.5	1 332.3	1 411.5	1 495.4	1 584.4	1 678.6	1 778.4	1 884.1	1 996.2	−82
19	1 058.1	1 121.0	1 187.6	1 258.2	1 333.1	1 412.3	1 496.3	1 585.3	1 679.6	1 779.4	1 885.2	1 997.3	−81
20	1 058.7	1 121.6	1 188.3	1 259.0	1 333.8	1 413.1	1 497.2	1 586.2	1 680.5	1 780.5	1 886.3	1 998.5	−80
21	1 059.3	1 122.3	1 189.0	1 259.7	1 334.6	1 414.0	1 498.0	1 587.1	1 681.5	1 781.5	1 887.4	1 999.6	−79
22	1 059.9	1 122.9	1 189.7	1 260.4	1 335.4	1 414.8	1 498.9	1 588.0	1 682.5	1 782.5	1 888.5	2 000.8	−78
23	1 060.5	1 123.6	1 190.4	1 261.2	1 336.1	1 415.6	1 499.8	1 589.0	1 683.4	1 783.5	1 889.6	2 002.0	−77
24	1 061.1	1 124.2	1 191.1	1 261.9	1 336.9	1 416.4	1 500.6	1 589.9	1 684.4	1 784.6	1 890.7	2 003.1	−76
25	1 061.7	1 124.9	1 191.7	1 262.6	1 337.7	1 417.2	1 501.5	1 590.8	1 685.4	1 785.6	1 891.8	2 004.3	−75
26	1 062.3	1 125.5	1 192.4	1 263.3	1 338.5	1 418.1	1 502.4	1 591.7	1 686.4	1 786.6	1 892.9	2 005.4	−74
27	1 063.0	1 126.2	1 193.1	1 264.1	1 339.2	1 418.9	1 503.2	1 592.6	1 687.3	1 787.7	1 894.0	2 006.6	−73
28	1 063.6	1 126.8	1 193.8	1 264.8	1 340.0	1 419.7	1 504.1	1 593.5	1 688.3	1 788.7	1 895.1	2 007.7	−72
29	1 064.2	1 127.5	1 194.5	1 265.5	1 340.8	1 420.5	1 505.0	1 594.5	1 689.3	1 789.7	1 896.2	2 008.9	−71
30	1 064.8	1 128.1	1 195.2	1 266.3	1 341.6	1 421.3	1 505.8	1 595.4	1 690.3	1 790.8	1 897.2	2 010.1	−70
31	1 065.4	1 128.8	1 195.9	1 267.0	1 342.3	1 422.2	1 506.7	1 596.3	1 691.2	1 791.8	1 898.3	2 011.2	−69
32	1 066.0	1 129.4	1 196.6	1 267.7	1 343.1	1 423.0	1 507.6	1 597.2	1 692.2	1 792.8	1 899.4	2 012.4	−68
33	1 066.6	1 130.1	1 197.3	1 268.5	1 343.9	1 423.8	1 508.5	1 598.2	1 693.2	1 793.9	1 900.5	2 013.6	−67
34	1 067.3	1 130.7	1 198.0	1 269.2	1 344.7	1 424.6	1 509.3	1 599.1	1 694.2	1 794.9	1 901.6	2 014.7	−66
35	1 067.9	1 131.4	1 198.6	1 269.9	1 345.4	1 425.4	1 510.2	1 600.0	1 695.1	1 795.9	1 902.7	2 015.9	−65
36	1 068.5	1 132.0	1 199.3	1 270.7	1 346.2	1 426.3	1 511.1	1 600.9	1 696.1	1 797.0	1 903.8	2 017.0	−64
37	1 069.1	1 132.7	1 200.0	1 271.4	1 347.0	1 427.1	1 511.9	1 601.9	1 697.1	1 798.0	1 904.9	2 018.2	−63
38	1 069.7	1 133.3	1 200.7	1 272.1	1 347.8	1 427.9	1 512.8	1 602.8	1 698.1	1 799.1	1 906.0	2 019.4	−62
39	1 070.3	1 134.0	1 201.4	1 272.9	1 348.5	1 428.7	1 513.7	1 603.7	1 699.1	1 800.1	1 907.1	2 020.5	−61
40	1 071.0	1 134.6	1 202.1	1 273.6	1 349.3	1 429.6	1 514.6	1 604.6	1 700.0	1 801.1	1 908.2	2 021.7	−60
41	1 071.6	1 135.3	1 202.8	1 274.3	1 350.1	1 430.4	1 515.4	1 605.6	1 701.0	1 802.2	1 909.3	2 022.9	−59
42	1 072.2	1 136.0	1 203.5	1 275.1	1 350.9	1 431.2	1 516.3	1 606.5	1 702.0	1 803.2	1 910.4	2 024.0	−58
43	1 072.8	1 136.6	1 204.2	1 275.8	1 351.7	1 432.0	1 517.2	1 607.4	1 703.0	1 804.3	1 911.5	2 025.2	−57
44	1 073.4	1 137.3	1 204.9	1 276.5	1 352.5	1 432.9	1 518.1	1 608.3	1 704.0	1 805.3	1 912.7	2 026.4	−56
45	1 074.1	1 137.9	1 205.6	1 277.3	1 353.2	1 433.7	1 519.0	1 609.3	1 705.0	1 806.3	1 913.8	2 027.6	−55
46	1 074.7	1 138.6	1 206.3	1 278.0	1 354.0	1 434.5	1 519.8	1 610.2	1 706.0	1 807.4	1 914.9	2 028.7	−54
47	1 075.3	1 139.2	1 207.0	1 278.8	1 354.8	1 435.4	1 520.7	1 611.1	1 706.9	1 808.4	1 916.0	2 029.9	−53
48	1 075.9	1 139.9	1 207.7	1 279.5	1 355.6	1 436.2	1 521.6	1 612.1	1 707.9	1 809.5	1 917.1	2 031.1	−52
49	1 076.5	1 140.6	1 208.4	1 280.2	1 356.4	1 437.0	1 522.5	1 613.0	1 708.9	1 810.5	1 918.2	2 032.2	−51
50	1 077.2	1 141.2	1 209.1	1 281.0	1 357.1	1 437.8	1 523.3	1 613.9	1 709.9	1 811.6	1 919.3	2 033.4	−50
—	♯c^3	d^3	♯d^3	e^3	f^3	♯f^3	g^3	♯g^3	a^3	♯a^3	b^3	c^4	音分

表 A.6（续）

音分	c^3	#c^3	d^3	#d^3	e^3	f^3	#f^3	g^3	#g^3	a^3	#a^3	b^3	—
51	1 077.8	1 141.9	1 209.8	1 281.7	1 357.9	1 438.7	1 524.2	1 614.9	1 710.9	1 812.6	1 920.4	2 034.6	−49
52	1 078.4	1 142.5	1 210.5	1 282.5	1 358.7	1 439.5	1 525.1	1 615.8	1 711.9	1 813.7	1 921.5	2 035.8	−48
53	1 079.0	1 143.2	1 211.2	1 283.2	1 359.5	1 440.3	1 526.0	1 616.7	1 712.9	1 814.7	1 922.6	2 036.9	−47
54	1 079.7	1 143.9	1 211.9	1 283.9	1 360.3	1 441.2	1 526.9	1 617.7	1 713.9	1 815.8	1 923.7	2 038.1	−46
55	1 080.3	1 144.5	1 212.6	1 284.7	1 361.1	1 442.0	1 527.8	1 618.6	1 714.8	1 816.8	1 924.8	2 039.3	−45
56	1 080.9	1 145.2	1 213.3	1 285.4	1 361.9	1 442.8	1 528.6	1 619.5	1 715.8	1 817.9	1 926.0	2 040.5	−44
57	1 081.5	1 145.8	1 214.0	1 286.2	1 362.6	1 443.7	1 529.5	1 620.5	1 716.8	1 818.9	1 927.1	2 041.7	−43
58	1 082.2	1 146.5	1 214.7	1 286.9	1 363.4	1 444.5	1 530.4	1 621.4	1 717.8	1 820.0	1 928.2	2 042.8	−42
59	1 082.8	1 147.2	1 215.4	1 287.7	1 364.2	1 445.3	1 531.3	1 622.3	1 718.8	1 821.0	1 929.3	2 044.0	−41
60	1 083.4	1 147.8	1 216.1	1 288.4	1 365.0	1 446.2	1 532.2	1 623.3	1 719.8	1 822.1	1 930.4	2 045.2	−40
61	1 084.0	1 148.5	1 216.8	1 289.1	1 365.8	1 447.0	1 533.1	1 624.2	1 720.8	1 823.1	1 931.5	2 046.4	−39
62	1 084.7	1 149.2	1 217.5	1 289.9	1 366.6	1 447.8	1 533.9	1 625.2	1 721.8	1 824.2	1 932.6	2 047.6	−38
63	1 085.3	1 149.8	1 218.2	1 290.6	1 367.4	1 448.7	1 534.8	1 626.1	1 722.8	1 825.2	1 933.8	2 048.7	−37
64	1 085.9	1 150.5	1 218.9	1 291.4	1 368.2	1 449.5	1 535.7	1 627.0	1 723.8	1 826.3	1 934.9	2 049.9	−36
65	1 086.5	1 151.1	1 219.6	1 292.1	1 369.0	1 450.4	1 536.6	1 628.0	1 724.8	1 827.3	1 936.0	2 051.1	−35
66	1 087.2	1 151.8	1 220.3	1 292.9	1 369.7	1 451.2	1 537.5	1 628.9	1 725.8	1 828.4	1 937.1	2 052.3	−34
67	1 087.8	1 152.5	1 221.0	1 293.6	1 370.5	1 452.0	1 538.4	1 629.9	1 726.8	1 829.4	1 938.2	2 053.5	−33
68	1 088.4	1 153.1	1 221.7	1 294.4	1 371.3	1 452.9	1 539.3	1 630.8	1 727.8	1 830.5	1 939.4	2 054.7	−32
69	1 089.1	1 153.8	1 222.4	1 295.1	1 372.1	1 453.7	1 540.2	1 631.7	1 728.8	1 831.6	1 940.5	2 055.9	−31
70	1 089.7	1 154.5	1 223.1	1 295.9	1 372.9	1 454.6	1 541.0	1 632.7	1 729.8	1 832.6	1 941.6	2 057.0	−30
71	1 090.3	1 155.1	1 223.8	1 296.6	1 373.7	1 455.4	1 541.9	1 633.6	1 730.8	1 833.7	1 942.7	2 058.2	−29
72	1 090.9	1 155.8	1 224.5	1 297.4	1 374.5	1 456.2	1 542.8	1 634.6	1 731.8	1 834.7	1 943.8	2 059.4	−28
73	1 091.6	1 156.5	1 225.2	1 298.1	1 375.3	1 457.1	1 543.7	1 635.5	1 732.8	1 835.8	1 945.0	2 060.6	−27
74	1 092.2	1 157.1	1 226.0	1 298.9	1 376.1	1 457.9	1 544.6	1 636.5	1 733.8	1 836.9	1 946.1	2 061.8	−26
75	1 092.8	1 157.8	1 226.7	1 299.6	1 376.9	1 458.8	1 545.5	1 637.4	1 734.8	1 837.9	1 947.2	2 063.0	−25
76	1 093.5	1 158.5	1 227.4	1 300.4	1 377.7	1 459.6	1 546.4	1 638.3	1 735.8	1 839.0	1 948.3	2 064.2	−24
77	1 094.1	1 159.2	1 228.1	1 301.1	1 378.5	1 460.4	1 547.3	1 639.3	1 736.8	1 840.0	1 949.5	2 065.4	−23
78	1 094.7	1 159.8	1 228.8	1 301.9	1 379.3	1 461.3	1 548.2	1 640.2	1 737.8	1 841.1	1 950.6	2 066.6	−22
79	1 095.4	1 160.5	1 229.5	1 302.6	1 380.1	1 462.1	1 549.1	1 641.2	1 738.8	1 842.2	1 951.7	2 067.8	−21
80	1 096.0	1 161.2	1 230.2	1 303.4	1 380.9	1 463.0	1 550.0	1 642.1	1 739.8	1 843.2	1 952.8	2 069.0	−20
81	1 096.6	1 161.8	1 230.9	1 304.1	1 381.7	1 463.8	1 550.9	1 643.1	1 740.8	1 844.3	1 954.0	2 070.2	−19
82	1 097.3	1 162.5	1 231.6	1 304.9	1 382.5	1 464.7	1 551.8	1 644.0	1 741.8	1 845.4	1 955.1	2 071.4	−18
83	1 097.9	1 163.2	1 232.3	1 305.6	1 383.3	1 465.5	1 552.7	1 645.0	1 742.8	1 846.4	1 956.2	2 072.6	−17
84	1 098.5	1 163.9	1 233.1	1 306.4	1 384.1	1 466.4	1 553.6	1 645.9	1 743.8	1 847.5	1 957.4	2 073.8	−16
85	1 099.2	1 164.5	1 233.8	1 307.1	1 384.9	1 467.2	1 554.5	1 646.9	1 744.8	1 848.6	1 958.5	2 074.9	−15
86	1 099.8	1 165.2	1 234.5	1 307.9	1 385.7	1 468.1	1 555.4	1 647.8	1 745.8	1 849.6	1 959.6	2 076.1	−14
87	1 100.4	1 165.9	1 235.2	1 308.6	1 386.5	1 468.9	1 556.3	1 648.8	1 746.8	1 850.7	1 960.8	2 077.3	−13
88	1 101.1	1 166.5	1 235.9	1 309.4	1 387.3	1 469.8	1 557.2	1 649.7	1 747.8	1 851.8	1 961.9	2 078.5	−12
89	1 101.7	1 167.2	1 236.6	1 310.2	1 388.1	1 470.6	1 558.1	1 650.7	1 748.9	1 852.8	1 963.0	2 079.7	−11
90	1 102.3	1 167.9	1 237.3	1 310.9	1 388.9	1 471.5	1 559.0	1 651.7	1 749.9	1 853.9	1 964.2	2 080.9	−10
91	1 103.0	1 168.6	1 238.1	1 311.7	1 389.7	1 472.3	1 559.9	1 652.6	1 750.9	1 855.0	1 965.3	2 082.2	−9
92	1 103.6	1 169.2	1 238.8	1 312.4	1 390.5	1 473.2	1 560.8	1 653.6	1 751.9	1 856.1	1 966.4	2 083.4	−8
93	1 104.3	1 169.9	1 239.5	1 313.2	1 391.3	1 474.0	1 561.7	1 654.5	1 752.9	1 857.1	1 967.6	2 084.6	−7
94	1 104.9	1 170.6	1 240.2	1 313.9	1 392.1	1 474.9	1 562.6	1 655.5	1 753.9	1 858.2	1 968.7	2 085.8	−6
95	1 105.5	1 171.3	1 240.9	1 314.7	1 392.9	1 475.7	1 563.5	1 656.4	1 754.9	1 859.3	1 969.8	2 087.0	−5
96	1 106.2	1 171.9	1 241.6	1 315.5	1 393.7	1 476.6	1 564.4	1 657.4	1 755.9	1 860.4	1 971.0	2 088.2	−4
97	1 106.8	1 172.6	1 242.4	1 316.2	1 394.5	1 477.4	1 565.3	1 658.3	1 757.0	1 861.4	1 972.1	2 089.4	−3
98	1 107.5	1 173.3	1 243.1	1 317.0	1 395.3	1 478.3	1 566.2	1 659.3	1 758.0	1 862.5	1 973.3	2 090.6	−2
99	1 108.1	1 174.0	1 243.8	1 317.7	1 396.1	1 479.1	1 567.1	1 660.3	1 759.0	1 863.6	1 974.4	2 091.8	−1
100	1 108.7	1 174.7	1 244.5	1 318.5	1 396.9	1 480.0	1 568.0	1 661.2	1 760.0	1 864.7	1 975.5	2 093.0	0
—	#c^3	d^3	#d^3	e^3	f^3	#f^3	g^3	#g^3	a^3	#a^3	b^3	c^4	音分

A.7 十二平均律的频率与音分对照表(小字四组),见表 A.7。

表 A.7 十二平均律的频率与音分对照表(小字四组)

音分	c^4	♯c^4	d^4	♯d^4	e^4	f^4	♯f^4	g^4	♯g^4	a^4	♯a^4	b^4	—
0	2 093.0	2 217.5	2 349.3	2 489.0	2 637.0	2 793.8	2 960.0	3 136.0	3 322.4	3 520.0	3 729.3	3 951.1	−100
1	2 094.2	2 218.7	2 350.7	2 490.5	2 638.5	2 795.4	2 961.7	3 137.8	3 324.4	3 522.0	3 731.5	3 953.3	−99
2	2 095.4	2 220.0	2 352.0	2 491.9	2 640.1	2 797.1	2 963.4	3 139.6	3 326.3	3 524.1	3 733.6	3 955.6	−98
3	2 096.6	2 221.3	2 353.4	2 493.3	2 641.6	2 798.7	2 965.1	3 141.4	3 328.2	3 526.1	3 735.8	3 957.9	−97
4	2 097.8	2 222.6	2 354.8	2 494.8	2 643.1	2 800.3	2 966.8	3 143.2	3 330.1	3 528.1	3 737.9	3 960.2	−96
5	2 099.1	2 223.9	2 356.1	2 496.2	2 644.6	2 801.9	2 968.5	3 145.0	3 332.0	3 530.2	3 740.1	3 962.5	−95
6	2 100.3	2 225.2	2 357.5	2 497.7	2 646.2	2 803.5	2 970.2	3 146.9	3 334.0	3 532.2	3 742.3	3 964.8	−94
7	2 101.5	2 226.4	2 358.8	2 499.1	2 647.7	2 805.1	2 971.9	3 148.7	3 335.9	3 534.3	3 744.4	3 967.1	−93
8	2 102.7	2 227.7	2 360.2	2 500.5	2 649.2	2 806.8	2 973.7	3 150.5	3 337.8	3 536.3	3 746.6	3 969.4	−92
9	2 103.9	2 229.0	2 361.6	2 502.0	2 650.8	2 808.4	2 975.4	3 152.3	3 339.8	3 538.3	3 748.7	3 971.7	−91
10	2 105.1	2 230.3	2 362.9	2 503.4	2 652.3	2 810.0	2 977.1	3 154.1	3 341.7	3 540.4	3 750.9	3 974.0	−90
11	2 106.3	2 231.6	2 364.3	2 504.9	2 653.8	2 811.6	2 978.8	3 156.0	3 343.6	3 542.4	3 753.1	3 976.3	−89
12	2 107.6	2 232.9	2 365.7	2 506.3	2 655.4	2 813.3	2 980.5	3 157.8	3 345.5	3 544.5	3 755.2	3 978.5	−88
13	2 108.8	2 234.2	2 367.0	2 507.8	2 656.9	2 814.9	2 982.3	3 159.6	3 347.5	3 546.5	3 757.4	3 980.8	−87
14	2 110.0	2 235.5	2 368.4	2 509.2	2 658.4	2 816.5	2 984.0	3 161.4	3 349.4	3 548.6	3 759.6	3 983.1	−86
15	2 111.2	2 236.8	2 369.8	2 510.7	2 660.0	2 818.1	2 985.7	3 163.3	3 351.3	3 550.6	3 761.8	3 985.4	−85
16	2 112.4	2 238.0	2 371.1	2 512.1	2 661.5	2 819.8	2 987.4	3 165.1	3 353.3	3 552.7	3 763.9	3 987.8	−84
17	2 113.7	2 239.3	2 372.5	2 513.6	2 663.0	2 821.4	2 989.2	3 166.9	3 355.2	3 554.7	3 766.1	3 990.1	−83
18	2 114.9	2 240.6	2 373.9	2 515.0	2 664.6	2 823.0	2 990.9	3 168.7	3 357.2	3 556.8	3 768.3	3 992.4	−82
19	2 116.1	2 241.9	2 375.2	2 516.5	2 666.1	2 824.7	2 992.6	3 170.6	3 359.1	3 558.8	3 770.5	3 994.7	−81
20	2 117.3	2 243.2	2 376.6	2 517.9	2 667.7	2 826.3	2 994.3	3 172.4	3 361.0	3 560.9	3 772.6	3 997.0	−80
21	2 118.5	2 244.5	2 378.0	2 519.4	2 669.2	2 827.9	2 996.1	3 174.2	3 363.0	3 563.0	3 774.8	3 999.3	−79
22	2 119.8	2 245.8	2 379.4	2 520.8	2 670.7	2 829.6	2 997.8	3 176.1	3 364.9	3 565.0	3 777.0	4 001.6	−78
23	2 121.0	2 247.1	2 380.7	2 522.3	2 672.3	2 831.2	2 999.5	3 177.9	3 366.9	3 567.1	3 779.2	4 003.9	−77
24	2 122.2	2 248.4	2 382.1	2 523.8	2 673.8	2 832.8	3 001.3	3 179.7	3 368.8	3 569.1	3 781.4	4 006.2	−76
25	2 123.4	2 249.7	2 383.5	2 525.2	2 675.4	2 834.5	3 003.0	3 181.6	3 370.8	3 571.2	3 783.6	4 008.5	−75
26	2 124.7	2 251.0	2 384.9	2 526.7	2 676.9	2 836.1	3 004.7	3 183.4	3 372.7	3 573.3	3 785.7	4 010.9	−74
27	2 125.9	2 252.3	2 386.2	2 528.1	2 678.5	2 837.7	3 006.5	3 185.3	3 374.7	3 575.3	3 787.9	4 013.2	−73
28	2 127.1	2 253.6	2 387.6	2 529.6	2 680.0	2 839.4	3 008.2	3 187.1	3 376.6	3 577.4	3 790.1	4 015.5	−72
29	2 128.4	2 254.9	2 389.0	2 531.1	2 681.6	2 841.0	3 010.0	3 188.9	3 378.6	3 579.5	3 792.3	4 017.8	−71
30	2 129.6	2 256.2	2 390.4	2 532.5	2 683.1	2 842.7	3 011.7	3 190.8	3 380.5	3 581.5	3 794.5	4 020.1	−70
31	2 130.8	2 257.5	2 391.8	2 534.0	2 684.7	2 844.3	3 013.4	3 192.6	3 382.5	3 583.6	3 796.7	4 022.5	−69
32	2 132.1	2 258.8	2 393.1	2 535.5	2 686.2	2 845.9	3 015.2	3 194.5	3 384.4	3 585.7	3 798.9	4 024.8	−68
33	2 133.3	2 260.1	2 394.5	2 536.9	2 687.8	2 847.6	3 016.9	3 196.3	3 386.4	3 587.7	3 801.1	4 027.1	−67
34	2 134.5	2 261.4	2 395.9	2 538.4	2 689.3	2 849.2	3 018.7	3 198.2	3 388.3	3 589.8	3 803.3	4 029.4	−66
35	2 135.7	2 262.7	2 397.3	2 539.8	2 690.9	2 850.9	3 020.4	3 200.0	3 390.3	3 591.9	3 805.5	4 031.8	−65
36	2 137.0	2 264.1	2 398.7	2 541.3	2 692.4	2 852.5	3 022.2	3 201.9	3 392.2	3 594.0	3 807.7	4 034.1	−64
37	2 138.2	2 265.4	2 400.1	2 542.8	2 694.0	2 854.2	3 023.9	3 203.7	3 394.2	3 596.0	3 809.9	4 036.4	−63
38	2 139.5	2 266.7	2 401.5	2 544.3	2 695.5	2 855.8	3 025.6	3 205.6	3 396.2	3 598.1	3 812.1	4 038.7	−62
39	2 140.7	2 268.0	2 402.8	2 545.7	2 697.1	2 857.5	3 027.4	3 207.4	3 398.1	3 600.2	3 814.3	4 041.1	−61
40	2 141.9	2 269.3	2 404.2	2 547.2	2 698.7	2 859.1	3 029.1	3 209.3	3 400.1	3 602.3	3 816.5	4 043.4	−60
41	2 143.2	2 270.6	2 405.6	2 548.7	2 700.2	2 860.8	3 030.9	3 211.1	3 402.1	3 604.4	3 818.7	4 045.8	−59
42	2 144.4	2 271.9	2 407.0	2 550.1	2 701.8	2 862.4	3 032.6	3 213.0	3 404.0	3 606.4	3 820.9	4 048.1	−58
43	2 145.6	2 273.2	2 408.4	2 551.6	2 703.3	2 864.1	3 034.4	3 214.8	3 406.0	3 608.5	3 823.1	4 050.4	−57
44	2 146.9	2 274.5	2 409.8	2 553.1	2 704.9	2 865.7	3 036.1	3 216.7	3 408.0	3 610.6	3 825.3	4 052.8	−56
45	2 148.1	2 275.9	2 411.2	2 554.6	2 706.5	2 867.4	3 037.9	3 218.5	3 409.9	3 612.7	3 827.5	4 055.1	−55
46	2 149.4	2 277.2	2 412.6	2 556.0	2 708.0	2 869.1	3 039.7	3 220.4	3 411.9	3 614.8	3 829.7	4 057.5	−54
47	2 150.6	2 278.5	2 414.0	2 557.5	2 709.6	2 870.7	3 041.4	3 222.3	3 413.9	3 616.9	3 831.9	4 059.8	−53
48	2 151.8	2 279.8	2 415.4	2 559.0	2 711.2	2 872.4	3 043.2	3 224.1	3 415.8	3 619.0	3 834.2	4 062.1	−52
49	2 153.1	2 281.1	2 416.8	2 560.5	2 712.7	2 874.0	3 044.9	3 226.0	3 417.8	3 621.1	3 836.4	4 064.5	−51
50	2 154.3	2 282.4	2 418.2	2 561.9	2 714.3	2 875.7	3 046.7	3 227.9	3 419.8	3 623.1	3 838.6	4 066.8	−50
—	♯c^4	d^4	♯d^4	e^4	f^4	♯f^4	g^4	♯g^4	a^4	♯a^4	b^4	c^5	音分

表 A.7（续）

音分	c⁴	♯c⁴	d⁴	♯d⁴	e⁴	f⁴	♯f⁴	g⁴	♯g⁴	a⁴	♯a⁴	b⁴	—
51	2 155.6	2 283.8	2 419.6	2 563.4	2 715.9	2 877.4	3 048.4	3 229.7	3 421.8	3 625.2	3 840.8	4 069.2	−49
52	2 156.8	2 285.1	2 421.0	2 564.9	2 717.4	2 879.0	3 050.2	3 231.6	3 423.7	3 627.3	3 843.0	4 071.5	−48
53	2 158.1	2 286.4	2 422.4	2 566.4	2 719.0	2 880.7	3 052.0	3 233.5	3 425.7	3 629.4	3 845.2	4 073.9	−47
54	2 159.3	2 287.7	2 423.8	2 567.9	2 720.6	2 882.3	3 053.7	3 235.3	3 427.7	3 631.5	3 847.5	4 076.2	−46
55	2 160.6	2 289.0	2 425.2	2 569.4	2 722.1	2 884.0	3 055.5	3 237.2	3 429.7	3 633.6	3 849.7	4 078.6	−45
56	2 161.8	2 290.4	2 426.6	2 570.8	2 723.7	2 885.7	3 057.3	3 239.1	3 431.7	3 635.7	3 851.9	4 081.0	−44
57	2 163.1	2 291.7	2 428.0	2 572.3	2 725.3	2 887.3	3 059.0	3 240.9	3 433.6	3 637.8	3 854.1	4 083.3	−43
58	2 164.3	2 293.0	2 429.4	2 573.8	2 726.9	2 889.0	3 060.8	3 242.8	3 435.6	3 639.9	3 856.4	4 085.7	−42
59	2 165.6	2 294.3	2 430.8	2 575.3	2 728.4	2 890.7	3 062.6	3 244.7	3 437.6	3 642.0	3 858.6	4 088.0	−41
60	2 166.8	2 295.7	2 432.2	2 576.8	2 730.0	2 892.3	3 064.3	3 246.6	3 439.6	3 644.1	3 860.8	4 090.4	−40
61	2 168.1	2 297.0	2 433.6	2 578.3	2 731.6	2 894.0	3 066.1	3 248.4	3 441.6	3 646.2	3 863.1	4 092.8	−39
62	2 169.3	2 298.3	2 435.0	2 579.8	2 733.2	2 895.7	3 067.9	3 250.3	3 443.6	3 648.3	3 865.3	4 095.1	−38
63	2 170.6	2 299.6	2 436.4	2 581.3	2 734.7	2 897.4	3 069.7	3 252.2	3 445.6	3 650.5	3 867.5	4 097.5	−37
64	2 171.8	2 301.0	2 437.8	2 582.8	2 736.3	2 899.0	3 071.4	3 254.1	3 447.6	3 652.6	3 869.8	4 099.9	−36
65	2 173.1	2 302.3	2 439.2	2 584.2	2 737.9	2 900.7	3 073.2	3 255.9	3 449.6	3 654.7	3 872.0	4 102.2	−35
66	2 174.3	2 303.6	2 440.6	2 585.7	2 739.5	2 902.4	3 075.0	3 257.8	3 451.5	3 656.8	3 874.2	4 104.6	−34
67	2 175.6	2 305.0	2 442.0	2 587.2	2 741.1	2 904.1	3 076.8	3 259.7	3 453.5	3 658.9	3 876.5	4 107.0	−33
68	2 176.9	2 306.3	2 443.4	2 588.7	2 742.7	2 905.7	3 078.5	3 261.6	3 455.5	3 661.0	3 878.7	4 109.3	−32
69	2 178.1	2 307.6	2 444.8	2 590.2	2 744.2	2 907.4	3 080.3	3 263.5	3 457.5	3 663.1	3 880.9	4 111.7	−31
70	2 179.4	2 309.0	2 446.3	2 591.7	2 745.8	2 909.1	3 082.1	3 265.4	3 459.5	3 665.2	3 883.2	4 114.1	−30
71	2 180.6	2 310.3	2 447.7	2 593.2	2 747.4	2 910.8	3 083.9	3 267.2	3 461.5	3 667.4	3 885.4	4 116.5	−29
72	2 181.9	2 311.6	2 449.1	2 594.7	2 749.0	2 912.5	3 085.7	3 269.1	3 463.5	3 669.5	3 887.7	4 118.9	−28
73	2 183.1	2 313.0	2 450.5	2 596.2	2 750.6	2 914.2	3 087.4	3 271.0	3 465.5	3 671.6	3 889.9	4 121.2	−27
74	2 184.4	2 314.3	2 451.9	2 597.7	2 752.2	2 915.8	3 089.2	3 272.9	3 467.5	3 673.7	3 892.2	4 123.6	−26
75	2 185.7	2 315.6	2 453.3	2 599.2	2 753.8	2 917.5	3 091.0	3 274.8	3 469.5	3 675.8	3 894.4	4 126.0	−25
76	2 186.9	2 317.0	2 454.7	2 600.7	2 755.4	2 919.2	3 092.8	3 276.7	3 471.5	3 678.0	3 896.7	4 128.4	−24
77	2 188.2	2 318.3	2 456.2	2 602.2	2 757.0	2 920.9	3 094.6	3 278.6	3 473.5	3 680.1	3 898.9	4 130.8	−23
78	2 189.5	2 319.7	2 457.6	2 603.7	2 758.5	2 922.6	3 096.4	3 280.5	3 475.6	3 682.2	3 901.2	4 133.2	−22
79	2 190.7	2 321.0	2 459.0	2 605.2	2 760.1	2 924.3	3 098.2	3 282.4	3 477.6	3 684.3	3 903.4	4 135.5	−21
80	2 192.0	2 322.3	2 460.4	2 606.7	2 761.7	2 926.0	3 099.9	3 284.3	3 479.6	3 686.5	3 905.7	4 137.9	−20
81	2 193.3	2 323.7	2 461.8	2 608.2	2 763.3	2 927.6	3 101.7	3 286.2	3 481.6	3 688.6	3 907.9	4 140.3	−19
82	2 194.5	2 325.0	2 463.3	2 609.7	2 764.9	2 929.3	3 103.5	3 288.1	3 483.6	3 690.7	3 910.2	4 142.7	−18
83	2 195.8	2 326.4	2 464.7	2 611.3	2 766.5	2 931.0	3 105.3	3 290.0	3 485.6	3 692.9	3 912.5	4 145.1	−17
84	2 197.1	2 327.7	2 466.1	2 612.8	2 768.1	2 932.7	3 107.1	3 291.9	3 487.6	3 695.0	3 914.7	4 147.5	−16
85	2 198.3	2 329.1	2 467.5	2 614.3	2 769.7	2 934.4	3 108.9	3 293.8	3 489.0	3 097.1	3 917.0	4 149.9	15
86	2 199.6	2 330.4	2 469.0	2 615.8	2 771.3	2 936.1	3 110.7	3 295.7	3 491.6	3 699.3	3 919.2	4 152.3	−14
87	2 200.9	2 331.7	2 470.4	2 617.3	2 772.9	2 937.8	3 112.5	3 297.6	3 493.7	3 701.4	3 921.5	4 154.7	−13
88	2 202.1	2 333.1	2 471.8	2 618.8	2 774.5	2 939.5	3 114.3	3 299.5	3 495.7	3 703.5	3 923.8	4 157.1	−12
89	2 203.4	2 334.4	2 473.3	2 620.3	2 776.1	2 941.2	3 116.1	3 301.4	3 497.7	3 705.7	3 926.0	4 159.5	−11
90	2 204.7	2 335.8	2 474.7	2 621.8	2 777.7	2 942.9	3 117.9	3 303.3	3 499.7	3 707.8	3 928.3	4 161.9	−10
91	2 206.0	2 337.1	2 476.1	2 623.3	2 779.3	2 944.6	3 119.7	3 305.2	3 501.7	3 710.0	3 930.6	4 164.3	−9
92	2 207.2	2 338.5	2 477.5	2 624.9	2 780.9	2 946.3	3 121.5	3 307.1	3 503.8	3 712.1	3 932.9	4 166.7	−8
93	2 208.5	2 339.8	2 479.0	2 626.4	2 782.6	2 948.0	3 123.3	3 309.0	3 505.8	3 714.3	3 935.1	4 169.1	−7
94	2 209.8	2 341.2	2 480.4	2 627.9	2 784.2	2 949.7	3 125.1	3 310.9	3 507.8	3 716.4	3 937.4	4 171.5	−6
95	2 211.1	2 342.5	2 481.8	2 629.4	2 785.8	2 951.4	3 126.9	3 312.9	3 509.8	3 718.6	3 939.7	4 173.9	−5
96	2 212.3	2 343.9	2 483.3	2 630.9	2 787.4	2 953.1	3 128.7	3 314.8	3 511.9	3 720.7	3 941.9	4 176.3	−4
97	2 213.6	2 345.3	2 484.7	2 632.5	2 789.0	2 954.8	3 130.5	3 316.7	3 513.9	3 722.9	3 944.2	4 178.8	−3
98	2 214.9	2 346.6	2 486.1	2 634.0	2 790.6	2 956.5	3 132.3	3 318.6	3 515.9	3 725.0	3 946.5	4 181.2	−2
99	2 216.2	2 348.0	2 487.6	2 635.5	2 792.2	2 958.2	3 134.2	3 320.5	3 518.0	3 727.2	3 948.8	4 183.6	−1
100	2 217.5	2 349.3	2 489.0	2 637.0	2 793.8	2 960.0	3 136.0	3 322.4	3 520.0	3 729.3	3 951.1	4 186.0	0
—	♯c⁴	d⁴	♯d⁴	e⁴	f⁴	♯f⁴	g⁴	♯g⁴	a⁴	♯a⁴	b⁴	c⁵	音分

检02